Kubernetes 云原生与容器编排实战

王延飞　编著

北京航空航天大学出版社

内容简介

本书对镜像和容器、Kubernetes 概念、工作负载、云原生应用、网络和存储、监控与日志、安全、多集群和虚拟机管理、批量调度、控制器和调度器剖析、Kubernetes 二次开发和调试、Kubernetes 集群维护等相关内容进行了详细的分析和介绍，对 Kubernetes 1.22 及以后版本的关键功能特性、Kubernetes 的架构和原理的核心功能作了阐释。

作者将丰富的实战经验融于系统的理论之中，书稿结构清晰，语言流畅，精彩纷呈。

本书适合云原生与容器化技术初学者、有一定经验的开发者及其相关运维人员、企业架构师和技术负责人、技术顾问和咨询师、计算机相关专业的学生和研究人员参考和使用。

图书在版编目(CIP)数据

Kubernetes 云原生与容器编排实战 / 王延飞编著.
北京 ：北京航空航天大学出版社，2024.10. -- ISBN
978 - 7 - 5124 - 4536 - 9

Ⅰ. TP316.85

中国国家版本馆 CIP 数据核字第 202411LH90 号

版权所有，侵权必究。

Kubernetes 云原生与容器编排实战

王延飞　编著

策划编辑　杨晓方　　责任编辑　杨晓方

*

北京航空航天大学出版社出版发行

北京市海淀区学院路 37 号(邮编 100191)　http://www.buaapress.com.cn

发行部电话：(010)82317024　传真：(010)82328026

读者信箱：copyrights@buaacm.com.cn　邮购电话：(010)82316936

涿州市新华印刷有限公司印装　各地书店经销

*

开本：710×1 000　1/16　印张：35　字数：787 千字

2024 年 11 月第 1 版　2024 年 11 月第 1 次印刷

ISBN 978 - 7 - 5124 - 4536 - 9　定价：138.00 元

若本书有倒页、脱页、缺页等印装质量问题，请与本社发行部联系调换。联系电话：(010)82317024

前　言

2023年很火的技术莫过ChatGpt(Chat Generative Pretrained Transformer)了,虽然它只是一种人工智能语言模型,没有生命和意识,但它可为大家提供各种语言方面的帮助和问题解答,为我们带来了诸多便利。

- 快速提供相对准确的信息:ChatGPT可以通过自然语言与人进行交流,能够迅速地回答各种问题,并提供相对准确或创造性的信息和解答。
- 帮助大家学习:ChatGPT可作为一种智能教育辅助工具,帮助我们学习各种知识和技能。
- 改善人际沟通:ChatGPT可作为一种智能社交辅助工具,使得人与人之间更好地沟通和交流。
- 提高工作效率:ChatGPT可作为一种智能工作辅助工具,帮助大家更快地完成各种任务。

总的来说,ChatGPT的开发是OpenAI公司在自然语言处理领域的重要突破,同时也为人工智能技术的应用带来了新的可能性。

值得一提的是,OpenAI使用了Kubernetes来管理其云端基础架构,于2016年开始在AWS上运行Kubernetes,并于2017年初迁移到Azure。OpenAI还将Kubernetes用作批处理调度系统,动态扩展和缩减其集群,同时依靠Kubernetes一致的API,可以非常轻松地在集群之间移植其研究实验。基础架构主管ChristopherBerner说:"我们的一位研究人员正在研究一个新的分布式训练系统,他能够在两三天内运行他的实验。在一两周内,他将其扩展到数百个GPU。以前,这很可能就需要几个月的工作。"

下面是OpenAI如何使用Kubernetes的一些具体应用。

- 在Kubernetes上管理计算资源:OpenAI使用Kubernetes来管理其云端基础架构中的计算资源,包括虚拟机和容器等。Kubernetes允许OpenAI快速调度和部署计算资源,以满足其人工智能算法的需求。
- 通过Kubernetes运行TensorFlow:OpenAI是TensorFlow的核心贡献者,因此他们使用Kubernetes来管理TensorFlow集群。Kubernetes提供了可靠的容器编排机制,可以保证TensorFlow集群在运行时的稳定性和高可用性。
- 与Kubernetes集成的数据存储系统:OpenAI使用Kubernetes与其他数据存储系统集成,以帮助其存储和管理巨量的数据集。Kubernetes提供了灵活的存储插件机制,可以轻松地集成各种数据存储系统,如Ceph、NFS等。
- 在Kubernetes上部署Jupyter Notebook:OpenAI也使用Kubernetes部署Jupyter Notebook,为其科学家和工程师提供了一个交互式的工作环境。

Kubernetes 提供了灵活的服务发现和负载均衡机制，可以轻松地管理和扩展 Jupyter Notebook 集群。

无独有偶，由于 Kubernetes 强大的可扩展性、灵活性和可靠性，Kubernetes 不仅可以应用于人工智能和机器学习，还可以应用于其他众多领域，包括但不限于以下几方面。

- 云计算：Kubernetes 可在公共云、私有云或混合云环境中管理和部署容器化应用程序，实现高可用性、弹性伸缩和自动化管理等功能。
- 微服务架构：Kubernetes 可帮助企业将应用程序拆分成多个微服务，实现更灵活、可伸缩、可维护的应用程序架构。
- 大数据处理：Kubernetes 可管理和部署大规模的数据处理应用程序，如 Apache Hadoop、Apache Spark 等，提供高效、可扩展和可靠的数据处理能力。
- 互联网应用程序：Kubernetes 可管理和部署各种类型的互联网应用程序，如 Web 应用程序、移动应用程序等。

综上所述，Kubernetes 作为一种开源的容器编排系统，是未来云计算和应用程序管理的重要发展趋势，它可以应用于不同的领域和场景。它为企业提供了一种高效、可扩展和可靠的容器化应用程序管理和部署方案，可帮助企业更好地应对业务发展的挑战。

让我们一步步“实战”容器编排吧。

在本书的撰写过程中，得到了许多人的支持和帮助。首先，衷心感谢我的父母，他们的鼓励始终是我追求进步的动力源泉。也特别感谢我的姐姐和妻子，他们的理解与支持让我能够在工作和生活中保持平衡、坚定前行。此外，诚挚感谢北京航空航天大学出版社的大力支持，使得我的书稿得以出版。

目　录

第 1 章　镜像和容器……………………………………………………………… 1

1.1　镜像和容器:云原生的底座……………………………………………… 1

1.1.1　镜像和容器的区别 ……………………………………………… 4

1.1.2　Docker 和 Containerd 关系……………………………………… 5

1.1.3　不同的容器运行时 ……………………………………………… 6

1.1.4　OCI:一个开放的容器治理结构 ………………………………… 7

1.2　Docker、Containerd 和 Kubernetes 的关系 ……………………………… 8

1.2.1　Docker 迁移 Containerd ………………………………………… 9

1.2.2　从 Containerd 迁移到 Docker ………………………………… 20

1.3　镜像仓库………………………………………………………………… 22

1.3.1　Harbor 的特点 ………………………………………………… 22

1.3.2　Harbor 作为 Docker 镜像仓库的优势………………………… 23

1.3.3　Harbor 支持高可用部署的一般步骤 ………………………… 23

1.3.4　Harbor 快速安装部署 ………………………………………… 24

1.4　Containerd 客户端工具………………………………………………… 25

1.4.1　ctr 客户端 ……………………………………………………… 26

1.4.2　crictl 客户端 …………………………………………………… 27

1.4.3　nerdctl 客户端 ………………………………………………… 31

1.4.4　containnerd 客户端对比 ……………………………………… 35

第 2 章　为什么需要 Kubernetes ……………………………………………… 38

2.1　CNCF 的云原生景观简介……………………………………………… 38

2.1.1　云原生景观的基础架构………………………………………… 39

2.1.2　跨所有层运行的工具…………………………………………… 44

2.2　再谈为什么需要 Kubernetes ………………………………………… 46

2.2.1　容器遇到了什么问题…………………………………………… 46

2.2.2　Borg 项目:Kubernetes 的“出身”…………………………………… 49

2.2.3　Kubernetes 架构设计 ………………………………………… 50

2.2.4　Kubernetes 的不同版本 ……………………………………… 54

2.3　基于 kubeadm 快速搭建 Kubernetes1.22.2 集群 …………………… 55

2.3.1　Ubuntu 虚拟机设置 …………………………………………… 56

2.3.2 Docker 安装和配置 …… 58
2.3.3 Kubernetes 安装和配置 …… 61
2.3.4 安装 cni 插件 …… 66
2.3.5 Kubernetes 添加节点 …… 69
2.3.6 Kubernetes 删除节点 …… 72
2.3.7 Kubernetes 还原 …… 72
2.3.8 Kubernetes 部署 WEB 应用 …… 74
2.4 使用 Kind 在本地快速部署一个 K8s 集群 …… 76
2.4.1 什么是 Kind …… 76
2.4.2 Kind 安装部署 …… 78
2.4.3 使用 Kind 搭建一个单节点集群 …… 81
2.4.4 使用 Kubectl 访问 Kind 集群 …… 82
2.4.5 使用 Kind 创建多节点的集群 …… 84
2.4.6 用 Kind 创建高可用 Kubernetes 集群 …… 87
2.4.7 Kind 架构设计 …… 98
2.4.8 删除 Kind 集群 …… 100
2.4.9 Kind 配置解读 …… 100
2.4.10 Kind 客户端命令 …… 102
2.4.11 Kind 集成 Flannel CNI …… 104

第 3 章 云原生工作负载和应用 …… 109

3.1 Kubernetes Pod 深度解析 …… 109
3.1.1 Pod 深度解析:容器 …… 110
3.1.2 Pod 深度解析:资源需求和 QoS …… 111
3.1.3 Pod 深度解析:健康检查 …… 118
3.1.4 Pod 深度解析:配置文件 …… 120
3.1.5 Pod 深度解析:持久化存储 …… 122
3.1.6 Pod 深度解析:服务域名发现 …… 124
3.1.7 Pod 深度解析:优雅启动和终止 …… 127
3.2 Kubernetes 工作负载与服务 …… 131
3.2.1 ReplicaSet(容器副本) …… 132
3.2.2 Deployments(无状态应用) …… 133
3.2.3 StatefulSet(有状态应用) …… 134
3.2.4 DaemonSet(Daemon 作业) …… 136
3.2.5 CustomResourceDefinition(自定义资源概念) …… 138
3.2.6 Service(服务发现) …… 139
3.3 Ingress Controller:云原生的流量控制 …… 145

3.3.1 Ingress Controller …… 147
3.3.2 Ingress Nginx Controller …… 147
3.3.3 安装 NginxIngress Controller …… 148
3.3.4 Ingress Controller 的暴露方式 …… 152
3.3.5 Ingress Controller 使用 Https 协议 …… 154
3.4 Helm:Kubernetes 主流的包管理器 …… 155
3.4.1 Helm 基本概念 …… 156
3.4.2 Hem3 的安装部署 …… 157
3.4.3 Helm2 到 Helm3 的迁移 …… 159
3.4.4 Helm3 常用命令 …… 160
3.5 自定义一个 Helm Chart …… 169
3.5.1 从头开始创建 Helm Chart …… 169
3.5.2 验证 Helm Chart …… 175
3.5.3 部署 Helm Chart …… 175
3.5.4 Helm 升级和回滚 …… 176
3.5.5 卸载 Helm Release …… 176
3.5.6 调试 Helm Chart …… 177
3.5.7 Helm Chart 最佳实践 …… 177
3.6 Kustomize:无模板化地自定义 Kubernetes 配置 …… 178
3.6.1 Kustomize 简介 …… 179
3.6.2 Kustomize 安装 …… 181
3.6.3 Kustomize 功能特性 …… 182
3.6.4 Kustomize 生产环境应用 …… 199
3.6.5 基准(Bases)与覆盖(Overlays) …… 205
3.6.6 应用、查看、更新和删除 Kustomize 对象 …… 207
3.6.7 Kustomize 功能特性列表 …… 209
3.6.8 Kustomize 最佳实践 …… 210
3.6.9 Helm、Kustomize 和 Kubectl 区别 …… 210
3.7 OAM:用于定义云原生应用程序的开放模型 …… 211
3.7.1 OAM 的设计模型 …… 213
3.7.2 OAM 的设计理念 …… 214
3.7.3 OAM 的实现方案 …… 215
3.8 KubeVela:简化云原生应用交付 …… 216
3.8.1 KubeVela 安装 …… 217
3.8.2 第一个 OAM 应用交付 …… 218
3.9 Kubernetes 中的弹性伸缩 …… 222

第 4 章　云原生网络 …… 226
4.1　Flannel:非常简单的覆盖网络插件 …… 226
4.1.1　Flannel 基本概念 …… 226
4.1.2　安装部署 Flannel …… 227
4.1.3　Flannel 数据存储 …… 234
4.1.4　Flannel Backends …… 236
4.1.5　Flannel 配置文件 …… 238
4.2　Flannel 指定网卡 …… 241
4.2.1　方式一:适用于 yaml 方式的部署 …… 242
4.2.2　方式二:适用于二进制方式的部署(1) …… 242
4.2.3　方式三:适用于二进制方式的部署(2) …… 243
4.3　Calico:强大的网络和安全开源解决方案 …… 244
4.3.1　Calico 架构和原理 …… 245
4.3.2　Calico 安装准备 …… 249
4.3.3　基于 Kubernetes 清单安装 Calico …… 251
4.3.4　基于 Helm 安装 Calico …… 252
4.3.5　从 Flannel 迁移到 Calico …… 253
4.3.6　Calico 数据存储 …… 256
4.3.7　Calico 虚拟网络技术 …… 260
4.3.8　Pod 使用固定 IP …… 260
4.3.9　Calico 加密集群内 pod 流量 …… 262
4.4　Kube-OVN:具备 SDN 能力的 CNI 插件 …… 266
4.4.1　Kube-OVN 介绍 …… 266
4.4.2　Kube-OVN 总体架构 …… 267
4.4.3　Kube-OVN 一键安装 …… 269
4.4.4　Kube-OVN 卸载 …… 270
4.4.5　Flanne lCNI 切换 Kube-OVN …… 271
4.4.6　CalicoCNI 切换 Kube-OVN …… 272
4.4.7　Kubernetes 中的 kubeovn 资源列表 …… 276
4.4.8　Kube-ovn 和 ovn 概念对照表 …… 277
4.4.9　Kube-OVN 固定 IP …… 278
4.5　Kubernetes 多网卡方案之 Multus CNI …… 280
4.5.1　Multus CNI 介绍 …… 282
4.5.2　MultusCNI 部署 …… 283
4.6　强大的容器网络调试工具 netshoot …… 290
4.6.1　netshoot 介绍 …… 292

4.6.2 Netshoot 的基本使用 …… 293
4.6.3 Netshoot 的高级使用 …… 296

第 5 章 云原生存储 …… 299

5.1 Kubernetes 存储的变换方法 …… 299
5.1.1 Docker 存储 …… 299
5.1.2 Docker 和 Kubernetes 数据卷 …… 300
5.1.3 ConfigMap:配置中心 …… 302
5.1.4 Secret:密钥管理 …… 303
5.1.5 DownwardAPI:获得自己或集群信息 …… 306
5.1.6 Project:聚合卷 …… 310
5.1.7 EmptyDir:临时性存储 …… 312
5.1.8 HostPath:主机文件系统 …… 313
5.1.9 PV/PVC:静态卷 …… 315
5.1.10 StorageClass:动态卷 …… 319
5.1.11 云原生存储的局限和生产建议 …… 320
5.1.12 Kubernetes 对象存储 …… 321
5.2 Ceph:架构设计和安装部署 …… 325
5.2.1 Ceph 简介 …… 325
5.2.2 使用 Rook 搭建 Ceph1.7.6 集群 …… 327
5.3 Ceph 和 Kubernetes 集成使用 …… 329
5.3.1 文件存储 …… 330
5.3.2 块存储 …… 336
5.3.3 对象存储 …… 342
5.3.4 Ceph 仪表板 …… 351
5.3.5 Ceph 清理 …… 353
5.4 NFS:简单可靠的分布式文件系统 …… 354
5.4.1 NFS 介绍 …… 354
5.4.2 NFS 安装 …… 355
5.4.3 Kubernetes:利用 NFS 动态提供后端存储 …… 362

第 6 章 云原生监控与日志 …… 367

6.1 监控的自我迭代 …… 367
6.1.1 可实施监控的地方 …… 367
6.1.2 Kubernetes 监控指标 …… 368
6.2 云原生监控告警全家桶:kube-prometheus-stack …… 373
6.2.1 kube-prometheus 架构 …… 373

6.2.2 Helm 安装 kube-prometheus-stack …… 375
6.2.3 卸载或升级 kube-prometheus-stack …… 379
6.2.4 暴露 grafana、alertmanager 和 prometheus 的服务 …… 380
6.3 在 Kubernetes 上监控 GPU …… 383
6.3.1 部署 GPU 监控 …… 384
6.3.2 常用的 GPU 观测指标 …… 391
6.4 Kubernetes 日志记录 …… 391
6.4.1 Kubernetes 日志收集的方案 …… 393
6.4.2 日志记录最佳实践 …… 398

第 7 章 云原生安全 …… 399

7.1 云原生安全:从云、集群、容器到代码 …… 399
7.1.1 云原生安全的必要性 …… 399
7.1.2 云原生安全实施的原则 …… 399
7.1.3 云原生安全的 4 个“C” …… 400
7.2 实施 Pod 安全机制和策略 …… 403
7.2.1 Pod 的安全机制和策略 …… 403
7.2.2 使用 Pod Security Admission …… 405
7.2.3 为命名空间设置 Pod 安全性准入控制标签 …… 407
7.2.4 配置 Pod Security Admission …… 413
7.2.5 Pod Security Admission 的优势和局限性 …… 414
7.2.6 其他安全准入方案 …… 415

第 8 章 多集群管理 …… 417

8.1 Kubernetes:多集群管理的复杂性 …… 417
8.2 Kubernetes 多集群应对方案 …… 418

第 9 章 虚拟机管理 …… 426

9.1 虚拟化技术 …… 426
9.2 KubeVirt 架构设计 …… 427
9.3 KubeVirt:管理容器的方式 …… 433
9.3.1 KubeVirt 安装准备 …… 433
9.3.2 安装新的 KubeVirt …… 436
9.3.3 KubeVirt 部署虚拟机 …… 438
9.3.4 访问虚拟机(控制台和 vnc) …… 441
9.3.5 虚拟机关机和清理 …… 441
9.3.6 virtctl 常用端命令 …… 442

第 10 章 云原生批量调度 …… 443

10.1 Kubernetes 批处理和 HPC 发展 …… 443
10.2 Volcano:云原生的批量调度集大成者 …… 444
10.2.1 Volcano 的基本概念 …… 446
10.2.2 Volcano 的系统架构 …… 447
10.3 Volcano 安装及使用 …… 449
10.3.1 安装 Volcano …… 449
10.3.2 Volcano 运行 AI 作业 …… 450

第 11 章 Kubernetes 组件剖析 …… 453

11.1 Kubernetes 的“4A”:认证,审计,授权和准入 …… 453
11.1.1 认证(Authentication) …… 453
11.1.2 审计(Auditing) …… 459
11.1.3 授权(Authorization) …… 461
11.1.4 准入(Adminsion Control) …… 463
11.2 Controller Manager 的原理 …… 464
11.3 etcd 解读分析 …… 467
11.3.1 etcd 的工作原理 …… 467
11.3.2 etcdctlv3 的常用命令 …… 468
11.3.3 etcd 的数据结构 …… 469
11.4 Scheduler:决定 Pod 的何去何从 …… 471
11.4.1 过滤和打分 …… 471
11.4.2 调度策略 …… 472

第 12 章 云原生二次开发和调试 …… 473

12.1 Kubebuilder:Kubernetes 应用程序开发和扩展的脚手架 …… 473
12.1.1 Kubernetes 扩展点 …… 473
12.1.2 Kubebuilder 介绍 …… 476
12.1.3 Kubebuilder 安装 …… 478
12.1.4 Kubebuilder 的使用流程 …… 479
12.1.5 Kubebuilder 创建 Webhook …… 491
12.1.6 Kubebuilder 的常用命令 …… 492
12.2 基于 Goland 和 dlv 远程调试的 Kubernetes 组件 …… 493
12.2.1 远程 Linux 服务器的准备工作 …… 493
12.2.2 Kubernetesstaticpod 组件调试 …… 495
12.2.3 Kubernetesdaemonset 组件调试 …… 498

12.2.4 Kubernetes 二进制组件调试 …… 501
12.3 自定义一个 Kubernetes CNI 网络插件 …… 502
12.3.1 Kubernetes CNI 规范 …… 502
12.3.2 CNI Plugin 项目 …… 506
12.3.3 开发 Kubernetes CNI 插件的基本要求 …… 508
12.3.4 自定义 CNI 开发 …… 509

第 13 章 云原生运维助手 …… 519

13.1 Kubernetes 节点优雅上下线 …… 519
13.1.1 下线工作节点 …… 519
13.1.2 下线管理节点 …… 520
13.1.3 优雅关闭集群 …… 522
13.1.4 重启集群 …… 524
13.2 使用 Velero 备份与恢复云原生应用 …… 526
13.2.1 云原生备份的重要性 …… 526
13.2.2 Velero：备份和迁移 Kubernetes 资源和持久卷 …… 527
13.2.3 Velero 的安装使用 …… 531
13.2.4 Velero 的常用命令 …… 536
13.2.5 Velero 的最佳实践 …… 537
13.3 kubectl debug 调试容器 …… 538
13.3.1 什么是临时容器 …… 538
13.3.2 使用临时调试容器进行调试 …… 539
13.3.3 通过 Pod 副本调试 …… 544
13.3.4 在节点上通过 shell 进行调试 …… 546

第1章 镜像和容器

1.1 镜像和容器:云原生的底座

要谈 Kubernetes,首先要谈下镜像和容器,然而谈论镜像和容器,我们又不得不说 Docker。

Docker 是一种开源的容器化技术,它提供了一种便捷的方式来封装应用程序及其所需要的依赖项,并将它们打包成一个可移植的容器。而 Kubernetes 则是一个开源的容器编排平台,它可以自动化容器的部署、扩展、升级和管理等操作,从而简化容器化应用的运维和管理工作,如图 1-1 所示。

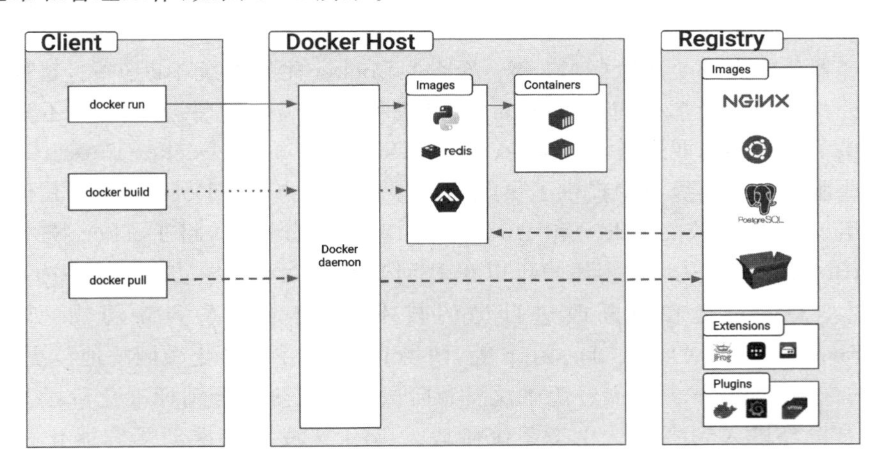

图 1-1 Docker 架构设计

在 Docker 中,容器运行时的核心是 Docker 引擎,它负责处理容器的创建、启动、停止等操作。而 Docker 引擎又依赖于一个叫作 containerd 的高级容器运行时。因此,Docker 可以被认为是一个完整的技术堆栈,其中包括容器引擎、高级容器运行时、客户端工具等组件。

Docker 是一种开源的容器化平台,它的发展可以分为以下几个阶段:

- 发布阶段(2013 年):Docker 最初是在 2013 年发布的,当时它的开发者是一家名为 dotCloud 的公司。最初的 Docker 版本是基于 LXC(Linux 容器)的轻量级虚拟化技术,它可以在 Linux 操作系统上创建和运行容器。Docker 的出现,让应用程序的开发、测试和部署变得更加轻松和灵活，进一步推动了云计算和DevOps 的发展。

- 社区阶段(2014—2015 年)：随着时间的推移，Docker 开始吸引越来越多的用户和开发者，形成了一个庞大的社区。这个社区为 Docker 提供了大力支持，帮助Docker 逐渐成为容器化领域的领军者。在这个阶段，Docker 陆续推出了一系列的功能和工具，如 Docker Hub、Docker Compose 等，这些工具让用户可以更加方便地创建、部署和管理容器。
- 标准化阶段(2015—2016 年)：随着 Docker 的普及，人们开始意识到容器化技术的重要性，于是出现了一些竞争对手，如 CoreOS 和 Kubernetes 等。为了推动容器技术的标准化，Docker 公司成立了一个名为 Open ContainerInitiative(OCI)的组织，该组织旨在制定容器运行时和容器格式的标准。Docker 公司也将自己的容器技术开源，成了 OCI 的一部分。
- 多样化阶段(2016 年—至今)：Docker 的成功吸引了越来越多的开发者和公司加入容器化领域，这促进了容器化技术的多样化和发展。现在，除了 Docker 之外，还有许多其他的容器化平台和工具可供选择，如 Kubernetes、Mesos、rkt 等。这些工具各有优缺点，用户可以根据自己的需求和情况选择最适合自己的容器化方案。
- 容器化生态系统阶段(2017 年—至今)：Docker 生态系统不断扩大，越来越多的公司和开发者都在使用 Docker 来构建和运行应用程序。Docker 还为企业提供了一系列商业服务，如 DockerHub、Docker Swarm、Docker Enterprise 等，这些服务为企业级应用提供了更好的容器化解决方案。Docker 还与其他公司和组织合作，例如 Docker 和 IBM 在 2017 年宣布合作，将 Docker 技术集成到IBM 的云服务中，使得用户可以在 IBM 的云平台上更加方便地使用 Docker 技术。Docker 还在不断改进自己的技术，推出了一系列新功能，如 Docker Swarm Mode、Docker Desktop 等，使得 Docker 在容器化领域的地位更加稳固。

总的来说，Docker 的发展经历了从发布阶段到社区阶段再到标准化阶段和多样化阶段，现在已经进入到容器化生态系统阶段。Docker 成功地推动了容器化技术的发展，让容器化应用程序的开发、测试和部署变得更加轻松和灵活，推动了云计算和DevOps 的发展，成了容器化领域的领军者。

从上面内容中可以看出，Docker 主要是围绕镜像和容器这两个概念展开的。Docker 的镜像是一个只读的文件系统，用于打包和分发应用程序和其相关依赖项。镜像中包含了应用程序的代码、运行时环境和其他依赖项，可以在不同的计算环境中进行分发和部署。Docker 镜像使用分层存储的方式来管理镜像的构建和更新，每个镜像层都是只读的，并且可以被重复使用。

镜像是一种轻量级、可移植的软件包，用于打包应用程序和其相关依赖项，并在不同的计算环境中进行分发和部署。在容器技术中，容器镜像通常由多个只读层(layer)组成，每个层包含了应用程序或依赖项的文件系统内容。

容器镜像的原理主要涉及两个方面：镜像的构建和镜像的使用。

- 镜像的构建容器镜像的构建通常由一个 Dockerfile 文件来定义。Dockerfile 文件包含了一系列的指令，用于指定应用程序或依赖项的构建过程，并最终生成一个容器镜像。在构建过程中，Docker 会将每个指令转化为一层镜像，并将这些镜像合并在一起，形成最终的容器镜像。
- 镜像在使用时，Docker 会将镜像加载到宿主机的存储中，并通过容器运行时进行启动和运行。在启动容器时，Docker 会为容器创建一个可写层，用于保存容器运行时产生的数据和修改。

容器镜像的优点在于其轻量级、可移植和可复用性。由于容器镜像只包含必要的依赖项和应用程序，因此它们通常比虚拟机镜像更小，并可更快地进行分发和部署。此外，由于容器镜像是独立于宿主机的，因此它们可以在不同的计算环境中进行移植和使用，从而提高了应用程序的可移植性和可扩展性。

Docker 容器是基于镜像创建的一个可运行的实例，它包含了应用程序和其相关依赖项，并提供了一种轻量级、可移植的应用程序部署和管理方式。Docker 容器可以启动、停止、重启和删除等操作，容器状态的变化不会影响镜像的内容。容器本身需要占用系统资源来运行，例如内存、CPU 和网络等。

通常，Docker 应用程序层由开发人员编写的应用程序组成。这些应用程序被打包成 Docker 镜像，并在容器中运行。Docker 镜像是一个可执行的软件包，它包括应用程序代码、运行时环境、系统工具和依赖库等。

Docker 镜像可以使用 Dockerfile 文件来定义，Dockerfile 文件中包含了构建 Docker 镜像的指令。通过执行 dockerbuild 命令，可以将 Dockerfile 文件转换为 Docker 镜像。

Docker 引擎是一个基于 Go 语言的轻量级应用程序，它实现了 Docker 平台的核心功能。如图 1-1 所示，Docker 引擎包括以下组件：

- Docker 客户端：与 Docker 服务通信的命令行工具。Docker 客户端可以在任何支持 Docker 的操作系统上运行，包括 Windows、Linux 和 macOS 等。
- Docker 服务：管理 Docker 镜像、容器和网络的后台服务。Docker 服务包括 Dockerdaemon 和 DockerAPI。Dockerdaemon 负责监控 Docker 容器的运行，DockerAPI 提供了一组 RESTfulAPI，可以与 Docker 服务进行交互。
- Docker 镜像仓库：用于存储和分享 Docker 镜像的中央仓库。Docker 官方提供了 DockerHub，可以免费存储和分享 Docker 镜像。除此之外，还有一些第三方 Docker 镜像仓库，如阿里云容器镜像服务、华为云容器镜像服务等。

在操作系统层方面，Docker 使用 Linux 容器技术来实现容器化。Linux 容器技术基于 Linux 内核中的一些特性，如命名空间、控制组、文件系统隔离等，实现了进程间的隔离。Docker 在 Linux 操作系统上运行，可以直接访问宿主机的内核，从而实现更高的性能和安全性。如果需要在 Windows 或 macOS 上运行 Docker，需要使用虚拟化技术。在这种情况下，Docker 先运行在虚拟机中，虚拟机再运行在宿主机上。

Docker 的架构设计非常灵活和可扩展，可以支持不同的应用场景和不同的应用程序。Docker 提供了一组简单的命令行工具和 RESTfulAPI，可以轻松地管理和操作 Docker 容器和镜像。同时，Docker 生态系统也非常丰富，有大量的第三方工具和插件可以帮助开发人员更好地使用 Docker。

1.1.1 镜像和容器的区别

镜像是 Docker 容器运行的基础，类似于虚拟机中的镜像文件，它包含了应用程序运行所需的所有文件、库和依赖项，可以看作是一个只读的文件系统。Docker 镜像是由多个文件系统（文件层）组成的，每个文件系统都是在前一个文件系统的基础上进行修改和添加的。镜像是可以被共享、复制和存储的，因此 Docker 用户可以从 Docker Hub 或其他镜像仓库获取已经构建好的镜像，也可以通过 Dockerfile 自己构建和定制自己的镜像。

容器是 Docker 平台中的一个执行单元，用于运行和隔离应用程序。Docker 容器是从 Docker 镜像中创建出来的一个运行实例，可以通过 Docker 引擎进行管理和监控。容器具有独立的文件系统、网络、进程空间等，容器与容器之间是隔离的，互不影响。Docker 容器可以在任何平台上运行，且具有良好的可移植性和扩展性。可以将 Docker 镜像看作是一个“代码库”，而 Docker 容器则是这个代码库运行出来的一个实例。用户可以通过修改 Dockerfile 或构建自己的 Docker 镜像来创建自己的应用程序环境，然后通过 Docker 容器来运行这个环境，并且可以通过容器之间的网络通信来实现应用程序之间的互通。

1. 定义和用途

容器镜像是一个只读的软件包，用于打包应用程序和其相关依赖项，并在不同的计算环境中进行分发和部署，它定义了一个应用程序运行时所需的所有文件和设置，包括应用程序代码、操作系统和应用程序的依赖项等。容器是基于镜像创建的一个可运行的实例，包含应用程序和其相关依赖项，以及一个可写的存储层，以用于保存容器运行时产生的数据和修改。容器实例可以启动、停止、重启和删除等操作，提供一种轻量级、可移植的应用程序部署和管理方式。

2. 生命周期

容器镜像是一个只读的静态实体，它的内容不会随着容器的启动和运行而发生变化。容器镜像的内容可以通过重新构建镜像来更新，但是已有的镜像实例不会受到影响。

容器是一个可运行的实例，它的生命周期包括建、启动、运行到停止、删除等多个阶段。容器可以在任意时刻被启动、停止和删除，同时容器的状态和数据也可以随着容器的生命周期而发生变化。

3. 资源占用

容器镜像通常比容器本身更加轻量级，因为镜像只包含必要的依赖项和应用程序，而容器还需要占用额外的资源，例如内存、CPU 和网络等。容器本身需要占用系统资源来运行，例如内存、CPU 和网络等。

不同的容器实例可以共享同一个镜像，从而减少资源的浪费和重复。

容器镜像和容器是容器技术中的两个基本概念，它们有着明显的区别。容器镜像是一个只读的软件包，用于打包应用程序和其相关依赖项；而容器是基于镜像创建的可运行的实例，包含应用程序和其相关依赖项，并提供了一种轻量级、可移植的应用程序部署和管理方式。

1.1.2 Docker 和 Containerd 关系

Containerd 和 Docker 都是容器技术的实现，但是它们在一些方面有所不同。

Docker 是最早推出的容器技术，并且已经发展成为一种标准的容器运行时和镜像格式。Docker 提供了一个命令行界面和一组 API，用于构建、打包、发布和运行容器应用程序。Docker 还提供了一个 Docker 守护进程，用于管理容器的生命周期、文件系统、网络和进程等方面。Docker 还支持在 Docker Hub 等公共或私有镜像仓库中存储和共享容器镜像。

随着 Docker 项目的发展，Docker 官方将 Docker 运行时组件拆分成了不同的项目，其中包括 Containerd。Containerd 是一个独立的容器运行时，它是一个轻量级的容器运行时，专注于提供核心容器运行时功能，如容器生命周期管理、容器镜像管理、容器网络等。Containerd 在 Docker 项目中扮演着一个重要的角色，它负责管理 Docker 镜像和容器的生命周期，从而使 Docker 守护进程能够更好地管理和运行容器。

随着不断完善发展，Containerd 现在已经是一个行业标准的容器运行时，强调简单性、健壮性和可移植性。它可以作为 Linux 和 Windows 的守护进程使用，也可以管理其主机系统的完整容器生命周期：镜像传输和存储、容器执行和监督、低级存储和网络附件等。Containerd 架构设计如图 1-2 所示。

在 Kubernetes 中，Docker 和 Containerd 都可以作为容器运行时使用。Kubernetes 允许用户在配置文件中指定使用哪种容器运行时，可以轻松地在 Docker 和 Containerd 之间进行切换。尽管 Docker 是流行的容器运行时，但随着 Containerd 的发展，越来越多的 Kubernetes 用户选择使用 Containerd，以提高容器的性能和可靠性。

除了在容器运行时方面的区别之外，Docker 和 Containerd 在其他方面也有所不同。下面是一些常见的区别：

- 体积：Docker 相对来说比 Containerd 更大，因为它包括了一些其他的组件，如 Docker 守护进程、DockerCLI 等。而 Containerd 是更轻量级的容器运行时，它只包括了核心的容器运行时组件。
- 安全性：Docker 提供了一些安全性特性，如用户命名空间、SELinux 等，以帮助用户更好地保护容器中的应用程序和数据。但是，Docker 也存在一些安全性问题，如未经验证的镜像、不安全的默认配置等。相比之下，Containerd 在安全性方面表现得更为可靠，因为它专注于容器运行时的核心功能，避免了一些潜在的安全风险。

- 生态系统：Docker 是一个非常活跃的开源项目，它拥有庞大的社区和生态系统，提供了丰富的工具和服务，如 Docker Compose、Docker Swarm 等。而 Containerd 相对来说生态系统更小，但随着其在 Kubernetes 和其他容器管理平台中的应用越来越广泛，其生态系统也在逐步扩大。

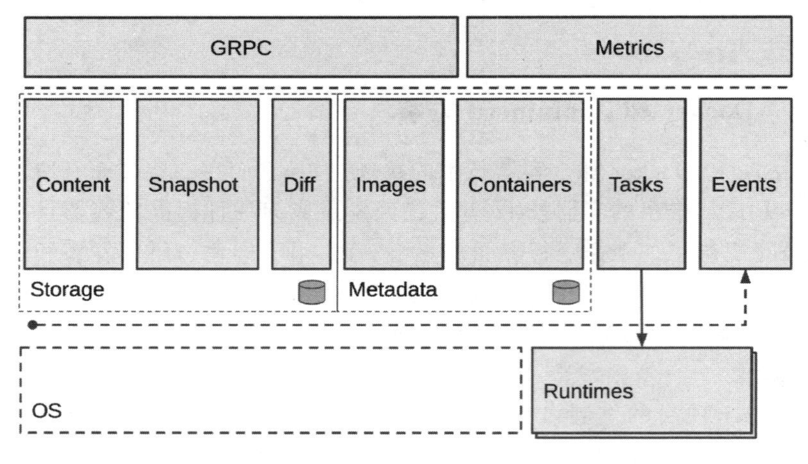

图 1－2 Containerd 架构设计

Docker 和 Containerd 都是容器技术的重要实现，具有各自的优点和应用场景。在选择容器运行时时，应该根据实际需求和应用场景选择最适合的方案。同时，Kubernetes 也允许用户灵活地选择和切换容器运行时，以便根据不同的需求和场景做出最佳选择。Kubernetes 在 1.24 版本中移除了 Dockershim，并从此不再默认支持 Docker 容器引擎。

1.1.3 不同的容器运行时

运行时指的是程序的生命周期阶段或使用特定语言来执行程序。容器运行时的功能与它类似——它是运行和管理容器所需组件的软件。这些工具可以更轻松地安全执行和高效部署容器，是容器管理的关键组成部分。在容器化架构中，容器运行时负责从存储库加载容器镜像、监控本地系统资源、隔离系统资源，以供容器使用以及管理容器生命周期。

容器运行时的常见示例是 runC、containerd 和 Docker。容器运行时主要分为三种类型——低级运行时、高级运行时以及沙盒或虚拟化运行时。

在容器技术中，容器运行时可以分为三种类型：低级运行时、高级运行时以及沙盒或虚拟化运行时。

- **低级运行时**：指的是负责容器隔离和生命周期管理的基本运行时组件。在这种运行时中，容器是通过 Linux 内核的 cgroups 和 namespace 机制进行隔离和管理的。常见的低级运行时包括 Docker 的 runc、lxc 等。这种运行时通常具有轻量化和高性能的优点,但缺乏高级特性和管理工具。

- **高级运行时**:是指在低级运行时的基础上,提供了更丰富的特性和管理工具的容器运行时。这些特性可以包括容器网络、存储、监控、镜像传输、镜像管理、镜像 API 等功能以及各种管理工具等。常见的高级运行时包括 Docker、Containerd 和 CRI-O 等。这种运行时通常具有更为丰富的特性和管理工具,但也带来了更高的复杂性和资源消耗。
- **沙盒或虚拟化运行时**:是指在容器运行时中使用沙盒技术或虚拟化技术实现容器隔离和管理的运行时。这种运行时通常具有更强的隔离性和安全性,但也会带来更高的性能开销和复杂性。常见的沙盒或虚拟化运行时包括 gVisor、Kata Containers 等。

容器运行时的不同类型具有各自的优缺点和适用场景。在选择容器运行时时,需要根据实际需求和限制进行权衡和选择。

1.1.4 OCI:一个开放的容器治理结构

Open Container Initiative(OCI)是一个由 Docker、CoreOS 和其他相关公司和社区成员于 2015 年成立的开放式技术联盟,也是一个开放的治理结构旨在为容器格式和运行时制定开放标准。目前包含三个规范:运行时规范(runtime-spec)、镜像规范(image-spec)和分发规范(distribution-spec)。

(1) 镜像规范(Image Specification)

容器镜像是容器运行时的基础,因此,OCI 制定了一个开放的容器镜像格式,用于定义容器镜像的结构和元数据。这个标准定义了镜像的基本组成部分,包括容器的元数据、文件系统、网络配置、挂载点等。它还定义了一个容器镜像的标识符,用于标识镜像并支持镜像的版本管理和更新。

(2) 容器运行时规范(Runtime Specification)

容器运行时是容器技术的另一个重要组成部分。OCI 定义了一个开放的容器运行时标准,用于定义容器运行时的基本功能和行为。这个标准规定了容器的启动、暂停、恢复和停止等基本操作,还包括容器的文件系统、网络和进程管理等方面的规定。OCI 运行时标准的实现可以根据需要扩展或修改,但必须遵循基本规则,以保证跨不同实现的互操作性。

(3) 分发规范(Distribution Specification)

容器镜像的分发和存储是容器技术的另一个关键方面。OCI 定义了一个开放的容器分发标准,用于定义容器镜像的存储和交换方式。这个标准规定了容器镜像的签名和验证机制、镜像存储库的访问和管理、镜像标签和版本管理等方面的要求。

OCI 标准的实现可以是任何语言、任何平台和任何供应商的容器运行时或镜像工具。这种开放性保证了容器技术的可移植性和互操作性。同时,OCI 标准的开发和维护由一个多厂商和社区的技术委员会来负责,确保了标准的公正性和开放性。

1.2 Docker、Containerd 和 Kubernetes 的关系

通过前面学习我们知道，Docker 是一个流行的容器引擎，它提供了构建、发布和管理容器应用程序的工具和服务。Docker 使用 Docker 引擎来管理和运行容器，Docker 引擎内部使用了底层的容器运行时技术，如 runc 和 containerd。

Containerd 是一个轻量级的容器运行时引擎，是 Docker 引擎的一部分，用于管理和运行容器。Containerd 负责与底层的容器运行时（如 runc）交互，处理容器的生命周期管理、镜像管理等任务。

然而，Kubernetes 是一个容器编排平台，可以自动化地管理和调度容器应用程序的部署、伸缩和升级等任务。Kubernetes 可以使用多种容器运行时技术来管理和运行容器，包括 Docker、Containerd 等。在 Kubernetes 中，使用的容器运行时技术可以通过 CRI（Container Runtime Interface）插件进行配置和切换。因此，Kubernetes、Docker、Containerd 之间并不存在竞争关系，而是互为补充。Kubernetes 可以使用 Docker 或 Containerd 来管理和运行容器，而 Docker 和 Containerd 也可以作为 Kubernetes 集群的底层技术来支持容器的管理和运行。

Kubernetes 的 dockershim 组件使得我们可以把 Docker 用作 Kubernetes 的容器运行时。在 Kubernetes v1.24 版本中，内建组件 dockershim 被移除，改为默认使用 Containerd 了，当然也可以使用 cri-dockerd 适配器来将 Docker Engine 与 Kubernetes 集成。

1. Containerd1.0 - CRI - Containerd（生命周期结束）

如图 1-3 所示，对于 containerd1.0，需要一个名为 cri-containerd 守护进程在 Kubelet 和 containerd 之间运行。Cri-containerd 处理来自 Kubelet 的 Container Runtime Interface（CRI）服务请求，并使用 containerd 来相应地管理容器和容器镜像。与 Docker CRI 实现（dockershim）相比，这消除了堆栈中的一个额外跃点。

然而，cri-containerd 和 containerd1.0 仍然是 2 个不同的守护进程，它们通过 grpc 进行交互的。实际上，使用户理解和部署变得更加复杂，并引入了不必要的通信“开销”。

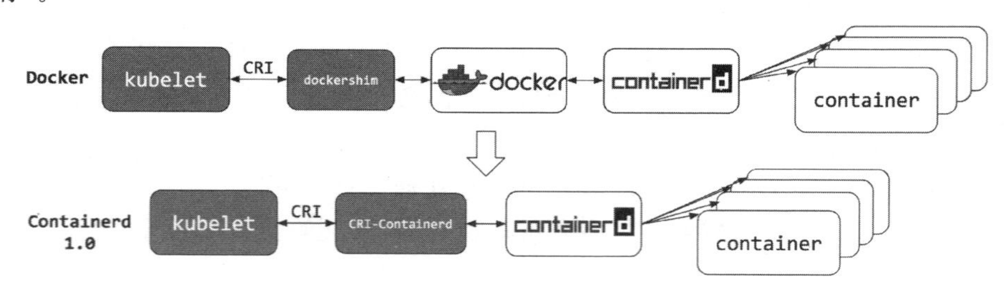

图 1-3　Containerd 1.0 - CRI

2. Containerd 1.1 – CRI 插件(当前)

如图 1 – 4 所示,在 containerd 1.1 中,cri-containerd 守护进程现在被重构为一个 containerdCRI 插件。CRI 插件内置于 containerd 1.1 中,并默认启用。与 cri-containerd 不同,CRI 插件通过直接函数调用与 containerd 交互。这种新架构使集成更加稳定和高效,并消除了堆栈中的另一个 grpc 跃点。用户现在可以直接将 Kubernetes 与 containerd 1.1 一起使用。这里不再需要 cri-containerd 守护进程。

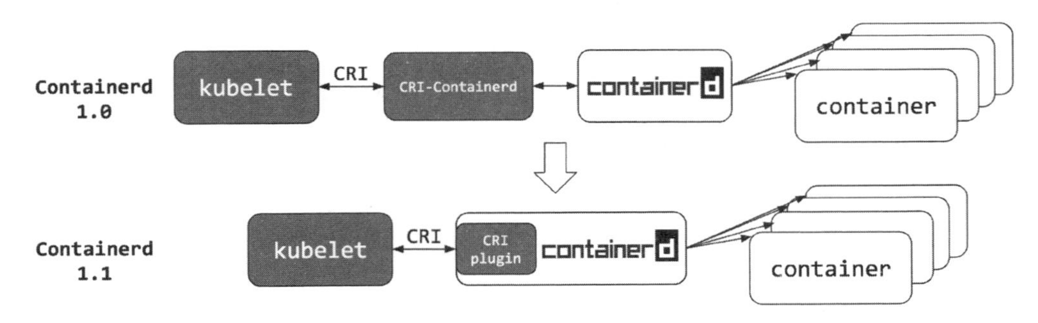

图 1 – 4 Containerd 1.1 – CRI

Containerd 1.1 原生支持 CRI,Kubernetes 可以直接使用它。Containerd 1.1 可以用于生产环境。Containerd 1.1 在 pod 启动延迟和系统资源利用率方面都有不错的表现。

总结来说:

- Docker 适用于 Kubernetes 1.23 及以下版本,调用链是先由 kubelet 调用 dockershim(在 kubelet 进程中),再调用 docker,最后 docker 调用 containerd。
- Containerd 适用于 Kubernetes 1.24 及以上版本,调用链是先由 kubelet 调用 criplugin(在 containerd 进程中),再调用 containerd。

1.2.1 Docker 迁移 Containerd

1. 检查应用是否依赖于 Docker

(1) 查看应用源代码

通过查看应用的源代码,可以确定应用是否使用 Docker API 或者 Docker CLI 进行容器的管理和操作。具体可以查找以下关键字:

- Dockerfile:如果应用中有定义 Dockerfile 文件来构建镜像,那么就依赖于 Docker。
- docker-compose:如果应用中有使用 Docker Compose 进行多容器应用的编排,那么就依赖于 Docker。
- DockerSDK:如果应用中有使用 Docker SDK 进行容器的管理和操作,那么就依赖于 Docker。
- kubectl-detector-for-docker-socket:它是一个 Kubectl 插件,借助它可以检测你

的任何工作负载或清单文件是否正在挂载 docker.sock 卷，如果应用中没有使用以上关键字，那么可以初步判断应用可能不依赖于 Docker。

(2) 查看应用部署环境

应用的部署环境可能需要 Docker 运行时，比如在 Kubernetes 中使用 Docker 作为容器运行时，或者在 Docker Swarm 中部署应用等。如果应用是在这些环境中部署的，那么就依赖于 Docker。但是，也有可能在这些环境中使用的是其他容器运行时，比如 CRI-O 或者 containerd。如果这些容器运行时被使用，那么应用可能不依赖于 Docker，那么还需要检查 Docker 配置文件（如/etc/docker/daemon.json）中容器镜像仓库的镜像（mirror）站点设置。这些配置通常需要针对不同容器运行时来重新设置。

2. Docker 迁移 Container 操作流程

目前 Docker 迁移 Container 的节点信息如下：

```
$ kubectl get node -owide
NAME STATUS ROLES AGE VERSION INTERNAL-IP
EXTERNAL-IP OS-IMAGE KERNEL-VERSION CONTAINER-RUNTIME
master-1 Ready control-plane,master 284d v1.22.2 192.168.172.128 <none>
    CentOS Linux 7 (Core) 3.10.0-1160.el7.x86_64 docker://20.10.8
worker-1 Ready <none> 113d v1.22.2 192.168.172.129 <none>
    CentOS Linux 7 (Core) 3.10.0-1160.el7.x86_64 docker://20.10.8
```

依上述可以看到我们目前使用的 Kubernetes 版本是 v1.22.2，容器运行时显示为 Docker Enginer，且版本为 20.10.8。我们仍然可能不会被 Kubernetesv1.24 中 dockershim 的移除所影响。

```
$ crictl version
WARN[0000] runtime connect using default endpoints:[unix:///var/run/dockershim.sock
unix:///run/containerd/containerd.sock unix:///run/crio/crio.sock unix:///var/run/cri-
dockerd.sock]. As the default settings are now deprecated, you should set the endpoint
instead.
Version: 0.1.0
RuntimeName: docker
RuntimeVersion: 20.10.8
RuntimeApiVersion: 1.41.0
```

(1) 隔离(Cordon)并腾空(Drain)该节点

标记节点为维护模式，并驱逐其上正在运行的 Pod，避免切换过程中影响应用的正常运行：

```
# 把节点标记为不可调度状态
$ kubectl cordon <node-name>

# 把节点上的 Pod 调度到其他节点上运行
```

```
$ kubectl drain <node-name> --ignore-daemonsets
```

将<node-name>替换为所要腾空的节点的名称。

(2) 停止 kubelet,docker 服务

```
$ systemctl stop kubelet
$ systemctl disable docker.service--now
```

(3) 添加 containerd 配置

```
$ sudo mkdir-p /etc/containerd
$ containerd config default | sudo tee /etc/containerd/config.toml
```

(4) 更新 containerd 配置

修改 pause 镜像为国内可以访问的地址,并且将 cgroup Driver 修改为 systemd。需要注意,kubelet 和容器运行时需使用相同的 cgroup 驱动并且采用相同的配置。当 systemd 是选定的初始化系统时,针对 kubelet 和容器运行时将 systemd 用作 cgroup 驱动。

```
# 修改沙箱(pause)镜像为国内可以访问的地址
# 镜像地址 k8s.gcr.io/pause:3.6,有时候也可能是 k8s.gcr.io/pause:3.6
$ sed -i
s#registry.k8s.io/pause:3.6#registry.aliyuncs.com/google_containers/pause:3.6#g
/etc/containerd/config.toml
# 或者
$ sed -i s#k8s.gcr.io/pause:3.6#registry.aliyuncs.com/google_containers/pause:3.6#g
/etc/containerd/config.toml

# 修改 cgroup Driver 为 systemd
$ sed -i s#'SystemdCgroup = false'#'SystemdCgroup = true'#g
/etc/containerd/config.toml

# containerd 配置国内镜像源
$ sed -i 's#config_path = .* #config_path = "/etc/containerd/certs.d"#g'
/etc/containerd/config.toml
```

(5) 配置 kubelet 使用 containerd 作为其容器运行时

编辑文件/var/lib/kubelet/kubeadm-flags.env ,将 containerd 运行时添加到标志中:--containerruntime=remote 和 --container-runtime-endpoint=unix:///run/containerd/containerd.sock 。

```
$ vim /var/lib/kubelet/kubeadm-flags.env
# 末尾添加--container-runtime = remote--container-runtimeendpoint =
unix:///run/containerd/containerd.sock
KUBELET_KUBEADM_ARGS = "--network-plugin = cni--pod-infra-containerimage =
```

```
registry.aliyuncs.com/google_containers/pause:3.5--container-runtime = remote--
container-runtime-endpoint = unix:///run/containerd/containerd.sock"
```

使用 kubeadm 的用户应该知道，kubeadm 工具将每个主机的 CRI 套接字保存在该主机对应的 Node 对象的注解中。要更改这一注解信息，大家可以在一台包含 kubeadm/etc/Kubernetes/admin.conf 文件的机器上执行以下命令：

```
kubectl edit no <node-name>
```

- 更改 kubeadm.alpha.kubernetes.io/cri-socket 值，将其从/var/run/dockershim.sock 改为你所选择的 CRI 套接字路径（例如：unix:///run/containerd/containerd.sock）。

注意： 新的 CRI 套接字路径必须带有 unix://前缀。

- 保存文本编辑器中所作的修改，这会更新 Node 对象。

（6）重启 containerd 和 kubelet

```
$ systemctl daemon-reload
$ systemctl restart containerd
$ systemctl restart kubelet
```

（7）验证节点的容器运行时

容器运行时使用 Unix Socket 与 kubelet 通信，这一通信使用基于 gRPC 框架的 CRI 协议。kubelet 扮演客户端，运行时扮演服务器端。在某些情况下，大家可能想知道节点使用的是哪个 socket。如若集群是 Kubernetes v1.24 及以后的版本，或许你想知道当前运行时是否是使用 dockershim 的 Docker Engine，那么可以通过检查 kubelet 的参数得知当前使用的是哪个 socket。

查看 kubelet 进程的启动命令：

该命令的作用是从正在运行的 kubelet 进程的 cmdline 文件中读取命令行参数，并将其中的 null 字符（\0）替换为空格（''）字符。这个命令通常用于调试和排查问题，以查看 kubelet 进程的启动参数和配置信息。

```
$ tr \0" </proc/" $(pgrep kubelet)"/cmdline
```

在命令的输出中：

```
$ tr \0" </proc/" $(pgrep kubelet)"/cmdline

/usr/bin/kubelet--bootstrap-kubeconfig = /etc/kubernetes/bootstrap-kubelet.conf--
kubeconfig = /etc/kubernetes/kubelet.conf--config = /var/lib/kubelet/config.yaml--
network-plugin = cni--pod-infra-containerimage = registry.aliyuncs.com/google_contain-
ers/pause:3.5--container-runtime = remote--
container-runtime-endpoint = unix:///run/containerd/containerd.sock
```

查找--container-runtime 和--container-runtime-endpoint 标志。如果 Kubernetes

集群版本是 v1.23 或者更早的版本，并且这两个参数不存在，或者 container-runtime 标志值不是 remote，说明你在通过 dockershim 套接字使用 Docker Engine。

然后运行 kubectl get nodes -o wide ，查看我们所更改的节点上的运行时是否会显示为 containerd。

```
$ kubectl get nodes-o wide
NAME STATUS ROLES AGE VERSION INTERNAL-IP
EXTERNAL-IP OS-IMAGE KERNEL-VERSION CONTAINER-RUNTIME
master-1 Ready control-plane,master 284d v1.22.2 192.168.172.128 <none>
    CentOS Linux 7 (Core) 3.10.0-1160.el7.x86_64 containerd://1.6.6
worker-1 Ready <none> 113d v1.22.2 192.168.172.129 <none>
    CentOS Linux 7 (Core) 3.10.0-1160.el7.x86_64 containerd://1.6.14
```

(8) 解除节点隔离，恢复节点

```
$ kubectl uncordon <node-name>
```

3. 配置 Containerd 文件

(1) 默认配置文件

containerd 的默认配置文件为/etc/containerd/config.toml，我们可以通过如下所示的命令生成一个默认的配置。

```
$ mkdir-p /etc/containerd
$ containerd config default > /etc/containerd/config.toml
```

containerd-config.toml 是 containerd 的主要配置文件，用于控制容器运行时的行为。该文件使用 TOML 格式编写。

配置文件包含了多个 TOML 表(Table)，每个表包含了一组配置。表的名称是配置项的前缀，配置项的名称是表名称和配置项名称的组合。

首先，来查看下上面默认生成的配置文件/etc/containerd/config.toml：

```
disabled_plugins = []
imports = []
oom_score = 0
plugin_dir = ""
required_plugins = []
root = "/var/lib/containerd"
state = "/run/containerd"
temp = ""
version = 2

[cgroup]
    path = ""
[debug]
```

```
        address = ""
        format = ""
        gid = 0
        level = ""
        uid = 0
    [grpc]
        ...

    [metrics]
        address = ""
        grpc_histogram = false
    [plugins]
        ...
    [proxy_plugins]
    [stream_processors]
        ...
    [timeouts]
        ...
    [ttrpc]
        ...
```

config. toml 文件是 containerd 守护进程的配置文件。该文件必须放在/etc/containerd/config. toml 中或使用 containerd 的--config 选项指定以供守护程序使用。如果该文件不存在于适当的位置或未通过--config 选项提供，containerd 将使用其默认配置设置，可以使用 containerdconfig(1)命令显示。

用于配置 containerd 守护进程设置的 TOML 文件有一个简短的全局设置列表，后面是一系列用于特定守护进程配置区域的部分。另外，还有一个插件部分，这里允许每个 containerd 插件都有一个区域用于特定于插件的配置和设置。

config. toml 文件解读：

- **version**：配置文件中的版本字段指定配置的版本。请使用 version＝2 启用版本 2 配置，因为版本 1 已被弃用。
- **root**：容器元数据的根目录。(默认值："/var/lib/containerd")。是用来保存持久化数据，包括 Snapshots，Content，Metadata 以及各种插件的数据，每一个插件都有自己单独的目录，Containerd 本身不存储任何数据，它的所有功能都来自于已加载的插件。
- **state**：containerd 的状态目录(默认值："/run/containerd")。是用来保存运行时的临时数据的，包括 sockets、pid、挂载点、运行时状态以及不需要持久化的插件数据。
- **plugin_dir**：存放动态插件的目录。
- [grpc]：gRPC 套接字侦听器设置部分。包含以下属性：

address（默认值："/run/containerd/containerd. sock"）。

tcp_address 。

tcp_tls_cert 。

tcp_tls_key 。

uid（默认值：0）。

gid（默认值：0）。

max_recv_message_size 。

max_send_message_size 。

- [ttrpc]：TTRPC 设置部分。包含属性：

address（默认值：""）。

uid（默认值：0）。

gid（默认值：0）。

- [debug]：启用和配置调试套接字侦听器的部分。包含四个属性：

address（默认："/run/containerd/debug. sock"）。

uid（默认值：0）。

gid（默认值：0）。

level（默认值："info"）设置调试日志级别。支持的级别是："trace""debug""info""warn""error""fatal""panic"。

format（默认："text"）设置日志格式。支持的格式是"text"和"json"。

- [metrics]：启用和配置指标侦听器的部分。包含两个属性：

address（默认值：""）Metrics 端点默认不监听。

grpc_histogram（默认值：false）打开或关闭 gRPC 直方图指标。

- disabled_plugins ：禁用的插件是要禁用插件 ID。禁用的插件不会被初始化和启动。
- required_plugins ：必需插件是必需插件的 ID。如果任何所需的插件不存在或未能初始化或启动，Containerd 将退出。
- [plugins]：插件部分包含已安装插件的配置选项。以下插件默认启用，其设置如下所示。默认情况下未启用的插件需要提供自己的配置值文档。

[plugins. "io. containerd. monitor. v1. cgroups"]有一个选项no_prometheus（默认值：false ）。

[plugins. "io. containerd. service. v1. diff-service"]有一个选项default ，一个列表默认设置为["walking"]。

[plugins. "io. containerd. gc. v1. scheduler"]。

有几个选项可以为调度程序进行配置：

pause_threshold 是应该安排 GC 的最长时间(默认值：0. 02)。

deletion_threshold 保证在 n 次删除后安排 GC(默认值：0)。

mutation_threshold 保证在 n 次数据库突变后安排 GC(默认值：100)。

schedule_delay 定义在调度 GC 之前触发事件后延迟(默认“0ms”)。

startup_delay 定义启动后调度 GC 之前的延迟(默认“100ms”)。

[plugins. "io. containerd. runtime. v2. task"]。

指定配置运行时 shim 的选项:

platforms 指定支持的平台列表。

sched_core 核心调度是一项功能,它只允许受信任的任务在共享计算资源的 cpus 上并发运行(例如:核心上的超线程)。(默认值:false)。

[plugins. "io. containerd. service. v1. tasks-service"]。

下面有性能选项:

blockio_config_file (仅限 Linux)指定 blockio 类定义的路径(默认值:"")。控制 I/O 调度程序优先级和带宽限制。

rdt_config_file (仅限 Linux)指定用于配置 RDT 的配置路径(默认值:"")。启用对 IntelRDT 的支持,这是一种用于缓存和内存带宽管理的技术。

- oom_score :应用于 containerd 守护进程的内存不足(OOM)分数(默认值:0)。
- [cgroup]:Linuxcgroup 特定设置的部分。

path (默认值:"")为创建的容器指定自定义 cgroup 路径。

- [proxy_plugins]:代理插件配置通过 gRPC 通信的插件。

type (默认值:"")。

address (默认值:"")。

- timeouts :指定为持续时间的超时。
- imports :Imports 是要包含的其他配置文件的列表。这允许拆分主配置文件并单独保留一些部分(例如,供应商可以在单独的文件中保留自定义运行时配置而不修改 main config. toml)。导入的文件将覆盖简单的字段,如 int or string (如果不为空),并将追加 array 和 map 字段。导入的文件也有版本控制,版本不能高于主配置。
- stream_processors。

accepts (默认值:“[]”)接受特定的媒体类型。

returns (默认值:"")返回媒体类型。

path (默认值:“”)二进制文件的路径或名称。

args (默认值:"[]")二进制文件的参数。

- **Containerd 插件**:Containerd 插件是一种可以扩展 Containerd 的机制,它允许用户添加新的功能和行为,以满足特定的需求。持使用其定义的大部分接口扩展其功能,这包括使用自定义运行时、快照程序、内容存储,甚至添加 gRPC 接口。
- **内置插件**:containerd 内部使用插件来确保内部实现是解耦的、稳定的,并且与外部插件同等对待。要查看 containerd 拥有的所有插件,请使用 ctr plugins ls。

```
$ ctr plugin ls
```

```
TYPE ID PLATFORMS STATUS

io.containerd.content.v1 content-ok

...
```

从输出中可以看到所有插件以及未成功加载的插件。通过日志可以查找加载失败的原因,但也可以使用该-d 选项获取更多详细信息。

```
$ ctr plugins ls -d id==devmapper
Type: io.containerd.snapshotter.v1
ID: devmapper
Platforms: linux/amd64
Error:
        Code: Unknown
        Message: devmapper not configured
```

(2) 插件配置

上文 config.toml 文件中的 plugins 就是插件配置,仔细观察,我们可以发现每一个顶级配置块的命名都是[plugins."<plugintype>.<pluginid>"]这种形式,每一个顶级配置块都表示一个插件,其中<plugin type>表示插件的类型,<plugin id>表示插件的 ID。

顶级配置块下面的子配置块表示该插件的各种配置,比如 cri 插件下面就分为 containerd、cni 和 registry 的配置,而 containerd 下面又可以配置各种 runtime,还可以配置默认的 runtime。比如现在我们要为镜像配置一个加速器,那么就需要在 cri 配置块下面的 registry 配置块下面进行配置 registry.mirrors。

```
[plugins."io.containerd.grpc.v1.cri".registry]
  [plugins."io.containerd.grpc.v1.cri".registry.mirrors]
    [plugins."io.containerd.grpc.v1.cri".registry.mirrors."docker.io"]
      endpoint = ["https://fly123.mirror.aliyuncs.com"]
    [plugins."io.containerd.grpc.v1.cri".registry.mirrors."k8s.gcr.io"]
      endpoint = ["https://registry.aliyuncs.com/k8sxio"]
```

- registry.mirrors."xxx":表示需要配置 mirror 的镜像仓库,例如:registry.mirrors."docker.io"表示配置 docker.io 的 mirror。
- endpoint:表示提供 mirror 的镜像加速服务,比如我们可以注册一个阿里云的镜像服务来作为 docker.io 的 mirror。

① 外部插件

在 Containerd 中,插件是由 Go 语言编写的独立程序,它们被编译成二进制文件,并以 gRPC 协议进行通信。插件可以通过在配置文件中指定来加载,也可以在运行时通过 API 动态加载和卸载。Containerd 插件由两个部分组成:

- 插件服务端:插件服务端是一个 gRPC 服务器,它实现了 Containerd 插件服务的接口，包括 runtime、snapshotter、shim 和 CRI 插件等。每个插件服务端都需要实现相应的接口，并将其注册到 Containerd 中。

- 插件客户端：插件客户端是一个用于与插件服务端通信的 gRPC 客户端。Containerd 可以使用插件客户端来调用插件服务端的接口，以执行特定的操作。插件客户端通常包含在 Containerd 的核心代码中，也可以通过 API 在运行时动态加载。

以 runtime 插件为例，它是一个用于管理容器运行时的插件，通常由第三方厂商开发。当需要创建一个新的容器时，Containerd 将使用 runtime 插件来启动容器进程，以及管理容器的生命周期。为了加载一个 runtime 插件，需要在 Containerd 配置文件中添加以下内容。

```
[plugins."io.containerd.grpc.v1.cri".containerd.runtimes]
    [plugins."io.containerd.grpc.v1.cri".containerd.runtimes.my-runtime]
        runtime_type = "io.containerd.runtime.v1.linux"
        runtime_engine = "/path/to/my-runtime"
```

在上面的示例中，my-runtime 是一个由用户自定义的 runtime 插件的名称，runtime_type 是插件服务端实现的 runtime 接口的名称，runtime_engine 是插件服务端二进制文件的路径。

Containerd 插件机制使得用户可以根据自己的需求添加和删除功能，从而实现更加灵活和高效的容器管理。

② 配置 Containerd 运行时镜像加速器

Containerd 通过在启动时指定一个配置文件夹，使后续所有镜像仓库相关的配置都可以在里面热加载，无需重启 Containerd。

在/etc/containerd/config.toml 配置文件中插入如下 config_path：

```
config_path = "/etc/containerd/certs.d"
sed -i 's#config_path = .*#config_path = "/etc/containerd/certs.d"#g'
/etc/containerd/config.toml
```

配置后的效果如下：

```
[plugins."io.containerd.grpc.v1.cri".registry]
    config_path = "/etc/containerd/certs.d"
    [plugins."io.containerd.grpc.v1.cri".registry.auths]
    [plugins."io.containerd.grpc.v1.cri".registry.configs]
    [plugins."io.containerd.grpc.v1.cri".registry.headers]
    [plugins."io.containerd.grpc.v1.cri".registry.mirrors]
```

创建 hosts.toml 文件：

```
mkdir -p /etc/containerd/certs.d/docker.io
cat > /etc/containerd/certs.d/docker.io/hosts.toml <<EOF
```

```
server = "https://registry-1.docker.io"
[host."$(镜像加速器地址,如 https://xxx.mirror.aliyuncs.com)"]
    capabilities = ["pull", "resolve", "push"]
EOF

# 例如:
cat > /etc/containerd/certs.d/docker.io/hosts.toml <<EOF
server = "https://registry-1.docker.io"
[host."https://uy35zvn6.mirror.aliyuncs.com"]
    capabilities = ["pull", "resolve"]
EOF
```

重启 Containerd:

```
$ systemctl daemon-reload
$ systemctl restart containerd
```

拉取镜像验证加速是否生效。

```
crictl pull busybox:1.25 -v
WARN[0000] image connect using default endpoints: [unix:///var/run/dockershim.sock unix:///run/containerd/containerd.sock unix:///run/crio/crio.sock unix:///var/run/cridockerd.sock]. As the default settings are now deprecated, you should set the endpointinstead.

ERRO[0000] unable to determine image API version: rpc error: code = Unavailable desc = connection error: desc = "transport: Error while dialing dial unix /var/run/dockershim.sock: connect: connection refused"
Image is up to date for sha256:e02e811dd08fd49e7f6032625495118e63f597eb150403d02e3238af1df240ba
```

注意:/etc/containerd/config.toml 非默认路径,大家可以根据实际使用情况进行调整。

若已有 plugins."io.containerd.grpc.v1.cri".registry,则在下面添加一行,注意要有 Indent。若没有,则可以在任意地方写入。

```
[plugins."io.containerd.grpc.v1.cri".registry]
    config_path = "/etc/containerd/certs.d"
```

之后需要检查配置文件中是否有原有 mirror 相关的配置,如下:

```
[plugins."io.containerd.grpc.v1.cri".registry.mirrors]
    [plugins."io.containerd.grpc.v1.cri".registry.mirrors."docker.io"]
        endpoint = ["https://registry-1.docker.io"]
```

若有原有 mirror 相关的配置,则需要清理。

执行 systemctlrestartcontainerd 重启 Containerd。

若启动失败,执行journalctl-ucontainerd 检查为何失败,通常是配置文件仍有冲突导致，你可以依据报错做相应调整。

1.2.2 从 Containerd 迁移到 Docker

在 Kubernetes v1.24 及更早版本中，大家可以在 Kubernetes 中使用 Docker Engine，依赖于一个称作 dockershim 的内置 Kubernetes 组件。dockershim 组件在 Kubernetes v1.24 发行版本中已被移除。

如果想在 Kubernetes v1.24 及以后的版本仍使用 Docker Engine，可以安装 CRI 兼容的适配器实现，如 cri-dockerd 适配器来将 Docker Engine 与 Kubernetes 集成。注意这时候使用的是 cri-dockerd 而不是 dockershim。

cri-dockerd 是一个 Kubernetes 容器运行时接口（CRI）实现，它允许 Kubernetes 使用 Docker 作为其容器运行时。它提供了 Kubernetes 对容器生命周期管理和容器网络管理等方面的支持。调用链是先由 kubelet 调用 cri-dockerd（kubelet 使用 cri 接口对接 cri-dockerd）再调用 docker，最后 docker 调用 containerd。

对于 cri-dockerd，默认情况下，CRI 套接字是 unix:///var/run/cri-dockerd.sock。

在每个节点上，遵循安装 Docker Engine 指南为你的 Linux 发行版安装 Docker。

按照源代码仓库中的说明安装 cri-dockerd。

1. 安装 cri-dockerd

```
# 安装 docker
$ yum install -y docker-ce
$ systemctl start docker
$ systemctl enable docker

# 下载 cri-dockerd
$ wget https://github.com/Mirantis/cri-dockerd/releases/download/v0.2.3/cri-dockerd-0.2.3-3.el7.x86_64.rpm

# 安装 cri-dockerd
$ yum install cri-dockerd-0.2.3-3.el7.x86_64.rpm -y

# 修改 cri-dockerd 启动文件
$ sed -i 's,^ExecStart.*,& --network-plugin=cni --pod-infra-containerimage=registry.aliyuncs.com/google_containers/pause:3.7,' /usr/lib/systemd/system/cridocker.service

# 启动 cri-dockerd
$ systemctl daemon-reload
$ systemctl enable --now cri-docker.service
$ systemctl enable --now cri-docker.socket
```

```
# 查看 cri-dockerd 状态
$ systemctl status cri-docker.service
```

2. 隔离(Cordon)并腾空(Drain)该节点

标记节点为维护模式,并驱逐其上正在运行的 Pod,避免切换过程中影响应用的正常运行:

```
# 把节点标记为不可调度状态
$ kubectl cordon <node-name>

# 把节点上的 Pod 调度到其他节点上运行
$ kubectl drain <node-name> --ignore-daemonsets
```

将 <node-name> 替换为你所要腾空的节点的名称。

3. 停止 kubelet,containerd 服务

```
$ systemctl stop kubelet
$ systemctl disable containerd.service --now
```

配置 kubelet 使用 containerd 作为其容器运行时:

编辑文件 /var/lib/kubelet/kubeadm-flags.env,将--container-runtime-endpoint 标志,将其设置为 unix:///var/run/cri-dockerd.sock。

```
$ vim /var/lib/kubelet/kubeadm-flags.env

KUBELET_KUBEADM_ARGS="--network-plugin=cni --pod-infra-containerimage=
registry.aliyuncs.com/google_containers/pause:3.5 --container-runtime=remote --
container-runtime-endpoint=unix:///var/run/cri-dockerd.sock"
```

使用 kubeadm 的用户应该知道,kubeadm 工具将每个主机的 CRI 套接字保存在该主机对应的 Node 对象的注解中。要更改这一注解信息,可以在一台包含 kubeadm/etc/Kubernetes/admin.conf 文件的机器上执行以下命令:

```
kubectl edit no <node-name>
```

- 更改 kubeadm.alpha.Kubernetes.io/cri-socket 值,将其从 unix:///run/containerd/containerd.sock 改为我们所选择的 CRI 套接字路径(例如:unix:///var/run/cri-dockerd.sock)。

注意: 新的 CRI 套接字路径必须带有 unix://前缀。

- 保存文本编辑器中所作的修改,这会更新 Node 对象。

4. 重启 containerd 和 kubelet

```
$ systemctl daemon-reload
$ systemctl restart containerd
$ systemctl restart kubelet
```

5. 解除节点隔离,恢复节点

```
$ kubectl uncordon <node-name>
```

1.3 镜像仓库

镜像仓库是用于存储和管理容器镜像的中央存储库,可供容器编排平台和开发人员使用。镜像仓库是容器生态系统的重要组成部分,是将应用程序部署为容器的关键步骤。

镜像仓库可以分为公共镜像仓库和私有镜像仓库两种类型。

公共镜像仓库是由第三方提供和维护的开放访问的仓库,如 Docker Hub、Quay 等。开发人员可以在其中搜索和下载已有的镜像,也可以上传自己的镜像。

私有镜像仓库则是由组织内部搭建和管理的仓库,用于存储内部开发的应用程序镜像,如 Harbor、Nexus 等。私有镜像仓库可以提高安全性,减少对外部网络的依赖,并且可以根据组织的需求进行定制化。

在生产环境中,使用私有镜像仓库可以更好地管理容器镜像的版本和安全性,并且保证数据安全和网络的可靠性。私有镜像仓库的代表之一是 Harbor。

Harbor 是一个企业级的 Docker 镜像仓库,支持多租户、安全认证、审计日志、自动同步等功能,可以帮助企业管理和交付 Docker 镜像。Harbor 使用开源的 Docker Registry 作为镜像存储后端,提供了 Web 管理界面和 RESTAPI,可以方便地上传、下载、搜索和删除镜像。

1.3.1 Harbor 的特点

(1) 多租户支持

Harbor 支持多个用户和团队访问同一个镜像仓库,可以为不同的租户设置不同的权限和访问策略。

(2) 安全认证

Harbor 支持用户认证和授权,可以使用 LDAP、AD 等认证方式,还支持 OAuth2.0 和 OpenID Connect 等标准认证协议。

(3) 审计日志

Harbor 可以记录所有的镜像上传、下载和删除操作,并提供详细的审计日志,方便用户进行审计和合规性检查。

(4) 自动同步

Harbor 可以和多个远程 Docker Registry 进行同步,实现镜像的自动备份和复制。

(5) Web 管理界面

Harbor 提供了用户友好的 Web 管理界面,可以方便地浏览、搜索、上传和删除镜像,还可以管理用户、团队、项目等。

(6) RESTAPI

Harbor 还提供了 RESTAPI,可以方便地与其他工具和系统集成,实现自动化和自定义功能。

(7) 可扩展性

Harbor 支持插件机制,可以扩展和自定义功能,还可以集成多种 CI/CD 工具和云平台。

1.3.2 Harbor 作为 Docker 镜像仓库的优势

(1) 安全性高

Harbor 支持用户认证、角色管理、LDAP/AD 集成等多种安全措施,可以帮助组织保护敏感数据和防止恶意访问。

(2) 可靠性高

Harbor 支持多节点高可用架构,通过多副本复制数据来提高数据可靠性和容错性。

(3) 性能优秀

Harbor 使用高效的镜像存储和索引技术,能够快速上传、下载和搜索镜像。

(4) 可扩展性强

Harbor 支持集成多种云平台和 CI/CD 工具,并提供 API 和 Webhook 来扩展和自定义功能。

(5) 界面友好

Harbor 提供用户友好的 Web 管理界面,让用户可以轻松地管理和使用镜像。

(6) 社区活跃

Harbor 是一个开源项目,有活跃的社区支持和持续的更新迭代。

1.3.3 Harbor 支持高可用部署的一般步骤

(1) 部署数据库

可以使用 MySQL 或 PostgreSQL 来存储 Harbor 的元数据。将数据库设置为高可用模式,以确保数据的持久性和可用性。

(2) 部署 Redis

Harbor 使用 Redis 作为缓存,可以提高系统性能。将 Redis 设置为高可用模式,以确保缓存的可用性。

(3) 部署多个 Harbor 实例

可以使用 Kubernetes、Docker Compose 等工具来部署多个 Harbor 实例。每个实例需要共享数据库和 Redis 的配置。可以使用负载均衡器(如 Nginx)将多个 Harbor 实例组合成一个虚拟服务器。

(4) 配置文件同步

Harbor 的配置文件需要在多个实例之间同步。可以使用分布式文件系统(如 GlusterFS)或对象存储(如 S3)来实现文件同步。

(5) 备份和恢复

为了保证数据的安全性,需要对数据库和存储进行定期备份,并设置好恢复方案。

(6) 监控和告警

监控 Harbor 的运行状态和性能,并设置告警规则,及时发现和解决问题。

1.3.4 Harbor 快速安装部署

要安装 Harbor,大家可以按照以下步骤进行操作:

(1) 准备环境

确保有一个运行 Docker 的服务器。

确保已经安装了 Docker 和 Docker Compose。

(2) 下载 Harbor 发行版

前往 Harbor 的官方 GitHub 页面:https://github.com/goharbor/harbor/releases

下载适用于操作系统的发行版。通常,可以选择下载.tar.gz 或.zip 文件。

(3) 解压发行版

在选择的位置解压所下载的发行版文件。

(4) 配置 Harbor

进入解压后的 Harbor 目录。

复制并重命名配置文件模板。

```
cp harbor.yml.tmpl harbor.yml
```

编辑 harbor.yml 文件以进行必要的配置更改。至少,需要更新以下内容:

hostname:Harbor 实例的主机名或 IP 地址。

http 或 https:选择使用 HTTP 或 HTTPS 协议。

certificate 和 private_key:如果选择使用 HTTPS,请提供相应的证书和私钥文件的路径。

harbor_admin_password:用于管理员帐户的密码。

data_volume:Harbor 数据存放目录。

(5) 启动 Harbor

执行以下命令以启动 Harbor。

```
./install.sh
```

等待 Harbor 启动并完成初始化过程。

(6) 访问 Harbor

在浏览器中访问你配置的 Harbor 实例的 URL(例如,http://your-harbor-host)。

使用在配置文件中设置的管理员账户和密码登录。

完成上述步骤后,将成功安装并访问 Harbor。可以使用其 Web 界面管理 Docker 镜像和项目。请注意,这只是基本安装过程的概述,可能需要根据你的特定环境和需求进行进一步的配置和定制。

以上是使用 Docker Compose 方式来部署 Harbor 镜像仓库,不具备高可用。在 Kubernetes 环境中,可以使用 Helm 来部署高可用的 Harbor 镜像仓库。

1.4 Containerd 客户端工具

我们知道 DockerEngine 和 containerd 是两个不同的项目,虽然它们之间有些重叠的功能,但它们的目的和设计思路是不同的。DockerEngine 是一个完整的容器平台,它包括了构建、发布和运行容器的所有组件,例如镜像管理、网络管理、存储管理等。而 containerd 是一个轻量级的容器运行时,它专注于容器的运行和管理,不包括构建和发布镜像等功能。

当使用 containerd 作为容器运行时时,不能使用 DockerCLI 命令来管理容器和镜像。这是因为 Docker CLI 是为使用 Docker 引擎而设计的,而不是为 containerd。

在 containerd 中,需要使用 crictl 等命令来管理容器和镜像。例如,要查看运行中的容器列表,这时应该使用 crictlps 命令,而不是 docker ps。同样,要查看可用的镜像列表,应该使用 crictl images 命令,而不是 docker images。

另外,由于 Docker Engine 和 Kubernetes 都无法看到由另一个系统创建的容器和镜像,因此不能使用 Docker CLI 或 Kubernetes 命令来管理这些容器和镜像。如果需要在 Kubernetes 中使用某个容器或镜像,需要将其推送到镜像仓库,并在 Kubernetes 中使用相应的 Kubernetes 对象(例如 Deployment、Pod 等)来管理容器。

需要注意的是,尽管不能使用 Docker CLI 命令来管理容器和镜像,但仍然可以使用 Docker CLI 命令来创建和构建镜像。但是,请注意,使用 Docker CLI 创建和构建的镜像对于容器运行时和 Kubernetes 均不可见。如果需要在 Kubernetes 中使用某个镜像,则需要将其推送到镜像仓库,并在 Kubernetes 中使用相应的 Kubernetes 对象来管理容器。

从上面我们知道,切换到 Containerd 后,我们需要使用专门的 Containerd 客户端工具,见表 1-1 所列,其中有以下几个命令行界面(CLI)项目可用于与 containerd 交互。

表 1-1　Containerd 客户端工具

CLI 名称	CLI 社区	API	目标	官方网站
ctr	containerd	Native	仅供调试	无,请参阅 ctr--help 了解用法
nerdctl	containerd (non-core)	Native	一般用途	https://github.com/containerd/nerdctl
crictl	Kubernetes SIG 节点	CRI	仅供调试	https://github.com/Kubernetes-sigs/cri-tools/blob/master/docs/crictl.md

下面我们具体介绍和比较下这几种命令行界面(CLI)。

1.4.1 ctr 客户端

Containerd 也有 namespaces 的概念,ctr 客户端主要区分了 3 个命名空间分别是 k8s.io、moby 和 default,我们可以通过-n 这个 globaloptions 选项来指定 namespace。

1. ctr 用法

```
USAGE:
    ctr [global options] command [command options] [arguments...]
```

2. ctr 常用命令

```
### 查看镜像
ctr -n=k8s.io image ls
ctr -n k8s.io image ls
### 拉取镜像
ctr image pull docker.io/library/nginx:alpine
### 打标签
ctr image tag docker.io/library/nginx:alpine harbor.k8s.local/course/nginx:alpin
### 删除镜像
ctr image rm harbor.k8s.local/course/nginx:alpine
### 镜像导出为压缩包
### 导出 linux/amd64 平台的镜像
ctr image export --platform linux/amd64 nginx.tar.gz docker.io/library/nginx:alpine
### 从压缩包导入镜像
    ctr image import nginx.tar.gz

    ### 创建容器
    ctr container create docker.io/library/nginx:alpine nginx
    ### 列出容器
    ctr container ls
    ### 删除容器
    ctr container rm nginx
```

1.4.2 crictl 客户端

crictl 是 CRI 兼容的容器运行时命令行接口。可以使用它来检查和调试 Kubernetes 节点上的容器运行时和应用程序。

1. crictl 安装

(1) 使用 yum 安装

安装 containerd.io 软件包就自带了 crictl 命令。

```
yum install -y yum-utils
yum-config-manager \
    --add-repo \
    https://download.docker.com/linux/centos/docker-ce.repo
yum install -y containerd.io
```

(2) 使用二进制包

在 github 下载安装包：https://github.com/Kubernetes-sigs/cri-tools/releases/tag/v1.21.0。

```
VERSION = "v1.21.0"
wget https://github.com/kubernetes-sigs/critools/
releases/download/ $VERSION/crictl- $VERSION-linux-amd64.tar.gz
sudo tar zxvf crictl- $VERSION-linux-amd64.tar.gz -C /usr/local/bin
rm -f crictl- $VERSION-linux-amd64.tar.gz
```

2. crictl 配置文件

crictl 默认连接到 unix:///var/run/dockershim.sock。对于其他的运行时，可以用多种不同的方法设置端点：

- 通过设置参数--runtime-endpoint 和--image-endpoint。
- 通过设置环境变量 CONTAINERRUNTIMEENDPOINT 和 IMAGESERVICEENDPOINT。
- 通过在配置文件中设置端点--config=/etc/crictl.yaml。

还可以在连接到服务器并启用或禁用调试时指定超时值，方法是在配置文件中指定 timeout 或 debug 值，或者使用--timeout 和--debug 命令行参数。

```
cat >> /etc/crictl.yaml << EOF #这里使用 containerd
runtime-endpoint: unix:///run/containerd/containerd.sock
image-endpoint: unix:///run/containerd/containerd.sock
timeout: 3
debug: true
EOF
```

也可以通过命令进行设置：

```
$ crictl config runtime-endpoint unix:///run/containerd/containerd.sock
$ crictl config image-endpoint unix:///run/containerd/containerd.sock1.2.
```

默认我们用 crictl 操作的均在 k8s.io 命名空间，使用 ctr 看镜像列表就需要加上-n 参数。

3. crictl 命令行

使用 crictl config 命令获取并设置 crictl 客户端配置选项。

```
crictl config [command options] [ <crictl options > ]
```

4. crictl 用法

```
USAGE:
    crictl [global options] command [command options] [arguments...]
```

crictl 指令见表 1-2 所列。

表 1-2　crictl 指令

指　令	描　述
attach	附加到正在运行的容器
create	创建一个新的容器
exec	在正在运行的容器中运行命令
version	显示运行时版本信息
images	列出镜像
inspect	显示一个或多个容器的状态
inspecti	返回一个或多个镜像的状态
imagefsinfo	返回镜像文件系统信息
inspectp	显示一个或多个 pods 的状态
logs	获取容器的日志
port-forward	将本地端口转发到 Pod
ps	列出容器
pull	从镜像库拉取镜像
runp	运行一个新的 pod
rm	删除一个或多个容器
rmi	删除一个或多个镜像
rmp	删除一个或多个 pod
pods	列出 pods
start	启动一个或多个已创建的容器

续表 1-2

指　令	描　述
info	显示容器运行时的信息
stop	停止一个或多个运行中的容器
stopp	停止一个或多个正在运行的 Pod
update	更新一个或多个正在运行的容器
config	获取并设置 crictl 客户端配置选项
stats	列出容器资源使用情况统计信息

5. crictl 常用命令

```
### 查看镜像
crictl images

### 拉取镜像
crictl pull docker.io/library/nginx:alpine

### 删除镜像
ctr image rmi harbor.k8s.local/course/nginx:alpine

### 创建容器--crictl 无法直接创建一个容器,需要在 sandbox 中创建容器
crictl create docker.io/library/nginx:alpine nginx
### 在正在运行的容器上执行命令
crictl exec -i -t 1f73f2d81bf98 ls
### 列出容器
crictl ps
### 删除容器
crictl rm nginx
```

(1) crictl 创建容器

用 crictl 创建容器对容器运行时排错很有帮助。在运行的 Kubernetes 集群中,沙盒会随机被 kubelet 停止和删除。

拉取 busybox 镜像。

```
crictl pull busybox

Image is up to date for
busybox@sha256:141c253bc4c3fd0a201d32dc1f493bcf3fff003b6df416dea4f41046e0f37d47
```

(2) 创建 Pod 和容器的配置

① Pod 配置

```
touch pod-config.json
sudo tee ./pod-config.json << -'EOF'
{
    "metadata": {
        "name": "nginx-sandbox",
        "namespace": "default",
        "attempt": 1,
        "uid": "hdishd83djaidwnduwk28bcsb"
    },
    "linux": {
    }
}
EOF
```

② 容器配置

```
touch container-config.json
sudo tee ./container-config.json << -'EOF'
{
    "metadata": {
        "name": "busybox"
    },
    "image":{
        "image": "busybox"
    },
    "command": [
        "top"
    ],
    "logpath":"busybox.log",
    "linux": {
    }
}
EOF
```

创建容器:传递先前创建的 Pod 的 ID、容器配置文件和 Pod 配置文件。返回容器的 ID。

```
crictl create f84dd361f8dc51518ed291fbadd6db537b0496536c1d2d6c05ff943ce8c9a54f
container-config.json pod-config.json
```

查询所有容器并确认新创建的容器状态为 Created。

```
crictl ps -a
```

输出类似于：

```
CONTAINER ID IMAGE CREATED STATE NAME
ATTEMPT
3e025dd50a72d busybox 32 seconds ago Created
busybox 0
```

crictl 启动容器：要启动容器，要将容器 ID 传给 crictlstart：

```
crictl start 3e025dd50a72d956c4f14881fbb5b1080c9275674e95fb67f965f6478a957d60
```

输出类似于：

```
3e025dd50a72d956c4f14881fbb5b1080c9275674e95fb67f965f6478a957d60
```

确认容器的状态为 Running。

```
crictl ps
```

输出类似于：

```
CONTAINER ID IMAGE CREATED STATE NAME ATTEMPT
3e025dd50a72d busybox About a minute ago Running busybox 0
```

1.4.3 nerdctl 客户端

Containerd 也有 namespaces 的概念，nerdctl 客户端主要区分了 3 个命名空间分别是 k8s. io、moby 和 default，我们可以通过 -n 这个 globaloptions 选项来指定 namespace。

1. nerdctl 安装

```
### 下载压缩包
export version = 0.23.0
wget https://github.com/containerd/nerdctl/releases/download/v ${version}/nerdctlfull- ${
version}-linux-amd64.tar.gz

### 解压安装
tar Cxzvvf /usr/local nerdctl-full- ${version}-linux-amd64.tar.gz

### 启动 containerd 和 buildkitd
systemctl enable --now containerd
systemctl enable --now buildkit
```

2. nerdctl 用法

```
~### nerdctl -h
nerdctl is a command line interface for containerd
```

```
Config file ( $ NERDCTLTOML): /etc/nerdctl/nerdctl.toml

Usage: nerdctl [flags]
```

3. nerdctl 常用命令

```
### 镜像列表(default namespace)
nerdctl images

### 镜像列表(k8s.io namespace),其他命令类似,操作其他 namespace,带上-n 选项
nerdctl -n = k8s.io images

### 拉取镜像
nerdctl pull busybox:latest

### 镜像标签
nerdctl tag nginx:alpine harbor.k8s.local/course/nginx:alpine

### 导出镜像
nerdctl save -o busybox.tar.gz busybox:latest

### 导入镜像
nerdctl load -i busybox.tar.gz

### 构建镜像-nerdctl build 需要依赖 buildkit 工具。
nerdctl build -t nginx:nerdctl -f Dockerfile .

### 容器列表
nerdctl ps

### 获取容器的详细信息
nerdctl inspect

### 获取容器日志
nerdctl logs -f nginx

### 停止容器
nerdctl stop nginx

### 删除容器
nerdctl rm nginx
```

```
### 执行容器相关命令
nerdctl exec -it nginx /bin/sh

### 运行容器
nerdctl run -d -p 80:80 --name=nginx --restart=always nginx:alpine
```

4. nerdctl 添加组件

```
### buildkit 项目也是 Docker 公司开源的一个构建工具包,支持 OCI 标准的镜像构建。
### 服务端 buildkitd:当前支持 runc 和 containerd 作为 worker,默认是 runc,我们这里使用
containerd
### 客户端 buildctl:负责解析 Dockerfile,并向服务端 buildkitd 发出构建请求
containerd-rootless-setuptool.sh install-buildkit
```

5. nerdctl 构建镜像

nerdctlbuild 需要依赖 buildkit 工具。

buildkit 项目也是 Docker 公司开源的一个构建工具包,支持 OCI 标准的镜像构建。它主要包含以下部分:

- 服务端 buildkitd:当前支持 runc 和 containerd 作为 worker,默认是 runc,我们这里使用 containerd。
- 客户端 buildctl:负责解析 Dockerfile,并向服务端 buildkitd 发出构建请求。

buildkit 是典型的 C/S 架构,客户端和服务端是可以不在一台服务器上,而 nerdctl 在构建镜像的时候也作为 buildkitd 的客户端,所以需要我们安装并运行 buildkitd。

虽然 buildctl 客户端可用于 Linux、macOS 和 Windows,但该 buildkitd 守护程序目前仅可用于 Linux。

```
### 1. 获取安装包
export version=0.10.2
wget https://github.com/moby/buildkit/releases/download/v${version}/buildkitv${
version}.linux-amd64.tar.gz
### 如果有限制,也可以替换成下面的 URL 加速下载
### wget
https://download.fastgit.org/moby/buildkit/releases/download/v${version}/buildkitv
${version}.linux-amd64.tar.gz

### 2. 解压
tar -zxvf buildkit-v0.10.2.linux-amd64.tar.gz -C /usr/local/containerd/

### 3. 软链接到/usr/local/bin
ln -s /usr/local/containerd/bin/buildkitd /usr/local/bin/buildkitd
ln -s /usr/local/containerd/bin/buildctl /usr/local/bin/buildctl
```

```
### 4. 创建 buildkit.socket
### 创建 buildkitd.service
### 使用 Systemd 来管理 buildkitd,创建如下所示的 systemd unit 文件
sudo tee /etc/systemd/system/buildkit.service << -'EOF'
[Unit]
Description = BuildKit
Documentation = https://github.com/moby/buildkit

[Service]
ExecStart = /usr/local/bin/buildkitd --oci-worker = false --containerd-worker = true

[Install]
WantedBy = multi - user.target
EOF

### 启动 buildkitd
systemctl daemon - reload
systemctl enable buildkit --now

### buildkitd 配置
/etc/buildkit/buildkitd.toml
```

6. 构建镜像

```
### 1. 编辑 Dockerfile
sudo tee Dockerfile << - 'EOF'
FROM nginx
RUN echo 'Hello Nerdctl From Containerd' > /usr/share/nginx/html/index.html
EOF

### 构建镜像
nerdctl build - t nginx:nerdctl .

### 镜像列表
[root@vm13 fly]### nerdctl images
REPOSITORY TAG IMAGE ID CREATED PLATFORM SIZE
    BLOB SIZE
busybox latest 9810966b5f71 About an hour ago linux/amd64 1.3 MiB
    759.1 KiB
nginx nerdctl 13cc5faf59a6 56 seconds ago linux/amd64 149.4 MiB
    54.2 MiB
```

7. nerdctl 命令别名

```
echo "alias docker = 'nerdctl --namespace k8s.io'" >> /etc/profile
echo "alias docker-compose = 'nerdctl compose'" >> /etc/profile
source /etc/profile

#配置 nerdctl
mkdir -p /etc/nerdctl/
cat > /etc/nerdctl/nerdctl.toml << 'EOF'
namespace = "k8s.io"
insecureregistry = true
cnipath = "/data/kube/bin"
EOF
```

1.4.4 containnerd 客户端对比

从上面内容我们知道,nerdctl、ctr、crictl 都是容器运行时的 CLI 工具,它们可以用于操作容器、镜像、网络、卷等资源。

下面是它们之间的一些对比见表 1-3 所列。

表 1-3 containnerd 客户端对比

工具	描述	兼容性	支持特性
nerdctl	nerdctl 是一个与 Docker CLI 兼容的 CLI 工具,它的目标是为了提供更好的 Docker Engine 替代品。它支持 containerd 作为运行时,具有更好的用户体验、更好的容器管理性能和更好的镜像构建性能	与 Docker CLI 兼容	支持所有 Docker Engine 特性和 containerd 的所有特性
ctr	ctr 是一个 containerd 的 CLI 工具,可以用于管理 containerd 和容器。与 Docker CLI 不兼容,对用户不友好	不兼容 Docker CLI	支持所有 containerd 特性
crictl	crictl 是 CRI(Container Runtime Interface)的 CLI 工具,用于管理和操作符合 CRI 标准的容器运行时。与 Docker CLI 不兼容,对用户不友好,不支持非 CRI 特性	不兼容 Docker CLI,符合 CRI 标准	仅支持 CRI 特性

需要注意的是,这些工具的用法和参数可能略有不同。

1. 镜像命令

镜像命令见表 1-4 所列。

表 1-4　镜像命令

命令	docker	ctr	crictl	nerdctl
查看镜像列表	dockerimages	ctrimagels	crictlimages	nerdctlimages
镜像打标签	dockertag	ctrimagetag	无	
导入镜像	dockerload	ctrimageimport	无	
导出镜像	dockersave	ctrimageexport	无	
删除镜像	dockerrmi	ctrimagerm	crictlrmi	nerdctlrmi
拉取镜像	dockerpull	ctrimagepull	ctictlpull	nerdctlpull
推送镜像	dockerpush	ctrimagepush	无	nerdctlpush
查看镜像详情	dockerinspect	无	crictlinspecti	
构建镜像	dockerbuild	无	无	

2. 容器命令

容器命令见表 1-5 所列。

表 1-5　容器命令

命令	docker	ctr	crictl	nerdctl
查看容器列表	dockerps	ctrtaskls/ctr containerls	crictl ps	nerdctl ps
查看容器日志	docker logs	无	crictl logs	nerdctl logs
查看容器详情	docker inspec	tct rcontainerinfo	crictl inspect	nerdctl inspect
查看容器资源消耗	docker stats	无	crictl stats	无
启动/关闭容器	docker start/stop	ctrtask start/kill	crictl start/stop	nerdctl start/stop
运行容器	docker run	ctr run	无	nerdctl run
创建容器	docker create	ctr container create	crictl create	无
删除容器	docker rm	ctr container rm	crictl rm	nerdctl rm
在容器内部执行命令	docker exec	无	crictl exec	nerdctl exec
清空不用的容器	dockerimage prune	无	crictlrmi--prune	
挂接到某运行中的容器	docker attach	ctr task attach	crictl attach	无

3. 仅被 crictl 支持的命令

仅被 crictl 支持的命令见表 1-6 所列。

表 1-6 crictl 特有命令

crictl	描述
imagefsinfo	返回镜像文件系统信息
inspectp	显示一个或多个 Pod 的状态
port-forward	将本地端口转发到 Pod
pods	列举 Pod
runp	运行一个新的 Pod
rmp	删除一个或多个 Pod
stopp	停止一个或多个运行中的 Pod

第 2 章　为什么需要 Kubernetes

2.1　CNCF 的云原生景观简介

CNCF(Cloud Native Computing Foundation)是一个非营利性开源组织，成立于2015年，致力于推广和维护云原生计算。该组织通过开发和维护一系列开源项目和工具，促进了云原生技术的广泛应用和发展。

云原生计算是一种使用容器、微服务、自动化操作和云基础设施的方式来构建和部署应用程序的方法。它的目标是提高应用程序的可扩展性、可靠性和安全性。CNCF 在推广云原生技术的同时，也为企业和开发者提供了各种支持和服务。

CNCF 的重要性贡献包括：

- 维护和发展一系列云原生技术项目：CNCF 管理了众多的开源项目，其中最著名的是 Kubernetes，这是一款开源的容器编排系统，被广泛应用于生产环境中。除了 Kubernetes，CNCF 还维护和发展了许多其他的云原生项目，包括服务网格、容器运行时、容器镜像等。
- 推广云原生技术和理念：CNCF 组织了各种活动和会议，包括 KubeCon + CloudNativeCon，这是一个面向云原生计算的全球性大会，旨在促进云原生技术的交流和发展。此外，CNCF 还提供了培训、认证和咨询等服务，帮助企业和开发者了解和应用云原生技术。
- 发布云原生技术调查报告：CNCF 每年都会发布云原生技术调查报告，这是业界权威的云原生技术趋势报告。该报告调查了全球各地的 IT 专业人士，提供了有关云原生技术的最新数据和趋势。
- 提供认证和合规性标准：CNCF 提供了一系列认证和合规性标准，帮助企业和开发者确保其使用的云原生技术符合安全和合规性要求。

CNCF 是云原生计算领域的重要组织，其维护和推广的开源项目和技术对于推动云原生计算的应用和发展有着重要的作用。

当研究云原生应用程序和技术，可能会看到过云原生计算基金会(CNCF)提供的云原生景观图。这是由 CNCF 与 Redpoint Ventures 和 Amplify Partners 的合作开发的云原生景观图。它标准化了技术、服务和工具，例如容器化、编排、CI/CD 等。组织可以利用此云原生景观图来设计和开发云原生应用。

如图 2-1 所示，云原生景观图由四个主要层和两个支持层组成。每一层进一步细

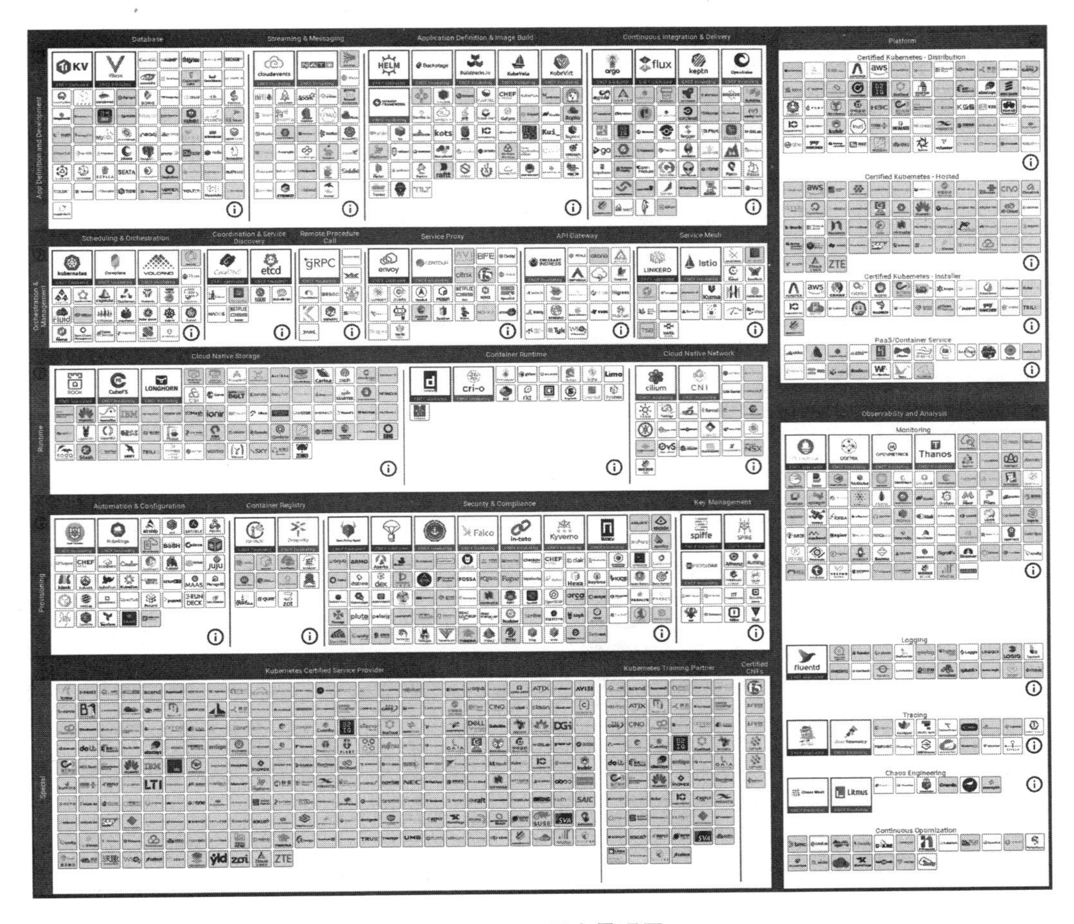

图 2-1 云原生景观图

分为由工具和服务组成的云原生应用程序。

2.1.1 云原生景观的基础架构

如图 2-2 所示，第一层中是配置云原生基础架构的工具。第二层和第三层是添加运行和管理应用程序所需的工具，例如运行时和编排层。第四层是用于定义和开发应用程序的工具，例如数据库、镜像构建和 CI/CD 工具。

云原生景观始于基础架构，每一层都更接近实际应用程序。

1. 供应层(Provisioning)

如图 2-3 所示，基础设施即代码是一种将基础设施的管理和配置作为代码的方式，其可更轻松地管理基础设施并实现自动化，实现自动扩展和按需资源配置。这有助于更快地进行配置，开发，部署和测试。有一些配置工具可维护整个应用程序环境中的标准，合规性，策略和安全性。

Provisioning 指的是创建和强化云本机应用程序基础所涉及的工具，它涵盖了从

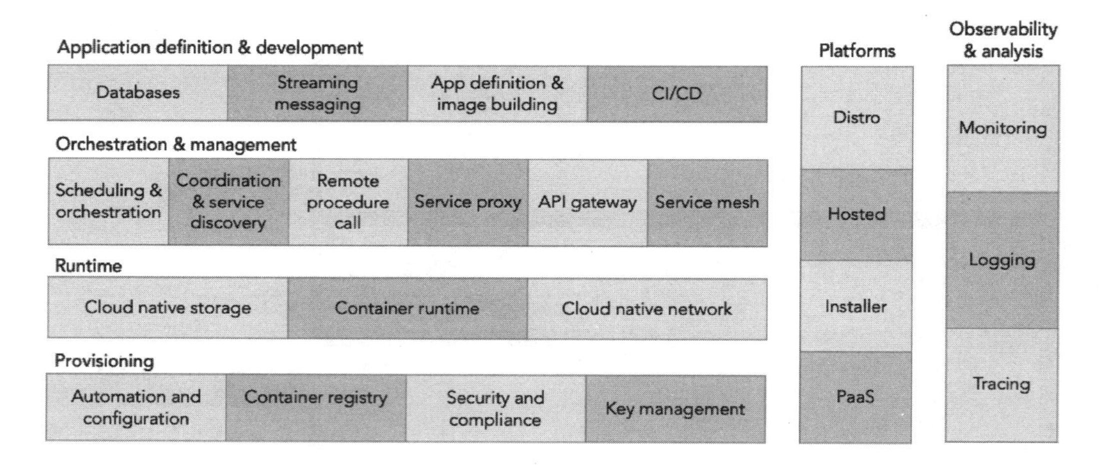

图 2-2 云原生景观图概览

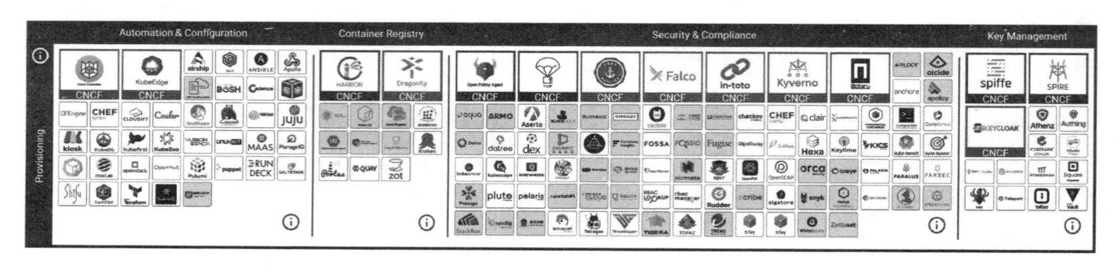

图 2-3 云原生景观图-供应层

自动化基础结构的创建、管理和配置镜像扫描、镜像签名和存储镜像的所有内容。除此之外，它还具备在应用程序和平台中构建身份验证授权以及处理密钥分发的工具，资源调配和安全领域的工具。

(1) 供应层的功能

- **自动化和配置管理**(Automation & configuration)有助于自动化基础结构和部署。对于 Terraform 之类的工具，使用配置文件来自动进行多个云环境中的基础架构配置。Ansible 之类的工具能够提供应用程序部署和服务内编排。
- **容器仓库**(Container Registry)是 Docker 镜像的集中存储库，应用程序可以在其中存储和检索镜像。组织可以使用公共(Docker Hub)或私有仓库来管理镜像。有一些常用的镜像仓库，例如 Docker Registry、Kraken、Amazon ECR 等。
- **安全性和合规性**(Security & compliance)是云供应商和云原生应用程序团队的共同责任。应用程序团队可以利用最佳实践和工具来保护应用程序和数据的安全，例如 TUF、Clair、kube-hunter、terrascan 等。
- **密钥管理**(Keymanagement)是一种身份和访问管理(IAM)中使用的密钥加密方法，以确保只有授权的用户才能访问该应用程序。有一些有用的 IAM 工具，可帮助为云原生应用程序提供加密方法，例如 CyberArk、ORY、Keycloak。

(2) 供应层中的常见工具和技术

- 自动化运维工具：自动化运维工具可以帮助管理员管理和维护云原生环境中的基础设施。常见的自动化运维工具包括 Puppet、Chef、Saltstack 等。
- 资源调度工具：资源调度工具可以帮助云原生环境中的管理员自动化分配和管理资源。常见的资源调度工具包括 Mesos、Nomad 等。
- 集群管理工具：集群管理工具可以帮助管理员管理云原生环境中的整个集群，包括节点的状态、健康状况等。常见的集群管理工具包括 Rancher、Portainer 等。

在云原生应用程序中，供应层的工具和技术通常与其他层的工具和技术紧密集成，以实现自动化和可靠的应用程序部署和管理。

这些工具可使工程师了解所有基础架构的细节，以便根据需要进行调整，来确保它们的一致性和安全性。

2. 运行时层(Runtime)

云原生景观图运行时层如图 2－4 所示。

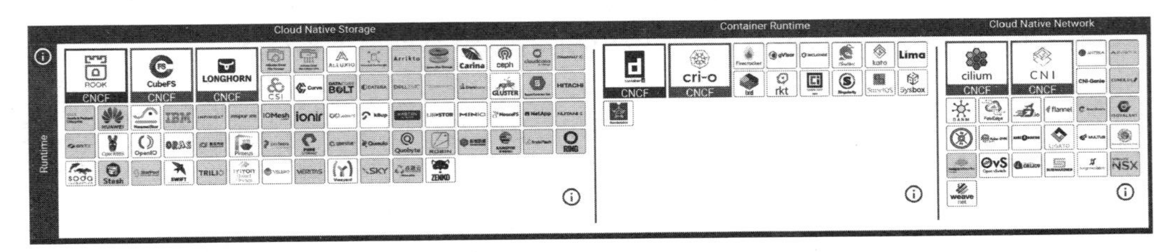

图 2－4 云原生景观图—运行时层

在云原生中，可以动态配置运行时资源，例如计算，存储和网络。CNCF 推荐了一组工具，平台和服务，他们可以满足云原生需求，并提供诸如可伸缩性，高性能和容错性之类的属性。

运行时是云原生中有可能引起混淆的术语。与 IT 中的许多术语一样，没有严格的定义，可以根据上下文使用的不同来定义。从狭义上讲，运行时是运行应用程序的特定沙箱环境(应用程序运行所需的最低限度)。从广义上讲，运行时是应用程序运行所需要的任何工具。

在 CNCF 云原生环境中，运行时重点放在对容器化应用特别重要的组件上。它们包括：

- **云原生存储**(Cloud native storage)：为容器化的应用程序提供了虚拟化磁盘或持久性。提供分布式，虚拟化，弹性存储。提供了各种开源和商业产品，例如 Minio，Rook，Rind，NetApp，Amazon S3 等。
- **容器运行时**(Container runtime)：运行容器并管理容器镜像，为容器提供了约束，资源和安全性等。例如 Docker，Contained，Firecracker，lxd 等。
- **云原生网络**(Cloud native networking)：分布式系统的节点通过其进行连接和通信的网络。可实现网络资源的编排和管理，它包括网络资源的扩展，分配和释放。例如 CNI,NetworkServiceMess,Kube-OVN,Ligato 等。

3. 编排和管理层(Orchestration&Management)

编排通过使用正确的工具和服务集自动触发和管理工作流,有助于实现可伸缩性和弹性。该层涵盖与通信和容器编排相关的技术,服务和工具如图 2-5 所示。

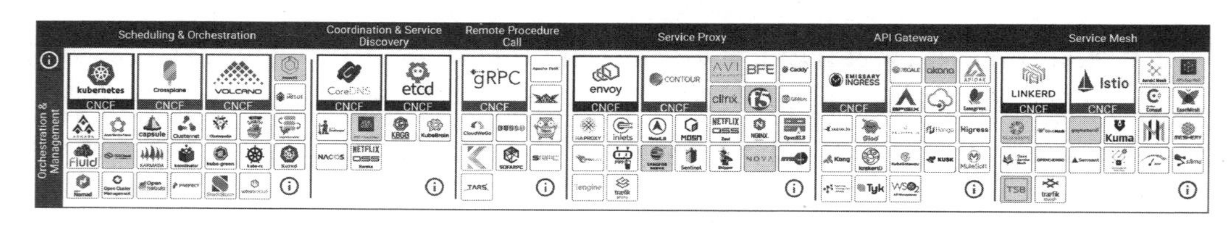

图 2-5　云原生景观图-编排和管理层

一旦按照安全性标准自动搭建了基础结构(供应层),并设置了应用程序需要运行的工具(运行时层),工程师就需要知道如何编排和管理其应用程序。

编排和管理层把所有容器化应用程序作为一个组进行管理、还要确定是否需要和其他服务相互通信并进行协调。云原生应用程序具有良好的可扩展性。

这一层包括:

- **编排和调度**(Orchestration & scheduling):当管理容器成为烦琐的任务时,调度和编排便成为了问题,就需要部署和管理容器集群,以确保它们具有弹性,松耦合和可伸缩性。Orchestrated 平台和工具可提供自动扩展,回滚,负载均衡,监视等功能,从而实现操作敏捷性,帮助管理容器集群。

Kubernetes,Docker Swarm,Amazon ECS 是一些流行的 Orchestrated 平台和服务。

- **服务发现**(Coordination and service discovery):云原生应用程序可以具有多个微服务,因此动态配置和发现它们至关重要。有一些工具(例如 Eureka,ZooKeeper,Nacos 等)可以帮助动态配置和发现微服务。
- **远程过程调用**(RPC):使应用程序可以远程调用客户端/服务器应用程序中使用的过程/功能。有一些工具(例如 ApacheThrift,gRPC 和 TARS 等)可帮助实现此技术。
- **服务代理**(Service proxy):它是处理服务间通信。代理的唯一目的是对服务通信施加更多控制,它不会对通信本身添加任何内容。这些代理对于下面提到的服务网格至关重要。有一些工具(例如 NGINX,envoy,NOVA 等)可帮助实现服务代理。
- **API 网关**:它是一个抽象层,外部应用程序可以通过它进行通信。为 API 调用提供了一个入口点,将请求重定向到相应的服务,并返回适当的结果。它使身份验证,负载均衡,安全性和监视易于处理。MuleSoft,Kong,3SSCALE 是流行的 API 网关。
- **服务网格**(Service mesh):它在某种程度上类似于 API 网关,它是应用程序通过其进行通信的专用基础结构层，但是它提供了策略驱动的服务的通信。此外，它可能包括流量加密、服务发现、到应用程序可观察性的所有内容。主要管理服务代理(sidecar)之间的网络。它有助于保护和监视微服务。Istio，Consul 和 Linkerd 是一些常用的 Servicemesh 工具。

4. 应用程序定义和开发层(ApplicationDefinition&Development)

应用程序定义和开发层如图 2-6 所示。

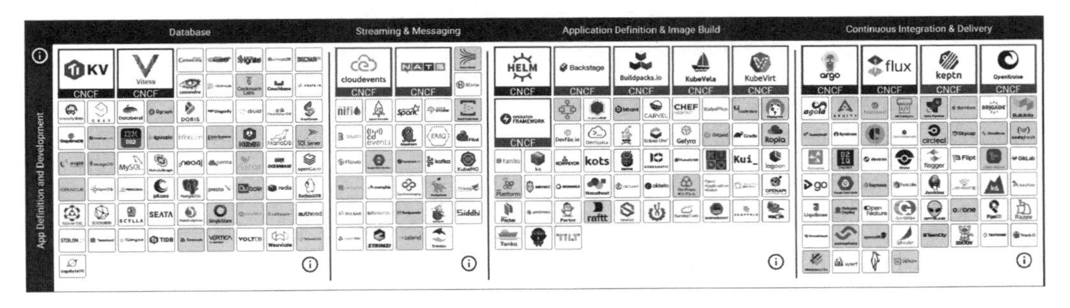

图 2-6 云原生景观图-应用程序定义和开发层

顾名思义，应用程序定义和开发层，是侧重于使工程师能够构建应用程序并使其运行的工具。应用程序定义和开发层重点介绍应用程序开发下的技术和工具，其中包括构建/部署自动化，镜像构建，数据发布和存储。它使团队能够开发响应式，弹性和可扩展的应用程序。

在此类别下，你会看到：

- **数据库**(Databases)：使应用程序能够以有组织的方式收集数据。提供了广泛的开源和商业数据库产品，例如 Cassandra，Couchbase，Redis，MongoDB 等。
- **流和消息传递**(Streaming & messaging)：使应用程序能够发送和接收消息(事件和流)。它不是网络层，而是用于对消息进行排队和处理的工具。是基于 pub/sub 模型的中间件服务，可在不同节点之间进行异步通信。一些广泛使用的产品是 RabbitMQ，Kafka，Beam，Amazon Kinesis 等。
- **应用程序定义和镜像构建**(Application definition & imagebuild)：是帮助配置，维护和运行容器镜像的服务。它是一个核心构建块，在自动部署中起着重要作用，涉及应用程序的打包，docker 说明，环境信息等。它的一些流行的工具包括 Helm，Packer，Chef 等。
- **持续集成和持续交付**(CI/CD)：它可使开发人员能够自动测试代码，自动打包，甚至还可以自动部署到生产环境中。它使开发团队更加敏捷，更频繁，更可靠地交付。工具包括 Jenkins，Bamboo，AWS 代码流水线等。

以上组件和工具的集合构成了云原生应用程序的开发和部署环境，有助于提高应用程序的可靠性、可扩展性和安全性。

2.1.2 跨所有层运行的工具

接下来，我们将介绍在所有层上运行的两列——可观察性和分析。

1. 可观察性与分析(Observability and Analysis)

应用程序应提供适当的数据以使系统可观察。日志、指标、运行状况检查及分布式跟踪等可用于数据分析，问题定位和发出警报。

为了降低 MRRT(解决软件问题的时间)，需要监视和分析应用程序的各个方面，以便立即发现并纠正任何异常情况。在复杂的环境中故障随时会发生，而这些工具将通过尽快识别和解决故障来帮助减轻故障的负面影响。由于此类别遍历并监视所有层，因此它在侧面，而不是嵌入在特定层中。

可观察性指的是系统从其外部输出中被理解的程度。通过 CPU 时间、内存、磁盘空间、延迟、错误等来衡量，计算机系统都可以或多或少被观察到。分析是一项活动，大家可以在其中查看这些可观察数据并理解它。在这里大家会发现：

- **日志记录**(Logging)：应用程序会发出稳定的日志消息流，以描述它们在给定时间所做的事情。这些日志消息捕获系统中发生的各种事件，例如失败或成功的操作、审计信息或健康事件。相应的解决工具有 Fluentd，Elastic，Logstash 等。
- **监视**(Monitoring)：指对应用程序进行检测以收集、汇总和分析日志和指标，用以提高我们对系统行为的理解，主要是收集指标(系统参数，例如 RAM 可用性等)，监视运行状况。相应的解决工具有 Prometheus，ZABBIX，Dynatrace，Nagios 等。
- **跟踪**(Tracing)：跟踪是日志记录的一种特殊用途，它允许我们的请求通过分布式系统时，跟踪请求的路径。它比监视更进一步，这与服务网格相关。相应的解决工具有 Spring Cloud Sleuth，Zipkin 等。
- **混沌工程**(Chaos engineering)：是对生产中的软件进行测试的工具，可以在交付之前识别缺陷并加以修复。相应的解决工具有 Litmus，ChaosMesh，Gremlin 等。

2. 平台类(Platforms)

到目前为止，我们已经看到，所讨论的每个类别都解决了一个特定的问题，但并不能提供管理应用程序所需的内容。需要将编排工具、容器运行时、服务发现、网络、API 网关等将来自不同层的不同工具捆绑在一起形成一个平台，以解决更大的问题。

这些平台本身并没有什么新内容，大都可以通过这些层或可观察性中的一种工具来完成。当然也可以构建自己的平台。事实上，许多组织都在这样做。然而，可靠、安全地配置和微调不同的模块，同时确保所有技术始终保持最新状态并修补漏洞并非易事——需要一个专门的团队来构建和维护它。如果没有特别的资源或专业知识，最好使用现有的平台。对于某些组织，尤其是那些拥有小型工程团队的组织，平台是采用云原生方法的唯一途径。

大家可能会注意到，所有类别都围绕 Kubernetes 展开，这是因为 Kubernetes 是最受欢迎的云原生编排工具。

平台可分为四类：

- **Kubernetes 发行版**：发行版是指供应商采用核心 Kubernetes 进行修改，并将其打包以进行重新分发。通常这需要查找和验证 Kubernetes 软件并提供一种机制来处理集群安装和升级。许多 Kubernetes 发行版包括其他专有或开源应用程序。例如：K3S，MicroK8s 和 Rancher 等。
- **托管 Kubernetes**：通常是指由 AWS、Digital Ocean、Azure 和谷歌等基础设施提供商提供的一项服务，此服务允许客户按需启动 Kubernetes 集群。云提供商负责管理 Kubernetes 集群的一部分，通常称为控制平面。它们类似于发行版，但由云提供商在其基础架构上进行管理。相应的解决工具有 AWS，阿里云，腾讯云等。
- **Kubernetes 安装程序**：即帮助用户在物理机或虚拟机上安装 Kubernetes。它们使 Kubernetes 安装和配置过程自动化，甚至可以帮助用户升级。Kubernetes 安装程序通常与 Kubernetes 发行版或托管 Kubernetes 产品结合或使用。相应的解决工具有 kubekey，kips，kubespray 等。
- **PaaS/容器服务**：PaaS 是一种环境，允许用户运行应用程序而不必关心底层计算资源的详细信息。此类别中的 PaaS 和容器服务是为开发人员托管 PaaS 或托管，可以使用的服务的机制。相应的解决工具有 portainer，Kyma 等。

云原生景观图涉及多个层级和列，每个层级和列都有其独特的功能和作用，旨在解决相同或相似问题的不同工具，区别在于它们的实现和设计方法有不同。简而言之，供应层包括一些工具和技术，以用于构建云原生基础设施。这些工具包括基础设施即代码工具、配置管理工具、安全工具等。在构建云原生基础设施之前，必须确保基础设施的可配置性和可管理性，因此配置层是非常关键的一层。

运行时层是云原生环境中最核心的一层，它涉及容器运行时和相关的工具和技术。容器是云原生环境中的基本单元，因此容器运行时必须能提供高效的容器运行和管理功能。此外，运行时层还包括一些相关的工具和技术，例如容器注册中心、容器网络、服务网格等。

编排和管理层包括一些工具和技术，以用于编排和管理容器和应用程序，这些工具包括 Kubernetes、Docker Swarm、Apache Mesos、Nomad 等。编排和管理层是创建应用程序构建平台所需的关键工具，可以自动化地管理容器的部署、扩展、负载均衡、故障恢复等任务。

应用程序和定义层包括一些工具和技术，以用于创建、构建和部署应用程序。这些工具包括编程语言、应用程序框架、持续集成和交付工具等。应用程序和定义层是构建应用程序所需的关键工具，可以帮助开发者快速构建和部署应用程序。

可观察性和分析列包括一些工具和技术，以用于监视应用程序并在出现问题时进行标记，这些工具包括日志管理工具、监控工具、性能测试工具等。由于必须监视所有层，因此该类别贯穿所有层。

平台是一些工具和技术的集合，可以将不同层的多个工具捆绑在一起，对其进行配置和微调，以便随时可用。这简化了云原生技术的采用，甚至将是组织能够利用它们的唯一方式。例如，Cloud Foundry、OpenShift 等都是云原生平台。

总体来说，CNCF Landscape 涉及多个层级和列，每个层级和列都有其独特的功能和作用。这些层级和列之间相互依存、相互构建，共同构成了一个完整的云原生技术生态系统。在实践中，不同组织在实现云原生技术时，通常会根据自身的需求和情况，选择合适的工具和技术，构建自己的云原生技术栈。

2.2 再谈为什么需要 Kubernetes

容器技术解决了软件开发和部署中的许多问题，具体包括以下几个方面：

1. 软件开发和部署的环境隔离

在传统的软件开发和部署中，不同的应用程序和系统组件会共享同一个操作系统和运行环境，这可能导致不同组件之间的冲突和问题。容器技术可以创建一个独立的环境来运行应用程序，从而避免了与其他应用程序或系统组件之间的冲突。每个容器可以拥有自己的文件系统、操作系统和应用程序库，从而隔离了容器之间的不同应用程序和系统组件。

2. 应用程序的可移植性

由于容器包含应用程序及其依赖项，因此可以在不同的环境中运行相同的容器，从而使应用程序更易于移植和部署。这意味着，无论是在本地开发环境中还是在云端服务器中，都可以使用相同的容器映像来运行应用程序。这样，开发人员可以更加自由地在不同的环境中工作，同时也可以更快地将应用程序部署到不同的环境中。

3. 简化部署和维护

容器可以将应用程序和其依赖项打包到一个可移植的容器映像中，使得部署和维护变得更加简单和可预测。容器映像可以包含所有应用程序的代码、库和配置文件，因此可以轻松地将应用程序部署到不同的环境中。此外，容器技术还支持自动化部署和扩展，可以快速响应流量和负载的变化，从而保持应用程序的可用性。

2.2.1 容器遇到了什么问题

然而，容器技术也面临一些问题，其中包括：

1. 安全性问题

(1) 容器技术存在的安全问题

- 容器内的应用程序和服务可以共享同一个内核，这可能会导致容器内的恶意软件通过攻击内核来逃避容器隔离。

- 容器技术也可能会导致容器内的应用程序和服务被攻击，从而破坏整个容器环境，以及其他共享同一个宿主机的容器和应用程序。

(2) 解决安全问题应采取的措施

- 限制容器内的访问权限，确保只有必要的资源和服务可用。
- 使用容器安全工具来检测和防止容器内的恶意软件攻击。
- 使用安全软件和技术来保护宿主机和容器网络。

2. 管理问题

容器技术的管理需要涉及多个方面，其中包括：

- 容器镜像的管理，包括创建、更新和存储容器映像。
- 容器实例的管理，包括创建、启动、停止和销毁容器实例。
- 容器编排的管理，包括容器集群的配置和管理。

为了解决这些管理问题，需要使用容器管理工具，例如 Docker Compose、Kubernetes 等，且要拥有专门的容器管理人员。

3. 网络问题

容器技术需要解决容器之间和容器与宿主机之间的网络隔离和通信问题，其中一些问题包括：

- 容器网络隔离，确保不同容器之间的通信是安全和可控的。
- 容器网络配置，包括 IP 地址分配、路由配置和网络拓扑设计。
- 容器网络安全，确保容器之间的通信是加密和身份验证的。

为了解决这些网络问题，需要使用专门的容器网络管理工具，例如 Calico、Weave Net 等，且需要拥有专门的容器网络管理人员。

4. 数据管理问题

在容器化环境中，数据管理可能会变得更加困难。容器化应用程序通常需要访问存储在持久性存储介质上的数据，例如数据库或文件系统。但是，由于容器是短暂的、易于替换的，因此容器中的数据也可能随时被删除或替换。这可能会导致数据丢失、数据不一致以及数据访问问题。

为了解决这些数据管理问题，可以采取以下措施：

- 使用容器化存储技术，例如 Docker 卷或 Kubernetes 持久卷来将数据从容器中分离出来，并将其存储在持久性存储介质上。
- 确保数据备份和恢复机制的存在，以防止数据丢失或损坏。
- 采用数据备份和恢复策略，例如定期备份和灾难恢复计划，以确保数据的完整性和可用性。

总之，容器技术在软件开发和部署中带来了很多好处，但也面临一些挑战。为了解决这些挑战，容器编排应运而生。

有人说，容器本身没有价值，有价值的是“容器编排”。这如何理解？

正如 Kubernetes 官方社区提到的“容器是打包和运行应用程序的好方式。在生产环境中，需要管理运行着应用程序的容器，并确保服务不会下线。例如，如果一个容器发生故障，则需要启动另一个容器。如果此行为交由给系统处理，是不是会更容易一些？”

这就是 Kubernetes 要来做的事情！Kubernetes 为大家提供了一个可弹性运行分布式系统的框架。Kubernetes 会满足我们的扩展要求、故障转移我们的应用、提供部署模式等。例如，Kubernetes 可以轻松管理系统的 Canary(金丝雀)部署。

Kubernetes 为你提供：

- **服务发现和负载均衡**

  Kubernetes 可以使用 DNS 名称或自己的 IP 地址来暴露容器。如果进入容器的流量很大，Kubernetes 可以负载均衡并分配网络流量，从而使部署稳定。

- **存储编排**

  Kubernetes 允许自动挂载并选择的存储系统，例如本地存储、公共云提供商等。

- **自动部署和回滚**

  大家可以使用 Kubernetes 描述已部署容器的所需状态，它可以受控的速率将实际状态更改为期望状态。例如，你可以自动化 Kubernetes 来为部署创建新容器，删除现有容器并将它们的所有资源用于新容器。

- **自动完成装箱计算**

  大家为 Kubernetes 提供许多节点组成的集群，并在这个集群上运行容器化的任务。如果告诉 Kubernetes 每个容器需要多少 CPU 和内存(RAM)，Kubernetes 可以将这些容器按实际情况调度到节点上，并以最佳方式利用你的资源。

- **自我修复**

  Kubernetes 将重新启动失败的容器、替换容器、杀死不响应用户定义的运行状况检查的容器，并且在准备好服务之前不将其通告给客户端。

- **密钥与配置管理**

  Kubernetes 允许你存储和管理敏感信息，例如密码、OAuth 令牌和 ssh 密钥。大家可以在不重建容器镜像的情况下部署和更新密钥和应用程序配置，无需在堆栈配置中暴露密钥。

Kubernetes 作为一种可靠、高效、灵活的容器管理平台，可以满足不同利益相关者的需求，具体包括：

- 开发人员：Kubernetes 可以为开发人员提供一个简单、高效、可靠的容器编排平台，以帮助他们快速构建和部署应用程序，并支持各种不同的编程语言和框架。开发人员可以使用 Kubernetes 提供的 API 对象来定义应用程序的部署、扩展和管理策略，从而实现自动化和标准化的部署流程。
- 运维人员：Kubernetes 可以为运维人员提供一个可靠、高效、可扩展的容器管理平台，可以帮助他们管理大规模的容器集群，并提供各种不同的运维工具和监控机制。Kubernetes 可以自动进行容器的调度、负载均衡、自愈能力、配置管理等操作，减少运维人员的工作负担。

- 企业管理者：Kubernetes 可为企业管理者提供一个统一的容器管理平台，帮助他们实现资源的高效利用、降低 IT 成本、提高应用程序的可靠性和安全性。Kubernetes 可自动管理容器的生命周期，从而实现更快速、更可靠的应用程序部署和更新，同时提供可靠的故障恢复机制，保证业务的连续性。
- 云服务提供商：Kubernetes 可为云服务提供商提供一个可靠、灵活的容器管理平台，帮助他们提供更丰富的云服务和容器服务，满足不同客户的需求。Kubernetes 提供了一个通用的容器编排平台，可以适应各种不同的云环境和容器技术，为云服务提供商带来更大的灵活性和竞争优势。

综上所述，Kubernetes 能够裨益四方的原因在于它提供了一种可靠、高效、灵活的容器管理平台，满足不同利益相关者的需求，从而带来更高效、更可靠、更灵活的应用程序部署和管理。

2.2.2 Borg 项目：Kubernetes 的“出身”

Borg 和 Kubernetes 是 Google 开发的两个分布式系统，它们之间存在一定的关系。

Borg 是 Google 公司内部使用的一个集群管理系统，主要用于管理 Google 内部的规模分布式系统。Borg 提供了可靠的容器编排、资源管理、任务调度等功能，为 Google 内部的服务提供强大的支持。

如图 2－7 所示，Borg 项目在 Google 公司的基础设施体系论文中被誉为是整个基础设施技术栈的最底层，也是 Google 公司内部最核心的基础设施。Borg 的成功和成熟经验对于 Google 公司内部的应用程序部署、管理、调度和监控等方面都有着非常重要的作用。

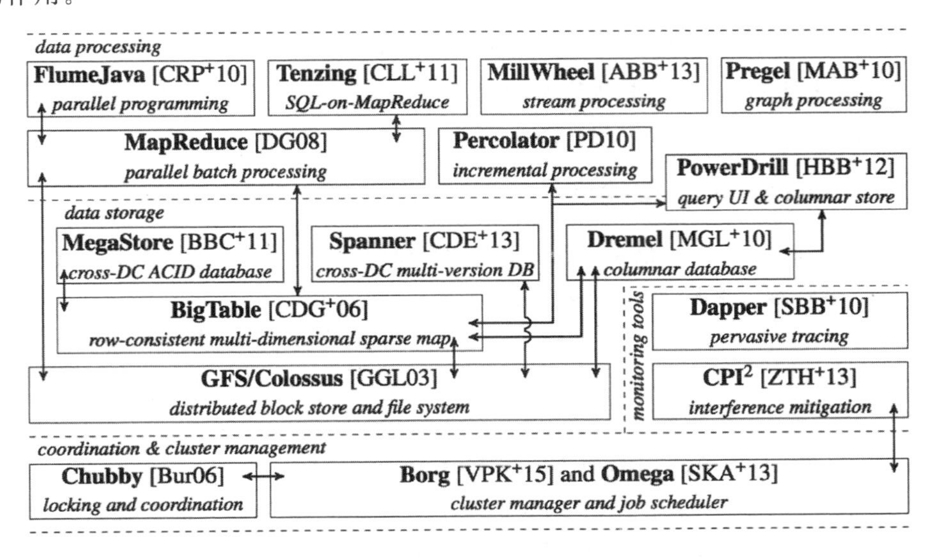

图 2－7　The Google Stack

在 Google 公司的基础设施中,Borg 负责管理各种类型的任务,包括长时间运行的服务、短暂运行的任务和批处理作业等。Borg 提供了集中式的调度器和资源管理器,可以根据任务的需求动态地调整资源分配,同时提供了高可用、故障恢复、滚动升级、安全隔离、监控告警等功能,保证 Google 公司内部应用程序的高可用性和稳定性。

Kubernetes 则是 Borg 的一个开源版本,它从 Borg 中借鉴了很多设计思想和经验,并进行了优化和改进。Kubernetes 也是一个集群管理系统,它可以管理多个容器化应用程序,并提供容器编排、负载均衡、自愈能力、存储管理等功能。Kubernetes 的目标是让应用程序能够在不同的云计算平台和数据中心之间无缝迁移。可以说,Kubernetes 是 Borg 的一种开源实现,它借鉴了 Borg 的设计思想和经验,并加入了更多的开放性和灵活性,使得更多的用户可以使用和贡献这个平台。虽然 Borg 和 Kubernetes 有一些不同之处,但它们都是为了管理分布式系统而设计的,并且都具有高可用性、可扩展性和容错性等特点。

Kubernetes 从 Borg 中借鉴了很多设计思想和经验,包括以下几个方面:

- **基于容器**:Borg 早在 2003 年就开始使用容器技术来运行任务,而 Kubernetes 也是基于容器技术来管理应用程序的。Borg 使用的是自己开发的容器管理器 Omega,而 Kubernetes 则使用 Docker 容器技术。
- **基于声明式配置**:Borg 采用了基于声明式的配置文件来描述任务,而 Kubernetes 也采用了同样的方式。这种方式可简化管理,减少人工错误。
- **自动伸缩**:Borg 可根据任务的负载情况自动伸缩资源,Kubernetes 也可以自动伸缩应用程序的副本数量。
- **负载均衡**:Borg 提供了集群级别的负载均衡功能,而 Kubernetes 也提供了类似的功能。
- **故障检测和恢复**:Borg 可以监测任务的运行状态,并进行故障检测和恢复,而 Kubernetes 也可以自动检测容器的状态,并进行自愈处理。
- **滚动升级**:Borg 支持滚动升级,可以在不中断服务的情况下升级应用程序,Kubernetes 也提供了类似的功能。

2.2.3 Kubernetes 架构设计

Kubernetes 从 Borg 中借鉴了很多优秀的设计思想和经验,使得 Kubernetes 在容器编排和集群管理方面更加成熟和稳定。

如图 2-8 所示,Kubernetes 组件分为控制平面组件和 Node 组件。控制平面组件包含 kube-apiserver,etcd,kube-controller-manager 和 kube-scheduler;Node 组件包含 kubelet,kube-proxy 和 Container Runtime。

1. 控制平面组件(Control Plane Components)

Kubernetes 控制平面组件和 Node 组件是 Kubernetes 集群中的核心组件,它们一起负责管理容器化应用程序的生命周期。下面对每个组件进行详细描述并说明它们之间的关系:

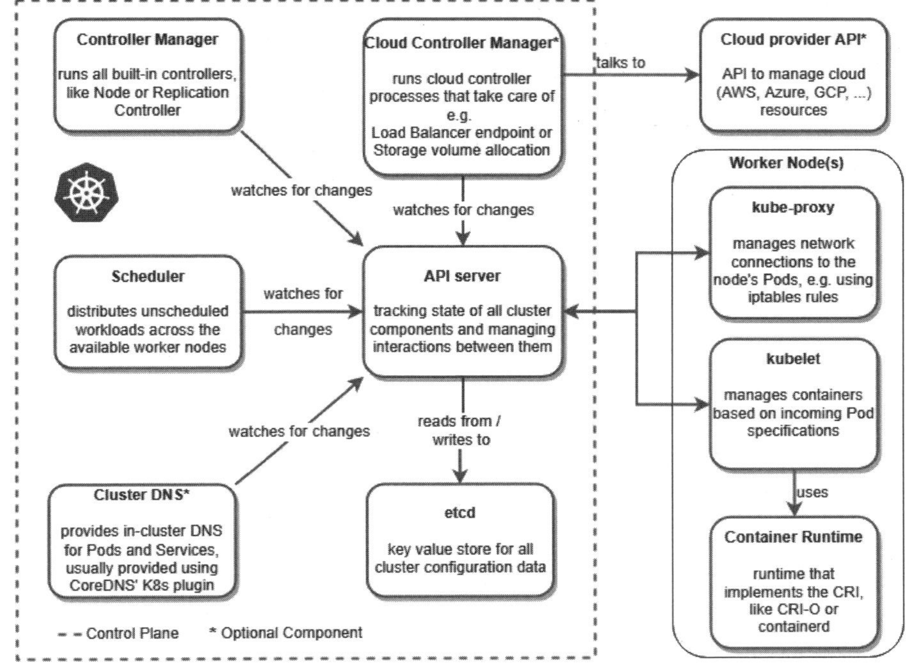

图 2-8 Kubernetes 架构

(1) kube-apiserver(控制平面组件)

kube-apiserver 是 Kubernetes 集群中的核心组件,它提供了 Kubernetes API 的前端接口。kube-apiserver 负责处理 API 请求、验证和授权请求,并将它们发送到 etcd 存储中。kube-apiserver 还定义了 Kubernetes API 的对象模型,包括 Pod、Service、ReplicaSet 等,这些对象模型可以用于创建、修改和删除 Kubernetes 对象。

(2) etcd(控制平面组件)

etcd 是一个分布式的键值存储系统,用于存储 Kubernetes 集群中的所有数据。etcd 保存了整个集群的状态信息,包括 Pod、Service、ReplicaSet、ConfigMap 等对象的当前状态和历史版本以及集群的配置信息。控制平面组件中的其他组件都可以通过 etcd 存储中心获取数据或者将数据写入其中,确保了整个集群的一致性。

(3) kube-controller-manager(控制平面组件)

kube-controller-manager 是 Kubernetes 集群中的核心组件,它运行多个控制器,并确保集群中的所有组件都处于所需的状态。kube-controller-manager 监视 etcd 中存储的对象,并根据需要采取措施以保持它们处于所需的状态。kube-controller-manager 运行的一些控制器包括 ReplicationController、NodeController、ServiceController 等。

(4) kube-scheduler(控制平面组件)

kube-scheduler 是 Kubernetes 集群中的核心组件,它负责将 Pod 调度到合适的节点上运行。kube-scheduler 监视未分配的 Pod,并根据资源需求、硬件/软件约束条件等因素,将它们调度到合适的节点上。kube-scheduler 会考虑各种因素,例如节点的资源利用率、Pod 的亲和性和反亲和性、节点的地理位置等,来选择最合适的节点。

2. Node 组件

节点组件会在每个节点上运行,负责维护运行的 Pod 并提供 Kubernetes 运行环境。

(1) kubelet(Node 组件)

kubelet 是 Kubernetes 集群中运行在每个节点上的代理服务,它负责监视该节点上运行的 Pod,并确保它们按照所需的方式运行。kubelet 会定期向控制平面组件(kube-apiserver)汇报自己的状态,并接收指令来启动、停止或重启 Pod。kubelet 还负责检查容器是否健康,如果有问题,则重启或删除容器。

(2) kube-proxy(Node 组件)

kube-proxy 是集群中每个节点(node)上所运行的网络代理,实现 Kubernetes 服务(Service)概念的一部分。

kube-proxy 维护节点上的一些网络规则,这些网络规则会允许从集群内部或外部的网络会话与 Pod 进行网络通信。

(3) ContainerRuntime(Node 组件)

用于运行容器的软件,支持的容器运行时包括 Docker、CRI-O、containerd 等。它是运行容器的底层组件,通过管理容器的生命周期来实现容器的运行、终止等操作。

这些组件之间的关系如下:

- kube-apiserver 是整个控制面的核心,提供了 API 入口。并与 etcd 交互,将 API 请求转换为操作并写入 etcd 中。
- kube-controller-manager 监听 etcd 中的资源变化,并根据变化更新集群状态。
- kube-scheduler 从 etcd 中获取未调度的 Pod,选择节点并为其创建 Pod 配置。
- kubelet 监听 etcd 中的 Pod 配置,启动和停止容器,同时上报容器的状态给 kube-apiserver。kube-proxy 监听 kube-apiserver 中的服务和端点变化,根据变化更新节点的网络流量路由规则。
- Container Runtime 负责在每个节点上运行容器的软件,kubelet 使用 Container Runtime 运行容器。

Kubernetes 和传统的 PaaS 系统有很多类似的地方,但也有区别。传统的 PaaS 系统往往是包罗万象的,提供了大量的功能,但是缺乏灵活性和可定制性。Kubernetes 是一个面向容器的开源平台,它不是一个单一的、紧密耦合的系统,而是由多个可插拔的组件组成的系统。这些组件包括控制平面组件 kube-apiserver、etcd、kube-controller-manager、kube-scheduler 以及 Node 组件 kubelet、kube-proxy、Container Runtime 等。Kubernetes 提供了 PaaS 产品的一些共性功能,如部署、扩展、负载均衡等,同时也允许用户集成他们自己的日志记录、监控和警报方案。然而，Kubernetes 并不是一个单体式(monolithic)系统，用户可以根据自己的需要选择组件，以构建自己的开发人员平台。这种可插拔的结构使得 Kubernetes 更加灵活和可定制，能够满足不同用户的需求。

总之，Kubernetes 提供了一种灵活、可扩展、可定制的平台，以满足用户对容器化应用程序的需求，并且通过保留用户选择权来保证其高度灵活性，是一个用于自动部署、扩展和管理容器化应用程序的开源平台。它提供了一个强大的编排系统，可以自动化地管理容器的调度、网络、存储、安全等方面。Kubernetes 还具有高可用性、可扩展性、可插拔性等特性，可以适用于各种规模的应用程序和各种环境的部署场景。

在 Kubernetes 中，有很多的概念和组件，例如 Pod、Service、Deployment、StatefulSet 等，每个组件都有其独特的作用和功能。这些组件可以相互组合、配合使用，构建出适合不同需求和场景的应用程序构建平台。

除了 Kubernetes 本身的核心功能之外，Kubernetes 生态系统中还有大量的插件、工具和解决方案，可以进一步扩展和增强 Kubernetes 的能力。例如，Prometheus 可以用于监控 Kubernetes 集群和应用程序，Istio 可以用于提供服务网格功能，Helm 可以用于管理应用程序的部署和升级等。

3. 优缺点

虽然 Kubernetes 是目前最流行的容器编排平台，但它也有一些不足之处：

- 复杂性：Kubernetes 是一个非常复杂的系统，学习和使用它需要掌握大量的概念和术语。此外，由于 Kubernetes 提供了非常丰富的功能和可配置项，因此配置和管理 Kubernetes 集群也需要一定的技能和经验。
- 资源消耗：Kubernetes 需要在一个相对庞大的基础设施上运行，包括多个节点、网络、存储等，这会带来一定的资源消耗和成本。此外，Kubernetes 本身也需要一定的计算和存储资源来运行和管理集群。
- 安全性：Kubernetes 本身并不提供非常强大的安全功能，例如访问控制、加密等。这些安全功能需要使用插件或者其他工具来实现。
- 错误排查：由于 Kubernetes 是一个分布式系统，当出现问题时，往往需要对多个组件和节点进行排查和分析，这会带来一定的复杂性和困难。
- 兼容性：由于 Kubernetes 生态系统中存在大量的插件、工具和解决方案，因此它们之间的兼容性和稳定性可能存在问题，这需要用户在使用时进行仔细的评估和测试。

然而，Kubernetes 社区一直在不断改进和完善 Kubernetes 平台，例如以下方面：

- Operators：Operators 是一种自动化 Kubernetes 应用程序管理的方式，它们可以通过自定义资源定义(CRD)来管理应用程序的整个生命周期，包括部署、扩展、更新和升级等。Operators 的引入使得 Kubernetes 应用程序管理更加自动化和高效。
- CSI：ContainerStorageInterface(CSI)是 Kubernetes 存储系统的标准接口，它允

许不同的存储提供商通过 CSI 插件来提供存储解决方案。CSI 的引入使得 Kubernetes 可以更加灵活地支持不同类型的存储，并为存储提供商提供更好的集成和扩展性。

- CNI：ContainerNetworkingInterface（CNI）是 Kubernetes 网络系统的标准接口，它允许不同的网络提供商通过 CNI 插件来提供网络解决方案。CNI 的引入使得 Kubernetes 可以更加灵活地支持不同类型的网络，并为网络提供商提供了更好的集成和扩展性。

除了上述改进之外，Kubernetes 社区还在不断推出新功能和技术，例如服务网格、边缘计算、混合云管理等，以适应不断变化的业务需求和技术趋势。同时，Kubernetes 社区也致力于改进 Kubernetes 平台的易用性、安全性和可靠性，以提供更好的使用体验和保障。

2.2.4 Kubernetes 的不同版本

作为一个开源项目，用户可以在 GitHub 上免费获取 Kubernetes 的源代码。任何人都可以使用这个源代码在自己选择的基础架构上下载、编排和安装 Kubernetes。然而，大多数想要安装 Kubernetes 的人并不会选择下载和编排源代码，主要有如下三方面的原因：

- **费时费力**：Kubernetes 源代码数量非常庞大，从头开始构建它们需要花费大量的时间和精力。另外，无论你什么时候要更新安装，都必须重新构建所有内容。
- **多组件**：Kubernetes 不是单一应用程序，而是一套不同的应用程序和工具。如果从源代码安装它，那么必须在构建 Kubernetes 集群的所有服务器上分别安装这些组件。
- **配置复杂**：由于 Kubernetes 没有安装向导或是自动配置脚本，因此还必须手动配置 Kubernetes 的所有组件。

大多数人选择 Kubernetes 发行版来满足他们的容器编排需求。Kubernetes 发行版是一个提供了预先构建版本的 Kubernetes 的软件包。大多数 Kubernetes 发行版还提供了安装工具，使安装过程变得更加简单。部分 Kubernetes 发行版还集成了其他软件，可以处理集群监控和安全性等任务。

从此意义上讲，可以将 Kubernetes 发行版看作是 Linux 发行版的同类。当大多数人想要在 PC 或是服务器上安装 Linux 的时候，他们使用的发行版是一个预先构建的 Linux 内核，该内核与各种其他软件包集成在一起。几乎没有人会选择从头下载 Linux 源代码。

1. 常见的 Kubernetes 发行版

Kubernetes 发行版是指第三方公司或组织基于原生 Kubernetes 平台进行二次开发和定制，并打包发布的产品或服务。这些发行版通常包含了原生 Kubernetes 平台上缺少的一些功能或特性，并提供了更加便捷的安装、配置和管理方式。常见的 Kubernetes 发行版见表 2－1。

表 2-1 常见的 Kubernetes 发行版

Kubernetes 发行版	特点和描述	应用场景
Kubernetes 官方版本	由 Kubernetes 社区维护的官方版本，提供了完整的 Kubernetes 功能和特性。需要自己进行安装和管理，但支持自定义配置和扩展	适合有 Kubernetes 部署和管理经验，需要更多的自定义和控制的用户
Red Hat OpenShift	基于 Kubernetes 的开源容器应用平台，提供了完整的 Kubernetes 功能和特性，并加强了安全性、多租户、开发者体验和生命周期管理等方面的支持	适合需要增强安全性、多租户、DevOps 和开发者体验等方面支持的用户以及需要红帽公司技术支持的企业用户
VMware Tanzu Kubernetes Grid	由 VMware 公司提供的 Kubernetes 发行版，提供了完整的 Kubernetes 功能和特性，并加强了集群管理、安全性、网络、存储等方面的支持	适合需要增强集群管理、安全性、网络、存储等方面支持的用户以及需要 VMware 公司技术支持的企业用户
Rancher	基于 Kubernetes 的开源容器管理平台，提供了完整的 Kubernetes 功能和特性，并加强了集群管理、多租户、应用管理、监控等方面的支持	适合需要增强集群管理、多租户、应用管理、监控等方面支持的用户以及需要 Rancher 公司技术支持的企业用户
Google Kubernetes Engine(GKE)	由 Google 公司开发和维护的 Kubernetes 云服务，提供了 Kubernetes 管理、自动扩缩容、负载均衡、安全性、监控等功能，是一个完全托管的 Kubernetes 平台，用户只需要关注应用部署和管理，无需担心基础设施和系统维护	适合云原生应用和需要无缝集成 Google Cloud 服务的用户
Amazon Elastic Kubernetes Service (EKS)	由 Amazon Web Services (AWS)公司开发和维护的 Kubernetes 云服务，提供了 Kubernetes 管理、自动扩缩容、负载均衡、安全性、监控等功能，是一个完全托管的 Kubernetes 平台，用户只需要关注应用部署和管理，无需担心基础设施和系统维护	适合云原生应用和需要无缝集成 AWS 服务的用户

2.3 基于 kubeadm 快速搭建 Kubernetes1.22.2 集群

安装环境如下：

- Windows：10 家庭版。
- VMwarePro：16。

- Ubuntu 版本:20.04.3。
- Docker 版本:20.10.7。
- Kubernetes 版本:1.22.2。
- Calico 版本:v3.23。

2.3.1 Ubuntu 虚拟机设置

1. 镜像下载地址

Ubuntu20.04.3LTS(Focal Fossa)下载地址为 https://releases.ubuntu.com/20.04/。

安装过程比较简单,不再赘述。安装 Ubuntu 后,还有必做的几件事情。

虚拟机设置静态 IP:

配置网络修改/etc/netplan/00-installer-config.yaml 如下,本书网卡是 ens33:

```
# Let NetworkManager manage all devices on this system
network:
    version: 2
    renderer: NetworkManager
    ethernets:
        ens33: # 修改成你的网卡名称
            dhcp4: no
            addresses: [192.168.172.129/24]          # 修改成你的
            gateway4: 192.168.172.2                  # 修改成你的
            nameservers:
                addresses: [114.114.114.114]         # 修改成你的
```

2. 保存后运行

```
netplan apply
```

可以使用 ip a 查看修改情况,然后取消系统自带的 systemd-resolved.service 这个 dns 解析服务,是可选的。

允许 root 使用 ssh 远程登录终端:

Ubuntu20.04 版本,Ubuntu16.4 版本测试配置相同。

最简单的方法:直接安装 openssh-server。

```
sudo apt install openssh-server
```

如果不可以,请使用下面的方法进行配置。

(1) 设置 root 密码

执行命令后,依次输入当前登录用户密码,要设置的 root 密码并确认。

```
sudo passwd root
```

为了方便将密码设置为 123456 即可。

此时，还不能远程登录，则需要修改配置文件。

(2) 修改 ssh 配置文件

如果没有安装 ssh-server，执行安装命令，已经安装的跳过即可。

```
sudo apt install openssh-server
```

修改配置文件，在 vim 中搜索定位 PermitRootLogin，可直接查找：

```
/PermitRootLogin
```

修改以下配置，并修改为：

```
LoginGraceTime 2m
PermitRootLogin yes
StrictModes yes
#MaxAuthTries 6
#MaxSessions 10
```

(3) 重启 ssh，使配置生效

```
sudo service ssh restart
```

现在可使用 root 用户登录 ssh 了。

关机或重启会遇到 A stop job is running for snappy daemon 问题，为了能够快速重启或关机修改配置文件，需要做以下操作：

```
vim /etc/systemd/system.conf
```

3. 修改

```
DefaultTimeoutStartSec = 3s
DefaultTimeoutStopSec = 3s
```

执行下面这条命令，使其生效。

```
systemctl daemon-reload
```

(1) 关闭防火墙

防火墙状态为 inactive，说明是未激活。

```
sudo ufw status

#示例
$ sudo ufw status
Status: inactive
```

开机不启动防火墙，重启即可生效。

```
sudo ufw disable

#示例,这里已经关闭,所以提示信息
$ sudo ufw disable
Firewall stopped and disabled on system startup
```

(2) 关闭 Swap

Linux 的 Swap 内存交换机制是一定要关闭的,否则会因为内存交换而影响性能以及稳定性。Kubernetes1.8 开始要求关闭系统的 Swap,如果不关闭,默认配置下 kubelet 将无法启动。执行 swapoff-a 可临时关闭,但系统重启后恢复/etc/fstab,注释掉包含 Swap 的那一行即可,重启后可永久关闭,如下所示。

```
vim /etc/fstab

/dev/mapper/centos-root / xfs defaults 0 0
UUID = 20ca01ff-c5eb-47bc-99a0-6527b8cb246e /boot xfs defaults 0 0
# /dev/mapper/centos-swap swap
```

或直接执行:

```
sed -i '/ swap / s/^/#/' /etc/fstab
```

关闭成功后,使用 top 命令查看 Swap 信息,Swap 显示 0 表示正常。

```
Tasks: 235 total,  1 running,  234 sleeping,  0 stopped,  0 zombie
%Cpu(s): 8.2 us,  2.9 sy,  0.0 ni,  88.5 id,  0.0 wa,  0.0 hi,  0.4 si,  0.0 st
KiB Mem:    3861288 total,   197260 free,   2165536 used,   1498492 buff/cache
KiB Swap:         0 total,        0 free,         0 used.   1429136 avail Mem
...
```

或者使用 free-mh 命令查看 Swap 信息,Swap 显示 0 表示正常。

```
free -mh
          total    used    free    shared    buff/cache    available
Mem:       3.7G    2.1G    190M       18M          1.4G         1.4G
Swap:        0B      0B      0B
```

2.3.2 Docker 安装和配置

1. 安装 Docker

```
apt install docker.io
```

默认是安装最新版本的 Docker。这里需要安装的 Docker 版本是 20.10.7,请参考如下步骤。

Ubuntu 安装指定版本的 Docker。

(1) 删除 docker 相关组件

```
sudo apt-get autoremove docker docker-ce docker-engine docker.io containerd runc
```

(2) 更新 apt-get

```
sudo apt-get update
```

(3) 安装 apt 依赖包,用于通过 HTTPS 来获取仓库

```
sudo apt-get install apt-transport-https ca-certificates curl gnupg-agent softwareproper-
ties-common
```

(4) 添加 Docker 的官方 GPG 密钥

```
curl -fsSL https://download.docker.com/linux/ubuntu/gpg | sudo apt-key add
```

(5) 设置稳定版仓库(添加到/etc/apt/sources.list 中)

```
sudo add-apt-repository "deb [arch=amd64] https://download.docker.com/linux/ubuntu
$(lsb_release -cs) stable"
```

(6) 更新 apt-get

```
sudo apt-get update
```

(7) 查询 docker-ce 版本

```
sudo apt-cache policy docker-ce

# 示例如下:
$ sudo apt-cache policy docker-ce
docker-ce:
    Installed: 5:20.10.8~3-0~ubuntu-focal
    Candidate: 5:23.0.1-1~ubuntu.20.04~focal
    Version table:
        5:23.0.1-1~ubuntu.20.04~focal 500
            500 https://download.docker.com/linux/ubuntu focal/stable amd64 Packages
        ...
        5:20.10.7~3-0~ubuntu-focal 500
            500 https://download.docker.com/linux/ubuntu focal/stable amd64 Packages
```

(8) 安装指定版本

```
sudo apt-get install docker-ce=5:20.10.7~3-0~ubuntu-focal
```

(9) 验证安装是否成功

```
docker -version
```

2. 更新 cgroupdriver 为 systemd

```
sudo tee /etc/docker/daemon.json << -'EOF'
{
    "registry-mirrors": ["https://uy35zvn6.mirror.aliyuncs.com"],
    "exec-opts": ["native.cgroupdriver = systemd"]
}
EOF

systemctl daemon-reload
systemctl restart docker
```

验证：

```
root@fly-virtual-machine:~# docker version
Client:
 Version:           20.10.7
 API version:       1.41
 Go version:        go1.13.8
 Git commit:        20.10.7-0ubuntu1~20.04.1
 Built:             Wed Aug 4 22:52:25 2021
 OS/Arch:           linux/amd64
 Context:           default
 Experimental:      true

Server:
 Engine:
 Version:           20.10.7
 API version:       1.41 (minimum version 1.12)
 Go version:        go1.13.8
 Git commit:        20.10.7-0ubuntu1~20.04.1
 Built:             Wed Aug 4 19:07:47 2021
 OS/Arch:           linux/amd64
 Experimental:      false
containerd:
 Version:           1.5.2-0ubuntu1~20.04.2
 GitCommit:
runc:
 Version:           1.0.0~rc95-0ubuntu1~20.04.2
 GitCommit:
docker-init:
 Version:           0.19.0
 GitCommit:
```

2.3.3 Kubernetes 安装和配置

1. iptables 配置

将桥接的 IPv4/IPv6 流量传递到 iptables。

```
cat << EOF | sudo tee /etc/modules-load.d/k8s.conf
br_netfilter
EOF

cat << EOF | sudo tee /etc/sysctl.d/k8s.conf
net.bridge.bridge-nf-call-ip6tables = 1
net.bridge.bridge-nf-call-iptables = 1
EOF

sudo sysctl --system
```

2. apt 包更新,安装 apt-transport-https\ca-certificates\curl

Update the apt package index and install packages needed to use the Kubernetes apt repository:

```
cat << EOF | sudo tee /etc/modules-load.d/k8s.conf
br_netfilter
EOF

cat << EOF | sudo tee /etc/sysctl.d/k8s.conf
net.bridge.bridge-nf-call-ip6tables = 1
net.bridge.bridge-nf-call-iptables = 1
EOF

sudo sysctl --system
```

3. 添加 GPG 密钥

```
sudo apt-get update
sudo apt-get install -y apt-transport-https ca-certificates curl
```

备注: GnuPG,简称 GPG,来自 http://www.gnupg.org,是 GPG 标准的一个免费实现。不管是 Linux 还是 Windows 平台,都可以使用。GPGneng 可以为文件生成签名、管理密钥以及验证签名。

4. 添加 Kubernetesapt 存储库

```
sudo tee /etc/apt/sources.list.d/kubernetes.list << -'EOF'
deb https://mirrors.aliyun.com/kubernetes/apt kubernetes-xenial main
```

```
EOF
```

5. 更新 apt 包，安装 kubelet，kubeadmandkubectl

Update apt package index, install kubelet, kubeadm and kubectl

```
sudo apt-get update
sudo apt-get install -y kubelet=1.22.2-00 kubeadm=1.22.2-00 kubectl=1.22.2-00
sudo apt-mark hold kubelet kubeadm kubectl
```

指定版本 apt-getinstall-ykubelet = 1.22.2-00kubeadm = 1.22.2-00kubectl = 1.22.2-00

最新版本 apt-getinstall-ykubeletkubeadmkubectl

6. 使用 kubeadminit 初始化集群

```
kubeadm init \
 --image-repository registry.aliyuncs.com/google_containers \
 --kubernetes-version v1.22.2 \
 --pod-network-cidr=192.168.0.0/16 \
 --apiserver-advertise-address=192.168.172.129
```

apiserver-advertise-address：表示 Kubernetes 集群的控制平面节点的 APIserver 的广播地址。

pod-network-cidr：表示 Kubernetes 集群的 pod 网段。

输出如下信息，表示集群初始化成功。

```
root@fly-virtual-machine:/etc/netplan# kubeadm init \
>   --image-repository registry.aliyuncs.com/google_containers \
>   --kubernetes-version v1.22.2 \
>   --pod-network-cidr=192.168.0.0/16 \
>   --apiserver-advertise-address=192.168.172.129
[init] Using Kubernetes version: v1.22.2
[preflight] Running pre-flight checks
[preflight] Pulling images required for setting up a Kubernetes cluster
[preflight] This might take a minute or two, depending on the speed of your internet
connection
[preflight] You can also perform this action in beforehand using 'kubeadm config
images pull'
...

Your Kubernetes control-plane has initialized successfully!

To start using your cluster, you need to run the following as a regular user:

  mkdir -p $HOME/.kube
```

```
  sudo cp -i /etc/kubernetes/admin.conf $HOME/.kube/config

  sudo chown $(id -u):$(id -g) $HOME/.kube/config
Alternatively, if you are the root user, you can run:

  export KUBECONFIG=/etc/kubernetes/admin.conf
You should now deploy a pod network to the cluster.
Run "kubectl apply -f [podnetwork].yaml" with one of the options listed at:
  https://kubernetes.io/docs/concepts/cluster-administration/addons/

Then you can join any number of worker nodes by running the following on each as root:

kubeadm join 192.168.172.129:6443 --token 6igmn8.d4zk3hmr0rr0j7k2 \
    --discovery-token-ca-cert-hash
sha256:78f0796dee6bedf5f7250843be190cc3b63b97c5bccb91839f74a1e8b07efac6
```

kubeadminit 初始化集群可能会遇到问题,请参考备注中的——kubeadminit 初始化集群异常章节。

记录 kubeadm init 输出的 kubeadm join 命令。需要此命令将节点加入集群。

令牌用于控制平面节点和加入节点之间的相互身份验证。这里包含的令牌是密钥。需要确保它的安全,因为拥有此令牌的任何人都可以将经过身份验证的节点添加到你的集群中。可以使用删除这些令牌。

7. kubeadminit 配置信息(非必选,初学者可直接跳过)

使用 kubeadmconfigprintinit-defaults 可以打印集群初始化默认的使用的配置从默认的配置中可以看到,使用 imageRepository 定制在集群初始化时拉取 k8s 所需镜像的地址。

```
# kubeadm config print init-defaults
apiVersion: kubeadm.k8s.io/v1beta3
bootstrapTokens:
- groups:
  - system:bootstrappers:kubeadm:default-node-token
  token: abcdef.0123456789abcdef
  ttl: 24h0m0s
  usages:
  - signing
  - authentication
kind: InitConfiguration
localAPIEndpoint:
  advertiseAddress: 1.2.3.4
  bindPort: 6443
nodeRegistration:
```

```
    criSocket: /var/run/dockershim.sock
    imagePullPolicy: IfNotPresent
    name: node
    taints: null
---
apiServer:
  timeoutForControlPlane: 4m0s
apiVersion: kubeadm.k8s.io/v1beta3
certificatesDir: /etc/kubernetes/pki
clusterName: kubernetes
controllerManager: {}
dns: {}
etcd:
  local:
    dataDir: /var/lib/etcd
imageRepository: k8s.gcr.io
kind: ClusterConfiguration
kubernetesVersion: 1.22.0
networking:
  dnsDomain: cluster.local
  serviceSubnet: 10.96.0.0/12
scheduler: {}
```

基于默认配置定制，我们还可以使用 kubeadm 初始化集群所需的配置文件 kubeadm. yaml kubeadm. yaml 是用于 kubeadm 工具初始化 Kubernetes 集群时所需的配置文件。该文件包含了集群初始化时所需的各种参数、选项和配置，包括以下内容：

- API 服务器参数，如服务 IP 地址、API 端口、集群 DNS 域名等。
- 控制平面组件参数，如 etcd 集群、控制平面节点等。
- 网络插件参数，如 CNI 插件的名称、版本、配置等。
- 其他参数，如 kubelet 的参数、证书配置等。

使用 kubeadm 初始化 Kubernetes 集群时，可以使用 kubeadminit 命令，并通过--config 选项指定 kubeadm. yaml 配置文件的路径。

需要注意的是，kubeadm. yaml 文件中的参数和选项会因集群的具体情况而异，因此需要根据实际情况进行相应的配置。

以下是一个 Kubernetes1. 22 版本的 kubeadm. yaml 配置示例，可以根据实际情况进行适当的修改和配置。

```
# vim kubeadm.yaml

# apiVersion 定义了这个 yaml 文件的版本
apiVersion: kubeadm.k8s.io/v1beta3
```

```
kind: InitConfiguration
# 这个节点的名称,应该是唯一的
nodeName: master-1
# 控制平面节点的相关配置
controlPlaneEndpoint: "k8s.example.com:6443"
localAPIEndpoint:
  advertiseAddress: 192.168.0.1
  bindPort: 6443
# etcd 集群相关配置
etcd:
  local:
    # 存储数据的目录
    dataDir: /var/lib/etcd
    # etcd 服务器列表,这里只有一个节点
    serverCertSANs:
      - 192.168.0.1
    peerCertSANs:
      - 192.168.0.1
    extraArgs:
      initial-cluster-state: new
      name: master-1
      listen-peer-urls: https://192.168.0.1:2380
      listen-client-urls: https://192.168.0.1:2379
      advertise-client-urls: https://192.168.0.1:2379
      initial-advertise-peer-urls: https://192.168.0.1:2380
# 证书相关配置
certificateKey: <certificate_key>
# 网络插件相关配置
networking:
  podSubnet: "10.244.0.0/16"
  serviceSubnet: "10.96.0.0/12"
  dnsDomain: "cluster.local"
# kubelet 相关配置
nodeRegistration:
  criSocket: /var/run/dockershim.sock
  kubeletExtraArgs:
    cgroup-driver: systemd
# 要安装的 addon
addonResizer:
  imageRepository: k8s.gcr.io
  imageTag: v1.8.4
  imagePullPolicy: IfNotPresent
kubernetesVersion: v1.22.0
```

需要注意的是，该示例配置文件中的各个参数和选项会因集群的具体情况而异，因此需要根据实际情况进行相应的配置。在使用 kubeadm 初始化集群时，可以通过查看官方文档来获取更多关于 kubeadm. yaml 的详细信息和示例配置文件。

在开始初始化集群之前可以使用 kubeadm config images pull 预先在各个节点上拉取所 k8s 需要的 docker 镜像。

接下来，使用 kubeadm 初始化集群。

```
kubeadm init --config kubeadm.yaml --ignore-preflight-errors = Swap
```

8. 使非 root 用户运行 kubectl

要使非 root 用户可以运行 kubectl，请运行以下命令，它们也是 kubeadm init 输出的一部分。

```
$ mkdir -p $HOME/.kube
$ sudo cp -i /etc/kubernetes/admin.conf $HOME/.kube/config
$ sudo chown $(id -u):$(id -g) $HOME/.kube/config
```

9. 使 root 用户运行 kubectl

```
export KUBECONFIG = /etc/kubernetes/admin.conf
```

10. 去除 master 节点的污点(非必需，单机需要)

使用 kubeadm 默认配置初始化的集群，会在 master 节点打上 node-role. Kubernetes. io/master:NoSchedule 的污点，阻止 master 节点接受调度运行工作负载。

当创建单机版的 k8s 时，这时 master 节点是默认不允许调度 pod 的，需要执行 kubectl taint nodes--allnode-role. kubernetes. io/master-命令将 master 标记为可调度。

```
$ kubectl taint nodes --all node-role.kubernetes.io/master-
```

2.3.4 安装 cni 插件

必须部署一个基于 Pod 网络插件的容器网络接口(CNI)，以便 Pod 可以相互通信。在安装网络之前，集群 DNS(CoreDNS)将不会启动。

- 注意 Pod 网络不得与任何主机网络重叠：如果有重叠，很可能会遇到问题。(如果发现网络插件的首选 Pod 网络与某些主机网络之间存在冲突，则应考虑使用一个合适的 CIDR 块来代替，然后在执行 kubeadm init 时使用--pod-network-cidr 参数并在网络插件的 YAML 中替换它)。
- 默认情况下，kubeadm 将集群设置为使用和强制使用 RBAC(基于角色的访问控制)。确保 Pod 网络插件支持 RBAC，以及用于部署它的清单也是如此。
- 如果要为集群使用 IPv6(双协议栈或仅单协议栈 IPv6 网络)，请确保 Pod 网络插件支持 IPv6。IPv6 支持已在 CNI v0.6.0 版本中添加。

1. Calico 对 Kubernetes 的要求

(1) 支持的版本

calico 官方针对以下 Kubernetes 版本测试了 Calicov3.23。

- v1.21
- v1.22
- v1.23

由于 KubernetesAPI 的变化,Calicov3.23 将无法在 Kubernetesv1.15 或更低版本上运行。v1.16 - v1.18 可能有效,但不再进行测试。较新的版本也可能有效,但我们建议升级到针对较新的 Kubernetes 版本测试过的 Calico 版本。

(2) 特权

确保 Calico 具有 CAP_SYS_ADMIN 特权。

提供必要权限的最简单方法是以 root 身份或在特权容器中运行 Calico。当作为 Kubernetes 守护进程集安装时,Calico 通过作为特权容器运行来满足此要求。这要求允许 kubelet 运行特权容器。下面两种方法可以实现这一点。

- --allow-privileged 在 kubelet 上指定(已弃用)。
- 使用 pod 安全策略(https://Kubernetes.io/docs/concepts/policy/pod-security-policy/)。

(3) 已启用 CNI 插件

Calico 作为 CNI 插件安装。必须通过传递参数将 kubelet 配置为使用 CNI 网络--network-plugin=cni。

(在 kubeadm 上,这是默认设置。)

(4) 其他网络供应商

Calico 必须是每个集群中唯一的网络提供者。目前不支持迁移具有其他网络提供商的集群以使用 Calico 网络。

(5) 支持的 kube-proxy 模式

Calico 支持以下 kube-proxy 模式:

- iptables(默认)。
- ipvs 需要 Kubernetes >=v1.9.3。

(6) IP 池配置

为 podIP 地址选择的 IP 范围,不能与网络中的任何其他 IP 范围重叠:

- Kubernetes 服务集群 IP 范围。
- 分配主机 IP 的范围。

2. 安装 Calico

(1) 安装 TigeraCalicooperator 和 CRD 资源

```
kubectl create -f https://projectcalico.docs.tigera.io/archive/v3.23/manifests/tigera-operator.yaml
```

通过创建必要的自定义资源安装 Calico。

```
kubectl create -f https://projectcalico.docs.tigera.io/archive/v3.23/manifests/custom-resources.yaml
```

注意：在创建此清单之前，请阅读其内容并确保其设置适合我们的环境。例如，我们可能需要更改默认 IP 池 CIDR 以匹配我们的 pod 网络 CIDR。

custom-resources.yaml 文件信息如下：

```
# This section includes base Calico installation configuration.
# For more information, see:
https://projectcalico.docs.tigera.io/v3.23/reference/installation/api#operator.tigera.io/v1.Installation
apiVersion: operator.tigera.io/v1
kind: Installation
metadata:
  name: default
spec:
  # Configures Calico networking.
  calicoNetwork:
    # Note: The ipPools section cannot be modified post-install.
    ipPools:
    - blockSize: 26
      # 注意和 kubeadm init 命令中的--pod-network-cidr 参数保持一致
      cidr: 192.168.0.0/16
      encapsulation: VXLANCrossSubnet
      natOutgoing: Enabled
      nodeSelector: all()

---

# This section configures the Calico API server.
# For more information, see:
https://projectcalico.docs.tigera.io/v3.23/reference/installation/api#operator.tigera.io/v1.APIServer
apiVersion: operator.tigera.io/v1
kind: APIServer
metadata:
  name: default
spec: {}
```

(2) 验证是否安装成功

使用以下命令，确认所有 pod 都在运行。

```
watch kubectl get pods -n calico-system
```

```
# NAME                                      READY   STATUS    RESTARTS   AGE
calico-kube-controllers-988c95d46-vglhh    1/1     Running   0          108m
calico-node-9wxrn                          1/1     Running   0          108m
calico-typha-7c6c4596ff-b7t48              1/1 Runn0ing      108m
```

当每个 pod 的状态都是 Running，表示 calico 安装成功。

注意：Tigeraoperator 会在 calico-system 命名空间中安装资源。其他安装方法可能会改用 kube-system 命名空间。

2.3.5 Kubernetes 添加节点

以上步骤，我们部署了一个单节点 Kubernetes 集群，这个单节点既是 Master 节点，也是 Worker 节点。实际中，我们通常需要多个节点来构建 Kubernetes 集群，如何添加其他节点呢，请参考下面内容。

1. 新的 Worker 节点都需要关闭防火墙

```
#关闭防火墙
systemctl disable firewalld
systemctl stop firewalld

#关闭 selinux
#临时禁用 selinux
setenforce 0

#永久关闭 修改/etc/sysconfig/selinux 文件设置
sed-i 's/SELINUX = permissive/SELINUX = disabled/' /etc/sysconfig/selinux
sed-i "s/SELINUX = enforcing/SELINUX = disabled/g" /etc/selinux/config

#禁用交换分区
swapoff -a

#永久禁用，打开/etc/fstab 注释掉 swap 那一行
sed-i 's/. * swap. * /#&/' /etc/fstab
#验证 swap 是否关闭
# free -h
#若 swap 那一行输出为 0，则说明已经关闭
#有时候也需要同时调整 k8s 的 swappiness 参数
# vi /etc/sysctl.d/k8s.conf
#添加一行
vm.swappiness = 0
#执行下面的命令使得修改生效
#sysctl -p /etc/sysctl.d/k8s.conf
```

```
#修改内核参数
cat << EOF > /etc/sysctl.d/k8s.conf
net.bridge.bridge-nf-call-ip6tables = 1
net.bridge.bridge-nf-call-iptables = 1
EOF

#手动加载所有的配置文件
sysctl --system

#如果需要单独指定配置文件加载，请执行：
#sysctl -p XXX.conf
```

2. 新的 Worker 节点都需要安装 Docker

```
sudo apt-get install docker-ce=5:20.10.7~3-0~ubuntu-focal
```

3. 新的 Worker 节点都需要安装 kubeadm、kubelet、kubectl

由于官方 k8s 源在 google，国内无法访问，这里使用阿里云 yum 源。

```
#执行配置 k8s 的 yum--阿里源
cat > /etc/yum.repos.d/kubernetes.repo << EOF
[kubernetes]
name=Kubernetes
baseurl=https://mirrors.aliyun.com/kubernetes/yum/repos/kubernetes-el7-x86_64
enabled=1
gpgcheck=0
repo_gpgcheck=0
gpgkey=https://mirrors.aliyun.com/kubernetes/yum/doc/yum-key.gpg
https://mirrors.aliyun.com/kubernetes/yum/doc/rpm-package-key.gpg
EOF

#安装 kubeadm、kubectl、kubelet 1.22.2
yum install-y kubectl-1.22.2 kubeadm-1.22.2 kubelet-1.22.2

#查看是否安装成功
kubelet --version
kubectl version
kubeadm version

#重启 docker，并启动 kubelet
systemctl daemon-reload
systemctl restart docker
systemctl enable kubelet && systemctl start kubelet
```

4. kubeadmjoin 加入集群

以上三个步骤检查完毕之后,继续以下步骤。

加入集群这里加入集群的命令可以登录 master 节点,使用 kubeadmtokencreate--print-join-command 来获取。获取后执行如下。

```
#加入集群,如果这里不知道加入集群的命令,可以登录 master 节点,使用 kubeadm token create --printjoin-command 来获取
kubeadm join 192.168.172.128:6443 --token 4su499.vy8p45tdayaqs5uk --discovery-tokenca-cert-hashsha256:3d9e7fc0a04f8ad453483c754885042691c19f02ff3682d4fca0ba6cdfbde97b
```

如果没有令牌,可以通过在控制平面节点上运行以下命令来获取令牌:

```
kubeadm token list
```

输出类似于以下内容:

```
$ kubeadm token list
TOKEN                     TTL      EXPIRES                 USAGES
DESCRIPTION                                                EXTRA GROUPS
4su499.vy8p45tdayaqs5uk   23h      2022-02-25T20:50:57Z    authentication,signing
<none>
system:bootstrappers:kubeadm:default-node-token
```

默认情况下,令牌会在 24 h 后过期。如果要在当前令牌过期后将节点加入集群,则可以通过在控制平面节点上运行以下命令来创建新令牌:

```
kubeadm token create
```

输出类似于以下内容:

```
5didvk.d09sbcov8ph2amjw
```

如果没有 --discovery-token-ca-cert-hash 的值,则可以通过在控制平面节点上执行以下命令链来获取它:

```
openssl x509 -pubkey -in /etc/kubernetes/pki/ca.crt | openssl rsa -pubin -outform der 2>/dev/null | \
    openssl dgst -sha256 -hex | sed 's/^.* //'
```

输出类似于以下内容:

```
8cb2de97839780a412b93877f8507ad6c94f73add17d5d7058e91741c9d5ec78
```

几秒钟后,当在控制平面节点上执行 kubectlgetnodes,该节点出现在输出中。

```
#kubectl get node
NAME        STATUS    ROLES                   AGE    VERSION
master-1    Ready     control-plane,master    66m    v1.22.2
```

```
worker-1     Ready          <none>                     50m       v1.22.2
```

2.3.6 Kubernetes 删除节点

如果你在集群中使用了一次性服务器进行测试，则可以关闭这些服务器，而无需进一步清理。可以使用 kubectl config delete-cluster 删除对集群的本地引用。

但是，如果要更干净地取消配置集群，则应首先清空节点并确保该节点为空，然后取消配置该节点。

1. 删除节点

使用适当的凭证与控制平面节点通信，运行：

```
kubectl drain <node name> --delete-emptydir-data --force --ignore-daemonsets
```

在删除节点之前，请重置 kubeadm 安装的状态：

```
kubeadm reset
```

重置过程不会重置或清除 iptables 规则或 IPVS 表。如果希望重置 iptables，则必须手动进行：

```
iptables-F && iptables -t nat -F && iptables -t mangle -F && iptables -X
```

如果要重置 IPVS 表，则必须运行以下命令：

```
ipvsadm -C
```

现在删除节点：

```
kubectl delete node <节点名称>
```

如果想重新开始，只需运行 kubeadm init 或 kubeadm join 并加上适当的参数。

2. 清理控制平面

大家可以在控制平面主机上使用 kubeadm reset 来触发尽力而为的清理。

2.3.7 Kubernetes 还原

集群初始化如果遇到问题，可以使用下面的命令进行清理。

```
# 1.卸载服务

kubeadm reset

# 2.删除相关容器  #删除镜像

docker rm $(docker  ps -aq) -f
docker rmi $(docker images -aq) -f
```

```
# 3.删除上一个集群相关的文件

rm -rf  /var/lib/etcd
rm -rf  /etc/Kubernetes
rm -rf  $ HOME/.kube
rm -rf /var/etcd
rm -rf /var/lib/kubelet/
rm -rf /run/Kubernetes/
rm -rf ~/.kube/

# 4.清除网络

systemctl stop kubelet
systemctl stop docker
rm -rf /var/lib/cni/ *
rm -rf /var/lib/kubelet/ *
rm -rf /etc/cni/ *
ifconfig cni0 down
ifconfig flannel.1 down
ifconfig docker0 down
ip link delete cni0
ip link delete flannel.1
systemctl start docker

# 5.卸载工具

aptautoremove -y kubelet kubectl kubeadm kubernetes-cni
删除/var/lib/kubelet/目录,删除前先卸载

for m in $ (sudo tac /proc/mounts | sudo awk '{print $ 2}'|sudo grep /var/lib/kubelet);do

sudo umount $ m||true

done

# 6.删除所有的数据卷

sudo docker volume rm $ (sudo docker volume ls -q)

# 7.再次显示所有的容器和数据卷,确保没有残留

sudo docker ps -a
```

```
sudo docker volume ls
```

2.3.8 Kubernetes 部署 WEB 应用

我们这里通过 Deployment 部署一个 Nginx 应用，该应用会在集群上运行两个示例。

然后，我们再通过部署一个 NodePort 类型的 Service 资源，使得 Nginx 应用能被集群内外的服务访问。

1. 部署 Deployment 资源

```
$ kubectl apply -f - << EOF
apiVersion: apps/v1
kind: Deployment
metadata:
  name:nginx-deployment
spec:
  selector:
    matchLabels:
      app:nginx
  replicas:2 # tells deployment to run 2 pods matching the template
  template:
    metadata:
      labels:
        app:nginx
    spec:
      containers:
      -name: nginx
        image: nginx:1.14.2
        ports:
        -containerPort: 80
EOF
```

2. 部署 Service 资源

```
$ kubectl apply -f - << EOF
apiVersion: v1
kind: Service
metadata:
  name: my-nginx
spec:
  selector:
    app:nginx
  type:NodePort
```

```
  ports:
    -protocol: TCP
     port:80
EOF
```

3. 验证

```
$ kubectl get all -owide
NAME                                    READY   STATUS    RESTARTS   AGE    IP
    NODE           NOMINATED  NODE     READINESS  GATES
pod/nginx-deployment-66b6c48dd5-cqjqs   1/1     Running   0          85s
10.244.39.26     master-1     <none>          <none>
pod/nginx-deployment-66b6c48dd5-s6g49   1/1     Running   0          85s
10.244.39.20     master-1     <none>          <none>

NAME                  TYPE        CLUSTER-IP      EXTERNAL-IP   PORT(S)          AGE
SELECTOR
service/kubernetes    ClusterIP   10.96.0.1       <none>        443/TCP          231d
 <none>
service/my-nginx      NodePort    10.100.97.211   <none>        80:31932/TCP     23s
app = nginx

NAME                               READY   UP-TO-DATE   AVAILABLE   AGE   CONTAINERS
IMAGES      SELECTOR
deployment.apps/nginx-deployment  2/2     2            2           85s   nginx
nginx:1.14.2app = nginx

NAME                                         DESIRED     CURRENT     READY    AGE
CONTAINERS        IMAGES            SELECTOR
replicaset.apps/nginx-deployment-66b6c48dd5     2          2          2       85s        nginx
        nginx:1.14.2      app = nginx,pod-template-hash = 66b6c48dd5
```

4. 集群内访问

```
$ curl10.100.97.211
<! DOCTYPE html >
<html >
<head >
<title > Welcome tonginx!  </title >
<style >
    body {
        width: 35em;
        margin:0 auto;
        font-family: Tahoma, Verdana, Arial, sans-serif;
```

```
    }
</style>
</head>
<body>
<h1> Welcome tonginx! </h1>
<p> If you see this page, thenginx web server is successfully installed and
working. Further configuration isrequired. </p>

<p> For online documentation and support please refer to
<ahref="http://nginx.org/"> nginx.org </a>. <br/>
Commercial support is available at
<ahref="http://nginx.com/"> nginx.com </a>. </p>

<p> <em> Thank you for using nginx. </em> </p>
</body>
</html>
```

5. 集群外访问

通过 kubectl get services 查看 nginx 服务对外暴露的端口是 31932，浏览器访问如图 2－9 所示。

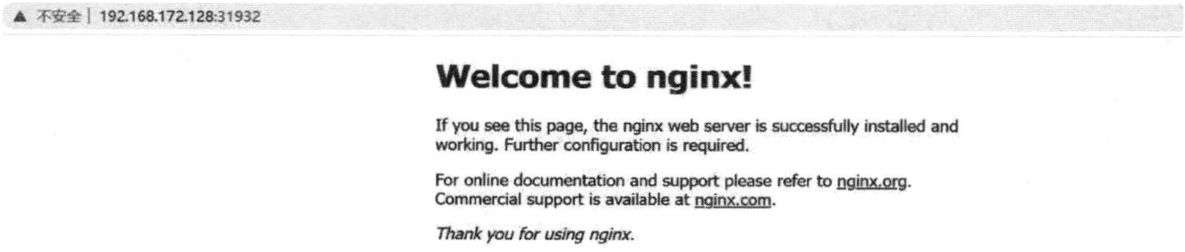

图 2－9　Nginx 欢迎页

2.4　使用 Kind 在本地快速部署一个 k8s 集群

2.4.1　什么是 Kind

Kind（Kubernetes in Docker）是一个 Kubernetes 孵化项目，Kind 是一套开箱即用的 Kubernetes 环境搭建方案。顾名思义，Kind 就是将 Kubernetes 所需要的所有组件，全部部署在一个 Docker 容器中，可以很方便搭建 Kubernetes 集群。

Kind 已经广泛应用于 Kubernetes 上游及相关项目的 CI 环境中，官方文档中也把 Kind 作为一种本地集群搭建的工具推荐给大家。

简而言之，Kind 是一个使用 Docker 容器“节点”，运行本地 Kubernetes 集群的工具。

1. Kind 可以做什么

- 快速创建一个或多个 Kubernetes 集群。
- 支持部署高可用的 Kubernetes 集群，支持多节点（含 HA）集群。
- 支持从源码构建并部署一个 Kubernetes 集群，除了预先发布的构建之外，还支持 make/bash 或 docker。
- 可以快速低成本体验一个最新的 Kubernetes 集群，并支持 Kubernetes 的大部分功能。
- 支持本地离线运行一个多节点集群。

2. Kind 的优势

- Kind 支持 Linux、macOS 和 Windows。
- Kind 是一个 CNCF 认证的 Kubernetes 安装程序。
- 最小的安装依赖，仅需要安装 Docker 即可。
- 使用方法简单，只需 Kind Cli 工具即可快速创建集群。
- 使用容器来模拟 Kubernetes 节点。
- 内部使用 Kubeadm 的官方主流部署工具。
- 通过了 CNCF 官方的 K8S Conformance 测试。

3. Kind 的劣势

- Kind 不是一个生产级的 Kubernetes 解决方案，它只能运行在 Docker 容器中，不能直接访问主机资源或网络。
- Kind 也不支持一些高级功能，如负载均衡、存储卷、服务网格等，需要额外配置或安装。
- Kind 还存在一些性能和稳定性的问题，如内存泄漏、节点故障等。

4. Kind 适用场景

Kind 是一个简单易用、快速轻量、可配置可扩展的工具，可以在本地或云端快速创建和删除 Kubernetes 集群，方便开发者进行测试和调试。Kind 还支持多种插件和工具，如 Helm、Istio、Skaffold 等，可以提高开发效率和质量。

- 本地开发和测试：Kind 可以在本地快速创建一个 Kubernetes 集群，让开发者可以在自己的电脑上部署和调试应用，而不需要依赖远程的集群或云服务。这样可以节省时间和成本，提高开发效率和质量。
- 持续集成和交付：Kind 可以与各种持续集成和交付工具集成，如 Jenkins、Travis CI、GitLab CI 等，让开发者可以在每次提交代码后自动构建、测试和部署应用到 Kind 集群中，实现快速反馈和迭代。
- 学习和教育：Kind 可以作为一个学习和教育的工具，让学习者或教师可以轻松地在自己的电脑上体验和探索 Kubernetes 的特性和功能，而不需要配置复杂的环境或购买昂贵的资源。

5. Kind 如何工作的

Kind 使用容器来模拟每一个 Kubernetes 节点，并在容器里面运行 Systemd。容器里的 Systemd 托管了 Kubelet 和 Containerd，然后容器内部的 Kubelet 把其他 Kubernetes 组件：Kube-Apiserver、Etcd、CNI 等等组件运行起来。

Kind 内部使用了 Kubeadm 这个工具来做集群的部署，包括高可用集群也是借助 Kubeadm 提供的特性来完成的。在高可用集群下还会额外部署了一个 Nginx 来提供负载均衡 VIP 。

2.4.2 Kind 安装部署

Kind 把部署 Kubernetes 环境的依赖降低到了最小，仅需要机器安装 Docker 即可。

1. 安装 Docker

这里以 Linux 系统为例：

```
$ curl -sSL https://get.daocloud.io/docker | sh
```

更多平台的安装方法可参考官方文档：https://docs.docker.com/install/验证 Docker 是否安装成功，通过 docker version 命令。

2. 安装 Kubectl

如果需要通过命令行管理集群，则需要安装 Kubectl。

Kubernetes 命令行工具 Kubectl 允许针对 Kubernetes 集群运行命令。大家可以使用 Kubectl 部署应用程序、检查和管理集群资源以及查看日志。

注意： kubectl 版本和集群版本之间的差异必须在一个小版本号内。例如：v1.26 版本的客户端能与 v1.25、v1.26 和 v1.27 版本的控制面通信。

Kubernetes 版本以 **x**、**y**、**z** 表示，其中 **x** 是主要版本，**y** 是次要版本，**z** 是补丁版本，遵循语义版本控制术语。

简而言之，Kubectl 版本，能够支持的 Kubenetes 集群侧次要版本为（Kubectl 版本-1 个次要版本，Kubectl 版本，kubectl 版本+1 个次要版本）。

3. 下载 Kubectl

```
curl-LO "https://dl.k8s.io/release/$(curl -L -s
https://dl.k8s.io/release/stable.txt)/bin/linux/amd64/kubectl"
```

如需下载某个指定的版本，请用指定版本号替换该命令的这一部分：$(curl-L-shttps://dl.k8s.io/release/stable.txt)。

例如，要在 Linux 中下载 v1.26.0 版本，请输入：

```
curl-LO https://dl.k8s.io/release/v1.26.0/bin/linux/amd64/kubectl
```

4. 安装 Kubectl

```
sudo install -o root -g root -m 0755 kubectl /usr/local/bin/kubectl
```

即使你没有目标系统的 root 权限，大家仍然可以将 kubectl 安装到目录～/. local/bin 中，操作步骤如下：

```
chmod + x kubectl
mkdir-p ～/. local/bin
mv. /kubectl ～/. local/bin/kubectl
# 之后将 ～/. local/bin 附加(或前置)到 $ PATH
```

执行测试，以确保安装成功了：

```
$ kubectl version --client

WARNING: This version information is deprecated and will be replaced with the output
from kubectl version--short. Use --output = yaml|json to get the full version.
Client Version: version. Info{Major:"1", Minor:"26", GitVersion:"v1.26.0",
GitCommit:"b46a3f887ca979b1a5d14fd39cb1af43e7e5d12d", GitTreeState:"clean",
BuildDate:"2022-12-08T19:58:30Z", GoVersion:"go1.19.4", Compiler:"gc",
Platform:"linux/amd64"}
```

或者使用如下命令来查看版本的详细信息：

```
$ kubectlversion --client --output = yaml

clientVersion:
  buildDate:"2022-12-08T19:58:30Z"
  compiler: gc
  gitCommit: b46a3f887ca979b1a5d14fd39cb1af43e7e5d12d
  gitTreeState: clean
  gitVersion: v1.26.0
  goVersion: go1.19.4
  major:"1"
  minor:"26"
  platform: linux/amd64
kustomizeVersion: v4.5.7
```

5. Kubectl 启用 bash 自动补全功能

Kubectl 的 Bash 补全脚本可以用命令 Kubectl completion bash 生成。在 Shell 中导入(Sourcing)补全脚本，将启用 Kubectl 自动补全功能。

然而，补全脚本依赖于工具 bash-completion，所以要先安装它(可以用命令 type _init_completion 检查 bash-completion 是否已安装)。

6. 安装 bash-completion

可以通过 apt-get install bash-completion 或 yum install bash-completion 等命令来安装它。

上述命令将创建文件/usr/share/bash-completion/bash_completion，它是 bash-completion 的主脚本。依据包管理工具的实际情况，需要在～/. bashrc 文件中手工导入此文件。

要查看结果，请重新加载 Shell，并运行命令 type _init_completion 。

如果命令执行成功，则设置完成，否则将下面内容添加到文件 ～/. bashrc 中：

```
source/usr/share/bash-completion/bash_completion
```

重新加载 Shell，再输入命令 type _init_completion 来验证 bash-completion 的安装状态。

现在需要确保一点：Kubectl 补全脚本已经导入(sourced)到 Shell 会话中。可以通过以下两种方法进行设置：

(1) 当前用户

```
echo'source <(kubectl completion bash)' >> ~/.bashrc
```

(2) 系统全局

```
kubectl completionbash | sudo tee /etc/bash_completion.d/kubectl > /dev/null
```

bash-completion 负责导入 /etc/bash_completion. d 目录中的所有补全脚本。

两种方式的效果相同。

如果 Kubectl 有关联的别名，可以扩展 Shell 补全来适配此别名：

```
echo'alias k = kubectl' >> ~/.bashrc
echo'complete -o default -F __start_kubectl k' >> ~/.bashrc
```

重新加载 Shell 后，Kubectl 自动补全功能即可生效。若要在当前 Shell 会话中启用 Bash 补全功能，需要 source～/. bashrc 文件：

```
source~/.bashrc
```

7. 安装 Kind 二进制

Kind 使用 Golang 进行开发，原生支持良好的跨平台特性，通常只需要直接下载构建好的二进制文件就可使用。

Kind 发布页面(https://github.com/Kubernetes-sigs/kind/releases)上提供了稳定的二进制文件。

通常推荐稳定版本用于 CI 的使用。要安装，请从“Assets”下载适用于你平台的二进制文件并将其放入你的 $PATH：

```
curl-Lo ./kind "https://kind.sigs.k8s.io/dl/v0.17.0/kind-$(uname)-amd64"
```

```
chmod + x ./kind
sudo mv./kind /usr/local/bin/kind
```

2.4.3 使用 Kind 搭建一个单节点集群

搭建单节点集群是 Kind 最基础的功能，当然使用起来也很简单，仅需一条指令 kind create cluster 即可完成。

```
kind create cluster --name fly-cluster
Creating cluster "fly-cluster" ...
  Ensuring node image (kindest/node:v1.25.3)
  Preparing nodes
  Writing configuration
  Starting control-plane
  Installing CNI
  Installing StorageClass
Set kubectl context to "kind-fly-cluster"
You can now use your cluster with:

kubectl cluster-info --context kind-fly-cluster

Have a nice day!
```

以上命令中 --name 是可选参数。如果不指定，默认创建出来的集群名字为 kind 。

预构建镜像托管在 kindest/node（https://hub.docker.com/r/kindest/node/），但要找到适合当前给定版本的镜像，应该查看给定 kind 版本（检查 kind version ）的发行说明，可以在其中找到为 kind 发布创建的镜像的完整列表。

使用默认安装的方式时，我们没有指定任何配置文件。从安装过程的输出来看，一共分为四步：

- 检查本地环境是否存在一个基础的安装镜像，默认是 kindest/node:v1.25.3，该镜像里面包含了所有需要安装的内容，包括 kubectl、kubeadm、kubelet 的二进制文件以及安装对应版本 Kubernetes 所需要的镜像。
- 准备 Kubernetes 节点，主要就是启动容器、解压镜像这类的操作。
- Kind 实际使用 Kubeadm 进行集群的创建。所以，需要建立对应的 kubeadm 的配置，完成之后就通过 kubeadm 进行安装。安装完成后还会做一些清理操作，比如删掉主节点上的污点，否则对于没有容忍的 Pod 无法完成部署。
- 上面所有操作都完成后，就成功启动了一个 Kubernetes 集群并输出一些操作集群的提示信息。

kubeadm 启动后，Kind 会导出 KUBECONFIG 到～/.kube/config，然后应用 Overlay 网络。

用于配置集群访问的文件有时被称为**kubeconfig 文件**。这是一种引用配置文件的通用方式,并不意味着存在一个名为 kubeconfig 的文件。

此时用户可以使用导出的 kubeconfig 来测试 Kubernetes。

2.4.4 使用 Kubectl 访问 Kind 集群

为了让 kubectl 能发现并访问 Kubernetes 集群,需要一个 kubeconfig 文件,该文件在 kube-up.sh 创建集群时,或成功部署一个 Minikube/Kind 集群时,均会自动生成。通常,kubectl 的配置信息存放于文件~/.kube/config 中。

通过上文我们知道 Kind 部署后,默认情况下,如果未设置 $KUBECONFIG 环境变量,则集群访问配置存储在~/.kube/config 中。

查看~/.kube/config 配置文件:

```
# cat ~/.kube/config
apiVersion: v1
clusters:
- cluster:
    certificate-authority-data: ...
    server: https://127.0.0.1:45709
  name: kind-fly-cluster
contexts:
- context:
    cluster: kind-fly-cluster
    user: kind-fly-cluster
  name: kind-fly-cluster
current-context: kind-fly-cluster
kind: Config
preferences: {}
users:
- name: kind-fly-cluster
  user:
    client-certificate-data: ...
    client-key-data: ...
```

如果~/.kube/config 被删除,或没有被创建,则可以使用 kindgetkubeconfig 获取 kind 创建的集群的 kubeconfig 文件。

```
#获取指定集群的配置文件所在的路径
$ export KUBECONFIG = "$(kind get kubeconfig --name = "fly-cluster")"
```

通过获取集群状态的方法,检查是否已恰当地配置了 kubectl:

```
$ kubectlcluster-info
Kubernetes control plane is running at https://127.0.0.1:45709
```

```
CoreDNS is running at https://127.0.0.1:45709/api/v1/namespaces/kube-system/services/kube-dns:dns/proxy

To further debug and diagnose cluster problems, use'kubectl cluster-info dump'.
```

如果返回一个 URL,则意味着 Kubectl 成功地访问到了集群。

如果看到如下所示的消息,则代表 Kubectl 配置出了问题,或无法连接到 Kubernetes 集群。

```
# 访问 <server-name:port> 被拒绝 - 你指定的主机和端口是否有误?
The connection to the server <server-name:port> was refused- did you specify the right host or port?
```

如果命令 Kubectl cluster-info 返回了 URL,但还不能访问集群,那可以用以下命令来检查配置是否妥当:

```
kubectl cluster-info dump
```

接下来,我们根据上面命令执行完后,输出的提示信息进行操作来验证一下集群是否部署成功。

(1) 验证集群组件状态

```
kubectl get cs
Warning: v1 ComponentStatus is deprecatedin v1.19 +
NAME                 STATUS    MESSAGE                         ERROR
controller-manager   Healthy   ok
scheduler            Healthy   ok
etcd-0               Healthy   {"health":"true","reason":""}
```

输出状态是 Healthy,表示集群组件是健康的。

(2) 验证集群节点状态

```
kubectl get nodes
NAME                         STATUS   ROLES           AGE    VERSION
fly-cluster-control-plane    Ready    control-plane   166m   v1.25.3
```

(3) 验证集群 Pod 状态

```
$ kubectl get pod -A
NAMESPACE     NAME                                  READY
STATUS    RESTARTS    AGE
kube-system   coredns-565d847f94-pbcnn              1/1
Running   0           173m
kube-system   coredns-565d847f94-vchvt              1/1
Running   0           173m
kube-system   etcd-fly-cluster-control-plane        1/1
```

```
Running   0               173m
kube-system       kindnet-vl14f                                   1/1
Running   0               173m
kube-system       kube-apiserver-fly-cluster-control-plane        1/1
Running   0               173m
kube-system       kube-controller-manager-fly-cluster-control-plane1/1
Running   1 (28m ago)     173m
kube-system       kube-proxy-7zpmj                                1/1
Running   0               173m
kube-system       kube-scheduler-fly-cluster-control-plane        1/1
Running   0               173m
local-path-storagelocal-path-provisioner-684f458cdd-bjl7w         1/1
Running   0               173m
$ kubectl get sc
NAME              PROVISIONER             RECLAIMPOLICY      VOLUMEBINDINGMODE
ALLOWVOLUMEEXPANSION    AGE
standard (default)rancher.io/local-path    Delete            WaitForFirstConsumer
false                   174m
```

从上面的输出结果，可以看到单节点的 Kubernetes 已经搭建成功。

单节点集群默认方式启动的节点角色是 control-plane，该节点包含了所有的组件。这些组件分别是 Coredns、Etcd、Api-Server、Controller-Manager、Kube-Proxy、Sheduler 和网络插件 kindnet 以及存储 local-path。

2.4.5 使用 Kind 创建多节点的集群

默认安装的集群只部署了一个控制节点，如果需要部署多节点集群，我们可以通过配置文件的方式来创建多个容器。这样就可以达到模拟多个节点目的，并以这些节点来构建一个多节点的集群。

Kind 的真正功能在于部署多节点集群（multi-node clusters），这种部署提供了完整的集群模拟。

Kind 官方网站提供了 kind-example-config ，文件内容如下：

```
# this config file contains all config fields with comments
# NOTE: this is not a particularly useful config file
kind: Cluster
apiVersion: kind.x-k8s.io/v1alpha4
# patch the generated kubeadm config with some extra settings
kubeadmConfigPatches:
- |
  apiVersion: kubelet.config.k8s.io/v1beta1
  kind: KubeletConfiguration
  evictionHard:
```

```
  nodefs.available: "0%"
# patch it further using a JSON 6902 patch
kubeadmConfigPatchesJSON6902:
- group: kubeadm.k8s.io
  version: v1beta3
  kind: ClusterConfiguration
  patch: |
    - op: add
      path: /apiServer/certSANs/-
      value: my-hostname
# 1 control plane node and 3 workers
nodes:
# the control plane node config
-role: control-plane
# the three workers
- role: worker
- role: worker
- role: worker
```

1. 自定义多节点 Kubernetes 集群

一共三个节点,一个主节点,两个从节点。

```
cat > multi-node-kind-config.yaml << EOF
#一共三个节点,一个主节点,两个从节点。
kind: Cluster
apiVersion: kind.x-k8s.io/v1alpha4
networking:
  # the default CNI will not be installed
  disableDefaultCNI:true
nodes:
- role: control-plane
- role: worker
- role: worker
EOF
```

配置文件创建完成后,就可以使用下面的命令来完成多节点 Kubernetes 集群搭建。

```
$ kindcreate cluster --config multi-node-kind-config.yaml --name multi-node
Creating cluster"multi-node" ...
 Ensuring node image (kindest/node:v1.25.3)
 Preparing nodes
 Writing configuration
 Starting control-plane
```

```
 Installing CNI
 Installing StorageClass
 Joining worker nodes
Set kubectl context to"kind-multi-node"
You can now use your cluster with:
kubectl cluster-info--context kind-multi-node

Thanksfor using kind!
```

2. 查看集群信息

```
#集群信息
$ kubectl cluster-info
Kubernetes control plane is running at https://127.0.0.1:44831
CoreDNS is running at https://127.0.0.1:44831/api/v1/namespaces/kubesystem/
services/kube-dns:dns/proxy

To further debug and diagnose cluster problems, use'kubectl cluster-info dump'.

#集群组件健康状态,所有组件为 Healthy 表示正常
$ kubectl get cs
Warning: v1 ComponentStatus is deprecatedin v1.19 +
NAME                    STATUS    MESSAGE                          ERROR
controller-manager      Healthy   ok
scheduler               Healthy   ok
etcd-0                  Healthy   {"health":"true","reason":""}

#集群节点状态,所有节点为 Ready 表示正常
$ kubectlget node
NAME                          STATUS   ROLES           AGE     VERSION
multi-node-control-plane      Ready    control-plane   6m18s   v1.25.3
multi-node-worker             Ready    <none>          4m57s   v1.25.3

#集群 pod 状态,所有 pod 为 running 表示正常
$ kubectlget pod -A
NAMESPACE          NAME                                        READY     STATUS
          RESTARTS             AGE
kube-system        coredns-565d847f94-9pnfs                    1/1
Running            0              5m29s
kube-system        coredns-565d847f94-qnh7j                    1/1
Running            0              5m31s
kube-system        etcd-multi-node-control-plane               1/1
Running            0              6m2s
```

```
kube-system          kindnet-tckww                                      1/1
Running         0         5m33s
kube-system          kindnet-xgcxp                                      1/1
Running         0         4m59s
kube-system          kube-apiserver-multi-node-control-plane            1/1
Running         0         6m2s
kube-system          kube-controller-manager-multi-node-control-plane1/1
Running         0         6m2s
kube-system          kube-proxy-jfblz                                   1/1
Running         0         5m33s
kube-system          kube-proxy-vblht                                   1/1
Running         0         4m59s
kube-system          kube-scheduler-multi-node-control-plane            1/1
Running         0         6m2s
local-path-storage   local-path-provisioner-684f458cdd-4v884            1/1
Running         0
    5m31s
```

2.4.6 用 Kind 创建高可用 Kubernetes 集群

Kind 也支持搭建高可用的 Kubernetes 集群，创建方式和多节点集群类似，也是通过配置文件来实现。

1. 自定义高可用 Kubernetes 集群配置文件

该自定义配置启动了 6 个容器分别用于模拟 3 个 k8s 控制器节点和 3 个 k8s Worker 节点。

```
cat > ha-kind-config.yaml << EOF
kind: Cluster
apiVersion: kind.x-k8s.io/v1alpha4
networking:
  kubeProxyMode:"ipvs"          # kube-proxy 工作模式
  # podSubnet: "10.15.0.0/16"
  # serviceSubnet: "10.16.0.0/16"
kubeadmConfigPatches:
- |
  apiVersion: kubeadm.k8s.io/v1beta2
  kind: InitConfiguration
  metadata:
    name: config
  imageRepository: registry.aliyuncs.com/google_containers# 指定镜像仓库
  nodeRegistration:
    kubeletExtraArgs:
```

```
      pod-infra-container-image: registry.aliyuncs.com/google_containers/pause:3.7
    #指定 pause 镜像版本
  - |
    apiVersion: kubeadm.k8s.io/v1beta3
    kind: ClusterConfiguration
    metadata:
      name: config
    kubernetesVersion:"1.25.3"
    networking:
      serviceSubnet:10.15.0.0/16
      podSubnet:10.16.0.0/16
      dnsDomain: cluster.local
nodes:
- role: control-plane
  #通过 kubeadm 配置 kubeletExtraArgs,指定 ingress controller 绑定到当前 kind 节点
  kubeadmConfigPatches:
  - |
    kind: InitConfiguration
    nodeRegistration:
      kubeletExtraArgs:
        node-labels:"ingress-ready=true"
  extraPortMappings:
  - containerPort: 30443
    hostPort:31443
    listenAddress:"0.0.0.0"
    protocol: TCP
  - containerPort: 80
    hostPort:80
  - containerPort: 443
    hostPort:443
- role: control-plane
- role: control-plane
- role: worker
- role: worker
- role: worker
EOF
```

这里,我们通过直接在配置文件里使用国内容器镜像源的方式解决了官方容器镜像源不可用的问题,同时也达到了加速集群创建的目的。

2. 设置 IngressController

Ingress 允许将外部流量路由到 Kubernetes 集群中的服务。它提供了一种灵活的方式来暴露服务,支持负载均衡、TLS 终止和基于主机和路径的路由。Ingress 由一个

或多个 Ingress 资源组成，每个资源定义了一个或多个规则，用于将流量路由到指定的后端服务。

在 Kubernetes 中，Ingress 控制器是负责实现 Ingress 的组件。它监听 KubernetesAPI 中的 Ingress 资源，并将其转换为底层负载均衡规则。在 Kubernetes 集群中安装 Ingress 控制器后，可以创建 Ingress 资源来配置我们的应用程序的外部访问。

Kind 官方推出的 Ingress 控制器是基于 Nginx 构建的，并且可以使用 Kubernetes 集群本地运行的容器镜像轻松地运行 Ingress 控制器。

还可以通过在 kubeadm 的 InitConfiguration 中使用来设置自定义节点标签 node-labels，以供 Ingress Controller 使用 nodeSelector 。

- **extraPortMappings**：允许本地主机通过端口 80/443 向 Ingress 控制器发出请求。
- **node-labels**：只允许 Ingress Controller 在与标签选择器匹配的特定节点上运行。

具体来说，extraPortMappings 将 kind 节点端口（containerPort）映射到本地宿主机端口（hostPort），containerPort 端口为 k8s 中类型为 NodePort 的 Service 映射到本地 kind 节点的端口。

可以通过以下命令创建一个定制的集群：

```
$ kindcreate cluster --config ha-kind-config.yaml
Creating cluster"kind" ...
 Ensuring node image (kindest/node:v1.25.3)
 Preparing nodes
 Configuring the external load balancer
 Writing configuration
 Starting control-plane
 Installing CNI
 Installing StorageClass
 Joining more control-plane nodes
 Joining worker nodes
Set kubectl context to"kind-kind"
You can now use your cluster with:

kubectl cluster-info--context kind-kind

Not sure what todo next? Check out https://kind.sigs.k8s.io/docs/user/quickstart/
```

同上面创建的单节点集群一样，我们同样借助下面的命令来验证一下集群是否部署成功。

```
#集群信息
$ kubectlcluster-info
```

```
#集群组件健康状态,所有组件为 Healthy 表示正常
$ kubectlget cs

#集群节点状态,所有节点为 Ready 表示正常
$ kubectlget node

#集群 pod 状态,所有 pod 为 running 表示正常
$ kubectl get pod -A
```

kind 部署环境中,默认安装 haproxy 组件,实现 kube-apiserver 的负载均衡。

查看宿主机的 Docker 进程。

```
$ dockerps
CONTAINER ID     IMAGE                                    COMMAND              CREATED
        STATUS             PORTS
                                     NAMES
ec6cf40b9e07     kindest/haproxy:v20220607-9a4d8d2a   "haproxy -sf 7 -W -d…" 14
minutes ago      Up14 minutes 127.0.0.1:36183-> 6443/tcp
                                               kind-external-load-balancer
e708ed9754af     kindest/node:v1.25.3                    "/usr/local/bin/entr…" 15
minutes ago Up15 minutes
                                               kind-worker2
6cfc098c5104     kindest/node:v1.25.3                    "/usr/local/bin/entr…" 15
minutes ago      Up15 minutes 127.0.0.1:34226-> 6443/tcp
                                               kind-control-plane3
3a19c92550ba     kindest/node:v1.25.3                    "/usr/local/bin/entr…" 15
minutes ago      Up15 minutes
                                               kind-worker
e95c85087c9c     kindest/node:v1.25.3                    "/usr/local/bin/entr…" 15
minutes ago      Up15 minutes 0.0.0.0:80-> 80/tcp, 0.0.0.0:443-> 443/tcp,
127.0.0.1:43524-> 6443/tcp, 0.0.0.0:31443-> 30443/tcp     kind-control-plane
9f3c62b6e115     kindest/node:v1.25.3                    "/usr/local/bin/entr…" 15
minutes ago      Up15 minutes 127.0.0.1:42330-> 6443/tcp
                                               kind-control-plane2
11049cabf555     kindest/node:v1.25.3                    "/usr/local/bin/entr…" 15
minutes ago      Up15 minutes
                                               kind-worker3
```

这里一共有 7 个 Docker 进程:分别是一个 haproxy 组件,3 个 control-plane 节点,3 个 worker 节点。

其中,经宿主机的 36183 端口映射到 haproxyfrontendbindport,该 frontend 对应 backend 为三个 control-plane 节点上部署的 kube-apiserver。

36183 端口,也是我们 kubectl 访问 APIServer 的端口。我们也可以通过 kindgetkubeconfig 命令验证。

```
$ kindget kubeconfig | grep server
    server: https://127.0.0.1:36183
```

haproxy 主要配置:

haproxy 配置文件/usr/local/etc/haproxy/haproxy.cfg。

```
frontend control-plane
  bind * :6443
  default_backend kube-apiservers
backend kube-apiservers
  option httpchk GET /healthz
  server kind-control-plane kind-control-plane:6443 check check-ssl verify none
resolvers docker resolve-prefer ipv4
  server kind-control-plane2 kind-control-plane2:6443 check check-ssl verify none
resolvers docker resolve-prefer ipv4
  server kind-control-plane3 kind-control-plane3:6443 check check-ssl verify none
resolvers docker resolve-prefer ipv4
```

3. Kubernetes 部署 WEB 应用

我们这里通过 Deployment 部署一个 Nginx 应用,该应用会在集群上运行两个示例。

然后,我们再通过部署一个 NodePort 类型的 Service 资源,使得 Nginx 应用能被集群内外的服务访问。

4. 导入镜像

```
$ dockerpull nginx:1.14.2
$ kindload docker-image nginx:1.14.2
```

5. 部署 Deployment 资源

```
$ kubectlapply -f - << EOF
apiVersion: apps/v1
kind: Deployment
metadata:
  name: nginx-deployment
spec:
  selector:
    matchLabels:
      app: nginx
replicas:2 # tells deployment to run 2 pods matching the template
template:
  metadata:
```

```
    labels：
      app：nginx
spec：
  containers：
  - name：nginx
    image：nginx:1.14.2
    ports：
    - containerPort：80
EOF
```

6. 部署 Service 资源

```
$ kubectlapply -f - << EOF
apiVersion：v1
kind：Service
metadata：
  name：my-nginx
spec：
  selector：
    app：nginx
  type：NodePort
  ports：
    - protocol：TCP
      port:80
EOF
```

7. 验证应用和服务状态

```
kubectl get all - owide
NAME                                    READY   STATUS    RESTARTS   AGE     IP
  NODE        NOMINATED  NODE  READINESS  GATES
pod/nginx-deployment-7fb96c846b-w64dh    1/1    Running   0          9m23s   10.16.5.4
  kind-worker3   <none>          <none>
pod/nginx-deployment-7fb96c846b-zs5f8    1/1    Running   0          9m23s   10.16.3.4
  kind-worker2   <none>          <none>

NAME                 TYPE        CLUSTER-IP     EXTERNAL-IP   PORT(S)        AGE
SELECTOR
service/kubernetes ClusterIP  10.15.0.1      <none>        443/TCP        4h48m
 <none>
service/my-nginx    NodePort   10.15.191.79   <none>        80:30216/TCP   2m9s
app = nginx
NAME                           READY   UP-TO-DATE   AVAILABLE   AGE   CONTAINERS
  IMAGES         SELECTOR
```

```
deployment.apps/nginx-deployment  2/2     2           2              9m23s   nginx
  nginx:1.14.2app = nginx
NAME                                        DESIRED     CURRENT     READY     AGE
CONTAINERS     IMAGES        SELECTOR
replicaset.apps/nginx-deployment-7fb96c846b     2         2          2        9m23s
nginx        nginx:1.14.2   app = nginx,pod-template-hash = 7fb96c846b
```

8. 访问 pod 和 service

```
#进入集群的控制平面
docker exec-it kind-control-plane /bin/bash

#访问 service
root@kind-control-plane:/# curl 10.15.0.1

<html>
<head> <title> 404 Not Found </title> </head>
<body>
<center> <h1> 404 Not Found </h1> </center>
<hr> <center> nginx </center>
</body>
</html>

#访问 pod
root@kind-control-plane:/# curl 10.16.5.4
<! DOCTYPE html>
<html>
<head>
<title> Welcome to nginx! </title>
....
```

9. 部署 Ingress-NginxController

```
# Ingress-Nginx 控制器,默认 Service 类型为 NodePort
kubectl apply-f https://raw.githubusercontent.com/kubernetes/ingressnginx/
main/deploy/static/provider/kind/deploy.yaml
```

依赖的镜像版本:

- registry.k8s.io/ingress-nginx/controller:v1.6.4
- registry.k8s.io/ingress-nginx/kube-webhook-certgen:v20220916-gd32f8c343

镜像如果不能下载,可以使用以下方式:

```
#下载镜像
$ wgethttps://raw.githubusercontent.com/anjia0532/gcr.io_mirror/master/pull-k8simage.sh
```

```
$ chmod + x pull-k8s-image.sh
$ ./pull-k8s-image.sh registry.k8s.io/ingress-nginx/controller:v1.6.4
$ ./pull-k8s-image.sh registry.k8s.io/ingress-nginx/kube-webhook-certgen:v20220916-
gd32f8c343

#将镜像加载到kind集群中
$ kindload docker-image registry.k8s.io/ingress-nginx/controller:v1.6.4
$ kindload docker-image registry.k8s.io/ingress-nginx/kube-webhook-gd32f8c343
```

清单包含Kind特定的补丁，用于将主机端口转发到Ingress Controller，设置污点容忍度并将其调度到自定义标记的节点。

现在Ingress已全部设置完毕。等到准备好，即处理运行中的请求：

```
$ kubectlwait --namespace ingress-nginx \
  -- for = condition = ready pod \
  -- selector = app.kubernetes.io/component = controller \
  -- timeout = 90s

pod/ingress-nginx-controller-74c4fc549d-g5xj7 condition met
```

10. 使用Ingress

以下示例创建简单的http-echo服务和一个Ingress对象以路由到这些服务。

```
kind: Pod
apiVersion: v1
metadata:
  name: foo-app
  labels:
    app: foo
spec:
  containers:
  - command:
    - /agnhost
    - netexec
    - -- http-port
    -"8080"
    image: registry.k8s.io/e2e-test-images/agnhost:2.39
    name: foo-app
---
kind: Service
apiVersion: v1
metadata:
  name: foo-service
spec:
```

```
  selector:
    app: foo
  ports:
    # Default port used by the image
    - port: 8080
---
kind: Pod
apiVersion: v1
metadata:
  name: bar-app
  labels:
    app: bar
spec:
  containers:
  - command:
    - /agnhost
    - netexec
    - --http-port
    - "8080"
    image: registry.k8s.io/e2e-test-images/agnhost:2.39
    name: bar-app
---
kind: Service
apiVersion: v1
metadata:
  name: bar-service
spec:
  selector:
    app: bar
  ports:
  # Default port used by the image
  - port: 8080
---
apiVersion: networking.k8s.io/v1
kind: Ingress
metadata:
  name: example-ingress
  annotations:
    nginx.ingress.kubernetes.io/rewrite-target: /$2
spec:
  rules:
  - http:
    paths:
```

```
      - pathType: Prefix
        path: /foo(/|$)(.*)
        backend:
          service:
            name: foo-service
            port:
              number: 8080
      - pathType: Prefix
        path: /bar(/|$)(.*)
        backend:
          service:
            name: bar-service
            port:
              number: 8080
---
```

以上文件信息来自于:https://kind.sigs.k8s.io/examples/ingress/usage.yaml。镜像如果不能下载,可以使用以下方式。

```
# 下载镜像
$ dockerpull lank8s.cn/e2e-test-images/agnhost:2.39
$ dockertag lank8s.cn/e2e-test-images/agnhost:2.39 registry.k8s.io/e2e-testimages/
agnhost:2.39

# 将镜像加载到 kind 集群中
$ kindload registry.k8s.io/e2e-test-images/agnhost:2.39
```

(1) 应用内容

```
kubectl apply-f https://kind.sigs.k8s.io/examples/ingress/usage.yaml
```

(2) 验证应用状态

```
# kubectl get all -owide
NAME                          READY   STATUS    RESTARTS   AGE   IP
NODE         NOMINATED   NODE    READINESS   GATES
pod/bar-app                   1/1     Running   0          42s   10.16.5.5
kind-worker3     <none>        <none>
pod/foo-app                   1/1     Running   0          43s   10.16.4.4
kind-worker      <none>        <none>

NAME                   TYPE        CLUSTER-IP      EXTERNAL-IP    PORT(S)    AGE
SELECTOR
service/bar-service ClusterIP   10.15.219.10    <none>         8080/TCP   42s
app = bar
```

```
service/foo-service ClusterIP    10.15.95.119    <none>        8080/TCP    43s
app = foo
service/kubernetes  ClusterIP    10.15.0.1       <none>        443/TCP     4h58m
<none>
```

(3) 验证 ingress 是否有效

```
# should output "foo-app"
$ curllocalhost/foo/hostname
> foo-app
# should output "bar-app"
curllocalhost/bar/hostname
> bar-app
```

上述中,我们在 kind 集群中的部署 WEB 应用(Nginx),无法在宿主机通过 ClusterIP 或者 NodePort 访问,必须进入集群才可以访问。如下所示:

```
# NodePort 访问
$ curl 192.168.172.128:30216
curl: (7) Failed connect to 192.168.172.128:30216; Connection refused
# ClusterIP 访问
$ curl 10.15.191.79
^C
```

现在,我们有了 ingresscontroller 后,可以借助 ingress 来访问。

```
$ kubectlapply -f - << EOF
apiVersion: networking.k8s.io/v1
kind: Ingress
metadata:
  name: example-ingress
  annotations:
    nginx.ingress.kubernetes.io/rewrite-target: /$2
spec:
  rules:
  - http:
      paths:
      - pathType: Prefix
        path: /nginx(/|$)(.*)
        backend:
          service:
            name: my-nginx
            port:
              number:80
EOF
```

(4) 验证

地址格式:localhost/service 名称。

```
# 宿主机访问
$ curllocalhost/nginx
<! DOCTYPE html >
...
<p > <em > Thank youfor using nginx. </em > </p >
</html >
```

2.4.7 Kind 架构设计

如图 2-10 所示,Kind 是一个轻量级的工具,用于在本地计算机上运行 Kubernetes 集群。Kind 的设计目标是尽可能快速、易于使用和灵活,以满足开发人员、测试人员和 Kubernetes 用户的需求。

- Kind 将 Docker 容器作为 Kubernetes 的“node”,并在该“node”中安装 Kubernetes 组件,包括一个或者多个 ControlPlane 和一个或者多个 Worknodes。
- Kind 使用 bridge 网络模型来实现多“node”之间的通信,而在“node”内部则默认使用了 ptp 网络模型来实现容器和“node”之间的通信。
- Kind 还提供了一些工具和接口来方便用户创建、管理和删除集群,以及加载镜像、配置网络和存储等。

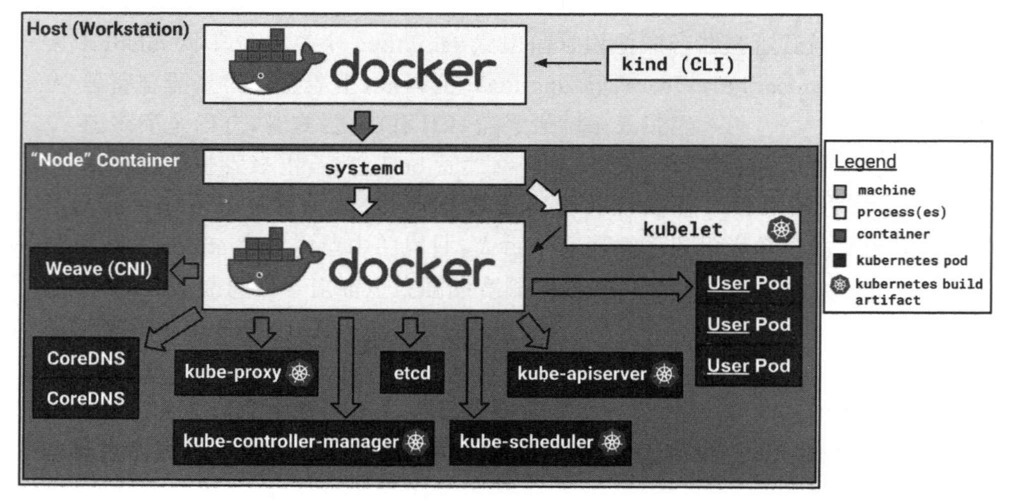

图 2-10 Kind 架构设计

Kind(KubernetesInDocker)使用一个 Container 来模拟一个 Node,即每个“Node”作为一个 docker 容器运行,因此可使用多个 Container 搭建具有多个 Node 的 k8s

集群。

在宿主机，只需要运行一个 Docker 和部署一个 Kind 客户端工具。

在节点内，containerd、kubelet 以 systemd 方式运行，而 etcd、kube-apiserver、kube-scheduler、kube-controller-manager、kube-proxy 以 Kubernetespod 的方式运行。

Kind 的架构包括以下组件：

1. KubernetesAPI 服务器

Kind 使用 KubernetesAPI 服务器作为其控制平面，用于管理集群中的资源。KubernetesAPI 服务器使用 etcd 作为其后端存储，以存储集群状态和配置信息。Kind 使用一个单独的 API 服务器实例，用于管理所有节点。

2. Kubernetes 控制器

Kind 使用 Kubernetes 控制器来管理 Kubernetes 节点的生命周期。控制器负责创建和删除节点，并确保节点状态与 KubernetesAPI 服务器中的期望状态一致。Kind 中的控制器包括：

- Node Controller：负责管理 Kubernetes 节点的生命周期，例如创建和删除节点。NodeController 还负责监视节点的状态，并在节点失败或终止时重新创建它们。
- Endpoint Controller：负责创建和删除 KubernetesEndpoint 对象，这些对象将服务和容器 IP 地址相关联。EndpointController 还负责监视服务和 Pod 的变化，并更新 Endpoint 对象。

3. Docker 容器

Kind 使用 Docker 容器作为 Kubernetes 节点。每个节点都运行一个 Docker 容器，并运行 kubelet 进程来与 KubernetesAPI 服务器通信。Docker 容器中运行的 Kubernetes 节点映像包含 Kubernetes 组件和插件，例如 kube-proxy、kubelet 和 CNI 插件。

4. CNI 插件

Kind 提供了一个自定义的 CNI 插件，用于配置容器网络。CNI 插件负责为容器分配 IP 地址、配置容器之间的网络连接，并在需要时将容器连接到外部网络。

Kind 的 CNI 插件支持多个网络驱动程序，包括 bridge、host 和 portmap。默认情况下，Kind 使用 bridge 驱动程序来创建一个 Docker 网桥，并将容器连接到该网桥。该网桥还与 Docker 主机的网络接口连接，以使容器可以访问外部网络。

目前版本使用的 CNI 插件是 kindnetd，早期版本用的是 Weave 网络插件。

5. 容器存储

Kind 使用容器存储来持久化 Kubernetes 节点的状态。每个 Kubernetes 节点都有一个持久化存储卷，用于存储节点数据和日志。持久化存储卷是一个 Docker 数据卷，它通过挂载到 Docker 容器中的文件系统来实现。

6. 容器日志

Kind 使用容器日志来记录 Kubernetes 节点的活动。每个 Kubernetes 节点都将其日志写入到 Docker 数据卷中,以便管理员可以查看和分析节点活动。

7. 设计原则

Kind 的设计遵循以下原则:

(1) 简单易用:Kind 的目标是成为一种易于使用的本地 Kubernetes 部署工具。它应该具有直观的命令行界面,并能够快速创建和删除 Kubernetes 集群。

(2) 灵活性:Kind 应该支持各种 Kubernetes 部署场景,包括不同的 Kubernetes 版本、不同的网络配置和不同的插件组合。

(3) 可扩展性:Kind 应该能够扩展到更大的 Kubernetes 部署,支持多个节点、多个 Kubernetes 版本和多个 CNI 插件。

(4) 可靠性:Kind 应该在各种环境中保持可靠性和一致性,以便在开发和测试期间进行可靠的 Kubernetes 部署。

(5) 开放性:Kind 的设计应该尽可能与开放标准和协议保持一致,以便与其他 Kubernetes 工具和平台进行集成。

这些设计原则指导了 Kind 的开发,并确保它能够满足各种 Kubernetes 部署需求。在以下部分,我们将更深入地了解 Kind 的实现细节。

2.4.8 删除 Kind 集群

如果不需要本地的集群环境,通过以下命令进行删除:

```
# 删除一个 kind 集群
$ kinddelete cluster --name fly-cluster
Deleting cluster"fly-cluster" ...

# 清理 KUBECONFIG 文件
rm-rf $HOME/.kube/config
```

如果想一次性删除所有集群,请执行:

```
$ kinddelete clusters - all
Deleted clusters: [" - all"]
```

2.4.9 Kind 配置解读

Kind 支持在创建 Kubernetes 集群时使用自定义配置文件。配置文件允许你定义 Kubernetes 集群中的节点和网络配置。这里我们将介绍 Kind 配置文件的格式和内容。

1. 配置文件示例

下面是一个简单的 Kind 配置文件示例,该文件定义了一个具有一个控制平面节点和一个工作节点的 Kubernetes 集群：

```
kind: Cluster
apiVersion: kind.x-k8s.io/v1alpha4

# 定义控制平面节点
controlPlane:
  # 控制平面节点使用镜像 kindest/node:v1.22.1
  image: kindest/node:v1.22.1

# 定义一个工作节点
nodes:
- # 工作节点使用默认镜像 kindest/node:v1.22.1
  role: worker
```

Kind 配置文件使用 YAML 格式。在此配置中，我们使用 kind 声明了一个 Kubernetes 集群，指定了 apiVersion 为 kind.x-k8s.io/v1alpha4 。配置文件使用 controlPlane 属性指定了一个控制平面节点，使用 nodes 属性指定了一个工作节点。每个节点都可以具有一个 image 属性，该属性指定节点使用的 Docker 镜像。

配置选项：下面是 Kind 配置文件中支持的选项列表。

（1）Cluster

- apiVersion(string)：Kind 配置文件的 API 版本。当前支持的版本为 kind.x-k8s.io/v1alpha4。
- kind(string)：集群类型。目前，唯一支持的类型是 Cluster。
- featureGates：配置所有 Kubernetes 组件在集群范围内要启用的 Kubernetes 功能门。

（2）ControlPlane

- image(string)：控制平面节点使用的 Docker 镜像。如果未指定，将使用默认镜像 kindest/node: <cluster-version> 。
- extraPortMappings([]string)：指定要在控制平面节点上映射的额外端口。每个端口映射都表示为 hostPort:containerPort 格式的字符串。

（3）Node

- image(string)：节点使用的 Docker 镜像。如果未指定，将使用默认镜像 kindest/node: <cluster-version> 。
- role(string)：节点的角色。支持的角色有角色。

和 worker。如果未指定，将默认使用。

- extraPortMappings([]string)：指定要在节点上映射的额外端口。每个端口映射都表示为 hostPort:containerPort 格式的字符串。

（4）Network

- apiServerPort(int)：控制平面节点 API 服务器使用的端口。默认为 6443。

- podSubnet(string):Pod 网络的子网。默认为 10.244.0.0/16。
- serviceSubnet(string):服务网络的子网。默认为 10.96.0.0/12。
- kubeProxyMode(string):在 iptables 和 ipvs 之间配置将使用的 kube-proxy 模式。默认使用 iptables。要禁用 kube-proxy,请将模式设置为"none"。要禁用 kube-proxy,请将模式设置为"none"

(5) 禁用默认 CNI

KIND 附带一个简单的网络实现("kindnetd"),该实现基于标准 CNI 插件(ptp、host-local……)和简单的网络链接路由。

此 CNI 还处理 IP 伪装。

这里可以禁用默认设置以安装不同的 CNI。这是一个高级用户功能,支持有限,但已知许多常见的 CNI 清单都可以工作,例如 Calico。

```
kind: Cluster
apiVersion: kind.x-k8s.io/v1alpha4
networking:
  # the default CNI will not be installed
  disableDefaultCNI: true
```

2. 配置文件位置

默认情况下,Kind 在运行时使用默认配置文件。如果要使用自定义配置文件,请将配置文件保存在你的本地文件系统上,并在 kind 命令中使用--config 标志指定该文件的位置。例如,要使用名为 my-kindconfig.yaml 的自定义配置文件,请运行以下命令:

```
kind create cluster--config my-kind-config.yaml
```

3. 配置文件模板

Kind 还提供了用于生成配置文件的模板,以便可以更轻松地创建和管理配置文件。要使用模板,请运行以下命令:

```
kind create cluster--name <cluster-name> --config <(kind get config-template)
```

这将生成一个包含 Kind 配置文件模板的临时文件,并在运行时使用该模板创建集群。可以编辑模板,以便满足需求,然后将其保存为常规的 YAML 配置文件。

2.4.10 Kind 客户端命令

安装完成之后,我们可以来看看 Kind -h 支持哪些命令行操作。

简单说下几个比较常用选项的含义:

- kindversion:查看 Kind 的版本。
- kindcreatecluster:创建一个单节点的 Kubernetes 集群。
- kinddeletecluster:删除一个 Kubernetes 集群。

- kindloaddocker-image：将 Docker 镜像加载到 Kind 集群节点中。
- kindbuildnode-image：从源码构建 node 镜像。
- kindget：可用来查看当前集群、节点信息以及 Kubectl 配置文件的地址。

1. 设置 Kind 命令自到补全

```
yum install-y bash-completion
source/usr/share/bash-completion/bash_completion
```

(1) 当前用户

```
echo'source <(kind completion bash)' >> ~/.bashrc
```

(2) 系统全局

```
kind completionbash | sudo tee /etc/bash_completion.d/kind > /dev/null
```

重新加载 Shell 后，Kind 自动补全功能即可生效。若要在当前 Shell 会话中启用 Bash 补全功能，需要 source～/. bashrc 文件：

```
source~/.bashrc
```

2. 将镜像加载到 Kind 集群中

Docker 镜像可以通过以下方式加载到集群节点中：

```
kind load docker-image my-custom-image-0 my-custom-image-1
```

注意：如果使用命名集群，则需要指定要将镜像加载到的集群的名称：kindload-docker-imagemy-custom-image-0 my-custom-image-1--namekind-2。

此外，镜像压缩包也可以加载，命令如下：

```
kind load image-archive ./my-image-archive.tar
```

工作流程如下所示：

```
docker build-t my-custom-image:unique-tag ./my-image-dir
kind load docker-image my-custom-image:unique-tag
kubectl apply-f my-manifest-using-my-image:unique-tag
```

注意：可以使用以下命令获取集群节点上存在的镜像列表 docker exec：

```
docker exec -it my-node-name crictl images
```

my-node-name 表示 Docker 容器的名称，例如 kind-control-plane。

3. 导出集群日志

Kind 可以导出所有 Kind 相关的日志供探索。从默认集群 Kind（上下文名称）导出所有日志：

```
kindexport logs
```

```
Exported logs to：/tmp/396758314
```

与所有其他命令一样，如果在具有不同上下文名称的集群上执行操作，请使用该--name标志。

如你所见，Kind 将集群的所有日志 Kind 放在一个临时目录中。如果要指定位置，只需在命令后添加目录路径即可：

```
kindexport logs ./somedir
Exported logs to：./somedir
```

日志的结构或多或少是这样的：

```
├—— docker-info.txt
└—— kind-control-plane/
        ├—— containers
        ├—— docker.log
        ├—— inspect.json
        ├—— journal.log
        ├—— kubelet.log
        ├—— kubernetes-version.txt
        └—— pods/
```

日志包含有关 Docker 主机、容器运行类型、Kubernetes 集群本身等的信息。

2.4.11　Kind 集成 Flannel CNI

1. 安装 Kind 禁用默认 CNI

```
cat > multi-node-kind-config.yaml << EOF
# 一共三个节点，一个主节点，两个从节点。
kind：Cluster
apiVersion：kind.x-k8s.io/v1alpha4
networking：
  # the default CNI will not be installed
  disableDefaultCNI：true
nodes：
- role：control-plane
- role：worker
- role：worker
EOF
```

(1) 执行安装

```
$ kindcreate cluster --config multi-node-kind-config.yaml --name flannel-cluster
Creating cluster"flannel-cluster" ...
  Ensuring node image (kindest/node：v1.25.3)
```

```
  Preparing nodes
  Writing configuration
  Starting control-plane
  Installing StorageClass
  Joining worker nodes
Set kubectl context to"kind-flannel-cluster"
You can now use your cluster with:

kubectl cluster-info--context kind-flannel-cluster

Thanksfor using kind!
```

在此阶段,节点将处于“NotReady”状态,一些 pod(例如 DNS)将处于“Pending”状态。这是正常的,是因为缺少 CNI 插件。

2. 使用 kubectl 部署 flannel

```
$ kubectlapply -f https://github.com/flannelio/
flannel/releases/latest/download/kube-flannel.yml
```

这里 flannel 的版本是 v0.21.3。

(1) 验证 flannel 安装

```
$ kubectl get pod -A
NAMESPACE           NAME                                        READY
STATUS              RESTARTS     AGE
kube-flannel        kube-flannel-ds-gkf87                       1/1
Running             0            28m
...
kube-system         coredns-565d847f94-h7zbx                    0/1
ContainerCreating   0            35m
...
local-path-storage  local-path-provisioner-684f458cdd-slxjn      0/1
ContainerCreating   0            35m
```

在此阶段,虽然集群节点或集群组件将处于就绪状态,但某些 Pod 将一直处于 ContainerCreating 状态,并出现以下错误:

```
$ kubectl -n kube-system describe pod coredns-565d847f94-h7zbx
...
Events:
  Type     Reason                   Age       From       Message
  ----     ------                   ----      ----       -------
...
  Warning FailedCreatePodSandBox    29m       kubelet    Failed to
```

```
create pod sandbox: rpc error: code = Unknown desc = failed to setup network for
sandbox"6a11c0edb730eccaab26544aade7dcde8b14530ffb8089a0369d9f6a802209de": plugin
type = "flannel" failed (add): failed to delegate add: failed to find plugin "bridge" in
path [/opt/cni/bin]
...
```

这个错误是由于 bridge 插件在 kind 集群节点上不可用而引起的。提醒一下，这是一个在本地运行的 docker 容器。

在这种情况下，我们需要将 bridge 插件挂载到集群节点。

(2) 获取 bridge 插件

```
#方式一
git clone https://github.com/containernetworking/plugins.git
cd plugins
# this will build the CNI binaries in bin/ *
./build_linux.sh

#方式二
wget https://github.com/containernetworking/plugins/releases/download/v1.2.0/cniplugins-
linux-amd64-v1.2.0.tgz
tar-zxvf cni-plugins-linux-amd64-v1.2.0.tgz -C /root/fly/flannel/cni-plugins-1.2.0
```

然后，我们可以将 bridge 插件作为一个卷挂载到 Docker 容器中。

```
cat > multi-node-kind-config.yaml << EOF
#一共两个节点，一个主节点，两个从节点。
kind: Cluster
apiVersion: kind.x-k8s.io/v1alpha4
networking:
  # the default CNI will not be installed
  disableDefaultCNI:true
nodes:
- role: control-plane
  extraMounts:
  - hostPath: /root/fly/flannel/cni-plugins-1.2.0
    containerPath: /opt/cni/bin
- role: worker
  extraMounts:
  - hostPath: /root/fly/flannel/cni-plugins-1.2.0
    containerPath: /opt/cni/bin
- role: worker
  extraMounts:
  - hostPath: /root/fly/flannel/cni-plugins-1.2.0
    containerPath: /opt/cni/bin
```

```
EOF
```

(3) 重建你的 Kind 集群

所有组件都应该启动并运行。

```
# 删除 kind 集群
$ kind delete clusters flannel-cluster
# 安装 kind 集群
$ kindcreate cluster --config multi-node-kind-config.yaml --name flannel-cluster
```

(4) 验证

```
$ docker ps
CONTAINER ID    IMAGE               COMMAND                 CREATED
STATUS                  PORTS                   NAMES
054f903fd18a  kindest/node:v1.25.3  "/usr/local/bin/entr…"  About a minute ago  Up
About a minute                                  flannel-cluster-worker
2c7d98806556 kindest/node:v1.25.3  "/usr/local/bin/entr…"  About a minute ago  Up
About a minute                                  flannel-cluster-worker2
db4ead5f2728 kindest/node:v1.25.3  "/usr/local/bin/entr…"  About a minute ago  Up
About a minute   127.0.0.1:36930-> 6443/tcp  flannel-cluster-control-plane

# cni 插件都已经挂载进来了
$ docker exec -it flannel-cluster-control-plane ls /opt/cni/bin
bandwidth  dummy        host-local  macvlan  sbr   vlan
bridge     firewall     ipvlan      portmap  staticvrf
dhcp       host-device  loopback    ptp      tuning

# 所有组件都已经正常运行
$ kubectlget pod -A
NAMESPACE       NAME                                            READY
STATUS   RESTARTS   AGE
kube-flannel    kube-flannel-ds-5pzdg                           1/1
Running0            11m
kube-flannel    kube-flannel-ds-nx8s9                           1/1
Running0            11m
kube-flannel    kube-flannel-ds-zzbg8                           1/1
Running0            11m
kube-system     coredns-565d847f94-h7p4m                        1/1
Running0            15m
kube-system     coredns-565d847f94-pmxx4                        1/1
Running0            15m
kube-system     etcd-flannel-cluster-control-plane              1/1
Running0            16m
kube-system     kube-apiserver-flannel-cluster-control-plane    1/1
```

```
Running0            16m
kube-system         kube-controller-manager-flannel-cluster-control-plane    1/1
Running0            16m
kube-system         kube-proxy-46984                                         1/1
Running0            15m
kube-system         kube-proxy-p6dcv                                         1/1
Running0            15m
kube-system         kube-proxy-szpgz                                         1/1
Running0            15m
kube-system         kube-scheduler-flannel-cluster-control-plane             1/1
Running0            16m
local-path-storage  local-path-provisioner-684f458cdd-5nvnd                  1/1
Running0            15m

#各个节点上 Flannel 的 Pod 网段
$ kubectl get no -o = custom-columns = INTERNAL-IP:.metadata.name,EXTERNALIP:.
status.addresses[1].address,CIDR:.spec.podCIDR
INTERNAL-IP                      EXTERNAL-IP                      CIDR
flannel-cluster-control-plane    flannel-cluster-control-plane    10.244.0.0/24
flannel-cluster-worker           flannel-cluster-worker           10.244.1.0/24
flannel-cluster-worker2          flannel-cluster-worker2          10.244.2.0/24
```

第3章　云原生工作负载和应用

3.1　Kubernetes Pod 深度解析

我们知道,容器是一种虚拟化技术,可用于封装应用程序和依赖项,而 Pod 是 Kubernetes 中的调度和管理单位可以包含一个或多个容器,并为它们提供共享的网络和存储资源。容器和 Pod 是 Kubernetes 中两个不同的概念。

一个容器是一个轻量级的可移植的软件单元,包含应用程序及其依赖项。容器在它们自己的命名空间中运行,与主机操作系统和其他容器隔离。通常 Kubernetes 使用容器来部署应用程序和服务。

Pod 是一个抽象的概念,是 Kubernetes 中最小的可部署对象。它是一个包含一个或多个容器的逻辑主机。Pod 中所有容器共享相同的网络命名空间和存储卷,可以通过本地主机通信。Pod 作为一个整体被调度到 Kubernetes 集群中,并在节点上运行容器。Pod 还包含一些元数据,例如标签和注释,用于标识和管理 Pod。因此可以这么理解,容器是 Kubernetes 中应用程序和服务的基本构建块,而 Pod 则是容器的逻辑主机,用于组合和协调一组相关的容器。Pod 这个看似复杂的 API 对象,实际上就是对容器的进一步抽象和封装而已。从生命周期来说,Pod 是短暂的而不是长久的应用。Pods 被调度到节点,保持在这个节点上直到被销毁。

Pod 资源对象的生命周期可以分为以下几个阶段,见表 3-1 所列:

表 3-1　Pod 生命周期

阶段	描述
Pending	Pod 被创建后,等待调度到可用节点,并在节点上创建运行环境
Running	Pod 成功调度到节点上,所有容器已启动并正常运行
Succeeded	Pod 中的所有容器成功完成任务并退出
Failed	Pod 中的一个或多个容器以非正常状态终止
Unknown	无法获取 Pod 的状态信息,通常由节点或 Kubernetes 组件故障引起
ContainerCreating	Pod 正在创建容器,尚未启动
Terminating	Pod 正在被删除,正在运行的容器被终止

这些状态描述了 Pod 在其生命周期中可能经历的不同阶段,从等待调度、运行中、

成功完成到失败和未知状态。在每个阶段，Kubernetes 会根据定义的规则和策略来管理和监控 Pod 的状态，并采取相应的操作，例如调度、重启或终止 Pod。

3.1.1 Pod 深度解析：容器

在 Kubernetes 中，Pod 可以包含多个容器，包括 Infrastructure Container、InitContainers 和普通的 Containers。它们各自有不同的作用和用途。它们的详细介绍和用途，见表 3-2 所列：

表 3-2 Pod 容器类型

容器类型	作用和用途
Infrastructure Container	Infrastructure Container 是在 Pod 启动前运行的特殊容器，它用于提供 Pod 的基础设施支持，例如创建网络和存储资源等。一般情况下，Infrastructure Container 是由 Kubernetes 平台自动生成和管理的，用户无需关注
InitContainers	InitContainers 是在 Pod 中运行的特殊容器，它在 Pod 中的普通容器之前运行 InitContainers 用于执行一些初始化操作，例如在容器启动前创建某些文件或数据库表，或者等待另一个容器运行并提供必要的服务。InitContainers 可以与 Pod 的普通容器共享数据卷，并且只有在 InitContainers 运行成功后，Pod 才会继续启动普通容器
Containers	Containers 是 Pod 中运行的普通容器，它们是应用程序的主要运行环境。Pod 包含多个容器，这些容器可以共享相同的网络命名空间和存储卷，并且它们可以相互通信。在容器内部，可以运行应用程序或其他进程，容器也可以接受来自其他容器或外部网络的请求

总之，Pod 中的 Infrastructure Container、InitContainers 和普通的 Containers 有各自不同的作用和用途，可以用于提供 Pod 的基础设施支持、执行一些初始化操作和运行应用程序的主要运行环境。在使用 Pod 时，需要根据实际需求来合理使用这些容器。

1. 使用 Init 容器

Init 容器是在 Pod 中运行的一种特殊容器，它在 Pod 的主要容器之前启动，可以用于在主要容器启动前执行一些初始化任务，如创建配置文件、初始化数据库等。使用 Init 容器可以保证在主要容器启动之前完成一些必要的准备工作，从而提高应用程序的可靠性和稳定性。

以下是使用 Init 容器的一些步骤：

- 在 Pod 的配置文件中定义 Init 容器，可以在 spec.initContainers 字段中添加一个 Init 容器的配置。需要指定 Init 容器的名称、镜像和启动命令等信息。
- 定义 Init 容器的工作。可以通过命令、脚本或程序来定义 Init 容器的工作。通常情况下，Init 容器会在 Pod 中共享一个数据卷，可以使用这个数据卷来传递文件或者配置信息。
- 定义主要容器的工作。在 Pod 的配置文件中定义主要容器，可以在 spec.con-

tainers 字段中添加一个或多个主要容器的配置。需要指定容器的名称、镜像、启动命令、容器的端口等信息。

- 启动 Pod。使用 kubectlapply 命令或其他工具启动 Pod。Kubernetes 会自动按照配置文件中定义的顺序启动 Init 容器和主要容器。

2. 使用 Init 容器的示例配置文件

```
apiVersion: v1
kind: Pod
metadata:
  name: myapp-pod
spec:
  initContainers:
  - name: init-config
    image: busybox
    command: ['sh', '-c', 'echo "Initializing config files..."; sleep 5']
    volumeMounts:
    - name: config
      mountPath: /etc/config
  containers:
  - name: myapp-container
    image: myapp:latest
    ports:
    - containerPort: 8080
    volumeMounts:
    - name: config
      mountPath: /etc/config
  volumes:
  - name: config
    emptyDir: {}
```

在这个配置文件中，我们定义了一个名为 init-config 的 Init 容器和一个名为 myapp-container 的主要容器。Init 容器使用 busybox 镜像执行一个命令来初始化配置文件，并将结果存储到一个名为 config 的空数据卷中。主要容器使用 myapp:latest 镜像，并挂载名为 config 的数据卷来获取初始化的配置文件。

使用 Init 容器可以简化 Pod 的配置和管理，并且可以在主要容器启动之前完成一些必要的准备工作。在实际使用中，需要根据应用程序的需要来定义 Init 容器的工作和主要容器的工作。

3.1.2 Pod 深度解析：资源需求和 QoS

1. 资源请求和限制的原理

- spec.containers[].resources.requests.cpu：作用在 CpuShares，表示分配 cpu

的权重，争抢时的分配比例。

- spec. containers[]. resources. requests. memory：主要用于 kube-scheduler 调度器，对容器没有设置意义。
- spec. containers[]. resources. limits. cpu：作用 CpuQuota 和 CpuPeriod，单位为微秒，计算方法为：CpuQuota/CpuPeriod，表示最大 cpu 最大可使用的百分比，如 500 m 表示允许使用 1 个 cpu 中的 50%资源。
- spec. containers[]. resources. limits. memory：作用在 Memory，表示容器最大可用内存大小，超过则会 OOM。

我们以下面定义的 cpu-mem-request-limit. yaml 为例，研究下 pod 中定义的 requests 和 limits 应用在 docker 生效的参数：

```
apiVersion: v1
kind: Pod
metadata:
  name: cpu-mem-request-limit
  namespace: fly-test
  labels:
    name: cpu-mem-request-limit
spec:
  containers:
  - name: cpu-mem-request-limit
    image: nginx:1.7.9
    imagePullPolicy: IfNotPresent
    ports:
      - name: nginx-port-80
        protocol: TCP
        containerPort: 80
    resources:
      requests:
        cpu: 0.25
      memory: 128Mi
      limits:
        cpu: 500m
        memory: 256Mi
```

(1) 获取容器的 id 号

我们可以通过 kubectl describe pods cpu-mem-request-limit 的 containerID 获取到容器的 id，或者登录到对应节点通过名称过滤获取到容器的 id 号，默认会有两个容器：一个通过 pause 镜像创建，另外一个通过应用镜像创建。

```
$ docker container list | grep cpu-mem-request-limit
d9b2a8b67fea 84581e99d807                                    "nginx -g 'daemon
```

```
of…"  About  a  minute  ago  Up  59  seconds       k8s_cpu-mem-request-limit_cpumem-request-limit_fly-test_3cd9ea76-259b-4b64-98f2-ff61c8965cb5_0

ec09131f6e05  registry.aliyuncs.com/google_containers/pause:3.2  "/pause"
    About a minute ago     Up 59 seconds              k8s_POD_cpu-mem-requestlimit_
fly-test_3cd9ea76-259b-4b64-98f2-ff61c8965cb5_0
```

(2) 查看 docker 容器详情信息

```
$ docker container inspect d9b2a8b67fea
[
    {
            ...
            "Isolation": "",
            "CpuShares": 256, # CPU 分配的权重,作用在 requests.cpu 上
            "Memory": 268435456, # 内存分配的大小,作用在 limits.memory 上
            "NanoCpus": 0,
            "CgroupParent": "kubepods-burstablepod66958ef7_
507a_41cd_a688_7a4976c6a71e.slice",
            "BlkioWeight": 0,
            "BlkioWeightDevice": null,
            "BlkioDeviceReadBps": null,
            "BlkioDeviceWriteBps": null,
            "BlkioDeviceReadIOps": null,
            "BlkioDeviceWriteIOps": null,
            "CpuPeriod": 100000, # CPU 分配的使用比例,和 CpuQuota 一起作用在 limits.cpu 上
            "CpuQuota": 50000,
            "CpuRealtimePeriod": 0,
            "CpuRealtimeRuntime": 0,
            "CpusetCpus": "",
            "CpusetMems": "",
            ...
        },
    }
]
```

备注:

- CPUperiod 则是默认的 100ms(100000us)。
- CPUquota 如果没有任何限制(即:-1)。

2. CPU 和内存请求和限制的目的

Pod 中的 CPU 和内存请求和限制是 Kubernetes 中用来管理 Pod 资源的重要机制。请求和限制的目的是在多个 Pod 运行在同一个节点上的情况下,确保每个 Pod 能够获取到足够的资源以保证其正常运行。

具体来说，Pod 中的 CPU 和内存请求和限制的作用如下：

- CPU 请求和限制：CPU 请求指 Pod 所需的 CPU 资源，Kubernetes 会分配一定的 CPU 资源给 Pod 来保证其正常运行。CPU 限制指 Pod 最多可以使用的 CPU 资源量，当 Pod 使用的 CPU 资源超过限制时，Kubernetes 会强制限制 Pod 的 CPU 使用量，防止 Pod 占用过多的 CPU 资源导致其他 Pod 受影响。
- 内存请求和限制：内存请求指 Pod 所需的内存资源，Kubernetes 会分配一定的内存资源给 Pod 来保证其正常运行。内存限制指 Pod 最多可以使用的内存资源量，当 Pod 使用的内存资源超过限制时，Kubernetes 会强制限制 Pod 的内存使用量，防止 Pod 占用过多的内存资源导致节点资源不足。

通过设置 CPU 和内存请求和限制，Kubernetes 可以实现对 Pod 的资源管理和调度，从而确保每个 Pod 都能够获取足够的资源以保证其正常运行。同时，CPU 和内存请求和限制也可以用来优化资源利用率，提高节点的利用效率。

在配置 Pod 的 CPU 和内存请求和限制时，要根据应用程序的需要和节点的资源情况来进行调整。如果设置过小，可能会导致 Pod 无法正常运行；如果设置过大，可能会导致资源浪费和节点负载过高。

Pod 的 QoS(QualityofService)分类是根据其 CPU 和内存请求和限制的配置来进行分类的。Kubernetes 将 Pod 分为三种不同的 QoS 等级：Guaranteed、Burstable 和 BestEffort。下面分别介绍每种 QoS 等级的特点和举例说明：

(1) QoS 为 Guaranteed 的 Pod

Guaranteed 是最高的 QoS 等级，表示 Pod 的 CPU 和内存请求和限制都被设置为相同的值。这意味着 Kubernetes 会保证 Pod 能够获得所需的 CPU 和内存资源，并且不会与其他 Pod 共享这些资源。Guaranteed 级别的 Pod 适用于对资源要求非常高的应用程序，例如数据库、缓存等。

- Pod 中的每个容器都必须指定内存限制和内存请求。对于 Pod 中的每个容器，内存限制必须等于内存请求。
- Pod 中的每个容器都必须指定 CPU 限制和 CPU 请求。对于 Pod 中的每个容器，CPU 限制必须等于 CPU 请求。

举例说明：下面是一个 Guaranteed 级别的 Pod 配置示例，其中 requests 和 limits 都设置为相同的值：

```
apiVersion: v1
kind: Pod
metadata:
  name: guaranteed-pod
spec:
  containers:
  - name: app
    image: my-app:latest
    resources:
```

```
      requests:
        cpu: "1"
        memory: "1Gi"
      limits:
        cpu: "1"
        memory: "1Gi"
```

(2) QoS 为 Burstable 的 Pod

- Pod 不符合 Guaranteed QoS 类的标准。
- Pod 中至少一个容器具有内存或 CPU 请求。

Burstable 是中等的 QoS 等级,表示 Pod 的 CPU 和内存请求和限制都被设置了,但它们不相等。这意味着 Kubernetes 会为 Pod 分配一定的 CPU 和内存资源,但如果节点资源不足,Pod 可能会与其他 Pod 共享资源。Burstable 级别的 Pod 适用于对资源要求较高,但不需要保证每时每刻都有足够资源的应用程序,例如 Web 应用程序。

举例说明:下面是一个 Burstable 级别的 Pod 配置示例,其中 CPU 请求和限制不相等,内存请求和限制也不相等:

```
apiVersion: v1
kind: Pod
metadata:
  name: burstable-pod
spec:
  containers:
  - name: app
    image: my-app:latest
    resources:
      requests:
        cpu: "500m"
        memory: "256Mi"
      limits:
        cpu: "1"
        memory: "512Mi"
```

(3) QoS 为 BestEffort 的 Pod

BestEffort 是最低的 QoS 等级,表示 Pod 的 CPU 和内存请求和限制都没有设置。这意味着 Kubernetes 不会为 Pod 保证任何资源,而是尽可能地与其他 Pod 共享节点资源。BestEffort 级别的 Pod 适用于资源要求非常低的应用程序,例如日志收集器等。

没有设置内存和 CPU 限制或请求。举例说明:下面是一个 BestEffort 级别的 Pod 配置示例,其中没有设置 CPU 和内存请求和限制:

```
apiVersion: v1
kind: Pod
metadata:
```

```
    name: besteffort-pod
  spec:
    containers:
    - name: app
      image: my-app:latest
```

Kubernetes 通过观察 Pod 的 CPU 和内存使用情况来自动将 Pod 分类为不同的 QoS 等级。如果 Pod 使用的 CPU 和内存超过其请求和限制，Kubernetes 会将其分类为 BestEffort 级别；如果 Pod 的 CPU 和内存使用情况始终在请求和限制范围内，Kubernetes 会将其分类为 Guaranteed 级别；如果 Pod 的 CPU 和内存使用情况在请求和限制范围之间波动，Kubernetes 会将其分类为 Burstable 级别。

例如，如果一个 Pod 的 CPU 请求为 500 m，限制为 1，内存请求为 256 Mi，限制为 512 Mi，但实际使用的 CPU 和内存始终在请求和限制范围内，那么 Kubernetes 会将其分类为 Guaranteed 级别；如果实际使用的 CPU 和内存在请求和限制范围之间波动，那么 Kubernetes 会将其分类为 Burstable 级别；如果实际使用的 CPU 和内存超过了请求和限制，那么 Kubernetes 会将其分类为 BestEffort 级别。

了解 Pod 的 QoS 等级对于正确配置 Pod 的 CPU 和内存请求和限制非常重要。如果将请求和限制设置得过高，可能会导致节点资源短缺，从而影响其他 Pod 的运行；如果将请求和限制设置得过低，可能会导致 Pod 无法正常运行。因此，需要根据应用程序的特点和资源要求，选择合适的 QoS 等级，并正确配置 CPU 和内存请求和限制。需要注意的是，调度器只会使用 request 进行调度，也就是不管配了多大的 limit，它都不会进行调度使用，它只会使用 request 进行调度。

当 Kubernetes 所管理的宿主机上不可压缩资源短缺时，就有可能触发 Eviction。比如，可用内存(memory. available)、可用的宿主机磁盘空间(nodefs. available)，以及容器运行时镜像存储空间(imagefs. available)等。

目前，Kubernetes 为大家设置的 Eviction 的默认阈值如下所示：

```
memory.available <100Mi
nodefs.available <10%
nodefs.inodesFree <5%
imagefs.available <15%
```

当然，上述各个触发条件在 kubelet 里都是可配置的，比如下面这个例子：

```
kubelet --eviction-hard=imagefs.available <10%
memory.available <500Mi
nodefs.available <5%
nodefs.inodesFree <5%
--eviction-soft=imagefs.available <30%,nodefs.available <10%
--eviction-soft-grace-period=imagefs.available=2m,nodefs.available=2m
--eviction-max-pod-grace-period=600
```

在这个配置中，可以看到 Eviction 在 Kubernetes 里其实分为 Soft 和 Hard 两种模式。

其中，SoftEviction 允许为 Eviction 过程设置一段"优雅时间"，比如上面例子里的 imagefs.available=2m，就意味着当 imagefs 不足的阈值达到 2 min 之后，kubelet 才会开始 Eviction 的过程。而 HardEviction 模式下，Eviction 过程就会在阈值达到之后立刻开始。Kubernetes 计算 Eviction 阈值的数据来源主要依赖于从 Cgroups 读取到的值，以及使用 cAdvisor 监控到的数据。

当宿主机的 Eviction 阈值达到后，就会进入 MemoryPressure 或者 DiskPressure 状态，从而避免新的 Pod 被调度到这台宿主机上。

而当 Eviction 发生的时候，kubelet 具体会挑选哪些 Pod 进行删除操作，不同的 QoS 等级对 Pod 的表现有不同的影响，下面是各个 QoS 等级的表现：

- Guaranteed：Pod 会被分配足够的 CPU 和内存资源，它们的使用是可以保证的。如果节点资源短缺，Pod 的 CPU 和内存资源不会受影响。这种级别的 Pod 适于对资源要求严格的生产环境应用程序。
- Burstable：Pod 可以使用节点上的剩余 CPU 和内存资源，但它们不是保证的。如果节点资源紧缺，Pod 可能会受影响。这种级别的 Pod 适于对资源要求不是很严格的应用程序。
- BestEffort：Pod 没有被保证任何 CPU 和内存资源。它们只能使用节点上的剩余资源。如果节点资源紧缺，Pod 将首先受影响。这种级别的 Pod 适于对资源要求不是很高的应用程序。

3. 资源请求和限制的生产建议

在生产环境中，正确配置 Pod 的 CPU 和内存请求和限制非常重要。以下是一些资源请求和限制的生产建议：

- 合理设置资源请求和限制：根据应用程序的资源要求和预计的负载情况，合理设置 Pod 的 CPU 和内存请求和限制。如果请求和限制设置得过高，可能会导致节点资源短缺，从而影响其他 Pod 的运行；如果请求和限制设置得过低，可能会导致 Pod 无法正常运行。
- 根据实际情况监控 Pod 的资源使用情况：在生产环境中，需要定期监控 Pod 的 CPU 和内存使用情况，并根据实际情况调整 Pod 的资源请求和限制。如果发现 Pod 的 CPU 和内存使用率过高或过低，应及时进行调整。
- 避免将 Pod 过度绑定到节点上：在生产环境中，应尽可能将 Pod 分散在不同的节点上，避免将过多的 Pod 绑定到单个节点上。这样可以避免节点资源短缺导致其他 Pod 无法正常运行的情况。
- 使用水平 Pod 自动扩展：在生产环境中，可以使用水平 Pod 自动扩展来动态调整 Pod 的副本数，以应对不同的负载情况。这样可以避免因节点资源短缺导致 Pod 无法正常运行的情况。
- 使用 Pod 调度策略：在生产环境中，可以使用 Pod 调度策略来控制 Pod 的调度。

可以根据节点的资源情况、Pod 的 QoS 等级和其他条件，选择合适的节点来部署 Pod，从而避免资源短缺导致 Pod 无法正常运行的情况。

总之，在生产环境中，正确配置 Pod 的资源请求和限制是确保应用程序可靠性和性能的关键，需要根据实际情况进行合理的配置和监控，以确保 Pod 能够正常运行并满足应用程序的资源需求。

3.1.3 Pod 深度解析：健康检查

应用在运行过程中难免会出现错误，如程序异常，软件异常，硬件故障，网络故障等，Kubernetes 提供 Health Check 健康检查机制，当发现应用异常时会自动重启容器，将应用从 service 服务中剔除，保障应用的高可用性。

Pod 健康检查是 Kubernetes 中非常重要的一个概念，可以帮助管理员监测 Pod 的运行状态，并自动重启故障的 Pod，以确保应用程序的可用性。在 Kubernetes 中，Pod 健康检查包括三种检查方式：Liveness Probe，Readiness Probe 和 Startup Probe。

- Liveness Probe 可用来检测容器是否还在正常工作。如果 Liveness Probe 失败，Kubernetes 将自动重启容器。Liveness Probe 可以通过 HTTP 接口、TCP 端口或执行命令等方式进行检测。
- Readiness Probe 可用来检测容器是否已经准备好接受流量。如果 Readiness Probe 失败，Kubernetes 将从 Service 中删除该容器的 IP 地址，不再将流量发送到该容器。Readiness Probe 可以通过 HTTP 接口、TCP 端口或执行命令等方式进行检测。
- Startup Probe 可用来检测容器是否已经启动完成。如果 Startup Probe 失败，Kubernetes 将认为容器未能成功启动，并将自动重启容器。Startup Probe 可以通过 HTTP 接口、TCP 端口或执行命令等方式进行检测。

通常情况下，管理员需要根据应用程序的特点和要求，合理配置 Liveness Probe 和 Readiness Probe。例如，对于 Web 应用程序，可以通过 HTTP 接口进行 Liveness Probe 和 Readiness Probe；对于数据库应用程序，可以通过执行 SQL 查询语句进行 Liveness Probe 和 Readiness Probe。

每种探测机制支持三种健康检查方法，分别是命令行 exec，httpGet 和 tcpSocket，其中 exec 通用性最强，适用于大部分场景，tcpSocket 适用于 TCP 业务，httpGet 适用于 Web 业务。

- exec：提供命令或 shell 的检测，在容器中执行命令检查，返回码为 0 健康，非 0 为异常。
- httpGet：http 协议探测，在容器中发送 http 请求，根据 http 返回码判断业务健康情况。
- tcpSocket：tcp 协议探测，向容器发送 tcp 建立连接，能建立则说明正常（端口存在，不应当服务正常，此时可能是处于 Listen 状态，可以借助 httpGet 判断业务健康情况）。

1. exec:在容器内执行命令

如果命令的退出状态码是 0,表示执行成功,否则表示失败。

```
lifecycle:
  postStart:
    exec:
      command:
      - cat
      - /tmp/healthy
```

2. httpGet:向指定 URL 发起 GET 请求

如果返回的 HTTP 状态码在[200,400)之间表示请求成功,否则表示失败。

```
lifecycle:
  postStart:
    httpGet:
      path: /login   ### URI 地址
      port: 80   ### 端口号
      host: 192.168.126.100   ### 主机地址
      scheme: HTTP   ### 支持的协议,http 或 https
```

3. TCPSocket:在容器尝试访问指定的 socket

```
lifecycle:
  postStart:
    tcpSocket:
      port: 8080
```

Probe 有很多配置字段,可以使用这些字段精确地控制活跃和就绪检测的行为:

- initialDelaySeconds:容器启动后要等待多少秒后才启动存活和就绪探测器,默认是 0 s,最小值是 0。
- periodSeconds:执行探测时间间隔(单位是秒)。默认是 10 s。最小值是 1。
- timeoutSeconds:探测超时后等待多少秒。默认值是 1 s。最小值是 1。
- successThreshold:探测器在失败后,被视为成功的最小连续成功数。默认值是 1。存活和启动探测的这个值必须是 1。最小值是 1。
- failureThreshold:当探测失败时,Kubernetes 的重试次数。对存活探测而言,放弃就意味着重新启动容器。对就绪探测而言,放弃意味着 Pod 会被打上未就绪的标签。默认值是 3。最小值是 1。

假设有一个 Web 应用程序,我们可以通过以下配置来实现 Liveness Probe 和 Readiness Probe:

```
apiVersion: v1
kind: Pod
```

```yaml
metadata:
  name: my-web-app
spec:
  containers:
  - name: my-web-app-container
    image: my-web-app-image
    livenessProbe:
      httpGet:
        path: /healthz
        port: 8080
      initialDelaySeconds: 30
      periodSeconds: 10
    readinessProbe:
      httpGet:
        path: /readyz
        port: 8080
      initialDelaySeconds: 5
      periodSeconds: 10
```

在这个配置文件中，我们通过 liveness Probe 和 readiness Probe 字段来配置 Liveness Probe 和 Readiness Probe。对于 Liveness Probe，我们使用 httpGet 检测容器是否正常运行，通过发送一个 HTTP GET 请求到/healthz 路径，并检查响应是否为 200 OK 来确定容器的状态。对于 Readiness Probe，我们使用 httpGet 检测容器是否已经准备好接收流量，通过发送一个 HTTP GET 请求到/readyz 路径，并检查响应是否为 200 OK 来确定容器的状态。

在这个配置文件中，我们还设置了一些额外的参数，例如 initialDelaySeconds 和 periodSeconds，这些参数可以帮助我们配置 Probe 的行为。initialDelaySeconds 表示容器启动后多少秒开始进行 Probe 检测，periodSeconds 表示 Probe 检测的时间间隔。

通过这样的配置，我们可以在 Kubernetes 中实现对 Web 应用程序的 Liveness Probe 和 Readiness Probe。如果容器无法正常运行，Kubernetes 将自动重启容器，以确保应用程序的可用性。

3.1.4 Pod 深度解析:配置文件

在 Kubernetes 中，ConfigMap 和 Secret 是用来存储应用程序配置和敏感数据的两种不同的资源对象。

ConfigMap 是一种 Kubernetes 资源对象，它用于存储应用程序所需的配置数据，例如环境变量、命令行参数、配置文件等。ConfigMap 的数据可以通过多种方式注入到 Pod 中，例如作为容器的环境变量、命令行参数或者挂载为文件等。这种设计可以使得应用程序的配置与容器镜像分离，从而提高容器镜像的可重用性和可移植性。

Secret 与 ConfigMap 类似，也是一种 Kubernetes 资源对象，但用于存储敏感数据，例如密码、私钥、证书等。Secret 的数据可以通过多种方式，例如作为容器的环境变量、命令行参数或者挂载为文件等注入到 Pod 中。与 ConfigMap 不同的是，Secret 的数据会被加密存储在 etcd 中，从而保证数据的安全性。

下面是一个 ConfigMap 和 Secret 的示例 YAML 配置文件：

```
apiVersion: v1
kind: ConfigMap
metadata:
  name: my-config
data:
  CONFIG_VAR1: "value1"
  CONFIG_VAR2: "value2"
---
apiVersion: v1
kind: Secret
metadata:
  name: my-secret
type: Opaque
data:
  USERNAME: "dXNlcm5hbWU="
  PASSWORD: "cGFzc3dvcmQ="
```

在这个配置文件中，我们定义了一个名为 my-config 的 ConfigMap 和一个名为 my-secret 的 Secret。ConfigMap 中包含了两个键值对，分别是 CONFIG_VAR1 和 CONFIG_VAR2，它们的值分别为 value1 和 value2。Secret 中包含了两个键值对，分别是 USERNAME 和 PASSWORD，它们的值被 base64 编码过。

可以使用 kubectl 命令行工具创建 ConfigMap 和 Secret：

```
### 创建 ConfigMap
kubectl create configmap my-config --from-literal=CONFIG_VAR1=value1 --fromliteral=
CONFIG_VAR2=value2

### 创建 Secret
kubectl create secret generic my-secret --from-literal=USERNAME=username --fromliteral=
PASSWORD=password
```

使用 ConfigMap 和 Secret 的示例 YAML 配置文件：

```
apiVersion: v1
kind: Pod
metadata:
  name: my-app
spec:
  containers:
```

```
- name: my-container
  image: my-image
  env:
    - name: CONFIG_VAR1
      valueFrom:
        configMapKeyRef:
          name: my-config
          key: CONFIG_VAR1
    - name: CONFIG_VAR2
      valueFrom:
        configMapKeyRef:
          name: my-config
          key: CONFIG_VAR2
    - name: USERNAME
      valueFrom:
        secretKeyRef:
          name: my-secret
          key: USERNAME
    - name: PASSWORD
      valueFrom:
        secretKeyRef:
          name: my-secret
          key: PASSWORD
```

当卷中使用的 ConfigMap 被更新时，所投射的键最终也会被更新。kubelet 组件会在每次周期性同步时检查所挂载的 ConfigMap 是否为最新。不过，kubelet 使用的是其本地的高速缓存来获得 ConfigMap 的当前值。高速缓存的类型可以通过 KubeletConfiguration 结构的 ConfigMapAndSecretChangeDetectionStrategy 字段来配置。

ConfigMap 既可以通过 watch 操作实现内容传播（默认形式），也可实现基于 TTL 的缓存，还可以直接经过所有请求重定向到 API 服务器。因此，从 ConfigMap 被更新的那一刻算起，到新的主键被投射到 Pod 中去，这一时间跨度可能与 kubelet 的同步周期加上高速缓存的传播延迟相等。这里的传播延迟取决于所选的高速缓存类型（分别对应 watch 操作的传播延迟、高速缓存的 TTL 时长或者 0）。

当卷中包含来自 Secret 的数据，而对应的 Secret 被更新，Kubernetes 会跟踪到这一操作并更新卷中的数据。更新的方式是保证最终一致性。

3.1.5 Pod 深度解析：持久化存储

Kubernetes 容器中的数据是临时的，即当重启或 crash 后容器的数据将会丢失，此外**容器之间有共享存储的需求**，所以 Kubernetes 中提供了 volume 存储的抽象，volume 后端能够支持多种不同的 plugin 驱动，通过 .spec.volumes 中定义一个存储，然后在容器中 .spec.containers.volumeMounts 调用，最终在容器内部以目录的形式呈现。

Kubernetes 内置能支持多种不同的驱动类型，大体上可以分为四种类型：

- 公/私有云驱动接口，如 awsElasticBlockStore 实现与 awsEBS 集成。
- 开源存储驱动接口，如 cephrbd，实现与 cephrb 块存储对接。
- 本地临时存储，如 hostPath。
- Kubernetes 对象 API 驱动接口，实现其他对象调用，如 configmap，每种存储支持不同的驱动，如下介绍。

1. 公/私有云存储驱动接口(表 3－3)

表 3－3 公/私有云存储驱动接口

类型	说明
awsElasticBlockStore	AWS 的 EBS 云盘
azureFile	微软 NAS 存储
gcePersistentDisk	google 云盘
cinder	openstackcinder 云盘
vsphereVolume	VMware 的 VMFS 存储
scaleIO	EMC 分布式存储

2. 开源存储驱动接口(表 3－4)

表 3－4 开源存储驱动接口

类型	说明
cephrbd	ceph 块存储
cephfs	glusterfs 存储
nfs	nfs 文件
flexvolume	社区标准化驱动
csi	社区标准化驱动

3. 本地临时存储(表 3－5)

表 3－5 本地临时存储

类型	说明
hostpath	宿主机文件
emptyDir	临时目录

emptyDir 是 host 上定义的一块临时存储，通过 bind mount 的形式挂载到容器中使用，容器重启数据会保留，容器删除则 volume 会随之删除。

hostPath 与 emptyDir 类似提供临时的存储，hostPath 适用于一些容器需要访问宿主机目录或文件的场景，对于数据持久化而言都不是很好的实现方案。

4. Kubernetes 对象 API 驱动接口(表 3-6)

表 3-6 公/私有云存储驱动接口

类型	说明
configMap	调用 configmap 对象,注入配置文件
secrets	调用 secrets 对象,注入秘文配置文件
persistentVolumeClaim	通过 pvc 调用存储
downloadAPI	允许容器在不使用 Kubernetes 客户端或 API 服务器的情况下获得自己或集群的信息。
projected	能将若干现有的卷来源映射到同一目录上

3.1.6 Pod 深度解析:服务域名发现

Pod 的 DNS 策略指的是容器如何进行 DNS 查询。在 Kubernetes 中,有三种不同的 DNS 策略:

- ClusterFirst:容器首先尝试在本地集群中解析 DNS 查询,如果查询失败,则转发给上游 DNS 服务器。这是默认的 DNS 策略。
- ClusterFirstWithHostNet:对于使用 Host 网络的 Pod,容器可以直接访问宿主机上的 DNS 服务器。对于非 Host 网络的 Pod,使用与 ClusterFirst 相同的策略。
- Default:容器直接访问上游 DNS 服务器,不进行本地集群的解析。

1. 设置 dnspolicy 字段指定 DNS 战略

可以通过在 Pod 的 YAML 配置文件中设置 dnsPolicy 字段来指定 DNS 策略。例如:

```
apiVersion: v1
kind: Pod
metadata:
  name: my-app
spec:
  containers:
    - name: my-container
      image: my-image
  dnsPolicy: ClusterFirstWithHostNet
```

在这个示例中,我们设置了 DNS 策略为 ClusterFirstWithHostNet。这意味着对于使用 Host 网络的 Pod,容器将直接访问宿主机上的 DNS 服务器,对于使用非 Host 网络的 Pod,容器将首先尝试在本地集群中解析 DNS 查询,如果查询失败,则转发给上游 DNS 服务器。

正确设置 DNS 策略可以提高应用程序的可靠性和性能，特别是当应用程序需要进行 DNS 查询时。

2. Pod 的 DNS 配置

(1) dnsConfig

可以在 Pod 配置文件中设置 dnsConfig 字段来自定义 Pod 的 DNS 配置。该字段包含以下属性：

- nameservers：**将用作于 Pod 的 DNS 服务器的 IP 地址列表。最多可以指定 3 个 IP 地址**。当 Pod 的 dnsPolicy 设置为"None"时，列表必须至少包含一个 IP 地址，否则此属性是可选的。所列出的服务器将合并到从指定的 DNS 策略生成的基本名称服务器，并删除重复的地址。
- searches：**用于在 Pod 中查找主机名的 DNS 搜索域的列表**。此属性是可选的。指定此属性时，所提供的列表将合并到根据所选 DNS 策略生成的基本搜索域名中。重复的域名将被删除。**Kubernetes 最多允许 6 个搜索域**。
- options：可选的对象列表，其中每个对象可能具有 name 属性（必需）和 value 属性（可选）。此属性中的内容将合并到从指定的 DNS 策略生成的选项。重复的条目将被删除。

例如，以下是一个使用 dnsConfig 自定义 DNS 配置的示例：

```
apiVersion: v1
kind: Pod
metadata:
  name: my-app
spec:
  containers:
    - name: my-container
      image: my-image
  dnsConfig:
    nameservers:
      - 8.8.8.8
      - 8.8.4.4
    searches:
      - my-domain.com
      - my-other-domain.com
```

(2) dnsPolicy

可以在 Pod 配置文件中设置 dnsPolicy 字段来指定 Pod 的 DNS 策略。这已经在前面的问题中讨论过了。

需要注意的是，如果同时使用了 dnsConfig 和 dnsPolicy，则 dnsPolicy 字段将覆盖 dnsConfig 中的设置。

正确配置 Pod 的 DNS 配置可以提高应用程序的可靠性和性能，特别是当应用程序需要进行 DNS 查询时。例如，自定义 DNS 配置可以帮助解决网络延迟问题，并提高应用程序的响应速度。

3. 使用 NodeLocalDNSCache

NodeLocalDNSCache 通过在集群节点上运行一个 DaemonSet 来提高 clusterDNS 性能和可靠性。

备注：如果 kube-proxy 组件使用的是 ipvs 模式，我们还需要修改 kubelet 的--cluster-dns 参数，将其指向 169.254.20.10，Daemonset 会在每个节点创建一个网卡来绑这个 IP，Pod 向本节点这个 IP 发 DNS 请求，缓存没有命中的时候才会再代理到上游集群 DNS 进行查询。iptables 模式下 Pod 还是向原来的集群 DNS 请求，节点上有这个 IP 监听，会被本机拦截，再请求集群上游 DNS，所以不需要更改--clusterdns 参数。

可以通过 vim/var/lib/kubelet/config.yaml 查看到 clusterDNS 的配置信息。

node-local-dnsPod 将在每个集群节点的 kube-system 命名空间中运行（Daemonset）。

处于 ClusterFirst 的 DNS 模式下的 Pod 可以连接 kube-dns 的 serviceIP 进行 DNS 查询。通过 kube-proxy 组件添加的 iptables 规则将其转换为 CoreDNS 端点。

通过在每个集群节点上运行 DNS 缓存，NodeLocal DNSCache 可以缩短 DNS 查找的延迟时间，使 DNS 查找时间更加一致，以及减少发送到 kube-dns 的 DNS 查询次数。

4. 启用 NodeLocal DNS Cache 后 DNS 查询路径

启用 NodeLocalDNSCache 后 DNS 查询所遵循的路径如图 3-1 所示：

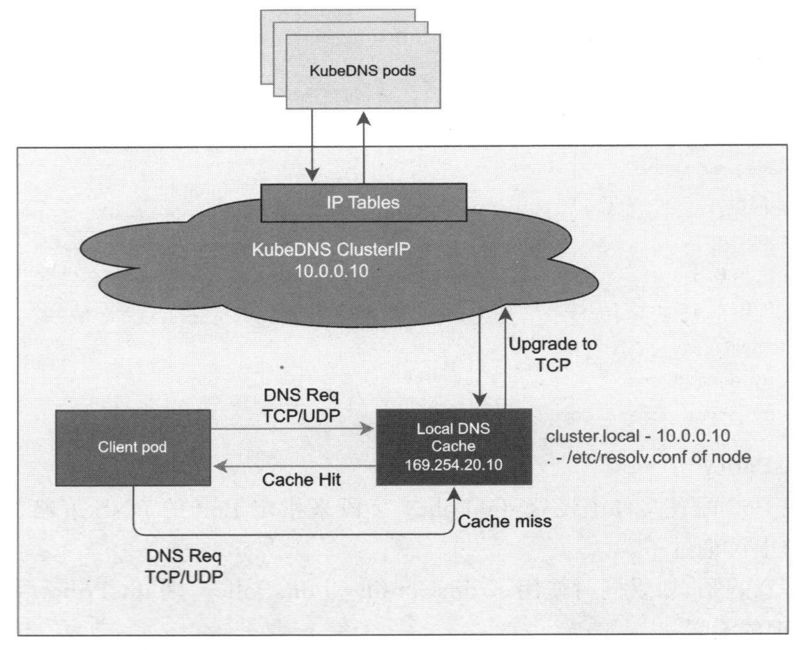

图 3-1 NodeLocalDNSCache

在集群中运行 NodeLocalDNSCache 有如下几个好处：

- 在当前的 DNS 架构下，如果没有本地 kube-dns/CoreDNS 实例，具有最高 DNSQPS 的 Pod 可能必须访问不同的节点。拥有本地缓存将有助于改善这种情况下的延迟。
- 跳过 iptablesDNAT 和连接跟踪将有助于减少 conntrack 竞争并避免 UDPDNS 条目填满 conntrack 表（常见的 5s 超时问题就是这个原因造成的）。
- 从本地缓存代理到 kube-dns 服务的连接可以升级到 TCP。TCPconntrack 条目将在连接关闭时被删除，而 UDP 条目则必须超时（默认 nf_conntrack_udp_timeout 为 30 s）
- 将 DNS 查询从 UDP 升级到 TCP 将减少归因于丢弃的 UDP 数据包和 DNS 超时通常长达 30 s（3 次重试+10 s 超时）的尾部延迟。由于 nodelocal 缓存侦听 UDPDNS 查询，因此无需更改应用程序。
- 节点级别 DNS 请求的指标和可见性。
- 可以重新启用负缓存，从而减少对 kube-dns 服务的查询次数。

3.1.7 Pod 深度解析：优雅启动和终止

1. Pod 深度解析

大家可能会遇到需要**Kubernetes 仅在满足条件时启动 Pod 的情况**，例如依赖项正在运行或 sidecar 容器已准备就绪。同样，大家可能希望在 Kubernetes 终止 pod 之前执行命令，以释放正在使用的资源并优雅地终止应用程序。

可以使用两个容器生命周期事件轻松完成此操作：

- PostStart：容器创建成功后，运行前的任务，用于资源部署、环境准备等。
- PreStop：在容器被终止前的任务，用于优雅关闭应用程序、通知其他系统等。

PostStart：这个事件在容器创建后立即执行。事件处理程序不能接受任何参数。然而，postStart 处理函数的调用不保证早于容器的入口点（entrypoint）的执行。postStart 处理函数与容器的代码是异步执行的，但 Kubernetes 的容器管理逻辑会一直阻塞等待 postStart 处理函数执行完毕。**只有 postStart 处理函数执行完毕，容器的状态才会变成 RUNNING** 。

这个钩子和主进程是并行执行的。钩子的名称或许有误导性，因为它并不是等到主进程完全启动后（如果这个进程有一个初始化的过程，Kubelet 显然不会等待这个过程完成，因为它并不知道什么时候会完成）才执行的。

即使钩子是以异步方式运行的，但它确实通过两种方式来影响容器。

- **在钩子执行完毕之前，容器会一直停留在 Waiting 状态，其原因是 ContainerCreating。因此，pod 的状态会是 Pending 而不是 Running。**
- **如果钩子运行失败或者返回了非零的状态码，主容器会被杀死。**

PreStop：这个事件**在容器因任何原因终止之前立即执行，例如资源争用、活性探测失败等**。此时不能向处理程序传递任何参数，无论处理程序的结果如何，容器都将被终止。除非 Pod 宽限期限超时，Kubernetes 的容器管理逻辑会一直阻塞等待 preStop 处理函数执行完毕。

2. Pod 启动

- exec：它会在容器的主进程中执行指定的命令。该命令与容器的 ENTRYPOINT 指令并行执行。如果事件耗时过长或失败，kubelet 进程将重启容器。
- httpGet 或 tcpSocket：它针对容器上的特定端点发送 HTTP 请求或建立 TCP 连接。与 exec 由容器执行的不同，此处理程序由 kubelet 进程执行。

事件至少执行一次，对于 HTTP 处理程序，除非 kubelet 在发送请求的过程中重新启动，否则 kubelet 只会发送一次请求。

以下是一个部署示例，包括一个运行 NGINX 的主容器和一个运行 busybox 的 sidecar 容器。

- 主容器提供文件 index. html。
- Sidecar 容器将预定日志写入主容器提供的同一个文件 index. html。
- 只有当主容器准备好时，sidecar 容器才会启动。

```
apiVersion: v1
kind: Pod
metadata:
  name: sidecar-container-demo
spec:
  containers:
    - image: busybox
      command: ["/bin/sh"]
      args:
        [
          "-c",
          "while true; do echo echo $(date -u) 'Written by busybox sidecar container' >> /var/log/index.html; sleep 5;done",
        ]
      name: sidecar-container
      resources: {}
      volumeMounts:
        - name: var-logs
          mountPath: /var/log
      lifecycle:
        postStart:
          httpGet:
            path: /index.html
            port: 80
            host: localhost
            scheme: HTTP
```

```
    - image: nginx
      name: main-container
      resources: {}
      ports:
        - containerPort: 80
      volumeMounts:
        - name: var-logs
          mountPath: /usr/share/nginx/html
  dnsPolicy: Default
  volumes:
    - name: var-logs
      emptyDir: {}
```

直到 postStart 执行事件失败，sidecar 容器将不断重启，那么可以通过修改生命周期检查，来强制 sidecar 容器失败：

```
lifecycle:
  postStart:
    httpGet:
      path: /index.html
      port: 5000
      host: localhost
      scheme: HTTP
```

大家可以通过运行以下命令来查看 kubelet 生成的事件：

```
kubectl describe pod/sidecar-container-demo
```

这时命令的输出：

```
Warning FailedPostStartHook   7s        kubelet, gv41new95 Http lifecycle hook
(/index.html) for Container "sidecar-container" in Pod "sidecar-containerdemo_
default(bf6a184b-576f-4137-8958-99017ab704f7)" failed - error: Get
[http://localhost:80//index.html:](http://localhost:80//index.html:) dial tcp
[::1]:80: connect: connection refused, message: ""
```

让我们实现下一个事件，preStop。以下命令将打印一条日志消息并确保 pod 正常关闭：

```
apiVersion: v1
kind: Pod
metadata:
  name: prestop-demo
spec:
  containers:
    - image: nginx
```

```
        name: nginx-container
        resources: {}
        ports:
          - containerPort: 80
        lifecycle:
          preStop:
            exec:
              command:
                - sh
                - -c
                - echo "Stopping container now...">/proc/1/fd/1 && nginx -s stop
    dnsPolicy: Default
```

当使用 pre-stop 事件的容器终止时，nginx-squit 在 kubelet 向 SIGTERM 主进程发送信号之前，在容器中执行命令。

如果大家在监视 NGINX 容器日志的同时删除 pod，将看到以下输出：

```
[notice]1#1:signal 15 (SIGTERM)received from 50,exiting
```

3. 容器终止流程

- Pod 被删除，状态置为 Terminating。
- kube-proxy 更新转发规则，将 Pod 从 service 的 endpoint 列表中摘除掉，新的流量不再转发到该 Pod。
- 如果 Pod 配置了 preStopHook，将会执行。
- kubelet 对 Pod 中各个 container 发送信号以通知容器进程开始优雅停止。
- 等待容器进程完全停止，如果在 terminationGracePeriodSeconds 内（默认 30 s）还未完全停止，就发送 SIGKILL 信号强制杀死进程。
- 所有容器进程终止，清理 Pod 资源。

当删除一个 pod 对象时，它的所有容器都会并行终止。可以通过设置 deletionGracePeriodSeconds 容器规范中的属性，为每个容器授予以秒为单位的宽限期。

使用 TERM 处理信号比缩短或删除宽限期要好。

SIGTERM & SIGKILL：

9- SIGKILL 强制终端。

15- SIGTEM 请求中断。

容器内的进程不能用 SIGTEM 中断的，都不能算优雅中止，所以这里有个常见问题，为什么有些容器 SIGTEM 信号不起作用。

如果容器启动入口使用了 shell，比如使用了类似/bin/sh -c my-app 或/docker-entrypoint.sh 这样的 ENTRYPOINT 或 CMD，这就可能就会导致容器内的业务进程收不到 SIGTERM 信号，原因是：

- 容器主进程是 shell，业务进程是在 shell 中启动的，成了 shell 进程的子进程。

- shell 进程默认不会处理 SIGTERM 信号，自己不会退出，也不会将信号传递给子进程，导致业务进程不会触发停止逻辑。
- 当等到 K8S 优雅停止超时时间(terminationGracePeriodSeconds，默认 30 s)，发送 SIGKILL 强制杀死 shell 及其子进程。

3.2 Kubernetes 工作负载与服务

1. Pod 是谁控制的

在 Kubernetes 中，Pod 是由 Kubernetes 控制器控制和管理的，例如 Deployment、ReplicaSet 或 StatefulSet 等控制器。

这些控制器负责监控 Pod 的状态，并根据用户定义的 Pod 模板创建、更新或删除 Pod。当控制器检测到 Pod 的状态不符合预期时，会自动采取措施来修复问题，例如重新调度 Pod 或重新创建失败的 Pod。通过使用控制器，Kubernetes 提供了一种高级别的抽象，使用户可以更轻松地管理和扩展容器化应用程序。同时，控制器还支持自动化部署、弹性伸缩、滚动更新等功能，帮助用户更加高效地管理和运维应用程序。通过查看 Pod 中的 ownerReferences，我们就知道 Pod 是由哪种 Kubernetes 控制器控制和管理。

```
ownerReferences:
- apiVersion: apps/v1
  blockOwnerDeletion: true
  controller: true
  kind: ReplicaSet
  name: nginx-deployment-59d674869
  uid: fda06915-bb48-441e-bb35-044cb5101869
resourceVersion: "93344"
uid: d22eeb53-a0cb-47f7-abc2-bb2afc4667e0
```

2. Pod 与工作负载的关系

在 Kubernetes 中，Pod 是最小的部署单元，可以包含一个或多个紧密耦合的容器。Kubernetes 的工作负载则是一种高级别的对象，用于管理和控制 Pod 的创建、调度、更新和删除等操作。

Kubernetes 支持多种工作负载类型，例如 Deployment、StatefulSet、DaemonSet、Job 和 CronJob 等。每种工作负载都有其独特的用途和特点，适用于不同的场景和需求。

工作负载通常是基于 Pod 模板定义的，其中包含了容器的镜像、端口、环境变量、资源请求和限制等配置信息。在创建工作负载时，用户可以指定需要创建的 Pod 数量、更新策略、滚动更新策略、调度约束等参数，从而实现自动化的部署、更新和管理。

例如，使用 Deployment 可以实现自动化部署和滚动更新，使用 StatefulSet 可以实现有状态应用的管理，使用 DaemonSet 可以实现在所有节点上运行特定容器的需求，使用 Job 和 CronJob 可以实现批处理作业的管理等。

总之，Pod 是 Kubernetes 中最小的部署单元，而工作负载则是一种高级别的对象，用于管理和控制 Pod 的创建、调度、更新和删除等操作。通过使用工作负载，用户可以更加高效地管理和运维容器化应用程序。

3.2.1 ReplicaSet（容器副本）

ReplicaSet 是 Kubernetes 中用于管理 Pod 副本数的控制器对象。ReplicaSet 通过指定 Pod 模板以及副本数来保证在集群中始终运行指定数量的 Pod 副本，并在需要时自动创建或删除 Pod 副本以实现弹性伸缩和故障恢复等功能。

ReplicaSet 用于解决 pod 的扩容和缩容问题。下面是一个 ReplicaSet 的 YAML 示例：

```
apiVersion: apps/v1
kind: ReplicaSet
metadata:
  name: nginx-rs
spec:
  replicas: 3
  selector:
    matchLabels:
      app: nginx
  template:
    metadata:
      labels:
        app: nginx
    spec:
      containers:
      - name: nginx
        image: nginx:1.16
        ports:
        - containerPort: 80
```

该示例中，ReplicaSet 名称为 nginx-rs，指定了需要运行 3 个 Pod 副本，并通过 selector 选择器指定了需要控制的 Pod，即标签为 app: nginx 的 Pod。同时，指定了 Pod 模板，该模板包含了一个名为 nginx 的容器，使用 nginx:1.16 镜像，并监听 80 端口。

ReplicaSet 的主要作用是确保指定数量的 Pod 副本始终在运行，并在需要时自动创建或删除 Pod 副本以实现弹性伸缩和故障恢复等功能。例如，当某个节点发生故障或者需要增加负载时，ReplicaSet 可以自动创建新的 Pod 副本，使应用程序保持正常运行；当需要缩减负载或者进行更新时，ReplicaSet 可以自动删除不需要的 Pod 副本，从而实现高效的资源利用和应用程序管理。

总之,ReplicaSet 是 Kubernetes 中用于管理 Pod 副本数的控制器对象,通过指定 Pod 模板以及副本数来保证在集群中始终运行指定数量的 Pod 副本,并在需要时自动创建或删除 Pod 副本以实现弹性伸缩和故障恢复等功能。

3.2.2 Deployments(无状态应用)

Kubernetes Deployment 是 Kubernetes 中的一种控制器,用于管理应用程序的部署和更新。Deployment 通过定义 Pod 模板,控制 Pod 的创建、更新和删除等操作,从而实现应用程序的自动化部署和管理。

Deployment 的主要特点包括:

- 可以定义多个 ReplicaSet,自动创建和维护多个 Pod 实例,保证应用程序的高可用性。
- 支持滚动更新和回滚操作,可以实现无缝升级和降级应用程序。
- 支持自动扩展和缩容,根据负载自动调整 Pod 数量,从而实现自适应的资源管理。
- 支持控制 Pod 的更新速度和并发度,以避免对应用程序的影响。
- 支持控制 Pod 的调度规则和资源约束,以实现更加精细的容器管理。

下面是一个使用 Deployment 部署应用程序的示例 YAML 文件:

```
apiVersion: apps/v1
kind: Deployment
metadata:
  name: myapp
  labels:
    app: myapp
spec:
  replicas: 3
  selector:
    matchLabels:
      app: myapp
  template:
    metadata:
      labels:
        app: myapp
    spec:
      containers:
      - name: myapp-container
        image: myapp:latest
        ports:
        - containerPort: 80
```

在上述示例中，我们定义了一个名为 myapp 的 Deployment，其中包含 3 个 Replica。Deployment 的 Pod 模板中，还定义了一个名为 myapp-container 的容器，镜像为 myapp:latest，监听 80 端口。通过该 YAML 文件，可以使用 kubectlapply 命令创建一个名为 myapp 的 Deployment，并启动 3 个 Pod 实例，从而实现应用程序的自动化部署。

总之，KubernetesDeployment 是 Kubernetes 中的一种控制器，用于管理应用程序的部署和更新。Deployment 集成了上线部署、滚动升级、创建副本、暂停上线任务，恢复上线任务，回滚到以前某一版本（成功/稳定）Deployment 等功能。在某种程度上，Deployment 可以帮我们实现无人值守的上线，大大降低我们的上线过程的复杂沟通、操作风险。通过使用 Deployment，用户可以实现应用程序的自动化部署、滚动更新和扩缩容等操作，从而更加高效地管理和运维容器化应用程序。

Deployment 的典型用例包括：

- 实现应用程序的自动化部署：使用 Deployment 可以定义 Pod 模板，并指定 Replica 数量，从而自动创建和维护多个 Pod 实例。这样，当需要部署新的应用程序时，只需要修改 Deployment 的 Pod 模板和 Replica 数量，即可实现应用程序的自动化部署。
- 实现应用程序的滚动更新：使用 Deployment 可以通过更新 Pod 模板的方式实现应用程序的滚动更新。在更新 Pod 模板时，Deployment 会自动创建新的 Pod 实例，并逐步替换旧的 Pod 实例，从而实现无缝升级和降级应用程序。
- 实现应用程序的扩展和缩容：使用 Deployment 可以根据负载自动调整 Pod 数量，从而实现应用程序的自动扩展和缩容。在 Deployment 中可以定义水平扩展和缩容的策略，从而根据负载自动调整 Pod 数量。
- 实现应用程序的版本管理：使用 Deployment 可以实现应用程序的版本管理。在 Deployment 中，可以为不同的应用程序版本定义不同的 Pod 模板和 Replica 数量，从而实现不同版本的应用程序的管理和部署。
- 实现应用程序的灰度发布：使用 Deployment 可以实现应用程序的灰度发布。在 Deployment 中，可以定义多个版本的应用程序，分别部署在不同的 Pod 中，并根据一定的策略逐步将流量切换到新版本的应用程序上，从而实现灰度发布的效果。

总之，Deployment 是 Kubernetes 中非常重要的一种控制器，可以实现应用程序的自动化部署、滚动更新、扩缩容、版本管理和灰度发布等操作。通过使用 Deployment，用户可以更加高效地管理和运维容器化应用程序。

3.2.3 StatefulSet(有状态应用)

Kubernetes StatefulSet 是一种控制器，用于管理有状态应用程序，例如数据库或其他应用程序，这些应用程序需要有一个稳定的网络标识和状态。与 Deployment 不同，StatefulSet 能够保证 Pod 的唯一性和稳定性，同时可以按照一定的顺序创建和删除 Pod 实例。

StatefulSet 用于解决各个 pod 实例独立生命周期管理，提供各个实例的启动顺序和唯一性。具有以下特点：

- 稳定，唯一的网络标识符。
- 稳定，持久存储--StatefulSet：每个 pod 对应一个 pv。
- 有序、优雅部署和扩展。
- 有序，优雅地删除和终止。
- 有序地自动滚动更新。

下面是一个使用 StatefulSet 部署 MongoDB 的例子：

1. 定义 MongoDB 的 StatefulSet

```
apiVersion: apps/v1
kind: StatefulSet
metadata:
  name: mongo
spec:
  serviceName: "mongo"
  replicas: 3
  selector:
    matchLabels:
      app: mongo
  template:
    metadata:
      labels:
        app: mongo
    spec:
      containers:
      - name: mongo
        image: mongo
        ports:
        - containerPort: 27017
          name: mongo
        volumeMounts:
        - name: mongo-data
          mountPath: /data/db
  volumeClaimTemplates:
  - metadata:
      name: mongo-data
    spec:
      accessModes: [ "ReadWriteOnce"]
      storageClassName: "standard"
```

```
    resources:
      requests:
        storage: 1Gi
```

2. 创建 StatefulSet

```
$ kubectl apply -f statefulset-mongo.yaml
```

3. 检查 StatefulSet 是否创建成功

```
$ kubectl get statefulset
```

4. 检查 StatefulSet 中的 Pod

```
$ kubectl get pods -l app=mongo
```

5. 连接 MongoDB

```
$ kubectl run --namespace default mongo-client --rm --tty -i --restart='Never' --image
bitnami/mongodb --command -- mongo mongodb://mongo-0.mongo:27017,mongo-
1.mongo:27017,mongo-2.mongo:27017/test?replicaSet=rs0
```

在上述例子中，我们创建了一个名为"mongo"的 StatefulSet，使用了 MongoDB 官方提供的 Docker 镜像，其中包含 3 个 Pod 实例，并且每个 Pod 实例都有一个唯一的网络标识符（例如，mongo-0. mongo），可以通过这个网络标识符连接 MongoDB。此外，我们还定义了一个名为"mongo-data"的存储卷，用于保存 MongoDB 数据。

StatefulSet 在 Kubernetes 中的典型使用场景包括：

- 数据库集群：例如 MySQL、PostgreSQL 等，这些数据库通常需要一个稳定的网络标识符以便于应用程序连接和管理。
- 分布式缓存：例如 Redis、Memcached 等，这些缓存需要在启动和关闭时进行特定的顺序。
- 消息队列：例如 Kafka、RabbitMQ 等，这些消息队列需要以特定的顺序启动和关闭，以确保数据的完整性和一致性。

在这些有状态服务中，每个实例都具有独特的标识符，并且它们之间的顺序和位置是重要的。这时，StatefulSet 的特点可以发挥作用。通过 StatefulSet 管理这些有状态服务可以确保它们以特定的顺序启动、关闭和重启，并且它们的标识符不会改变。这样可以帮助应用程序实现更高的可靠性和可扩展性。

总之，使用 StatefulSet 可以轻松地管理有状态应用程序，并确保 Pod 的唯一性和稳定性，可以满足许多实际应用场景的需求。

3.2.4 DaemonSet（Daemon 作业）

DaemonSet 能够让所有（或者一些特定）的 Node 节点运行同一个 pod。当节点加入到 Kubernetes 集群中，pod 会被（DaemonSet）调度到该节点上运行，当节点从 Kubernetes 集群中被移除，被（DaemonSet）调度的 pod 会被移除。如果删除 DaemonSet，所有跟这个 DaemonSet 相关的 pods 都会被删除。

在使用 Kubernetes 来运行应用时，很多时候我们需要在一个区域（zone）或者所有 Node 上运行同一个守护进程（pod），例如如下场景：

- 每个 Node 上运行一个分布式存储的守护进程，例如 glusterd，ceph。
- 运行日志采集器在每个 Node 上，例如 fluentd，logstash。
- 运行监控的采集端在每个 Node，例如 prometheusnodeexporter，collectd 等。

DaemonSet 是 Kubernetes 中一种特殊的控制器，用于在每个节点上运行一个 Pod 实例，以实现节点级别的服务或任务。与 Deployment 不同，DaemonSet 不需要设置 Replica 数量，而是通过 NodeSelector 或 NodeAffinity 策略来控制 Pod 的分布。当一个新的节点加入到 Kubernetes 集群时，DaemonSet 会自动在该节点上创建一个新的 Pod 实例。当节点从集群中删除时，DaemonSet 也会自动删除该节点上的 Pod 实例。这样可以确保每个节点上都运行着所需的服务或任务，并且在节点加入或删除时保持相应的状态。

以下是一个示例 DaemonSet 配置文件：

```
apiVersion: apps/v1
kind: DaemonSet
metadata:
  name: nginx-daemonset
spec:
  selector:
    matchLabels:
      app: nginx
  template:
    metadata:
      labels:
        app: nginx
    spec:
      containers:
      - name: nginx
        image: nginx:latest
        ports:
        - containerPort: 80
```

在这个配置文件中，定义了一个名为 nginx-daemonset 的 DaemonSet，它使用 matchLabels 选择器选择带有 app=nginx 标签的节点，并在每个节点上创建一个名为 nginx 的 Pod 实例。每个 Pod 实例使用最新版本的 nginx 镜像，并将容器端口暴露为 80。

一个常见的用例是在 Kubernetes 集群中部署日志收集器。在这种情况下，可以使用 DaemonSet 在每个节点上运行一个日志收集器实例，从而实现对整个集群的日志收集。如果有新的节点加入到集群中，日志收集器也会自动在新的节点上运行。这样可以实现高效的日志收集和管理。

DaemonSet 通常在每个节点上运行一个 Pod 实例，以实现节点级别的服务或任务。以下是一些常见的使用场景：

- 日志收集器：通过在每个节点上运行一个日志收集器，可以实现对整个集群的日志收集。
- 监控代理：通过在每个节点上运行一个监控代理，可以实现对整个集群的监控。
- 资源监控：通过在每个节点上运行一个资源监控器，可以实时监控节点的 CPU、内存等资源使用情况。
- 安全扫描：通过在每个节点上运行一个安全扫描器，可以定期扫描节点上的安全漏洞。
- 网络代理：通过在每个节点上运行一个网络代理，可以实现对整个集群的网络管理。

总的来说，如果需要在每个节点上运行一个 Pod 实例来完成某个任务或提供某个服务，那么 DaemonSet 就是一个很好的选择。

3.2.5 CustomResourceDefinition(自定义资源概念)

Kubernetes CustomResourceDefinition(CRD)是 Kubernetes 中的一种扩展机制，它允许用户自定义 KubernetesAPI 中的资源类型，从而可以创建自定义的资源对象。CRD 允许用户定义自己的 API 对象，并将其存储在 etcd 中，这样可以使用 Kubernetes 的 APIServer 进行管理和操作。

CRD 的主要作用是扩展 KubernetesAPI，通过自定义资源类型来管理和操作应用程序所需的资源。例如，用户可以创建自定义的资源类型来管理和操作数据库、消息队列、云存储、网络等资源。通过 CRD，可以将这些资源类型定义为 KubernetesAPI 的一部分，从而可以使用 Kubernetes 的 APIServer 进行管理和操作。CRD 的定义是以 YAML 或 JSON 格式的文件为基础的。在 CRD 的定义文件中，需要指定自定义资源类型的名称、属性、方法、操作、权限等信息。例如，下面是一个简单的 CRD 定义文件的示例：

```
apiVersion: apiextensions.k8s.io/v1
kind: CustomResourceDefinition
metadata:
  name: myresources.example.com
spec:
  group: example.com
  version: v1
  names:
    kind: MyResource
```

```
    plural: myresources
  scope: Namespaced
  validation:
    openAPIV3Schema:
      type: object
      properties:
        spec:
          type: object
          required:
            - foo
          properties:
            foo:
              type: string
```

在上面的示例中,定义了一个名为 myresources.example.com 的 CRD,它包含了一个名为 MyResource 的自定义资源类型,该资源类型拥有 foo 属性,其值为字符串类型。使用该 CRD,可以创建和管理多个 MyResource 类型的资源对象。

下面是一个使用该 CRD 创建的 MyResource 资源对象的示例:

```
apiVersion: example.com/v1
kind: MyResource
metadata:
  name: myresource-1
spec:
  foo: bar
```

通过使用 CRD,用户可以自定义 Kubernetes API 中的资源类型,从而可以更加灵活地管理和操作应用程序所需的资源。CRD 的应用范围非常广泛,可以用于创建自定义的资源类型,如数据库、消息队列、云存储、网络等。

3.2.6 Service(服务发现)

Kubernetes Service 是一个抽象层,用于将一组 Pod 暴露为一个单一的网络端点。它为 Pod 提供了一个稳定的 IP 地址和一个 DNS 名称,使得其他应用程序可以通过 IP 地址或 DNS 名称访问 Pod 中运行的应用程序。

Kubernetes Service 可以根据不同的策略,将请求负载均衡到多个 Pod 上,从而实现应用程序的高可用性和扩展性。

1. Kubernetes Service 类型

- ClusterIP:这是最常用的 Service 类型。它为 Pod 提供了一个稳定的 IP 地址和 DNS 名称,只能在集群内部访问,外部无法访问。当请求发送到 Service 上时,kube-proxy 会根据预定义的负载均衡策略,将请求转发到一个 Pod 上。
- NodePort:这种 Service 类型可以将 Service 暴露到 Kubernetes 集群节点上的

某个端口。当请求发送到集群节点上的该端口时，kube-proxy 会根据预定义的负载均衡策略，将请求转发到一个 Pod 上。NodePort 可用于暴露 Kubernetes 集群外部的服务，但需要注意安全性问题。

- LoadBalancer：这种 Service 类型可以将 Service 暴露到外部负载均衡器上，并将请求负载均衡到多个 Pod 上。当 Service 的类型为 LoadBalancer 时，Kubernetes 会为其自动创建一个外部负载均衡器，并分配一个公共 IP 地址。这种 Service 类型常用于暴露 Web 应用程序或其他类型的应用程序。
- ExternalName：这种 Service 类型可以将 Service 映射到集群外部的另一个 DNS 名称。当请求发送到 Service 上时，Kubernetes 会将其转发到指定的 DNS 名称上。这种 Service 类型通常用于连接外部服务或 API。

下面是一个 KubernetesService 的示例：

```
apiVersion: v1
kind: Service
metadata:
  name: my-service
spec:
  type: ClusterIP
  selector:
    app: my-app
  ports:
  - name: http
   port: 80
   targetPort: 8080
```

这个示例定义了一个名为 my-service 的 Service，类型为 ClusterIP，它会将请求转发到一组具有标签 app=my-app 的 Pod 上。Service 暴露了一个名为 http 的端口，将请求转发到 Pod 上的 8080 端口上。

总之，Kubernetes Service 是 Kubernetes 中非常重要的一种资源对象，它可以为 Pod 提供稳定的 IP 地址和 DNS 名称，并将请求负载均衡到多个 Pod 上，从而实现应用程序的高可用性和扩展性。

注意：ClusterIP 不可以 ping，但可以 Curl 。

- **对于 iptables：**

ClusterIP 没有绑定在任何设备上，它只是 iptables 中的一条规则，是虚的，没有任何设备响应。

Curl 是有一个真实的数据包(如 TCP)交给内核，然后由内核真正去做匹配，做 dnat，转发到后端的 pod。

- **对于 ipvs ：**

ClusterIP 绑定当前节点上面的一个 Dummy 设备上。

（1）无头服务(HeadlessServices)

有时不需要或不想要负载均衡，以及单独的 Service IP。遇到这种情况，可以通过指定 ClusterIP(spec. clusterIP)的值为"None"创建 Headless Service。

大家可以使用一个无头 Service 与其他服务发现机制进行接口，而不必与 Kubernetes 的实现捆绑在一起。对于无头 Services 并不会分配 Cluster IP，kube-proxy 不会处理它们，而且平台也不会为它们进行负载均衡和路由。DNS 如何实现自动配置，依赖于 Service 是否定义了选择算符。

（2）带选择算符的服务

对定义了选择算符的无头服务，Kubernetes 控制平面在 Kubernetes API 中创建 Endpoint Slice 对象，并且修改 DNS 配置返回 A 或 AAA 条记录(IPv4 或 IPv6 地址)，通过这个地址直接到达 Service 的后端 Pod 上。

如在 Volcano Job 中使用 Headless Services，可用于 AI 分布式训练中不同 worker 之间互访的能力。

```
$ kubectl get all -n alex -owide
NAME                                   READY    STATUS    RESTARTS   AGE    IP
NODE          NOMINATED  NODE     READINESS  GATES
pod/volcano-pytorch-horovod-w0-0       1/1      Running   0          145m   10.244.0.55
gv35-187      <none>              <none>
pod/volcano-pytorch-horovod-w1-0       1/1      Running   0          76m    10.244.0.56
gv35-187      <none>              <none>
NAME                                   TYPE     CLUSTER-IP   EXTERNAL-IP  PORT(S)   AGE
SELECTOR
service/volcano-pytorch-horovod        ClusterIP  None        <none>       <none>
146m volcano.sh/job-name=volcano-pytorch-horovod,volcano.sh/job-namespace=alex

### 控制平面创建 EndpointSlice 的对象
$ kubectl get endpointslices.discovery.k8s.io -n alex -owide
NAME                              ADDRESSTYPE  PORTS      ENDPOINTS                    AGE
volcano-pytorch-horovod-84f8f     IPv4         <unset>    10.244.0.56,10.244.0.55  146m
```

（3）无选择算符的服务

对没有定义选择算符的无头服务，控制平面不会创建 EndpointSlice 对象。然而 DNS 系统会查找和配置以下内容：

- 对于 type：ExternalName 服务，查找和配置其 CNAME 记录。
- 对所有其他类型的服务，针对 Service 就绪端点的所有 IP 地址，查找和配置 DNS A / AAAA 条记录。

  对于 IPv4 端点，DNS 系统创建 A 条记录。

  对于 IPv6 端点，DNS 系统创建 AAAA 条记录。

Headless Services 是 Kubernetes 中的一种服务类型，相对于传统的服务类型，它没有 ClusterIP,也没有对应的负载均衡器,因此被称为“无头服务”。

Headless Services 的作用是为 Kubernetes 集群中的服务提供域名解析,以便其他服务能够通过域名来发现和访问它们。具体来说,Headless Services 会为每个服务创建一个 DNS 记录,这个记录指向了该服务所对应的 Pod 的 IP 地址。这样其他服务就可以通过 DNS 解析来获取该服务所对应的 Pod IP 地址,并进行访问。

2. HeadlessServices 的应用场景包括

- **集群内服务发现**:当一个服务需要发现其他服务的 IP 地址时,可以使用 Headless Services 提供的 DNS 记录进行发现和访问。
- **StatefulSet**:在 StatefulSet 中,每个 Pod 都有一个唯一的标识符,通常是一个序号或名称。Headless Services 可以为每个 Pod 创建一个唯一的 DNS 记录,使得其他服务可以直接访问这个 Pod,而无需经过负载均衡器。
- **数据库集群**:在数据库集群中,每个数据库实例都有一个唯一的 IP 地址和端口号。通过使用 Headless Services,可以将这些 IP 地址和端口号映射为一个 DNS 记录,从而使得其他服务可以通过 DNS 解析来访问数据库实例。同时,这种方式也可以支持负载均衡和故障切换等功能。
- **多区域部署**:在多区域部署中,不同的区域可能使用不同的负载均衡器或 DNS 服务。通过使用 Headless Services,可以将不同区域的服务统一映射为一个域名,从而简化跨区域访问的配置和管理。
- **高可用服务**:在高可用服务中,通常会使用多个副本来保证服务的可用性。通过使用 Headless Services,可以将多个副本映射为一个域名,并使用 DNS 负载均衡来实现请求的分发和故障转移。

总的来说,HeadlessServices 可以为 Kubernetes 集群中的服务提供灵活的域名解析和服务发现功能,从而支持各种应用场景和架构设计。

(1) NodePort 类型

如果将 type 字段设置为 NodePort,则 Kubernetes 控制平面将在--service-node-port-range 标志指定的范围内分配端口(默认值:30000-32767)。每个节点将那个端口(每个节点上的相同端口号)代理到你的服务中。服务在其. spec. ports[*]. nodePort 字段中报告已分配的端口。

使用 NodePort 可以让自由设置自己的负载均衡解决方案,配置 Kubernetes 不完全支持的环境,甚至直接暴露一个或多个节点的 IP 地址。

对于 NodePort 服务,Kubernetes 额外分配一个端口(TCP、UDP 或 SCTP 以匹配服务的协议)。集群中的每个节点都将自己配置为监听分配的端口并将流量转发到与该服务关联的某个就绪端点。通过使用适当的协议(例如 TCP)和适当的端口(分配给该服务)连接所有节点,可从集群外部使用 type:NodePort 服务。

(2) 选择你自己的端口

如果需要特定的端口号,可以在 nodePort 字段中指定一个值。控制平面将分配该端口或报告 API 事务失败。这意味着需要自己注意可能发生的端口冲突。另外,还必须使用有效的端口号，该端口号在配置 NodePort 的范围内。

以下是 type：NodePort 服务的一个示例清单，它指定了一个 NodePort 值（在本例中为 30007）。

```
apiVersion: v1
kind: Service
metadata:
  name: my-service
spec:
  type: NodePort
  selector:
    app.kubernetes.io/name: MyApp
  ports:
    ### 默认情况下，为了方便起见，'targetPort' 被设置为与 'port' 字段相同的值
    - port: 80
      targetPort: 80
      ### 可选字段
      ### 默认情况下，为了方便起见，Kubernetes 控制平面会从某个范围内分配一个端口号
(默认:30000-32767)
      nodePort: 30007
```

(3) 为 type：NodePort 服务自定义 IP 地址配置

大家可以在集群中设置节点以使用特定 IP 地址来提供 NodePort 服务。如果每个节点都连接多个网络（例如：一个网络用于应用程序流量，另一个网络用于节点和控制平面之间的流量），可能需要执行此操作。

如果要指定特定的 IP 地址来代理端口，可以将 kube-proxy 的--nodeport-addresses 标志或 kubeproxy 配置文件的等效 nodePortAddresses 字段设置为特定的 IP 段。

此标志采用逗号分隔的 IP 段列表（例如：10.0.0.0/8、192.0.2.0/25）用来指定 kube-proxy 应视为该节点本地的 IP 地址范围。

例如，如果使用--nodeport-addresses=127.0.0.0/8 标志启动 kube-proxy，则 kube-proxy 仅选择 NodePort 服务的环回接口。--nodeport-addresses 的默认值是一个空列表。这意味着 kube-proxy 应考虑 NodePort 的所有可用网络接口。（这也与早期的 Kubernetes 版本兼容。）

说明：

此服务呈现为 <NodeIP>：spec.ports[*].nodePort 和 .spec.clusterIP：spec.ports[*].port。如果设置了 kube-proxy 的--nodeport-addresses 标志或 kube-proxy 配置文件中的等效字段，则 <NodeIP> 将是过滤的节点 IP 地址（或可能的 IP 地址）。

Kubernetes 默认端口号范围是 30000-32767，如果期望值不是这个区间则需要更改。

- 找到配置文件，一般在这个文件夹下：/etc/Kubernetes/manifests/。

- 找到文件名为 kube-apiserver. yaml 的文件，也可能是 json 格式。
- 编辑添加配置 service-node-port-range=30000-49999。

(4) kube-proxy、kube-dns 和 CoreDNS

通过上面介绍我们知道，Kubernetes Service 是一种 Kubernetes 资源对象，也是用于定义一组 Pod 的逻辑网络终端，可为客户端提供访问这些 Pod 的稳定 IP 地址和 DNS 名称。Service 通过 selector 来选择 Pod，并将它们绑定到一个虚拟的 IP 地址上，提供负载均衡和服务发现功能。另外，还有几个组件和 Kubernetes Service 资源密切相关，这就是 kube-proxy、kube-dns 和 CoreDNS。

kube-proxy 是 Kubernetes 集群中的一个代理组件，它在每个节点上运行，并维护 iptables 规则或 ipvs 规则，将 Service 的虚拟 IP 地址映射到后端 Pod 的 IP 地址和端口上，实现请求的负载均衡和路由。另外，kube-proxy 还支持通过设置不同的负载均衡策略，如轮询、随机、最小连接数等，来优化请求的处理。

kube-dns 和 CoreDNS 都是 Kubernetes 集群中的 DNS 插件，它们提供了 Service 的 DNS 解析和服务发现功能。当 Pod 需要访问另一个 Pod 时，可以使用该 Pod 绑定的 Service 的 DNS 名称来解析该 Pod 的 IP 地址，从而实现服务发现。kube-dns 通过 CoreDNS 代理后端 DNS 解析，而 CoreDNS 则是一个可插拔的 DNS 服务器，大家可以根据需求加载不同的插件来实现不同的 DNS 解析功能。

综上所述，KubernetesService、kube-proxy、kube-dns 和 CoreDNS 是 Kubernetes 集群中的核心组件，它们共同提供了 Kubernetes 服务发现和负载均衡的功能。Service 通过 selector 来选择 Pod，并将它们绑定到一个虚拟的 IP 地址上，kube-proxy 负责将 Service 的虚拟 IP 地址映射到后端 Pod 的 IP 地址和端口上，实现请求的负载均衡和路由，而 kube-dns 和 CoreDNS 则提供了 Service 的 DNS 解析和服务发现功能。

(5) Service 底层实现

Kubernetes Service 的底层实现有 userspace、iptables 和 ipvs 三种模式。userspace 模式是 Service 的最初实现方式，它通过 kube-proxy 在每个节点上运行一个代理进程，并通过维护一个连接池来实现负载均衡和请求路由。这种模式已经过时，不再被推荐使用。

iptables 模式是目前 KubernetesService 的默认实现方式，它利用 iptables 的 DNAT(Destination Network Address Translation)规则，将 Service 的虚拟 IP 地址映射到后端 Pod 的 IP 地址和端口上，实现请求的负载均衡和路由。每当 Service 或 Pod 发生变化时，kube-proxy 会更新 iptables 规则以反映这些变化。

ipvs 模式是 Kubernetes 1.11 版本引入的新特性，它利用 Linux 内核提供的 ipvs 技术来实现负载均衡和请求路由。与 iptables 相比，ipvs 具有更好的性能和可扩展性，特别是在大规模集群中更加优秀。每当 Service 或 Pod 发生变化时，kube-proxy 会更新 ipvs 规则以反映这些变化。

需要注意的是，不同的 Service 类型支持的底层实现方式可能不同。例如，LoadBalancer 类型的 Service 通常需要集成外部负载均衡器，因此其底层实现方式可能与

userspace、iptables 和 ipvs 都不同。

(6) 切换 iptables 到 ipvs

```
### 0. 查看 kube-proxy 的配置文件,mode 一般默认时空
kubectl describe configmap kube-proxy -n kube-system | grep mode
mode: ""

### 1. 修改 kube-proxy 的配置文件,修改 mode 为 ipvs
kubectl edit configmap kube-proxy -n kube-system
set mode: "ipvs"

### 2. ipvs 模式需要注意的是要添加 ip_vs 相关模块:
cat > /etc/sysconfig/modules/ipvs.modules << EOF
 #! /bin/bash
 modprobe -- ip_vs
 modprobe -- ip_vs_rr
 modprobe -- ip_vs_wrr
 modprobe -- ip_vs_sh
 modprobe -- nf_conntrack_ipv4
EOF
chmod 755 /etc/sysconfig/modules/ipvs.modules && bash
/etc/sysconfig/modules/ipvs.modules && lsmod | grep -e ip_vs -e nf_conntrack_ipv4

### 3. 重启 kube-proxy 的 pod
kubectl get pod -n kube-system | grep kube-proxy |awk '{system("kubectl delete pod
"$1" -n kube-system")}'

### 4. 验证: ip addr 会多一个 kube-ipvs0 的设备
### 集群内部可以 ping 通,外部不可以,因为他是一个一个的 Dummy 设备,不会响应外部的
ARP 请求,没有路由信息
### Verify kube-proxy is started with ipvs proxier
kubectl logs [kube-proxy pod] | grep "Using ipvs Proxier"
```

3.3 Ingress Controller:云原生的流量控制

我们已经了解到,Service 提供了基于 IP 和端口的负载均衡,主要用于服务内部的通信。Service 可以将一个或多个后端 Pod 暴露成一个虚拟的 Service IP 和端口,然后通过这个 IP 和端口访问后端 Pod,实现负载均衡和服务发现。

Service 的底层实现有 iptables 和 ipvs 两种方式,大家可以根据实际情况选择使用哪种方式。Service 的配置相对简单,只需要指定一组后端 Pod 的标签即可。

Ingress提供了基于HTTP和HTTPS的应用层负载均衡，主要用于将外部流量路由到集群内部的服务。Ingress通过定义一组规则(例如URL路径、主机名等)，将外部流量转发到对应的后端Service，从而实现流量控制和服务发现。

Ingress需要在集群中运行一个Ingress Controller组件，它会监听集群中的Ingress资源，根据配置信息生成相应的负载均衡策略，并将其应用到底层的负载均衡器中。

Ingress的底层实现有多种，包括nginx、Traefik、HAProxy等，也可以通过自定义Controller实现。Ingress的配置相对复杂，需要指定规则、TLS证书、后端Service等多个属性。

Service和Ingress都是Kubernetes中用于负载均衡的资源对象，它们之间的联系在于Ingress是建立在Service之上的。Ingress通过定义规则，将外部流量转发到对应的后端Service，然后由Service将流量转发到对应的Pod。

在使用Ingress时，通常需要先创建一个Service资源，然后通过Ingress将流量转发到该Service。因此，Service是Ingress的重要组成部分，它为Ingress提供了负载均衡和服务发现的能力。

在使用Ingress时，通常需要先创建一个Service资源，然后通过Ingress将流量转发到该Service。因此，Service是Ingress的重要组成部分，它为Ingress提供了负载均衡和服务发现的能力。他们之间也有所不同：

- 功能不同：Service提供了基于IP和端口的负载均衡，主要用于服务内部的通信；而Ingress提供了基于HTTP和HTTPS的应用层负载均衡，主要用于将外部流量路由到集群内部的服务。
- 作用范围不同：Service只能作用于Kubernetes集群内部，而Ingress可以将外部流量路由到Kubernetes集群内部的服务。
- 配置方式不同：Service的配置相对简单，只需要指定一组后端Pod的标签，而Ingress的配置相对复杂，需要指定规则、TLS证书、后端服务等多个属性。
- 需要的资源不同：Service只需要一个ClusterIP资源即可，而Ingress需要一个LoadBalancer资源、一个Controller组件以及对应的TLS证书等多个资源。
- 底层实现不同：Service的底层实现有iptables和ipvs两种方式，而Ingress的底层实现有多种，包括nginx、Traefik、HAProxy等，也可以通过自定义Controller实现。

简单来说，Service和Ingress都是Kubernetes中非常重要的负载均衡组件，但Service是4层负载均衡，而Ingress是7层负载均衡。因为，Service只能处理TCP和UDP协议，而Ingress可以处理HTTP和HTTPS协议。

Service通常用于负载均衡单个服务，而Ingress可以将多个服务组合在一起，并提供更复杂的路由和负载均衡功能。另外，Ingress需要一个额外的Ingress Controller来实现其功能，而Service可以直接使用Kubernetes的内置负载均衡器。

4层与7层负载均衡的区别：

4层负载均衡和7层负载均衡是两种不同的负载均衡方式，它们的主要区别在于负载均衡的位置和粒度。

4层负载均衡通常在传输层(TCP/UDP)进行负载均衡，它将请求根据源IP地址、目标IP地址、协议端口等信息进行转发。在这种负载均衡方式下，负载均衡器只能看到请求的源和目标IP地址、端口等信息，无法直接解析应用层数据包。

7层负载均衡则在应用层(HTTP、HTTPS等)进行负载均衡，它可以解析应用层数据包中的请求头、Cookie、URL等信息，并根据这些信息进行请求转发。在这种负载均衡方式下，负载均衡器可以看到更多的请求信息，可以更加精细地进行负载均衡。

3.3.1 Ingress Controller

Ingress Controller 只是一个抽象的统称，其实现的方案如下：

- Ingress NGINX：Kubernetes 官方维护的方案，也是本次安装使用的 Controller。
- F5 BIG-IP Controller：F5 所开发的 Controller，它能够管理员通过 CLI 或 API 让 Kubernetes 与 OpenShift 管理 F5 BIG-IP 设备。
- Ingress Kong ：著名的开源 API Gateway 方案所维护的 Kubernetes Ingress-Controller。
- Traefik：一套开源的 HTTP 反向代理与负载均衡器，也支援了 Ingress。
- Voyager：一套以 HAProxy 为底的 IngressController。

使用 Ingress 有以下优点：

- 简化外部流量入口管理。
- 可以通过 URL 和 HTTP 头来路由请求。
- 可以实现 TLS 终止和 WebSocket 支持等高级功能。

然而，使用 Ingress 也有一些缺点：

- Ingress Controller 是一个单点故障，如果它出现了问题，整个服务将不可用。
- Ingress Controller 可能会成为性能瓶颈。
- Ingress 规则的配置可能会比较复杂。

除了 Nginx Controller，还有其他一些 Ingress Controller 的实现，如 Traefik、HA-Proxy 等。它们各自有不同的优点和适用场景，需要根据具体情况进行选择。

3.3.2 Ingress Nginx Controller

Ingress Nginx Controller 是一个 Kubernetes 插件，用于管理 Kubernetes 集群中的 Ingress 资源。它作为一个 Ingress 控制器，可以将入站请求路由到 Kubernetes 集群内的不同服务。以下是 Ingress Nginx Controller 的作用和应用场景：

1. 作用

- 管理 Kubernetes 集群中的 Ingress 资源。
- 提供负载均衡和流量控制功能。

- 支持 SSL/TLS 终止和路由。
- 提供基于规则的流量路由和过滤器。
- 提供灵活的自定义配置选项。

2. 应用场景

- 在 Kubernetes 集群中使用 Ingress 资源进行服务暴露和流量路由。
- 支持多个域名和 SSL/TLS 终止。
- 在 Kubernetes 集群中部署多个服务，并使用 Ingress Nginx Controller 进行流量控制和负载均衡。
- 在 Kubernetes 集群中使用 Ingress Nginx Controller 进行路由、过滤器和自定义配置。
- 在 Kubernetes 集群中部署 Web 应用程序，并使用 Ingress Nginx Controller 进行流量路由和负载均衡。可以基于 URL 路径、HTTP 头、请求方法等条件将请求路由到不同的后端服务。
- 支持基于身份验证和授权的流量控制。Ingress Nginx Controller 可以与外部身份验证提供者集成，例如 OAuth2 或 OpenID Connect，以确保只有授权的用户可以访问受保护的服务。
- 支持动态配置更新。Ingress Nginx Controller 可以使用 Kubernetes ConfigMap 或 Secret 对象中的配置，以便在不停机的情况下更新应用程序配置。
- 支持监控和日志记录。Ingress Nginx Controller 提供有关请求流量、响应时间和错误率等指标的实时监控，并将日志记录到集中日志收集器中，以便进行故障排除和安全审计。

总之，Ingress Nginx Controller 是一个强大的 Kubernetes 插件，可以提供各种流量控制和负载均衡功能，以便在 Kubernetes 集群中轻松部署和管理多个服务。

3.3.3 安装 NginxIngress Controller

1. Kubernetes 兼容性矩阵

以下是 Ingress-Nginx 项目的支持版本，并且官方已经完成了 E2E 测试。Ingress-Nginx 版本可能适用于旧的 Kubernetes 版本，但不作此保证，见表 3－7 所列。

表 3－7 Ingress-NGINX 和 Kubernetes 兼容性举证

Ingress-NGINX 版本	支持的 k8s 版本	Alpine 版本	Nginx 版本
v1.7.0	1.26、1.25、1.24	3.17.2	1.21.6
v1.6.4	1.26、1.25、1.24、1.23	3.17.0	1.21.6
v1.5.1	1.25、1.24、1.23	3.16.2	1.21.6
v1.4.0	1.25，1.24，1.23，1.22	3.16.2	1.19.10+
v1.3.1	1.24、1.23、1.22、1.21、1.20	3.16.2	1.19.10+

续表 3-7

Ingress-NGINX 版本	支持的 k8s 版本	Alpine 版本	Nginx 版本
v1.3.0	1.24、1.23、1.22、1.21、1.20	3.16.0	1.19.10+
v1.2.1	1.23、1.22、1.21、1.20、1.19	3.14.6	1.19.10+
v1.1.3	1.23、1.22、1.21、1.20、1.19	3.14.4	1.19.10+
v1.1.2	1.23、1.22、1.21、1.20、1.19	3.14.2	1.19.9+
v1.1.1	1.23、1.22、1.21、1.20、1.19	3.14.2	1.19.9+
v1.1.0	1.22,1.21,1.20,1.19	3.14.2	1.19.9+
v1.0.5	1.22,1.21,1.20,1.19	3.14.2	1.19.9+
v1.0.4	1.22,1.21,1.20,1.19	3.14.2	1.19.9+
v1.0.3	1.22,1.21,1.20,1.19	3.14.2	1.19.9+
v1.0.2	1.22,1.21,1.20,1.19	3.14.2	1.19.9+
v1.0.1	1.22,1.21,1.20,1.19	3.14.2	1.19.9+
v1.0.0	1.22,1.21,1.20,1.19	3.13.5	1.20.1

2. Helm 安装方式

```
helm upgrade --install ingress-nginx ingress-nginx \
  --repo https://kubernetes.github.io/ingress-nginx \
  --namespace ingress-nginx --create-namespace
```

将在命名空间 ingress-nginx 中安装控制器，如果该命名空间不存在则创建该命名空间。

这个命令是幂等的：

- 如果未安装入口控制器，它将安装它。
- 如果入口控制器已经安装，它将对其进行升级。

3. YAML 清单安装方式

```
# 我们的 Kubernetes 环境是 1.22.2，根据 Kubernetes 兼容性矩阵，这里选择的是 ingressnginx/
controller 的 v1.3.1 版本
wget https://raw.githubusercontent.com/kubernetes/ingress-nginx/controllerv1.3.1/
deploy/static/provider/cloud/deploy.yaml

# 修改 deploy.yaml 文件
# 类型为 Service 且名字为 ingress-nginx-controller 的 type，修改默认的 LoadBalancer
为 NodePort

# 应用清单
```

```
kubectl apply -f deploy.yaml
```

4. 安装验证

在 ingress-nginx 命名空间中我们可以看到与 ingress-nginx 相关的一些 pod：

```
kubectl get pods --namespace=ingress-nginx
```

一段时间后，它们应该都在运行。以下命令将等待入口控制器 pod 启动、运行并准备就绪：

```
kubectl wait --namespace ingress-nginx \
  --for=condition=ready pod \
  --selector=app.kubernetes.io/component=controller \
  --timeout=120s
```

查看 ingress-nginx 命名空间中的所有资源：

```
$ kubectl get all -n ingress-nginx
NAME                                           READY   STATUS      RESTARTS   AGE
pod/ingress-nginx-admission-create--1-pxg9w    0/1     Completed   0          8m34s
pod/ingress-nginx-admission-patch--1-hcgl5     0/1     Completed   1          8m34s
pod/ingress-nginx-controller-d4954dd7-d4lh9    1/1     Running     0          8m34s

NAME                                           TYPE        CLUSTER-IP       EXTERNAL-IP
  PORT(S)                        AGE
service/ingress-nginx-controller               NodePort    10.108.211.253   <none>
  80:32388/TCP,443:31735/TCP 8m36s
service/ingress-nginx-controller-admission     ClusterIP   10.104.110.136   <none>
  443/TCP                        8m36s
NAME                                         READY   UP-TO-DATE   AVAILABLE   AGE

deployment.apps/ingress-nginx-controller     1/1     1            1           8m35s
NAME                                                 DESIRED   CURRENT   READY AGE
replicaset.apps/ingress-nginx-controller-d4954dd7    1         1         1 8m35s

NAME                                         COMPLETIONS   DURATION   AGE
job.batch/ingress-nginx-admission-create     1/1           5s         8m35s
job.batch/ingress-nginx-admission-patch      1/1           7s         8m35s
```

5. 安装测试

让我们创建一个简单的 Web 服务器和关联的服务：

```
# 1. 创建 web 应用
kubectl create deployment demo --image=httpd --port=80
```

```
# 更新时区。httpd镜像的市区默认是格林尼治时间,和我们的东八区不一致。
kubectl patch deployment demo -p '{"spec":{"template":{"spec":{"containers":
[{"name":"httpd","env":[{"name":"TZ","value":"Asia/Shanghai"}]}]}}}}'

# 2. 暴露 web 服务
kubectl expose deployment demo
```

然后创建 ingress 资源。以下示例使用映射到的主机 localhost:

```
kubectl create ingress demo-ingress-fly --class = nginx \
  --rule = "demo.ingress.fly/ * = demo:80"
```

以上是一个使用 kubectl 命令创建 KubernetesIngress 资源的示例命令,我们创建了一个使用 nginxIngress 控制器的 Ingress 资源,并将所有通过 demo. ingress. fly 域名访问的请求路由到名为 demo 的 Service 资源的 80 端口。其具体含义如下:

- kubectlcreateingressdemo-ingress-fly:创建一个名为 demo-ingress-fly 的 Ingress 资源。
- --class=nginx:指定该 Ingress 资源使用 nginx 作为其 Ingress 控制器。
- --rule="demo. ingress. fly/ * =demo:80":定义一个路由规则,将所有通过 demo. ingress. fly 域名访问的请求都转发到名为 demo 的 Service 资源的 80 端口。

查看 ingresscontroller 的地址和端口:

```
kubectl get service -n ingress-nginx   ingress-nginx-controller
NAME            TYPE        CLUSTER-IP       EXTERNAL-IP     PORT(S)
        AGE
ingress-nginx-controller     NodePort     10.108.211.253     <none>
80:32388/TCP,443:31735/TCP 115m
```

服务器访问 curl -H "Host: demo. ingress. fly" http://10. 108. 211. 253 -v -k,其中 10. 108. 211. 253 是 ingress controller 的地址。

这是一个使用 curl 命令的例子,它使用 HTTP 协议从给定的 IP 地址发送请求。下面是每个选项的含义:

- -H"Host: demo. ingress. fly":发送 HTTP 头"Host",值为"demo. ingress. fly"。这个选项告诉 Web 服务器要使用的主机名,而不是 IP 地址。
- http://10. 108. 211. 253:指定请求的 URL 地址。在这种情况下,它是一个 IP 地址。
- -v:启用 curl 的详细模式,这将输出与请求和响应相关的所有信息。
- -k:该选项将忽略 SSL 证书验证,使得 curl 在连接到使用自签名证书的 HTTPS 服务器时不会抛出错误。

因此,这个命令将发送一个带有指定 Host 头的 HTTP 请求到指定 IP 地址的 Web 服务器,并在控制台上输出所有与请求和响应相关的信息。由于使用了-k 选项,如果连接到一个使用自签名证书的 HTTPS 服务器，它将忽略 SSL 证书错误并建立连接。

```
$ curl -H "Host: demo.ingress.fly" http://10.108.211.253 -v -k
* About to connect() to 10.108.211.253 port 80 (#0)
* Trying 10.108.211.253...
* Connected to 10.108.211.253 (10.108.211.253) port 80 (#0)
> GET / HTTP/1.1
> User-Agent: curl/7.29.0
> Accept: */*
> Host: demo.ingress.fly
>
<HTTP/1.1 200 OK
<Date: Sun, 09 Apr 2023 12:23:47 GMT
<Content-Type: text/html
<Content-Length: 45
<Connection: keep-alive
<Last-Modified: Mon, 11 Jun 2007 18:53:14 GMT
<ETag: "2d-432a5e4a73a80"
<Accept-Ranges: bytes
<
<html><body><h1> It works! </h1></body></html>
* Connection #0 to host 10.108.211.253 left intact
```

此时，如果在浏览器访问 http://demo.ingress.fly:32388/，应该会看到一个页面告诉我们“Itworks!”，如图 3-2 所示：

其中 32388 是 ingresscontroller 的端口。

← → C ⌂ ▲ 不安全 | demo.ingress.fly:32388

It works!

图 3-2 IngressController 示例

3.3.4 Ingress Controller 的暴露方式

Ingress Controller 是 Kubernetes 集群中用于路由外部流量到集群内服务的组件，可以使用不同的方式进行暴露。以下是 Ingress Controller 可以使用的三种暴露方式及其优缺点的详细说明和比较。

1. NodePort

使用 NodePort 的方式是将 Ingress Controller 公开为 Kubernetes 中的 NodePort 服务类型，然后通过指定的端口将流量路由到服务。NodePort 在 Kubernetes 中的每

个节点上分配一个端口，因此可以在集群中的任何节点上访问 Ingress Controller。

(1) 优点

- 简单易用，无需额外的组件或服务。
- 可以使用 Kubernetes 中的内置网络功能，如服务发现和负载均衡。

(2) 缺点

- 暴露一些端口可能会产生安全隐患。
- 需要手动配置外部负载均衡器来访问集群。

2. LoadBalancer

使用 LoadBalancer 的方式是将 Ingress Controller 公开为 Kubernetes 中的 LoadBalancer 服务类型，然后使用云服务提供商的负载均衡器将流量路由到服务。这种方式需要云服务提供商支持 LoadBalancer 类型的服务。

(1) 优点

- 可以使用云服务提供商的负载均衡器，它们具有高可用性和自动缩放等功能。
- 无需手动配置外部负载均衡器。

(2) 缺点

- 可能会产生额外的费用。
- 在某些情况下，可能会遇到网络问题或云服务提供商限制。

3. HostNetwork

另一种 Ingress Controller 的暴露方式是使用 HostNetwork 模式，它将 Ingress Controller 直接暴露到宿主机的网络命名空间中。这意味着 Ingress Controller 可以使用宿主机的 IP 地址和端口号来监听外部流量，并将其转发到 Kubernetes 集群中的服务。HostNetwork 模式不需要任何额外的组件或服务来实现。

(1) 优点

- 直接暴露到宿主机的网络命名空间中，无需任何额外的组件或服务。
- 可以使用宿主机的 IP 地址和端口号来监听外部流量，避免了端口映射的问题。

(2) 缺点

- 可能会影响宿主机上的其他服务和应用程序。
- 如果 Ingress Controller 出现故障，可能会影响宿主机的稳定性和可用性。
- 不支持 Kubernetes 中的一些内置网络功能，如服务发现和负载均衡。

在 HostNetwork 模式下，Ingress Controller 监听的端口将直接暴露在宿主机上，因此可能会与宿主机上的其他服务和应用程序发生端口冲突。此外，如果 Ingress Controller 出现故障，可能会影响宿主机的稳定性和可用性。因此，HostNetwork 模式应该谨慎使用，并且需要考虑其潜在的风险和限制。

总的来说，在选择 Ingress Controller 的暴露方式时，需要考虑实际需求和环境的因素，包括安全性、可靠性、性能和灵活性等。不同的方式都有其优缺点，需要在实际场景中进行权衡和选择。

要注意的是，在选择 IngressController 的暴露方式时，需要根据实际需求和环境来权衡各种因素，选择最适合的方式。上表中列出的优缺点只是为了帮助读者更好地了解不同方式之间的差异和限制，不应该作为唯一的决策因素。

3.3.5 Ingress Controller 使用 Https 协议

Ingress Controller 可以使用 HTTPS 协议来提供安全的 HTTP 服务。通常，使用 HTTPS 协议的 Ingress Controller 需要使用 SSL 证书来加密传输的数据，确保数据的安全性。

为了使用 HTTPS 协议，需要在 Ingress Controller 中配置 SSL 证书和密钥，通常可以使用自签名证书或由受信任的证书颁发机构颁发的证书。在配置中，需要指定证书和密钥的位置和名称，并且需要在 Ingress 规则中指定使用 HTTPS 协议。

需要注意的是，使用 HTTPS 协议会增加网络传输的开销，因为需要对数据进行加密和解密。此外，需要确保证书的有效性和安全性，以防止恶意攻击。

这是一个使用自签名证书配置 HTTPS 协议的 IngressController 的示例：

1. 生成自签名证书和密钥

```
csharpCopy codeopenssl req -x509 -nodes -days 365 -newkey rsa:2048 \
    -keyout tls.key -out tls.crt \
    -subj "/CN = mydomain.com/O = mydomain.com"
```

这将生成一个自签名证书和私钥，有效期为 365 天。

2. 将证书和密钥存储在 KubernetesSecret 中

在 Ingress 中启用 TLS：可以使用 Kubernetes 的 TLSSecrets 为 Ingress 启用 TLS。TLSSecrets 可以用于存储证书和私钥。在 Ingress 中配置证书和密钥来启用 TLS。

```
kubectl create secret tls mydomain-tls --key tls.key --cert tls.crt
```

这将创建一个名为 mydomain-tls 的 KubernetesSecret，并将证书和密钥存储在其中。

3. 在 IngressController 中配置使用 HTTPS 协议

```
apiVersion: networking.k8s.io/v1
kind: Ingress
metadata:
  name: mydomain-ingress
  annotations:
    nginx.ingress.kubernetes.io/ssl-redirect: "true"
spec:
  tls:
```

```
- hosts:
  - mydomain.com
  secretName: mydomain-tls
rules:
- host: mydomain.com
  http:
    paths:
    - path: /
      pathType: Prefix
      backend:
        service:
          name: mydomain-service
          port:
            name: http
```

此时将创建一个名为 mydomain-ingress 的 Ingress 资源,其中 tls 字段指定使用的证书和密钥。rules 字段指定将哪些请求路由到 Ingress Controller 中,并将它们转发到名为 mydomain-service 的后端服务。

注意: nginx.ingress.Kubernetes.io/ssl-redirect:"true"注释将重定向 HTTP 请求到 HTTPS。如果不需要这个重定向,可以将注释删除。

这是一个简单的示例,实际配置中可能需要根据具体需求进行更改。需要注意的是,使用 HTTPS 协议会增加一些开销和复杂性。例如,需要配置证书和密钥以及设置 TLS 握手。此外,在使用 HTTPS 时,需要使用证书颁发机构(CA)颁发的证书,以确保通信的安全性。

3.4 Helm:Kubernetes 主流的包管理器

Helm 是 Kubernetes 生态系统中主流的包管理器,它提供了简化部署、升级和管理 Kubernetes 应用程序的方法。Helm 允许用户将应用程序打包为一个可重用的"Chart"(图表)并进行版本控制。Chart 可以包含应用程序所需的所有 Kubernetes 资源和依赖项,包括 Deployment、Service、Ingress 等。

使用 Helm,用户可以使用命令行工具轻松安装和管理 Chart,而无需手动编写和管理复杂的 Kubernetes 资源配置文件。Helm 还支持版本管理、依赖管理和模板化,使用户能够灵活地管理和定制应用程序的安装和配置。Helm 是一个开源项目,由 CNCF(Cloud Native Computing Foundation)维护,可以与 Kubernetes 集成并与多个 CI/CD 工具(如 Jenkins、GitLab、TravisCI 等)集成。

由于 Helm3 是目前的主流使用方式,我们会重点介绍 Helm3 使用和安装。

3.4.1 Helm 基本概念

1. Chart

Helm 包涵盖了将 Kubernetes 资源安装到 Kubernetes 集群所需要的足够多的信息。

Charts 包含 Chart. yaml 文件和模板,默认值(values. yaml),以及相关依赖。

Charts 开发设计了良好定义的目录结构,并且打包成了一种称为 chartarchive 文件格式。

(1) Chart 包

Chart 包(chartarchive)是被 tar 和 gzip 压缩(并且可选签名)的 chart。

(2) Chart 依赖(子 chart)

Chart 可以依赖于其他的 chart。依赖可能会以下面两种方式出现:

- 软依赖:如果另一个 chart 没有在集群中安装,chart 可能会无法使用。这种情形中,依赖会被分别管理。
- 硬依赖:一个 chart 可以包含(在它的 charts/目录中)另一个它所依赖的 chart。这种情形中,安装 chart 的同时安装所有依赖。chart 和它的依赖会作为一个集合进行管理。

当一个 chart(通过 helmpackage)打包时所有的依赖都会和它绑定。

2. Release

chart 安装之后,Helm 库会创建一个 release 来跟踪这个已经安装的 chart。

单个 chart 可以在同一个集群中安装多次,并能创建多个不同的 Release。例如,可以使用 helm install 命令以不同的 Release,安装 PostgreSQL 数据库三次。

3. 仓库(Repo,Chart Repository)

Helm chart 可以被存储在专用的 HTTP 服务器上,称之为 chart 仓库(repositories,或者就叫 repos)。

chart 仓库服务器就是一个简单的 HTTP 服务器,提供一个 index. yaml 文件来描述一批 chart,并且提供每个 chart 的下载位置信息。(很多 chart 仓库同时提供 chart 和 index. yaml 文件。)

Helm 客户端可以指向 0 个或多个 chart 仓库。默认没有配置仓库。Chart 仓库可以随时使用 helm repo add 命令添加。

4. Values(Values 文件,values. yaml)

Values 提供了一种使用你自己的信息覆盖模板默认值的方式。

HelmChart 是"参数化的",这意味着 chart 开发者可以在安装时显示配置。比如说,chart 可以暴露 username 字段,允许为服务设置一个用户名。

这些可暴露的变量在 Helm 用语中称为 *values*。

Values 可以在 helm install 时和 helm upgrade 时设置,直接通过--set 参数把它们

传值进来,也可以使用 values. yaml 文件设置。

3.4.2 Hem3 的安装部署

1. 先决条件

想成功和正确地使用 Helm,需要以下前置条件。

- 一个 Kubernetes 集群。
- 确定安装版本的安全配置。
- 安装和配置 Helm。

2. Helm 和 Kubernetes 兼容性矩阵

当一个 Helm 的新版本发布时,它是针对 Kubernetes 的一个特定的次版本编译的。比如,Helm3. 0. 0 与 Kubernetes 的 1. 16. 2 的客户端版本交互,一次可以兼容 Kubernetes 1. 16。

从 Helm 3 开始,Helm 编译时假定与针对 n-3 版本的 Kubernetes 兼容。由于 Helm 2 对 Kubernetes 次版本变更的支持稍微严格一点,因此假定与 Kubernetes 的 n-1 版本兼容。

例如,如果大家同时使用一个针对 Kubernetes 1. 17 客户端 API 版本编译的 Helm3 版本,那么它应该可以安全地使用 Kubernetes1. 17,1. 16,1. 15,以及 1. 14。如果使用一个针对 Kubernetes 1. 16 客户端 API 版本编译的 Helm 2 版本,那么它应该可以安全地使用 Kubernetes1. 16 和 1. 15。

参考确定哪个版本的 Helm 与 Kubernetes 集群兼容,见表 3-8 所列。

表 3-8 Helm 和 Kubernetes 兼容性矩阵

Helm 版本	支持的 Kubernetes 版本
3. 11. x	1. 26. x - 1. 23. x
3. 10. x	1. 25. x - 1. 22. x
3. 9. x	1. 24. x - 1. 21. x
3. 8. x	1. 23. x - 1. 20. x
3. 7. x	1. 22. x - 1. 19. x
3. 6. x	1. 21. x - 1. 18. x
3. 5. x	1. 20. x - 1. 17. x
3. 4. x	1. 19. x - 1. 16. x
3. 3. x	1. 18. x - 1. 15. x
3. 2. x	1. 18. x - 1. 15. x
3. 1. x	1. 17. x - 1. 14. x
3. 0. x	1. 16. x - 1. 13. x

3. 用二进制版本安装

每个 Helm 版本都提供了各种操作系统的二进制版本，这些版本可以手动下载和安装。

- 下载需要的 Helm 版本：https://github.com/helm/helm/releases。
- 解压 Helm 包：tar -zxvf helm-v3.0.0-linux-amd64.tar.gz。
- 在解压目中找到 helm 程序，移动到需要的目录中：mv linux-amd64/helm /usr/local/bin/helm。

```
# 根据操作系统去获取最新二进制安装包 https://github.com/helm/helm/releases
wget https://get.helm.sh/helm-v3.3.1-linux-amd64.tar.gz

# 国内可通过以下地址访问：https://download.osichina.net/tools/k8s/helm/helm-v3.3.1-linuxamd64.tar.gz
tar -zxvf helm-v3.3.1-linux-amd64.tar.gz

# 拷贝 helm 程序
cp linux-amd64/helm /usr/local/bin/
```

helm 其他安装可参考官方网站：https://helm.sh/docs/intro/install/。

注意： helm 客户端需要下载到安装了 kubectl，并且能执行能正常通过 kubectl 操作 kubernetes 的服务器上，否则 helm 将不可用。

4. 使用脚本安装

Helm 现在有个安装脚本可以自动拉取最新的 Helm 版本并在本地安装。

大家可以获取这个脚本并在本地执行。它的良好文档会让我们在执行之前知道脚本都做了什么。

```
# 获取脚本
$ curl -fsSL -o get_helm.sh
https://raw.githubusercontent.com/helm/helm/main/scripts/get-helm-3
# 赋予脚本权限
$ chmod 700 get_helm.sh
# 执行安装
$ ./get_helm.sh
# 安装过程
Downloading https://get.helm.sh/helm-v3.11.1-linux-amd64.tar.gz
Verifying checksum... Done.
Preparing to install helm into /usr/local/bin
helm installed into /usr/local/bin/helm
```

如果想直接执行安装，那么运行 curlhttps://raw.githubusercontent.com/helm/helm/main/scripts/get-helm-3 | bash。

5. 验证是否安装成功

```
$ helm version
version.BuildInfo{Version:"v3.11.1",
GitCommit:"293b50c65d4d56187cd4e2f390f0ada46b4c4737", GitTreeState:"clean",
GoVersion:"go1.18.10"}
```

6. Helm 初始化

当已经安装好了 Helm 之后，就可以添加一个 chart 仓库。从 ArtifactHub 中查找有效的 Helmchart 仓库。

```
# 添加国外仓库
helm repo add  elastic     https://helm.elastic.co
helm repo add  gitlab      https://charts.gitlab.io
helm repo add  harbor      https://helm.goharbor.io
helm repo add  bitnami     https://charts.bitnami.com/bitnami
helm repo add  incubator   https://kubernetes-charts-incubator.storage.googleapis.com

helm repo add  stable      https://kubernetes-charts.storage.googleapis.com
helm repo add prometheus-community https://prometheus-community.github.io/helm-charts
helm repo add stable http://mirror.azure.cn/kubernetes/charts
# 添加国内仓库
helm repo add aliyun https://kubernetes.oss-cn-hangzhou.aliyuncs.com/charts

# 更新仓库
helm repo update
# 查看仓库
helm repo list
# 查询以仓库中的 charts
helm search repo bitnami
```

3.4.3 Helm2 到 Helm3 的迁移

此案例适用于希望用 Helmv3 管理现有 Helmv2 版本时，推荐的数据迁移步骤如下：

- 备份 v2 数据。
- 迁移 Helm v2 配置。
- 迁移 Helm v2 发布。
- 当确信 Helm v3 按预期管理所有的 Helm v2 数据时(针对 Helm v2 客户端实例的所有集群和 Tiller 实例)迁移过程有 Helm v3 的 2to3 插件自动完成，帮助我们把已经部署的 helm2 应用迁移到 Helm 3 上。

1. 安装插件

```
$ Helm 3 plugin install https://github.com/helm/helm-2to3
```

2. 迁移 helm2 的配置，例如仓库

```
$ Helm 3 2to3 move config
```

迁移 helm2 部署的应用(确保 helm2 和 Helm3 同时安装在同一台机器上)。

```
$ Helm 3 2to3 convert <release-name> --delete-v2-releases
```

3.4.4 Helm3 常用命令

1. 命令补全

- helm completion bash - 为 bash 生成自动补全脚本。
- helm completion fish - 为 fish 生成自动补全脚本。
- helm completion powershell - 为 powershell 生成自动补全脚本。
- helm completion zsh - 为 zsh 生成自动补全脚本。

helm completionbash 为 Helm 生成针对于 bashshell 的自动补全脚本。
在当前 shell 会话中加载自动补全：

```
source <(helm completion bash)
```

为每个新的会话加载自动补全，执行一次：

- Linux：

```
helm completion bash > /etc/bash_completion.d/helm
```

- MacOS：

```
helm completion bash > /usr/local/etc/bash_completion.d/helm
```

2. 信息命令

- 包含 helm 自身信息的命令。
- 查看环境信息。

```
helm env
```

- 查看版本信息。

```
helm version
```

3. 仓库命令

跟仓库操作有关的命令，可经常使用查找 Chart。
helmsearch 搜索提供了在不同的地方搜索 Helm Chart 的能力，包括你已经添加

的 ArtifactHub 和仓库。

- helmsearchhub-在 ArtifactHub 或自己的 hub 实例中搜索 chart。
- helmsearchrepo-用 chart 中关键字搜索仓库。搜索会读取系统上配置的所有仓库,并查找匹配。搜索这些仓库会使用存储在系统中的元数据。

其中,ArtifactHub 是基于 Web 页面的应用,支持 CNCF 项目的查找、安装和发布包及配置项,包括了公开发布的 Helm chart。它是 CNCF 的沙盒项目。可以访问 https://artifacthub.io/。

```
helm search repo nginx
helm search hub nginx


# Available Commands:
# hub          search for charts in the Helm Hub or an instance of Monocular
# repo         search repositories for a keyword in charts
```

4. Helm Hub 和 Helm Repo 区别

Helm Hub 和 Helm Repository(简称 Helm Repo)都是与 Helm 相关的存储库,用于存储和共享 Helm Charts,但它们之间有一些区别。

Helm Hub 是由 Helm 官方维护的存储库,类似于 DockerHub 或 GitHub,用于公共共享 Helm Charts。在 Helm Hub 上,可以找到来自 Helm 社区的官方和第三方 Helm Charts。Helm Hub 提供了一个简单的 Web 界面,使用户可以搜索和浏览 Helm Charts。

Helm Repo 则是用户自己搭建的 Helm Charts 存储库。它可以是一个本地目录、一个 Git 存储库或一个 HTTP 服务器。在 Helm Repo 中,用户可以存储自己的 Helm Charts,并与团队或其他用户共享。Helm Repo 提供了一种灵活的方式来管理 Helm Charts,用户可以随时添加、删除或更新 Charts。

因此,Helm Hub 和 Helm Repo 的主要区别在于,前者是由 Helm 官方维护的公共存储库,后者是用户自己搭建的私有或共享存储库。在使用 Helm 时,用户可以同时使用 Helm Hub 和 Helm Repo,根据自己的需求来选择使用哪个存储库。

(1) 新增一个仓库

```
helm repo add bitnami https://charts.bitnami.com/bitnami
```

(2) 查看已有仓库列表

```
helm repo list
```

(3) 更新仓库资源

更新从各自 chart 仓库中获取的有关 chart 的最新信息。信息会缓存在本地,被诸如 helmsearch 等命令使用。

可以指定需要更新的仓库列表。$ helm repo update <repo_name> ... 使用

helm repo update 更新所有仓库。

```
helm repo update [REPO1 [REPO2 ...]] [flags]
```

(4) 删除一个仓库

```
helm repo delete bitnami
```

(5) 创建仓库索引

基于包含打包 chart 的目录,生成索引文件。

读取当前目录,并根据找到的 chart 生成索引文件。

这个工具用来为 chart 仓库创建一个 index. yaml 文件,使用--url 参数创建一个 chart 的绝对 URL。

要合并生成的索引和已经存在的索引文件时,请使用--merge 参数。在这个场景中,在当前目录中找到的 chart 会合并到已有索引中,本地 chart 的优先级高于已有 chart。

```
helm repo index [DIR] [flags]

# 示例
helm repo index /root/helm/repo
```

5. 部署管理命令

(1) 管理 chart 依赖

Helm chart 将依赖存储在 charts/。对于 chart 开发者,管理依赖比声明了所有依赖的 Chart. yaml 文件更容易。

依赖命令对该文件进行操作,使得存储在 charts/目录的需要的依赖和实际依赖之间同步变得很容易。

比如 Chart. yaml 声明了两个依赖:

```
# Chart.yaml
dependencies:
- name: nginx
  version: "1.2.3"
  repository: "https://example.com/charts"
- name: memcached
  version: "3.2.1"
  repository: "https://another.example.com/charts"
```

- name 是 chart 名称,必须匹配 Chart. yaml 文件中名称。
- version 字段应该包含一个语义化的版本或版本范围。
- repository 的 URL 应该指向 Chart 仓库。Helm 希望通过附加/index. yaml 到 URL,应该能检索 chart 库索引。

注意：repository 不能是别名。别名必须以 alias:或@开头。

从 2.2.0 开始，仓库可以被定义为本地存储的依赖 chart 的目录路径。路径应该以"file://"前缀开头，比如：

```
# Chart.yaml
dependencies:
- name: nginx
  version: "1.2.3"
  repository: "file://../dependency_chart/nginx"
```

(2) 依赖命令

```
# 基于 Chart.lock 文件重新构建 charts/目录
helm dependency build

# 列出给定 chart 的依赖
helm dependency list

# 基于 Chart.yaml 内容升级 charts/
helm dependency update
```

(3) 安装 chart

安装参数必须是 chart 的引用，即一个打包后的 chart 路径，未打包的 chart 目录或者是一个 URL。

有六种不同的方式来标识需要安装的 chart：

- 通过 chart 引用：helminstallmymariaexample/mariadb。
- 通过 chart 包：helminstallmynginx./nginx-1.2.3.tgz。
- 通过未打包 chart 目录的路径：helminstallmynginx./nginx。
- 通过 URL 绝对路径：helm install mynginx https://example.com/charts/nginx-1.2.3.tgz。
- 通过 chart 引用和仓库 url：helm install --repo https://example.com/charts/mynginx nginx。
- 通过 OCI 注册中心：helminstallmynginx--version1.2.3oci://example.com/charts/nginx。

注意：当你用仓库前缀(example/mariadb)引用 chart 时，Helm 会在本地配置中查找名为 example 的 chart 仓库，然后会在仓库中查找名为 mariadb 的仓库，然后会安装这个 chart 最新的稳定版本，除非指定了--devel 参数且包含了开发版本(alpha，beta，和候选版本)，或者使用--version 参数提供一个版本号。

```
helm install [NAME] [CHART] [flags]

# 示例：安装 nginx，指定版本和自定义参数
```

```
helm install -f myvalues.yaml fly-nginx bitnami/nginx --version 9.4.1
```

(4) helminstall 常用 flags

--name：指定 Helm release 的名称。
--namespace：指定要安装 Helm chart 的 Kubernetes 命名空间。
--set：用于设置 Helm chart 的值，可以在安装 Helm chart 时覆盖 Helm chart 的默认值。
--values：用于指定一个或多个 YAML 文件，这些文件包含要使用的 Helm chart 值的覆盖。
--version：用于指定要安装的 Helm chart 的特定版本。
--repo：用于指定 Helm chart 仓库的名称或 URL。
--wait：指定 Helm install 命令是否等待所有 pod 运行，才会返回 Helm 命令的输出。
--create-namespace：如果指定的命名空间不存在，则创建命名空间。
--generate-name：自动生成 Helm release 的名称，以避免名称冲突。
--dry-run：模拟 Helm chart 的安装过程，不会真正执行安装操作。
--debug：在安装期间输出更多的调试信息。
--atomic：如果安装过程失败，Helm 将回滚所有 Kubernetes 资源的操作。
--timeout：指定 Helm install 命令的超时时间。
--description：为 Helm release 添加描述信息。
--set-string：与--set 类似，但是它将 Helm chart 值作为字符串传递。
--dependency-update：在安装 Helm chart 之前更新 Helm chart 的依赖项。
--verify：在安装 Helm chart 之前验证 Helm chart 是否符合 Helm chart 标准。
--keyring：用于指定要使用的公钥环，以验证 Helm chart 是否为受信任的 Helm chart。
--devel：在安装 Helm chart 时包括不稳定的开发版本。
--replace：用于在 Helm chart 已经安装的情况下重新安装 Helm chart。
--skip-crds：用于跳过安装 Custom Resource Definition(CRD)。
--timeout：用于指定 Helm install 命令的超时时间。
--values-file：用于指定要使用的 YAML 文件，这些文件包含要使用的 Helm chart 值的覆盖。

(5) 卸载 chart

该命令使用 RELEASE 名称卸载 RELEASE。

```
helm uninstall RELEASE_NAME [...] [flags]
# 示例
helm uninstall fly-nginx
```

(6) chart 状态查看

```
helm status RELEASE_NAME [flags]
# 示例：查看 prometheus-stack 的状态
helm status prometheus-stack -n prometheus-stack

NAME: prometheus-stack
LAST DEPLOYED: Fri Mar 3 07:38:12 2023
NAMESPACE: prometheus-stack
STATUS: deployed
```

```
REVISION: 1
NOTES:
kube-prometheus-stack has been installed. Check its status by running:
  kubectl --namespace prometheus-stack get pods -l "release = prometheus-stack"
Visit https://github.com/prometheus-operator/kube-prometheus for instructions on how
to create & configure Alertmanager and Prometheus instances using the Operator.
```

该命令显示已命名发布的状态，状态包括：

- 最后部署时间。
- 发布版本所在的k8s命名空间。
- 发布状态(可以是：unknown，deployed，uninstalled，superseded，failed，uninstalling，pending-install，pending-upgrade或pending-rollback)。
- 发布版本修订。
- 发布版本描述(可以是完成信息或错误信息，需要用--show-desc启用)。
- 列举版本包含的资源(使用--show-resources显示)。
- 最后一次测试套件运行的详细信息(如果使用)。
- chart提供的额外的注释。

(7) 查看chart列表

-A表所有namespace。

```
helm list -A
```

chart部署历史记录。

打印给定版本的历史修订。

默认会返回最大的256个历史版本。设置--max配置返回历史列表的最大长度。

历史发布集合会被打印成格式化的表格，例如：

```
$ helm history angry-bird
REVISION    UPDATED                    STATUS        CHART           APP VERSION
    DESCRIPTION
1           Mon Oct 3 10:15:13 2016    superseded    alpine-0.1.0    1.0
Initial install
2           Mon Oct 3 10:15:13 2016    superseded    alpine-0.1.0    1.0
Upgraded successfully
3           Mon Oct 3 10:15:13 2016    superseded    alpine-0.1.0    1.0
Rolled back to 2
4           Mon Oct 3 10:15:13 2016    deployed      alpine-0.1.0    1.0
Upgraded successfully
```

(8) chart更新

该命令将发布升级到新版的chart。

升级参数必须是RELEASE和chart。chart参数可以是chart引用(example/

mariadb),chart 目录路径,打包的 chart 或者完整 URL。对于 chart 引用,除非使用--version 参数指定,否则会使用最新版本。

要在 chart 中重写 value,需要使用--values 参数并传一个文件或者从命令行使用--set 参数传个配置,要强制字符串值,使用--set-string。当值本身对于命令行太长或者是动态生成的时候,可以使用设置独立的值。也可以在命令行使用--set-json 参数设置 json 值(scalars/objects/arrays)。

可以多次指定--values/-f 参数,最后(最右边)指定的文件优先级最高。比如如果 myvalues.yaml 和 override.yaml 同时包含了名为 Test 的 key,override.yaml 中的设置会优先使用:

```
helm upgrade [RELEASE] [CHART] [flags]

# 示例
helm upgrade -f myvalues.yaml -f override.yaml redis ./redis
```

(9) chart 回滚

该命令回滚发布到上一个 RELEASE。

回滚命令的第一个参数是 RELEASE 的名称,第二是修订(版本)号,如果省略此参数,会回滚到上一个版本。要查看修订号,执行 helm history RELEASE。

```
helm rollback <RELEASE> [REVISION] [flags]

# 示例
helm rollback fly-nginx 2
```

(10) chart 制作命令

此部分包括了 chart 下载和制作 chart 包相关命令。

下载 chart 包:

```
helm pull bitnami/nginx
```

(11) 检查 chart 包语法

该命令使用一个 chart 路径并运行一系列的测试来验证 chart 的格式是否正确。

如果遇到引起 chart 安装失败的情况,会触发[ERROR]信息,如果遇到违反惯例或建议的问题,会触发[WARNING]。

```
helm lint PATH [flags]
```

(12) 创建 chart 包

```
helm create testchart
```

上传 chart 包到私服:

```
helm push nginx-9.4.1.tgz chartmuseum --debug
```

(13) chart 信息命令

chart 在 helm 里面是一种资源集合，也是一种格式，在安装使用之前我们可以查看相关的信息。

由于 helmshow 中的 readmevaluesall 等价值不大，且展示的信息过多，这里不记录了，很少很少会用，因为用展示内容太多了，还不如去页面上看。

查看 chart 包信息：该命令检查 chart(目录、文件或 URL)并显示 Chart. yaml 文件的内容。

```
helm show chart [CHART] [flags]
# 示例
helm show chart bitnami/nginx
```

① helm show crds

该命令检查 chart(目录、文件或 URL)并显示自定义资源(CustomResourceDefinition)文件的内容。

```
helm show crds [CHART] [flags]
```

② helm show readme

该命令检查 chart(目录、文件或 URL)并显示 README 文件内容。

```
helm show readme [CHART] [flags]
```

③ helm show values

该命令检查 chart(目录、文件或 URL)并显示 values. yaml 文件的内容

```
helm show values [CHART] [flags]
```

(14) release 信息命令

release 在 helm 的概念是已经部署了的 chart(不包括 k8s 是否部署成功)，此类命令在部署后排错用，因为此类命令显示的信息其他命令也有实现。

① 查看 release 注释

```
helm get notes fly-nginx
```

② 查看 release 修改的值

下载给定版本的 values 文件，如果是 install 之后没修改过，就是 null。

```
helm get values fly-nginx
```

③ 查看 release 钩子

```
helm get hooks fly-nginx
```

④ 查看 manifest 配置文件

这个 manifest 配置文件就是 Kubernetes 中资源配置文件，名称一样。

```
helm get manifest fly-nginx
```

⑤ 查看 release 所有信息

就是上面 4 个命令的值的聚合。

```
helm get all fly-nginx
```

(15) 插件命令

Helm 插件是一个可以通过 helm CLI 访问的工具，但不是 Helm 的内置代码。

已有插件可以搜索 https://github.com/search? q=topic%3Ahelm-plugin&type=Repositories。

此部分列出的插件命令，使用较少。用于安装、列举或卸载 Helm 插件。

① 安装插件

```
helm plugin install https://github.com/chartmuseum/helm-push.git
```

② 插件列表

```
helm plugin list
```

③ 卸载插件

```
helm plugin pluginName
```

④ 更新插件

```
helm plugin update pluginName
```

Helm 2 和 Helm 3 在使用上还是有些区别的，除了在 Helm 3 中移除了 Tiller，一些常用的命令也发生了变化，在这篇文章中进行简单的整理。

Helm 3 删除/替换/添加的命令主要有：

- delete--> uninstall：默认删除所有的发布记录(之前需要--purge)。
- fetch--> pull
- home(已删除)。
- init(已删除)。
- install：需要发布名称或者--generate-name 参数。
- inspect--> show
- reset(已删除)。
- serve(已删除)。
- template：-x/--execute 参数重命名为-s/--show-only。
- upgrade：添加了参数--history-max，限制每个版本保存的最大记录数量(0 表示不限制)。

3.5 自定义一个 Helm Chart

本节选择了一个非常简单的在 Kubernetes 上部署 Nginx 的 Web 应用示例。包含配置文件(configmap.yaml),无状态应用部署文件(deployment.yaml)和服务发现文件(service.yaml)。

3.5.1 从头开始创建 Helm Chart

执行以下命令创建 Chart 样板文件。它创建一个文件夹名称为 nginx-chart 的 Chart。

```
helm create nginx-chart
```

如果检查创建的 Chart,它将具有以下文件和目录。

```
$ tree -a nginx-chart/
nginx-chart/
├── charts
├── Chart.yaml
├── .helmignore
├── templates
│   ├── deployment.yaml
│   ├── _helpers.tpl
│   ├── hpa.yaml
│   ├── ingress.yaml
│   ├── NOTES.txt
│   ├── serviceaccount.yaml
│   ├── service.yaml
│   └── tests
│       └── test-connection.yaml
└── values.yaml
```

让我们看看 helmchart 中的每个文件和目录并了解其重要性。

- **helmignore**:它用于定义我们不想包含在 helmchart 中的所有文件。它的工作原理与.gitignore 文件类似。
- **Chart.yaml**:它包含有关 helmchart 的信息,如版本、名称、描述等。
- **values.yaml**:在这个文件中,我们定义了 YAML 模板的值。例如,镜像名称、副本计数、HPA 值等。正如我们之前解释的,只有文件 values.yaml 在每个环境中发生变化。此外,可以动态地或在使用或命令--set 安装 Chart 时覆盖这些值。
- **charts**:如果我们的主 Chart 对其他 Chart 有一定的依赖性,可以在此目录中添加另一个 Chart 的结构。默认情况下,此目录为空。

- templates：此目录包含构成应用程序的所有 Kubernetes 清单文件。这些清单文件可以被模板化以访问 values. yaml 文件中的值。Helm 为 Kubernetes 对象创建了一些默认模板，如 deployment. yaml、service. yaml 等，我们可以直接使用、修改或覆盖使用的文件。
- templates/NOTES. txt：这是一个纯文本文件，在成功部署 Chart 后打印出来。
- templates/_helpers. tpl：该文件包含几个方法和子模板。这些文件不会呈现给 Kubernetes 对象定义，但在其他 Chart 模板中随处可用以供使用。通常放置可以通过 chart 复用的模板辅助对象。
- templates/tests/：我们可以在我们的 Chart 中定义测试，以验证你的 Chart 在安装后是否按预期工作。

让我们进入生成的 Chart 目录。

```
cd nginx-chart
```

我们将根据我们的部署要求一个一个地编辑这些文件。

1. Chart. yaml

如上所述，我们将 Chart 的详细信息放入 Chart. yaml 文件中。将 chart. yaml 默认内容替换为以下内容。

```
apiVersion: v2
name: nginx-chart
description: Nginx Helm Chart
type: application
version: 0.1.0
appVersion: "1.0.0"
maintainers:
- email: fly190712@outlook.com
  name: fly
```

- apiVersion：表示 ChartAPI 版本。v2 适用于 Helm 3，v1 适用于以前的版本。
- name：表示 Chart 的名称。
- description：表示舵图的描述。
- type：Chart 类型可以是**“应用程序”**或**“库”**。应用程序 Chart 是你在 Kubernetes 上部署的内容。库 Chart 是可重复使用的 Chart，可以与其他 Chart 一起使用。编程中库的类似概念。
- version：表示 Chart 版本。
- appVersion：表示我们的应用程序(Nginx)的版本号。
- maintainers：有关 Chart 维护者的信息。

每次我们对应用程序进行更改时，都应该增加 appVersion 和 version。还有一些其他字段，如依赖项等。

2. templates

templates/目录结构应该如下：

- 如果生成 YAML 输出，模板文件应该有扩展名.yaml。扩展名是.tpl 可用于生成非格式化内容的模板文件。
- 模板文件名称应该使用横杠符号(my-example-configmap.yaml)，不用驼峰记法。
- 每个资源的定义应该在它自己的模板文件中。
- 模板文件的名称应该反映名称中的资源类型。比如：foo-pod.yaml，bar-svc.yaml。
- helm 创建的 templates 目录中有多个文件。在我们的案例中，我们将致力于简单的 Kubernetes Nginx 部署。

让我们从模板目录中删除所有默认文件。

```
rm -rf templates/ *
```

添加我们的 Nginx YAML 文件并将它们更改为模板，以便更好地理解。

创建一个 deployment.yaml 文件并复制以下内容。

```
apiVersion: apps/v1
kind: Deployment
metadata:
  name: nginx-deployment
  labels:
    app: nginx
spec:
  replicas: 2
  selector:
    matchLabels:
      app: nginx
  template:
    metadata:
      labels:
        app: nginx
    spec:
      containers:
        - name: nginx
          image: "nginx:1.16.0"
          imagePullPolicy: IfNotPresent
          ports:
            - name: http
              containerPort: 80
              protocol: TCP
```

如果大家看到上面的 YAML 文件，则这些值是静态的。helm chart 的想法是对 YAML 文件进行模板化，以便我们可以通过为它们动态分配值来在多个环境中重用它们。

要模板化一个值，需要做的就是在花括号内添加对象参数，如下所示。它被称为模板指令，语法特定于 Go 模板。

```
{{ .Object.Parameter }}
```

首先，让我们了解什么是对象。以下是我们经常使用的三个对象。

- **Release**：每个 helmchart 都将使用 Release 名称进行部署。如果要在模板中使用 Release 名称或访问与 Release 相关的动态值，则可以使用 Release 对象。
- **Chart**：如果想使用你在 chart. yaml 中提到的任何值，那么可以使用 chart 对象。
- **Values**：values. yaml 文件中的所有参数可以使用 Values 对象访问。

我们使用{{. Release. Name}}将 release 的名称插入到模板中。这里的 Release 就是 Helm 的内置对象，见表 3－9 所列，是一些常用的内置对象：

表 3－9　Helm Chart 内置对象

内置值	详解
Release. Name	release 名称
Release. Time	release 的时间
Release. Namespace	release 的 namespace(如果清单未覆盖)
Release. Service	releaqse 服务的名称
Release. Revision	此 release 的修订版本号，从 1 开始累加
Release. IsUpgrade	如果当前操作是升级或回滚，则将其设置为 true。
Release. IsInstall	如果当前操作是安装，则设置为 true。

同样，可以在 YAML 文件中模板化所需的值。

deployment. yaml 这是应用模板后的最终文件。模板化部分以粗体突出显示。将部署文件内容替换为以下内容。

```
apiVersion: apps/v1
kind: Deployment
metadata:
  name: {{ .Release.Name }}-nginx
  labels:
    app: nginx
spec:
  replicas: {{ .Values.replicaCount }}
  selector:
```

```
      matchLabels:
        app: nginx
  template:
    metadata:
      labels:
        app: nginx
    spec:
      containers:
        - name: {{ .Chart.Name }}
          image: "{{ .Values.image.repository }}:{{ .Values.image.tag }}"
          imagePullPolicy: {{ .Values.image.pullPolicy }}
          ports:
            - name: http
              containerPort: 80
              protocol: TCP
```

创建 service.yaml 文件并复制以下内容。

```
apiVersion: v1
kind: Service
metadata:
  name: {{ .Release.Name }}-service
spec:
  selector:
    app.kubernetes.io/instance: {{ .Release.Name }}
  type: {{ .Values.service.type }}
  ports:
    - protocol: {{ .Values.service.protocol | default "TCP" }}
      port: {{ .Values.service.port }}
      targetPort: {{ .Values.service.targetPort }}
```

在protocol**模板指令**中，可以看到一个管道(|)。用于定义协议的默认值为 TCP。这意味着我们不会在 values.yaml 文件中定义协议值，或者如果它是空的，它将采用 TCP 作为协议的值。

然后，我们再创建一个 configmap.yaml 并向其中添加以下内容。在这里，我们用自定义 HTML 页面替换默认的 Nginx **index.html 页面**。此外，我们添加了一个模板指令来替换 HTML 中的环境名称。

```
apiVersion: v1
kind: ConfigMap
metadata:
  name: {{ .Release.Name }}-index-html-configmap
  namespace: default
data:
```

```
  index.html: |
    <html>
    <h1> Welcome </h1>
    </br>
    <h1> Hi! This is My Firt Helm Chart in {{ .Values.env.name }} Environment </h1>
    </html>
```

3. values.yaml

该 values.yaml 文件包含我们在模板中使用的模板指令中需要替换的所有值。

例如，deployment.yaml 的模板文件包含用于从 values.yaml 文件中获取镜像存储库、标签和 pullPolicy 的模板指令。

现在，将默认 values.yaml 内容替换为以下内容。

```
replicaCount: 2

image:
  repository: nginx
  tag: "1.16.0"
  pullPolicy: IfNotPresent

service:
  name: nginx-service
  type: ClusterIP
  port: 80
  targetPort: 8080
env:
  name: dev
```

对于 Helm 来说，一共有三种潜在的 value 来源：

- chart 的 values.yaml 文件。
- 由 helm install-f 或 helm upgrade-f 提供的 values 文件。
- 在执行 helm install 或 helm upgrade 时传递给--set 或 --set-string 参数的 values。

当设计 values 的结构时，记得 chart 用户可能会通过-f 参数或--set 选项覆盖他们。

目前，我们已经准备好 Nginx helm chart，最终的 helm chart 结构如下所示。

```
$ tree -a nginx-chart/
nginx-chart/
├── charts
├── Chart.yaml
├── .helmignore
├── templates
│   ├── configmap.yaml
│   ├── deployment.yaml
```

```
|    └── service.yaml
└── values.yaml
```

3.5.2 验证 Helm Chart

现在,要确保我们的 Chart 有效并且所有缩进都很好,可以运行以下命令。确保在 Chart 目录中。

```
$ helm lint .
```

如果没有错误或问题,它将显示此结果。

```
==> Linting ./nginx
[INFO] Chart.yaml: icon is recommended

1 chart(s) linted, 0 chart(s) failed
```

要验证值是否在模板中被替换,可以使用以下命令呈现具有值的模板化 YAML 文件。它将生成并显示所有具有替换值的清单文件。

```
helm template .
```

我们也可以使用--dry-run 命令进行查看,这将尝试模拟将 Chart 安装到集群(并不会真正部署),如果出现问题,它将显示错误。

```
helm install --dry-run fly-nginx nginx-chart
```

如果一切正常,那么将看到被部署到集群中的清单输出。

3.5.3 部署 Helm Chart

当部署 Chart 时,Helm 将从文件中读取 Chart 和配置值 values.yaml 并生成清单文件。然后它将这些文件发送到 Kubernetes API 服务器,Kubernetes 将在集群中创建请求的资源。

现在我们准备安装 Chart。

执行以下命令,其中 fly-nginxe 是 Release 名称,nginx-chart 是 Chart 名称。如果不指定 namespace,则默认安装 nginx-chart 在 defalut 命名空间中。

```
helm install fly-nginx nginx-chart
```

将看到如下所示的输出。

```
NAME: fly-nginx
LAST DEPLOYED: Sun May 7 17:34:17 2022
NAMESPACE: default
STATUS: deployed
REVISION: 1
```

```
TEST SUITE: None
```

现在,可以使用此命令检查 Release 列表:

```
$ helm list
NAME        NAMESPACE  REVISION  UPDATED                                  STATUS
CHART                   APP VERSION
fly-nginx   default    1         2022-05-07 17:34:17.076854036 +0800 CST  deployed
nginx-chart-0.1.0  1.0.0
```

运行 kubectl 命令以检查部署、服务和 pod。

```
$ kubectl get all | grep fly-nginx
pod/fly-nginx-nginx-798c5fd54b-mf815    1/1      Running    0          72s
pod/fly-nginx-nginx-798c5fd54b-tpd4z    1/1      Running    0          72s
service/fly-nginx-service  ClusterIP  10.99.177.188   <none>          80/TCP
72s
deployment.apps/fly-nginx-nginx         2/2      2          2          72s
replicaset.apps/fly-nginx-nginx-798c5fd54b  2  2          2          72s
```

我们可以看到 deployment 和 services 已启动并正在运行。

3.5.4 Helm 升级和回滚

假设要修改 Chart 并安装更新版本,可以使用以下命令:

```
helm upgrade fly-nginx nginx-chart
```

例如,将副本从 2 更改为 1。可以看到修订号为 2,并且只有 1 个 pod 在运行。

如果我们想回滚刚刚完成的更改并再次部署之前的更改,可以使用回滚命令来执行此操作。

```
helm rollback fly-nginx
```

上面的命令会将 helm 版本回滚到上一个版本。

回滚后,我们可以看到 2 个 pod 再次运行。请注意,helm 将回滚作为新修订,这就是我们将它修订为 3 的原因。

如果我们想回滚到特定版本,我们可以像这样输入修订号。

```
helm rollback <release-name> <revision-number>
```

如下所示:

```
helm rollback fly-nginx 2
```

3.5.5 卸载 Helm Release

要卸载 helmrelease 使用 uninstall 命令。它将删除与 Chart 的最后一个版本关联的所有资源。

```
helm uninstall fly-nginx
```

我们可以将 Chart 打包并部署到 Github、S3 或任何其他平台。

```
helm package fly-nginx
```

3.5.6 调试 Helm Chart

我们可以使用以下命令来调试 helm Chart 和模板。

- helm lint:此命令采用 Chart 路径并运行一系列测试以验证 Chart 是否格式正确。
- helm get values:此命令将输出安装到集群的版本值。
- helm install--dry-run:使用此功能,我们可以检查所有资源清单并确保所有模板都正常工作。
- helm get manifest:此命令将输出集群中运行的清单。
- helm diff:它将输出两个修订之间的差异。

```
helm diff revision nginx-chart 1 2
```

有个快捷的技巧可以加快模板的构建速度:当想测试模板渲染的内容但又不想安装任何实际应用时,可以使用:

```
helm install --debug --dry-run fly-nginx ./nginx-chart
```

这样不会安装应用(Chart)到你的 kubenetes 集群中,只会渲染模板内容到控制台(用于测试)。

使用--dry-run 会更容易测试,但不能保证 Kubernetes 会接受生成的模板。最好不要仅因为--dry-run 可以正常运行就觉得 Chart 可以安装。

3.5.7 Helm Chart 最佳实践

在开发 Helm Chart 时,以下是应遵循的一些最佳实践:

- 将 Chart 保持简洁:每个 Chart 应该专注于一个应用程序,而不是尝试管理多个应用程序。这可以让 Chart 更加简洁和易于维护。
- 将 Chart 模块化:将 Chart 拆分为多个模块,可以使 Chart 更加灵活和可重用。例如,可以将每个部署、服务、配置文件等放在不同的模块中。
- 使用模板:使用 Helm 提供的模板功能,可以更轻松地创建动态的配置文件,并使用 Chart 的值来填充模板。
- 遵循 Helm Chart 目录结构标准:遵循 Helm Chart 目录结构标准可以使 Chart 更易于理解和使用。该标准定义了每个 Chart 目录应包含的文件和子目录。
- 使用依赖项:使用 Helm 的依赖项功能,可以轻松管理 Chart 之间的依赖关系,并确保它们按正确的顺序部署。

- 为 Chart 添加默认值：即为 Chart 中的每个值添加默认值，可以确保即使在用户没有指定值的情况下，Chart 仍然可以正常工作。
- 使用 Chart 测试：编写测试可以确保 Chart 正确工作，并防止在部署 Chart 时出现错误。
- 使用 Chart 版本控制：利用 Chart 版本控制可以帮助记录每个版本的更改，并在需要时轻松回滚到以前的版本。
- 使用 Chart 仓库：使用 Chart 仓库可以方便地共享和重用 Chart，并确保使用最新版本的 Chart。
- 文档化 Chart：为 Chart 编写文档，以帮助其他人理解如何使用 Chart，以及如何在不同的环境中部署 Chart。

3.6 Kustomize：无模板化地自定义 Kubernetes 配置

如图 3－3 所示，Kustomize 是一种配置管理解决方案，它通过覆盖声明性 yaml 工件（称为补丁）分层来保留应用程序和组件的基本设置，这些工件有选择地覆盖默认设置而不实际更改原始文件。

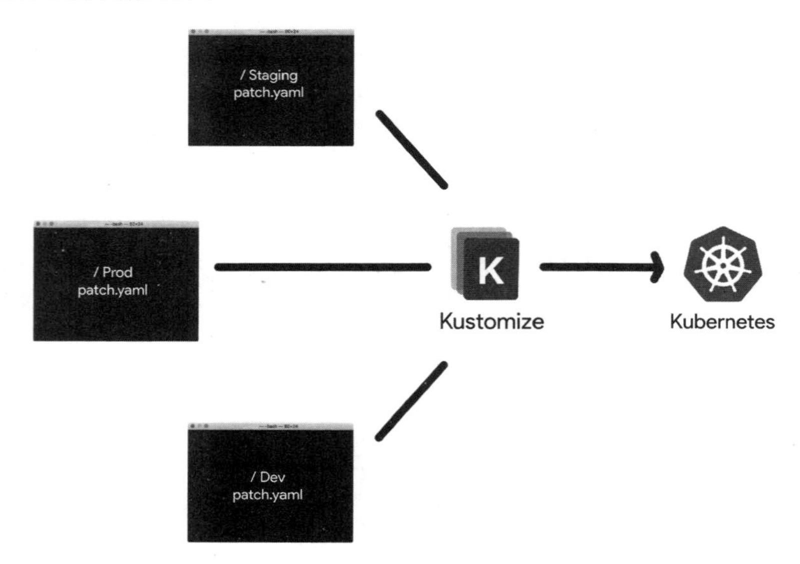

图 3－3　Kustomize 多环境应用示例

假设正在使用 Helm Chart，可能需要先下载 Helm Chart，然后进行配置更改，并将其应用到你的集群。几个月后，供应商发布了我们正在使用的 Helm Chart 的新版本，其中包含我们需要的一些重要功能。为了利用这些新功能，必须重新下载新的 Helm Chart 并重新应用配置更改。重新下载和重新定制这些 Helm Chart 成为一个很大的开销来源，并增加了错误配置的风险，威胁到产品和服务的稳定性。

Kustomize 是 Kubernetes 生态系统中用于简化部署的最有用的工具，它允许我们从各个部分创建一个完整的 Kubernetes 应用程序——而无需触及各个组件的 YAML 配置文件。

Kustomize 是一种 Kubernetes 配置转换工具，可让自定义未模板化的 YAML 文件，同时让原始文件保持不变。Kustomize 还可以根据其他表示法生成 ConfigMap 和 Secret 等资源。Kustomize 专为 Kubernetes API 构建的，因此它可以理解和修改 Kubernetes 样式的对象。

3.6.1 Kustomize 简介

Kustomize 由 Google 和 Kubernetes 社区构建，其符合 Kubernetes 使用 Kubernetes 对象定义配置文件和以声明方式管理这些配置的原则。

Kustomize 配置对象称为 Kustomization，用于描述如何生成或转换其他 Kubernetes 对象。Kustomization 在名为 kustomization.yaml 的文件中以声明方式定义，此文件可由 Kustomize 本身生成和修改。

在 Kustomize 中，可以定义常见、可重复使用 kustomization（称为 base，基础）并使用多个其他 Kustomization（称为 overlay，叠加层）对其进行修补，这些 kustomization 可以选择性地覆盖基础中定义的设置以生成变体。然后，Kustomize 根据 kustomization 基础和叠加层中定义的配置转换和生成资源，此过程称为融合或渲染。接下来，这些渲染资源会写入标准输出或文件，并保持原始 YAML 文件不变，以便许多不同的叠加层重复使用基础，如图 3-4 所示。

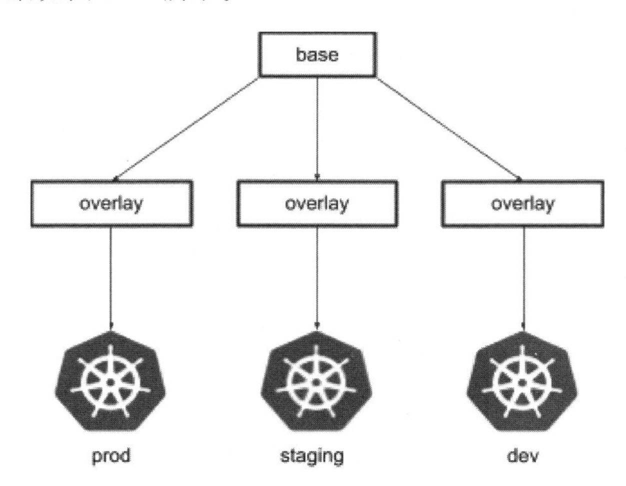

图 3-4　Kustomize 中的 base 和 overlay

这种无模板方法在 Kustomization 库的易用性和可重用性方面非常强大。使用它能够以任何想要的方式自定义 Kubernetes 配置，而无需为每个单独的用例提供大量值。

1. Kustomize 的优势

Kustomize 是 Kubernetes 对象的命令行配置管理器。自 1.14 以来它与 kubectl 集成，允许在不接触模板的情况下对配置进行声明式更改。例如，可以组合来自不同来源的部分，在源代码控制中保留我们的自定义(或定制化，视情况而定)，并为特定情况创建覆盖。

Kustomize 能够通过创建一个将所有内容联系在一起的文件，或者可以选择包含对各个参数的"覆盖"，如图 3-5 所示。

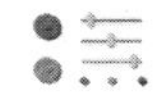

Natively built into kubectl

Manage an arbitrary number of distinctly customized Kubernetes configurations

Available as a standalone binary for extension and integration into other services

Every artifact that kustomize uses is plain YAML and can be validated and processed as such

Kustomize encourages a fork/modify/rebase workflow

图 3-5 Kustomize 优势

使用 Kustomize 管理 Kubernetes 配置的优势包括：

- **Kustomize 是无模板的**。使用模板和值文件时，YAML 文件中几乎所有规范都可以成为需要值的参数，并且值文件可能会非常大。Kustomize 处理配置数据，而不是将配置模板化为文本或将配置表示为代码。无论 Kustomize 是否呈现原始 YAML，原始 YAML 可读且可重复使用。Kustomize 模型不同；无需对所有内容进行参数化，因此可以更轻松地重复使用常用配置。
- **Kustomize 可以在 Kubernetes 命令行界面中以原生方式运行**。从 1.14 版开始，Kustomize 内置于 kubectl 中。因此，只要使用 kubectl，就无需将 Kustomize 作为单独的依赖项来进行安装或管理。
- **Kustomize 完全是声明性的**。作为 Kubernetes 原生工具，Kustomize 与 Kubernetes 的声明式配置方法保持一致。无需以命令方式逐步描述该工具应如何自定义资源，只需声明想要的内容即可，Kustomize 会提供这些内容。
- **Kustomize 允许重复使用同一基础配置来管理多项不同的配置**。可以在多个不同环境(例如，开发、预演、生产)中使用一个基础文件，并且使用最小的唯一叠加层为每个环境自定义基础。
- **Kustomize 易于使用**。可以遵循浅显的学习曲线，从非常简单的配置开始，然后逐步构建更复杂的功能(每次构建一层)。

- **Kustomize 可扩展且可自定义**。Kustomize 支持插件框架,可以容器化和可执行 Kubernetes 资源模型(KRM)函数的方式编写自己的生成器和转换器。

3.6.2 Kustomize 安装

1. kustomize 独立安装

对于独立的 Kustomize 安装(又名 Kustomizecli),请使用以下内容进行设置。运行以下命令:

```
curl -s "https://raw.githubusercontent.com/
  kubernetes-sigs/kustomize/master/hack/install_kustomize.sh" | bash
```

将 Kustomize 移动到我们的路径,以便它可以在系统范围内访问:

```
sudo mv kustomize /usr/local/bin
```

打开一个新的终端并运行:

```
kustomize -h
```

以验证:

```
> kustomize -h

  Manages declarative configuration of Kubernetes.
  See https://sigs.k8s.io/kustomize

Usage:
  kustomize [command]

Available Commands:
  build              Build a kustomization target from a directory or URL.
  cfg                Commands for reading and writing configuration.
  completion         Generate shell completion script
  create             Create a new kustomization in the current directory
  edit               Edits a kustomization file
  fn                 Commands for running functions against configuration.
  help               Help about any command
    version          Prints the kustomize version

  Flags:
    -h, --help          help for kustomize
       --stack-trace    print a stack-trace on error
```

```
  Additional help topics:
    kustomize docs-fn                      [Alpha] Documentation for developing and
invoking Configuration Functions.
    kustomize docs-fn-spec                 [Alpha] Documentation for Configuration
Functions Specification.
    kustomize docs-io-annotations          [Alpha] Documentation for annotations used by
io.
    kustomize docs-merge                   [Alpha] Documentation for merging Resources
(2-way merge).
    kustomize docs-merge3                  [Alpha] Documentation for merging Resources
(3-way merge).
    kustomize tutorials-command-basics     [Alpha] Tutorials for using basic config
commands.
    kustomize tutorials-function-basics    [Alpha] Tutorials for using functions.
Use "kustomize [command] --help" for more information about a command.
```

2. 与 kubectl 集成安装

要查找嵌入在最新版本 kubectl 中的 kustomize 版本，请运行 kubectlversion：

```
> kubectl version --short --client
Client Version: v1.26.0
Kustomize Version: v4.5.7
```

kustomizev2. 0. 3 版本构建流程已添加到 kubectlv1. 14 中。kubectl 中的 kustomize 版本一直停留在 v2. 0. 3，直到 kubectlv1. 21 时更新为 v4. 0. 5。它将在未来定期更新，此类更新将反映在 Kubernetes 发行说明中，见表 3－10 所列。

表 3－10　Kubectl 和 Kustomize 兼容性矩阵

Kubectl 版本	Kustomize 版本
<v1. 14	不适用
v1. 14-v1. 20	v2. 0. 3
v1. 21	v4. 0. 5
v1. 22	v4. 2. 0

3. 6. 3　Kustomize 功能特性

Kustomize 是一个用来定制 Kubernetes 配置的工具。它提供以下功能特性来管理应用配置文件：

- 由其他来源生成资源。
- 为资源设置贯穿性(Cross-Cutting)字段。
- 组织和定制资源集合。

1. 生成资源

ConfigMap 和 Secret 包含其他 Kubernetes 对象(如 Pod)所需要的配置或敏感数据。ConfigMap 或 Secret 中数据的来源往往是集群外部,例如某个.properties 文件或者 SSH 密钥文件。Kustomize 提供 secretGenerator 和 configMapGenerator,可以基于文件或字面值来生成 Secret 和 ConfigMap。

(1) configMapGenerator

要基于文件来生成 ConfigMap,可以在 ConfigMapGenerator 的 files 列表中添加表项。下面是根据.properties 文件中的数据条目来生成 ConfigMap 的示例:

```
# 生成一个 application.properties 文件
cat << EOF > application.properties
FOO = Bar
EOF


cat << EOF > ./kustomization.yaml
configMapGenerator:
- name: example-configmap-1
  files:
  - application.properties
EOF
```

所生成的 ConfigMap 可以使用下面的命令来检查:

```
kubectl kustomize ./
```

所生成的 ConfigMap 为:

```
apiVersion: v1
data:
  application.properties: |
        FOO = Bar
kind: ConfigMap
metadata:
  name: example-configmap-1-8mbdf7882g
```

要从 env 文件生成 ConfigMap,请在 configMapGenerator 中的 envs 列表中添加一个条目。下面是一个用来自.env 文件的数据生成 ConfigMap 的例子:

```
# 创建一个 .env 文件
cat << EOF > .env
FOO = Bar
EOF
cat << EOF > ./kustomization.yaml
configMapGenerator:
```

```
- name: example-configmap-1
  envs:
  - .env
EOF
```

可以使用以下命令检查生成的 ConfigMap：

```
kubectl kustomize ./
```

生成的 ConfigMap 为：

```
apiVersion: v1
data:
  FOO: Bar
kind: ConfigMap
metadata:
  name: example-configmap-1-42cfbf598f
```

说明：.env 文件中的每个变量在生成的 ConfigMap 中会成为一个单独的键。这与之前的示例不同，前一个示例将一个名为 application.properties 的文件(及其所有条目)嵌入到同一个键的值中。

ConfigMap 也可基于字面的键值偶对来生成。要基于键值偶对来生成 ConfigMap，需在 ConfigMapGenerator 的 literals 列表中添加表项。下面是一个示例，展示如何使用键值偶对中的数据条目来生成 ConfigMap 对象：

```
cat << EOF > ./kustomization.yaml
configMapGenerator:
- name: example-configmap-2
  literals:
  - FOO = Bar
EOF
```

可以用下面的命令检查所生成的 ConfigMap：

```
kubectl kustomize ./
```

所生成的 ConfigMap 为：

```
apiVersion: v1
data:
  FOO: Bar
kind: ConfigMap
metadata:
  name: example-configmap-2-g2hdhfc6tk
```

要在 Deployment 中使用生成的 ConfigMap，使用 ConfigMapGenerator 的名称对其进行引用。Kustomize 将自动使用生成的名称替换该名称。

下面使用生成的 ConfigMap 的 deployment 示例：

```
# 创建一个 application.properties 文件
cat << EOF > application.properties
FOO = Bar
EOF

cat << EOF > deployment.yaml
apiVersion: apps/v1
kind: Deployment
metadata:
  name: my-app
  labels:
    app: my-app
spec:
  selector:
  matchLabels:
    app: my-app
  template:
    metadata:
      labels:
        app: my-app
    spec:
      containers:
      - name: app
       image: my-app
       volumeMounts:
       - name: config
         mountPath: /config
       volumes:
        - name: config
          configMap:
            name: example-configmap-1
EOF

cat << EOF > ./kustomization.yaml
resources:
- deployment.yaml
configMapGenerator:
- name: example-configmap-1
  files:
  - application.properties
EOF
```

生成 ConfigMap 和 Deployment：

```
kubectl kustomize ./
```

生成的 Deployment 将通过名称引用生成的 ConfigMap：

```
apiVersion: v1
data:
  application.properties: |
      FOO = Bar
kind: ConfigMap
metadata:
  name: example-configmap-1-g4hk9g2ff8
---
apiVersion: apps/v1
kind: Deployment
metadata:
  labels:
    app: my-app
  name: my-app
spec:
  selector:
    matchLabels:
      app: my-app
  template:
    metadata:
      labels:
        app: my-app
    spec:
      containers:
      - image: my-app
        name: app
        volumeMounts:
        - mountPath: /config
          name: config
      volumes:
      - configMap:
          name: example-configmap-1-g4hk9g2ff8
        name: config
```

（2）secretGenerator

大家可以基于文件或者键值偶对来生成 Secret。如要使用文件内容来生成 Secret，需在 secretGenerator 下面的 files 列表中添加表项。下面是一个根据文件中数据来生成 Secret 对象的示例：

```
# 创建一个 password.txt 文件
cat << EOF > ./password.txt
username = admin
password = secret
EOF

cat << EOF > ./kustomization.yaml
secretGenerator:
- name: example-secret-1
  files:
  - password.txt
EOF
```

所生成的 Secret 如下：

```
apiVersion: v1
data:
  password.txt: dXNlcm5hbWU9YWRtaW4KcGFzc3dvcmQ9c2VjcmV0Cg==
kind: Secret
metadata:
  name: example-secret-1-t2kt65hgtb
type: Opaque
```

要基于键值偶对字面值生成 Secret，先要在 SecretGenerator 的 literals 列表中添加表项。下面是基于键值偶对中数据条目来生成 Secret 的示例：

```
cat << EOF > ./kustomization.yaml
secretGenerator:
- name: example-secret-2
  literals:
  - username = admin
  - password = secret
EOF
```

所生成的 Secret 如下：

```
apiVersion: v1
data:
  password: c2VjcmV0
  username: YWRtaW4=
kind: Secret
metadata:
  name: example-secret-2-t52t6g96d8
type: Opaque
```

与 ConfigMap 一样，生成的 Secret 可以通过引用 SecretGenerator 的名称在 Deployment 中使用：

```
# 创建一个 password.txt 文件
cat << EOF > ./password.txt
username = admin
password = secret
EOF

cat << EOF > deployment.yaml
apiVersion: apps/v1
kind: Deployment
metadata:
  name: my-app
  labels:
    app: my-app
spec:
  selector:
    matchLabels:
      app: my-app
  template:
    metadata:
      labels:
        app: my-app
    spec:
      containers:
      - name: app
        image: my-app
        volumeMounts:
        - name: password
          mountPath: /secrets
      volumes:
      - name: password
        secret:
          secretName: example-secret-1
EOF

cat << EOF > ./kustomization.yaml
resources:
- deployment.yaml
secretGenerator:
- name: example-secret-1
  files:
  - password.txt
EOF
```

(3) generatorOptions

所生成的 ConfigMap 和 Secret 都会包含内容哈希值后缀。这是为了确保内容发生变化时，所生成的是新的 ConfigMap 或 Secret。要禁止自动添加后缀的行为，用户可以使用 generatorOptions。除此以外，为生成的 ConfigMap 和 Secret 指定贯穿性选项也可以达到目的。

```
cat << EOF > ./kustomization.yaml
configMapGenerator:
- name: example-configmap-3
  literals:
  - FOO = Bar
generatorOptions:
  disableNameSuffixHash: true
  labels:
    type: generated
  annotations:
    note: generated
EOF
```

运行 kubectl kustomize ./来查看所生成的 ConfigMap：

```
apiVersion: v1
data:
  FOO: Bar
kind: ConfigMap
metadata:
  annotations:
    note: generated
  labels:
    type: generated
  name: example-configmap-3
```

2. 设置贯穿性字段

在项目中为所有 Kubernetes 对象设置贯穿性字段是一种常见操作。贯穿性字段的一些使用场景如下：

- 为所有资源设置相同的名字空间。
- 为所有对象添加相同的前缀或后缀。
- 为对象添加相同的标签集合。
- 为对象添加相同的注解集合。

下面是一个示例：

```
# 创建一个 deployment.yaml
cat << EOF > ./deployment.yaml
apiVersion: apps/v1
kind: Deployment
```

```
metadata:
  name: nginx-deployment
  labels:
    app: nginx
spec:
  selector:
    matchLabels:
    app: nginx
  template:
    metadata:
      labels:
        app: nginx
    spec:
      containers:
      - name: nginx
        image: nginx
EOF

cat << EOF > ./kustomization.yaml
namespace: my-namespace
namePrefix: devnameSuffix:
"-001"
commonLabels:
  app: bingo
commonAnnotations:
  oncallPager: 800-555-1212
resources:
- deployment.yaml
EOF
```

执行 kubectl kustomize ./查看这些字段都被设置到 Deployment 资源上：

```
apiVersion: apps/v1
kind: Deployment
metadata:
  annotations:
    oncallPager: 800-555-1212
  labels:
    app: bingo
  name: dev-nginx-deployment-001
  namespace: my-namespace
spec:
  selector:
    matchLabels:
```

```
      app: bingo
  template:
    metadata:
      annotations:
        oncallPager: 800-555-1212
      labels:
        app: bingo
    spec:
      containers:
      - image: nginx
        name: nginx
```

3. 组织和定制资源

一种常见的做法是在项目中构造资源集合并将其放到同一个文件或目录中管理。Kustomize 提供基于不同文件来组织资源并向其应用补丁或者其他定制的能力。

(1) 组织

Kustomize 支持组合不同的资源。kustomization.yaml 文件的 resources 字段定义配置中要包含的资源列表。大家可以将 resources 列表中的路径设置为资源配置文件的路径。下面是由 Deployment 和 Service 构成的 NGINX 应用的示例：

```
# 创建 deployment.yaml 文件
cat << EOF > deployment.yaml
apiVersion: apps/v1
kind: Deployment
metadata:
  name: my-nginx
spec:
  selector:
    matchLabels:
      run: my-nginx
  replicas: 2
  template:
    metadata:
      labels:
        run: my-nginx
    spec:
      containers:
      - name: my-nginx
        image: nginx
        ports:
        - containerPort: 80
EOF
```

```
# 创建 service.yaml 文件
cat << EOF > service.yaml
apiVersion: v1
kind: Service
metadata:
  name: my-nginx
  labels:
    run: my-nginx
spec:
  ports:
  - port: 80
   protocol: TCP
  selector:
   run: my-nginx
EOF

# 创建 kustomization.yaml 来组织以上两个资源
cat << EOF > ./kustomization.yaml
resources:
- deployment.yaml
- service.yaml
EOF
```

kubectl kustomize ./所得到的资源中既包含 Deployment，也包含 Service 对象。

(2) 定制

补丁文件(Patches)可以用来对资源执行不同的定制。Kustomize 通过 patchesStrategicMerge 和 patchesJson6902 支持不同的打补丁机制。patchesStrategicMerge 的内容是一个文件路径的列表，其中每个文件都应可解析为策略性合并补丁(Strategic Merge Patch)。补丁文件中的名称必须与已经加载的资源的名称匹配。建议构造规模较小的、仅做一件事情的补丁。例如，构造一个补丁来增加 Deployment 的副本个数；构造另外一个补丁来设置内存限制。

```
# 创建 deployment.yaml 文件
cat << EOF > deployment.yaml
apiVersion: apps/v1
kind: Deployment
metadata:
  name: my-nginx
spec:
  selector:
    matchLabels:
      run: my-nginx
  replicas: 2
```

```
  template:
    metadata:
      labels:
        run: my-nginx
    spec:
      containers:
      - name: my-nginx
        image: nginx
        ports:
        - containerPort: 80
EOF

# 生成一个补丁 increase_replicas.yaml
cat << EOF > increase_replicas.yaml
apiVersion: apps/v1
kind: Deployment
metadata:
  name: my-nginx
spec:
  replicas: 3
EOF

# 生成另一个补丁 set_memory.yaml
cat << EOF > set_memory.yaml
apiVersion: apps/v1
kind: Deployment
metadata:
  name: my-nginx
spec:
  template:
    spec:
    containers:
    - name: my-nginx
      resources:
        limits:
          memory: 512Mi
EOF

cat << EOF > ./kustomization.yaml
resources:
- deployment.yaml
patchesStrategicMerge:
- increase_replicas.yaml
```

```
- set_memory.yaml
EOF
```

执行 kubectl kustomize ./来查看 Deployment：

```
apiVersion: apps/v1
kind: Deployment
metadata:
  name: my-nginx
spec:
  replicas: 3
  selector:
    matchLabels:
      run: my-nginx
  template:
    metadata:
      labels:
        run: my-nginx
    spec:
      containers:
       - image: nginx
        name: my-nginx
        ports:
        - containerPort: 80
        resources:
           limits:
             memory: 512Mi
```

并非所有资源或者字段都支持策略性合并补丁。为了支持对任何资源的任何字段进行修改，Kustomize 提供通过 patchesJson6902 来应用 JSON 补丁的能力。为了给 JSON 补丁找到正确的资源，需要在 Kustomization.yaml 文件中指定资源的组(group)、版本(version)、类别(kind)和名称(name)。例如，为某 Deployment 对象增加副本个数的操作也可以通过 patchesJson6902 来完成：

```
# 创建一个 deployment.yaml 文件
cat << EOF > deployment.yaml
apiVersion: apps/v1
kind: Deployment
metadata:
  name: my-nginx
spec:
  selector:
    matchLabels:
      run: my-nginx
```

```
  replicas: 2
  template:
    metadata:
      labels:
        run: my-nginx
    spec:
      containers:
      - name: my-nginx
        image: nginx
        ports:
        - containerPort: 80
EOF

# 创建一个 JSON 补丁文件
cat << EOF > patch.yaml
- op: replace
  path: /spec/replicas
  value: 3
EOF

# 创建一个 kustomization.yaml
cat << EOF > ./kustomization.yaml
resources:
- deployment.yaml

patchesJson6902:
- target:
    group: apps
    version: v1
    kind: Deployment
    name: my-nginx
  path: patch.yaml
EOF
```

执行 kubectl kustomize ./以查看 replicas 字段被更新：

```
apiVersion: apps/v1
kind: Deployment
metadata:
  name: my-nginx
spec:
  replicas: 3
  selector:
    matchLabels:
```

```
      run: my-nginx
  template:
    metadata:
      labels:
        run: my-nginx
    spec:
      containers:
      - image: nginx
        name: my-nginx
        ports:
        - containerPort: 80
```

除了补丁之外,Kustomize 还提供定制容器镜像或者将其他对象的字段值注入到容器中的能力,并且不需要创建补丁。例如,可以通过在 Kustomization. yaml 文件的 images 字段设置新的镜像来更改容器中使用的镜像。

```
cat << EOF > deployment.yaml
apiVersion: apps/v1
kind: Deployment
metadata:
  name: my-nginx
spec:
  selector:
    matchLabels:
      run: my-nginx
  replicas: 2
  template:
    metadata:
      labels:
        run: my-nginx
    spec:
      containers:
      - name: my-nginx
        image: nginx
        ports:
        - containerPort: 80
EOF

cat << EOF > ./kustomization.yaml
resources:
- deployment.yaml
images:
- name: nginx
```

```
  newName: my.image.registry/nginx
  newTag: 1.4.0
EOF
```

执行 kubectl kustomize ./以查看所使用的镜像已被更新：

```
apiVersion: apps/v1
kind: Deployment
metadata:
  name: my-nginx
spec:
  replicas: 2
  selector:
    matchLabels:
      run: my-nginx
  template:
    metadata:
      labels:
        run: my-nginx
    spec:
      containers:
      - image: my.image.registry/nginx:1.4.0
        name: my-nginx
        ports:
        - containerPort: 80
```

有些时候，Pod 中运行的应用可能需要使用来自其他对象的配置值。例如，某 Deployment 对象的 Pod 需要从环境变量或命令行参数中读取 Service 的名称。由于在 Kustomization.yaml 文件中添加 namePrefix 或 nameSuffix 时 Service 名称可能发生变化，建议不要在命令参数中硬编码 Service 名称。对于这种使用场景，Kustomize 可以通过 vars 将 Service 名称注入到容器中。

```
# 创建一个 deployment.yaml 文件(引用此处的文档分隔符)
cat << 'EOF' > deployment.yaml
apiVersion: apps/v1
kind: Deployment
metadata:
  name: my-nginx
spec:
  selector:
    matchLabels:
      run: my-nginx
  replicas: 2
  template:
```

```
    metadata:
      labels:
        run: my-nginx
    spec:
      containers:
      - name: my-nginx
        image: nginx
        command: ["start", "--host", "$(MY_SERVICE_NAME)"]
EOF

# 创建一个 service.yaml 文件
cat << EOF > service.yaml
apiVersion: v1
kind: Service
metadata:
  name: my-nginx
  labels:
    run: my-nginx
spec:
  ports:
  - port: 80
    protocol: TCP
  selector:
    run: my-nginx
EOF

cat << EOF > ./kustomization.yaml
namePrefix: devnameSuffix:
"-001"

resources:
- deployment.yaml
- service.yaml
vars:

- name: MY_SERVICE_NAME
  objref:
    kind: Service
    name: my-nginx
    apiVersion: v1
EOF
```

执行 kubectl kustomize ./以查看注入到容器中的 Service 名称是 dev-my-nginx

-001：

```
apiVersion: apps/v1
kind: Deployment
metadata:
  name: dev-my-nginx-001
spec:
  replicas: 2
  selector:
    matchLabels:
      run: my-nginx
  template:
    metadata:
      labels:
        run: my-nginx
    spec:
      containers:
      - command:
        - start
        - --host
        - dev-my-nginx-001
        image: nginx
        name: my-nginx
```

3.6.4 Kustomize 生产环境应用

让我们逐步了解 Kustomize 如何使用涉及 3 个不同环境的部署场景：开发、预发布和生产。在此示例中，我们将使用 service、deployment 和 horizontalpodautoscaler 资源。对于开发和预发布环境，不会涉及任何 HPA。所有环境将使用不同类型的服务：

- 开发环境(dev)--ClusterIP。
- 预发布(staging)--NodePort。
- 生产(production)--LoadBalancer。

这里各自都有不同的 HPA 设置。这是目录结构的样子：

```
├── base
│   ├── deployment.yaml
│   ├── hpa.yaml
│   ├── kustomization.yaml
│   └── service.yaml
└── overlays
    ├── dev
    │   ├── hpa.yaml
    │   └── kustomization.yaml
```

```
├── production
│   ├── hpa.yaml
│   ├── kustomization.yaml
│   ├── rollout-replica.yaml
│   └── service-loadbalancer.yaml
└── staging
    ├── hpa.yaml
    ├── kustomization.yaml
    └── service-nodeport.yaml
```

1. 基础文件

基础文件夹包含公共资源，例如标准 deployment.yaml、service.yaml 和 hpa.yaml 资源配置文件。我们将在以下部分中探讨它们的每个内容。

(1) base/deployment.yaml

```
apiVersion: apps/v1
  kind: Deployment
  metadata:
    name: frontend-deployment
  spec:
    selector:
    matchLabels:
      app: frontend-deployment
    template:
    metadata:
      labels:
        app: frontend-deployment
    spec:
      containers:
      - name: app
       image: foo/bar:latest
       ports:
       - name: http
         containerPort: 8080
         protocol: TCP
```

(2) base/service.yaml

```
apiVersion: v1
  kind: Service
  metadata:
    name: frontend-service
  spec:
    ports:
```

```
    - name: http
      port: 8080
    selector:
    app: frontend-deployment
```

(3) base/hpa.yaml

```
apiVersion: autoscaling/v2beta2
  kind: HorizontalPodAutoscaler
  metadata:
    name: frontend-deployment-hpa
  spec:
    scaleTargetRef:
    apiVersion: apps/v1
    kind: Deployment
    name: frontend-deployment
    minReplicas: 1
    maxReplicas: 5
    metrics:
    - type: Resource
    resource:
      name: cpu
      target:
        type: Utilization
        averageUtilization: 50
```

(4) base/kustomization.yaml

kustmization.yaml 文件是基础文件夹中最重要的文件，它描述了我们使用的资源。

```
apiVersion: kustomize.config.k8s.io/v1beta1
  kind: Kustomization

  resources:
    - service.yaml
    - deployment.yaml
    - hpa.yaml
```

2. 自定义开发环境覆盖文件

overlays 文件夹包含特定于环境的覆盖层。它有 3 个子文件夹(每个环境一个)。

(1) dev/kustomization.yaml

该文件定义了使用 patchesStrategicMerge 引用和修补的基础配置，它允许定义部分 YAML 文件并将其覆盖在基础之上。

```
apiVersion: kustomize.config.k8s.io/v1beta1
  kind: Kustomization
  bases:
  - ../../base
  patchesStrategicMerge:
  - hpa.yaml
```

(2) dev/hpa.yaml

该文件与基础文件中的资源名称相同。这有助于匹配文件以进行修补。该文件还包含开发环境的重要值,例如最小/最大副本数。

```
apiVersion: autoscaling/v2beta2
  kind: HorizontalPodAutoscaler
  metadata:
    name: frontend-deployment-hpa
  spec:
    minReplicas: 1
    maxReplicas: 2
    metrics:
    - type: Resource
    resource:
      name: cpu
      target:
        type: Utilization
        averageUtilization: 90
```

如果将之前的 hpa.yaml 文件与 base/hpa.yaml 进行比较,会注意到 minReplicas、maxReplicas 和 averageUtilization 值的差异。

(3) 验证覆盖文件(补丁)

要在应用到集群之前确认我们的补丁配置文件更改是正确的,可以运行 kustomizebuildoverlays/dev:

```
apiVersion: v1
  kind: Service
  metadata:
    name: frontend-service
  spec:
    ports:
    - name: http
     port: 8080
    selector:
      app: frontend-deployment
  ---
  apiVersion: apps/v1
```

```
kind: Deployment
metadata:
  name: frontend-deployment
spec:
  selector:
    matchLabels:
      app: frontend-deployment
  template:
    metadata:
      labels:
        app: frontend-deployment
  spec:
    containers:
    - image: foo/bar:latest
     name: app
     ports:
     - containerPort: 8080
        name: http
        protocol: TCP
---
apiVersion: autoscaling/v2beta2
kind: HorizontalPodAutoscaler
metadata:
  name: frontend-deployment-hpa
spec:
  maxReplicas: 2
  metrics:
  - resource:
      name: cpu
      target:
        averageUtilization: 90
        type: Utilization
      type: Resource
  minReplicas: 1
  scaleTargetRef:
    apiVersion: apps/v1
    kind: Deployment
```

4. 应用覆盖文件(补丁)

确认覆盖正确后,使用以下 kubectlapply-koverlays/dev 命令将设置应用到集群:

```
> kubectl apply -k overlays/dev
  service/frontend-service created
```

```
deployment.apps/frontend-deployment created
horizontalpodautoscaler.autoscaling/frontend-deployment-hpa created
```

处理完开发环境后，我们将演示生产环境，因为在我们的案例中，它是预发布的超集(就 k8s 资源而言)。

5. 定义生产环境的覆盖文件

(1) prod/hpa.yaml

在我们的生产 hpa.yaml 中，假设我们希望允许最多 10 个副本，新副本由 70%平均 CPU 使用率的资源利用率阈值触发。这就是它的样子：

```
apiVersion: autoscaling/v2beta2
  kind: HorizontalPodAutoscaler
  metadata:
    name: frontend-deployment-hpa
  spec:
    minReplicas: 1
    maxReplicas: 10
    metrics:
    - type: Resource
    resource:
      name: cpu
      target:
        type: Utilization
        averageUtilization: 70
```

(2) prod/rollout-replicas.yaml

在我们的生产目录中还有一个 rollout-replicas.yaml 文件，其指定了我们的滚动策略：

```
apiVersion: apps/v1
  kind: Deployment
  metadata:
    name: frontend-deployment
  spec:
    replicas: 10
    strategy:
    rollingUpdate:
      maxSurge: 1
      maxUnavailable: 1
    type: RollingUpdate
```

(3) prod/service-loadbalancer.yaml

我们使用此文件将服务类型更改为 LoadBalancer(而在中 staging/service-nodeport.yaml，它被修补为 NodePort）。

```
apiVersion: v1
  kind: Service
  metadata:
    name: frontend-service
  spec:
    type: LoadBalancer
```

（4）prod/kustomization.yaml

该文件在生产文件夹中的运行方式与在基础文件夹中的运行方式相同：它定义要引用的基础文件以及要为生产环境应用的补丁。在本例中，它还包含两个文件：rollout-replica.yaml 和 service-loadbalancer.yaml。

```
apiVersion: kustomize.config.k8s.io/v1beta1
  kind: Kustomization
  bases:
  - ../../base
  patchesStrategicMerge:
  - rollout-replica.yaml
  - hpa.yaml
  - service-loadbalancer.yaml
```

6. 应用覆盖文件（补丁）

- 让我们看看是否正在通过运行来应用生产值 kustomizebuildoverlays/production。
- 检查完毕后，将覆盖应用到集群。

```
> kubectl apply -k overlays/production
  service/frontend-service created
  deployment.apps/frontend-deployment created
  horizontalpodautoscaler.autoscaling/frontend-deployment-hpa created
```

3.6.5 基准（Bases）与覆盖（Overlays）

Kustomize 的配置转换方法使用 Kustomization 层，因此可以跨多个 Kustomization 配置重复使用相同的基础配置文件。它通过基础和覆盖的概念来实现这一点。

Kustomize 中有**基准**（bases）和**覆盖**（overlays）的概念区分。

基准是包含 Kustomization.yaml 文件的一个目录，一组资源以及将应用于它们的一些自定义配置。基准可以是本地目录或者来自远程仓库的目录，只要其中存在 Kustomization.yaml 文件即可。应在 Kustomization 文件的 resources 字段中声明基础。

覆盖也是一个目录，该目录将另一个 Kustomization 目录引用为它的基础或者它的基础之一。也就是说，它包含将其他 Kustomization 目录当作 bases 来引用的 Kustomization.yaml 文件。**基准**不了解覆盖的存在，且可被多个覆盖所使用。覆盖则可以有多个基准，且可针对所有基准中的资源执行组织操作，还可以在其上执行定制。

大家可以将基础视为流水线中的初步步骤，而无须了解引用它的叠加层。基础处理完后，会将其资源作为输入发送到叠加层，以根据叠加层的规范进行转换。

```
# 创建一个包含基准的目录
mkdir base
# 创建 base/deployment.yaml
cat << EOF > base/deployment.yaml
apiVersion: apps/v1
kind: Deployment
metadata:
  name: my-nginx
spec:
  selector:
    matchLabels:
      run: my-nginx
  replicas: 2
  template:
    metadata:
      labels:
        run: my-nginx
    spec:
      containers:
      - name: my-nginx
        image: nginx
EOF

# 创建 base/service.yaml 文件
cat << EOF > base/service.yaml
apiVersion: v1
kind: Service
metadata:
  name: my-nginx
  labels:
    run: my-nginx
spec:
  ports:
  - port: 80
    protocol: TCP
  selector:
    run: my-nginx
EOF
```

```
# 创建 base/kustomization.yaml
cat << EOF > base/kustomization.yaml
resources:
- deployment.yaml
- service.yaml
EOF
```

此基准可在多个覆盖中使用。可以在不同的覆盖中添加不同的 namePrefix 或其他贯穿性字段。下面是两个使用同一基准的覆盖：

```
mkdir dev
cat << EOF > dev/kustomization.yaml
bases:
- ../base
namePrefix: dev-
EOF

mkdir prod
cat << EOF > prod/kustomization.yaml
bases:
- ../base
namePrefix: prod-
EOF
```

3.6.6 应用、查看、更新和删除 Kustomize 对象

在 kubectl 命令中使用--Kustomize 或-k 参数来识别被 Kustomization.yaml 所管理的资源。注意 -k 要指向一个 Kustomization 目录。例如：

```
kubectl apply -k <kustomization 目录>/
```

假定使用下面的 Kustomization.yaml：

```
# 创建 deployment.yaml 文件
cat << EOF > deployment.yaml
apiVersion: apps/v1
kind: Deployment
metadata:
  name: my-nginx
spec:
  selector:
    matchLabels:
      run: my-nginx
  replicas: 2
  template:
```

```
    metadata:
      labels:
        run: my-nginx
    spec:
      containers:
      - name: my-nginx
        image: nginx
        ports:
        - containerPort: 80
EOF

# 创建 kustomization.yaml
cat << EOF > ./kustomization.yaml
namePrefix: dev-
commonLabels:
  app: my-nginx
resources:
- deployment.yaml
EOF
```

执行下面的命令来应用 Deployment 对象 dev-my-nginx：

```
> kubectl apply -k ./
deployment.apps/dev-my-nginx created
```

运行下面的命令，来查看 Deployment 对象 dev-my-nginx：

```
kubectl get -k ./
kubectl describe -k ./
```

执行下面的命令，比较 Deployment 对象 dev-my-nginx 与清单被应用之后集群将处于的状态：

```
kubectl diff -k ./
```

执行下面的命令，删除 Deployment 对象 dev-my-nginx：

```
> kubectl delete -k ./
deployment.apps "dev-my-nginx" deleted
```

修改 kustomization 文件：Kustomize 提供多条命令式命令，用于帮助我们管理 Kustomization 文件。

- 如需将当前目录中的所有 YAML 文件添加到 Kustomization 的 resources 字段中，请运行以下命令：

```
kustomize edit add resource *.yaml
```

如需查看 Kustomize 修改以帮助页面以及其提供的所有子命令，请运行以下命令：

```
kustomize edit -h
```

如需获取子命令的特定帮助，请将子命令作为参数添加。例如：

```
kustomize edit add -h
```

3.6.7 Kustomize 功能特性列表

Kustomize 功能特性见表 3 - 11 所列。

表 3 - 11 Kustomize 功能特性

字段	类型	解释
namespace	string	为所有资源添加名字空间
namePrefix	string	此字段的值将被添加到所有资源名称前面
nameSuffix	string	此字段的值将被添加到所有资源名称后面
commonLabels	map[string]string	要添加到所有资源和选择算符的标签
commonAnnotations	map[string]string	要添加到所有资源的注解
resources	[]string	列表中的每个条目都必须能够解析为现有的资源配置文件
configMapGenerator	[]ConfigMapArgs	列表中的每个条目都会生成一个 ConfigMap
secretGenerator	[][SecretArgs] []SecretArgs	列表中的每个条目都会生成一个 Secret
generatorOptions	GeneratorOptions	更改所有 ConfigMap 和 Secret 生成器的行为
bases	[]string	列表中每个条目都应能解析为一个包含 kustomization. yaml 文件的目录
patchesStrategic-Merge	[]string	列表中每个条目都能解析为某 Kubernetes 对象的策略性合并补丁
patchesJson6902	[]Patch	列表中每个条目都能解析为一个 Kubernetes 对象和一个 JSON 补丁
vars	[]Var	每个条目用来从某资源的字段来析取文字
images	[]Image	每个条目都用来更改镜像的名称、标记与/或摘要，不必生成补丁
configurations	[]string	列表中每个条目都应能解析为一个包含 Kustomize 转换器配置的文件
crds	[]string	列表中每个条目都应能够解析为 Kubernetes 类别的 OpenAPI

1. 基本用法

- configGenerations：当 ConfigMapGenerator 修改时进行滚动更新。
- combineConfigs：融合来自不同用户的配置数据（例如来自 devops/SRE 和 de-

velopers)。

- generatorOptions:修改所有 ConfigMapGenerator 和 SecretGenerator 的行为。
- vars:通过 vars 将一个资源的数据注入另一个资源的容器参数(例如,为 wordpress 指定 SQL 服务)。
- image names and tags:在不使用 patch 的情况下更新镜像名称和标签。
- remote target:通过 github URL 来构建 Kustomization 。
- json patch:在 kustomization 中应用 json patch 。
- patch multiple objects:通过一个 patch 来修改多个资源。

2. 高级用法

- generator 插件

  last mile helm:对 helm chart 进行 last mile 修改。

  secret generation:生成 Secret。
- transformer 插件

  validation transformer:通过 transformer 验证资源。
- 定制内建 transformer 配置

  transformer configs:自定义 transformer 配置。

3.6.8 Kustomize 最佳实践

- 将自定义资源及其实例保存在单独的包中,否则遇到竞争条件并且创建将被卡住。例如,许多人将 CertManagerCRD 和 CertManager 的资源放在同一个包中,这可能会导致问题。大多数时候,重新应用 YAML 可以解决问题。但最好将它们分开存放。
- 尽量在基础文件中保留通用值,如命名空间、通用元数据。
- 使用以下命名约定按种类组织我们的资源:lowercase-hypenated. yaml(例如,horizontal-pod-autoscaler. yaml)。将服务放在 service. yaml 文件中。
- 遵循标准目录结构,用于基准文件的 bases/目录,以及用于特定环境的 patches//或 overlays/目录。
- 在开发或推送到 git 之前,运行 kubectlkustomizecfgfmtfile_name 以格式化文件并设置正确的缩进。

3.6.9 Helm、Kustomize 和 Kubectl 区别

在我们深入了解 Kustomize 的功能之前,让我们将 Kustomize 与原生 Helm 和原生 Kubectl 进行比较,以更好地突出它提供的差异化功能,见表 3 - 12 所列。

表 3-12 Helm、Kustomize 和 Kubectl 区别

功能性	Kustomize	Helm	Kubectl
模板化	没有模板	复杂的模板	没有模板
安装	Kubernetes1.14 后不需要单独安装	需要单独安装	不需要单独安装
配置	使用一个基本文件管理多个配置	使用一个基本文件管理多个配置	每个不同的配置应该有单独的文件
使用方便	学习曲线简单	比其他两个更难	学习曲线简单

他们的区别主要在工作流程上：

- Helm 的基础流程比较瀑布：定义 Chart-> 填充-> 运行，在 Chart 中没有定义的内容是无法更改的。
- Kustomize 的用法比较迭代：Base 和 Overlay 都是可以独立运作的，增加新对象，或者对编写 Base 时未预料的内容进行变更。

例如，我们定义了一个很基础的应用，由 Deployment＋Service 组成，如后续部署中需要完成两个变更：

- 新建 Ingress 对象。
- 修改镜像地址/名称/TAG。

在 Helm 中：

- 在 Chart 中加入对 Ingress 的定义。
- 用变量控制 Ingress 是否进行渲染。
- Ingress 模板应该包含特定的主机名、注解等变量。
- 把镜像也定义成变量。
- 在 Values.yaml 中对这些变量进行赋值。

而在 Kustomize 中：

- 无需对 Base 进行修改。
- 直接在新的 Overlay 中写入 IngressResource。
- 使用内置的 image transformer 替换原有镜像。

考虑 Kustomization.yaml 文件可以存储在 repos 中并受版本控制，所以在那里可以跟踪和更容易地管理它们，这提供了一种更清晰的方式来管理基础架构即代码。

当在具有不同要求的各种环境中工作时，Kustomize 可以帮助我们的团队共享相同的基础文件，仅简单且有选择地覆盖必要的更改。

3.7 OAM：用于定义云原生应用程序的开放模型

OAM 是 OpenApplicationModel 的缩写，是一种面向云原生应用程序的开放式规

范，用于管理和部署应用程序。它旨在解决云原生应用程序管理的复杂性，并提供一种简单、标准化的方法来管理容器化应用程序，如图 3-6 所示。

OAM 定义了一种描述应用程序组件的模型，以及定义应用程序如何部署和管理的模型。开放应用程序模型（OAM）是用于构建云原生应用程序的规范。OAM 旨在实现应用程序开发人员、应用程序运营商和基础架构运营商之间的关注点分离。它允许开发人员和运维人员在不涉及应用程序代码的情况下，分别关注应用程序的组件和部署方案。OAM 的目标是使应用程序管理更加透明和可扩展，从而提高开发和部署的效率。应用场景包括但不限于：

- 云原生应用程序的管理和部署。
- 在 Kubernetes 中进行应用程序管理。
- 将开发和运维分离，以便更好地管理和扩展应用程序。
- 简化 DevOps 流程，使开发人员可以更快地部署应用程序。

OAM 是由微软、阿里巴巴和思科等公司共同发起的开源项目，它的官方网站是 https://oam.dev/。也是中国公司较少参与云原生标准制定的项目。

OAM 最初是在 2019 年 11 月由微软和阿里巴巴联合发布的，并于 2020 年 1 月成为 CNCF（云原生计算基金会）孵化项目。OAM 的目标是提供一种可移植、可扩展的应用程序管理模型，可以在不同的云平台和容器编排系统之间进行移植和复用，从而加速应用程序的开发和部署。

图 3-6 来自于 OAM 官方社区，从中我们看出 OAM（Operator Application Management）是一种开源的云原生应用管理框架，它能够简化云原生应用的部署、升级、伸缩、监控等管理工作。使用 OAM 可以提高应用的可移植性和可维护性，同时还能够提高开发人员的工作效率，减少部署出错的可能性。具体来说，使用 OAM 的好处包括：

- 更好的可移植性：OAM 可以将应用和基础设施解耦，使应用能够在不同的云环境和基础设施中运行，从而提高了应用的可移植性。

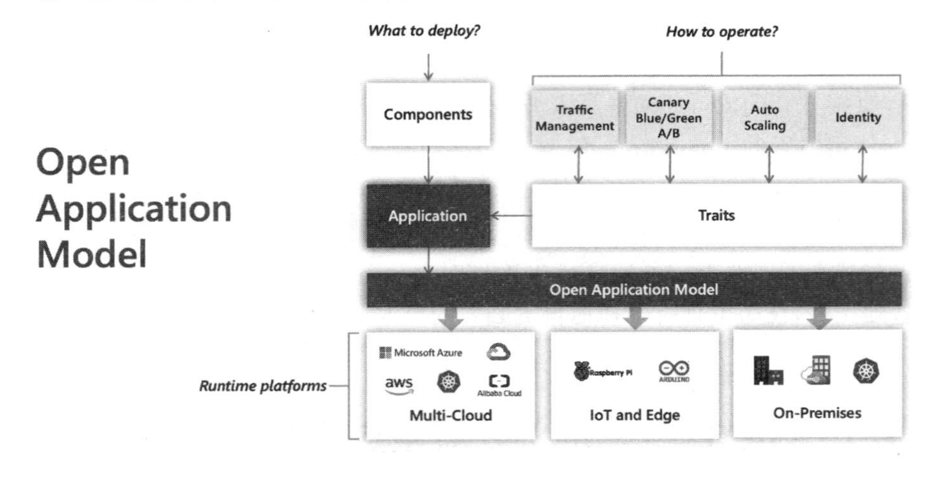

图 3-6　Open Application Model

- 更高的可维护性：OAM通过将应用和配置信息分离，使得应用的修改和维护更加容易和安全。
- 更高的开发效率：使用OAM可以简化应用的部署和管理工作，使开发人员可以更快速地开发和部署应用，从而提高开发效率。
- 更低的出错概率：OAM可以自动进行健康检查和自我修复，从而减少应用出错的可能性。

因此，如果需要在云环境中部署和管理应用，使用OAM可以帮助我们更好地完成这些任务，提高应用的可移植性、可维护性、开发效率和稳定性。

3.7.1 OAM的设计模型

OAM是一种开放的规范，旨在为云原生应用程序管理提供一种更加可扩展、透明和标准化的方法。它通过将应用程序的管理和部署任务分离，使开发人员可以专注于应用程序的组件，而运维人员则可以专注于如何部署和管理这些组件。

开放应用程序模型的目标是定义一种标准的、与基础设施无关的方式来描述跨混合环境、云甚至边缘设备的应用程序部署。

该模型试图解决的核心问题是如何组合分布式应用程序，然后成功地移交给负责操作它们的人员。问题不在于如何编写程序，而在于如何采用面向服务（或面向微服务）架构的组件，并简化围绕此类应用程序的工作流程。

如图3-7所示，OAM(OperatorApplicationManagement)的设计模型包括以下几个组件：

- **应用**(Application)：应用是由多个组件(Components)组成的，它定义了应用的架构、依赖关系和部署策略等信息。OAM的应用模型是声明式的，也就是说，应用的定义是通过YAML文件进行描述的。在YAML文件中，可以定义应用的名称、版本、描述、依赖关系和策略等信息。
- **组件**(Component)：组件是应用的基本单元，它定义了应用的某个特定部分，如前端、后端或数据库等。每个组件由一个或多个工作负载(Workload)组成。组件的定义也是通过YAML文件进行描述的。在YAML文件中，可以定义组件的名称、版本、描述、依赖关系、参数和Traits等信息。
- **工作负载**(Workload)：工作负载是组件的实现方式，它定义了应用如何部署和运行。在OAM中，工作负载通常是一个容器镜像，也可以是其他类型的实现方式，如虚拟机、函数等。工作负载包括容器镜像、资源需求和环境变量等信息。例如，健康范围将组件分组到聚合健康组中。组内组成组件的总体健康状况为升级和回滚机制提供信息；网络范围将组件分组到网络子网边界并定义通用运行时网络模型。网络定义、规则和策略由基础设施的网络或SDN描述。
- **作用域**(Scope)：对具有公共属性或依赖项的组件进行分组来表示应用程序边界。在OAM中，作用域可以是应用级别、组件级别或工作负载级别。不同级别的作用域可以继承父级作用域的参数，也可以覆盖父级作用域的参数。作用域的定义也是通过 YAML 文件进行描述的。

- **Traits**：Traits 是一种扩展机制，它可以向组件添加额外的行为或功能。在 OAM 中，Traits 可以是标准化的或自定义的，可以实现例如“自动伸缩”“健康检查”“日志收集”等功能。Traits 的定义也是通过 YAML 文件进行描述的。

OAM 的设计模型提供了一种声明式的、灵活的应用部署方式，可以使开发者更加关注应用的业务逻辑，而不是部署和管理的细节。OAM 的模型具有良好的可扩展性和灵活性，可以适应不同的应用场景和需求。

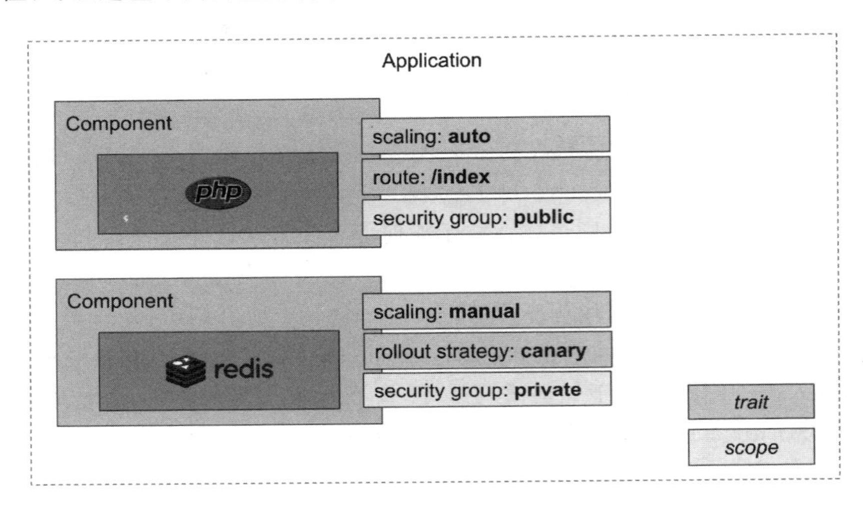

图 3-7 OAM 的设计模型

3.7.2 OAM 的设计理念

OAM 的设计理念主要是为了解决云原生应用程序管理的挑战，使得应用程序的开发、测试、部署和运维更加便捷和灵活。

具体来说，OAM 定义了一种名为“Component”的抽象概念，用于描述应用程序的各个组件及其属性。这些组件可以是容器、函数、数据库等，而它们的属性可以包括镜像名称、环境变量、资源配额等。另外，OAM 还定义了一种名为“Trait”的概念，用于描述应用程序的非功能需求，比如负载均衡、自动伸缩等。

OAM 的另一个关键概念是“ApplicationConfiguration”，它用于描述如何将各个组件组合成一个完整的应用程序，并指定如何将这些组件部署到不同的环境中。例如，开发人员可以使用 ApplicationConfiguration 来定义生产环境和测试环境的不同部署方式。

OAM 与 Kubernetes 密切相关，因为它是一种用于管理容器化应用程序的规范，而 Kubernetes 是目前最受欢迎的容器编排工具。因此，OAM 的一个重要应用场景就是在 Kubernetes 上进行应用程序管理。通过使用 OAM，开发人员可以将应用程序的定义从 Kubernetes 资源清单中解耦出来，使其更加清晰和易于管理。

最后,OAM的目标是简化DevOps流程,提高应用程序的可管理性和可扩展性。它允许开发人员和运维人员使用不同的语言和工具来管理应用程序,从而降低了学习成本和部署难度。同时,OAM还为开发人员提供了一种快速开发和部署应用程序的方式,从而提高了开发效率。

Open Application Model专注于应用程序而不是容器或编排器,它带来了模块化、可扩展和可移植的设计,用于使用更高级别的API定义应用程序部署。具体来说,OAM的设计理念包括以下几个方面:

1. 可移植性

OAM的一个主要目标是提供一种可移植的应用程序管理模型,可以在不同的云平台和容器编排系统之间进行移植和复用。为了实现这个目标,OAM使用了组件模型和ApplicationConfiguration两个核心概念,使得应用程序的定义可以与底层的基础设施和平台无关。

2. 可扩展性

OAM的设计还考虑了应用程序管理的可扩展性,使得用户可以根据需要自定义和扩展组件和特性。为了实现这个目标,OAM引入了Trait和Scope两个概念,使得用户可以定义和组合不同的Trait和Scope,以满足应用程序的需求。

3. 简单性

OAM的设计追求简单性,使得用户可以更加容易地理解和使用。为了实现这个目标,OAM采用了基于声明式的应用程序定义方式,使用了标准的Kubernetes API和CRD,使得用户可以使用熟悉的工具和流程进行应用程序的管理。

4. 透明性

OAM的设计追求透明性,使得用户可以更加清晰地了解应用程序的状态和运行情况。为了实现这个目标,OAM引入了Workload和Trait的概念,使得用户可以更加清晰地了解应用程序的工作负载和特性,从而更好地进行应用程序的监控和调整。

总的来说,OAM的设计理念旨在提供一种简单、可移植、可扩展、透明的应用程序管理模型,以提高应用程序的开发、测试、部署和运维效率。

3.7.3 OAM的实现方案

OAM是开放式规范,因此可以使用不同的实现方案来支持它。下面列举几种常见的OAM实现方案,以及它们的特点和优缺点。

1. Crossplane

Crossplane是一个开源的多云管理平台,它支持使用OAM来定义应用程序。Crossplane提供了一个CRD(自定义资源定义)来支持OAM的组件模型,而使用Crossplane可以在多个云平台上进行应用程序管理和部署。另外,Crossplane还提供了一些预先定义的Traits和WorkloadDefinitions,可以快速创建和部署应用程序。

(1) 优点:支持多云管理,可以在多个云平台上使用;提供了许多预定义的 Traits 和 WorkloadDefinitions,可以快速创建和部署应用程序。

(2) 缺点:由于它是一个多云管理平台,因此可能会有一些额外的学习成本。

2. KubeVela

KubeVela 是一个开源的云原生应用程序平台,它支持使用 OAM 来定义应用程序。KubeVela 提供了一个 CRD 来支持 OAM 的组件模型,同时还提供了一些预定义的 Traits 和 WorkloadDefinitions,可以帮助用户快速创建和部署应用程序。另外,KubeVela 还提供了一个 UI 界面,可以让用户通过拖拽和放置的方式来创建和管理应用程序。

- 优点:提供了 UI 界面,可以方便地进行应用程序管理;提供了许多预定义的 Traits 和 WorkloadDefinitions,可以快速创建和部署应用程序。
- 缺点:由于它是一个比较新的项目,因此可能会有一些不稳定性和缺少社区支持的问题。

3. Rancher Fleet

Rancher Fleet 是 Rancher Labs 开发的多集群应用程序管理工具,它支持使用 OAM 来定义应用程序。Fleet 提供 CRD 来支持 OAM 的组件模型,并且可以在多个 Kubernetes 集群之间进行应用程序管理和部署。另外,Fleet 还支持使用 GitOps 的方式来管理应用程序,可以提高应用程序的可重复性和可维护性。

- 优点:支持多集群管理,可以在多个 Kubernetes 集群上使用;支持使用 GitOps 的方式来管理应用程序。
- 缺点:由于它是多集群管理工具,因此可能会有一些额外的学习成本。

4. Kubernetes 原生 OAM 支持

Kubernetes 社区正在开发原生支持 OAM 的功能,它可以让 Kubernetes 原生地支持 OAM 的组件模型和 ApplicationConfiguration。这样,用户可以直接在 Kubernetes 上使用 OAM 来管理应用程序,而不需要使用第三方工具。这个功能还处于 alpha 测试阶段,但可以通过安装 Kubernetes 的预发行版本来体验。

(1) 优点:原生支持 OAM,不需要额外的学习成本和工具。

(2) 缺点:目前处于 alpha 测试阶段,可能还有一些不稳定性和缺少功能的问题。

总体来说,OAM 的实现方案多种多样,可以根据用户的实际需求选择最适合的方案。在选择方案时,需要考虑使用场景、学习成本、稳定性等因素。

3.8 KubeVela:简化云原生应用交付

Open Application Model 的设计是由 KubeVela 项目驱动的——一个现代应用程序部署平台,旨在使混合、多云环境中交付和管理应用程序变得更加容易和快速。

KubeVela是一个开源的云原生应用引擎，可以帮助开发人员、DevOps团队和企业轻松地创建、部署和管理云原生应用程序。KubeVela提供了一种工作流程(Workflow)的概念，用于描述应用程序的生命周期中不同阶段的操作和流程。

下面是KubeVelaWorkflow的详细描述：

- 创建应用模板(TemplateCreation)：在应用程序的生命周期开始阶段，开发人员可以创建应用模板，定义应用程序的组件、服务、环境等。应用模板可以使用Kubernetes CRD(自定义资源定义)来定义。
- 模板验证(TemplateValidation)：在应用模板创建完成后，KubeVela会对模板进行验证，确保其符合规范和要求。如果模板验证失败，那么KubeVela会给出相应的错误信息，帮助开发人员进行调试和修复。
- 应用编排(Application Orchestration)：在模板验证通过后，KubeVela会根据应用模板创建应用程序。可以通过自动化工具或手动方式进行应用编排。
- 应用部署(Application Deployment)：在应用程序创建完成后，KubeVela会将应用程序部署到Kubernetes集群中。部署既可以使用Kubernetes原生的部署工具，也可以使用KubeVela提供的工具进行。
- 应用管理(Application Management)：在应用程序部署完成后，KubeVela可以帮助开发人员进行应用程序的管理，包括对应用程序进行监控、调试、升级等操作。
- 应用销毁(ApplicationDestruction)：在应用程序生命周期结束时，KubeVela可以帮助开发人员进行应用程序的销毁，包括释放资源、清理数据等操作。

总之，KubeVela Workflow提供了一种规范化、自动化的云原生应用程序生命周期管理方式，可以大大提高应用程序的开发效率和部署质量。

3.8.1 KubeVela安装

1. 安装条件

- Kubernetescluster >=v1.19&& <=v1.24

2. 安装KubeVela命令行

KubeVela CLI提供了常用的集群和应用管理能力。

```
curl -fsSl https://kubevela.net/script/install.sh | bash
```

3. 安装KubeVelaCore

```
$ vela install
```

执行过程：

```
$ vela install
Check Requirements ...
```

```
Installing KubeVela Core ...
Helm Chart used for KubeVela control plane installation:
https://charts.kubevela.net/core/vela-core-1.7.7.tgz
...

KubeVela control plane has been successfully set up on your cluster.
If you want to enable dashboard, please run "vela addon enable velaux"
```

3.8.2 第一个 OAM 应用交付

KubeVela 的核心是将应用部署所需的所有组件和各项运维动作，描述为一个统一的、与基础设施无关的"部署计划"，进而实现在混合环境中标准化和高效率的应用交付。这使得最终用户无需关注底层细节，就可以使用丰富的扩展能力，并基于统一的概念自助式操作。

下面给出了经典的 OAM 应用定义，它包括了一个无状态服务组件和运维特征，三个部署策略和工作流步骤。此应用描述的含义是将一个服务部署到两个目标命名空间，并且在第一个目标部署完成后等待人工审核后部署到第二个目标，且在第二个目标时部署 2 个实例。

```
apiVersion: core.oam.dev/v1beta1
kind: Application
metadata:
  name: first-vela-app
spec:
  components:
  - name: express-server
    type: webservice
    properties:
        image: oamdev/hello-world
        ports:
        - port: 8000
          expose: true
      traits:
        - type: scaler
          properties:
              replicas: 1
  policies:
    - name: target-default
      type: topology
      properties:
          # local 集群即 Kubevela 所在的集群
          clusters: ["local"]
```

```
        namespace: "default"
    - name: target-prod
      type: topology
      properties:
        clusters: ["local"]
        # 此命名空间需要在应用部署前完成创建
        namespace: "prod"
    - name: deploy-ha
      type: override
      properties:
        components:
          - type: webservice
            traits:
              - type: scaler
                properties:
                  replicas: 2
workflow:
  steps:
    - name: deploy2default
      type: deploy
      properties:
        policies: ["target-default"]
    - name: manual-approval
      type: suspend
    - name: deploy2prod
      type: deploy
      properties:
        policies: ["target-prod", "deploy-ha"]
```

这个Application对象会引用component、trait、policy以及workflow step的类型，这些类型背后是平台构建者(运维团队)维护的可编程模块。由此，我们可以看到，这种抽象的方式是高度可扩展、可定制的。

- **组件(Component)**：组件定义一个应用包含的待交付制品(二进制、Docker镜像、Helm Chart...)或云服务。我们认为一个应用部署计划部署的是一个微服务单元，里面主要包含一个核心的用于频繁迭代的服务，以及一组服务所依赖的中间件集合(包含数据库、缓存、云服务等)，一个应用中包含的组件数量应该控制在15个以内。
- **运维特征(Trait)**：运维特征是指可以随时绑定给待部署组件的、模块化、可拔插的运维能力。比如，副本数调整(手动、自动)、数据持久化、设置网关策略、自动设置DNS解析等。
- **应用策略(Policy)**：应用策略负责定义指定应用交付过程中的策略。比如，多集群部署的差异化配置、资源放置策略、安全组策略、防火墙规则、SLO 目标等。

- **工作流步骤**(WorkflowStep):工作流由多个步骤组成,允许用户自定义应用在某个环境的交付过程。典型的工作流步骤包括人工审核、数据传递、多集群发布、通知等。

以上这些概念的背后都是由一组称为模块定义(Definitions)的可编程模块提供具体功能。KubeVela 会像胶水一样基于 Kubernetes API 定义基础设施的抽象性并将不同的能力组合起来。如图 3-8 所示,描述了 KubeVela 核心概念间的关系:

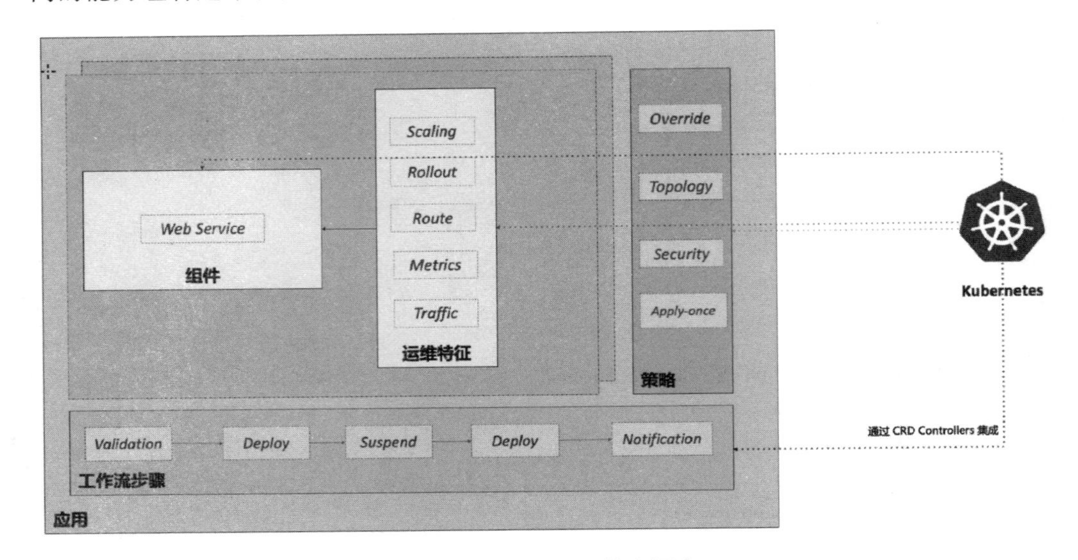

图 3-8　KubeVela 核心概念

(1) 开始应用部署

```
# 此命令用于在管控集群创建命名空间
vela env init prod --namespace prod
```

(2) 应用部署

```
vela up -f https://kubevela.net/example/applications/first-app.yaml
```

(3) 执行过程

```
$ vela up -f https://kubevela.net/example/applications/first-app.yaml
Applying an application in vela K8s object format...
I0413 21:10:40.897731 100746 apply.go:121] "creating object" name = "first-vela-app"
resource = "core.oam.dev/v1beta1, Kind = Application"
App has been deployed
    Port forward: vela port-forward first-vela-app -n prod
             SSH: vela exec first-vela-app -n prod
         Logging: vela logs first-vela-app -n prod
      App status: vela status first-vela-app -n prod
```

```
    Endpoint: vela status first-vela-app -n prod --endpoint
Application prod/first-vela-app applied.
```

(4) 查看部署状态

```
vela status first-vela-app
```

(5) 执行过程

```
$ vela status first-vela-app
About:

  Name:        first-vela-app
  Namespace:   prod
  Created at:  2023-04-13 21:10:40 +0800 CST
  Status:      workflowSuspending

Workflow:

  mode: StepByStep-DAG
  finished: false
  Suspend: true
  Terminated: false
  Steps
  - id: py9ks752ve
    name: deploy2default
    type: deploy
    phase: succeeded
  - id: xat8is1gg9
    name: manual-approval
    type: suspend
    phase: running

Services:

  - Name: express-server
    Cluster: local Namespace: default
    Type: webservice
    Healthy Ready:1/1
    Traits:
     scaler
```

正常情况下，应用完成第一个目标部署后进入暂停状态(workflowSuspending)。人工审核，批准应用进入第二个目标部署：

```
vela workflow resume first-vela-app
```

通过下述方式来访问该应用：

```
$ vela port-forward first-vela-app 8000:8000
```

上述命令将创建本地代理并打开本地浏览器，可以查看到如下内容：

```
curl 127.0.0.1:8000
<pre>
Hello KubeVela! Make shipping applications more enjoyable.

                                            ,
                                            //,
                                            ////
                                        ./  /////*
                                      ,///  ///////
                                    .///// ////////
                                   /////// /////////
                                  //////// //////////
                                ,///////// ///////////
                               ,////////// ///////////.
                              .//////////// ////////////
                              //////////// ////////////.
                             *//////////// ////////////*
#@@@@@@@@@@@@@* ..,,*  *  */  /////////////
  /@@@@@@@@@@@@#
    *@@@@@@@@@@@@@@@@@@@@@@@@@@@@@@&
     .@@@@@@@@@@@@@@@@@@@@@@@@@@@@@@.

       @@@@@@@@@@@@@@@@@@@@@@@@@@@@@
         .&@@@*      *@@@&     ,@@@&.

 _  __      _          __      __    _
| |/ /_   _| |__   ___\ \    / /___| |  __ _
| ' /| | | || '_ \ / _ \\ \ / // _ \| | / _` |
| . \| |_| || |_) ||  __/ \ V /|  __/| || (_| |
|_|\_\\__,_||_.__/  \___|  \_/  \___||_| \__,_
```

恭喜，至此你已经完成了首个 KubeVela 应用的部署流程。

3.9 Kubernetes 中的弹性伸缩

HPA 和 VPA 都是 Kubernetes 中的资源调度机制，用于自动调整 Pod 的副本数和资源分配,以便更好地满足应用程序的需求和资源利用率。

HPA(Horizontal Pod Autoscaler)是一种用于自动扩展或缩小 Pod 副本数的机制,可以根据 CPU 利用率或自定义指标来进行自适应调整。HPA 能够监测 Pod 的 CPU 利用率,并在 CPU 利用率达到阈值时自动扩展 Pod 的副本数,以满足负载的需求。同样地,当 CPU 利用率降低时,HPA 可以自动缩小 Pod 的副本数,以节省资源。HPA 的工作原理是通过定期查询 Pod 的 CPU 利用率指标,并根据预定义的目标 CPU 利用率和最小/最大副本数来计算所需的 Pod 副本数,然后将该值发送给 Kubernetes API 服务器以更新副本数。

从最基本的角度来看,Pod 水平自动扩缩控制器根据当前指标和期望指标来计算扩缩比例。

```
期望副本数 = ceil[当前副本数 * (当前指标 / 期望指标)]
```

例如,如果当前指标值为 200m ,而期望值为 100m ,则副本数将加倍, 因为 200.0/100.0==2.0;如果当前值为 50m ,则副本数将减半, 因为 50.0/100.0==0.5 。如果比率足够接近 1.0(在全局可配置的容差范围内,默认为 0.1), 则控制平面会跳过扩缩操作。

VPA(Vertical Pod Autoscaler)是一种用于自动调整 Pod 资源分配(CPU 和内存)的机制,可以根据 Pod 的历史和实时利用率来进行自适应调整。VPA 可以动态地调整 Pod 的 CPU 和内存请求和限制,以确保应用程序获得所需的资源,同时最大化资源利用率。VPA 的工作原理是监测 Pod 的历史和实时资源利用率,并以此来计算 Pod 的最优资源分配,然后将计算出的资源分配值发送给 Kubernetes API 服务器以更新 Pod 的配置。与 HPA 不同,VPA 调整的是 Pod 的 CPU 和内存资源请求和限制,而不是 Pod 的副本数。VPA 可以根据当前 Pod 的资源使用情况动态地调整 Pod 的资源请求和限制,以保证 Pod 能够充分利用可用资源,提高应用程序的性能。

HPA 和 VPA 都是非常有用的资源调度机制,可以帮助管理员自动化 Kubernetes 集群的资源管理,从而实现更高的资源利用率和更好的应用程序性能。

在 Kubernetes 中,HPA 和 VPA 都是通过 API Server 监控 Pod 的资源使用情况,并根据预定义的策略动态地调整 Pod 的副本数或资源请求和限制。当 Pod 的资源使用率超过或低于预设的阈值时,HPA 或 VPA 会自动调整 Pod 的副本数或资源请求和限制,以保证 Pod 的性能和可用性。

下面分别举例说明 Kubernetes 中 HPA 和 VPA 的使用。

在进行操作前,你需要一个部署并配置了 Metrics Server 的集群。Kubernetes Metrics Server 从集群中的 kubelets 收集资源指标,并通过 Kubernetes API 公开这些指标,使用 APIService 添加代表指标读数的新资源。

下面是一个 HPA 的完整示例,假设我们有一个 Deployment,里面运行着一个 Web 应用程序,并且该应用程序的负载受到了流量的影响。我们想要在运行该应用程序的 Pod 中动态地调整它们的副本数,以保持负载的平衡。在这种情况下,可以使用 HPA。

1. 创建 Deployment

我们需要创建一个 Deployment 来运行我们的 Web 应用程序，可以使用以下 YAML 文件创建 Deployment：

```yaml
apiVersion: apps/v1
kind: Deployment
metadata:
  name: webapp
spec:
  replicas: 1
  selector:
    matchLabels:
      app: webapp
  template:
    metadata:
      labels:
        app: webapp
    spec:
      containers:
      - name: webapp
        image: nginx
        resources:
          requests:
            cpu: 100m
          limits:
            cpu: 200m
        ports:
        - containerPort: 80
```

这个 YAML 文件创建了一个名为 webapp 的 Deployment，它运行着一个 Nginx 容器，该容器监听 80 端口。此外，我们指定了容器的 CPU 请求和限制，以确保它不会使用超出所需的 CPU。

2. 创建 HPA

接下来，我们需要创建一个 HPA 来监视负载并动态地调整 Pod 的副本数。可以使用以下 YAML 文件创建 HPA：

```yaml
apiVersion: autoscaling/v2beta2
kind: HorizontalPodAutoscaler
metadata:
  name: webapp-hpa
spec:
```

```
  scaleTargetRef:
    apiVersion: apps/v1
    kind: Deployment
    name: webapp
  minReplicas: 1
  maxReplicas: 5
  metrics:
  - type: Resource
   resource:
      name: cpu
      target:
        type: Utilization
        average Utilization: 50
```

这个 YAML 文件创建了一个名为 webapp-hpa 的 HPA，它监视 webappDeployment 的 CPU 使用情况，并尝试保持平均 CPU 利用率为 50%。该 HPA 具有一个最小副本数为 1，最大副本数为 5，这意味着它可以将 Pod 副本数增加到 5 个，以满足流量的需求。

3. 测试

现在，我们可以使用一些负载测试工具来模拟流量，并检查 HPA 是否会自动调整 Pod 的副本数。例如，我们可以使用 ApacheBench：

```
ab -n 1000 -c 10 http://<webapp-service-ip>
```

这个命令将向 webapp Service 发送 1000 个请求，每次使用 10 个并发连接。大家可以使用 kubectl get hpa 命令来查看 HPA 的状态，如果 CPU 利用率超过 50%，则会自动增加 Pod 的副本数，以满足负载要求。同时，还可以使用 kubectl get pods 命令来查看 Pod 。

第 4 章　云原生网络

4.1　Flannel:非常简单的覆盖网络插件

Flannel 是非常简单的覆盖网络插件,它提供了一种简单的方法来配置专为 Kubernetes 设计的第 3 层网络结构。Flannel 在每台主机上运行一个名为 flanneld 的小型单一二进制代理,并负责从更大的预配置地址空间中为每台主机分配子网租约。Flannel 使用 KubernetesAPI 或 etcd 直接存储网络配置、分配的子网和任何辅助数据(如主机的公共 IP)。使用多种后端机制转发数据包,包括 UDP,VXLAN 和 HOST-GW。

4.1.1　Flannel 基本概念

1. 网络空间

默认情况下,Flannel 使用 CIDR10.244.0.0/16 为每个节点分配具有 10.244.X.0/24 掩码的较小子网,Pod 将使用这些子网分配给给定节点的 IP 地址。

简而言之,这意味着每个节点最多可以有 254 个活动 Pod,其中每个 Pod 都将拥有来自该分配子网的不同 IP。

2. 虚拟以太网设备-veth

veth 设备是虚拟以太网设备。它们可以充当网络名称空间之间的隧道,以创建到另一个名称空间中的物理网络设备的桥梁,但也可以用作独立的网络设备。

3. 网桥-cni0

cni0 是一个 Linux 网桥设备,所有的 veth 设备都会连接这个网桥,所以同一个节点上的所有 Pod 都可以相互通信。

4. VXLAN 设备

Linux 内核自 3.7 版本开始支持 VXLAN 隧道技术,是目前最流行的 Overlay 网络隧道协议,将二层以太网帧封装在四层 UDP 报文中,通过三层网络传输,组成一个虚拟大二层网络。VXLAN 使用 VTEP(VXLAN Tunnel Endpoint)来进行封包和解包:在发送端,源 VTEP 将原始报文封装成 VXLAN 报文,通过 UDP 发送到对端 VTEP;在接收端,VTEP 将解开 VXLAN 报文,将原始的二层数据帧转发给目的的接收方。VTEP 可以是独立的网络设备,例如交换机,也可以是部署在服务器上的虚拟设备。

虚拟可扩展局域网(VXLAN)是一种网络虚拟化技术,旨在解决与大型云计算部署相关的可扩展性问题。它使用类似 VLAN 的封装技术将 OSI 第 2 层以太网帧封装在第 4 层 UDP 数据表中,使用 4789 作为默认的 IANA 分配的目标 UDP 端口号。VXLAN 端点终止 VXLAN 隧道,可以是虚拟或物理交换机端口,称为 VXLAN 隧道端点(VTEP)。

使用 VXLAN,可以连接两个或多个网络,方法是让它们像连接在同一网络中一样运行,也就是说,每个网络都是它们自己网络的一部分,但在同一域"内部"。

VXLAN 头里有一个重要的标志叫作 VNI,它是 VTEP 设备识别某个数据帧是不是应该归自己处理的重要标识。在 Flannel 后端实现是 VXLAN 时,其中每个节点都会有一个 flannel.1 设备。也就是 VXLAN 所需的 VTEP 设备,它既有 IP 地址,也有 MAC 地址。

简单总结,VXLAN 中的几个概念如下:

- **VTEP(VXLANtunnelendpoints)**:VXLAN 网络的边缘设备,用来进行 VXLAN 报文的封包与解包。VTEP 可以是网络设备(例如交换机),也可以是一台机器(例如虚拟化集群中的宿主机)。
- **VNI(VXLANnetworkidentifier)**:VNI 是 VXLAN 的标识,是 24 位整数,因此最大值是 2 的 24 次方。如果一个 VNI 对应一个租户,那么理论上 VXLAN 可以支持千万级别的租户。
- **VXLANtunnel**:隧道是一个逻辑上的概念,在 VXLAN 模型中并没有具体的物理实体相对应。隧道可以看作一个虚拟通道,VXLAN 通信双方都认为自己在直接通信,并不知道底层网络的存在。从整体上看,每个 VXLAN 网络像是为通信的设备搭建了一个单独的通信通道,也就是隧道。

5. Flanneld

Flanneld 是一个守护进程,负责使节点(及其包含的 Pod)之间的路由保持最新。

在我们上面的类比中,这就像酒店的一名员工负责在每次有新房间可用时(例如,如果酒店建造了带房间的新建筑)或房间不可用时。

4.1.2 安装部署 Flannel

1. Kubernetes 中使用 Flannel

Flannel 可以添加到任何现有的 Kubernetes 集群中,但是在使用 pod 网络的任何 pod 启动之前添加是最简单的。

注意: 如果使用 kubeadm 部署 Kubernetes,则 kubeadminit 命令中设置--pod-network-cidr=10.244.0.0/16 参数,来设置 podCIDR。

对于 Kubernetesv1.17+

(1) 使用 kubectl 部署 Flannel

```
kubectl apply -f https://github.com/flannel-io/flannel/releases/latest/download/kube-flannel.yml
```

如果使用自定义 podCIDR(不是 10.244.0.0/16),首先需要下载上面的清单并修改 Pod 网段以匹配网段。

kube-flannel.yaml:清单 kube-flannel.yml 定义了五件事。

PodSecurity 级别设置为 privileged。

用于基于角色的访问控制(RBAC)的 ClusterRole 和 ClusterRoleBinding。

Flannel 要使用的服务帐户。

包含 CNI 配置和 flannel 配置的 ConfigMap。flannel 配置中的 network 应与 pod 网络 CIDR 匹配。

配置 backend,默认为 VXLAN。

使用 DaemonSet 以便 flannel 在每个节点上部署 pod。Pod 有两个容器:flannel 守护进程本身;一个用于将 CNI 配置部署到可以被 kubelet 读取的 initContainer 中。

当运行 pod 时,它们将从 pod 网络 CIDR 分配 IP 地址。无论这些 pod 最终位于哪个节点上,它们都能够相互通信。

(2) 使用 helm 部署 Flannel

```
helm install flannel --set podCidr = "10.244.0.0/16" https://github.com/flannelio/flannel/releases/latest/download/flannel.tgz
```

如果配置了防火墙,请确保 Flannel 后端使用的端口已经被开放。

Flannel 默认使用 portmapCNI 网络插件;部署 Flannel 时确保 CNI 网络插件的二进制文件安装在/opt/cni/bin 中。可以使用以下命令进行下载:

```
mkdir -p /opt/cni/bin
curl -O -L
https://github.com/containernetworking/plugins/releases/download/v1.2.0/cni-pluginslinux-amd64-v1.2.0.tgz
tar -C /opt/cni/bin -xzf cni-plugins-linux-amd64-v1.2.0.tgz
```

2. Docker 中使用 Flannel

在 Docker 中使用 Flannel,通常选 etcd 作为数据存储。

(1) 部署 etcd

```
# 创建 etcd 日志保存目录
$ mkdir -p /var/log/etcd/
# 创建单独的 etcd 数据目录
$ mkdir -p /data/etcd
# 下载 etcd 二进制文件
$ ETCD_VER = v3.3.10
```

```
$ GITHUB_URL = https://github.com/etcd-io/etcd/releases/download
$ DOWNLOAD_URL = ${GITHUB_URL}
$ curl -L ${DOWNLOAD_URL}/${ETCD_VER}/etcd-${ETCD_VER}-linux-amd64.tar.gz -o
/tmp/etcd-${ETCD_VER}-linux-amd64.tar.gz
$ tar xzvf /tmp/etcd-${ETCD_VER}-linux-amd64.tar.gz -C /tmp/etcd-download-test --
strip-components = 1
$ rm -f /tmp/etcd-${ETCD_VER}-linux-amd64.tar.gz
$ cp /tmp/etcd-download-test/etcd* /usr/local/bin/
$ etcd --version
```

(2) 创建 etcd 系统服务

```
#创建用于 systemd 管理的文件

vi /lib/systemd/system/etcd.service
[Unit]
Description = etcd
Documentation = https://github.com/coreos/etcd
Conflicts = etcd.service

[Service]
Type = notify
Restart = always
RestartSec = 5s
LimitNOFILE = 40000
TimeoutStartSec = 0

ExecStart = /usr/local/bin/etcd --name etcd1 --data-dir /data/etcd \
--listen-client-urls http://172.24.8.113:2379,http://127.0.0.1:2379 \
--advertise-client-urls http://172.24.8.113:2379

[Install]
WantedBy = multi-user.target
```

(3) Etcd 中添加相应网段

```
$ etcdctl --endpoints http://172.24.8.113:2379 set /flannel/network/config
'{"Network": "10.1.0.0/16", "SubnetLen": 24, "SubnetMin": "10.1.15.0","SubnetMax":
"10.1.20.0", "Backend": {"Type": "vxlan"}}'

$ etcdctl get /flannel/network/config
{"Network": "10.0.0.0/16", "SubnetLen": 24, "SubnetMin": "10.1.15.0","SubnetMax":
"10.1.20.0", "Backend": {"Type": "vxlan"}}
```

(4) 字段解释

- Network(字符串):CIDR 格式的 IPv4 网络,用于整个 flannel 网络。(这是唯一的强制密钥。)

- SubnetLen(整数):分配给每个主机的子网大小,除非 Network 小于 24,否则默认为 24(即/24)。
- SubnetMin(字符串):子网分配应从哪个 IP 范围开始,应默认为第一个子网 Network。
- SubnetMax(字符串):子网分配应结束 IP 范围的结尾,默认为最后一个子网 Network。
- Backend(后端):要使用的后端类型和该后端的特定配置。

(5) Flannel 部署

```
# 下载 flannel 二进制文件
$ mkdir /tmp/flannel-download-test
$ FLANNEL_VER = v0.20.1
$ GITHUB_URL = https://github.com/coreos/flannel/releases/download
$ DOWNLOAD_URL = ${GITHUB_URL}
$ curl -L ${DOWNLOAD_URL}/${FLANNEL_VER}/flannel-${FLANNEL_VER}-linux-amd64.tar.gz -o
/tmp/flannel-${FLANNEL_VER}-linux-amd64.tar.gz
$ tar xzvf /tmp/flannel-${FLANNEL_VER}-linux-amd64.tar.gz -C /tmp/flannel-downloadtest
$ rm -f /tmp/flannel-${FLANNEL_VER}-linux-amd64.tar.gz

# 拷贝 flanneld、mk-docker-opts.sh
$ cp /tmp/flannel-download-test/flanneld /usr/local/bin/
$ cp /tmp/flannel-download-test/mk-docker-opts.sh /usr/local/bin/
```

解压后主要有 flanneld、mk-docker-opts.sh 这两个文件,其中 flanneld 为主要的执行文件,mk-docker-opts.sh 脚本用于生成 Docker 启动参数。

(6) Flannel 系统服务

```
#flannel 系统服务
$ vi /lib/systemd/system/flanneld.service
[Unit]
Description = Flanneld overlay address etcd agent
Documentation = https://github.com/coreos/flannel
After = network.target
After = network-online.target
Wants = network-online.target
After = etcd.service #指定 flannel 在 etcd 之后、docker 之前启动
Before = docker.service

[Service]
User = root
Type = notify
```

```
LimitNOFILE=65536
#指定 flannel 配置文件
EnvironmentFile=/etc/flannel/flanneld.conf
ExecStart=/usr/local/bin/flanneld \
-etcd-endpoints= ${FLANNEL_ETCD_ENDPOINTS} \
#使用引用 flannel 配置文件中的参数形式
-etcd-prefix= ${FLANNEL_ETCD_PREFIX} $FLANNEL_OPTIONS
ExecStartPost=/usr/local/bin/mk-docker-opts.sh -k DOCKER_NETWORK_OPTIONS -d
/run/flannel/docker
Restart=on-failure

[Install]
WantedBy=multi-user.target
```

/etc/sysconfig/flanneld：配置相关 Flannel 启动参数，用于 Flannel 从 etcd 获取唯一地址段；mk-docker-opts.sh：mk-docker-opts.sh 运行后会将 Flannel 获取的网络参数写入/run/flannel/subnet.env 文件。

- -k DOCKER_NETWORK_OPTIONS ：-k 会将默认组合键，即 DOCKER_OPTS 转换为 DOCKER_NETWORK_OPTIONS，主要方便于 yum 安装的 docker 直接引用(即 docker.service 中的 Service 字段 ExecStart 行为已经包括 $DOCKER_NETWORK_OPTIONS，从而不需要再次添加 $DOCKER_OPTS)。
- -d /run/flannel/docker：将/run/flannel/subnet.env 文件转换为 docker 能识别的格式后保存为/run/flannel/docker 。

我们知道 ExecStartPost=/usr/libexec/flannel/mk-docker-opts.sh-kDOCKER_NETWORK_OPTIONS-d/run/flannel/docker，其中的/usr/libexec/flannel/mk-docker-opts.sh 脚本是在 flanneld 启动后运行，将会生成两个环境变量配置文件：

- /run/flannel/docker。
- /run/flannel/subnet.env。

我们来看下/run/flannel/docker 的配置。

```
$ cat /run/flannel/docker
DOCKER_OPT_BIP="--bip=173.0.88.1/24"
DOCKER_OPT_IPMASQ="--ip-masq=true"
DOCKER_OPT_MTU="--mtu=1450"
DOCKER_NETWORK_OPTIONS=" --bip=173.0.88.1/24 --ip-masq=true --mtu=1450"
```

(7) Flannel 配置文件

```
$ vi /etc/flannel/flanneld.conf

# Flanneld configuration options
```

```
# etcd url location. Point this to the server where etcd runs
#指定 etcd 服务器的监听地址
FLANNEL_ETCD_ENDPOINTS = "http://172.24.8.113:2379"

# etcd config key. This is the configuration key that flannel queries
# For address range assignment
#指定 etcd 网络参数所存储键值的 key
FLANNEL_ETCD_PREFIX = "/flannel/network"

# Any additional options that you want to pass
#指定用于主机间通信的网络接口
FLANNEL_OPTIONS = "-iface = eth0"
```

① Docker 配置

Docker 守护进程接受--bip 参数来配置 docker0 网桥的子网。它还接受--mtu 为它将要创建的 docker0 和 veth 设备设置 MTU。

因为 Flannel 将获取的子网和 MTU 值写入文件，所以启动 Docker 的脚本可以获取这些值并将它们传递给 Docker 守护进程：

```
vi /lib/systemd/system/docker.service

EnvironmentFile = /run/flannel/docker #添加 flannel 转换后的 docker 能识别的配置文件
ExecStart = /usr/bin/dockerd -H fd:// $DOCKER_NETWORK_OPTIONS
```

如果使用 systemctl 命令先启动 Flannel 后启动 docker，docker 将会读取以上环境变量 DOCKER_NETWORK_OPTIONS。

```
$ cat /usr/lib/systemd/system/docker.service
...
[Service]
Type = notify
# the default is not to use systemd for cgroups because the delegate issues still
# exists and systemd currently does not support the cgroup feature set required
# for containers run by docker
ExecStart = /usr/bin/dockerd $DOCKER_NETWORK_OPTIONS
ExecReload = /bin/kill -s HUP $MAINPID
ExecStartPost = /sbin/iptables -I FORWARD -s 0.0.0.0/0 -j ACCEPT
TimeoutSec = 0
RestartSec = 2
Restart = always
...
```

查看节点上的 docker 启动参数：

```
$ systemctl status -l docker
• docker.service - Docker Application Container Engine
```

```
   Loaded: loaded (/usr/lib/systemd/system/docker.service; enabled; vendor preset:
disabled)
  Drop-In: /usr/lib/systemd/system/docker.service.d
           └─flannel.conf
          /etc/systemd/system/docker.service.d
           └─http-proxy.conf
..
  CGroup: /system.slice/docker.service
           ├─18500 /usr/bin/dockerd --bip=173.0.88.1/24 --ip-masq=true --mtu=1450
```

我们可以看到 docker 在启动时有如下参数:--bip=173.0.88.1/24--ip-masq=true--mtu=1450。上述参数是 Flannel 启动时运行的脚本生成的。

实际上,docker 在为容器配置名为 docker0 的网桥时候,实际是通过修改 Docker 的启动参数-bip 来实现的。通过这种方式是为每个节点的 Docker0 网桥设置在整个集群范围内唯一的网段,即保证创建出来的 Pod IP 地址是唯一的。

我们再来看下/run/flannel/subnet.env 的配置。

```
$ cat /run/flannel/subnet.env
FLANNEL_NETWORK=173.0.0.0/8
FLANNEL_SUBNET=173.0.88.1/24
FLANNEL_MTU=1450
FLANNEL_IPMASQ=false
```

以上环境变量是 Flannel 向 etcd 中注册的。

或者也可以使用:

```
source /run/flannel/subnet.env
docker daemon --bip=${FLANNEL_SUBNET} --mtu=${FLANNEL_MTU} &
```

Systemd 用户可以使用文件 EnvironmentFile 中的指令.service 来拉入/run/flannel/subnet.env。

② 启动服务

```
# 启动 etcd 服务
$ systemctl daemon-reload | systemctl enable etcd.service | systemctl restart
etcd.service

# 启动 flannel 服务
$ systemctl daemon-reload | systemctl enable flanneld.service | systemctl restart
flanneld.service

# 重启 docker 服务
$ systemctl daemon-reload | systemctl restart docker.service
```

4.1.3 Flannel 数据存储

Flannel 主要的工作原理为:给每个 Node 上的 Docker 容器分配互相不冲突的 IP 地址,在这些 IP 地址之间建立一个覆盖网络(Overlay Network),通过覆盖网络直接将数据包传递到目标容器中。

Flannel 的数据存储主要包括两方面:一是存储每个节点的 IP 地址和其他相关信息,以便实现节点之间的网络互联;二是存储网络配置信息,以便在节点加入或离开集群时自动分发配置信息。

Flannel 可以利用 KubernetesAPI 或者 etcd 存储和分发整个集群的网络信息,其中最主要的内容为设置集群的网络地址空间。例如,设定整个集群内所有容器的 IP 都取自网段 10.244.0.0/16。接着,Flannel 在每个主机中运行 Flanneld 作为 agent,它会为所在主机从集群的网络地址空间中,获取一个小的网段 subnet。此时本主机内所有容器的 IP 地址都将从中分配。然后,Flanneld 再将本主机获取的 subnet 以及用于主机间通信的 Public IP,通过 KubernetesAPI 或者 etcd 存储起来。最后,Flannel 利用各种 backend,例如 udp,vxlan,host-gw 等,跨主机转发容器间的网络流量,完成容器间的跨主机通信。

在 etcd 后端中,每个节点都会在 etcd 中创建一个唯一的键,并将该节点的 IP 地址和其他相关信息存储在该键下。Flannel 会定期检查 etcd 中的配置信息,以确保每个节点都具有最新的网络配置。如下面所示,我们在 Flannel 中使用 etcd 作为数据存储。

```
$ cat /etc/sysconfig/flanneld
# Flanneld configuration options


# etcd url location. Point this to the server where etcd runs
FLANNEL_ETCD_ENDPOINTS = "http://192.168.172.128:2379"


# etcd config key. This is the configuration key that flannel queries
# For address range assignment
FLANNEL_ETCD_PREFIX = "/flannel/network"


# Any additional options that you want to pass
#FLANNEL_OPTIONS = ""


FLANNEL_OPTIONS = " -iface = ens192 --subnet-lease-renew-margin = 1080"
```

Flannel 正常运行后,Flannel 为每一个 Node 分配 IP 子网。在 etcd 中注册的宿主机的 pod 地址网段信息为:

```
# 获取 Etcd 所有的分配子网列表
$ etcdctl --endpoints = http://10.10.100.1:2379 ls "/flannel/network/subnets"
/flannel/network/subnets/173.1.255.0-24
```

```
/flannel/network/subnets/173.2.189.0-24
/flannel/network/subnets/173.0.54.0-24
/flannel/network/subnets/173.0.73.0-24
/flannel/network/subnets/173.0.94.0-24
/flannel/network/subnets/173.1.49.0-24
/flannel/network/subnets/173.1.155.0-24

# 具体某一个子网详情
$ etcdctl --endpoints=http://10.10.100.1:2379 get
"/flannel/network/subnets/173.0.143.0-24"
{"PublicIP":"10.10.11.65","BackendType":"vxlan","BackendData":
{"VtepMAC":"da:a5:31:f8:0a:1a"}}
```

而每个 node 上的 Pod 子网是根据我们在安装 Flannel 时配置来划分的，在 etcd 中查看集群的网络配置信息：

```
$ etcdctl --endpoints=http://10.10.100.1:2379 get "/flannel/network/config"
{ "Network": "173.0.0.0/8", "SubnetLen": 24, "Backend": { "Type": "vxlan" } }
```

Flannel 在每个 Node 上启动了一个 Flanneld 的服务，在 Flanneld 启动后，将从 etcd 中读取配置信息，并请求获取子网的租约。所有 Node 上的 Flanneld 都依赖 etcd-cluster 来做集中配置服务，etcd 保证了所有 node 上 Flanned 所看到的配置是一致的。同时每个 node 上的 Flanned 监听 etcd 上的数据变化，实时感知集群中 node 的变化。Flanneld 一旦获取子网租约、配置后端后，会将一些信息写入/run/flannel/subnet.env 文件。

```
$ cat /var/run/flannel/subnet.env

FLANNEL_NETWORK=173.0.0.0/8
FLANNEL_SUBNET=173.0.88.1/24
FLANNEL_MTU=1450
FLANNEL_IPMASQ=false
```

租约：当 Flannel 启动时，它确保主机有一个子网租约。如果存在现有租约，则使用它，否则分配一个。可以通过查看 etcd 的内容来查看租约。例如：

```
$ export ETCDCTL_API=3
$ etcdctl get /coreos.com/network/subnets --prefix --keys-only
/coreos.com/network/subnets/10.5.52.0-24
$ etcdctl get /coreos.com/network/subnets/10.5.52.0-24

/coreos.com/network/subnets/10.5.52.0-24
{"PublicIP":"192.168.64.3","PublicIPv6":null,"BackendType":"vxlan","BackendData":
{"VNI":1,"VtepMAC":"c6:d2:32:6f:8f:44"}}
```

```
$ etcdctl lease list
found 1 leases
694d854330fc5110

$ etcdctl lease timetolive --keys 694d854330fc5110
lease 694d854330fc5110 granted with TTL(86400s), remaining(74737s), attached
keys([/coreos.com/network/subnets/10.5.52.0-24])
```

这表明有一个租约(10.5.52.0/24)将在 74737 s 后到期。Flannel 将尝试在租约到期前续订租约,但如果 Flannel 长时间未运行,则租约将丢失。

该"PublicIP"值表示 Flannel 在重新启动时如何知道重用此租约。这意味着如果公共 IP 发生变化,则 Flannel 子网也会发生变化。

如果主机无法在租约到期前续订租约(例如,主机需要很长时间才能重新启动,并且时间与租约正常续订的时间一致),Flannel 将尝试续订它的最后一个租约已保存在其子网配置文件中(除非指定,否则默认位于/var/run/flannel/subnet.env)。

```
cat /var/run/flannel/subnet.env
FLANNEL_NETWORK = 10.5.0.0/16
FLANNEL_SUBNET = 10.5.52.1/24
FLANNEL_MTU = 1450
FLANNEL_IPMASQ = false
```

在这种情况下,如果 Flannel 无法从 etcd 检索现有租约,它将尝试续订 FLANNEL_SUBNET(10.5.52.1/24)中指定的租约。如果指定的子网对当前 etcd 网络配置有效,那么它将仅续订此租约,否则它将分配一个新租约。

4.1.4 Flannel Backends

Flannel 是一种网络抽象层,它为容器提供了虚拟的网络接口,这使得容器可以像虚拟机一样具有自己的 IP 地址。Flannel 支持多种不同类型的后端,每种后端都有其特定的用例和限制条件。以下是每个后端的更详细信息:

- host-gw:使用 Linux 内核的静态路由表,该后端适用于需要网络性能最佳的场景,因为它不涉及任何转发。它将容器的 IP 地址路由到同一主机上的其他容器,使它们可以通过直接通信进行交互。然而,该后端只能在同一主机上的容器之间提供网络通信,并且不支持跨主机通信。
- Vxlan:使用 VxLAN 封装的 UDP 数据报,该后端适用于需要跨多个主机的容器网络的场景。它可以通过在多个主机之间传输 VxLAN 封装的数据包来建立容器之间的虚拟网络。该后端提供了一定程度的隔离,可以防止容器之间的直接通信。但是,它在高负载情况下可能会有性能问题。
- udp:使用 UDP 数据报,不需要 VxLAN 封装。这种后端适用于需要跨多个主机的容器网络,但由于不涉及 VxLAN 封装,因此比 VxLAN 后端具有更好的性能。该后端提供了一定程度的隔离，可以防止容器之间的直接通信。但是，由于不涉及 VxLAN 封装，它提供的隔离程度不如 VxLAN 后端好。

- host-device：将容器桥接到 Linux 网桥，该后端适用于需要将容器网络连接到物理网络的场景。该后端将容器的 IP 地址绑定到物理网络接口上，从而将容器与物理网络连接起来。但是，该后端需要在每个主机上进行手动配置，并且可能会导致不必要的复杂性。

Flannel 可以与以上几个不同的后端配对。一旦设置，后端不应在运行时更改。

VXLAN 是推荐选择。建议将 host-gw 推荐给希望提高性能且其基础架构支持它的更有经验的用户。建议仅将 UDP 用于调试或用于不支持 VXLAN 的非常旧的内核。

如果节点上启用 firewalld，那么请使用 firewall-cmd 启用需要开放的端口：

```
firewall-cmd --permanent --zone=public --add-port=[port]/udp
```

使用 udp 后端时，flannel 使用 UDP 端口 8285 发送封装的数据包。

使用 vxlan 后端时，内核使用 UDP 端口 8472 发送封装的数据包。

请确保你的防火墙规则允许所有参与覆盖网络的主机使用此流量。确保你的防火墙规则允许来自 pod 网络 cidr 的流量访问你的 Kubernetes 主节点。

1. VXLAN

使用内核 VXLAN 封装数据包。

配置选项：

- Type (string)：vxlan。
- VNI (number)：要使用的 VXLAN 标识符(VNI)。在 Linux 上，默认为 1。在 Windows 上应大于或等于 4096。
- Port (number)：用于发送封装数据包的 UDP 端口。在 Linux 上，默认为内核默认值，当前为 8472，但在 Windows 上，必须为 4789。
- GBP (Boolean)：启用基于 VXLAN 组的策略。默认为 false . Windows 不支持 GBP。
- DirectRouting (Boolean)：当主机位于同一子网上时启用直接路由(如 host-gw)。VXLAN 将仅用于封装数据包到不同子网上的主机。默认为 false. Windows 不支持 DirectRouting。
- MTU (number)：传出数据包的所需 MTU，如果未定义，则使用外部接口的 MTU。
- MacPrefix (string)：仅在 Windows 上使用，设置为 MAC 前缀。默认为 0E-2A。

```
route -n
ip neigh show dev flannel.1
bridge fdb show flannel.1 | grep 5e:f8:4f:00:e3:37
```

2. host-gw

使用 host-gw 通过远程机器 IP 创建到子网的 IP 路由。需要运行 Flannel 的主机之间的网络二层可通。host-gw 提供良好的性能，几乎没有依赖性，并且易于设置。

配置选项：

- Type(string)：host-gw

3. UDP

如果网络和内核阻止使用 VXLAN 或 host-gw，则可以使用 UDP 用于调试。

配置选项：

- Type(string)：udp
- Port(number)：用于发送封装数据包的 UDP 端口。默认为 8285。

4. 数据加密：WireGuard

使用内核中的 WireGuard 封装和加密数据包。

配置选项：

- Type(string)：wireguard。
- PSK(string)：可选。要使用的预共享密钥。用于 wggenpsk 生成密钥。
- ListenPort(int)：可选。要侦听的 udp 端口。默认为 51820。
- ListenPortV6(int)：可选。监听 ipv6 的 udp 端口。默认为 51821。
- MTU(number)：传出数据包的所需 MTU，如果未定义，则使用外部接口的 MTU。
- Mode(string)：可选。

  separate- ipv4 和 ipv6 使用单独的 wireguard 隧道(默认)。

  auto-两个地址系列的单个 wireguard 隧道；自动确定首选对等地址。

  ipv4-两个地址系列的单个 wireguard 隧道；使用 ipv4 作为对等地址。

  ipv6-两个地址系列的单个 wireguard 隧道；使用 ipv6 作为对等地址。
- PersistentKeepaliveInterval(int)：可选，默认值为 0(禁用)。

如果在写入私钥之前没有生成私钥/run/flannel/wgkey，则可以使用环境 WIREGUARD_KEY_FILE 来更改此路径。

接口的静态名称是 flannel-wg 和 flannel-wg-v6。WireGuard 等工具 wgshow 可用于调试接口和对等点。内核 <5.6 的用户需要安装额外的 Wireguard 包。

4.1.5 Flannel 配置文件

Flannel 是一种基于 Overlay 网络的 CNI 插件，用于解决 Kubernetes 集群中 Pod 之间的网络互通问题。Flannel 的配置文件通常位于/etc/cni/net.d/目录下，以下是一个示例配置文件：

```
{
    "Network": "10.0.0.0/8",
```

```
    "SubnetLen": 20,
    "SubnetMin": "10.10.0.0",
    "SubnetMax": "10.99.0.0",
    "Backend": {
        "Type": "udp",
        "Port": 7890
    }
}
```

以上 Flannel 配置文件指定了一种网络配置，使得容器可以使用基于 UDP 的网络隧道进行通信。下面是对配置文件中各个字段的解读：

- "Network":"10.0.0.0/8" ：指定 Flannel 使用的容器网络地址段为 10.0.0.0/8 。这表示容器的 IP 地址将从 10.0.0.0 到 10.255.255.255 的范围内分配。
- "SubnetLen":20 ：指定容器子网的掩码长度为 20，意味着容器子网的 IP 地址将使用前 20 位作为网络前缀，剩余的 12 位用于分配容器 IP 地址。
- "SubnetMin":"10.10.0.0"：指定子网的起始 IP 地址为 10.10.0.0。这表示容器子网中的第一个可用 IP 地址将是 10.10.0.1。
- "SubnetMax":"10.99.0.0"：指定子网的结束 IP 地址为 10.99.0.0。这表示容器子网中的最后一个可用 IP 地址将是 10.99.255.254 。
- "Backend"：指定 Flannel 使用的后端类型和相关配置。

  "Type": "udp" ：指定后端类型为 UDP。这意味着 Flannel 将使用 UDP 协议进行容器之间的通信。

  "Port": 7890 ：指定后端使用的 UDP 端口号为 7890。该端口将用于 Flannel 容器网络隧道的通信。

这个配置文件的含义是，Flannel 将使用基于 UDP 的网络隧道在容器之间建立通信。容器将从 10.10.0.1 开始分配 IP 地址，直到 10.99.255.254 结束，共计可用的容器 IP 地址范围为 10.10.0.1 到 10.99.255.254。该配置将容器的网络流量通过 UDP 端口号 7890 进行传输。

1. 配置

如果--kube-subnet-mgr 参数为 true，则 flannel 从/etc/kube-flannel/net-conf.json 读取其配置。

如果--kube-subnet-mgr 参数为 false，则 flannel 从 etcd 读取其配置。默认情况下，它将从/coreos.com/network/config 中读取配置(可以使用--etcd-prefix 参数覆盖)。

使用 etcdctl 可以配置的值有：

- Network(string)：指 CIDR 格式的 IPv4 网络，用于整个 flannel 网络。(如果 EnableIPv4 为 true，则为必填项)。
- IPv6Network(string)：指 CIDR 格式的 IPv6 网络，用于整个 flannel 网络。(如果 EnableIPv6 为 true，则为必填项)。

- EnableIPv4(bool)：指启用 ipv4 支持，默认为 true。
- EnableIPv6(bool)：指启用 ipv6 支持，默认为 false。
- SubnetLen(integer)：指分配给每个主机的子网大小，默认为 24(即/24)。
- SubnetMin(string)：指子网分配应开始的 IP 范围的开始，默认为 Network 的第二个子网。
- SubnetMax(string)：指子网分配应结束的 IP 范围的末尾，默认为 Network 的最后一个子网。
- IPv6SubnetLen(integer)：指分配给每台主机的 ipv6 子网的大小，默认为 64 (即/64)。
- IPv6SubnetMin(string)：指子网分配应开始的 IPv6 范围的开始，会被默认为 Ipv6Network 的第二个子网。
- IPv6SubnetMax(string)：指子网分配应结束的 IPv6 范围的末尾，会被默认为 Ipv6Network 的最后一个子网。
- Backend(dictionary)：指要使用的后端类型和该后端的特定配置，会被默认为 vxlan 后端。

子网租约的持续时间为 24 小时。应在默认租期到期前 1 h 内进行续约，可以使用选项--subnet-lease-renewmargin 指定在租期到期前多久进行更新。

2. 命令行选项

--public-ip="" # 其他节点可访问的 IP，用于主机间通信，默认为用于通信的接口的 IP。

--etcd-endpoints=http # //127.0.0.1 # 4001 # 以逗号分隔的 etcd 端点列表。

--etcd-prefix=/coreos.com/network # etcd 前缀。

--etcd-keyfile="" # 用于保护 etcd 通信的 SSL 密钥文件。

--etcd-certfile="" # 用于保护 etcd 通信的 SSL 证书文件。

--etcd-cafile="" # 用于保护 etcd 通信的 SSL 证书颁发机构文件。

--kube-subnet-mgr # Kubernetes API 而非 etcd 进行子网分配。

--iface="" # 用于主机间通信的接口(IP 或名称)，默认为机器上默认路由的网络接口。可以指定多次以按顺序检查每个选项。返回找到的第一个匹配项。

--iface-regex="" # 匹配主机间通信使用的第一个接口(IP 或名称)的正则表达式。如果未指定，则将默认为机器上默认路由的网络接口。可以指定多次以按顺序检查每个正则表达式。返回找到的第一个匹配项。此选项已被 iface 选项取代，并且仅在没有匹配 iface 选项中指定的任何选项时才使用。

--iface-can-reach="" # 检测用于主机间通信的接口(IP 或名称)，基于该网络接口将用于提供的 IP。这正是使用命令"ip route get <ip-address>"的网络接口(示例 # --iface-can-reach=192.168.1.1 结果接口可以到达 192.168.1.1 将被选中)

--iptables-resync=5 # iptables 规则的重新同步周期，以秒为单位，默认为 5 秒，如果看到对 iptables 锁的大量争用增加，则这可能会有所帮助。

--subnet-file=/run/flannel/subnet.env # 将写入环境变量(子网和 MTU 值)的文件名。

--net-config-path=/etc/kube-flannel/net-conf.json # 要使用的网络配置文件的路径。

--subnet-lease-renew-margin=60 # 子网租约续约时间,以分钟为单位。

--ip-masq=false # 为发往 flannel 网络外部的流量设置 IP 伪装。Flannel 假定 NAT POSTROUTING 链中的默认策略是 ACCEPT。

-v=0 # V 日志的日志级别。设置为 1,以查看与数据路径相关的消息。

--healthz-ip="0.0.0.0" # healthz 服务器监听的 IP 地址(默认"0.0.0.0")

--healthz-port=0 # healthz server 监听的端口(0 表示关闭)。

--version # 打印版本并退出。

MTU 由 flannel 自动计算和设置,然后它在 subnet.env 中写入和记录该值。该值无法更改。

3. 环境变量

上面列出的命令行选项也可以通过环境变量指定。例如,--etcd-endpoints=http://10.0.0.2:2379 相当于 FLANNELD_ETCD_ENDPOINTS=http://10.0.0.2:2379 环境变量。

任何命令行选项都可以变成一个环境变量,方法是在其前面加上前缀 FLANNELD_,去除前面的中划线,转换为大写并将所有其他中划线替换为下划线。

EVENT_QUEUE_DEPTH 是一个指示 Kubernetes 规模的环境变量。设置 EVENT_QUEUE_DEPTH 来适配你的集群节点号。如果未设置,默认值为 5000。

4.2 Flannel 指定网卡

有一些场景,服务器如果使用了多网卡,如果没有手动指定网卡的接口,则可能会导致集群内节点之间的 pod 无法互相通信。

这是因为 Flannel 配置网络时默认使用的是第一张网卡,可能为外网网卡,这时访问别的节点时会被阻隔掉。因此,需要更改为内网网卡。

事实上,我们可以在 Flanneld 的启动参数中通过--iface 或者--iface-regex 进行指定。其中,--iface 的内容可以是完整的网卡名或 IP 地址,而--iface-regex 则是用正则表达式表示的网卡名或 IP 地址,并且两个参数都能指定多个实例。Flannel 将以如下的优先级顺序来选取:

- 如果--iface 和--iface-regex 都未指定时,则直接选取默认路由所使用的对应网卡。
- 如果--iface 参数不为空,则依次遍历其中的各个实例,直到找到和该网卡名或 IP 匹配的实例为止。

- 如果--iface-regex 参数不为空，则操作方式上述相同，唯一不同的是使用正则表达式去匹配。

对于集群间交互的 PublicIP，我们同样可以通过启动参数 - public-ip 进行指定。否则，将使用上文中获取的网卡的 IP 作为 PublicIP。

```
--iface = "": interface to use (IP or name) for inter-host communication. Defaults to
the interface for the default route on the machine. This can be specified multiple
times to check each option in order. Returns the first match found.

--iface-regex = "": regex expression to match the first interface to use (IP or name)
for inter-host communication. If unspecified, will default to the interface for the
default route on the machine. This can be specified multiple times to check each regex
in order. Returns the first match found. This option is superseded by the iface option
and will only be used if nothing matches any option specified in the iface options.
```

4.2.1 方式一：适用于 yaml 方式的部署

如果使用的网络插件是 kube-flannel，修改 Deployment 中 args 参数，加上 --iface= <网卡名> 即可。

```
wget https://raw.githubusercontent.com/flannel-io/flannel/master/Documentation/kube-
flannel.yml
# 修改 flannel 部署文件
vim kube-flannel.yml
...
      - name: kube-flannel
        image: quay.io/coreos/flannel:v0.14.0
        command:
        - /opt/bin/flanneld
        args:
        - --ip-masq
        - --kube-subnet-mgr
        - --iface = eth1 # 新增，改成你自己对应的网卡名
...
```

重新应用：

```
kubectl apply -f kube-flannel.yml
```

4.2.2 方式二：适用于二进制方式的部署(1)

打开文件：/etc/sysconfig/flanneld。

```
cat /etc/sysconfig/flanneld
# Flanneld configuration options
```

```
# etcd url location. Point this to the server where etcd runs
FLANNEL_ETCD_ENDPOINTS = "https://10.0.35.185:2379 -etcd-cafile = /etc/etcd/pki/ca.pem -
etcd-certfile = /etc/etcd/pki/server.pem -etcd-keyfile = /etc/etcd/pki/server-key.pem"

# etcd config key. This is the configuration key that flannel queries
# For address range assignment
FLANNEL_ETCD_PREFIX = "/flannel/network"

# Any additional options that you want to pass
FLANNEL_OPTIONS = " -iface = eno1 --subnet-lease-renew-margin = 1080"
```

FLANNEL_OPTIONS 添加配置：-iface＝eno1，其中的 eno1 就是要配置的网卡名。

4.2.3 方式三：适用于二进制方式的部署(2)

修改文件：/etc/systemd/system/flanneld.service

```
[Unit]
Description = Flanneld overlay address etcd agent
After = network.target
After = network-online.target
Wants = network-online.target
After = etcd.service
Before = docker.service

[Service]
Type = notify
EnvironmentFile = /etc/sysconfig/flanneld
EnvironmentFile = -/etc/sysconfig/docker-network
# ExecStart = /usr/bin/flanneld-start -iface = eno1 --subnet-lease-renew-margin = 1080
ExecStart = /usr/bin/flanneld-start $FLANNEL_OPTIONS
ExecStartPost = /usr/libexec/flannel/mk-docker-opts.sh -k DOCKER_NETWORK_OPTIONS -d
/run/flannel/docker
Restart = on-failure

[Install]
WantedBy = multi-user.target
WantedBy = docker.service
```

同样，在 ExecStart＝/usr/bin/flanneld-start 添加配置：-iface＝eno1，其中的 eno1 就是要配置网卡名。或者直接引用 $FLANNEL_OPTIONS。

每个节点分配一个子网，所有 pod 从本地子网中分配 IpPod 在本节点通过 bridgeL2 通信。

默认情况下，跨节点通过 vxlan 通信。通过 Flannel 这个 udp 隧道进行流量的转发除了 vxlan，. Flannel-也支持 IPIP、Host-GW 两种后端。

4.3 Calico：强大的网络和安全开源解决方案

Calico 是 Tigera 开源，基于 Apache2.0 协议的网络与网络安全解决方案，适用于容器、虚拟机及物理机等场景。Calico 支持包含 Kubernetes、OpenShift 以及 OpenStack 等主流平台。在 Kubernetes 云原生容器网络方面，Calico 完全遵循 CNI 的标准，Flannel 的简单成为初始用户的首选，Calico 则是以性能及灵活性成为另一个不错的选择。当前 Flannel 与 Calico 两大插件占据容器网络插件 90%以上的份额。相比 Flannel 插件，Calico 的功能更为全面，不仅提供主机和 Pod 之间的网络连接，还涉及网络安全和管理。

Calico 建立在 OSI(开放系统互连)模型的第三层，也称为第 3 层或网络层。CalicoCNI 网络插件使用一对虚拟以太网设备(veth 对)将 pod 连接到主机网络命名空间的 L3 路由。这种 L3 架构避免了许多其他 Kubernetes 网络解决方案中具有的额外 L2 桥接带来的不必要的复杂性和性能开销。Calico 使用边界网关协议(BGP)生成路由表，以促进节点代理之间的通信。通过使用该协议，Calico 网络提供了更好的性能和更有效的网络隔离。

Calico 创建一个扁平的 L3 网络，并为每个 pod 分配一个完全可路由的 IP 地址。它将一个大的 CIDR 分成更小的 IP 地址块，并将这些更小的块中的一个或多个分配给集群中的节点。

Calico 特点

高效的可视化管理：Calico 提供完善的可视化管理，包括原生 LinuxeBPF 管理、标准 Linux 网络管理以及 WindowsHNS 管理。Calico 通过将基础网络、网络策略和 IP 地址等功能抽象统一，提供简单易用且操作一致的管理平面。

网络安全策略：Calico 提供丰富的网络策略模型，可以轻松实现网络流量治理，同时结合内置的 Wireguard 加密功能，可以快速实现 Pod 间的数据传输。Calico 策略引擎也可以在主机网络及服务网络执行相同的策略模型，实现基础设施与上层服务的网络数据风险隔离。

并非每个 Kubernetes 网络插件都支持 NetworkPolicyAPI，所以选择一个能够满足需求的插件非常重要。例如最流行的 Kubernetes 网络插件是 Flannel，它不能配置网络策略。使用 Calico，可以显著增强 Kubernetes 网络配置。例如，在默认 NetworkPolicy 中发现的功能限制是：

- 策略仅限于单一环境，并且仅适用于有标签的 pod。
- 只能将规则应用于 pod、环境或子网。

- 规则只能包含协议、数字端口或命名端口。

当添加 Calico 插件时，功能将扩展如下：

- 策略可以应用于 pod、容器、虚拟机或接口。
- 规则可以包含特定操作（如限制、许可或日志记录）。
- 规则可以包含端口、端口范围、协议、HTTP/ICMP 属性、IP、子网或节点选择器（如主机或环境）。
- 可以通过 DNAT 设置和策略控制流量。

高性能及可扩展性：Calico 采用前沿的 eBPF 技术以及深度调优操作系统内核网络管道，以此来提高网络性能。Calico 支持网络配置较多，大部分场景可以不使用 Overlay，避免数据包封装/解封的大开销操作。同时 Calico 遵守云原生设计模式，底层都是采用标准的网络协议，具备出色可扩展性。

大规模生产运行实践：Calico 有大规模生产环境运行实践，包括 SaaS 提供商、金融服务公司和制造商；在公有云方面，包含 AmazonEKS、AzureAKS、GoogleGKE 和 IBMIKS，都有集成开箱即用的 Calico 网络安全能力。

Calico 还支持多个数据平面，这使我们可以选择最适合我们项目需求的技术（包括纯 LinuxeBPF 数据平面）。社区为了使 Calico 更具吸引力，它可用于所有流行的云平台。例如，AmazonWebServices、MicrosoftAzure、GoogleCloudPlatform、IBM、RedHatOpenShift 和 SUSE 的 Rancher。

4.3.1 Calico 架构和原理

Calico 是一个 CNI 插件，为 Kubernetes 集群提供容器网络。它使用 Linux 原生工具来促进流量路由和实施网络策略。它还托管一个 BGP 守护程序，用于将路由分发到其他节点。Calico 的工具作为 DaemonSet 在 Kubernetes 集群上运行。

Calico 项目试图解决使用虚拟 LAN、桥接和隧道可能导致的速度和效率问题。它通过将容器连接到 vRouter 来实现这一点，然后 vRouter 直接通过 L3 网络路由流量。当在多个数据中心之间发送数据时，这可以提供巨大的优势，因为不依赖于 NAT，并且较小的数据包大小会降低 CPU 利用率。

如图 4-1 所示，是一个完整 Calico 网络及策略架构图，包含了必须与可选的所有组件，包含 CalicoAPIserver、Felix、BIRD、confd、Dikastes、CNIplugin、CalicoDatastore、IPAMplugin、kube-controllers、Typha、calicoctl。

1. Calicoctl

主要任务：用于创建、读取、更新和删除 Calico 对象的命令行界面。Calicoctl 命令行在任何主机上都可用，可以通过网络访问二进制或容器形式的 Calico 数据存储。需要单独安装。

2. kube-controllers

主要任务：监控 KubernetesAPI 并根据集群状态执行操作。

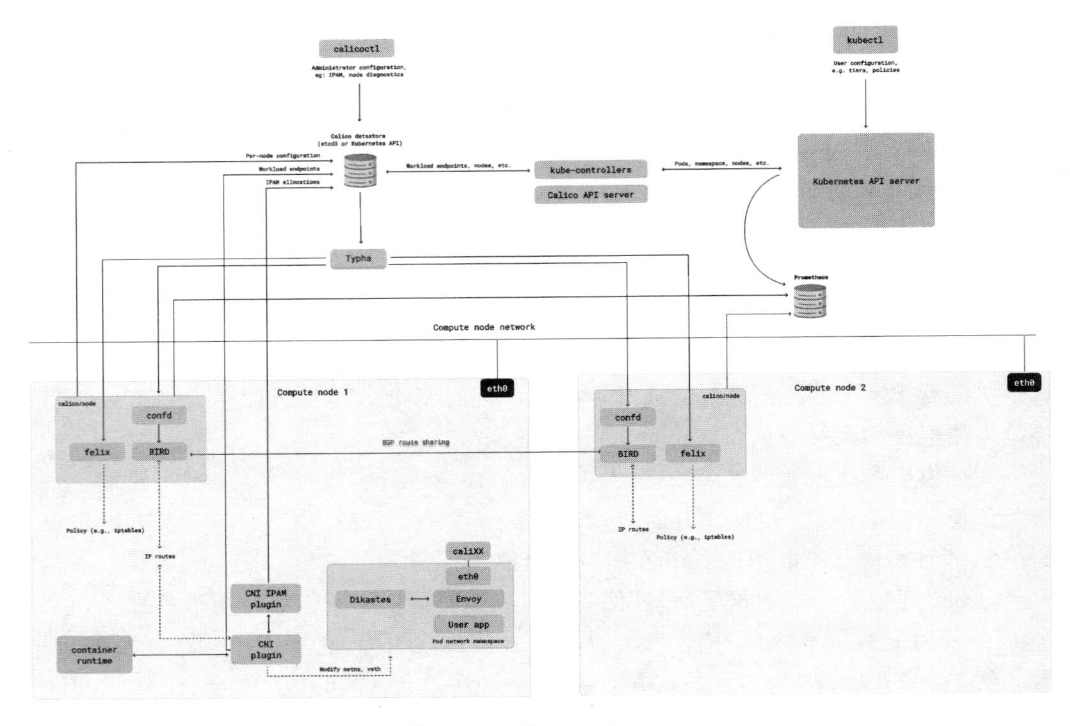

图 4 - 1　calico architecture

tigera/kube-controllers 负责识别影响路由的 Kubernetes 对象的变化。负责观察以下变化：

- 网络策略(用于对 IPtables 进行编程以执行网络访问)。
- Pod(如标签)。
- 命名空间(用于确定新命名空间是否需要强制执行)。
- 服务帐户(用于设置 Calico 配置文件)。
- 节点(用于确定关联的子网并通知路由拓扑)。

控制器内部包含多个控制器：

- 策略控制器：监视网络策略和程序 Calico 策略。
- 命名空间控制器：监视命名空间和程序 Calico 配置文件。
- serviceaccount 控制器：监视服务帐户和程序 Calico 配置文件。
- 工作负载端点控制器：监视 Pod 标签的更改并更新 Calico 工作负载端点。
- 节点控制器：监视 Kubernetes 节点的删除并从 Calico 中删除相应的数据，并可选择监视节点更新以创建和同步每个节点的主机端点。

3. CalicoAPI 服务器

主要任务：直接使用 kubectl 客户端来操作 calico 资源。

4. Typha

主要任务：通过减少每个节点对数据存储的影响来增加规模。作为数据存储和

Felix 实例之间的守护进程运行。默认安装,但未配置。

Typha 是一个将配置分发到集群中所有 calico 节点实例的过程。Typha 守护进程位于数据存储(如 KubernetesAPI 服务器)和许多 Felix 实例之间。它充当缓存,可以从 API 服务器中删除重复事件,从而减轻负载。随着 Calico 数据存储的变化,这些变化必须传播到 calico-node 的每个实例,这可能是数百或数千个实例。这会在具有超过 50 个节点的集群中产生扩展问题,因为每个节点都会打开一个 API 服务器事件监视。Typha 通过充当 API 服务器和所有 calico-node 实例之间的中介来解决这个问题。

具体来说,Typha 代表其所有客户端(如 Felix 和 confd)维护单个数据存储连接。它缓存数据存储状态并对事件进行重复数据删除,以便将它们分散到许多侦听器中。因为一个 Typha 实例可以支持数百个 Felix 实例,所以它大大降低了数据存储上的负载。由于 Typha 可以过滤掉与 Felix 无关的更新,因此也降低了 Felix 的 CPU 使用率。在大规模(超过 100 个节点)的 Kubernetes 集群中,这是必不可少的,因为 API 服务器生成的更新数量与节点数量成比例。

5. CalicoDatastore

Calico 数据存储是一个通用术语,指的是用于存储 Calico 配置、路由、策略和其他信息的任何内容。Calico 支持 2 种数据存储模式,Kubernetes 和 etcd。

上述某些资源可由管理员编辑,而其他资源则由 calico-kube-controllers。

6. CalicoNode

在每个主机上运行 calico-nodePod。它负责 2 个功能:

- **编程路由**:根据已知的到 Kubernetes 集群中 pod 的路由,配置 Linux 主机以方便进行相应的路由。
- **路由分享**:基于运行在本主机上的 pod,提供一种与其他主机共享已知路由的机制。通常使用边界网关协议(BGP)完成。

为了完成上述功能,calico-node 容器运行了 2 个进程,Felix 和 BIRD。

7. Felix

主要任务:编程路由和 ACL,以及主机上所需的任何其他东西,以便为该主机上的端点提供所需的连接。在托管端点的每台计算机上运行。作为代理守护程序运行。

根据具体的编排器环境,Felix 负责:

(1) 接口管理

将有关接口的信息编程到内核中,以便内核可以正确处理来自该端点的流量。特别是,它确保主机使用主机的 MAC 响应来自每个工作负载的 ARP 请求,并为其管理的接口启用 IP 转发。它还监视接口以确保在适当的时间应用编程。

(2) 路线规划

程序将其主机上的端点路由到 Linux 内核 FIB(转发信息库)中。这可确保发往到达主机的那些端点的数据包被相应地转发。

(3) ACL 编程

将 ACL 编程到 Linux 内核中，以确保只能在端点之间发送有效流量，并且端点无法规避 Calico 安全措施。

(4) 状态报告

提供网络健康数据。特别是，它会在配置其主机时报告错误和问题。此数据被写入数据存储，因此它对网络的其他组件和运营商可见。

8. BIRD

主要任务：从 Felix 获取路由，分发给网络中的 BGPPeer，用于主机间路由。在托管 Felix 代理的每个节点上运行。开源，互联网路由守护进程。

BGP 客户端责任：

(1) 路由分享

当 Felix 将路由插入 Linux 内核 FIB 时，BGP 客户端将它们分发到部署中的其他节点。这确保了部署的高效流量路由。

(2) BGP 路由反射器配置

BGP 路由反射器通常配置用于大型部署而不是标准 BGP 客户端。BGP 路由反射器充当连接 BGP 客户端的中心点。(标准 BGP 要求每个 BGP 客户端都连接到网状拓扑中的每个其他 BGP 客户端，这很难维护。)

为了实现冗余，可以无缝部署多个 BGP 路由反射器。BGP 路由反射器仅涉及网络控制：没有端点数据通过它们。当 CalicoBGP 客户端将路由从其 FIB 通告到路由反射器时，路由反射器将这些路由通告到部署中的其他节点。

9. Confd

主要任务：监控 Calico 数据存储以了解 BGP 配置和全局默认值(如 AS 编号、日志记录级别和 IPAM 信息)的更改。开源、轻量级的配置管理工具。

Confd 根据数据存储中的数据更新动态生成 BIRD 配置文件。当配置文件改变时，confd 触发 BIRD 加载新文件。

10. Dikastes

主要任务：为 Istio 服务网格实施网络策略。作为 IstioEnvoy 的 sidecar 代理在集群上运行。

Calico 在 Linux 内核(使用 iptables，L3-L4)和 L3-L7 使用名为 Dikastes 的 Envoysidecar 代理对工作负载实施网络策略，并对请求进行加密身份验证。使用多个执行点可根据多个标准建立远程端点的身份。主机 Linux 内核执行保护我们的工作负载，即使工作负载 pod 受到威胁，并且 Envoy 代理被绕过。

11. BGP

BGP(BorderGatewayProtocol)是一个去中心化自治路由协议，运用在不同的 AS(自治系统)之间，是一种路径矢量路由协议，用于 AS 间路由信息的交换；可以实现自治系统间无环路的域间路由。

BGP是沟通Internet)广域网的主用路由协议。

AS:是指在一个实体管辖下的拥有相同选路策略的IP网络。BGP网络中的每个AS都被分配一个唯一的AS号,用于区分不同的AS。

(1) BGPSpeaker:运行BGP的路由器称为BGP发言者,或BGP路由器。

(2) BGPPeer:两个建立BGP会话的路由器互为对等体(Peer),BGP对等体之间交换BGP路由表。

RR(RouterRef1lector):允许把从IBGPPeer学到的路由反射到其他IBGPPeer的BGP设备。避免了AS内路由器的mesh网络。同时RR将EBGPpeer学到的路由发布给其AS内部peer。当Calico被大规模部署使用时,摒弃所有节点互联的mesh模式,通过一个或者多个BGPRouteReflector来完成集中式。

由于CalicoBGP是一种纯三层的实现,因此可以避免与二层方案相关的数据包封装的操作,中间没有overlay,所以它的转发效率高。

BGP的限制是二层可达等,如果节点属于不同二层网络,则需要用IPinIP/vxlan做隧道。

4.3.2 Calico安装准备

1. 节点要求

- x86-64、arm64、ppc64le或s390x处理器。
- Linux内核3.10或更高版本。
- Calico必须能够管理cali * 主机上的接口。当启用IPIP(默认)时,Calico还需要能够管理tunl * 接口。当启用VXLAN时,Calico还需要能够管理vxlan.calico接口。
- 如果你的Linux发行版附带安装了Firewalld或其他iptables管理器,则应将其禁用。这些可能会干扰Calico添加的规则并导致意外行为。

2. 存储

Calicov3.23需要所有Calico组件都可以访问键/值存储。在Kubernetes上,你可以将Calico配置为直接访问etcdv3集群或使用KubernetesAPI数据存储。

3. 网络要求

根据配置,确保你的主机和防火墙允许必要的流量,见表4-1所列:

表4-1 安装Calico的网络要求

配置	主机范围	连接类型	端口/协议
Calico网络(BGP)	全部节点	双向	TCP179
启用IP-in-IP的Calico网络(默认)	全部节点	双向	IP-in-IP,通常由其协议号表示4
启用VXLAN的Calico网络	全部节点	双向	UDP4789

续表 4-1

配置	主机范围	连接类型	端口/协议
启用 Typha 的 Calico 网络	Typha 节点	传入	TCP5473(默认)
Flannel 网络(VXLAN)	全部	双向	UDP4789
全部	kube-apiserver 节点	传入	通常为 TCP443 或 6443
etcd 数据存储	etcd 节点	传入	通常为 TCP2379

4. 特权

确保 Calico 具有 CAP_SYS_ADMIN 特权。

提供必要权限的最简单方法是以 root 身份或在特权容器中运行 Calico。当作为 KubernetesDaemonset 安装时,Calico 通过作为特权容器运行来满足此要求。这要求允许 kubelet 运行特权容器。有两种方法可以实现这一点。

- --allow-privileged 在 kubelet 上指定(已弃用)。
- 使用 pod 安全策略。

5. Kubernetes 要求

需要注意的是,Calico 支持的 Kubernetes 版本取决于 Calico 的版本,因此建议查看 Calico 的官方文档以获取最新的兼容性信息。Calico 和 Kubernetes 兼容性矩阵见表 4-2。

表 4-2 Calico 和 Kubernetes 兼容性矩阵

Calico 版本	Kubernetes 版本
v3.25	v1.22,v1.23,v1.24,v1.25
v3.24	v1.22,v1.23,v1.24,v1.25
v3.23	v1.21,v1.22,v1.23
v3.22	v1.21,v1.22,v1.23
v3.21	v1.20,v1.21,v1.22
v3.20	v1.19,v1.20,v1.21
v3.19	v1.19,v1.20,v1.21
v3.18	v1.18,v1.19,v1.20

由于 KubernetesAPI 的变化,Calicov3.20 及以上版本将无法在 Kubernetesv1.15 或更低版本上运行。v1.16-v1.18 可能有效,但不再进行测试。较新的版本也可能有效,但建议升级到针对较新的 Kubernetes 版本测试过的 Calico 版本。

(1) 已启用 CNI 插件

Calico 作为 CNI 插件安装,其必须通过传递参数将 kubelet 配置为使用 CNI 网络--network-plugin=cni。(如果使用 kubeadm 安装,这是默认设置。)

(2) 支持的 kube-proxy 模式

Calico 支持以下 kube-proxy 模式：

- iptables(默认)。
- ipvs 需要 Kubernetes >=v1.9.3。有关详细信息，请参阅在 Kubernetes 中启用 IPVS。

(3) IP 池配置

为 podIP 地址选择的 IP 范围不能与网络中的任何其他 IP 范围重叠，包括：

- Kubernetes 集群服务 IP 范围。
- 分配主机 IP 的范围。

4.3.3 基于 Kubernetes 清单安装 Calico

安装 TigeraCalicoOperator 和自定义资源。

```
kubectl create -f https://projectcalico.docs.tigera.io/archive/v3.23/manifests/tigera-operator.yaml
```

通过创建必要的自定义资源来安装 Calico。有关此清单中可用的配置选项的更多信息，请参阅安装参考。

```
kubectl create -f https://projectcalico.docs.tigera.io/archive/v3.23/manifests/custom-resources.yaml
```

注意： 在创建此清单之前，请阅读其内容并确保其设置适合你的环境。例如，可能需要更改默认 IP 池 CIDR 以匹配你的 pod 网络 CIDR。

如下所示，默认 Pod 网络是 192.168.0.0/16。如果在创建集群时，指定的 Pod 网络不是 192.168.0.0/16，则需要修改 custom-resources.yaml 清单中的 spec.calicoNetwork.ipPools.cidr 属性。

```
kind: Installation
metadata:
  name: default
spec:
   # Configures Calico networking.
  calicoNetwork:
     # Note: The ipPools section cannot be modified post-install.
     ipPools:
     - blockSize: 26
       cidr: 192.168.0.0/16
```

使用以下命令确认所有 pod 都在运行。

```
watch kubectl get pods -n calico-system
```

直到每个 pod 的 STATUS 都是 Running。

注意： Tigera 操作员在 calico-system 命名空间中安装资源。其他安装方法可能会改用 kube-system 命名空间。

如果是单主机 Kubernetes 集群，请删除 master 上的污点，以便可以在其上安排 pod。

```
kubectl taint nodes --all node-role.kubernetes.io/master-

# 它应该返回以下内容。
node/ <your-hostname> untainted
```

4.3.4 基于 Helm 安装 Calico

1. 下载 Helm chart

添加 Calicohelm 仓库：

```
helm repo add projectcalico https://projectcalico.docs.tigera.io/charts
```

2. 自定义 Helm chart

如果是安装在 EKS、GKE、AKS 或 MirantisKubernetesEngine(MKE)安装的集群上，或者需要自定义 TLS 证书，必须通过创建文件 values.yaml 来自定义这个 Helm chart。否则，可以跳过此步骤。

如果要在由 EKS、GKE、AKS 或 MirantisKubernetesEngine(MKE)安装的集群上安装，请设置 KubernetesProvider。例如：

```
echo '{ installation: {kubernetesProvider: EKS }}' > values.yaml
```

对于未预装 KubernetesCNI 的 AzureAKS 集群，使用以下命令创建 values.yaml：

```
cat > values.yaml << EOF
installation:
  kubernetesProvider: AKS
  cni:
    type: Calico
  calicoNetwork:
    bgp: Disabled
    ipPools:
    - cidr: 10.244.0.0/16
      encapsulation: VXLAN
EOF
```

在 values.yaml 添加需要的任何自定义项。如果查看，可以在 Helm chart 中自定义的值，可运行。

```
helm show values projectcalico/tigera-operator --version v3.23.5
```

3. 安装 Helm chart

创建 tigera-operator 命名空间。

```
kubectl create namespace tigera-operator
```

使用 Helm chart 安装 TigeraCalicooperator 和自定义资源。

```
helm install calico projectcalico/tigera-operator --version v3.23.5 --namespace
tigera-operator
```

如果创建了 values. yaml,可以使用如下命令。

```
helm install calico projectcalico/tigera-operator --version v3.23.5 -f values.yaml --
namespace tigera-operator
```

使用以下命令,确认所有 pod 都在运行。

```
watch kubectl get pods -n calico-system
```

等到每个 Pod 的 STATUS 都是 Running。

4.3.5 从 Flannel 迁移到 Calico

如果已经在使用 Flannel 进行网络连接,则可以轻松迁移到 Calico 的原生 VX-LAN 网络连接。CalicoVXLAN 完全等同于 Flannelvxlan,但可以通过活跃的维护者社区获得 Calico 提供的更广泛功能的好处。

1. Flannel 中 host-localIPAM 的限制

Flannel 网络使用 host-localIPAM(IP 地址管理)CNI 插件,它为我们的集群提供简单的 IP 地址管理。虽然简单,但它有局限性:

- 当创建一个节点时,它会预先分配一个 CIDR。如果每个节点的 Pod 数量超过每个节点可用的 IP 地址数量,则必须重新创建集群。相反,如果 Pod 的数量远小于每个节点可用的地址数量,则 IP 地址空间无法得到有效利用;当向外扩展并且 IP 地址被耗尽时,低效率成为一个痛点。
- 因为每个节点都有一个预分配的 CIDR,所以 Pod 必须始终根据其运行的节点分配一个 IP 地址。能够根据其他属性(例如,Pod 的命名空间)分配 IP 地址,可以灵活地满足出现的用例。

迁移到 Calico IPAM 可以解决这些用例以及更多问题。

2. Calico CNI IPAM 插件

Calico CNI IPAM 插件在一个或多个可配置的 IP 地址范围之外为 pod 分配 IP 地址,根据需要为每个节点动态分配一小块 IP。结果是与许多其他 CNI IPAM 插件相比,IP 地址空间使用效率更高,包括在许多网络解决方案中使用的主机本地 IPAM 插件。

3. 迁移到 Calico 网络的方法

有两种方法可以将集群切换为使用 Calico 网络。这两种方法都可以使用 Pod 之间的 VXLAN 网络提供功能齐全的 Calico 集群。

- **使用 Calico 创建新集群并迁移现有工作负载**
  如果能够在不关心停机时间的情况下将工作负载从一个集群迁移到另一个集群，那么这是最简单的方法：使用 Calico 创建一个新集群。
- **在现有集群上进行实时迁移**
  如果工作负载已经在生产中，或者不能选择停机，请使用实时迁移工具对集群中的每个节点执行滚动更新。

4. 迁移准备

- 一个带有 Flannel 的集群，用于使用 VXLAN 后端进行联网。
- Flannel 版本 v0.9.1 或更高版本。
- Flannel 使用 Kubernetesdaemonset 安装并配置：
  使用 Kubernetes API 存储其配置。
  禁用 DirectRouting。（默认）
- 能够在 Kubernetes 集群上：
  添加/删除/修改节点标签。
  FlannelDaemonset 的修改和删除。

5. 实时迁移

（1）安装 Calico

```
kubectl apply -f https://projectcalico.docs.tigera.io/archive/v3.23/manifests/flannel-migration/calico.yaml
```

（2）启动迁移控制器

```
kubectl apply -f https://projectcalico.docs.tigera.io/archive/v3.23/manifests/flannel-migration/migration-job.yaml
```

将看到节点开始一次更新一个。

监控迁移。

```
kubectl get jobs -n kube-system flannel-migration
```

当宿主节点升级时，migrationcontroller 可能会被重新调度几次。当上述命令的输出显示 1/1 完成时，安装完成。例如：

```
NAME                 COMPLETIONS     DURATION     AGE
flannel-migration    1/1             2m59s        5m9s
```

(3) 删除迁移控制器

```
kubectl delete -f
https://projectcalico.docs.tigera.io/archive/v3.23/manifests/flannelmigration/
migration-job.yaml
```

(4) 修改 flannel-migrationl 配置

迁移控制器会自动检测 Flannel 配置,并且在大多数情况下,不需要额外的配置。如果需要特殊配置,迁移工具提供了以下选项,可以在 Pod 内设置为环境变量。Flannel-migration 见表 4-3 所列。

表 4-3 flannel-migration 配置

配置选项	描述	默认
Flannel 网络	flannel 用于集群的 IPv4 网络 CIDR。	自动检测
FLANNEL_DAEMONSET_NAME	kube-system 命名空间中设置的 flanneldaemonset 的名称。	kube-Flannel-ds-amd64
Flannel_MTU	FlannelVXLAN 设备的 MTU。	自动检测
Flannel_IP_MASQ	是否为出站流量启用伪装。	自动检测
FLANNEL_SUBNET_LEN	flannel 使用的每个节点子网长度。	24
FLANNEL_ANNOTATION_PREFIX	通过 kube-annotation-prefix 选项提供给 flannel 的值。	flannel.alpha.coreos.com
Flannel_VNI	用于 flannel 网络的 VNI。	1
Flannel_PORT	用于 VXLAN 的 UDP 端口。	8472
CALICO_DAEMONSET_NAME	kube-system 命名空间中设置的 calicodaemonset 的名称。	Calico 节点
CNI_CONFIG_DIR	在其中搜索 CNI 配置文件的主机上的完整路径。	/etc/cni/net.d

6. 查看迁移状态

查看控制器的当前状态。

```
kubectl get pods -n kube-system -l k8s-app=flannel-migration-controller
```

查看迁移日志以查看是否需要任何操作。

```
kubectl logs -n kube-system -l k8s-app=flannel-migration-controller
```

7. 恢复迁移:从 Calico 恢复为 flannel

如果需要将集群从 Calico 恢复为 flannel,请按照以下步骤操作。

移除迁移控制器和 Calico。

```
kubectl delete -f
https://projectcalico.docs.tigera.io/archive/v3.23/manifests/flannelmigration/migration-job.yaml
kubectl delete -f
https://projectcalico.docs.tigera.io/archive/v3.23/manifests/flannelmigration/calico.yaml
```

确定迁移到 Calico 的节点。

```
kubectl get nodes -l projectcalico.org/node-network-during-migration=calico
```

然后，对于上面找到的每个节点，运行以下命令删除 Calico。

驱逐节点。

```
kubectl drain <node name>
```

登录节点，移除 CNI 配置。

```
rm /etc/cni/net.d/10-calico.conflist
```

重启节点。

在节点上启用 Flannel。

```
kubectl label node <node name> projectcalico.org/node-network-during-migration=flannel
--overwrite
```

解锁节点，回复可调度。

```
kubectl uncordon <node name>
```

在每个节点上完成上述步骤后，执行以下步骤。

从 Flanneldaemonset 中删除 nodeSelector。

```
kubectl patch ds/kube-flannel-ds-amd64 -n kube-system -p '{"spec":{"template":
{"spec":{"nodeSelector":null}}}}'
```

从所有节点中删除迁移标签。

```
kubectl label node --all projectcalico.org/node-network-during-migration-
```

4.3.6 Calico 数据存储

Calico 将集群的操作和配置状态存储在中央数据存储中。如果数据存储不可用，Calico 网络将继续运行，但无法更新（无法联网新的 Pod，无法应用任何策略更改等）。

Calico 有两个数据存储驱动程序可供选择：

- etcd-用于直接连接到 etcd 集群。
- Kubernetes-用于连接到 KubernetesAPI 服务器。

使用 Kubernetes 作为数据存储的优点是：

- 它不需要额外的数据存储，因此更易于安装和管理。
- 可以使用 KubernetesRBAC 来控制对 Calico 资源的访问。
- 可以使用 Kubernetes 审计日志来生成对 Calico 资源更改的审计日志。

使用 etcd 作为数据存储的优点是：

- 允许在非 Kubernetes 平台（如 OpenStack）上运行 Calico。
- 允许分离 Kubernetes 和 Calico 资源之间的关注点，如允许独立扩展数据存储。
- 允许运行包含多个 Kubernetes 集群的 Calico 集群，如具有 Calico 主机保护的裸机服务器与 Kubernetes 集群或多个 Kubernetes 集群交互。

要直接与 Calico 数据存储交互，请使用 calicoctl 客户端工具。

例如，查看 ip 池。

```
$ calicoctl get ippool -owide
NAME                  CIDR           NAT    IPIPMODE   VXLANMODE    DISABLED
DISABLEBGPEXPORT     SELECTOR
default-ipv4-ippool   10.244.0.0/16  true   Never      CrossSubnet  false    false
all()
```

注意： IPIP 模式和 VXLAN 模式是不能混用的，两者只能用其中一种。

1. Calico 数据迁移：从 etcdv3 数据存储到 Kubernetes 数据存储

迁移数据存储。要迁移数据存储的内容，我们将使用 calicoctldatastoremigrate 命令和子命令。

```
calicoctl datastore migrate --help
Set the Calico datastore access information in the environment variables or
supply details in a config file.

Usage:
  calicoctl datastore migrate <command> [<args>...]

    export Export the contents of the etcdv3 datastore to yaml.
    import Store and convert yaml of resources into the Kubernetes datastore.
    lock Lock the datastore to prevent changes from occurring during datastore
migration.
    unlock Unlock the datastore to allow changes once the migration is completed.
Options:
  -h --help Show this screen.

Description:
  Migration specific commands.

  See 'calicoctl datastore migrate <command> --help' to read about a specific
```

```
subcommand.
```

锁定 etcd 数据存储以进行迁移。这可以防止对数据的任何更改影响集群。

```
calicoctl datastore migrate lock
```

注意：运行上述命令后，在迁移完成之前，无法更改集群的配置。迁移后才会启动新的 pod。

将数据存储内容导出到文件中。

```
calicoctl datastore migrate export > etcd-data
```

配置 calicoctl 以访问 Kubernetes 数据存储。

2. 默认配置

默认情况下，Calicoctl 将使用 $(HOME)/. kube/config 默认的 kubeconfig。

如果默认的 kubeconfig 不存在，或者想指定替代的 API 访问信息，可以使用以下配置选项来实现。

3. Kubernetes API 连接配置的完整列表

Kubernetes API 连接配置见表 4－4 所列。

表 4－4 Kubernetes API 连接配置

配置文件选	项环境变量	描述	类型
datastoreType	DATASTORE_TYPE	指示要使用的数据存储[默认值：Kubernetes]	Kubernetes，etcdv3
kubeconfig	KUBECONFIG	使用 Kubernetes 数据存储时，要使用的 kubeconfig 文件的位置，例如/path/to/kube/config	string
k8sAPIEndpoint	K8S_API_ENDPOINT	Kubernetes API 的位置。如果使用 kubeconfig 则不需要[默认值：https://Kubernetes-api:443]	string
k8sCertFile	K8S_CERT_FILE	用于访问 Kubernetes API 的客户端证书的位置，例如/path/to/cert	string
k8sKeyFile	K8S_KEY_FILE	用于访问 Kubernetes API 的客户端密钥的位置，例如/path/to/key	string
k8sCAFile	K8S_CA_FILE	用于访问 Kubernetes API 的 CA 的位置，例如/path/to/ca	string
k8sToken		用于访问 Kubernetes API 的令牌	string

注意：所有环境变量也可以使用"CALICO_" 作为前缀，例如"CALICO_DATASTORE_TYPE" 和"CALICO_KUBECONFIG" 。

如果非前缀名称与系统上定义的现有环境变量冲突，这将很有用。

从导出的文件中导入数据存储内容。

```
calicoctl datastore migrate import -f etcd-data
```

验证数据存储是否已正确导入。Calicoctl 这可以通过使用查询 etcd 数据存储中存在的任何 Calico 资源（如网络策略）来完成。

```
calicoctl get networkpolicy
```

配置 Calico 以从 Kubernetes 数据存储中读取。依据说明安装带有 Kubernetes 数据存储的 Calico。安装说明包含 calico. yaml 要应用的文件的相关版本。

```
kubectl apply -f calico.yaml
```

等待 Calico 执行滚动更新，然后再继续监视以下命令。

```
kubectl rollout status daemonset calico-node -n kube-system
```

解锁数据存储。这允许 Calico 资源再次影响集群。

```
calicoctl datastore migrate unlock
```

注意： 一旦 Kubernetes 数据存储解锁，数据存储迁移将无法回滚。在解锁数据存储之前，确保 Kubernetes 数据存储填充了所有预期的 Calico 资源。

4. 回滚数据迁移

只有在原 etcd 数据存储仍然存在且导入数据存储资源后 Kubernetes 数据存储未解锁的情况下，才能回滚数据存储迁移。以下步骤删除导入到 Kubernetes 数据存储中的 Calico 资源，并将集群配置为再次从原始 etcd 数据存储中读取。

锁定 Kubernetes 数据存储。

```
calicoctl datastore migrate lock
```

删除所有 CalicoCRD。这将删除导入到 Kubernetes 数据存储中的所有数据。

```
kubectl delete $(kubectl get crds -o name | grep projectcalico.org)
```

配置 Calico 以从 etcd 数据存储中读取。按照说明使用 etcd 数据存储安装 Calico。安装说明包含 calico. yaml 要应用的文件的相关版本。

```
kubectl apply -f calico.yaml
```

配置 Calicoctl 以访问 etcd 数据存储

解锁 etcd 数据存储。这允许 Calico 资源再次影响集群。

```
calicoctl datastore migrate unlock
```

4.3.7 Calico 虚拟网络技术

Calico 提供了两种虚拟网络技术，分别是 IPIP 和 VXLAN。

1. VXLAN 跨子网

使用 Calico 的跨子网 VXLAN 模式，同一子网上的 Pod 之间的流量不使用覆盖，而不同子网上的 Pod 之间的流量将通过 VXLAN 覆盖。

同一子网内节点上的 Pod 之间的数据包在不使用覆盖的情况下发送，以提供最佳的网络性能。

不同子网节点上的 Pod 之间的数据包使用 IPIP 进行封装，将每个原始数据包包装在使用节点 IP 的外部数据包中，并隐藏内部数据包的 PodIP。这可以由 Linux 内核非常有效地完成，但与非覆盖流量相比，它仍然代表了一个小的开销。

2. IPIP 跨子网

使用 Calico 的跨子网 IPIP 模式，同一子网上的 Pod 之间的流量不使用覆盖，而不同子网上的 Pod 之间的流量将通过 IPIP 覆盖。

同一子网内节点上的 Pod 之间的数据包在不使用覆盖的情况下发送，以提供最佳的网络性能。不同子网节点上的 Pod 之间的数据包使用 IPIP 进行封装，将每个原始数据包包装在使用节点 IP 的外部数据包中，并隐藏内部数据包的 PodIP。这可以由 Linux 内核非常有效地完成，但与非覆盖流量相比，它仍然代表了一个小的开销。

IPIP 是一种通过在 IPv4 包中封装 IPv4 数据包来实现隧道传输的技术。它简单易用，适用于较小的容器网络。IPIP 可以在任何网络中使用，因为它只需要支持 IP 协议。但是，IPIP 的隧道封装会增加一定的网络开销，并且可能会受一些防火墙的限制。

VXLAN 是一种通过在 UDP 报文中封装 VLAN 数据包来实现隧道传输的技术。它更加灵活，适用于大规模容器网络。VXLAN 可以在任何支持 UDP 的网络中使用，因为它使用标准的 UDP 协议。但是，VXLAN 的实现比 IPIP 更加复杂，需要更多的网络开销。

在比较 IPIP 和 VXLAN 时，可以总结如下：

- IPIP 适用于较小的容器网络，而 VXLAN 适用于大规模容器网络。
- IPIP 简单易用，但是会增加一定的网络开销，并可能受一些防火墙的限制；VXLAN 更加灵活，但是实现更加复杂，需要更多的网络开销。
- IPIP 可以在任何网络中使用，而 VXLAN 需要支持 UDP 协议的网络才能使用。

总的来说，IPIP 和 VXLAN 都是可行的虚拟网络技术，选择哪种技术取决于容器网络规模和网络环境。

4.3.8 Pod 使用固定 IP

某些应用程序需要使用稳定的 IP 地址。我们就需要为 Pod 选择 IP 地址，而不是让 Calico 自动选择。KubernetespodCIDR 是 Kubernetes 期望从中分配 PodIP 的 IP 范围。它是为整个集群定义的，由各种 Kubernetes 组件使用来确定 IP 是否属于 Pod。例如，如果 IP 来自 pod，则 kube-proxy 会以不同方式处理流量。所有 PodIP 都必须在 CIDR 范围内，Kubernetes 才能正常运行。

IP 池是 Calico 从中分配 PodIP 的 IP 地址范围。静态 IP 必须位于 IP 池中。

你的集群必须使用 CalicoIPAM 才能使用此功能。

如果不确定你的集群正在使用哪个 IPAM，判断的方式取决于安装方法。

1. Operator 方式

可以在默认安装资源上查询 IPAM 插件。

```
kubectl get installation default -o go-template --template {{.spec.cni.ipam.type}}
```

如果你的集群使用的是 CalicoIPAM，则上述命令应返回结果 Calico.

2. Manifest 方式

SSH 到一个 Kubernetes 节点并检查 CNI 配置。

```
cat /etc/cni/net.d/10-calico.conflist
```

查找条目：

```
"ipam": {
  "type": "calico-ipam"
},
```

如果存在，则使用的是 CalicoIPAM。如果 IPAM 不是 Calico，或者 10-calico.conflist 文件不存在，则无法在集群中使用这些功能。

3. 指定 IP 地址

要指定 IP 地址，需要使用 cni.projectcalico.org/ipAddrs 为 pod 添加注解，例如：

```
"cni.projectcalico.org/ipAddrs": "["192.168.0.1"]"
```

请注意对地址的内部双引号使用\"转义。

该地址必须在已配置的 Calico IP 池中，并且当前未在使用中。创建 Pod 时必须使用此 annotation；创建后添加它没有效果。

请注意，目前使用此注解的 Pod 仅支持一个 IP 地址。

4. 为手动分配预留 IP

cni.projectcalico.org/ipAddrs 注解，要求 IP 地址位于 IP 池内。这意味着，默认情况下，Calico 可能会使用正在为另一个工作负载或内部隧道地址选择的 IP 地址。为了防止这种情况，有几种选择：

- **要预留整个 IP 池**，可以将其节点选择器设置为"！all()"。由于！all()无法匹配任何节点，IPPool 将不会用于任何自动分配。

• **要预留 IP 池的一部分**,可以创建 IPReservation 资源。这允许保留某些 IP,以便 Calico IPAM 不会自动使用它们。但是,手动分配(使用 cni. projectcalico. org/ipAddrs 注解)仍然可以使用预留的 IP。

• 要防止 Calico 使用来自特定池的 IP 作为内部 IPIP 和/或 VXLAN 隧道地址,可以在 IPPool 资源中,将 allowedUses 上的字段设置为.["Workload"]。cni. projectcalico. org/ipAddrs 注解优先于 allowedUses 字段。

5. IPReservation

IP 预留资源(IPReservation)表示 Calico 在自动分配新 IP 地址时不应使用的 IP 地址集合。它仅在使用 CalicoIPAM 时适用。

```
apiVersion: projectcalico.org/v3
kind: IPReservation
metadata:
  name: my-ipreservation-1
spec:
  reservedCIDRs:
  - 192.168.2.3
  - 10.0.2.3/32
  - cafe:f00d::/123
```

IPReservation 关键字段解释见表 4 - 5 所列。

表 4 - 5 IPReservation 关键字段解释

字段	描述	可接受的值	类型
metada. name	此 IPReservation 资源的名称为必需的	字母数字字符串,以及可选的.,_,或-	String
spec. reserverdCIDRs	指定的 IP 地址和/或网络列表	有效 IP 地址(v4 或 v6)和/或 CIDR 列表	List

IPReservation 旨在处理来自(通常更大的)IP 池的少量 IP 地址/CIDR 的预留。如果 IP 池的很大一部分被保留(比如超过 10%),那么 Calico 在搜索空闲 IPAM 块时可能会变得非常慢。

由于 IPReservations 每个 IPAM 分配请求都必须查询,因此最好有一个或两个 IPReservation 资源,每个 IPReservation 资源有多个地址(而不是有许多 IPReservation 资源),每个资源内部有一个地址。

如果 IPReservation 还未被创建,而它其中的 IP 已被使用,则该 IP 不会自动释放回 IP 池中。保留检查仅在自动分配时间进行。

4.3.9 Calico 加密集群内 pod 流量

Calico 在 k8s 上支持用于集群内加密传输的开源 VPN,WireGuard。

首先，这里简单回顾一下什么是 WireGuard 以及我们如何在 Calico 中使用它。

WireGuard 是一种 VPN 技术，从 linux5.6 开始默认包含在内核中，它被定位为 IPsec 和 OpenVPN 的替代品。它的目标是更加快速、安全、易于部署和管理。正如不断涌现的 SSL/TLS 漏洞显示，密码的敏捷性会极大增加复杂性，这与 WireGuard 的目标不符，为此，WireGuard 故意将密码和算法的配置灵活性降低，以减少该技术的可攻击面和可审计性。它的目标是更加简单快速，所以使用标准的 Linux 网络命令便可以很容易对它进行配置，并且只有约 4000 行代码，使得它的代码可读性高，容易理解和接受审查。

WireGuard 是一种 VPN 技术，通常被认为是 C/S 架构。它同样能在端对端的网格网络架构中配置使用，这就是 Tigera 设计的 WireGuard 可以在 Kubernetes 中启用的解决方案。使用 Calico，所有启用 WireGuard 的节点将端对端形成一个加密的网格。Calico 甚至支持在同一集群内同时包含启用 WireGuard 的节点与未启用 WireGuard 的节点，并且可以相互通信。

我们选择 WireGuard 并不是一个折中的方案。我们希望提供最简单、最安全、最快速的方式来加密传输 Kubernetes 集群中的数据，而无须使用 mTLS、IPsec 或其他复杂的配置。事实上，可以把 WireGuard 看成是另一个具有加密功能的 Overlay。

用户只需一条命令就可以启用 WireGuard，而 Calico 负责完成剩余的工作，包括：

- 在每个节点创建 WireGuard 的网络接口。
- 计算并编写最优的 MTU。
- 为每个节点创建 WireGuard 公钥私钥对。
- 向每个节点添加公钥，以便在集群中共享资源。
- 为每个节点编写端对端节点。
- 使用防火墙标记(fwmark)编写 IP route、IP tables 和 Routing tables，以此正确处理各自节点上的路由。

这里仅需指明意图，其他的事情都由集群完成。

1. 使用 WireGuard 时的数据包流向

图 4-2 显示了启用 WireGuard 后集群中各种数据包的流量情况。

同一主机上的 Pod：

- 数据包被路由到 WireGuard 表。
- 如果目标 IP 是同一主机上的 Pod，Calico 则在 WireGuard 路由表中插入一个“throw”条目，将数据包引回主路由表。由此，数据包将被定向到目标 Pod 匹配的 veth 接口，并且它将在未加密的情况下流动(在图 4-2 中以绿色显示)。

不同节点上的 Pod：

- 数据包被路由到 WireGuard 表。
- 路由条目与目标 PodIP 匹配并发送到 WireGuard 组件：cali.wireguard。
- WireGuard 组件加密并封装数据包(在图 4-2 中以深色显示)并设置 fwmark 以防止路由环路。

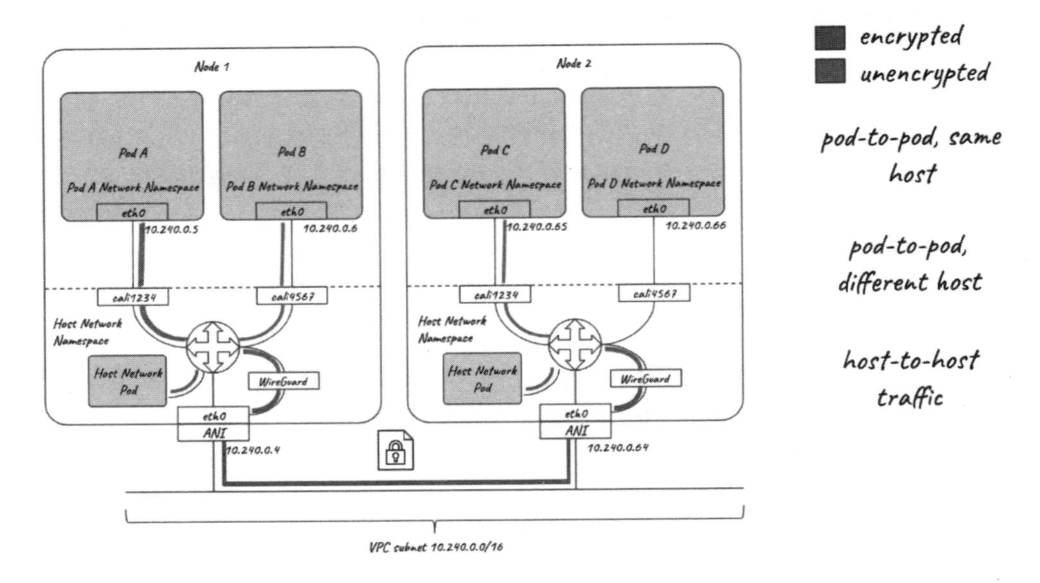

图 4-2　WireGuard 数据包流向源自 *CalicoWireGuardSupportwithAzureCNI*

- WireGuard 组件使用与目标 PodIP(允许的 IP)匹配的对等方的公钥对数据包进行加密,将其封装在 UDP 中,并使用特殊的 fwmark 对其进行标记以防止路由环路。
- 数据包通过 eth0 发送到目标节点并解密。
- 这也适用于主机流量(例如,节点联网的 Pod)。

在以下动画中,可以看到 3 种流量:

- 同一主机上 Pod 到 Pod 未被加密的流量。
- 不同主机上的 Pod 到 Pod 被加密的流量。
- 主机到主机的流量也会被加密。

Calico 支持的加密:

- Pod 流量的主机到主机加密。
- 用于直接节点到节点通信的加密—仅部署在 EKS 和 AKS 上的托管群集上受支持。

2. 安装和启用 WireGuard

WireGuard 包含在 Linux5.6+内核中,并已向后移植到某些 Linux 发行版中的早期 Linux 内核。不同的操作系统安装,例如 CentOS7 中安装 WireGuard。

```
$ sudo yum install epel-release elrepo-release
$ sudo yum install yum-plugin-elrepo
$ sudo yum install kmod-wireguard wireguard-tools
```

(1) 为集群启用 WireGuard

Operator 方式:使用以下命令在所有节点上启用 WireGuard 加密。

```
$ kubectl patch felixconfiguration default --type='merge' -p '{"spec":
{"wireguardEnabled":true}
```

Manifest 方式:使用以下命令在所有节点上启用 WireGuard 加密。

```
$ calicoctl patch felixconfiguration default --type='merge' -p '{"spec":
{"wireguardEnabled":true}}'
```

(2) 验证节点是否配置 WireGuard 加密

要验证节点是否配置为 WireGuard 加密,请使用检查 Felix 设置的节点状态 calicoctl。例如:

```
$ calicoctl get node <NODE-NAME> -o yaml
...
status:
  ...
  wireguardPublicKey: jlkVyQYooZYzI2wFfNhSZez5eWh44yfq1wKVjLvSXgY=
  ...
```

3. 禁用 WireGuard

(1) 为单个节点禁用 WireGuard

要在安装了 WireGuard 的特定节点上禁用 WireGuard,请修改节点特定的 Felix 配置。例如,要关闭节点 my-node 上 pod 流量的加密,请使用以下命令:

```
$ cat << EOF | kubectl apply -f -
apiVersion: projectcalico.org/v3
kind: FelixConfiguration
metadata:
  name: node.my-node
spec:
  logSeverityScreen: Info
  reportingInterval: 0s
  wireguardEnabled: false
EOF
```

使用上述命令,Calico 将不会加密任何进出节点 my-node 的 pod 流量。再次为 my-node 节点上的 pod 流量启用加密:

```
$ calicoctl patch felixconfiguration node.my-node --type='merge' -p '{"spec":
{"wireguardEnabled":true}}'
```

(2) 为集群禁用 WireGuard

要在所有节点上禁用 WireGuard,请修改默认的 Felix 配置。例如:

```
$ calicoctl patch felixconfiguration default --type='merge' -p '{"spec":
{"wireguardEnabled":false}}'
```

4.4 Kube-OVN:具备 SDN 能力的 CNI 插件

传统的 Kubernetes 网络是一个很乌托邦的结构,Node、Pod、Servers、整个所有组件都是全通的,没有任何阻碍。但在实际使用中无法做到如此互通,用户会有更多的需求,比如 Kubernetes 网络需要和传统的 Infrastructure 底层连接互联,传统应用比如银行或高保密需要 Servers 微服务固定 IP,对于用户来说可能需要多个 VPC 或多网卡及多个网络平面来进行划分,最后还可能会有 Kubernetes Federation。另外,多集群网络的互通,还有一些跨云容器的网络的需求。基于以上这些需求开发出的 Kube-OVN,能满足传统 Kubernetes 对于用户无法满足的需求。

简而言之,对于 Kubernetes 网络,我们需要考虑:

- 如何兼容传统网络架构,容器网络需求和已有基础。
- 传统应用对固定 P 的需求。
- 容器多网络平面,多网卡的管理。
- 多租户,VPC 类型容器网络需求。
- 多集群网络互通,跨云容器网络难题。

4.4.1 Kube-OVN 介绍

Kube-OVN 是一款 CNCF 旗下的企业级云原生网络编排系统将 SDN 的能力和云原生结合,提供丰富的功能,极致的性能以及良好的可运维性,如图 4-3 所示。

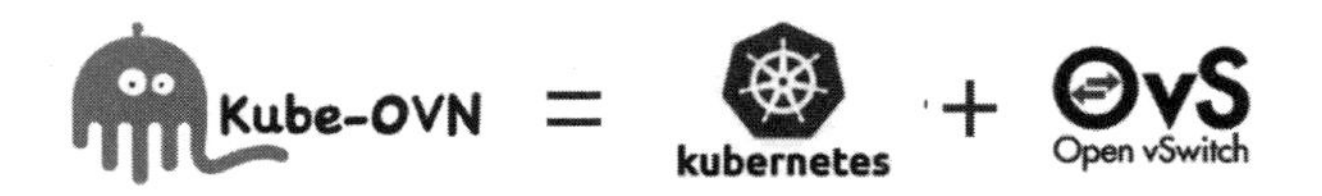

图 4-3 Kube-OVN

Kube-OVN 可提供跨云网络管理、传统网络架构与基础设施的互联互通、边缘集群落地等复杂应用场景的能力支持,解除 Kubernetes 网络面临的性能和安全监控的掣肘,为基于 Kubernetes 架构原生设计的系统提供最为成熟的网络底座,提升用户对 Kubernetes 生态 Runtime 的稳定性和易用性。

目前,Kube-OVN 已成为开源社区最受欢迎的 Kubernetes 网络解决方案,并已成功实现了上千集群级别的大规模企业级项目、海外项目落地,以及商业化的初步尝试。主要功能如下:

1. 多租户容器网络

提供基于 VPC 的多租户网络,具备更好的可扩展性以及更强的隔离性和安全性。该功能可广泛应用于公有云、边缘计算、金融业务等对隔离性和安全敏感的场景。

2. 容器固定地址及对外直达

通过自主研发的 IP 地址分配工具提供了容器、工作负载的固定 IP 能力，方便传统业务的容器化迁移。该功能适用于传统业务容器化，以及需要对容器网络和已有网络进行打通和网络互访的场景。

3. 智能运维

Kube-OVN 自带自动化运维工具，并提供了 100＋监控项，全面监控主机、容器、服务之间网络质量以及稳定性指标，可保证企业网络的稳定运行。

4. 跨集群容器网络

通过基于隧道的多集群网络互通方案，跨集群的容器 IP 可直接互访；还能使多集群 API 网关的功能对多集群流量进行更为灵活的调度和控制。

该功能广泛应用于多集群环境、多云环境、云边部署等需要跨集群进行网络互访的场景。

5. 硬件加速

Kube-OVN 可通过硬件能力加速容器网络的处理能力，极大提升了容器网络的性能；同时提供了 OVS-DPDK 的集成。DPDK 应用可以通过 Kube-OVN 获得高性能网络处理的能力。

该功能适于裸金属应用，以及运营商、电信、云计算等对网络性能有极致要求的行业场景。

4.4.2 Kube-OVN 总体架构

Kube-OVN 是一个基于 OVN(OpenVirtualNetwork)的 Kubernetes 的网络插件，它提供了强大的网络虚拟化功能，以及丰富的网络策略，以满足云原生应用的网络需求，如图 4－4 所示。

以下是 Kube-OVN 的主要组件以及它们的功能简介。

1. Kube-ovn-controller

Kube-ovn-controller 是 Kube-OVN 的核心组件，其负责监听 Kubernetes API Server 中的资源变化，并将这些变化转换为 OVN 的配置，从而实现网络虚拟化。它负责处理 Pod、Service、NetworkPolicy 等资源的变更，以及处理节点加入和离开集群时的网络配置。

2. Kube-ovn-cni

Kube-ovn-cni 是 Kube-OVN 的 CNI(Container Network Interface)插件，它负责在容器实例中设置网络。当一个新的 Pod 被创建时，kubelet 会调用 Kube-ovn-cni 插件来为 Pod 配置网络，包括分配 IP 地址、配置网关、设置路由等。

3. Kube-ovn-monitor

Kube-ovn-monitor 是 Kube-OVN 的监控组件，负责收集和展示 Kube-OVN 的运

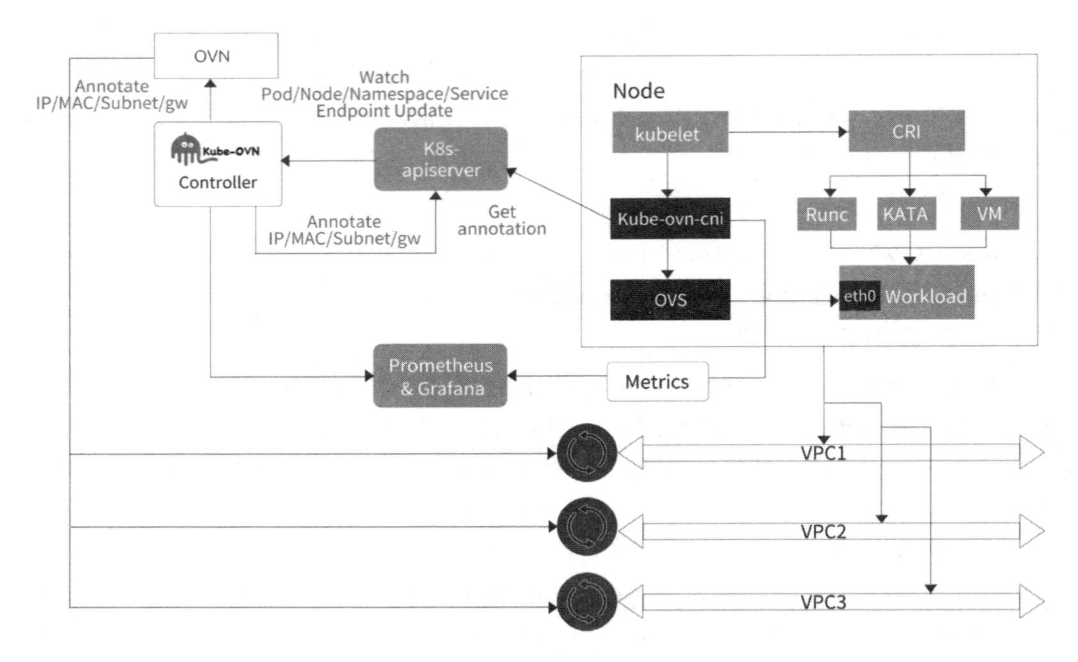

图 4－4 Kube-OVN 总体架构

行状态和性能指标。它可以与 Prometheus 集成，提供丰富的监控数据，帮助运维人员更好地了解网络状况。

4．Kube-ovn-pinger

Kube-ovn-pinger 是 Kube-OVN 的网络连通性检测组件，用于检测集群中 Pod 之间的网络连通性。它通过在每个节点上运行一个 DaemonSet，在不同节点的 Pod 之间发送 ICMPEcho 请求并检测响应，确保网络正常运行。

5．ovn-central

ovn-central 是 OVN 的集中式控制器组件，包括 northd、nbctl 和 sbctl 三个子组件。它们负责存储和管理 OVN 的全局配置，协调 OVN 交换机和路由器之间的网络配置。

6．ovn-controller

ovn-controller 是 OVN 的分布式控制器组件，其运行在每个 Kubernetes 节点上。它负责根据 ovn-central 的配置控制本地节点上的 OVS(OpenvSwitch)交换机，实现网络虚拟化功能。

整体来说，Kube-OVN 架构包括的一系列组件，分别负责监听 Kubernetes 资源变化、配置容器网络、监控、连通性检测以及 OVN 控制器等功能。这些组件共同为 Kubernetes 提供了一个完善的、基于 OVN 的网络解决方案。

4.4.3 Kube-OVN 一键安装

1. 准备工作

Kube-OVN 是一个符合 CNI 规范的网络组件，其运行需要依赖 Kubernetes 环境及对应的内核网络模块。以下是通过测试的操作系统和软件版本，环境配置和所需要开放的端口信息。

(1) 软件版本

- Kubernetes >=1.16，推荐 1.19 以上版本。
- Docker >=1.12.6，Containerd >=1.3.4。
- 操作系统：CentOS7/8，Ubuntu16.04/18.04/20.04。
- 其他 Linux 发行版，需要检查一下内核模块是否存在 geneve，openvswitch，ip_tables 和 iptable_nat，Kube-OVN 正常工作依赖上述模块。

(2) 环境配置

• Kernel 启动需要开启 ipv6，如果 kernel 启动参数包含 ipv6.disable=1，则需要将其设置为 0。

- kube-proxy 正常工作，Kube-OVN 可以通过 SVC IP 访问 kube-apiserver。
- 确认 kubelet 配置参数开启了 CNI，并且配置在标准路径下，kubelet 启动时应包含如下参数--networkplugin=cni；--cni-bin-dir=/opt/cni/bin；--cni-conf-dir=/etc/cni/net.d。
- **确认未安装其他网络插件，或者其他网络插件已经被清除**，检查/etc/cni/net.d/ 路径下无其他网络插件配置文件。如果之前安装过其他网络插件，建议删除后重启机器清理残留网络资源。

(3) 端口信息(见表 4-6)

表 4-6 Kube-OVN 端口信息

组件	端口	用途
ovn-central	6641/tcp，6642/tcp，6643/tcp，6644/tcp	ovn-db 和 raftserver 监听端口
ovs-ovn	Geneve6081/udp，STT7471/tcp，Vxlan4789/udp	隧道端口
kube-ovn-controller	10660/tcp	监控监听端口
kube-ovn-daemon	10665/tcp	监控监听端口
kube-ovn-monitor	10661/tcp	监控监听端口

Kube-OVN 提供了一键安装脚本，可以帮助你快速安装一个高可用，生产就绪的 Kube-OVN 容器网络，默认部署为 Overlay 类型网络。

如果默认网络需要搭建 Underlay/Vlan 网络，请参考 Underlay 网络支持。

安装前请参考准备工作确认环境，正确配置。

2. 下载安装脚本

我们推荐在生产环境使用稳定的 release 版本，请使用下面的命令下载稳定版本安装脚本：

```
wget https://raw.githubusercontent.com/kubeovn/kube-ovn/release-
1.11/dist/images/install.sh
```

如果对 master 分支的最新功能感兴趣，想使用下面的命令下载开发版本部署脚本：

```
wget https://raw.githubusercontent.com/kubeovn/kube-ovn/master/dist/images/install.sh
```

3. 修改配置参数

使用编辑器打开脚本，并修改下列变量为预期值：

```
REGISTRY = "kubeovn"                          # 镜像仓库地址
VERSION = "v1.11.0"                           # 镜像版本/Tag
POD_CIDR = "10.16.0.0/16"                     # 默认子网 CIDR 不要与 SVC/NODE/JOIN CIDR 重叠
SVC_CIDR = "10.96.0.0/12"                     # 需要和 apiserver 的 service-cluster-ip-range
                                                保持一致
JOIN_CIDR = "100.64.0.0/16"                   # Pod 和主机通信网络 CIDR，不要和 SVC/NODE/POD
                                                CIDR 重叠
LABEL = "node-role.kubernetes.io/master"      # 部署 OVN DB 节点的标签
IFACE = ""                                    # 容器网络所使用的宿主机网卡名，如果为空则使
                                                用 Kubernetes 中的 Node IP 所在网卡
TUNNEL_TYPE = "geneve"                        # 隧道封装协议，可选 geneve, vxlan 或 stt，stt
                                                需要单独编译 ovs 内核模块
```

可使用正则表达式来匹配网卡名，例如 IFACE=enp6s0f0，eth.*。

4. 执行安装脚本

```
bash install.sh
```

4.4.4 Kube-OVN 卸载

如果需要删除 Kube-OVN 并更换其他网络插件，请按照下列的步骤删除对应的 Kube-OVN 组件以及 OVS 配置，以避免对其他网络插件产生干扰。

1. 删除在 Kubernetes 中创建的资源

下载下面的脚本，执行脚本删除在 Kubernetes 中创建的资源：

```
wget https://raw.githubusercontent.com/kubeovn/kube-ovn/release-
1.11/dist/images/cleanup.sh
bash cleanup.sh
```

2. 清理主机上的日志和配置文件

在每台机器上执行下列操作，清理 ovsdb 以及 openvswitch 保存的配置：

```
rm -rf /var/run/openvswitch
rm -rf /var/run/ovn
rm -rf /etc/origin/openvswitch/
rm -rf /etc/origin/ovn/
rm -rf /etc/cni/net.d/00-kube-ovn.conflist
rm -rf /etc/cni/net.d/01-kube-ovn.conflist
rm -rf /var/log/openvswitch
rm -rf /var/log/ovn
rm -fr /var/log/kube-ovn
```

3. 重启节点

重启机器确保对应的网卡信息，使 iptable/ipset 规则得以清除，避免对其他网络插件的影响：

```
reboot
```

4.4.5 Flanne lCNI 切换 Kube-OVN

1. 删除 Flanne lCNI 的配置

新建脚本，将以下内容拷入，执行脚本，删除 Flannel 的配置信息。

过滤条件-lapp=galaxy 需要修改为适配自己情况的条件，或者直接查出来全部的 FlannelPod，分步骤执行命令。

```
#! /usr/bin/env bash
set -euo pipefail
echo "[Step -1] Delete flannel and galaxy resource on host"
for galaxy in $(kubectl get pod --no-headers -n kube-system -lapp=galaxy | awk '{print
$1}')
do
  kubectl exec -n kube-system "$galaxy" -- ip link del flannel.1
  kubectl exec -n kube-system "$galaxy" -- rm -rf /host/etc/cni/net.d/00-galaxy.conf
  kubectl exec -n kube-system "$galaxy" -- rm -rf /etc/cni/net.d/00-galaxy.conf
done
echo "------------------------------"
echo ""
echo "[Step 0] delete flannel and galaxy resource in kubernetes"
kubectl delete ds flannel galaxy-daemonset -n kube-system --ignore-not-found=true
kubectl delete cm cni-etc galaxy-etc kube-flannel-cfg -n kube-system --ignore-notfound=
true
kubectl delete sa flannel galaxy --ignore-not-found=true
```

```
kubectl delete clusterrole flannel --ignore-not-found = true
kubectl delete clusterrolebindings flannel galaxy --ignore-not-found = true
kubectl annotate no --all flannel.alpha.coreos.com/backend-datakubectl
annotate no --all flannel.alpha.coreos.com/backend-typekubectl
annotate no --all flannel.alpha.coreos.com/kube-subnet-managerkubectl
annotate no --all flannel.alpha.coreos.com/public-ipecho
"------------------------------"
echo ""
```

执行 Kube-OVN 的安装脚本，安装 Kube-OVNCNI 插件。

4.4.6 CalicoCNI 切换 Kube-OVN

若 Kubernetes 集群已安装 Calico 需要变更为 Kube-OVN 可以参考本文档。

这里以 Calicov3.24.1 为例，其他 Calico 版本需要根据实际情况进行调整。

1. 准备工作

为了保证切换 CNI 过程中集群网络保持畅通，Calicoippool 需要开启 natoutgoing，或在所有节点上关闭 rp_filter：

（1）查看 rp_filter 配置信息

```
$ sysctl -a | grep net.ipv4.conf.*.rp_filter
```

（2）查看 Calico 的网络模式

```
$ calicoctl get ippool -owide
NAME                    CIDR              NAT    IPIPMODE    VXLANMODE    DISABLED
DISABLEBGPEXPORT        SELECTOR
default-ipv4-ippool     10.244.0.0/16     true   Never       CrossSubnet  false false
                all()
```

注意：IPIP 模式和 VXLAN 模式是不能混用的，两者只能用其中一种。

（3）在所有节点上关闭 rp_filter

```
sysctl net.ipv4.conf.all.rp_filter = 0
sysctl net.ipv4.conf.default.rp_filter = 0

# IPIP 模式
sysctl net.ipv4.conf.tunl0.rp_filter = 0

# VXLAN 模式
sysctl net.ipv4.conf.vxlan/calico.rp_filter = 0

# 路由模式，eth0 需要修改为实际使用的网卡
sysctl net.ipv4.conf.eth0.rp_filter = 0
```

(4) 修改后,验证是否修改成功

```
$ sysctl -a | grep net.ipv4.conf.*.rp_filter
```

2. 部署 Kube-OVN

(1) 下载安装脚本

```
wget https://raw.githubusercontent.com/kubeovn/kube-ovn/release-
1.11/dist/images/install.sh
```

(2) 修改安装脚本

将安装脚本中重建 Pod 的部分删除:

```
echo "[Step 4/6] Delete pod that not in host network mode"
for ns in $(kubectl get ns --no-headers -o custom-columns=NAME:.metadata.name); do
for pod in $(kubectl get pod --no-headers -n "$ns" --field-selector
spec.restartPolicy=Always -o custom-columns=NAME:.metadata.name,HOST:spec.hostNet-
work
| awk '{if ($2!="true") print $1}'); do
    kubectl delete pod "$pod" -n "$ns" --ignore-not-found
  done
done
```

按需修改以下配置:

```
REGISTRY="kubeovn"                # 镜像仓库地址
VERSION="v1.11.0"                 # 镜像版本/Tag
POD_CIDR="10.16.0.0/16"           # 默认子网 CIDR 不要和 SVC/NODE/JOIN CIDR 重叠
SVC_CIDR="10.96.0.0/12"           # 需要和 apiserver 的 service-cluster-ip-range 保持一致
JOIN_CIDR="100.64.0.0/16"         # Pod 和主机通信网络 CIDR,不要和 SVC/NODE/POD CIDR 重叠
LABEL="node-role.kubernetes.io/master"    # 部署 OVN DB 节点的标签
IFACE=""                          # 容器网络所使用的的宿主机网卡名,如果为空则使用
Kubernetes 中的 Node IP 所在网卡
TUNNEL_TYPE="geneve"              # 隧道封装协议,可选 geneve, vxlan 或 stt,stt 需要单独编
                                    译 ovs 内核模块
```

注意: POD_CIDR 及 JOIN_CIDR 不可与 Calicoippool 的 CIDR 冲突,且 POD_CIDR 需要包含足够多的 IP 来容纳集群中已有的 Pod。

执行安装脚本:

```
bash install.sh
```

3. 逐个节点迁移

按照以下方法为每个节点逐个进行迁移。

注意: 命令中的 <NODE> 需要替换为节点名称。

(1) 驱逐节点

```
kubectl drain --ignore-daemonsets <NODE>
```

若此命令一直等待 Pod 被驱逐,则执行以下命令强制删除被驱逐的 Pod:

```
kubectl get pod -A --field-selector=spec.nodeName=<NODE> --no-headers | \
    awk '$4=="Terminating" {print $1" "$2}' | \
    while read s; do kubectl delete pod --force -n $s; done
```

执行以上操作后,验证节点状态。

```
$ kubectl get nodes -owide
NAME       STATUS                     ROLES                  AGE    VERSION
INTERNAL-IP      EXTERNAL-IP    OS-IMAGE                KERNEL-VERSION
CONTAINER-RUNTIME
master-1   Ready,SchedulingDisabled   control-plane,master   200d   v1.22.2
192.168.172.128   <none>        CentOS Linux 7 (Core)    3.10.0-1160.el7.x86_64
docker://20.10.8
worker-1   Ready,SchedulingDisabled    <none>                29d    v1.22.2
192.168.172.129   <none>         CentOS Linux 7 (Core)    3.10.0-1160.el7.x86_64
docker://20.10.8
```

(2) 重启节点

执行重启命令,重启清理 calico 残留 iptables 和 ipset 规则。
在节点中执行:

```
# -r,表示 shutdown 之后重新启动
# 0,表示延迟 0 秒关机
shutdown -r 0
```

(3) 恢复节点

```
kubectl uncordon <NODE>
```

执行以上操作后,验证节点状态。

```
$ kubectl get nodes -owide
NAME       STATUS   ROLES                  AGE    VERSION    INTERNAL-IP
EXTERNAL-IP    OS-IMAGE              KERNEL-VERSION           CONTAINER-RUNTIME
master-1   Ready    control-plane,master   200d   v1.22.2    192.168.172.128   <none>
    CentOS   Linux 7 (Core)    3.10.0-1160.el7.x86_64   docker://20.10.8
worker-1   Ready    <none>                 29d    v1.22.2    192.168.172.129   <none>
    CentOS   Linux 7 (Core)    3.10.0-1160.el7.x86_64   docker://20.10.8
```

4. 卸载 Calico

(1) 删除 k8s 资源(yaml 部署方式)

```
kubectl -n kube-system delete deploy calico-kube-controllers
kubectl -n kube-system delete ds calico-node
kubectl -n kube-system delete cm calico-config
# 删除 CRD 及相关资源
kubectl get crd -o jsonpath='{range .items[*]}{.metadata.name}{"\n"}{end}' | while
read crd; do
  if ! echo $crd | grep '.crd.projectcalico.org$' > /dev/null; then
    continue
  fi

  for name in $(kubectl get $crd -o jsonpath='{.items[*].metadata.name}'); do
    kubectl delete $crd $name
  done
  kubectl delete crd $crd
done
# 其他资源
kubectl delete --ignore-not-found clusterrolebinding calico-node calico-kubecontrollers
kubectl delete --ignore-not-found clusterrole calico-node calico-kube-controllers
kubectl delete --ignore-not-found sa -n kube-system calico-kube-controllers caliconode
kubectl delete --ignore-not-found pdb -n kube-system calico-kube-controllers
```

(2) 删除 k8s 资源(TigeraCalicoOperater 部署方式)

```
# 查看 calico 版本,可借助于 calicoctl version 查看

# 下载对应版本的部署文件
https://projectcalico.docs.tigera.io/archive/v3.23/manifests/custom-resources.yaml
https://projectcalico.docs.tigera.io/archive/v3.23/manifests/tigera-operator.yaml

# 执行 kubectl delete -f 删除 calico 部署资源
$ ll
total 316
-rw-r--r-- 1 root root 824 Jul 8 2022 custom-resources.yaml
-rw-r--r-- 1 root root 319153 Jul 8 2022 tigera-operator.yaml
$ kubectl delete -f custom-resources.yaml
installation.operator.tigera.io "default" deleted
apiserver.operator.tigera.io "default" deleted
$ kubectl delete -f tigera-operator.yaml
namespace "tigera-operator" deleted
customresourcedefinition.apiextensions.k8s.io
"bgpconfigurations.crd.projectcalico.org" deleted
```

```
...
deployment.apps "tigera-operator" deleted
```

(3) 清理节点文件

删除每台机器上的残留文件并重启。

在每个节点中执行：

```
rm -f /etc/cni/net.d/10-calico.conflist /etc/cni/net.d/calico-kubeconfig
rm -f /opt/cni/bin/calico /opt/cni/bin/calico-ipam
```

5. 验证效果

(1) Pod 资源的 CIDR

Pod 资源的 IP 变为"10.16.0.0/16"网段范围其中一个 IP，与我们设置的 POD_CIDR="10.16.0.0/16"一致

```
$ kubectl get pod -A -owide
NAMESPACE    NAME                    READY        STATUS        RESTARTS
  AGE    IP            NODE      NOMINATED NODE  READINESS  GATES
default      cni-2                   1/1          Running       13 (8m45s ago)
  17d    10.16.0.7     master-1    <none>            <none>
```

(2) Service 资源的 CIDR

Service 资源的 IP 变为了"10.96.0.0/12"网段范围其中一个 IP，与我们设置的 SVC_CIDR="10.96.0.0/12"一致。

```
$ kubectl get svc -A
NAMESPACE          NAME                                    TYPE         CLUSTER-IP
EXTERNAL-IP     PORT(S)            AGE
...
default            kubernetes                              ClusterIP    10.96.0.1
<none>          443/TCP            200d
default            nginx                                   NodePort     10.96.169.85
<none>          8080:31142/TCP      68d
...
```

4.4.7 Kubernetes 中的 kubeovn 资源列表

Kubernetes 中的 kubeovn 资源列见表 4-7 所列。

表 4-7 kubeovn 资源列表

资源全名	资源简称	资源分区	是否属于命名空间资源	资源种类
htbqoses	htbqos	kubeovn.io/v1	false	HtbQos
ips	ip	kubeovn.io/v1	false	IP

续表 4-7

资源全名	资源简称	资源分区	是否属于命名空间资源	资源种类
iptables-dnat-rules	dnat	kubeovn. io/v1	false	IptablesDnatRule
iptables-eips	eip	kubeovn. io/v1	false	IptablesEIP
iptables-fip-rules	fip	kubeovn. io/v1	false	IptablesFIPRule
iptables-snat-rules	snat	kubeovn. io/v1	false	IptablesSnatRule
ovn-eips	oeip	kubeovn. io/v1	false	OvnEip
ovn-fips	ofip	kubeovn. io/v1	false	OvnFip
ovn-snat-rules	osnat	kubeovn. io/v1	false	OvnSnatRule
provider-networks		kubeovn. io/v1	false	ProviderNetwork
security-groups	sg	kubeovn. io/v1	false	SecurityGroup
subnets	subnet	kubeovn. io/v1	false	Subnet
switch-lb-rules	slr	kubeovn. io/v1	false	SwitchLBRule
vips	vip	kubeovn. io/v1	false	Vip
vlans	vlan	kubeovn. io/v1	false	Vlan
vpc-dnses	vpc-dns	kubeovn. io/v1	false	VpcDns
vpc-nat-gateways	vpc-nat-gw	kubeovn. io/v1	false	VpcNatGateway
vpcs	vpc	kubeovn. io/v1	false	Vpc

4.4.8 Kube-ovn 和 ovn 概念对照表

Kube-ovn 和 ovn 概念对照见表 4-8 所列。

表 4-8 Kube-ovn 和 ovn 概念对照表

	Kube-ovn 概念	命令	ovn 概念	命令
1	子网 Subnet	kubectlgetsubnets. kubeovn. io	logicalswtich	kubectlkonbctllistlogical _switch
2	容器 Pod	kubectlgetpod-A	logicalswitchport	kubectlkonbctllistlogical_ switch_port
3	网络策略 NetworkPolicy	kubectlgetnetworkpolicies. networking. k8s. io	acl	kubectlkonbctllistacl
4	服务 Service	kubectlgetservice	loadbalancer	查看 ovn 中 lbvip 映射 ku-bectlkonbctlls-lb-listovn-default
5	网关/策略路由	route-n	gateway	kubectlkonbctllr-route-listovn-cluster

4.4.9 Kube-OVN 固定 IP

Kube-OVN 默认会根据 Pod 所在 Namespace 的子网中随机分配 IP 和 Mac。针对工作负载需要固定地址的情况，Kube-OVN 根据不同的场景，提供了多种固定地址的方法：

- 单个 Pod 固定 IP/Mac。
- Workload 通用 IPPool 方式指定固定地址范围。
- StatefulSet 固定地址。
- KubevirtVM 固定地址。

1. 使用场景

- 传统基于 IP 进行部署的应用。
- 需要集群内外打通的应用。
- 基于 IP 进行管理运维的场景。

2. Pod 固定地址

Pod 可通过 annotation 指定固定 IP/MAC。

```
# 在创建 Pod 时通过 annotation 来指定 Pod 运行时所需的 IP/Mac
ovn.kubernetes.io/ip_address
ovn.kubernetes.io/mac address
```

可以在创建 Pod 时通过 annotation 来指定 Pod 运行时所需的 IP/Mac，kube-ovn-controller 运行时将会跳过地址随机分配阶段，经过冲突检测后直接使用指定地址，如下所示：

```
apiVersion: v1
kind: Pod
metadata:
  name: static-ip
  namespace: ls1
  annotations:
    ovn.kubernetes.io/ip_address: 10.16.0.15
    ovn.kubernetes.io/mac_address: 00:00:00:53:6B:B6
spec:
  containers:
  - name: static-ip
    image: nginx:alpine
```

在使用 annotation 定义单个 PodIP/Mac 时需要注意以下几点：

- 所使用的 IP/Mac 不能和已有的 IP/Mac 冲突。
- IP 必须在所属子网的 CIDR 内。
- 可以只指定 IP 或 Mac，只指定一个时，另一个会随机分配。

3. Workload 通用 IPPool 固定地址

- Workload 可通过 ippoolannotation 指定一组 P,达到固定 P 效果。
- StatefulSet 特殊优化,Pod 名和 IP 一一对应。

```
# 在创建 Deployment/StatefulSet/DaemonSet 时通过 annotation 指定运行时所需的 IP/Mac
ovn.kubernetes.io/ip pool
```

Kube-OVN 支持通过 annotation ovn. kubernetes. io/ip_pool 给 Workload(Deployment/StatefulSet/DaemonSet/Job/CronJob)设置固定 IP。kube-ovn-controllerr 会自动选择 ovn. kubernetes. io/ip_pool 中指定的 IP 并进行冲突检测。

IP Pool 的 Annotation 需要加在 template 内的 annotation 字段,除了 Kubernetes 内置的 Workload 类型,其他用户自定义的 Workload 也可以使用同样的方式进行固定地址分配。

(1) Deployment 固定 IP 示例

```
apiVersion: apps/v1
kind: Deployment
metadata:
  namespace: ls1
  name: starter-backend
  labels:
    app: starter-backend
spec:
  replicas: 2
  selector:
    matchLabels:
      app: starter-backend
  template:
    metadata:
      labels:
        app: starter-backend
      annotations:
        ovn.kubernetes.io/ip_pool: 10.16.0.15,10.16.0.16,10.16.0.17
  spec:
    containers:
    - name: backend
      image: nginx:alpine
```

(2) 对 Workload 使用固定 IP 需要注意事项

- ovn. kubernetes. io/ip_pool 中的 IP 应该属于所在子网的 CIDR 内。
- ovn. kubernetes. io/ip_pool 中的 IP 不能和已使用的 IP 冲突。
- 当 ovn. kubernetes. io/ip_pool 中的 IP 数量小于 replicas 数量时,多出的 Pod 将

无法创建。你需要根据 Workload 的更新策略以及扩容规划调整 ovn. kubernetes. io/ip_pool 中 IP 的数量。
- ovn. kubernetes. io/ip_pool 中的 IP 数量可以大于 replicas 数量。

4. StatefulSet 固定地址

StatefulSet 生命周期内 PodName 和地址关系保持固定。

备注：
- 固定 IP 的容器的 IP 可以在整个集群中跨主机漂移。
- 固定 IP 也可以通过 ClusterIP 访问 Pod，两者不冲突。
- 固定 IP 可能会发生冲突，当冲突时，Kube-OVN 内置冲突检测的机制，会触发冲突提醒。
- 固定 IP 能够提供外网访问能力，需要结合子网的网关策略做到全局的固定 IP。

StatefulSet 与其他 Workload 相同，可以使用 ovn. Kubernetes. io/ip_pool 来指定 Pod 使用的 IP。

由于 StatefulSet 多用于有状态服务，对网络标示的固定有更高的要求，因此 Kube-OVN 做了特殊的强化：
- Pod 会按顺序分配 ovn. Kubernetes. io/ip_pool 中的 IP。例如 StatefulSet 的名字为 web，则 web-0 会使用 ovn. Kubernetes. io/ip_pool 中的第一个 IP，web-1 会使用第二个 IP，以此类推。
- StatefulSetPod 在更新或删除的过程中 OVN 中的 logical_switch_port 不会删除，新生成的 Pod 直接复用旧的 interface 信息。因此 Pod 可以复用 IP/Mac 及其他网络信息，达到和 StatefulSetVolume 类似的状态保留功能。
- 基于 2 的能力，对于没有 ovn. Kubernetes. io/ip_pool 注解的 StatefulSet，Pod 第一次生成时会随机分配 IP/Mac，之后在整个 StatefulSet 的生命周期内，网络信息都会保持固定。

5. Kubevirt VM 固定地址

针对 Kubevirt 创建的 VM 实例，kube-ovn-controller 可以按照类似 StatefulSet Pod 的方式进行 IP 地址分配和管理，以达到 VM 实例在生命周期内启停，升级，迁移等操作过程中地址固定不变，更符虚拟化合用户的实际使用体验。

4.5 Kubernetes 多网卡方案之 Multus CNI

一个容器启动后，在默认情况下一般都会只存在两个虚拟网络接口（loopback 和 eth0），而 loopback 的流量始终都会在本容器内或本机循环，真正对业务起支撑作用的只有 eth0，当然这对大部分业务场景而言已经能够满足。

但是如果一个应用或服务既需要对外提供 API 调用服务，也需要满足自身基于分布式特性产生的数据同步，那么这时候一张网卡的性能显然很难达到生产级别的要求，网络流量延时、阻塞便成为此应用的一项瓶颈。

基于上述痛点和需求，容器多网络方案不断涌现。K8s 有一个多网卡规范：K8sNetworkPlumbingWG/multinet-spec。目前常用的多网卡方案有，见表 4-9 所列：

表 4-9 Kubernetes 多网卡方案

	活跃度	项目地址	功能
Huawei -PaaS/CNI-Genie(华为)	截至 2022.6.8，最新代码提交是 2019.2，活跃度不够，文档也较少	https://github.com/cni-genie/CNI-Genie/blob/master/docs/CNIGenieFeatureSet.md	具备多网卡支持
Multus-CNI (Intel)	截至 2022.6.8，最新代码提交是 2022.6.6，较为活跃，文档也较多、较新	https://github.com/k8snetworkplumbingwg/multus-cni/tree/master/docs	具备多网卡支持

而根据开源社区活跃度、是否实现 CNI 规范以及稳定性，我们采用 multus-cni 作为在 K8s 环境下的容器多网络方案。

Multus CNI 简单来说是一种符合 CNI(Container Network Interface)规范的开源插件，旨在为实现 K8s(Kubernetes)环境下容器多网卡而提出的解决方案。

CNI(Container Network Interface)是一个用于容器网络的规范和接口，它定义了容器运行时和网络插件之间的标准接口。CNI 插件可以被用来实现容器网络的创建、配置和删除等功能。根据 CNI 规范，插件可以分为以下三种类型：

- Main 插件：主插件是 CNI 插件中最基本的类型，用于创建容器网络接口并配置容器的 IP 地址和路由。它是每个 CNI 操作必需使用的插件。代表插件包括：bridge、macvlan、ipvlan 等。
- IPAM 插件：IP 地址管理(IPAM)插件用于管理 IP 地址和子网的分配和回收。它可以与主插件一起使用，为容器提供 IP 地址和其他网络参数。代表插件包括 dhcp、host-local 等。
- Meta 插件：元数据(Meta)插件用于从环境变量、文件、API 等外部资源中获取容器网络配置信息。它可以与主插件和 IPAM 插件一起使用，为容器提供更灵活的网络配置方式。代表插件包括 tuning、portmap、bandwidth 等。

到这里，我们已经明白，MultusCNI 属于 Meta 类可以与其他第三方插件适配(也就是 Main 插件)，Main 插件作为 Pod 的主网络并且被 K8s 所感知，它们可以搭配使用且不冲突。

4.5.1 Multus CNI 介绍

1. Multus CNI enables attaching multiple network interfaces to pods in Kubernetes

Multus CNI 项目官方对其存在意义的精简描述为：它的存在就是帮助 K8s 的 Pod 建立多网络接口。

Multus CNI 本身不提供网络配置功能，它通过用其他满足 CNI 规范的插件进行容器的网络配置。

如图 4-5 所示，在此场景下我们可以把 Pod 抽象为单个容器。原本容器里应仅存在 eth0 接口（loopback 忽略不计），是由主插件产生创建并配置的；而当集群环境存在 MultusCNI 插件，并添加额外配置后，会发现此容器内不再仅有 eth0 接口，大家可以利用这些新增的接口去契合实际业务需求。

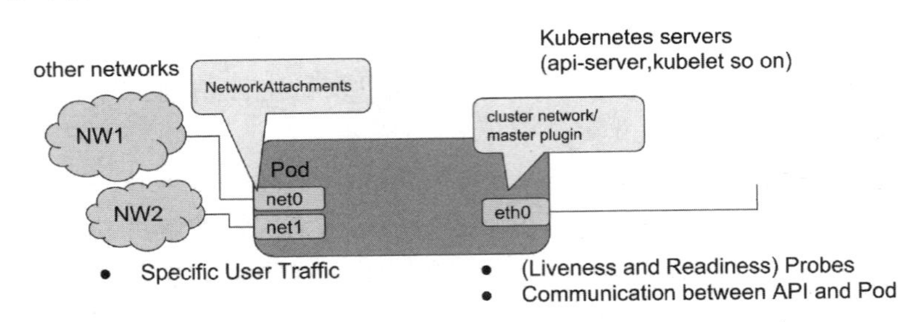

图 4-5　MultusCNI 架构

2. 适用场景

Multus CNI 是一个多网络插件，它允许 Kubernetes 容器连接多个网络，并具有不同的 IP 地址和路由表。

Multus CNI 的使用场景主要包括以下几个方面：

- 多云部署：在跨云平台或混合云环境中，可能需要连接多个不同的网络，以实现跨云平台的通信。MultusCNI 可为容器提供多网络支持，从而实现多云部署。
- 多网卡容器：在某些场景下，容器需要多个网络接口来实现不同的网络功能，例如，容器需要同时连接外部网络和内部网络，或者容器需要实现负载均衡等功能，或者分离数据平面流量与控制平面流量。Multus CNI 可为容器提供多个网络接口，并管理它们之间的路由和策略。
- 容器网络插件扩展：在某些场景下，Kubernetes 默认的网络插件可能无法满足需求，需要使用其他的网络插件来实现某些高级网络功能。MultusCNI 可以作为一个网络插件扩展框架，允许其他 CNI 插件注册到 Multus 中，从而实现更多的网络功能。

4.5.2 MultusCNI 部署

目前,本书介绍的集群已选用 Calico 作为网络插件并配置为 IPIP 模式。

```
$ cat /etc/cni/net.d/10-calico.conflist | jq
{
  "name": "k8s-pod-network",
  "cniVersion": "0.3.1",
  "plugins": [
    {
      "type": "calico",
      "log_level": "info",
      "log_file_path": "/var/log/calico/cni/cni.log",
      "datastore_type": "kubernetes",
      "nodename": "multuscni-test0",
      "mtu": 0,
      "ipam": {
        "type": "calico-ipam"
      },
      "policy": {
        "type": "k8s"
      },
      "kubernetes": {           "kubeconfig": "/etc/cni/net.d/calico-kubeconfig"
      }
    },
    {
      "type": "portmap",
      "snat": true,
      "capabilities": {
        "portMappings": true
      }
    },
    {
      "type": "bandwidth",
      "capabilities": {
        "bandwidth": true
      }
    }
  ]
}
```

Multus 的快速入门方法是使用 Daemonset(一种在集群中的每个节点上运行 Pod 的方法)进行部署,这会启动安装 Multus 二进制文件并配置 Multus 以供使用的 Pod。

1. 安装 Multusdaemonset

首先，克隆这个 GitHub 存储库。

```
git clone https://github.com/k8snetworkplumbingwg/multus-cni.git && cd multus-cni
```

使用 kubectl 从这个 repo 应用 YAML 文件。

```
cat ./deployments/multus-daemonset-thick-plugin.yml | kubectl apply -f -
```

(1) Multusdaemonset 作用

- 启动一个 Multus 守护程序集，这会在每个节点上运行一个 pod，它在每个节点上放置一个 Multus 二进制文件/opt/cni/bin。
- 读取按字典顺序（按字母顺序）的第一个配置文件/etc/cni/net.d，并在每个节点上为 Multus 创建一个新的**配置文件**/etc/cni/net.d/00-multus.conf，此配置是自动生成的，并且基于默认网络配置（假定为按字母顺序排列的第一个配置）
- 在每个节点上创建一个/etc/cni/net.d/multus.d 目录，其中包含**Multus 访问 KubernetesAPI 的身份验证信息**。

(2) 验证安装

```
kubectl get pods --all-namespaces | grep -i multus
```

大家可以通过查看/etc/cni/net.d/目录进一步验证它是否已运行，并确保自动生成的/etc/cni/net.d/00-multus.conf 存在对应于按字母顺序排列的第一个配置文件。

因为 Multus CNI 使用的是 DaemonSet 类型，所以默认在所有节点都有一个实例，以下 Whereabouts 同理。经观察，Pod 运行不久后，将会在各节点上的/opt/cni/bin/下生成 multus 的可执行文件，/etc/cni/下生成网络定义文件以及用于配置集群访问的文件。

```
$ ls /etc/cni/net.d
00-multus.conf 10-calico.conflist calico-kubeconfig multus.d

$ ls /etc/cni/net.d/multus.d
multus.kubeconfig

$ cat /etc/cni/net.d/multus.d/multus.kubeconfig

# Kubeconfig file for Multus CNI plugin.
apiVersion: v1
kind: Config
clusters:
- name: local
  cluster:
    server: https://[10.233.0.1]:443
```

```
    certificate-authority-data: ...
users:
- name: multus
  user:
    token: ...
contexts:
- name: multus-context
  context:
    cluster: local
    user: multus
current-context: multus-context
```

可执行文件的作用是配置 Pod 的网络栈，DaemonSet 的作用是实现网络互通。

备注：一个 Network Namespace 的网络栈包括网卡（Network interface）、回环设备（Loopback Device）、路由表（Routing Table）和 iptables 规则。

打开 00-multus.conf，查看其内容：

```
$ cat /etc/cni/net.d/00-multus.conf | jq
{
  "capabilities": {
    "bandwidth": true,
    "portMappings": true
  },
  "cniVersion": "0.3.1",
  "delegates": [
    {
      "cniVersion": "0.3.1",
      "name": "k8s-pod-network",
      "plugins": [
        {
          "datastore_type": "kubernetes",
          "ipam": {
            "type": "calico-ipam"
          },
          "kubernetes": {
            "kubeconfig": "/etc/cni/net.d/calico-kubeconfig"
          },
          "log_file_path": "/var/log/calico/cni/cni.log",
          "log_level": "info",
          "mtu": 1440,
          "nodename": "master",
          "policy": {
            "type": "k8s"
```

```
        },
        "type": "calico"
      },
      {
        "capabilities": {
          "portMappings": true
        },
        "snat": true,
        "type": "portmap"
      },
      {
        "capabilities": {
          "bandwidth": true
        },
        "type": "bandwidth"
      }
    ]
  }
],
"logLevel": "verbose",
"logToStderr": true,
"kubeconfig": "/etc/cni/net.d/multus.d/multus.kubeconfig",
"name": "multus-cni-network",
"type": "multus"
}
```

在 Kubernetes 中，处理容器网络相关的逻辑并不会在 kubelet 主干代码里执行，而是会在具体的 CRI(Container Runtime Interface，容器运行时接口)实现中完成。

CRI 将网络定义文件以 JSON 格式通过 STDIN 方式传递给 Multus CNI 插件可执行文件。文件中 delegates 的意义在于 Multus 会调用其 delegates 指定的插件来执行，这里还有一点需要说明下，如果/etc/cni/net.d/目录下有多个网络定义文件，CRI 只会加载按字典顺序排在第一位的文件(即插件)，即默认情况下创建 Pod 时使用的是 Calico 插件配置网络。

2. 创建 NetworkAttachmentDefinition

我们要做的第一件事是为附加到 pod 的每个附加网络接口创建配置(NetworkAttachmentDefinition)。我们将通过创建自定义资源来做到这一点。快速启动安装的一部分会创建一个“CRD”，它是我们保存这些自定义资源的主目录——我们将在其中存储每个接口的配置。

(1) CNI 配置

我们将添加的是一个 CNI 配置。如果不熟悉它们，让我们快速分解它们。这是一个示例 CNI 配置：

```
{
  "cniVersion": "0.3.0",
  "type": "loopback",
  "additional": "information"
}
```

CNI 配置是 JSON,我们在这里有一个结构,其中包含一些我们感兴趣的东西:

- cniVersion:告诉每个 CNI 插件正在使用哪个版本,如果它使用的版本太晚(或太早),可以提供插件信息。
- type:这告诉 CNI 在磁盘上应调用哪个二进制文件。每个 CNI 插件都是一个被调用的二进制文件。通常,这些二进制文件存储在/opt/cni/bin 每个节点上,CNI 执行这个二进制文件。在这种情况下,我们指定了 loopback 二进制文件(它创建了一个环回类型的网络接口)。如果是第一次安装 Multus,可能需要验证"type 字段中的插件实际上是否在/opt/cni/bin 目录中的磁盘上。
- additional:这里以这个字段为例,每个 CNI 插件都可以在 JSON 中指定他们想要的任何配置参数。这些特定于你在 type 现场调用的二进制文件。

当 CNI 配置发生变化时,无须重新加载或刷新 Kubelet。每次创建和删除 pod 时都会读取这些内容。因此,如果更改配置,它将在下次创建 pod 时应用。如果需要新配置,可能需要重新启动现有的 pod。

(2) 将配置存储为自定义资源

这里要创建一个额外的接口。让我们创建一个 macvlan 接口供 pod 使用。将创建一个自定义资源来定义接口的 CNI 配置。

在以下命令中有一个 kind:NetworkAttachmentDefinition. 这是我们配置的自定义资源类型——它是 Kubernetes 的自定义扩展,定义了我们如何将网络连接到我们的 pod。

注意 config 信息。你会看到这是一个 CNI 配置,就像我们之前解释的那样。

但非常重要的是,请注意 metadata 字段下的 name-,这里是我们为这个配置命名的地方,也是我们告诉 pod 使用这个配置的方式。

这是创建此示例配置的命令:

```
$ cat << EOF | kubectl create -f -
apiVersion: "k8s.cni.cncf.io/v1"
kind: NetworkAttachmentDefinition
metadata:
  name: macvlan-conf
spec:
  config: '{
      "cniVersion": "0.3.0",
      "type": "macvlan",
      "master": "eth0",
```

```
      "mode": "bridge",
      "ipam": {
        "type": "host-local",
        "subnet": "192.168.1.0/24",
        "rangeStart": "192.168.1.200",
        "rangeEnd": "192.168.1.216",
        "routes": [
          { "dst": "0.0.0.0/0" }
        ],
        "gateway": "192.168.1.1"
      }
    }'
EOF
```

注意：此示例 master 使用的是 eth0，需要与集群中主机上的网络接口名称匹配。

可以使用以下方法查看你创建 kubectl 的配置：

```
kubectl get network-attachment-definitions
```

可以通过描述它们来获得更多详细信息：

```
kubectl describe network-attachment-definitions macvlan-conf
```

3. Pod 配置附加网络接口

我们将创建一个 pod。这看起来就像之前创建的任何 pod 一样熟悉，但是，我们将**有一个特殊的 annotations 字段**——一个名为 K8s. v1. cni. cncf. io/networks 的字段，它的值是我们在上面创建的 NetworkAttachmentDefinition 的名称，有多个时候可以使用逗号分隔。

让我们继续使用以下命令创建一个 Pod（它只会休眠很长时间）：

```
$ cat << EOF | kubectl create -f -
apiVersion: v1
kind: Pod
metadata:
  name: samplepod
  # 配置附加网络接口
  annotations:
    k8s.v1.cni.cncf.io/networks: macvlan-conf
spec:
  containers:
  - name: samplepod
    command: ["/bin/ash", "-c", "trap : TERM INT; sleep infinity & wait"]
    image: alpine
EOF
```

现在，可以检查 pod 并查看附加了哪些接口，如下所示：

```
$ kubectl exec -it samplepod -- ip a
1: lo: <LOOPBACK,UP,LOWER_UP> mtu 65536 qdisc noqueue state UNKNOWN qlen 1000
    link/loopback 00:00:00:00:00:00 brd 00:00:00:00:00:00
    inet 127.0.0.1/8 scope host lo
      valid_lft forever preferred_lft forever
2: tunl0@NONE: <NOARP> mtu 1480 qdisc noop state DOWN qlen 1000
    link/ipip 0.0.0.0 brd 0.0.0.0
4: eth0@if48: <BROADCAST,MULTICAST,UP,LOWER_UP,M-DOWN> mtu 1440 qdisc noqueue
state UP
    link/ether da:1c:f1:4b:7c:55 brd ff:ff:ff:ff:ff:ff
    inet 10.233.70.28/32 brd 10.233.70.28 scope global eth0
      valid_lft forever preferred_lft forever
5: net1@tunl0: <BROADCAST,MULTICAST,UP,LOWER_UP,M-DOWN> mtu 1500 qdisc noqueue state
UP
    link/ether 52:4e:d4:62:5e:09 brd ff:ff:ff:ff:ff:ff
    inet 192.168.1.204/24 brd 192.168.1.255 scope global net1
      valid_lft forever preferred_lft forever
```

应该注意，这时候有 3 个网络接口：

- lo 回环接口。
- eth0 我们的默认网络。
- net1 我们使用 macvlan 配置创建的新界面。

网络状态注释信息：如需进一步确认，请使用 kubectldescribepodsamplepod 并且会有一个注释部分，类似于以下内容：

```
Annotations:            k8s.v1.cni.cncf.io/networks: macvlan-conf
                        k8s.v1.cni.cncf.io/network-status:
                          [{
                            "name": "cbr0",
                            "ips": [
                              "10.244.1.73"
                            ],
                            "default": true,
                            "dns": {}
                          },{
                            "name": "macvlan-conf",
                            "interface": "net1",
                            "ips": [
                              "192.168.1.205"
                            ],
                            "mac": "86:1d:96:ff:55:0d",
```

```
            "dns": {}
        }]
```

此数据告诉我们，我们有两个 CNI 插件成功运行。

4. 配置多个网络接口

可以通过创建更多自定义资源然后在 Pod 的注解中引用它们来向 Pod 添加更多网络接口。你还可以重用配置，例如，要将两个 macvlan 接口附加到一个 Pod，可以像这样创建一个 Pod：

```
cat << EOF | kubectl create -f -
apiVersion: v1
kind: Pod
metadata:
  name: samplepod
  annotations:
    k8s.v1.cni.cncf.io/networks: macvlan-conf,macvlan-conf
spec:
  containers:
  - name: samplepod
    command: ["/bin/ash", "-c", "trap : TERM INT; sleep infinity & wait"]
    image: alpine
EOF
```

请注意，注释现在变为 k8s. v1. cni. cncf. io/networks: macvlan-conf, macvlan-conf，我们有两次使用相同的配置，用逗号分隔。

如果你要创建另一个自定义资源 foo，可以使用诸如：之类的名称 k8s. v1. cni. cncf. io/networks:foo,macvlan-conf。

4.6 强大的容器网络调试工具 netshoot

网络问题是我们使用容器技术时经常碰到的问题，容器明明启动成功了就是 ping 不通，为了使容器尽量精简，有时并没有 top，ps，netstat 等网络命令，有一个方法是再启动一个包含很多工具命令的容器连接出问题容器的同一网络进行调试，netshoot 就是这样的工具。

在开始使用此工具之前，应了解一个关键名词：网络命名空间。网络名称空间提供与网络相关的系统资源隔离。Docker 使用网络和其他类型的命名空间（pid，mount，user 等）为每个容器创建一个隔离的环境。接口、路由和 IP 中的所有内容都完全隔离在容器的网络命名空间中。

Kubernetes 还使用网络命名空间。Kubelets 为每个 pod 创建一个网络名称空间，该 pod 中的所有容器共享相同的网络名称空间(eths、IP、tcp 套接字等)。这是 Docker 容器和 Kubernetespod 之间的一个关键区别。

命名空间的妙处在于你可以在它们之间切换。可以输入不同容器的网络命名空间,使用未安装在该容器上的工具对其网络堆栈执行一些故障排除。

而 Netshoot 就是这样一个网络调试工具,旨在帮助网络工程师和系统管理员快速诊断和解决网络问题。它提供了一系列的网络诊断命令和实用程序,可用于通过使用主机的网络名称空间对主机本身进行故障排除。这允许你执行任何故障排除,而无须直接在主机或应用程序包上安装任何新包,使用户能够执行各种网络测试和故障排除任务。Netshoot 包含常见的性能调试工具,如图 4-6 所示。

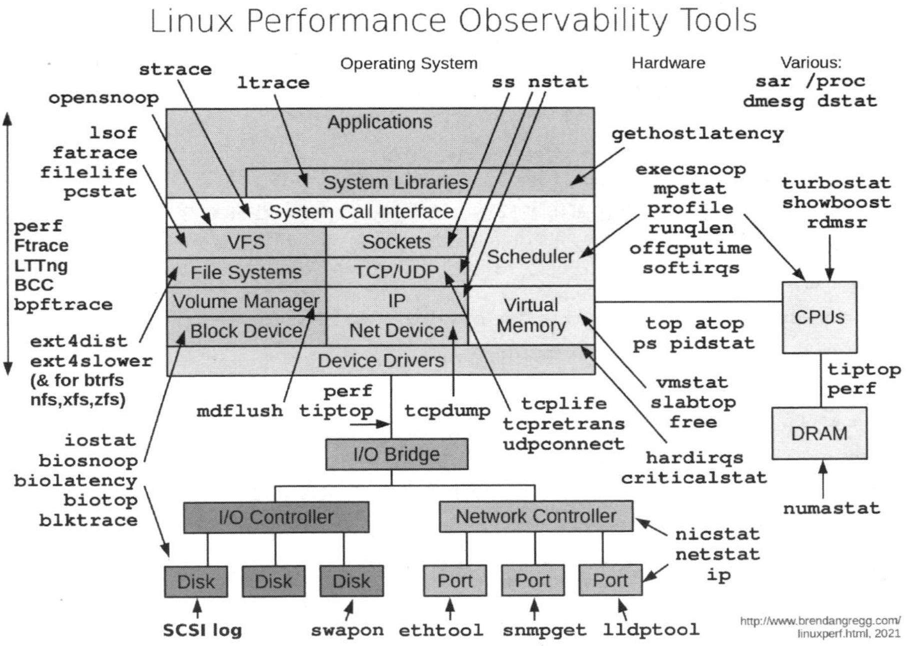

图 4-6　Linux 性能调试工具

Netshoot 的主要特点和功能包括:

- 支持多种操作系统:Netshoot 可以在多个操作系统上运行,包括 Linux、Windows 和 macOS,使得它适用于各种环境。
- 命令行界面:Netshoot 提供了一个简单直观的命令行界面,用户可以通过输入不同的命令来执行各种网络测试和故障排除任务。
- 网络诊断命令:Netshoot 集成了常用的网络诊断命令,如 ping、traceroute、nslookup、ifconfig/ipconfig 等,使用户能够快速测试网络连接、查找网络路径和解析域名等。
- 网络工具集:Netshoot 还提供了一些实用的网络工具,如端口扫描工具、网络流量捕获工具、HTTP 客户端等，用于执行更复杂的网络测试和故障排除任务。

- 可扩展性：Netshoot 允许用户自定义添加其他网络工具或命令，以满足特定需求。

4.6.1 netshoot 介绍

默认情况下，容器是独立运行的，对同一台机器上的其他进程或容器一无所知。那么，我们如何让一个容器与另一个容器进行通信呢？答案是联网。

只要记住这个规则——如果两个容器在同一个网络上，它们可以相互通信。如果它们不是，则不能。

1. 启动 MySQL

以下例子来自 docker 官网。下面的命令，创建了名称为 todo-app 的网络，起了个 mysql 容器，这个容器在网络中的名称是 mysql，由 --network-alias 指定。

```
# 创建网络。
docker network create todo-app
# 启动一个 MySQL 容器并将其连接到网络。我们还将定义一些环境变量，数据库将使用这些变量来初始化数据库
docker run -d \
    --network todo-app --network-alias mysql \
    -v todo-mysql-data:/var/lib/mysql \
    -e MYSQL_ROOT_PASSWORD = secret \
    -e MYSQL_DATABASE = todos \
    mysql:5.7
# 要确认我们已启动并运行数据库，请连接到数据库并验证它是否已连接。
# 当出现密码提示时，输入 secret。
docker exec -it <mysql-container-id> mysql -u root -p
```

在 MySQLshell 中，列出数据库并确认你看到了 todos 数据库。

```
mysql > SHOW DATABASES;
```

可看到如下所示的输出：

```
+--------------------+
| Database           |
+--------------------+
| information_schema |
| mysql              |
| performance_schema |
| sys                |
| todos              |
+--------------------+
5 rows in set (0.00 sec)
```

退出 MySQL shell,以返回到我们机器上的 shell。

```
mysql > exit
```

Nice! 我们有我们的 todos 数据库,它已经准备好供我们使用了!

2. 连接到 MySQL

下面我们启动 netshoot 容器并加入同一网络,进入容器,使用 dig 命令通过主机名查看 IP 地主:

```
# 使用 nicolaka/netshoot 镜像启动一个新容器。确保将其连接到同一网络。
docker run -it --network todo-app nicolaka/netshoot
# 在容器内,我们将使用 dig 命令,这是一个有用的 DNS 工具。我们要查找主机名的 IP 地址
mysql。
dig mysql
```

返回内容类似:

```
; << >> DiG 9.14.1 << >> mysql
;; global options: + cmd
;; Got answer:
;; - >> HEADER << - opcode: QUERY, status: NOERROR, id: 32162
;; flags: qr rd ra; QUERY: 1, ANSWER: 1, AUTHORITY: 0, ADDITIONAL: 0

;; QUESTION SECTION:
;mysql.                          IN     A
;; ANSWER  SECTION:

mysql.              600   IN   A     172.23.0.2

;; Query time: 0 msec
;; SERVER: 127.0.0.11#53(127.0.0.11)
;; WHEN: Tue Oct 01 23:47:24 UTC 2019
;; MSG SIZE rcvd: 44
```

在“ANSWERSECTION”中,将看到解析为的 A 记录(你的 IP 地址很可能具有不同的值)。

还有种更简单的方式 dockerrun -it --netcontainer: <container_name> nicolaka/netshoot。

这里要排查宿主机的网络问题:dockerrun-it--nethostnicolaka/netshoot。

4.6.2 Netshoot 的基本使用

1. Docker 中的 Netshoot

- **容器的网络命名空间**:如果应用程序容器存在网络问题,可以进入该容器的网络

命名空间使用 netshoot，如下所示：

```
$ docker run -it --net container:<container_name>/<container_id> nicolaka/netshoot
```

- **主机的网络命名空间**：如果认为网络问题出在主机本身，那么请进入该主机的网络命名空间使用 netshoot，如下所示：

```
$ docker run -it --net host nicolaka/netshoot
```

- **网络的网络命名空间**：如果要对 Docker 网络进行故障排除，可以使用 netshoot 进入网络的命名空间。

2. DockerCompose 中的 Netshoot

可以使用 DockerCompose 轻松部署 netshoot，方法如下：

```
version: "3.6"
services:
  tcpdump:
    image: nicolaka/netshoot
    depends_on:
      - nginx
    command: tcpdump -i eth0 -w /data/nginx.pcap
    network_mode: service:nginx
    volumes:
      - $PWD/data:/data
    nginx:
      image: nginx:alpine
      ports:
        - 80:80
```

3. Kubernetes 中的 Netshoot

- 如果想在现有 Pod 中使用临时容器进行调试。

```
$ kubectl debug mypod -it --image=nicolaka/netshoot
```

- 如果想启动一个一次性的 Pod 进行调试。

```
$ kubectl run tmp-shell --rm -i --tty --image nicolaka/netshoot
```

- 如果想在主机的网络命名空间上启动一个容器。

```
$ kubectl run tmp-shell --rm -i --tty --overrides='{"spec": {"hostNetwork": true}}' --image nicolaka/netshoot
```

- 如果想使用 netshoot 作为 sidecar 容器来对你的应用程序容器进行故障排除。

```
# netshoot 作为 sidecar 容器的配置文件
$ cat netshoot-sidecar.yaml
 apiVersion: apps/v1
 kind: Deployment
 metadata:
   name: nginx-netshoot
   labels:
     app: nginx-netshoot
 spec:
 replicas: 1
 selector:
   matchLabels:
     app: nginx-netshoot
 template:
   metadata:
   labels:
     app: nginx-netshoot
   spec:
     containers:
     - name: nginx
     image: nginx:1.14.2
     ports:
       - containerPort: 80
     - name: netshoot
     image: nicolaka/netshoot
     command: ["/bin/bash"]
     args: ["-c", "while true; do ping localhost; sleep 60;done"]

$ kubectl apply -f netshoot-sidecar.yaml
deployment.apps/nginx-netshoot created

$ kubectl get pod
NAME                              READY   STATUS    RESTARTS   AGE
nginx-netshoot-7f9c6957f8-kr8q6   2/2     Running   0          4m27s

# 进入 pod 的 netshoot 容器
$ kubectl exec -it nginx-netshoot-7f9c6957f8-kr8q6 -c netshoot -- /bin/zsh
```

4.6.3 Netshoot 的高级使用

1. iperf

目的：测试两个容器/主机之间的网络性能。

创建覆盖网络：

```
$ docker network create -d overlay perf-test
```

启动两个容器：

```
$ docker service create --name perf-test-a --network perf-test nicolaka/netshoot iperf
-s -p 9999
7dkcckjs0g7b4eddv8e5ez9nv

$ docker service create --name perf-test-b --network perf-test nicolaka/netshoot iperf
-c perf-test-a -p 9999
2yb6fxls5ezfnav2z93lua8xl

$ docker service ls
ID             NAME          REPLICAS   IMAGE               COMMAND
2yb6fxls5ezf   perf-test-b   1/1        nicolaka/netshoot   iperf -c perf-test-a -p 9999
7dkcckjs0g7b   perf-test-a   1/1        nicolaka/netshoot   iperf -s -p 9999

$ docker ps
CONTAINER ID        IMAGE                      COMMAND                  CREATED
    STATUS              PORTS                NAMES
ce4ff40a5456        nicolaka/netshoot:latest   "iperf -s -p 9999"       31 seconds ago
    Up 30 seconds                           perf-test-a.1.bil2mo8inj3r9nyrss1g15qav
$ docker logs ce4ff40a5456
------------------------------------------------------------
Server listening on TCP port 9999
TCP window size: 85.3 KByte (default)
------------------------------------------------------------
[ 4] local 10.0.3.3 port 9999 connected with 10.0.3.5 port 35102
[ ID] Interval Transfer Bandwidth
[ 4] 0.0-10.0 sec 32.7 GBytes 28.1 Gbits/sec
[ 5] local 10.0.3.3 port 9999 connected with 10.0.3.5 port 35112
```

2. tcpdump

tcpdump 是一个功能强大且通用的数据包分析器，在命令行下运行。它允许用户显示通过连接的网络接口传输或接收的 TCP/IP 和其他数据包。

```
# Continuing on the iperf example. Let's launch netshoot with perf-test-a's container
```

network namespace.

```
$ docker run -it --net container:perf-test-a.1.0qlf1kaka0cq38gojf7wcatoa
nicolaka/netshoot

# Capturing packets on eth0 and tcp port 9999.

/ # tcpdump -i eth0 port 9999 -c 1 -Xvv
tcpdump: listening on eth0, link-type EN10MB (Ethernet), capture size 262144 bytes
23:14:09.771825 IP (tos 0x0, ttl 64, id 60898, offset 0, flags [DF], proto TCP (6),
length 64360)
  10.0.3.5.60032 > 0e2ccbf3d608.9999: Flags [.], cksum 0x1563 (incorrect -> 0x895d),
seq 222376702:222441010, ack 3545090958, win 221, options [nop,nop,TS val 2488870 ecr
2488869], length 64308
  0x0000: 4500 fb68 ede2 4000 4006 37a5 0a00 0305 E..h..@.@.7.....
  0x0010: 0a00 0303 ea80 270f 0d41 32fe d34d cb8e ......'..A2..M..
  0x0020: 8010 00dd 1563 0000 0101 080a 0025 fa26 .....c.......%.&
  0x0030: 0025 fa25 0000 0000 0000 0001 0000 270f .%.%..........'.
  0x0040: 0000 0000 0000 0000 ffff d8f0 3435 3637 ............4567
...
```

3. netstat

用途:netstat 是检查网络配置和活动的有用工具。

从 iperf 例子看。让我们用 netstat 它来确认它正在监听端口 9999。

```
$ docker run -it --net container:perf-test-a.1.0qlf1kaka0cq38gojf7wcatoa
nicolaka/netshoot

/ # netstat -tulpn
Active Internet connections (only servers)
Proto Recv-Q Send-Q Local Address           Foreign Address     State
PID/Program name
tcp        0      0 127.0.0.11:46727        0.0.0.0:*           LISTEN      -
tcp        0      0 0.0.0.0:9999            0.0.0.0:*           LISTEN      -
udp        0      0 127.0.0.11:39552        0.0.0.0:*                       -
```

4. nmap

nmap("NetworkMapper")是一个用于网络探索和安全审计的开源工具。扫描查看一组给定主机之间打开了哪些端口非常有用。这是安装 Swarm 或 UCP 时需要检查的常见事项,因为集群通信需要一系列端口。该命令分析 nmap 正在运行的主机与给定目标地址之间的连接路径。

```
$ docker run -it --privileged nicolaka/netshoot nmap -p 12376-12390 -dd 172.31.24.25

...
Discovered closed port 12388/tcp on 172.31.24.25
Discovered closed port 12379/tcp on 172.31.24.25
Discovered closed port 12389/tcp on 172.31.24.25
Discovered closed port 12376/tcp on 172.31.24.25
...
```

有几种状态，端口将被发现为：

- open：通往该端口的路径已打开，并且有一个应用程序正在侦听此端口。
- closed：通往端口的路径已打开，但没有应用程序侦听此端口。
- filtered：通往端口的路径已关闭，被防火墙、路由规则或基于主机的规则阻止。

第 5 章　云原生存储

5.1　Kubernetes 存储的变换方法

5.1.1　Docker 存储

Docker 存储可以分为两种类型:镜像存储和容器存储。

1. 镜像存储

Docker 镜像是由多个只读层(read-onlylayers)组成的,每个层都是在前一个层的基础上修改的。这些层都以一个唯一的 ID 进行标识。当一个新的镜像被构建时,Docker 只会添加新的层,而不是重新复制已有的层。这种分层的机制使得 Docker 镜像变得轻量级且易于管理。

Docker 镜像存储在 Docker 镜像仓库(Docker Registry)中。Docker 官方提供了一个公共的 Docker 镜像仓库,称为 Docker Hub。此外,用户还可以在本地搭建一个私有的 Docker 镜像仓库,用于存储自己的镜像。

2. 容器存储

当一个 Docker 镜像运行时,会创建一个容器。Docker 容器在文件系统上有自己的可写层(writablelayer),这个层是在运行时创建的,并且可以对其进行读写操作,对于容器内部的所有进程都是可见的。容器存储通常包括容器内部的文件、配置文件和日志文件等。

Docker 容器的可写层(writablelayer)是容器文件系统其中的一层,它具有以下主要特点:

- 可写:容器可写层是可读写的,可以对容器内的文件进行写入、修改和删除等操作。
- 存在时间:容器可写层是在容器启动时创建的,并在容器停止时被删除。因此,容器可写层的存在时间是有限的。
- 持久化:容器可写层中的数据可以通过数据卷(volume)或者绑定挂载宿主机目录的方式进行持久化,以便于在容器被删除后能够保留数据。
- 隔离:Docker 容器可写层是每个容器独立的,不会相互干扰。这种隔离性使得多个容器可以共享同一个镜像,但拥有各自独立的可写层,从而节省了存储空间。
- 比较:容器可写层可以与其基础镜像层进行比较,以便于查看容器内文件系统的变化情况。
- 性能:Docker 容器可写层对于读操作的性能非常高,但对于写操作的性能会有一定的影响,特别是当容器中的文件数量很大时,可能会导致 I/O 性能下降。因此,建议在使用 Docker 容器时,尽量减少容器内部的文件数量,并使用数据卷等机制来进行持久化存储。

Docker 容器存储通常位于宿主机的/var/lib/docker/containers 目录下。在容器被删除后,Docker 会自动清理容器存储,并释放对应的资源。

除此之外,Docker 还提供了一些数据卷(volume)的机制,可以将容器内的数据存储在宿主机的文件系统中,以便于在容器被删除后能够保留数据。

5.1.2 Docker 和 Kubernetes 数据卷

1. Docker 数据卷类型

Docker 数据卷(data volume)是用于在容器和宿主机之间共享数据的一种机制。它可以在容器中创建一个持久化的目录或文件,使得容器可以在不同的启动中访问同一份数据。Docker 数据卷有以下几种类型:
- 绑定挂载:将宿主机上的目录或文件挂载到容器中,实现容器与宿主机之间的文件共享。
- 匿名卷:在容器启动时,Docker 会自动为容器创建一个匿名卷,用于存储容器中的数据。
- 命名卷:用户可以通过指定名称的方式来创建命名卷,以便于在容器之间进行数据共享。

2. Docker 数据卷的使用方式

- 使用命令行参数:可以使用 docker run 命令的 -v 参数来创建绑定挂载或匿名卷。例如,使用 -v/host/path:/container/path 的形式将宿主机上的/host/path 目录挂载容器中的/container/path 目录。
- 使用 Dockerfile:在 Dockerfile 中使用 VOLUME 命令来创建匿名卷或命名卷。例如,使用 VOLUME/path/to/volume 命令来创建一个命名卷。
- 使用 Docker Compose:可以在 Docker Compose 文件中使用 volumes 关键字来定义绑定挂载或命名卷。例如,使用 - /host/path:/container/path 的形式来定义绑定挂载。

下面是一个使用绑定挂载和命名卷的例子:

```
# 创建一个命名卷
docker volume create mydata
```

```
# 运行一个容器,挂载宿主机上的目录和命名卷
docker run -d -v /host/path:/container/path -v mydata:/data --name mycontainer myimage
```

在上面的例子中，-v /host/path:/container/path 表示将宿主机上的/host/path 目录挂载容器中的/container/path 目录，-v mydata:/data 表示将命名卷 mydata 挂载容器中的/data 目录。这样,容器中的/container/path 目录和/data 目录就可以和宿主机上的/host/path 目录共享数据了。

Docker 虽然也有卷(Volume) 的概念,但对它只有少量且松散的管理。Docker 卷是磁盘上或者另外一个容器内的一个目录。Docker 提供卷驱动程序,但是其功能非常有限。

3. Kubernetes 支持的卷类型

相对于 Docker,Kubernetes 对卷(Volume)的管理能力更加强大和灵活。Kubernetes 支持多种类型的卷,包括但不限于:

- emptyDir:临时空目录卷,可以在容器之间共享数据。
- hostPath:挂载宿主机上的目录或文件到 Pod 中,实现 Pod 和宿主机之间的文件共享。
- ConfigMap 和 Secret:可以将配置文件和敏感信息作为 Kubernetes 对象进行管理,并通过卷挂载到 Pod 中。
- PersistentVolume 和 PersistentVolumeClaim:支持动态或静态的持久化存储卷,可以在 Pod 生命周期内保留数据,并支持跨节点使用。
- Kubernetes 还提供了灵活的卷挂载方式,支持将卷挂载 Pod 中的不同容器,甚至不同节点上的 Pod 之间共享数据。

此外,Kubernetes 还提供了卷快照和卷扩容等高级功能。总的来说,Kubernetes 对卷的管理能力比 Docker 更加完善和强大。

Kubernetes 存储卷见表 5-1 所列。

表 5-1 Kubernetes 存储卷

类型	名称	说明	备注
配置数据	ConfigMap	用于存储部署在 Kubernetes 应用使用的配置数据,类似建议的配置中心	size <1MB
	Secret	用于存储部署在 Kubernetes 应用需要的敏感信息,比如密码、token、证书等,提供了一种安全和可扩展的机制。可作为具备加密 ConfigMap 的使用	用于存储少量的敏感数据,size <1MB
	downwardAPI	容器在不使用 Kubernetes 客户端或 API 服务器的情况下获得自己或集群的信息	
	Projected	用于汇聚多个不同卷资源,并挂载同一个目录,当前支持的卷有:secret、configMap、downwardAPI 和 serviceAccountToken	汇聚的所有卷需要处于与 pod 相同的 namespace 下

续表 5-1

类型	名称	说明	备注
临时存储	EmptyDir	emptyDirs 生命周期和 POD 保持一致，Pod 删除后，emptyDir 中的数据也会被清除 当前 emptyDir3 支持的类型： ①内存 ②大页内存 ③节点上 Pod 所在的文件系统（默认）	
	HostPath	HostPath 是将节点本地文件系统的路径映射到 Pod 容器中，供程序使用。Pod 删除后，HostPath 中的数据 K8S 不会被清除，依赖用户 Pod 配置	
	In-tree 的网络存储	网络存储跟随 Pod 的生命周期，通过 in-tree 的存储插件对接不同类型存储；其中 FlexVolume 虽然允许不同厂商去开发他们自己的驱动来挂载卷到集群节点上供 Pod 使用，但生命周期与 Pod 同步	1. 插件代码与 K8s 代耦合 2. 版本管理耦合 3. 模板与 K8s 环境耦合 4. 资源管理灵活性差
持久存储声明	PersistentVolumeClaim（网络存储）	存储具有独立的生命周期，可以通过存储提供商提供的 out-tree 插件，对接其存储 当前支持的存储插件类型有 FlexVolume 和 CSI	1. 插件代码与 K8s 代解耦 2. 版本管理解耦 3. 模板与 K8s 环境解耦 4. 资源管理灵活性好

以上表格，可以看出 Kubernetes 提供了多种存储类型，以满足不同场景下的需求：从配置数据，解耦应用和配置信息；临时数据存储；数据的持久存储，有独立的存储生命周期管理；存储的动态绑定；我们自研存储插件对接自己的存储系统。

5.1.3 ConfigMap：配置中心

很多应用在其初始化或运行期间要依赖一些配置信息。大多数时候，存在要调整配置参数所设置数值的需求。ConfigMap 是 Kubernetes 用来向应用 Pod 中注入配置数据的方法。

ConfigMap 允许将配置文件与镜像文件分离，以使容器化的应用程序具有可移植性。

1. 创建方式

大家可以使用 kubectl create configmap 命令基于目录、文件或者字面值来创建 ConfigMap：

```
kubectl create configmap <映射名称> <数据源>
```

2. 挂载的 ConfigMap 将被自动更新

当某个已被挂载的 ConfigMap 被更新，所投射的内容最终也会被更新。对于 Pod

已经启动之后所引用的、可选的 ConfigMap 才出现的情形，这一动态更新现象也是适用的。

kubelet 在每次周期性同步时都会检查已挂载的 ConfigMap 是否是最新的。但是，它使用其本地的基于 TTL 的缓存来获取 ConfigMap 的当前值。因此，从更新 ConfigMap 到将新键映射到 Pod 的总延迟可能等于 kubelet 同步周期(默认 1 min)+ConfigMap 在 kubelet 中缓存的 TTL(默认 1 min)。

使用 ConfigMap 作为 subPath 的数据卷将不会收到 ConfigMap 更新。

3. 不可更改

大家可以通过将 Configmap 的 immutable 字段设置为 true 创建不可更改的 Configmap。例如：

```
apiVersion: v1
kind: ConfigMap
metadata:
  ...
data:
  ...
immutable: true
```

也可以更改现有的 ConfigMap，令其不可更改。

说明：一旦一个 Secret 或 ConfigMap 被标记为不可更改，撤销此操作或者更改 data 字段的内容都是不可能的。只能删除并重新创建这个 Secret。现有的 Pod 将维持对已删除 Secret 的挂载点，建议重新创建这些 Pod。

5.1.4 Secret:密钥管理

Secret 是一种包含少量敏感信息例如密码、令牌或密钥的对象。这样的信息可能会被放在 Pod 规约中或者镜像中。使用 Secret 意味着你不需要在应用程序代码中包含机密数据。Secret 会将信息默认用 base64 进行加密，但这种加密方式只能欺骗肉眼，base64 也不能算是一种加解密算法。Secrect 的大小最多为 1MiB。

1. 创建方式

在为创建 Secret 编写配置文件时，你可以设置 data 与/或 stringData 字段。data 和 stringData 字段都是可选的。data 字段中所有键值都必须是 base64 编码的字符串。如果不希望执行这种 base64 字符串的转换操作，可以选择设置 stringData 字段，其中可以使用任何字符串作为其取值。

data 和 stringData 中的键名只能包含字母、数字、-、_或. 字符。stringData 字段中的所有键值对都会在内部被合并到 data 字段中。如果某个主键同时出现在 data 和 stringData 字段中，stringData 所指定的键值具有高优先级。

2. 挂载的 Secret 是被自动更新的

当卷中包含来自 Secret 的数据，而对应的 Secret 被更新，Kubernetes 会跟踪到这一操作并更新卷中的数据。更新的方式是保证最终一致性。

说明:对于以 subPath 形式挂载 Secret 卷的容器而言，它们无法收到自动的 Secret 更新。

3. Secret 的类型

创建 Secret 时,可以使用 Secret 资源的 type 字段,或者与其等价的 kubectl 命令行参数(如果有)为其设置类型,见表 5-2 所列。Secret 类型有助于对 Secret 数据进行编程处理。

Kubernetes 提供若干种内置的类型,用于一些常见的使用场景。针对这些类型,Kubernetes 所执行的合法性检查操作以及对其所实施的限制各不相同。

表 5-2 Secret 类型

内置类型	用法
Opaque	用户定义的任意数据
Kubernetes. io/service-accounttoken	服务账号令牌
Kubernetes. io/dockercfg	~/. dockercfg 文件的序列化形式。该文件是配置 Docker 命令行的一种老旧形式
Kubernetes. io/dockerconfigjson	~/. docker/config. json 文件的序列化形式
Kubernetes. io/basic-auth	用于基本身份认证的凭据
Kubernetes. io/ssh-auth	用于 SSH 身份认证的凭据
Kubernetes. io/tls	用于 TLS 客户端或者服务器端的数据
bootstrap. Kubernetes. io/token	启动引导令牌数据

通过为 Secret 对象的 type 字段设置一个非空的字符串值,也可以定义并使用自己 Secret 类型(如果 type 值为空字符串,则被视为 Opaque 类型)。

Kubernetes 并不对类型的名称作任何限制。不过,如果要使用内置类型，则必须满足为该类型所定义的所有要求。

如果要定义一种公开使用的 Secret 类型,请遵守 Secret 类型的约定和结构，在类型名签名添加域名,并用/隔开。例如:cloud-hosting. example. net/cloud-api-credentials。

4. 容器镜像拉取 Secret

众所周知,我们在拉取镜像时,如果镜像时公开的镜像是不需要认证信息的,拉取私有镜像需要有认证信息。因此针对 kubelet 去创建 Pod 时,需要从私有镜像仓库拉取镜像,我们也可以使用 secert 来配置镜像仓库的密钥信息。

其中,Secret 的类型 ubernetes. io/dockerconfigjson 用于存储 docker registry 的认证信息,可以 Pod 的定义中使用 imagePullSecrets 字段中定义使用 secret。

```
# 使用 kubectl 创建一个 Secret 来访问容器仓库
```

```
$ kubectl create secret docker-registry harbor \
--docker-server=REGISTRY_SERVER \
--docker-username=USER \
--docker-password=PASSWORD \
--docker-email=EMAIL
```

这里创建一个类型为 Kubernetes.io/dockerconfigjson 的 Secret。如果你对 .data.dockerconfigjson 内容进行转储并执行 base64 解码：

```
$ kubectl get secret harbor -o jsonpath='{.data.*}' | base64 -d
```

那么输出等价于这个 JSON 文档(这也是一个有效的 Docker 配置文件)：

```
{
  "auths": {
    "my-registry.example:5000": {
      "username": "tiger",
      "password": "pass1234",
      "email": "tiger@acme.example",
      "auth": "dGlnZXI6cGFzczEyMzQ="
    }
  }
}
```

5. 服务账号令牌

类型为 Kubernetes.io/service-account-token 的 Secret 用来存放标识某服务账号的令牌。使用这种 Secret 类型时，需要确保对象的注解 Kubernetes.io/service-account-name 被设置为某个已有的服务账号名称。

```
apiVersion: v1
kind: Secret
metadata:
  name: secret-sa-sample
  annotations:
    kubernetes.io/service-account.name: "sa-name"
type: kubernetes.io/service-account-token
data:
  # 你可以像 Opaque Secret 一样在这里添加额外的键/值偶对
  extra: YmFyCg==
```

一般情况下，服务账号类型的 Secret 不用被单独定义，只要创建 serviceaccount，Kubernetes 会自动为其创建一个 Secret。

6. 不可更改

你可以通过将 Secret 的 immutable 字段设置为 true 创建不可更改的 Secret。

例如：

```
apiVersion: v1
kind: Secret
metadata:
  ...
data:
  ...
immutable: true
```

也可以更改现有的 Secret，令其不可更改。

说明：一旦一个 Secret 或 ConfigMap 被标记为不可更改，撤销此操作或者更改 data 字段的内容都是不可能的。只能删除并重新创建这个 Secret。现有的 Pod 将维持对已删除 Secret 的挂载点，建议重新创建这些 Pod。

5.1.5 DownwardAPI：获得自己或集群信息

Downward API 允许容器在不使用 Kubernetes 客户端或 API 服务器的情况下获得自己或集群的信息。使用场景如下：

1. 作为环境变量

```
apiVersion: v1
kind: Pod
metadata:
  name: dapi-envars-fieldref
spec:
  containers:
  - name: test-container
    image: k8s.gcr.io/busybox
    command: [ "sh", "-c"]
    args:
    - while true; do
      echo -en '\n';
        printenv MY_NODE_NAME MY_POD_NAME MY_POD_NAMESPACE;
        printenv MY_POD_IP MY_POD_SERVICE_ACCOUNT;
        sleep 10;
      done;
    env:
      - name: MY_NODE_NAME
        valueFrom:
          fieldRef:
            fieldPath: spec.nodeName
      - name: MY_POD_NAME
```

```
          valueFrom:
            fieldRef:
              fieldPath: metadata.name
        - name: MY_POD_NAMESPACE
          valueFrom:
            fieldRef:
              fieldPath: metadata.namespace
        # IP
         - name: MY_POD_IP
          valueFrom:
            fieldRef:
              fieldPath: status.podIP
        # 服务账号
         - name: MY_POD_SERVICE_ACCOUNT
          valueFrom:
            fieldRef:
              fieldPath: spec.serviceAccountName
restartPolicy: Never
```

2. 在 Pod 中以文件形式使用 downwardAPI

```
apiVersion: v1
kind: Pod
metadata:
  name: busybox
  labels:
run: busybox
zone: us-est-coast
cluster: test-cluster1
rack: rack-22
  annotations:
    build: two
    builder: john-doe
spec:
  containers:
    - name: client-container
      image: k8s.gcr.io/busybox
      command: ["sh", "-c"]
      args:
      - while true; do
        if [[ -e /etc/podinfo/labels ]]; then
          echo -en '\n\n'; cat /etc/podinfo/labels; fi;
        if [[ -e /etc/podinfo/annotations ]]; then
```

```
          echo -en '\n\n'; cat /etc/podinfo/annotations; fi;
        sleep 5;
      done;
    volumeMounts:
      - name: podinfo
        mountPath: /etc/podinfo
  volumes:
    - name: podinfo
      downwardAPI:
        items:
          - path: "labels"
            fieldRef:
              fieldPath: metadata.labels
          - path: "annotations"
            fieldRef:
              fieldPath: metadata.annotations
```

(1) 获取容器字段

```
apiVersion: v1
kind: Pod
metadata:
  name: kubernetes-downwardapi-volume-example-2
spec:
  containers:
    - name: client-container
      image: k8s.gcr.io/busybox:1.24
      command: ["sh", "-c"]
      args:
      - while true; do
          echo -en '\n';
          if [[ -e /etc/podinfo/cpu_limit ]]; then
            echo -en '\n'; cat /etc/podinfo/cpu_limit; fi;
          if [[ -e /etc/podinfo/cpu_request ]]; then
            echo -en '\n'; cat /etc/podinfo/cpu_request; fi;
          if [[ -e /etc/podinfo/mem_limit ]]; then
            echo -en '\n'; cat /etc/podinfo/mem_limit; fi;
          if [[ -e /etc/podinfo/mem_request ]]; then
            echo -en '\n'; cat /etc/podinfo/mem_request; fi;
          sleep 5;
        done;
      resources:
        requests:
          memory: "32Mi"
```

```
            cpu: "125m"
          limits:
            memory: "64Mi"
            cpu: "250m"
        volumeMounts:
          - name: podinfo
            mountPath: /etc/podinfo
    volumes:
      - name: podinfo
        downwardAPI:
          items:
            - path: "cpu_limit"
              resourceFieldRef:
                containerName: client-container
                resource: limits.cpu
                divisor: 1m
            - path: "cpu_request"
              resourceFieldRef:
                containerName: client-container
                resource: requests.cpu
                divisor: 1m
            - path: "mem_limit"
              resourceFieldRef:
                containerName: client-container
                resource: limits.memory
                divisor: 1Mi
            - path: "mem_request"
              resourceFieldRef:
                containerName: client-container
                resource: requests.memory
                divisor: 1Mi
```

(2) fieldRef 字段

对于大多数 Pod 级别的字段，大家可以将它们作为环境变量或使用 downwardAPI 卷提供给容器。通过这两种机制可用的字段见表 5-3 所列。

表 5-3 fieldRef 字段

字段	描述
metadata.name	Pod 的名称
metadata.namespace	Pod 的命名空间

续表 5-3

字段	描述
metadata. uid	Pod 的唯一 ID
metadata. annotations	Pod 的全部注解，格式为 注解键名="转义后的注解值"，每行一个注解(只可通过 downwardAPI 卷 fieldRef 获得，但不能作为环境变量获得)
metadata. annotations['']	Pod 的指定注解 <KEY> 的值(例如：metadata. annotations['myannotation'])
metadata. labels	Pod 的所有标签，格式为 标签键名="转义后的标签值"，每行一个标签(只可通过 downwardAPI 卷 fieldRef 获得，但不能作为环境变量获得)
metadata. labels['']	Pod 的指定标签 <KEY> 的值(例如：metadata. labels['mylabel'])
spec. serviceAccountName	Pod 的服务账号名称
spec. nodeName	Pod 运行时所处的节点名称
status. hostIP	Pod 所在节点的主 IP 地址
status. podIP	Pod 的主 IP 地址(通常是其 IPv4 地址)
resource：limits. cpu	容器的 CPU 限制值
resource：requests. cpu	容器的 CPU 请求值
resource：limits. memory	容器的内存限制值
resource：requests. memory	容器的内存请求值
resource：limits. hugepages-*	容器巨页限制值(前提是启用了 DownwardAPIHugePages 特性门控)
resource：requests. hugepages-*	容器巨页请求值(前提是启用了 DownwardAPIHugePages 特性门控)
resource：limits. ephemeral-storage	容器临时存储的限制值
resource：requests. ephemeralstorage	容器临时存储的请求值

5.1.6 Project:聚合卷

Project 卷类型能将若干现有的卷来源映射到同一目录上。

目前，可以映射的卷来源类型如下：

- secret。
- downwardAPI。
- configMap。

- serviceAccountToken。

所有的卷来源需要与Pod处于相同的命名空间，下面是一个应用示例。

```
apiVersion: v1
kind: Pod
metadata:
  name: volume-test
spec:
  containers:
  - name: container-test
    image: busybox
    volumeMounts:
    - name: all-in-one
      mountPath: "/projected-volume"
      readOnly: true
  volumes:
  - name: all-in-one
    projected:
      sources:
      - secret:
          name: mysecret
          items:
            - key: username
              path: my-group/my-username
      - downwardAPI:
          items:
            - path: "labels"
              fieldRef:
                fieldPath: metadata.labels
            - path: "cpu_limit"
              resourceFieldRef:
                containerName: container-test
                resource: limits.cpu
            - configMap:
              name: myconfigmap
              items:
                - key: config
                  path: my-group/my-config
```

而如果要映射serviceaccount，在开启TokenRequestProjection功能时，可以将当前服务帐号的令牌注入Pod指定路径中。下面是一个应用示例：

```
apiVersion: v1
kind: Pod
```

```
metadata:
  name: sa-token-test
spec:
  containers:
  - name: container-test
    image: busybox
    volumeMounts:
      - name: token-vol
        mountPath: "/service-account"
        readOnly: true
  volumes:
  - name: token-vol
    projected:
      sources:
      - serviceAccountToken:
          audience: api
          expirationSeconds: 3600
          path: token
```

示例 Pod 具有包含注入服务帐户令牌的映射卷。该令牌可以被 Pod 中的容器访问 KubernetesAPI 服务器。audience 字段包含令牌的预期受众。令牌的接收者必须使用令牌的受众中指定的标识符来标识自己，否则应拒绝令牌。此字段是可选的，默认值是 API 服务器的标识符。

expirationSeconds 是服务帐户令牌的有效期时长。默认值为 1 h，必须至少 10 min(600 s)。管理员还可以通过设置 API 服务器的--service-account-max-token-expiration 选项来限制其最大值。path 字段指定相对于映射卷的挂载点的相对路径。

5.1.7 EmptyDir:临时性存储

EmptyDir 是一个临时性存储，供给来自运行 Pod 的主机，从主机文件系统中分配存储空间，当然你也可以指定 emptyDir. medium＝Memory 来从主机内存中分配空间，不过这将记入容器的内存消耗。

该类型卷**会随着 Pod 重建而清除，但容器崩溃并不会导致 Pod 从节点上移除，因此容器崩溃期间 EmptyDir 卷中的数据是安全的。**

1. 创建方式

EmptyDir 卷存储在该节点所使用的介质上；这里的介质可以是磁盘、SSD 或网络存储。

但是，你可以将 emptyDir. medium 字段设置为"Memory"，以告诉 Kubernetes 挂载 tmpfs(基于 RAM 的文件系统)。

供给来自运行 Pod 的主机，从主机文件系统中分配存储空间。

```
apiVersion: v1
kind: Pod
metadata:
  name: test-emptydir
spec:
  containers:
  - image: k8s.gcr.io/test-webserver
    name: test-emptydir
    volumeMounts:
    - mountPath: /cache
      name: cache-volume
  volumes:
  - name: cache-volume
    emptyDir: {}
```

从主机内存中分配空间，这将记入容器的内存消耗。

```
apiVersion: v1
kind: Pod
metadata:
  name: test-emptydir-memory
spec:
  containers:
  - image: Nginx
    name: test-emptydir-memory
    volumeMounts:
    - mountPath: /cache
      name: cache-volume
  volumes:
  - name: cache-volume
    emptyDir:
      medium: Memory
```

2. 使用场景

EmptyDir 的一些用途：

- 缓存空间，例如基于磁盘的归并排序。
- 为耗时较长的计算任务提供检查点，以使任务能从崩溃前状态恢复而执行。
- 在 Web 服务器容器服务数据时，保存内容管理器容器获取的文件。

5.1.8 HostPath：主机文件系统

hostPath 类型卷，其使用 Pod 运行主机上的文件系统路径，映射至容器内部。但如果 Pod 重新调度，卷中的数据并不会跟随转移。当重调度至 node 上时，又会重新创建。卷虽然不会跟随 Pod 转移，但会在已运行过的宿主机上持久保留。

从应用的角度来说，Pod 是一种生命短暂对象，可能会发生多次重建与调度，而一旦发生重调度，hostPath 卷也就相当于一次销毁。**因此从某种意义上来说，也可以称 hostPath 是一种临时卷。当然我们可以使用 Node 亲和性来使 Pod 始终调度在同一个 Node 上，但这将降低应用的可用性。**

备注：调度分为两大类：资源型调度和关系型调度，亲和性和污点容忍等属于关系型调度。

```
apiVersion: v1
kind: Pod
metadata:
  name: test-pd
spec:
  containers:
  - image: k8s.gcr.io/test-webserver
    name: test-container
    volumeMounts:
    - mountPath: /test-pd
      name: test-volume
  volumes:
  - name: test-volume
    hostPath:
      # 宿主上目录位置
      path: /data
      # 此字段为可选
      type: Directory
```

除了必需的 path 属性之外，还可以选择性地为 hostPath 卷指定 type 。

支持的 type 值见表 5-4 所列。

表 5-4　HostPath 类型

取值	行为
	空字符串(默认)用于向后兼容，这意味着在安装 hostPath 卷之前不会执行任何检查
DirectoryOrCreate	如果在给定路径上什么都不存在，那么将根据需要创建空目录，权限设置为 0755，具有与 kubelet 相同的组和属主信息
Directory	在给定路径上必须存在的目录
FileOrCreate	如果在给定路径上什么都不存在，那么将在那里根据需要创建空文件，权限设置为 0644，具有与 kubelet 相同的组和所有权

续表 5-4

取值	行为
File	在给定路径上必须存在的文件
Socket	在给定路径上必须存在的 UNIX 套接字
CharDevice	在给定路径上必须存在的字符设备
BlockDevice	在给定路径上必须存在的块设备

注意：

- HostPath 卷可能会暴露特权系统凭据（例如 Kubelet）或特权 API（例如容器运行时套接字），可用于容器逃逸或攻击集群的其他部分。
- 具有相同配置（例如基于同一 PodTemplate 创建）的多个 Pod 会由于节点上文件的不同而在不同节点上有不同的行为。
- 下层主机上创建的文件或目录只能由 root 用户写入。需要在特权容器中以 root 身份运行进程，或者修改主机上的文件权限以便容器能够写入 hostPath 卷。

5.1.9 PV/PVC：静态卷

与临时存储相比，PV 提供了一种可靠、持久、可共享的存储解决方案，能够满足生产环境中对数据存储的严格要求。虽然临时存储可以满足一些简单场景下的需求，但在需要长期存储数据、数据共享等场景下，PV 更为适合。PV 具有以下优势：

- 持久性：PV 可以存储持久化数据，即使 Pod 被删除，数据也不会丢失。
- 独立性：PV 是集群中独立的存储资源，可以被多个 Pod 共享。这使得不同的 Pod 可以使用相同的数据卷，从而实现数据共享和数据一致性。
- 动态绑定：PVC 可以在运行时动态地绑定到 PV 上。这使得在集群中动态地调整存储资源变得非常容易。
- 数据可靠性：PV 支持多种数据保护机制，如数据复制、数据快照等。这些机制可以保证数据的可靠性和安全性。

1. PV/PVC 的分配方式

PV/PVC 的分配方式有以下几种：

- 静态分配：管理员手动创建 PV，并将其分配给某个 PVC 使用。这种方式适用于需要固定 PV 与 PVC 的对应关系的场景，例如需要使用某个特定的存储设备。
- 动态分配：管理员预先设置好动态分配的 StorageClass，然后在 PVC 中指定该 StorageClass。当 PVC 被创建时，Kubernetes 会自动选择一个符合条件的 PV 并将其绑定到该 PVC 上。
- 外部存储提供商：Kubernetes 支持许多外部存储提供商，例如 AWSEBS、GoogleCloudPersistentDisk、NFS 等。管理员可以通过配置外部存储提供商，使得 Kubernetes 能够使用外部存储资源。

总之,PV/PVC 的分配方式非常灵活,管理员可以根据不同的场景选择不同的方式来分配存储资源。

2. PV 和 PVC 的生命周期

PV 和 PVC 的生命周期一般可以分为以下 5 个阶段,见表 5-5 所列。

表 5-5　PV 和 PVC 的生命周期

阶段	描述
Provisioning	在这个阶段,Kubernetes 会根据管理员的配置或 StorageClass 的配置,在集群中动态地创建 PV。也可以直接创建 PV(静态方式)
Binding	在这个阶段,PVC 会请求 Kubernetes 绑定一个 PV,Kubernetes 会根据 PVC 的配置和 PV 的状态选择一个合适的 PV,并将它们绑定在一起
Using	在这个阶段,Pod 会使用绑定在 PVC 上的 PV,Pod 中的容器可以读写 PV 中的数据
Releasing	在这个阶段,PVC 与 PV 的绑定被解除,但是 PV 中的数据仍然保留
Reclaiming	在这个阶段,回收 PV,可以保留 PV 以便下次使用,也可以直接从云存储中删除

在以上阶段中,Provisioning、Binding、Using 这三个阶段是 PV 和 PVC 的正常生命周期,Releasing 和 Reclaiming 是 PV 的结束阶段。在 Reclaiming 阶段,Kubernetes 会根据 PV 的 ReclaimPolicy,选择将 PV 保留、删除或归档。表 5-6 所列是不同 ReclaimPolicy 的表现。

表 5-6　Reclaim Policy

Reclaim Policy	描述
Retain	PV 在释放后保留数据,不会被删除或重用。管理员需要手动清理 PV 中的数据
Delete	PV 在释放后立即被删除。PV 中的数据也会被删除,这个操作是不可逆的
Recycle(已废弃)	PV 在释放后被清空,可以被重新使用,它现已被废弃,推荐使用 Delete 或 Retain
Archive(alpha 版本)	PV 在释放后将数据存档,可以被再次使用。该特性目前处于 alpha 版本,不建议在生产环境中使用

总之,PV 和 PVC 的生命周期非常清晰,管理员需要了解每个阶段的作用,以便更好地管理存储资源,PV 的状态转换见表 5-7、表 5-8 所列。

表 5-7　pv 的状态转换

PV 状态	描述
Avaliable	创建好的 PV 在没有和 PVC 绑定的时候处于 Available 状态
Bound	当一个 PVC 与 PV 绑定之后,PVC 就会进入 Bound 的状态

续表 5-7

PV 状态	描述
Released	一个回收策略为 Retain 的 PV,当其绑定的 PVC 被删除,该 PV 会由 Bound 状态转变为 Released 状态 **注意**:Released 状态的 PV 需要手动删除 YAML 配置文件中的 claimRef 字段才能与 PVC 成功绑定
Failed	发生错误

表 5-8　pvc 的状态转换

PVC 状态	描述
Pending	没有满足条件的 PV 能与 PVC 绑定时,PVC 将处于 Pending 状态
Bound	当一个 PV 与 PVC 绑定之后,PVC 会进入 Bound 的状态
Lost	PVC 绑定的 PV 被删除

3. PVC 和 PV 绑定规则

在 Kubernetes 中,PVC 和 PV 的绑定遵循以下规则:

- 按 Access Mode 匹配:PVC 请求的 Access Mode 必须与 PV 支持的 Access Mode 匹配,否则不能进行绑定。
- 按 Storage Class 匹配:如果 PVC 显示指定了 Storage Class,则只能绑定到支持该 Storage Class 的 PV 上;如果 PVC 没有指定 Storage Class,则可以绑定到任何 PV 上。
- 按容量大小匹配:PVC 请求的容量大小必须小于等于 PV 的可用容量大小。
- 按 Selector 匹配:如果 PV 没有被绑定到 PVC,那么系统会按照 Selector 规则寻找匹配的 PV。如果找到多个匹配的 PV,那么会选择 Storage Class 匹配 PV 中最小的一个。
- 静态绑定:管理员可以手动创建 PV,并将其绑定到 PVC 上,此时 PV 和 PVC 的属性必须匹配。

绑定后,PVC 可以通过 PVC 名称来引用 PV,而不需要关心 PV 的实际名称。这种解耦合的方式可以使管理员更加方便地管理存储资源,并且在进行存储迁移时,也可以更加灵活地替换 PV。

4. 静态卷:PV/PVC 使用示例

静态卷是一种管理员手动创建并配置的卷,其使用示例如下:

首先,管理员需要手动创建 PV 对象,指定其容量、存储类型、访问模式等属性。例如,可以创建一个名为 my-pv 的 PV 对象,其定义如下:

```
apiVersion: v1
kind: PersistentVolume
```

```
metadata:
  name: my-pv
spec:
  capacity:
    storage: 10Gi
  volumeMode: Filesystem
  accessModes:
    - ReadWriteOnce
  persistentVolumeReclaimPolicy: Retain
  storageClassName: manual
  local:
    path: /mnt/data
```

然后，管理员可以创建 PVC 对象，并通过 PVC 的 spec.volumeName 属性将其绑定到指定的 PV 上。例如，可以创建一个名为 my-pvc 的 PVC 对象，并将其绑定到 my-pv 上，定义如下：

```
apiVersion: v1
kind: PersistentVolumeClaim
metadata:
  name: my-pvc
spec:
  volumeName: my-pv
  accessModes:
    - ReadWriteOnce
  resources:
    requests:
      storage: 5Gi
  storageClassName: manual
```

最后，用户可以创建 Pod 对象，并将需要使用的卷声明为 Volume，并将 Volume 挂载到容器中的指定路径。例如，可以创建一个名为 my-pod 的 Pod 对象，使用 my-pvc 卷，并将其挂载到/data 路径下，定义如下：

```
apiVersion: v1
kind: Pod
metadata:
  name: my-pod
spec:
  containers:
  - name: my-container
    image: my-image
```

```
    volumeMounts:
    - name: my-volume
      mountPath: /data
  volumes:
  - name: my-volume
    persistentVolumeClaim:
      claimName: my-pvc
```

通过这种方式，用户可以在Pod中使用静态卷，并且在卷的属性发生变化时，可以通过修改PVC或者PV的配置来实现卷的升级或迁移。

5.1.10 StorageClass：动态卷

StorageClass是一种Kubernetes资源对象，用于描述动态卷的属性和配置，以及如何在动态分配PV时对这些属性进行选择和匹配。在PV/PVC中，StorageClass用于描述如何动态分配卷并将其绑定到PVC上。关于StorageClass和PV/PVC的关系，我们这里借用《深入剖析Kubernetes》一书中的描述来说明显：

- PVC描述的是Pod想要使用的持久化存储的属性，比如存储的大小、读写权限等。
- PV描述的是一个具体的Volume的属性，比如Volume的类型、挂载目录、远程存储服务器地址等。
- StorageClass的作用是充当PV的模板。并且，只有同属于一个StorageClass的PV和PVC，才可以绑定在一起。

与静态卷不同，动态卷是在PVC请求时动态创建和绑定的，因此需要通过StorageClass来定义卷的类型、属性、访问模式等信息，并通过volumeBindingMode属性来指定PV的绑定方式。

在Kubernetes中，有多种PV绑定方式可供选择，包括：

- Immediate：立即绑定PV，并将PVC的状态设置为Bound。如果没有匹配的PV，则PVC无法成功创建。
- WaitForFirstConsumer：等待第一个Pod使用PVC时才创建PV，并将PVC的状态设置为Bound。如果没有Pod使用PVC，则PVC将一直处于Pending状态。
- Delayed：等待一定时间后再尝试绑定PV。如果在超时时间内无法绑定PV，则PVC创建失败。

其中，Immediate是最常用的PV绑定方式。在创建PVC时，可以通过PVC的spec.storageClassName属性来指定所需的StorageClass。当PVC创建时，Kubernetes将根据StorageClass的配置，动态分配一个PV，并将其绑定到PVC上。例如，可以创建一个名为fast的StorageClass，定义如下：

```
apiVersion: storage.k8s.io/v1
```

```
kind: StorageClass
metadata:
  name: fast
provisioner: kubernetes.io/aws-ebs
parameters:
  type: gp2
```

然后，可以创建一个 PVC，指定所需的 StorageClass 为 fast，并且请求 10GB 的存储空间，定义如下：

```
apiVersion: v1
kind: PersistentVolumeClaim
metadata:
  name: my-pvc
spec:
  accessModes:
    - ReadWriteOnce
  resources:
    requests:
      storage: 10Gi
  storageClassName: fast
```

在创建 PVC 后，Kubernetes 将根据 StorageClass 的配置，动态创建一个符合要求的 PV，并将其绑定到 PVC 上。

5.1.11 云原生存储的局限和生产建议

1. Kubernetes 存储局限

- **复杂性**：Kubernetes 存储相对于其他存储解决方案来说更加复杂，需要熟悉 PV、PVC、StorageClass 等多个组件的使用和交互。此外，不同存储提供商的支持和表现也可能存在差异。
- **性能**：Kubernetes 存储在提供灵活性的同时也可能对性能产生影响。例如，在使用动态卷供应商的情况下，创建卷需要一定的时间，这可能导致延迟和资源浪费。此外，存储网络的延迟和带宽也会对存储性能产生影响。
- **多租户**：Kubernetes 存储通常在 Pod 和 Namespace 的粒度上进行隔离，但如果需要在多个集群或多个租户之间共享存储，可能需要额外的配置和管理。此外，多租户存储可能涉及安全性和隐私问题。
- **高可用性**：Kubernetes 存储本身是一个分布式系统，需要考虑高可用性和容错性。如果存储出现故障或不可用，可能会导致应用程序停机和数据丢失。因此，需要采取备份、复制和故障转移等策略来确保存储的可靠性和可用性。
- **对象存储支持不好**：Kubernetes 现在对文件和块存储都有了较好的扩展支持(CSI)，但是这些并不能很好支持对象存储，原因如下：OSS 以桶(bucket)来组织分配存储单元而不是文件系统挂载或是块设备;OSS 服务的访问是通过网络调用而不是本地的 POSIX 调用;oss 不试用 csi 定义的 Attach/Detach 逻辑。(无须挂载/卸载)

2. 云原生存储的生产建议

- **使用动态卷**:在 Kubernetes 中,可以使用动态卷来自动创建和管理 PV 和 PVC。这使得存储的管理更加简单和灵活。使用 StorageClass 定义卷的属性和配置,然后在 PVC 中指定所需的 StorageClass 即可。
- **选择合适的存储类型**:根据应用程序的性质和工作负载的需求,选择适合的存储类型。例如,对于需要高性能和低延迟的工作负载,可以选择使用本地存储或块存储;对于需要高可用性和容错性的工作负载,可以选择使用网络存储。
- **考虑数据持久化和备份**:对于重要的数据和应用程序,需要考虑数据的持久化和备份。可以使用 Kubernetes 提供的数据持久化机制,如 PV 和 PVC,来确保数据的持久性。同时,可以使用外部存储系统的备份和快照功能,来实现数据的备份和恢复。
- **避免单点故障**:为了确保数据的高可用性和容错性,需要避免单点故障。可以通过多副本存储和数据复制来实现数据的冗余备份。同时,可以使用负载均衡和故障转移机制,来确保数据的高可用性和容错性。
- **监控存储系统的性能和健康状况**:对于存储系统,需要定期监控其性能和健康状况,及时发现和解决问题。可以使用 Kubernetes 的监控工具,如 Prometheus 和 Grafana,来监控存储系统的指标和日志。
- **及时升级和维护存储系统**:为了确保存储系统的稳定性和安全性,需要及时升级和维护存储系统。可以使用 Kubernetes 的升级和维护工具,如 kubeadm 和 kubectl,来升级和维护存储系统。同时,需要及时应用存储系统的安全补丁,以保护系统的安全性。

5.1.12 Kubernetes 对象存储

Kubernetes 对象存储的支持确实不如其对块和文件存储的支持,这主要是因为对象存储的访问模式与 Kubernetes 原生的数据管理模型不太相符。

对象存储是通过 HTTPAPI 或 SDK 进行访问的,而 Kubernetes 原生的数据管理模型则是基于块设备和文件系统的。这使得在 Kubernetes 中使用对象存储会面临一些挑战,例如:

- 数据访问模式:对象存储通常以对象为单位进行管理,而 Kubernetes 中的数据管理模型是基于块设备和文件系统的。因此,在 Kubernetes 中使用对象存储需要对数据进行转换和映射,这可能会影响性能和可靠性。
- 存储插件:Kubernetes 的存储插件通常是基于块设备和文件系统的,而不是对象存储。因此,在使用对象存储时需要使用特殊的存储插件或适配器,这可能会导致额外的复杂性和管理成本。

- 数据安全性:对象存储通常使用访问密钥进行身份验证和授权,这可能会增加安全性的风险。在 Kubernetes 中使用对象存储需要考虑如何管理和保护这些密钥。

虽然 Kubernetes 对象存储的支持相对较弱,但可以通过使用存储适配器和特殊的存储插件来实现。例如,使用 S3FS 和 Ceph Rados Gateway 可以将 S3 对象存储映射为文件系统,然后在 Kubernetes 中使用。此外,一些云提供商也提供了专门的对象存储服务,可以方便地与 Kubernetes 集成。

CSI for S3(AContainer Storage Interface for S3)是一个 Kubernetes 存储插件,它允许在 Kubernetes 中使用 Amazon S3 对象存储服务。

CSI for S3 使用了 Kubernetes 的 Container Storage Interface(CSI)标准,这是一个插件接口,允许第三方存储提供商为 Kubernetes 提供存储解决方案。通过使用 CSI-forS3,Kubernetes 用户可以将 S3 对象存储为 Kubernetes 集群的一部分来使用,这使得在 Kubernetes 中处理对象存储变得更加容易。

使用 CSI for S3,Kubernetes 用户可以创建 Persistent Volume Claims(PVC),这是一种抽象,它表示应用程序需要使用存储的要求。然后,Kubernetes 可以将 PVC 绑定到 S3 存储桶中的 Persistent Volumes(PV)上,这是一种实际的存储资源。

一旦 PVC 与 PV 绑定,应用程序就可以在 Kubernetes 中使用 AmazonS3 对象存储,就像使用本地存储一样。同时,CSIforS3 还提供了一些高级功能,例如快照和动态卷调整,使得在 Kubernetes 中使用 S3 更加灵活和可靠。

总的来说,CSIforS3 是一种非常方便和可靠的方式,即在 Kubernetes 中使用 AmazonS3 对象存储服务。它允许用户轻松地将 AmazonS3 集成到 Kubernetes 存储中,从而为应用程序提供高可用性、可扩展性和可靠性。

准备条件:

- Kubernetes1.13+(CSIv1.0.0 兼容性)。
- Kubernetes 必须允许“特权”容器。
- Docker 守护进程必须允许共享挂载(systemd 标志 MountFlags=shared)。
- 不建议在任何生产环境中使用,因为根据使用的挂载程序和 S3 存储后端,可能会发生意外的数据丢失。

克隆项目代码。

```
git clone https://github.com/ctrox/csi-s3.git
```

1. 使用 S3 凭据创建一个 secret

```
apiVersion: v1
kind: Secret
metadata:
  namespace: kube-system
  name: csi-s3-secret
```

```
  # Namespace depends on the configuration in the storageclass.yaml
  namespace: kube-system
stringData:
  accessKeyID: <YOUR_ACCESS_KEY_ID>
  secretAccessKey: <YOUR_SECRET_ACCES_KEY>
  # For AWS set it to "https://s3.<region>.amazonaws.com"
  endpoint: <S3_ENDPOINT_URL>
  # If not on S3, set it to ""
  region: <S3_REGION>
```

2. 部署驱动

```
cd deploy/kubernetes
kubectl create -f provisioner.yaml
kubectl create -f attacher.yaml
kubectl create -f csi-s3.yaml
```

3. 创建 storageclass

```
kubectl create -f examples/storageclass.yaml
```

storageclass.yaml 资源清单：

```
---
kind: StorageClass
apiVersion: storage.k8s.io/v1
metadata:
  name: csi-s3
provisioner: ch.ctrox.csi.s3-driver
parameters:
  # specify which mounter to use
  # can be set to rclone, s3fs, goofys or s3backer
  mounter: rclone
  # to use an existing bucket, specify it here:
  # bucket: some-existing-bucket
  csi.storage.k8s.io/provisioner-secret-name: csi-s3-secret
  csi.storage.k8s.io/provisioner-secret-namespace: kube-system
  csi.storage.k8s.io/controller-publish-secret-name: csi-s3-secret
  csi.storage.k8s.io/controller-publish-secret-namespace: kube-system
  csi.storage.k8s.io/node-stage-secret-name: csi-s3-secret
  csi.storage.k8s.io/node-stage-secret-namespace: kube-system
  csi.storage.k8s.io/node-publish-secret-name: csi-s3-secret
  csi.storage.k8s.io/node-publish-secret-namespace: kube-system
```

4. 测试 S3 驱动

(1) 使用新的 storageclass 创建 PVC

```
kubectl create -f examples/pvc.yaml
```

(2) pvc.yaml 资源清单

```
apiVersion: v1
kind: PersistentVolumeClaim
metadata:
  name: csi-s3-pvc
  namespace: default
spec:
  accessModes:
  - ReadWriteOnce
  resources:
    requests:
      storage: 5Gi
  storageClassName: csi-s3
```

(3) 检查 PVC 是否已经绑定

```
$ kubectl get pvc csi-s3-pvc
NAME        STATUS    VOLUME                                     CAPACITY   ACCESS
MODES  STORAGECLASS   AGE
csi-s3-pvc  Bound     pvc-c5d4634f-8507-11e8-9f33-0e243832354b   5Gi        RWO
    csi-s3          9s
```

创建一个安装卷的测试 pod:

```
kubectl create -f examples/pod.yaml
```

(4) pod.yaml 资源清单

```
apiVersion: v1
kind: Pod
metadata:
  name: csi-s3-test-nginx
  namespace: default
spec:
  containers:
  - name: csi-s3-test-nginx
    image: nginx
    volumeMounts:
      - mountPath: /var/lib/www/html
        name: webroot
```

```
  volumes:
  - name: webroot
    persistentVolumeClaim:
      claimName: csi-s3-pvc
      readOnly: false
```

如果 pod 可以启动,则一切都应该正常工作。

然后,开始测试挂载:

```
$ kubectl exec -ti csi-s3-test-nginx bash
$ mount | grep fuse
s3fs on /var/lib/www/html type fuse.s3fs
(rw,nosuid,nodev,relatime,user_id = 0,group_id = 0,allow_other)
$ touch /var/lib/www/html/hello_world
```

5.2 Ceph:架构设计和安装部署

Ceph:架构设计和安装部署如图 5-1 所示。

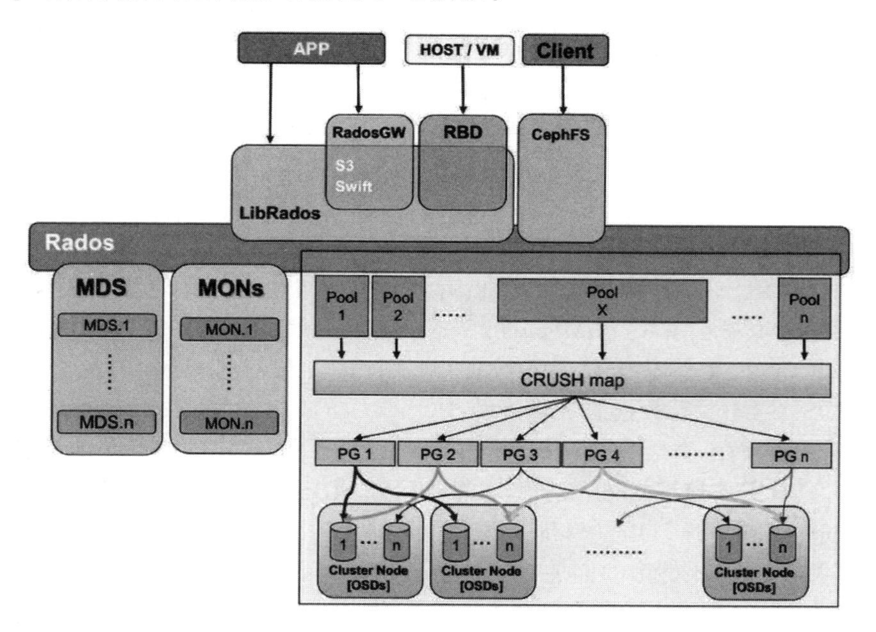

图 5-1 Ceph 架构

5.2.1 Ceph 简介

无论是想为云平台提供 Ceph 对象存储和/或 Ceph 块设备服务、部署 Ceph 文件系统还是将 Ceph 用于其他目的，所有 Ceph 存储集群部署都从设置每个 Ceph 节点、网络和 Ceph 开始存储集群。一个 Ceph 存储集群至少需要一个 CephMonitor、CephManager 和 CephOSD（对象存储守护进程）。运行 Ceph 文件系统客户端时也需要 Ceph 元数据服务器。

1. Ceph 基本概念

- Monitors：CephMonitor（Ceph-mon）维护集群状态的映射，包括监视器映射、管理器映射、OSD 映射、MDS 映射和 CRUSH 映射。这些映射是 Ceph 守护进程相互协调所需的关键集群状态。监视器还负责管理守护进程和客户端之间的身份验证。冗余和高可用性通常需要至少三个监视器。：一个 Ceph 集群需要多个 Monitor 组成的小集群，它们通过 Paxos 同步数据，用来保存 OSD 的元数据。
- Managers：CephManager 守护进程（Ceph-mgr）负责跟踪运行时指标和 Ceph 集群的当前状态，包括存储利用率、当前性能指标和系统负载。CephManager 守护进程还托管基于 python 的模块来管理和公开 Ceph 集群信息，包括基于 Web 的 CephDashboard 和 REST API。高可用性通常需要至少两个管理器。
- CephOSD：OSD 全称 ObjectStorage Device，对象存储守护进程（CephOSD，Ceph-osd）存储数据、处理数据复制、恢复、重新平衡，并通过检查其他 CephOSD 守护进程的心跳向 Ceph 监视器和管理器提供一些监视信息。冗余和高可用性通常需要至少三个 CephOSD。也就是负责响应客户端请求返回具体数据的进程，一个 Ceph 集群一般有很多个 OSD。
- CRUSH：CRUSH 是 Ceph 使用的数据分布算法，类似一致性哈希，让数据分配到预期的位置。Ceph 将数据作为对象存储在逻辑存储池中。使用 CRUSH 算法，Ceph 计算出哪个归置组（PG）应该包含该对象，以及哪个 OSD 应该存储该归置组。CRUSH 算法使 Ceph 存储集群能够动态扩展、重新平衡和恢复。
- MDS：MDS 全称 CephMetadataServer，Ceph 元数据服务器（MDSCeph-mds）代表 Ceph 文件系统存储元数据（即 Ceph 块设备和 Ceph 对象存储不使用 MDS）。Ceph 元数据服务器允许 POSIX 文件系统用户执行基本命令（如 ls、find 等），而不会给 Ceph 存储集群带来巨大负担。**MDS 进程并不是必须的进程，只有需要使用 CephFS 时，才需要配置 MDS 节点。**
- ObjectGateway：Object Gateway 是对象存储接口，构建在 librados 之上，为应用提供 restful 类型的网关。其支持两种接口：S3-compatible API：兼容 AWS S3 Restful 接口，Swift-compaible API：兼容 Openstack Swift 接口。
- RADOS：RADOS 全称 Reliable Autonomic Distributed Object Store，是 Ceph 存储集群的基础。**Ceph 中的一切都以对象的形式存储，而 RADOS 就负责存储这些对象，而不考虑它们的数据类型**。RADOS 层确保数据一致性和可靠性。对于数据一致性，它执行数据复制、故障检测和恢复，还包括数据在集群节点间的 recovery。

- Librados：Libradio 是 RADOS 提供库，简化访问 RADOS 的一种方法，因为 RADOS 是协议，很难直接访问，因此上层的 RBD、RGW 和 CephFS 都是通过 libradios 访问的，目前支持 PHP、Ruby、Java、Python、C 和 C++语言。它提供了 Ceph 存储集群的一个本地接口 RADOS，并且是其他服务（如 RBD、RGW）的基础，此外，还为 CephFS 提供 POSIX 接口。Librados API 支持直接访问 RADOS，使开发者能够创建自己的接口来访问 Ceph 集群存储。
- RBD：RBD 全称 RADOS Block Device，是 Ceph 对外提供的块设备服务。对外提供块存储。可以像磁盘一样被映射、格式化和挂载到服务器上。
- RGW：RGW 全称 RADOS gateway，Ceph 对象的网关，是 Ceph 对外提供的对象存储服务，提供了一个兼容 S3 和 Swift 的 RESTful API 接口。RGW 还支持多租户和 OpenStack 的 Keystone 身份验证服务。
- CephFS：CephFS 全称 CephFile System，是 Ceph 对外提供的文件系统服务。它提供了一个任意大小且兼容 POSlX 的分布式文件系统。**CephFS 依赖 CephMDS 来跟踪文件层次结构，即元数据。**

2. Ceph 逻辑单元

- pool(池)：pool 是 Ceph 存储数据时的逻辑分区，它起 namespace 在集群层面逻辑切割的作用。每个 pool 包含一定数量（可配置）的 PG。
- PG(PlacementGroup)：PG 是一个逻辑概念，每个对象都会固定映射进一个 PG 中，所以当我们要寻找一个对象时，只需要先找到对象所属的 PG，然后遍历这个 PG 就可以了，无须遍历所有对象。而且在数据迁移时，也是以 PG 作为基本单位进行的。PG 的副本数量也可以看作数据在整个集群的副本数。**一个 PG 包含多个 OSD。引入 PG 这一层其实是为了更好分配数据和定位数据。**
- OID：存储的数据都会被切分成对象（Objects）。每个对象都会有一个唯一的 OID，由 ino 与 ono 生成，ino 即是文件的 FileID，用于在全局唯一标示每一个文件，而 ono 则是分片的编号，OID＝(ino＋ono)＝(FileID＋Filepartnumber)，例如 FileId＝A 有两个分片，那么会产生两个 OID，即 A01 与 A02。
- PgID：首先使用静态 hash 函数对 OID 做 hash 取出特征码，用特征码与 PG 的数量去模，得到的序号则是 PGID。
- Object：Ceph 最底层的存储单元是 Object 对象，每个 Object 包含元数据和原始数据。

5.2.2 使用 Rook 搭建 Ceph1.7.6 集群

1. 虚拟机挂载裸盘

```
$ lsblk
NAME                 MAJ:MIN   RM   SIZE   RO   TYPE  MOUNTPOINT
sda                    8:0      0   50G     0   disk
```

```
├─sda1         8:1     0   500M    0   part  /boot
└─sda2         8:2     0   49.5G   0   part
  ├─centos-root  253:0   0   47.5G   0   lvm   /
  └─centos-swap  253:1   0   2G      0   lvm
sdb            8:16    0   10G     0   disk  # 刚新增的裸盘
sr0            11:0    1   4.4G    0   rom
```

部署 Ceph 后，新增的裸盘使用情况：

```
$ lsblk
NAME
                         MAJ:MIN    RM    SIZE    RO    TYPE   MOUNTPOINT
sda
                         8:0        0     50G     0     disk
├─sda1
                         8:1        0     500M    0     part   /boot
└─sda2
                         8:2        0     49.5G   0     part
  ├─centos-root
                         253:0      0     47.5G   0     lvm    /
  └─centos-swap
                         253:1      0     2G      0     lvm
sdb
                         8:16       0     10G     0     disk
└─Ceph--bcd8be98--d8f0--4aa6--b4ef--1f1246ae6e62-osd--block--96232ae8--a0a7--4b90--
b7cf--8269a74754e0       253:2      0     10G     0     lvm
sr0
                         11:0       1     4.4G    0     rom
```

centos7 查看硬盘使用情况：

```
# 查看分区和磁盘
$ lsblk
# 查看空间使用情况
$ df -h
# 分区工具查看分区信息
$ fdisk -l
# 查看分区
$ cfdisk /dev/sda
# 查看硬盘 label(别名)
$ blkid
# 统计当前目录各文件夹大小
$ du -sh ./*
```

2. 克隆 Rook1.7 源码

```
$ git clone --single-branch --branch release-1.7 https://github.com/rook/rook.git
$ cd rook/cluster/examples/kubernetes/Ceph
```

3. 创建 RookOperator

```
$ kubectl create -f crds.yaml -f common.yaml -f operator.yaml

# 验证创建状态
$ kubectl get pod -n rook-ceph
NAME                                READY   STATUS    RESTARTS   AGE
rook-Ceph-operator-cdf9dfd9c-xspnl  1/1     Running   0          42s
```

4. 创建 Ceph 集群

```
$ kubectl create -f cluster-test.yaml

# 验证创建状态
$ kubectl get pod -n rook-Ceph-owide

# 单节点环境需要去掉污点
# kubectl taint nodes master-1 node-role.kubernetes.io/master:NoSchedule-

# 查看 csidriver,已经有 rook-Ceph.rbd.csi 是块存储,rook-Ceph.Cephfs.csi 是文件存储
$ kubectl get csidriver
NAME                              ATTACHREQUIRED   PODINFOONMOUNT    STORAGECAPACITY
TOKENREQUESTS   REQUIRESREPUBLISH     MODES        AGE
rook-Ceph.Cephfs.csi.Ceph.com     true             false             false
<unset>         false                 Persistent   3m5s
rook-Ceph.rbd.csi.Ceph.com        true             false             false
<unset>         false                 Persistent   3m5s
```

5.3 Ceph 和 Kubernetes 集成使用

Ceph 是一个开源的分布式存储系统,被广泛应用于云计算、大数据、容器存储等领域。下面是一些常见的 Ceph 使用方式:

- 对象存储:Ceph 最初被设计为一个对象存储系统,支持通过 S3 和 Swift 协议访问对象。对象存储可以用于存储各种类型的数据,例如静态文件、多媒体文件、备份数据等。

- 块存储:Ceph 可以提供块存储服务,类似于传统的存储阵列。块存储可以用于虚拟化环境中的虚拟机映像、容器存储等场景。
- 文件存储:Ceph 也支持文件存储,可以提供类似于 NFS 和 CIFS 的文件共享服务。文件存储可以用于大规模数据分析、数据共享等场景。
- 分布式数据库存储:Ceph 可以作为分布式数据库的底层存储,例如 Cassandra 和 MongoDB。
- 大数据存储:Ceph 可以作为 Hadoop 和 Spark 等大数据框架的存储后端,提供高可用、高性能的存储服务。
- 容器存储:Ceph 可以作为容器存储的后端,提供动态扩展、高性能的存储服务。例如,Kubernetes 可以使用 Ceph 作为容器存储的后端。
- 私有云存储:Ceph 可以作为私有云存储的后端,为企业提供高可靠性、高可用性的存储服务。

总之,Ceph 的灵活性和可扩展性使得它成为一个非常有用的分布式存储系统。根据不同的应用场景,可以选择不同的 Ceph 使用方式,并且可以根据实际需求进行配置和优化。

5.3.1 文件存储

Ceph 文件存储(CephFS)是一种基于 Ceph 存储集群提供分布式文件系统服务的方式。它允许用户在不同的节点之间共享文件,并提供了高可用性、高性能和易于扩展的文件存储解决方案。以下是使用 Ceph 文件存储的一些步骤:

- 创建 CephFS 文件系统要使用 Ceph 文件存储,需要首先创建一个 CephFS 文件系统。可以使用 Ceph 命令行工具或 Ceph 仪表板来创建文件系统。创建文件系统时需要指定文件系统名称、存储池等信息。
- 挂载 CephFS 文件系统在将 CephFS 文件系统挂载到本地系统之前,需要首先在 Ceph 存储集群中创建一个 CephFS 客户端。可以使用 ceph 命令行工具或 Ceph 仪表板来创建 CephFS 客户端。然后,可以在本地系统上使用 mount 命令将 CephFS 文件系统挂载到本地目录。
- 写入和读取数据一旦将 CephFS 文件系统挂载到本地系统,就可以像使用本地文件系统一样写入和读取数据。应用程序可以使用标准文件操作命令将数据写入 CephFS 文件系统,也可以从 CephFS 文件系统读取数据。
- 卸载 CephFS 文件系统在使用完 CephFS 文件系统后,需要将其卸载以释放本地目录。可以使用 umount 命令来卸载 CephFS 文件系统。

总的来说,Ceph 文件存储为用户提供了一种高可用性、高性能、易于扩展的分布式文件系统解决方案,并且可以与标准文件系统操作命令一起使用,从而实现无缝集成。

要使用 Ceph 文件系统 CRD,需要在 Kubernetes 集群中运行 Rook,并安装了 cephfs 工具包。在创建 Ceph 文件系统之前,需要创建 Ceph 存储集群和 Ceph 文件系统配置。一旦准备就绪,就可以使用 KubernetesAPI 创建 Ceph 文件系统 CRD。

注意：如果 Rook 集群有多个文件系统，并且应用程序 Pod 被调度到内核版本早于 4.7 的节点，则可能会出现不一致的结果，因为早于 4.7 的内核不支持指定文件系统命名空间。

Rook 允许通过自定义资源定义(CRD)创建和自定义共享文件系统。

```
git clone --single-branch --branch release-1.7 https://github.com/rook/rook.git
cd rook/cluster/examples/kubernetes/ceph
# 1. 创建文件系统
# CephFilesystem 通过为 CRD 中的元数据池、数据池和元数据服务器指定所需的设置来创建文件系统。
kubectl apply -f ceph/filesystem-test.yaml
# 2. 配置存储
# 在 Rook 开始配置存储之前，需要基于文件系统创建一个 StorageClass。这是 Kubernetes 与 CSI 驱动程
序互操作以创建持久卷所必需。
kubectl apply -f ceph/csi/Cephfs/storageclass.yaml
# 3. 使用共享文件系统:K8s Registry 示例
kubectl apply -f ceph/csi/Cephfs/kube-registry.yaml
```

1. 创建 Ceph 文件系统

filesystem-test.yaml 配置

```
#####
# Create a filesystem with settings for a test environment where only a single OSD is
required.
# kubectl create -f filesystem-test.yaml
#####

apiVersion: ceph.rook.io/v1
kind: CephFilesystem
metadata:
  name: myfs
  namespace: rook-ceph # namespace:cluster
spec:
  metadataPool:
    replicated:
      size: 1
      requireSafeReplicaSize: false
  dataPools:
    - failureDomain: osd
      replicated:
        size: 1
        requireSafeReplicaSize: false
```

```
preserveFilesystemOnDelete: false
metadataServer:
  activeCount: 1
  activeStandby: true
```

文件系统设置：

(1) Metadata

- name:要创建的文件系统的名称,将反映在池和其他资源名称中。
- namespace:创建文件系统的 Rook 集群的命名空间。

(2) Pools

这些池允许 PoolCRD 规范定义的所有设置。

- metadataPool :用于创建文件系统元数据池的设置。必须使用副本 replication)。
- dataPools :创建文件系统数据池的设置。如果指定了多个池,Rook 会将池添加到文件系统。将用户或文件分配给池,留给 CephFS 文档的读者作为练习。数据池可以使用复制或擦除编码。如果指定了纠删码池,则集群必须在 OSD 上启用 bluestore 的情况下运行。
- preserveFilesystemOnDelete :如果设置为"true",则文件系统在删除 CephFilesystem 资源时将保留。这是一种安全措施,可以避免在 CephFilesystem 资源被意外删除时丢失数据。默认值为"false"。该选项取代了 preservePoolsOnDelete 不应再设置的选项。
- (已弃用) preservePoolsOnDelete :此选项已替换为上述选项 preserveFilesystemOnDelete 。为了向后兼容和升级,如果将其设置为"true",Rook 将视为 preserveFilesystemOnDelete 设置为"true"。

(3) Metadata Server 设置

Metadata Serve 设置对应 MDS 守护程序设置。

- activeCount :活跃的 MDS 实例数。随着负载的增加,CephFS 将自动跨 MDS 实例对文件系统进行分区。Rook 将根据活动计数的要求创建双倍数量的 MDS 实例。额外的实例将处于备用模式以进行故障转移。
- activeStandby:如果为 true,额外的 MDS 实例将处于活动备用模式,并将保留文件系统元数据的热缓存以实现更快的故障转移。这些实例将由 CephFS 在故障转移对中分配。如果为 false,额外的 MDS 实例将全部处于被动待机模式,并且不会维护元数据的热缓存。
- MetadataServe:设置文件系统的镜像。
  enabled:是否在该文件系统上启用了镜像(默认值:false)。
  peers:配置镜像节点。
  - secretNames:要连接的对等点列表。当前(Ceph Pacific 版本)仅支持单个 peer ,其中一个 peer 代表一个 Ceph 集群。

snapshotSchedules:计划快照。支持一个或多个计划。

- path :拍摄快照的文件系统源路径。
- interval :快照的频率。可以分别使用 d、h、m 为后缀,来表示以天、小时或分钟为单位的指定间隔。
- startTime :可选,确定快照过程开始的时间,使用 ISO 8601 时间格式指定。

snapshotRetention:允许管理保留政策。

- path: 应用保留的文件系统源路径。
- duration。

- annotations:要添加的注释的键值对列表。
- labels:要添加的标签的键值对列表。
- placement :可以为 mds pod 提供标准的 Kubernetes 放置限制,包括 nodeAffinity、tolerations、podAffinity 和 podAntiAffinity。
- resources: 为文件系统 MDS Pod(s) 设置资源请求/限制,参见 MDS 资源配置设置。
- priorityClassName:为文件系统 MDS Pod 设置优先级类名称。

(4) MDS 资源配置设置

如果声明了内存资源限制,Rook 将自动设置 MDS 配置 mds_cache_memory_limit。计算配置值的目的是使实际 MDS 内存消耗与 MDSpod 的资源声明保持一致。

为了提供在容器中运行 Ceph 的最佳体验,Rook 内部建议 MDS 守护进程的内存至少为 4096MB。如果用户配置的限制或请求值太低,Rook 仍会运行 pod 并向 Operator 日志打印警告。

2. 基于文件系统创建一个 StorageClass

将以下规范另存为 storageclass. yaml:

```
apiVersion: storage.k8s.io/v1
kind: StorageClass
metadata:
  name: rook-cephfs
# Change "rook-ceph" provisioner prefix to match the operator namespace if needed
provisioner: rook-ceph.cephfs.csi.ceph.com # driver:namespace:operator
parameters:
  # clusterID is the namespace where the rook cluster is running
  # If you change this namespace, also change the namespace below where the secret
namespaces are defined
  clusterID: rook-ceph # namespace:cluster

  # CephFS filesystem name into which the volume shall be created
  fsName: myfs
```

```
  # Ceph pool into which the volume shall be created
  # Required for provisionVolume: "true"
  pool: myfs-data0

  # The secrets contain Ceph admin credentials. These are generated automatically by
the operator
  # in the same namespace as the cluster.
  csi.storage.k8s.io/provisioner-secret-name: rook-csi-cephfs-provisioner
  csi.storage.k8s.io/provisioner-secret-namespace: rook-ceph # namespace:cluster
  csi.storage.k8s.io/controller-expand-secret-name: rook-csi-cephfs-provisioner
  csi.storage.k8s.io/controller-expand-secret-namespace: rook-ceph # namespace:cluster
  csi.storage.k8s.io/node-stage-secret-name: rook-csi-cephfs-node
  csi.storage.k8s.io/node-stage-secret-namespace: rook-ceph # namespace:cluster

  # (optional) The driver can use either ceph-fuse (fuse) or ceph kernel client
(kernel)
  # If omitted, default volume mounter will be used - this is determined by probing
for ceph-fuse
  # or by setting the default mounter explicitly via --volumemounter command-line
argument.
  # mounter: kernel
reclaimPolicy: Delete
allowVolumeExpansion: true
mountOptions:
  # uncomment the following line for debugging
  #- debug
```

3. 基于文件系统创建 kube-registry

例如，我们使用共享文件系统作为后备存储启动 kube-registrypod。
将以下规范另存为 kube-registry.yaml：

```
apiVersion: v1
kind: PersistentVolumeClaim
metadata:
  name: cephfs-pvc
  namespace: kube-system
spec:
  accessModes:
  - ReadWriteMany
  resources:
    requests:
      storage: 1Gi
```

```yaml
  storageClassName: rook-cephfs
---
apiVersion: apps/v1
kind: Deployment
metadata:
  name: kube-registry
  namespace: kube-system
  labels:
    k8s-app: kube-registry
    kubernetes.io/cluster-service: "true"
spec:
  replicas: 3
  selector:
    matchLabels:
      k8s-app: kube-registry
  template:
    metadata:
      labels:
        k8s-app: kube-registry
        kubernetes.io/cluster-service: "true"
    spec:
      containers:
      - name: registry
        image: registry:2
        imagePullPolicy: Always
        resources:
          limits:
            cpu: 100m
            memory: 100Mi
        env:
        # Configuration reference: https://docs.docker.com/registry/configuration/
        - name: REGISTRY_HTTP_ADDR
          value: :5000
        - name: REGISTRY_HTTP_SECRET
          value: "Ple4seCh4ngeThisN0tAVerySecretV4lue"
        - name: REGISTRY_STORAGE_FILESYSTEM_ROOTDIRECTORY
          value: /var/lib/registry
        volumeMounts:
        - name: image-store
          mountPath: /var/lib/registry
        ports:
        - containerPort: 5000
          name: registry
```

```
          protocol: TCP
        livenessProbe:
          httpGet:
            path: /
            port: registry
        readinessProbe:
          httpGet:
            path: /
            port: registry
      volumes:
      - name: image-store
        persistentVolumeClaim:
          claimName: cephfs-pvc
          readOnly: false
```

部署 kube-registry：

```
kubectl create -f cluster/examples/kubernetes/ceph/csi/cephfs/kube-registry.yaml
```

这里有一个 docker 镜像存储库，它是具有持久存储的 HA。

5.3.2 块存储

块存储允许单个 Pod 挂载存储。

Ceph 块存储是一种基于 Ceph 存储集群提供块级存储服务的方式。它允许用户使用类似于本地磁盘的块设备来存储数据，并提供了高可用性、高性能和易于扩展的存储解决方案。以下是使用 Ceph 块存储的一些步骤：

- 创建 RBD 镜像：RBD(RADOS Block Device)是 Ceph 块存储的核心组件。要使用 Ceph 块存储，需要首先创建 RBD 镜像。可以使用 rbd 命令行工具或 Ceph 仪表板来创建 RBD 镜像。创建 RBD 镜像时需要指定镜像大小、存储池、镜像名称等信息。
- 映射 RBD 镜像：映射 RBD 镜像意味着将 RBD 镜像映射为本地块设备，以便可以将数据写入该镜像。可以使用 rbd 命令行工具或者使用 Linux 内核自带的 rbd 模块来将 RBD 镜像映射为本地块设备。映射后，可以像使用本地磁盘一样使用 RBD 镜像。
- 写入和读取数据：一旦将 RBD 镜像映射为本地块设备，就可以像使用本地磁盘一样写入和读取数据。应用程序可以使用块设备驱动程序来将数据写入 RBD 镜像，也可以从 RBD 镜像读取数据。
- 卸载 RBD 镜像：在使用完 RBD 镜像后，需要将其卸载以释放本地块设备。可以使用 rbd 命令行工具或者使用 Linux 内核自带的 rbd 模块来卸载 RBD 镜像。

总的来说，Ceph 块存储为用户提供了一种高可用性、高性能、易于扩展的块级存储解决方案，并且可以与标准块设备驱动程序一起使用，从而实现无缝集成。

本指南展示了如何使用 Rook 启用的持久卷在 Kubernetes 上创建一个简单的多层 Web 应用程序。

1. 创建 Ceph 块存储

首先需要创建一个 StorageClass 和 CephBlockPool 。这将允许 Kubernetes 在配置持久卷时与 Rook 进行互操作。

以下文件位于 cluster/examples/kubernetes/ceph/csi/rbd/storageclass.yaml：

```
apiVersion: ceph.rook.io/v1
kind: CephBlockPool
metadata:
  name: replicapool
  namespace: rook-ceph
spec:
  failureDomain: host
  replicated:
    size: 3
---
apiVersion: storage.k8s.io/v1
kind: StorageClass
metadata:
    name: rook-ceph-block
# Change "rook-ceph" provisioner prefix to match the operator namespace if needed
provisioner: rook-ceph.rbd.csi.ceph.com
parameters:
    # clusterID is the namespace where the rook cluster is running
    clusterID: rook-ceph
    # Ceph pool into which the RBD image shall be created
    pool: replicapool

    # (optional) mapOptions is a comma-separated list of map options.
    # For krbd options refer
    # https://docs.ceph.com/docs/master/man/8/rbd/#kernel-rbd-krbd-options
    # For nbd options refer
    # https://docs.ceph.com/docs/master/man/8/rbd-nbd/#options
    # mapOptions: lock_on_read,queue_depth=1024

    # (optional) unmapOptions is a comma-separated list of unmap options.
    # For krbd options refer
    # https://docs.ceph.com/docs/master/man/8/rbd/#kernel-rbd-krbd-options
    # For nbd options refer
    # https://docs.ceph.com/docs/master/man/8/rbd-nbd/#options
```

```
    # unmapOptions: force

    # RBD image format. Defaults to "2".
    imageFormat: "2"

    # RBD image features. Available for imageFormat: "2". CSI RBD currently supports
only 'layering' feature.
    imageFeatures: layering

    # The secrets contain Ceph admin credentials.
    csi.storage.k8s.io/provisioner-secret-name: rook-csi-rbd-provisioner
    csi.storage.k8s.io/provisioner-secret-namespace: rook-ceph
    csi.storage.k8s.io/controller-expand-secret-name: rook-csi-rbd-provisioner
    csi.storage.k8s.io/controller-expand-secret-namespace: rook-ceph
    csi.storage.k8s.io/node-stage-secret-name: rook-csi-rbd-node
    csi.storage.k8s.io/node-stage-secret-namespace: rook-ceph

    # Specify the filesystem type of the volume. If not specified, csi-provisioner
    # will set default as 'ext4'. Note that 'xfs' is not recommended due to potential
deadlock
    # in hyperconverged settings where the volume is mounted on the same node as the
osds.
    csi.storage.k8s.io/fstype: ext4

# Delete the rbd volume when a PVC is deleted
reclaimPolicy: Delete

# Optional, if you want to add dynamic resize for PVC. Works for Kubernetes 1.14 +
# For now only ext3, ext4, xfs resize support provided, like in Kubernetes itself.
allowVolumeExpansion: true
```

注意：此示例要求每个节点至少有 1 个 OSD，每个 OSD 位于 3 个不同的节点上。因为 failureDomain 设置为 host 并且 replicated. size 设置为 3 。

如果已将 Rookoperator 部署在“rook-ceph”以外的命名空间中，请更改配置器中的前缀以匹配你使用的命名空间。例如，如果 Rookoperator 在命名空间“my-namespace”中运行，则配置程序值应为“my-namespace. rbd. csi. ceph. com”。

创建存储类。

```
kubectl create -f cluster/examples/kubernetes/ceph/csi/rbd/storageclass.yaml
```

2. 使用块存储：Wordpress 示例

我们创建了一个示例应用程序 Wordpress 和 Mysql。这两个应用程序都将使用 Rook 提供的块存储。

```
kubectl create -f cluster/examples/kubernetes/mysql.yaml
kubectl create -f cluster/examples/kubernetes/wordpress.yaml
```

(1) Mysql.yaml 资源清单

```
apiVersion: v1
kind: Service
metadata:
  name: wordpress-mysql
  labels:
    app: wordpress
spec:
  ports:
    - port: 3306
  selector:
    app: wordpress
    tier: mysql
  clusterIP: None
---
apiVersion: v1
kind: PersistentVolumeClaim
metadata:
  name: mysql-pv-claim
  labels:
    app: wordpress
spec:
  storageClassName: rook-ceph-block
  accessModes:
    - ReadWriteOnce
  resources:
    requests:
      storage: 20Gi
---
apiVersion: apps/v1
kind: Deployment
metadata:
  name: wordpress-mysql
  labels:
    app: wordpress
    tier: mysql
spec:
  selector:
    matchLabels:
      app: wordpress
```

```
      tier: mysql
  strategy:
    type: Recreate
  template:
    metadata:
      labels:
        app: wordpress
        tier: mysql
    spec:
      containers:
        - image: mysql:5.6
          name: mysql
          env:
            - name: MYSQL_ROOT_PASSWORD
              value: changeme
          ports:
            - containerPort: 3306
              name: mysql
          volumeMounts:
            - name: mysql-persistent-storage
              mountPath: /var/lib/mysql
      volumes:
        - name: mysql-persistent-storage
          persistentVolumeClaim:
            claimName: mysql-pv-claim
```

(2) Wordpress. yaml 资源清单

```
apiVersion: v1
kind: Service
metadata:
  name: wordpress
  labels:
    app: wordpress
spec:
  ports:
    - port: 80
  selector:
    app: wordpress
    tier: frontend
  type: LoadBalancer
---
apiVersion: v1
kind: PersistentVolumeClaim
```

```
metadata：
  name：wp-pv-claim
  labels：
    app：wordpress
spec：
  storageClassName：rook-ceph-block
  accessModes：
    - ReadWriteOnce
  resources：
    requests：
      storage：20Gi
---
apiVersion：apps/v1
kind：Deployment
metadata：
  name：wordpress
  labels：
    app：wordpress
    tier：frontend
spec：
  selector：
    matchLabels：
      app：wordpress
      tier：frontend
  strategy：
    type：Recreate
  template：
    metadata：
      labels：
        app：wordpress
        tier：frontend
    spec：
      containers：
        - image：wordpress:4.6.1-apache
          name：wordpress
          env：
            - name：WORDPRESS_DB_HOST
              value：wordpress-mysql
            - name：WORDPRESS_DB_PASSWORD
              value：changeme
          ports：
            - containerPort：80
              name：wordpress
```

```
          volumeMounts:
            - name: wordpress-persistent-storage
              mountPath: /var/www/html
      volumes:
        - name: wordpress-persistent-storage
          persistentVolumeClaim:
            claimName: wp-pv-claim
```

这两个应用程序都会创建一个块卷并将其挂载到各自的 Pod。可以通过运行以下命令查看 Kubernetes 卷声明：

```
$ kubectl get pvc
NAME                STATUS    VOLUME                                     CAPACITY
ACCESSMODES    AGE
mysql-pv-claim      Bound     pvc-95402dbc-efc0-11e6-bc9a-0cc47a3459ee   20Gi      RWO
         1m
wp-pv-claim         Bound     pvc-39e43169-efc1-11e6-bc9a-0cc47a3459ee   20Gi      RWO
         1m
```

一旦 wordpress 和 mysql pod 处于状态 Running ，则会获取 wordpress 应用程序的集群 IP,并可以通过 nodeport 端口在浏览器访问：

```
$ kubectl get svc wordpress
NAME         CLUSTER-IP    EXTERNAL-IP   PORT(S)          AGE
wordpress    10.3.0.155    <pending>     80:30841/TCP     2m
```

5.3.3 对象存储

Ceph 对象存储是一种基于 Ceph 存储集群提供对象存储服务的方式。它允许用户存储和检索大量的非结构化数据,并提供了高可用性、高性能和易于扩展的存储解决方案。以下是使用 Ceph 对象存储的一些步骤：

- 创建存储池:在使用 Ceph 对象存储之前,需要首先创建一个存储池。可以使用 ceph 命令行工具或 Ceph 仪表板来创建存储池。创建存储池时需要指定存储池名称、副本数、存储池大小等信息。
- 上传对象:在创建存储池之后,可以使用 rados 命令行工具或 Ceph 仪表板将对象上传到存储池中。上传对象时需要指定对象名称、对象数据和存储池名称。
- 检索对象:一旦将对象上传到存储池中,就可以使用 rados 命令行工具或 Ceph 仪表板检索对象。检索对象时需要指定对象名称和存储池名称。
- 删除对象:如果不再需要对象,可以使用 rados 命令行工具或 Ceph 仪表板删除对象。删除对象时需要指定对象名称和存储池名称。

总的来说,Ceph 对象存储为用户提供了一种高可用性、高性能、易于扩展的对象存储解决方案,并且可以与标准对象存储操作命令一起使用,从而实现无缝集成。

1. 创建 Ceph 对象存储

对象存储向存储集群公开一个 S3API,供应用程序存储和获取数据。

Rook 能够在 Kubernetes 中部署对象存储或连接外部 RGW 服务。最常见的是,对象存储将由 Rook 在本地配置,或者你有一个带有 Rados 网关的 Ceph 集群。

创建本地对象存储

下面的资源清单将创建一个 CephObjectStore 对象,它会使用 S3API 在集群中启动 RGW 服务。

```
kubectl create -f cluster/examples/kubernetes/ceph/object.yaml
```

(1) my-store 资源清单

```
apiVersion: ceph.rook.io/v1
kind: CephObjectStore
metadata:
  name: my-store
  namespace: rook-ceph
spec:
  metadataPool:
    failureDomain: host
    replicated:
      size: 3
  dataPool:
    failureDomain: host
    erasureCoded:
      dataChunks: 2
      codingChunks: 1
  preservePoolsOnDelete: true
  gateway:
    sslCertificateRef:
    port: 80
    # securePort: 443
    instances: 1
  healthCheck:
    bucket:
      disabled: false
      interval: 60s
```

注意:此示例需要至少 3 个 bluestoreOSD,每个 OSD 位于不同的节点上。OSD 必须位于不同的节点上,因为 failureDomain 设置为 host 并且 erasureCoded 设置需要至少 3 个不同的 OSD(2dataChunks+1codingChunks)。

测试环境或节点只有一个,可以使用:

```
kubectl create -f cluster/examples/kubernetes/ceph/object-test.yaml
```

(2) object-test.yaml 资源清单

```
apiVersion: ceph.rook.io/v1
kind: CephObjectStore
metadata:
  name: my-store
  namespace: rook-ceph # namespace:cluster
spec:
  metadataPool:
    replicated:
      size: 1
  dataPool:
    replicated:
      size: 1
  preservePoolsOnDelete: false
  gateway:
    port: 80
    # securePort: 443
    instances: 1
```

创建 CephObjectStore 后，Rook operator 将创建启动服务所需的所有池和其他资源。这可能需要几分钟才能完成。

```
# Create the object store
kubectl create -f object.yaml

# To confirm the object store is configured, wait for the rgw pod to start
kubectl -n rook-ceph get pod -l app=rook-ceph-rgw
```

Rook 可以连接现有的 RGW 网关与 CephCluster CRD 的外部模式协同工作。如果你有外部 CephCluster CR，则可以指示 Rook 使用以下内容链接外部网关。

```
kubectl create -f cluster/examples/kubernetes/ceph/object-external.yaml
```

(3) object-external.yaml 资源清单

```
apiVersion: ceph.rook.io/v1
kind: CephObjectStore
metadata:
  name: external-store
  namespace: rook-ceph # namespace:cluster
spec:
  gateway:
    # The port on which **ALL** the gateway(s) are listening on.
```

```
    # Passing a single IP from a load-balancer is also valid.
    port: 80
    externalRgwEndpoints:
      - ip: 192.168.39.182
  healthCheck:
    bucket:
      disabled: false
      interval: 60s
```

可以使用现有 object-external. yaml 文件。准备就绪后，ceph-object-controller 将在 Operator 日志中输出类似于此的消息：

```
ceph-object-controller: ceph object store gateway service > running at
10.100.28.138:8080
```

现在，可以通过以下方式获取和访问对象存储：

```
kubectl -n rook-ceph get svc -l app = rook-ceph-rgw
NAME                    TYPE        CLUSTER-IP      EXTERNAL-IP   PORT(S)    AGE
rook-ceph-rgw-my-store  ClusterIP   10.100.28.138   <none>        8080/TCP   6h59m
```

Kubernetes 集群中的任何 pod 现在都可以访问此端点：

```
# 使用 ClusterIP 访问
$ curl 10.100.28.138:8080
# 或使用 ServiName 访问
$ curl rook-ceph-rgw-my-store.rook-ceph:8080

<? xml version = "1.0" encoding = "UTF-8"? > <ListAllMyBucketsResult
xmlns = "http://s3.amazonaws.com/doc/2006-03-01/"> <Owner> <ID> anonymous </ID> <
DisplayName >
</DisplayName > </Owner > <Buckets > </Buckets > </ListAllMyBucketsResult >
```

2. 创建存储桶

现在对象存储已配置，接下来我们需要创建一个存储桶，客户端可以在其中读取和写入对象。

可以通过定义存储类来创建存储桶，类似于块和文件存储使用的模式。首先，定义允许对象客户端创建存储桶的存储类。

存储类定义了对象存储系统、桶保留策略和管理员所需的其他属性。

```
kubectl create -f cluster/examples/kubernetes/ceph/storageclass-bucket-delete.yaml
```

(1) storageclass-bucket-delete. yaml 资源清单

由于 Delete 回收政策，该示例被如此命名：

```
apiVersion: storage.k8s.io/v1
```

```
kind: StorageClass
metadata:
  name: rook-ceph-delete-bucket
provisioner: rook-ceph.ceph.rook.io/bucket # driver:namespace:cluster
reclaimPolicy: Delete
parameters:
  objectStoreName: my-store
  objectStoreNamespace: rook-ceph # namespace:cluster
  region: us-east-1
```

如果已将 Rookoperator 部署在除 rook-ceph 以外的命名空间中，请更改 provisioner 中的前缀以匹配你使用的命名空间。

例如，如果 Rookoperator 在 my-namespace 命名空间中运行，则 provisioner 值应该是 my-namespace.ceph.rook.io/bucket。

基于此存储类，对象客户端现在可以通过创建对象桶声明(OBC)来请求桶。创建 OBC 时，Rook-Ceph 存储桶 provisioner 将创建一个新存储桶。请注意，OBC 引用了上面创建的存储类。

```
kubectl create -f cluster/examples/kubernetes/ceph/object-bucket-claim-delete.yaml
```

(2) object-bucket-claim-delete.yaml 资源清单

由于 Delete 回收政策，该示例被如此命名。

```
apiVersion: objectbucket.io/v1alpha1
kind: ObjectBucketClaim
metadata:
  name: ceph-delete-bucket
spec:
  #bucketName:
  generateBucketName: ceph-bkt
  storageClassName: rook-ceph-delete-bucket
  additionalConfig:
    # To set for quota for OBC
    #maxObjects: "1000"
    #maxSize: "2G"
```

现在，声明已创建，Operator 将创建存储桶并生成其他工件以启用对存储桶的访问。

secret 和 ConfigMap 使用与 OBC 相同的名称并在相同的命名空间中创建。该 secret 包含应用程序 pod 用于访问存储桶的凭据。ConfigMap 包含存储桶端点信息，也被 Pod 使用。

3. 客户端连接

以下命令从 secret 和 configmap 中提取关键信息：

```
#config-map, secret, OBC will part of default if no specific namespace mentioned
export AWS_HOST= $(kubectl -n default get cm ceph-bucket -o
jsonpath='{.data.BUCKET_HOST}')

export ACCESS_KEY_ID= $(kubectl -n default get secret ceph-bucket -o
jsonpath='{.data.AWS_ACCESS_KEY_ID}' | base64 --decode)

export SECRET_ACCESS_KEY= $(kubectl -n default get secret ceph-bucket -o
jsonpath='{.data.AWS_SECRET_ACCESS_KEY}' | base64 --decode)
```

- Host：在集群中找到 rgw 服务的 DNS 主机名。假设使用的是默认 rook-ceph 集群，它将是 rook-ceph-rgw-my-store.rook-ceph.
- Endpoint：rgw 服务正在侦听的端点。运行 kubectl -nrook -cephgetsvcrook -ceph-rgw-my-store，然后组合 clusterIP 和端口。

access_key 和 secret_key：认证凭据信息。

4. 集群内使用对象存储

安装 s3cmd：为了测试，CephObjectStore 我们将该工具安装 s3cmd 到工具箱 pod 中。

```
yum --assumeyes install s3cmd
```

(1) PUT 或 GET 对象

将文件上传到新创建的存储桶。

```
echo "Hello Rook" > /tmp/rookObj
s3cmd put /tmp/rookObj --no-ssl --host= ${AWS_HOST} --host-bucket= s3://rookbucket
```

(2) 从存储桶中下载并验证文件

```
s3cmd get s3://rookbucket/rookObj /tmp/rookObj-download --no-ssl --host= ${AWS_HOST} --
host-bucket=
cat /tmp/rookObj-download
```

5. 集群外使用对象存储

Rook 设置对象存储，以便 Pod 可以访问集群内部。如果应用程序在集群外运行，你将需要通过 NodePort 来暴露服务。

首先，注意向集群公开 RGW 内部的服务。我们将原封不动地保留此服务，并为外部访问创建一个新服务。

```
kubectl -n rook-ceph get service rook-ceph-rgw-my-store
NAME                     CLUSTER-IP    EXTERNAL-IP   PORT(S)   AGE
rook-ceph-rgw-my-store   10.3.0.177    <none>        80/TCP    2m
```

（1）rgw-external.yaml 资源清单

```
apiVersion: v1
kind: Service
metadata:
  name: rook-ceph-rgw-my-store-external
  namespace: rook-ceph # namespace:cluster
  labels:
    app: rook-ceph-rgw
    rook_cluster: rook-ceph # namespace:cluster
    rook_object_store: my-store
spec:
  ports:
    - name: rgw
      port: 80 # service port mentioned in object store crd
      protocol: TCP
      targetPort: 8080
  selector:
    app: rook-ceph-rgw
    rook_cluster: rook-ceph # namespace:cluster
    rook_object_store: my-store
  sessionAffinity: None
  type: NodePort
```

（2）现在创建外部服务

```
kubectl create -f cluster/examples/kubernetes/ceph/rgw-external.yaml
```

查看正在运行的两个 rgw 服务并注意外部服务在哪个端口上运行：

```
kubectl -n rook-ceph get service rook-ceph-rgw-my-store rook-ceph-rgw-my-storeexternal
NAME                              TYPE        CLUSTER-IP      EXTERNAL-IP   PORT(S)
    AGE
rook-ceph-rgw-my-store            ClusterIP   10.104.82.228   <none>        80/TCP
      4m
rook-ceph-rgw-my-store-external   NodePort    10.111.113.237  <none>
  80:31536/TCP 39s
```

在内部，rgw 服务在端口上运行 80，外部端口是 31536。现在可以从任何地方访问 CephObjectStore！只需要集群中任何机器的主机名、外部端口和用户凭据。

6. CephObjectStore 配置

```
apiVersion: ceph.rook.io/v1
kind: CephObjectStore
metadata:
```

```
  name: my-store
  namespace: rook-ceph
spec:
  metadataPool:
    failureDomain: host
    replicated:
      size: 3
  dataPool:
    failureDomain: host
    erasureCoded:
      dataChunks: 2
      codingChunks: 1
  preservePoolsOnDelete: true
  gateway:
    # sslCertificateRef:
    # caBundleRef:
    port: 80
    # securePort: 443
    instances: 1
    # A key/value list of annotations
    annotations:
    # key: value
    placement:
    #   nodeAffinity:
    #     requiredDuringSchedulingIgnoredDuringExecution:
    #       nodeSelectorTerms:
    #       - matchExpressions:
    #         - key: role
    #           operator: In
    #           values:
    #           - rgw-node
    #   tolerations:
    #   - key: rgw-node
    #     operator: Exists
    #   podAffinity:
    #   podAntiAffinity:
    #   topologySpreadConstraints:
    resources:
    #   limits:
    #     cpu: "500m"
    #     memory: "1024Mi"
    #   requests:
    #     cpu: "500m"
```

```
    #     memory: "1024Mi"
  #zone:
    #name: zone-a
```

(1) **Metadata**

- name:要创建的对象存储的名称,将反映在池和其他资源名称中。
- namespace:创建对象存储的 Rook 集群的命名空间。

(2) **Pools**

这些池允许 PoolCRD 规范定义中的所有设置。

当 zone 设置该部分时,将不会创建具有对象存储名称的池,因为对象存储将使用由 ceph-object-zone 创建的池。

- metadataPool:用于创建所有对象存储元数据池的设置。必须使用复制。
- dataPool:创建对象存储数据池的设置。可以使用复制或擦除编码。
- preservePoolsOnDelete:如果将其设置为“true”,则在删除对象存储时,用于支持对象存储的池将保留。这是一种避免意外丢失数据的安全措施。它默认设置为“false”。如果没有指定也被视为 'false'。

(3) **网关设置**

网关设置对应于 RGW 守护程序设置。

- type:支持 S3。
- sslCertificateRef :如果指定,这是包含用于安全连接到对象存储的 TLS 证书的 Kubernetes 秘密(opaque 或类型)的名称。
- caBundleRef :如果指定,这是包含要使用的其他自定义 ca-bundle 的 Kubernetes secret (类型为 opaque)的名称。secret 必须与 Rook 集群位于同一命名空间中。
- port :可访问对象服务的端口。如果启用主机网络,RGW 守护程序也将侦听该端口。如果在 SDN 上运行,RGW 守护程序监听端口将在内部为 8080。
- securePort :RGW pod 将侦听的安全端口。sslCerticateRef 必须通过或指定 TLS 证书 service. annotations。
- instances :将启动负载平衡此对象存储的 pod 数量。
- externalRgwEndpoints :连接到外部现有 Rados 网关的 IP 地址列表(适用于外部模式)。CephCluster 如果未启用规范,则此设置将被忽略 external 。
- annotations :要添加注释的键值对列表。
- labels :要添加标签的键值对列表。
- placement :Kubernetes 放置设置,用于确定 RGW pod 在集群中的启动位置。
- resources :为 Gateway Pod 设置资源请求/限制。
- priorityClassName :为网关 Pod 设置优先级类名称。
- service :在 RGW Kubernetes Service 上设置的注解。以下示例启用了 Openshift 中支持的服务服务证书:

```
gateway:
service:
  annotations:
    service.beta.openshift.io/serving-cert-secret-name: <name of TLS secret for
automatic generation >
```

要连接的外部 rgw 端点示例：

```
gateway:
  port: 80
  externalRgwEndpoints:
    - ip: 192.168.39.182
```

这将创建一个端点位于 192.168.39.182port 上的服务 80，指向 Ceph 对象外部网关。网关部分的所有其他设置都将被忽略，除了 securePort。

5.3.4 Ceph 仪表板

```
$ kubectl -n rook-Ceph get service
NAME                        TYPE        CLUSTER-IP       EXTERNAL-IP   PORT(S)
    AGE
rook-Ceph-mgr               ClusterIP   10.103.255.106   < none >      9283/TCP
    26m
rook-Ceph-mgr-dashboard     ClusterIP   10.106.241.211   < none >      7000/TCP
    26m
```

第一个服务用于报告 Prometheus 指标，而后一个服务用于仪表板。

1. 使用 nodeport 方式暴露 dashboard

```
# 方式一：修改原有文件，使用 nodeport 方式暴露 dashboard
kubectl get svc rook-Ceph-mgr-dashboard -n rook-Ceph-oyaml > dashboard-nodeporthttp.
yaml
# 修改 type 为 nodeport

# 方式二：直接使用新文件，使用 nodeport 方式暴露 dashboard
kubectl apply -f dashboard-external-http.yaml
```

```
$ kubectl -n rook-Cephget service
NAME                                      TYPE         CLUSTER-IP        EXTERNAL-IP
PORT(S)          AGE
rook-Ceph-mgr                             ClusterIP    10.103.255.106    < none >
9283/TCP         35m
rook-Ceph-mgr-dashboard                   ClusterIP    10.106.241.211    < none >
7000/TCP         35m
```

```
rook-Ceph-mgr-dashboard-external-http  NodePort    10.108.168.208    <none>
7000:32766/TCP   64s
```

2. 查找登录信息

如图 5-2 所示，连接仪表板后，你需要登录以进行安全访问。Rook 创建一个名为 admin 的默认用户，并在运行 Rook Ceph 集群的命名空间中生成一个名为 rook-Ceph-dashboard-password 的 secret。要检索生成的密码，可以运行以下命令：

```
kubectl -n rook-Cephget secret rook-Ceph-dashboard-password -o jsonpath="{['data']
['password']}" | base64 --decode && echo

 $ kubectl -n rook-Cephget secret rook-Ceph-dashboard-password -o jsonpath="{['data']
['password']}" | base64 --decode && echo
]Yp <&5st2)> Y'J <.w"'1
```

Login to the console with admin/ <password>.

```
[root@master-1 rook-Ceph]# ss -anpl | grep 32405
tcp     LISTEN     0      128          *:32405  *:*
users:(("kube-proxy",pid=3411,fd=19))
```

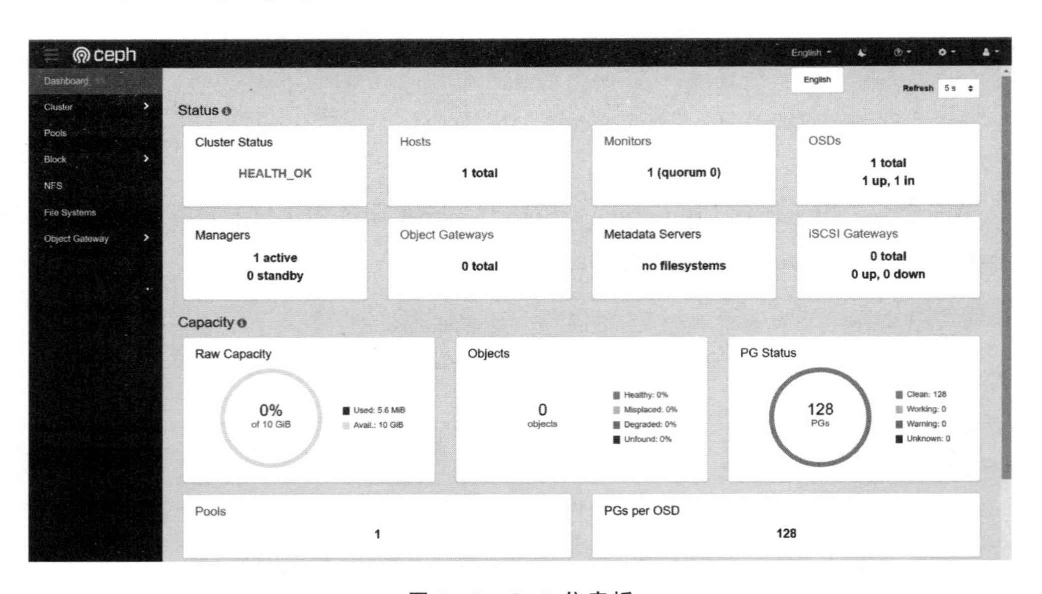

图 5-2 Ceph 仪表板

Ceph 仪表板是 Ceph 存储集群的 Web 界面，可用于监视和管理 Ceph 集群。以下是使用 Ceph 仪表板的一些步骤：

- 登录到 Ceph 仪表板在 Web 浏览器中输入 Ceph 存储集群的 IP 地址和端口，然后使用管理员凭据登录。
- 查看 Ceph 集群状态 Ceph 仪表板默认显示 Ceph 集群的概述，包括群集健康状况、可用存储容量、活跃客户端数等。

- 查看存储池 Ceph 集群中存储对象的集合。在 Ceph 仪表板中，可以查看存储池的列表，以及有关每个存储池的详细信息，例如存储池的大小、对象数、副本数等。
- 查看 OSD(对象存储设备)OSD 是 Ceph 集群中存储对象的实际物理设备。在 Ceph 仪表板中，可以查看 OSD 的列表，以及有关每个 OSD 的详细信息，例如 OSD 的状态、容量等。
- 查看客户端访问 Ceph 存储集群的应用程序或计算机。在 Ceph 仪表板中，可以查看客户端的列表，以及有关每个客户端的详细信息，例如客户端的 IP 地址、连接数等。
- 查看监视器 Ceph 存储集群中用于管理和控制数据的进程。在 Ceph 仪表板中，可以查看监视器的列表，以及有关每个监视器的详细信息，例如监视器的状态、运行时间等。
- 修改 Ceph 集群配置在 Ceph 仪表板中，可以修改 Ceph 集群的配置。例如，可以添加、删除 OSD 或存储池，调整存储池的大小，更改副本数等。

总的来说，Ceph 仪表板提供了易于使用的界面，方便管理员监视和管理 Ceph 存储集群。

5.3.5 Ceph 清理

```
cd ~/go/src/github.com/rook/cluster/examples/kubernetes/Ceph
kubectl delete -f csi/rbd/storageclass-test.yaml
kubectl delete -f cluster-test.yaml
kubectl delete -f crds.yaml -f common.yaml -f operator.yaml
kubectl delete ns rook-Ceph
```

编辑下面四个文件，将 finalizer 的值修改为 null，例如：

```
finalizers:
    - Ceph.rook.io/disaster-protection/
```

修改为：

```
finalizers:null


kubectl edit secret -n rook-Ceph
kubectl edit configmap -n rook-Ceph
kubectl edit Cephclusters -n rook-Ceph
kubectl edit Cephblockpools -n rook-Ceph
```

执行下面循环，直至找不到任何 rook 关联对象。

```
for i in 'kubectl api-resources | grep true | awk '{print \ $ 1}''; do echo $ i;kubectl
```

```
get $ i -n rook-Ceph; done
rm -rf /var/lib/rocanok
```

5.4 NFS:简单可靠的分布式文件系统

5.4.1 NFS 介绍

NFS(Network File System)是一种分布式文件系统,允许客户端机器通过网络访问远程文件系统中的文件,就像访问本地文件一样。它最初是由 SunMicrosystems 在 1984 年开发的,并且现在已经被广泛应用于 Linux 和 Unix 系统中。功能是通过网络让不同的机器、不同的操作系统能够彼此分享个别的数据,让应用程序在客户端通过网络访问位于服务器磁盘中的数据,是在类 Unix 系统间实现磁盘文件共享的一种方法。

NFS(Network File System)容许不同的客户端及服务端通过一组 RPC 分享相同的文件系统,它是独立于操作系统,容许不同硬件及操作系统的系统共同进行文件的分享。

1. NFS 基本特点

以下是 NFS 的基本特点:

- **透明性**:NFS 的工作原理使得远程文件系统的使用者不需要知道文件存在于本地还是远程文件系统中,从而提供了透明的访问。
- **可靠性**:NFS 提供了许多安全措施,包括身份验证、权限控制和加密传输,从而确保数据传输的可靠性和安全性。
- **灵活性**:NFS 可以让多个客户端同时访问同一个文件系统,从而提高了系统的灵活性和可靠性。此外,NFS 还提供了一个标准的文件访问协议,使得不同类型的客户端可以方便地访问同一个文件系统。
- **性能**:NFS 的性能取决于网络的带宽和延迟,以及服务器和客户端机器的硬件配置和负载。对于大量的小文件和随机的访问模式,NFS 的性能可能会受影响。因此,需要根据应用程序的需求和硬件配置来优化 NFS 的性能。
- **兼容性**:NFS 是一种标准的文件访问协议,在不同的操作系统之间具有很好的兼容性。例如,Linux 和 Unix 系统可以使用 NFS 共享文件,而 Windows 系统可以使用 Samba 协议来访问 NFS 共享的文件。

NFS 的工作原理基于客户端和服务器之间的通信。客户端通过发送 NFS 请求到服务器来访问文件系统中的文件。服务器在接收到请求后,会执行相应的操作并将结果返回给客户端。

2. NFS 工作流程

NFS 的工作流程如下:

- 客户端发送一个 NFS 请求给服务器，请求读取或写入一个文件或目录。
- 服务器检查该请求是否合法，并且检查请求的权限和安全性。
- 如果请求合法，服务器执行请求操作，并将结果返回给客户端。
- 客户端接收到服务器的响应，并执行相应的操作。

注意：启动 NFS 服务器之前，首先要启动 RPC 服务(CentOS5. x 下为 portmap 服务，CentOS6. x 和 CentOS7. x 下为 rpcbind 服务)，否则 NFS 服务器就无法向 RPC 服务注册了。另外，如果 RPC 服务重新启动，原来已经注册好的 NFS 端口数据就会丢失，因此，此时 RPC 服务管理的 NFS 程序也需要重新启动以重新向 RPC 注册。可以这么理解 RPC 和 NFS 的关系：NFS 是一个文件系统，而 RPC 是负责信息的传输。NFS 可以通过 TCP 或 UDP 协议进行通信。通常情况下，NFS 会使用 UDP 协议，因为它比 TCP 更快。但是，如果需要保证数据的可靠性，则可以使用 TCP 协议。

NFS 的主要优点是可以让多个客户端同时访问同一个文件系统，从而提高了系统的灵活性和可靠性。此外，NFS 还提供了一个标准的文件访问协议，使得不同类型的客户端可以方便地访问同一个文件系统。

5.4.2 NFS 安装

本次我们使用的 Linux 操作系统是 CentOS7. 9. 2009，下面基于此介绍如何安装与部署 NFS 服务。

注意：一台机器不要同时做 NFS 的服务端和 NFS 的客户端。如果同时作了 NFS 的服务端和客户端，那么在关机的时候，可能 10 min 之后甚至更久才能关闭成功。

```
[root@node1 data]# cat /etc/redhat-release
CentOS Linux release 7.9.2009 (Core)
```

本次我们使用 node2(10. 0. 0. 200)节点作为 NFS 服务端，node1(10. 0. 0. 199)作为 NFS 客户端。

1. NFS 安装准备

可以在 linux 系统的 k8s 集群中任意一个 node 节点做 nfs 服务端。

(1) 检查防火墙和 SELinux「服务端」

```
# 1. 检查防火墙服务
[root@node2 ~]# systemctl status firewalld
• firewalld.service - firewalld - dynamic firewall daemon
   Loaded: loaded (/usr/lib/systemd/system/firewalld.service; disabled; vendor preset:
enabled)
   Active: inactive (dead)
     Docs: man:firewalld(1)

# 若防火墙未关闭，使用如下命令进行关闭
systemctl stop firewalld'
```

```
systemctl disable firewalld'

# 2. 检查 SELinux
[root@node2 ~]# cat /etc/selinux/config
# This file controls the state of SELinux on the system.
# SELINUX = can take one of these three values:
#     enforcing - SELinux security policy is enforced.
#     permissive - SELinux prints warnings instead of enforcing.
#     disabled - No SELinux policy is loaded.
SELINUX = disabled
# SELINUXTYPE = can take one of three values:
#     targeted - Targeted processes are protected,
#     minimum - Modification of targeted policy. Only selected processes are
protected.
#     mls - Multi Level Security protection.
SELINUXTYPE = targeted

# 若未关闭禁用,使用如下命令:
'$ setenforce 0'
'$ sed -i 's/^SELINUX = enforcing $ /SELINUX = disabled/' /etc/selinux/config'
```

NFS 的安装是非常简单的,只需要两个软件包即可,而且在通常情况下,其是作为系统的默认包安装的。

- nfs-utils-* :包括基本的 NFS 命令与监控程序。
- rpcbind -* :支持安全 NFS RPC 服务的连接。

如果当前系统中没有安装 NFS 所需的软件包,需要手工进行安装。nfs-utils 和 rpcbind 两个包的安装文件在系统光盘中都会有。

(2) 安装 NFS 和 RPC「服务端和客户端」

```
# 查看系统是否已安装 NFS
rpm -qa | grep nfs
rpm -qa | grep rpcbind
# 安装 nfs 相关服务软件包
yum install -y nfs-utils rpcbind

# 验证系统是否成功安装 NFS
[root@node2 ~]# rpm -qa | grep nfs
libnfsidmap-0.25-19.el7.x86_64
nfs-utils-1.3.0-0.68.el7.2.x86_64
[root@node2 ~]# rpm -qa | grep rpcbind
rpcbind-0.2.0-49.el7.x86_64
```

(3) 查看用户信息

```
[root@node1 ~]# tail /etc/passwd
ftp:x:14:50:FTP User:/var/ftp:/sbin/nologin
nobody:x:99:99:Nobody:/:/sbin/nologin
systemd-network:x:192:192:systemd Network Management:/:/sbin/nologin
dbus:x:81:81:System message bus:/:/sbin/nologin
polkitd:x:999:998:User for polkitd:/:/sbin/nologin
sshd:x:74:74:Privilege-separated SSH:/var/empty/sshd:/sbin/nologin
postfix:x:89:89::/var/spool/postfix:/sbin/nologin
rpc:x:32:32:Rpcbind Daemon:/var/lib/rpcbind:/sbin/nologin #yum安装rpc服务时创建的
rpcuser:x:29:29:RPC Service User:/var/lib/nfs:/sbin/nologin # yum 安装 rpc 服务时创建的
nfsnobody:x:65534:65534:Anonymous NFS User:/var/lib/nfs:/sbin/nologin #yum安装nfs服务时
创建的
```

2. NFS服务端搭建

(1) 配置 exports

```
#创建共享存储文件夹
mkdir/data/nfs

#配置nfs
#输入以下内容,格式为:nfs共享目录nfs客户端地址1(param1,param2,...)nfs客户端地址2(param1,param2,...)
#如:/data/nfs10.0.0.200/24(rw,async,no_root_squash)
#固定网段所有IP可挂载
echo"/data/nfs10.0.0.*(rw,sync,no_root_squash)" >> /etc/exports
#固定网段固定IP区间可挂载
echo"/data/nfs10.0.0.200/24(rw,sync,no_root_squash)" >> /etc/exports
#所有客户端可挂载
echo"/data/nfs*(rw,sync,no_root_squash)" >> /etc/exports

#启动服务
#先启动rpc服务,再启动nfs服务
#加入开始自启动
systemctl enable rpcbind && systemctl startr pcbind
systemctl enable nfs && systemctl restart nfs

#使nfs配置生效
exportfs-r

#查看服务状态
```

```
systemctl status rpcbind
systemctl status nfs

#rpcinfo-p,如果显示 rpc 服务器注册的端口列表(端口:111),则启动成功。
[root@node2~]# rpcinfo-p
    program   vers   proto   port    service
      100000    4     tcp     111    portmapper
      100000    2     udp     111    portmapper
    ...
```

注意:一般修改 NFS 配置文件后,是不需要重启 NFS 的。

- 直接在命令行执行/etc/init. d/nfs reload「针对 CentOS5. x 或 CentOS6. x」。
- 或systemctlreloadnfs. service「针对 CentOS7. x」。
- 或exportfs-rv 即可使修改的/etc/exports 生效。

(2) 配置文件/etc/exports 解释

① 权限配置的说明

- rw:可读写。
- ro:只读,但最终能不能读写,还是与文件系统的 rwx 及身份有关。
- no_root_squash:当 NFS 客户端以 root 管理员访问时,映射为 NFS 服务器的 root 管理员。
- root_squash:当 NFS 客户端以 root 管理员访问时,映射为 NFS 服务器的匿名(nobody)用户。
- all_squash:不论登入 NFS 的使用者身份为何,均被映射为匿名用户,通常就是 nobody(nfsnobody)。
- insecure:允许从客户端过来的非授权访问。
- sync:数据会同步写入到内存与硬盘中。
- async:数据会先暂存于内存当中,而非直接写入硬盘。
- anonuid:指定 uid 的值,此 uid 必须存在于/etc/passwd 中。
- anongid:指定 gid 的值。

② exportfs 的参数说明

- -a:全部 mount 或 unmount/etc/exports 中的内容。
- -r:Reexportalldirectories:重新导出所有目录。
- -u:umount 目录。
- -v:verbose,输出详情。

如使 nfs 配置生效 exportfs-r。

查看是否成功和可用的 nfs 地址:

```
# 查看可用的 nfs 地址
# showmount -e 127.0.0.1 或 showmount -e localhost
[root@node2 ~]# showmount -e localhost
```

```
Export list for localhost:
/nfs 10.0.0.200/24
```

(3) 参数生效

```
[root@node2 ~]# cat /var/lib/nfs/etab
/nfs
10.0.0.200/24(rw,async,wdelay,hide,nocrossmnt,secure,no_root_squash,no_all_squash,no_s
ubtree_check,secure_locks,acl,no_pnfs,anonuid = 65534,anongid = 65534,sec = sys,rw,se-
cure,no
_root_squash,no_all_squash)
```

/var/lib/nfs/etab **参数说明：**

- ro：只读设置，这样 NFS 客户端只能读，不能写（默认设置）。
- rw：读写设置，NFS 客户端可读写。
- sync：将数据同步写入磁盘中，效率低，但可以保证数据的一致性（默认设置）。
- async：将数据先保存在内存缓冲区中，必要时才写入磁盘；如果服务器重新启动，这种行为可能会导致数据损坏。
- root_squash：当客户端用 root 用户访问该共享文件夹时，将 root 用户映射成匿名用户（默认设置）。
- no_root_squash：客户端的 root 用户不映射。这样客户端的 root 用户与服务端的 root 用户具有相同的访问权限，这可能会带来严重的安全影响。没有充分的理由，不应该指定此选项。
- all_squash：客户端所有普通用户及所属组都映射为匿名用户及匿名用户组；（推荐设置）。
- no_all_squash：客户端所有普通用户及所属组不映射（默认设置）。
- subtree_check：如果共享，如/usr/bin 之类的子目录时，强制 NFS 检查父目录的权限。
- no_subtree_check：即使共享 NFS 服务端的子目录时，nfs 服务端也不检查其父目录的权限，这样可以提高效率（默认设置）。
- secure：限制客户端只能从小于 1024 的 tcp/ip 端口连接 nfs 服务器（默认设置）。
- insecure：允许客户端从大于 1024 的 tcp/ip 端口连接服务器。
- wdelay：检查是否有相关的写操作，如果有，则将这些写操作一起执行，这样可以提高效率（默认设置）。
- no_wdelay：若有写操作，则立即执行，当使用 async 时，无须此设置。
- anonuid=xxx：将远程访问的所有用户主都映射为匿名用户主账户，并指定该匿名用户主为本地用户主（UID=xxx）。
- anongid=xxx：将远程访问的所有用户组都映射为匿名用户组账户，并指定该匿名用户组为本地用户组（GID=xxx）。

3. NFS 客户端配置

(1) 配置挂载

```
#创建挂载的文件夹
mkdir -p /nfs/data

# showmount -e $(nfs 服务器的 IP)
showmount -e 10.0.0.200
# 输出结果如下所示
# Export list for 10.0.35.26:
# /data/nfs *

# 挂载 nfs
mount -t nfs 10.0.0.200:/data/nfs /nfs/data
# 其中:
# mount:表示挂载命令
# -t:表示挂载选项
# nfs:挂载的协议
# 10.0.0.200:nfs 服务器的 ip 地址
# /data/nfs:nfs 服务器的共享目录

# /nfs/data:本机客户端要挂载的目录
# 查看挂载信息 df -Th  或  cat /proc/mounts
[root@node1 ~]# df -Th
Filesystem               Type      Size   Used   Avail   Use%  Mounted on
devtmpfs                 devtmpfs  7.8G   0      7.8G    0%    /dev
tmpfs                    tmpfs     7.8G   0      7.8G    0%    /dev/shm
tmpfs                    tmpfs     7.8G   67M    7.7G    1%    /run
tmpfs                    tmpfs     7.8G   0      7.8G    0%    /sys/fs/cgroup
/dev/mapper/centos-root  xfs       488G   3.6G   484G    1%    /
/dev/sda1                xfs       497M   144M   354M    29%   /boot
10.0.0.200:/nfs          nfs4      488G   4.2G   484G    1%    /nfs/data
```

#测试挂载

#可以进入本机的/nfs/data 目录,上传一个文件,然后去 nfs 服务器查看/nfs 目录中是否有该文件,若有则共享成功。反之在 nfs 服务器操作/nfs 目录,查看本机客户端的目录是否共享。

```
cat << EOF >> /nfs/data/index.txt
welcome to use nfs
EOF
# 取消挂载
umount /nfs/data
```

(2) 测试挂载

在客户端和服务端之间测试 2 个客户端,1 个服务端。

- 任意客户端创建文件夹或创建文件并且输入数据，在服务端是否可以查看。
- 服务端创建文件夹或创建文件并且输入数据，在任意客户端是否可以查看。
- 在客户端A删除客户端B，创建的文件。
- 在客户端B删除客户端A，创建的文件。

(3) 挂载方式

除了上述通过 mount-tnfs 命令指定的方式进行目录挂载以外，还可以通过 vim/etc/fstab 文件进行挂载。

```
10.0.0.200:/nfs /nfs/data nfs defaults 1 1
```

其中：

- 第一列 10.0.0.200:/nfs:(Device)磁盘设备文件或该设备的 Label 或者 UUID，此处即为 nfs 服务器的地址和共享目录。
- 第二列/nfs/data:(Mountpoint)是设备的挂载点，即本机挂载目录。
- 第三列 nfs:(Filesystem)是磁盘文件系统的格式，如 ext2、nfs、vfat 等。
- 第四列 defaults:(parameters)是文件系统的参数，defaults 即具有 rw，suid，dev，exec，auto，nouser，async 等默认参数。
- 第五列 1:(Dump)能够被 dump 备份命令作用，一般是0或者1，0表示不用做 dump 备份，1表示每天进行 dump 操作，当然还有2，表示不定期进行 dump 操作。
- 第六列 1:是否检验扇区，0表示不要检验，1表示最早检验(根目录一般会设置)，2表示1级别检验完成之后进行检验。

4. NFS 常用命令

以下是常用的 NFS 命令，包括命令名称、命令描述和示例见表5-9所列。

表5-9 常用 NFS 命令

命令名称	命令描述	示例
showmount	显示 NFS 服务器上共享的文件系统列表	showmount -e <nfs_server>
exportfs	导出 NFS 共享目录，使客户端能够挂载该目录	exportfs -a
mount	挂载 NFS 共享目录到本地目录	mount -t nfs <nfs_server>:<remote_dir> <local_dir>
umount	卸载挂载的 NFS 共享目录	umount <local_dir>
nfsstat	显示 NFS 客户端和服务器的状态信息	nfsstat
rpcinfo	显示 RPC 客户端和服务器的状态信息	rpcinfo -p <nfs_server>
rpcdebug	用于调试 RPC 程序的调试工具	rpcdebug -m nfsd -s all

5.4.3 Kubernetes:利用 NFS 动态提供后端存储

1. 前提条件

有已经安装好 NFS 服务器,并且 NFS 服务器与 Kubernetes 的 Slave 节点都能网络连通。

2. 克隆项目

下面用到的文件来自于 https://github.com/kubernetes-incubator/external-storage.git 的 nfs-client 目录。

```
git clone https://github.com/kubernetes-incubator/external-storage.git
```

3. 授权 provisioner

如果你的集群启用了 RBAC,或者正在运行 OpenShift,则必须授权 provisioner。执行如下的命令来授权。

- kubectl create -f deploy/rbac.yaml。

```
# deploy/rbac.yaml
apiVersion: v1
kind: ServiceAccount
metadata:
  name: nfs-client-provisioner
  # replace with namespace where provisioner is deployed
namespace: default
---
kind: ClusterRole
apiVersion: rbac.authorization.k8s.io/v1
metadata:
  name: nfs-client-provisioner-runner
rules:
  - apiGroups: [""]
    resources: ["persistentvolumes"]
    verbs: ["get", "list", "watch", "create", "delete"]
  - apiGroups: [""]
    resources: ["persistentvolumeclaims"]
    verbs: ["get", "list", "watch", "update"]
  - apiGroups: ["storage.k8s.io"]
    resources: ["storageclasses"]
    verbs: ["get", "list", "watch"]
  - apiGroups: [""]
    resources: ["events"]
    verbs: ["create", "update", "patch"]
```

```
---
kind: ClusterRoleBinding
apiVersion: rbac.authorization.k8s.io/v1
metadata:
  name: run-nfs-client-provisioner
subjects:
  - kind: ServiceAccount
    name: nfs-client-provisioner
    # replace with namespace where provisioner is deployed
    namespace: default
roleRef:
  kind: ClusterRole
  name: nfs-client-provisioner-runner
  apiGroup: rbac.authorization.k8s.io
---
kind: Role
apiVersion: rbac.authorization.k8s.io/v1
metadata:
  name: leader-locking-nfs-client-provisioner
  # replace with namespace where provisioner is deployed
  namespace: default
rules:
  - apiGroups: [""]
    resources: ["endpoints"]
    verbs: ["get", "list", "watch", "create", "update", "patch"]
---
kind: RoleBinding
apiVersion: rbac.authorization.k8s.io/v1
metadata:
  name: leader-locking-nfs-client-provisioner
  # replace with namespace where provisioner is deployed
  namespace: default
subjects:
  - kind: ServiceAccount
    name: nfs-client-provisioner
    # replace with namespace where provisioner is deployed
    namespace: default
roleRef:
  kind: Role
  name: leader-locking-nfs-client-provisioner
  apiGroup: rbac.authorization.k8s.io
```

4. 修改 deployment 文件并部署

需要修改的地方只有NFS服务器所在的 IP 地址(10.0.0.200),以及NFS服务器共享的路径(/nfs),两处都需要修改为你实际的 NFS 服务器和共享目录。

```
# deploy/deployment.yaml
kind: Deployment
apiVersion: extensions/v1beta1
metadata:
  name: nfs-client-provisioner
spec:
  replicas: 1
  strategy:
    type: Recreate
  template:
    metadata:
      labels:
        app: nfs-client-provisioner
    spec:
      serviceAccountName: nfs-client-provisioner
      containers:
        - name: nfs-client-provisioner
          image: quay.io/external_storage/nfs-client-provisioner:latest
          volumeMounts:
            - name: nfs-client-root
              mountPath: /persistentvolumes
          env:
            - name: PROVISIONER_NAME
              # 必须与 class.yaml 中的 provisioner 的名称一致
              value: fuseim.pri/ifs
            - name: NFS_SERVER
              # NFS 服务器的 ip 地址
              value: 10.0.0.200
            - name: NFS_PATH
              # 修改为实际创建的共享挂载目录
              value: /nfs
      volumes:
        - name: nfs-client-root
          nfs:
            # NFS 服务器的 ip 地址
            server: 10.0.0.200
            # 修改为实际创建的共享挂载目录
            path: /nfs
```

5. 修改 StorageClass 文件并部署

此处可以不修改,或者修改 provisioner 的名字,需要与上面的 deployment 的

PROVISIONER_NAME 名字一致。

```
# deploy/class.yaml
apiVersion: storage.k8s.io/v1
kind: StorageClass
metadata:
  name: managed-nfs-storage
# 必须与 deployment.yaml 中的 PROVISIONER_NAME 一致
# or choose another name, must match deployment's env PROVISIONER_NAME'
provisioner: fuseim.pri/ifs
parameters:
  archiveOnDelete: "false"
```

6. 测试 NFS 存储

(1) 测试创建 PVC

- kubectl create -f deploy/test-claim.yaml。

```
kind: PersistentVolumeClaim
apiVersion: v1
metadata:
  name: test-claim
  annotations:
    volume.beta.kubernetes.io/storage-class: "managed-nfs-storage"
spec:
  accessModes:
    - ReadWriteMany
  resources:
    requests:
      storage: 1Mi
```

(2) 测试创建 POD

- kubectl create -f deploy/test-pod.yaml。

```
kind: Pod
apiVersion: v1
metadata:
  name: test-pod
spec:
  containers:
  - name: test-pod
    image: gcr.io/google_containers/busybox:1.24
    command:
        - "/bin/sh"
    args:
```

```
        - "-c"
        - "touch /mnt/SUCCESS && exit 0 || exit 1"
      volumeMounts:
        - name: nfs-pvc
          mountPath: "/mnt"
    restartPolicy: "Never"
    volumes:
      - name: nfs-pvc
        persistentVolumeClaim:
          claimName: test-claim
```

在 NFS 服务器上的共享目录下卷的子目录中检查创建的 NFSPV 卷下是否有"SUCCESS"文件。

```
[root@node2 ~]# cd /nfs/
[root@node2 nfs]# ll
total 4
drwxrwxrwx 2 root root 6 Oct 27 14:15 default-test-claim-pvc-f37dbcf5-bf9d-402c-9350-0b3b2efd9979
-rw-r--r-- 1 root root 19 Oct 26 10:49 index.txt

[root@node2 nfs]# cd default-test-claim-pvc-f37dbcf5-bf9d-402c-9350-0b3b2efd9979/
[root@node2 default-test-claim-pvc-f37dbcf5-bf9d-402c-9350-0b3b2efd9979]# ll
total 0
-rw-r--r-- 1 root root 0 Oct 27 14:19 SUCCESS
```

(3) 删除测试 POD

- kubectl delete -f deploy/test-pod.yaml。

(4) 删除测试 PVC

- kubectl delete -f deploy/test-claim.yaml。

在 NFS 服务器上的共享目录下查看 NFS PV 卷回收以后是否名字以 archived 开头。

```
[root@node2 nfs\]# ll
total 4
drwxrwxrwx 2 root root 21 Oct 27 14:19 archived-default-test-claim-pvc-f37dbcf5-bf9d-402c-9350-0b3b2efd9979
-rw-r--r-- 1 root root 19 Oct 26 10:49 index.txt
```

第6章　云原生监控与日志

6.1　监控的自我迭代

有些组织已经意识到如果他们实施更先进的监控技术，他们可以获得的好处，但许多组织并没有改变他们的流程和工具。关键是要记住它不必在一夜之间发生。转向更高级的监控是一段旅程，你可以设定节奏。当开始那段旅程时，将立即获得意想不到的收益。

组织在采用 DevOps 后，每一步的决策都离不开数据。因此，如果没有监控系统正常运行时间，网络负载和资源使用情况等关键指标，DevOps 人员就无法在系统故障时，清楚地知道对哪部分进行了优化。

6.1.1　可实施监控的地方

首先，需要确定在系统中的哪个位置实施监控。根据监控的位置，你将能够观察不同类型的数据。以下是最常见的监控类型。

(1) 资源监控

资源监控也称为服务器监控或基础结构监控，它通过收集有关服务器运行的数据来进行操作。资源监控工具报告 RAM 使用情况，CPU 负载和剩余磁盘的空间。这些有关硬件运行状况的信息(例如 CPU 温度等)，也影响着服务正常运行。在基于云的环境中，虚拟服务器的聚合信息更为有用。

(2) 网络监控

这将查看计算机网络进出的数据。监控工具可以捕获有关组件(如交换机，防火墙，服务器等)中的所有请求和响应。

(3) 应用程序性能监控

APM 解决方案收集有关服务运行情况的数据。通过这些工具，我们可以对应用程序性能问题进行检测和诊断，以确保服务预期的水平运行。

(4) 第三方组件监控

这涉及监控体系结构中第三方组件的运行状况和可用性。在这个微服务时代，你的服务可能取决于外部服务(例如：数据库、消息中间件)的正常运行。

你可能希望在监控解决方案中包括每种监控类型，那就优先考虑使用健壮的监控工具，以确保不会遗漏。同时，将监控指标和警报应联系在一起，以确保能够及时收到业务运行故障信息。

(5) 需要从监控数据中得到什么

监控工具中的数据,可以做如下一些事情:

- 当监控指标超过特定阈值时会触发警报。
- 创建一段时间内的指标图。
- 直观展示关键服务运行状况组件的仪表板。
- 创建可以查询的日志数据库。

6.1.2 Kubernetes 监控指标

Kubernetes 生态系统迭代更新后,许多工具和服务已经可用。然而,Kubernetes 事实上的标准监控系统是 Prometheus。下面列出了几个需要跟踪的基本指标。我们还将 Prometheus 指标信息和创建指标数据的相应 Prometheusexporter(导出器)作为示例介绍。

在本书中,我们将分享哪些健康指标对于 Kubernetes 运营商最关键。

1. 资源和利用率指标

资源和利用率指标来自内置的 metrics API,由 Kubelets 本身提供。大多数时候,我们仅将 CPU 使用情况用作健康状况的指标,但是监视内存使用情况和网络流量也很重要,见表 6-1 所列。

表 6-1 Kubernetes 资源和利用率指标

指标	名称	描述
CPU 使用率	usageNanoCores	节点或 Pod 每秒使用的 CPU 核数
CPU 容量	capacity_cpu	节点上可用的 CPU 内核数量(不适用于 Pod)
内存使用情况	used{resource:memory,units:bytes}	节点或 Pod 使用的内存量(以字节为单位)
内存容量	capacity_memory{units:bytes}	节点可用的内存容量(不适用于 Pod),以字节为单位
网络流量	rx{resource:network,units:bytes} tx{resource:network,units:bytes}	节点或 Pod 看到的总网络流量(已接收(传入)流量和已传输(传出)流量),以字节为单位

CPU 使用率是重要的健康状况指标,这是最容易理解的:应该跟踪节点正在使用多少 CPU。原因有两个。首先,我们不希望耗尽应用程序的处理资源,如果你的应用程序受 CPU 的限制,则需要增加 CPU 分配或向集群添加更多节点。其次,我们不希望 CPU 闲置在那里。

2. 状态指标

kube-state-metrics 是一个组件,可提供有关集群对象(node,pod,DaemonSet,namespaces 等)状态的数据。见表 6-2 所列。

表 6-2 Kubernetes 状态指标

指标	名称	描述
节点状态	kube_node_status_condition {status:true,condition:OutOfDisk|MemoryPressure|PIDPressure|DiskPressure|NetworkUnavailable}	当 status 为 true 时,指示该节点当前正在经历该条件
循环崩溃(CrashLoops)	kube_pod_container_status_waiting_reason{reason:CrashLoopBackOff}	指示 pod 中的容器是否正在发生循环崩溃
任务状态(失败)	kube_job_status_failed	指示任务是否失败
持久卷状态(失败)	kube_persistentvolume_status_phase{phase:Failed}	指示持久卷是否失败
Pod 状态(Pending)	kube_pod_status_phase{phase:Pending}	指示 Pod 是否处于挂起状态
Deployment	kube_deployment_metadata_generation	代表 Deployment 的序列号
Deployment	kube_deployment_status_observed_generation	代表控制器观察到的当前 Deployment 生成的序列号
DaemonSet 期望的节点数	kube_daemonset_status_desired_number_scheduled	DaemonSet 期望的节点数
DaemonSet 当前的节点数	kube_daemonset_status_current_number_scheduled	DaemonSet 运行中的节点数
期望的 StatefulSet 副本	kube_statefulset_status_replicas	每个 StatefulSet 期望的副本数
准备就绪的 StatefulSet 副本	kube_statefulset_status_replicas_ready	每个 StatefulSet 准备好的副本数

使用这些度量标准,应该对以下指标监视并发出警报:崩溃循环,磁盘压力,内存压力,PID 压力,网络不可用,任务失败,持久卷失败,Pod 挂起,Deployment 故障,DaemonSets 未准备好和 StatefulSets 未准备好。

3. 控制平面指标

Kubernetes 控制平面包含 Kubernetes 的"系统组件"可以帮助进行集群管理。在 Google 或 Amazon 提供的托管环境中,控制平面由云提供商管理,我们通常不必担心监视这些指标。但是,如果管理自己的集群,则需要了解如何监视控制平面,见表 6-3 所列。

表 6-3 Kubernetes 控制平面指标

指标	名称	描述
etcd 集群是否有 leader	etcd_server_has_leader	指示该成员是否知道其 leader 是谁
etcd 集群中 leader 变动总数	etcd_server_leader_changes_seen_total	etcd 集群中 leader 变更总数
API 延迟数	apiserver_request_latencies_count	API 请求总数;用于计算每个请求的平均延迟
API 延迟总和	apiserver_request_latencies_sum	所有 API 请求持续时间的总和;用于计算每个请求的平均延迟
队列等待时间	workqueue_queue_duration_seconds	每个控制器管理器中的工作队列等待所花费的总时间
队列持续时间	workqueue_work_duration_seconds	每个控制器管理器中的工作队列处理操作所花费的总时间
调度失败 Pod 的总尝试次数	scheduler_schedule_attempts_total {result:unschedulable}	调度程序尝试在节点上调度失败了 Pod 的总尝试次数
Pod 调度延迟	scheduler_e2e_scheduling_delay_microseconds(<v1.14)或 scheduler_e2e_scheduling_duration_seconds	将 Pod 调度到节点上所花费的总时间

4. 控制平面健康状况

应该监视控制平面上的以下健康状况:

(1) etcd 集群中是否有 leader

etcd 集群应始终有一个 leader(在更改 leader 的过程中除外,这种情况很少见)。应该密切注意所有 etcd_server_has_leader 指标,因为如果很多集群成员没有 leader,那么集群性能将会下降。另外,如果在 etcd_server_leader_changes_seen_total 中看到 leader 变更很多次,则可能表明 etcd 集群存在连接性或资源问题。

(2) API 请求延迟

如果将 apiserver_request_latencies_count 划分为 apiserver_request_latencies_sum,则将获得 API 服务器每个请求的平均延迟。跟踪随时间不断变化的平均请求延迟可以知道服务器何时不堪重负。

(3) 工作队列延迟

工作队列是由 controller manager 管理的队列,用于处理集群中的所有自动化流程。监视 workqueue_queue_duration_seconds 的增加,将知道队列延迟何时增加。如果发生这种情况,可能需要深入研究 controllermanager 日志,以查看发生了什么。

(4) 调度程序问题

调度程序有两方面值得关注。首先,应该监视 scheduler_schedule_attempts_total

{result:unschedulable},因为无法调度 Pod 的增加可能意味着集群存在资源问题。其次,应该使用上面指示的延迟指标来监视调度程序延迟。Pod 调度延迟的增加可能会导致其他问题,也可能表明集群中存在资源问题。

(5) 负载均衡器指标

现代软件系统通过 HTTP 访问,流量通过负载均衡器路由。负载均衡器的监控很重要,因为流向应用程序端点的流量可以提供请求、错误、成功请求和健康/不健康端点的重要健康指标。

以下是一些需要监控的重要指标:

- 负载均衡器性能:
  当前传入和传出字节总数。
  指标:haproxy_server_bytes_in_total&haproxy_server_bytes_out_total。
  普罗米修斯 exporter(导出器):haproxy-exporter。
- 负载均衡器运行状况:
  负载均衡器处理的 HTTP 错误率。
  指标:haproxy_server_check_failures_total。
  普罗米修斯出口商:haprox-exporter。
- 每秒 HTTP 请求数:
  过去一秒内的当前每秒会话数。
  指标:haproxy_server_current_session_rate。
  普罗米修斯 exporter(导出器):haproxy-exporter。

5. 事　件

除了从 Kubernetes 集群中收集数值指标外,从集群中收集和跟踪事件也很有用。集群事件可以帮助监视 Pod 生命周期并观察重大 Pod 故障,并且监视从集群流出的事件的速率可以是一个很好的预警指标。如果事件发生率突然显著变化,则可能表明发生了问题。

可以通过活动节点、pod 和容器监控已部署的工作负载;这也将揭示资源能力。CPU、内存、网络 I/O 压力和磁盘消耗是显示集群是否正确利用其资源的关键集群指标。

每个 Kubernetes 节点都有有限的资源可供运行的 Pod 使用,因此必须密切监控这些指标:

- 集群健康:
  事件日志中 Kubernetes 错误率。
  指标:kube_event_count。
  Prometheus Exporter :kubernetes-event-exporter。
- 集群节点健康:
  底层集群节点的状况或健康状况。
  指标:kube_node_status_condition。

普罗米修斯 exporter(导出器):kube-state-metrics。

- 集群资源利用率:

  可用资源(CPU、内存、存储等)与当前利用率的比例。

  指标:node_memory_MemFree_bytes。

  PrometheusExporter :node-exporter。

6. 应用程序指标

与我们上面检查的指标和事件不同,应用程序指标不是从 Kubernetes 本身发出的,而是从集群运行的工作负载发出的。从应用程序的角度来看,这种监控可以是你认为重要的任何事情:错误响应,请求延迟,处理时间等。

关于如何收集应用程序度量标准,有两种方式。第一种是,应该将指标数据从应用程序"推送"到收集端点。这意味着必须将像 StatsD 这样的客户端与每个应用程序捆绑在一起,以提供一种将指标标准数据推出该应用程序的机制。该技术需要更多的管理开销,以确保正确地检测集群中运行的每个应用程序,因此它在集群管理器中不受欢迎。

第二种是,指标收集原理(正在被越来越广泛地采用),指标应由收集代理从应用程序中"拉取"。这使应用程序更易于编写,因为它们所要做的只是适当地发布了它们的指标标准,但是应用程序不必担心这些度量标准是如何被提取或删除的。这是 OpenMetrics 的工作方式,也是 Kubernetes 集群指标收集的方式。当此技术与收集代理的服务发现相结合时,它将创建一种功能强大的方法,用于从集群应用程序中收集我们需要的任何类型的指标。

以下是与应用程序相关的指标类别:

(1) 应用部署

- 部署的健康状况或当前状况。
- **指标**:kube_deployment_status_condition。
- **Prometheus Exporter** :kube-state-metrics。

(2) 应用性能

- 应用程序响应 HTTP 请求的速度。
- **指标**:probe_duration_seconds。
- **Prometheus Exporter** :blackbox-exporter。

(3) 应用日志

- 应用程序生成日志中的错误率或成功消息率。
- **指标**:errors_total。
- **Prometheus Exporter** :grok-exporter。
- 应用程序日志消息由 Prometheus 以外的系统收集,例如 ELK 或 Loki,用于进一步分析和异常检测。

(4) 容器资源利用

- 容器使用了多少 CPU 和内存。

- 指标:container_cpu_load_average_10s。
- Prometheus Exporter :cAdvisor。

6.2 云原生监控告警全家桶:kube-prometheus-stack

目前,最常用的监控是让 prometheus 和 grafana 组合了。一个是基于 kube-prometheus-stack 直接安装监控全家桶,新手是推荐的,免除不少折腾,开箱即用。另一种是基于 prometheus-operator,然后一步步修改配置,再安装插件,以提供监控能力。

kube-prometheus-stack 包含 Kubernetes 清单、Grafana 仪表板和 Prometheus 规则,借助 Prometheus Operator,通过 Prometheus 提供易于操作的端到端 Kubernetes 集群监控。

Kube-prometheus 非常适合我们经常要用到的监控和可观察性用例。

(1) 系统性能监控

Kube-prometheus 可以监控系统性能。性能监控的常见示例包括应用程序 HTTP 请求响应时间和底层基础设施性能。

Prometheus 可以收集有关 HTTP 响应时间的数据并显示应用程序是否快速响应,还可以收集负载均衡器吞吐量测量正在处理的请求总数。该数据决定了有多少消费者正在积极使用该应用程序,以及他们是否获得了良好的体验。

此数据的阈值和警报,将帮助企业或者组织的软件团队了解有关应用程序缓慢的潜在问题。

(2) 监控资源利用率

Kube-prometheus 可以监控资源利用率。监视资源以测量资源请求并与资源限制进行比较,以预测是否必须向集群添加额外资源。一个常见的用例是在系统需要额外资源(如 CPU、内存和存储)时提醒集群管理员。分析资源利用率的趋势可以指导系统需要扩大或缩小的程度。

这对于基于云的基础设施尤为重要,因为它是根据使用情况付费的。云基础架构管理员需要此数据来分析趋势并估算运行这些资源的预测成本。

此数据的阈值和警报,将帮助企业或者组织的运维团队了解有关底层基础设施的潜在使用问题。

(3) 事后原因分析

可观察性系统显示多个服务如何连接、数据如何在它们之间流动以及这些数据中的异常情况。可以在事件发生期间和之后使用此数据来跟踪问题并执行根本原因分析。另外,它还可以帮助基础架构团队防止问题再次发生。

6.2.1 kube-prometheus 架构

如图 6-1 所示,Kube-prometheus 是一种用于完整 Prometheusstack 的部署方

法，管理员可以轻松地将其部署到 Kubernetes 集群中。它包含几个组件：

- 用于指标收集的 Prometheus。
- 用于警报和通知的 Alertmanager。
- 用于可视化用户界面的 Grafana。
- 一组特定于 Kubernetes 的 exporters，用作指标收集代理。

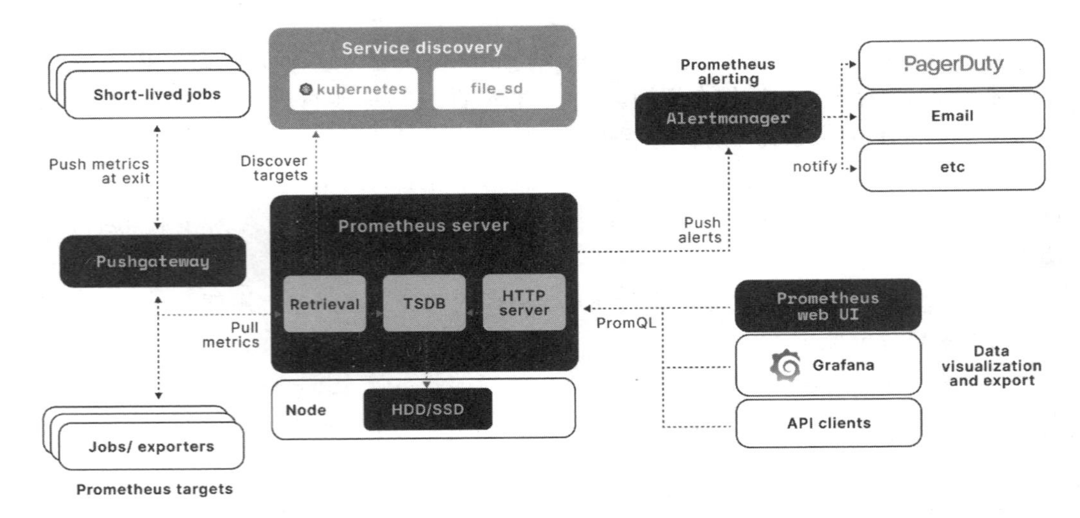

图 6－1　Prometheus 架构

1. Prometheus

Prometheus 是 kube-prometheusstack 的核心组件。它是指标收集引擎，从代理收集中度量并将它们存储在其内部时间序列数据库中。在 Prometheus 中，收集过程称为抓取，收集代理称为 exporter。

Prometheus 使用 pull 方法收集指标。exporter（导出器）通过 HTTP 端点公开其底层指标，Prometheus 以配置的时间间隔从这些端点抓取测量数据。Kubernetes 指标的默认抓取频率为 30 s。

Prometheus 数据库具有多维数据模型，其中时间序列数据由指标名称和键/值对标识。使用 PromQL 查询此数据库，PromQL 是一种灵活的查询语言，可利用此维度。

在 kube-prometheus 中，Prometheus 默认部署为一个高可用组件，有两个副本。

2. Kubernetes Exporters

有数百个 Prometheus Exporters 可用。此外，还有几个类库可用于创建你自己的 exporter（导出器）。Kube-prometheus 带有多个 exporter（导出器），用于提供与 Kubernetes 相关的指标数据，包括 kube-state-metrics（KSM）和节点 exporter（导出器）。

Kube-state-metrics（KSM）：**KSM 是镜像 quay.io/coreos/kube-state-metrics** 的 deployment 实例。此 exporter（导出器）直接从 KubernetesAPI 服务器导出指标。它生成有关内部 Kubernetes 对象的指标，例如 deployment、服务、节点和 Pod。

kube-state-metrics 提供的示例指标包括：

- kube_deployment_status_condition：deployment 的条件和健康状态。
- kube_node_status_condition：底层集群节点的状况或健康状况。
- kube_pod_info：有关 Pod 的信息，例如命名空间、IP 地址和节点。

3. Node-exporter

Node-exporter 是镜像quay.io/prometheus/node-exporter 的 daemonset 实例。该 exporter(导出器)从底层集群节点导出指标。它生成与服务器资源相关的指标，例如平均负载、CPU、内存和存储性能。

节点 exporter(导出器)提供的示例指标包括：

- node_load1：1 分钟平均负载，从主机/proc/loadavg 文件中读取。
- node_cpu_seconds_total：每个 CPU 执行工作所花费的秒数。数据从主机文件/proc/stat 填充。
- node_memory_MemAvailable_bytes：可用内存量，包括可以打开的缓存和缓冲区。数据从主机文件/proc/meminfo 填充。
- node_disk_io_now：当前执行的磁盘输入和输出操作。它是从主机/proc/diskstats 文件中读取的。

4. Alertmanger

Alertmanger 管理超过预配置阈值的指标警报。Kube-prometheus 有一组预先构建的特定于 Kubernetes 的警报。

Alertmanager 负责在指标达到警报状态时向通信接收器发送警报通知。它还会在警报解决后发送通知。标准通知接收器集成包括电子邮件、Slack、PagerDuty 和 SMS。

此外，Alertmanager 可以向自定义 HTTP 端点发送 HTTP 请求。它还具有将类似警报分组和静音的功能，这有助于持续中断期间管理通信。

5. Grafana

Grafana 通过一组预构建的 Kubernetes 仪表板实现可视化。这些仪表板使集群管理员能够查询、可视化和理解存储在 Prometheus 中的 Kubernetes 数据。

6. Prometheus Operator

Kube-prometheus 使用 Prometheus Operator 来简化和自动化此堆栈的设置。Prometheus Operator 使用 Kubernetes 自定义资源定义(CRD)将此 stack 创建为原生 Kubernetes 清单。这个自定义的 Prometheus 资源可以在 kube-prometheus 生成的清单中看到。

6.2.2 Helm 安装 kube-prometheus-stack

1. kube-prometheus-stack 与 Kubernetes 兼容性矩阵

如图 6-2 所示，这个 chart 以前是 prometheus-operator chart，现在改为 kube-

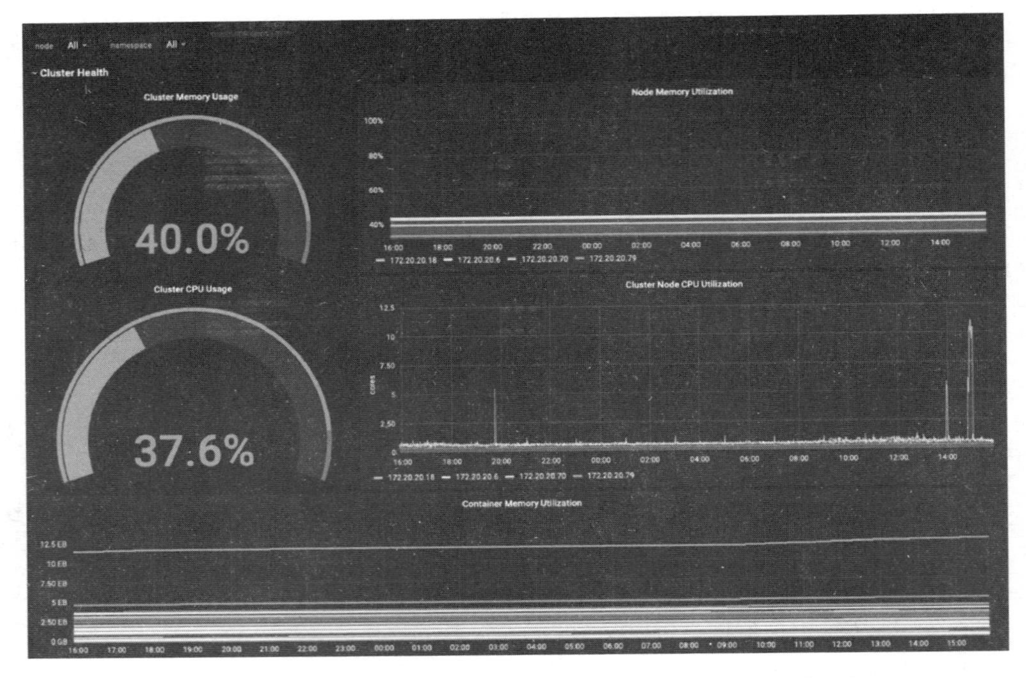

图 6-2 Grafana 中的 Kubernetes 仪表板显示资源指标

prometheus project stack，其中 Prometheus Operator 只是一个组件。

kube-prometheusstack 与 Kubernetes 兼容性矩阵见表 6-4 所列。

表 6-4 kube-prometheusstack 与 Kubernetes 兼容性矩阵

kube-prometheusstack	Kubernetes1.21	Kubernetes1.22	Kubernetes1.23	Kubernetes1.24	Kubernetes1.25
release-0.9	√	√	×	×	×
release-0.10	×	√	√	×	×
release-0.11	×	×	√	√	×
release-0.12	×	×	×	√	√
main	×	×	×	×	√

2. 安装先决条件

- Kubernetes 版本需要大于 1.16。
- Helm 版本需要大于 3。

这是“全家桶”，除了 prometheus，operator 等，还带了 grafana。我们可以直接基于 Helm chart 安装。

注意：必须安装 Helm 才能使用 chart。请参阅 Helm 的使用文档以开始使用。

```
# 添加仓库
helm repo add prometheus-community https://prometheus-community.github.io/helm-charts
```

```
helm repo update

# 创建命名空间 prometheus-stack
kubectl create namespace prometheus-stack

# 安装 kube-prometheus-stack
helm -n prometheus -stack install kube -prometheus -stack prometheus -community/
kubeprometheus-stack
```

默认情况下，此 Helm Chart 会依赖安装其他 Helm Chart，例如：

- prometheus-community/kube-state-metrics
- prometheus-community/prometheus-node-exporter
- grafana/grafana

安装后，检查各个组件的状态。

```
$ kubectl get all -n prometheus-stack
```

稍等一会，可看到各个服务在上面指定的命名空间 prometheus 中启动了：

- alertmanager-kube-prometheus-stack-alertmanager
- kube-prometheus-stack-operator[核心]控制器
- kube-prometheus-stack-kube-state-metrics 插件：K8s 指标收集
- kube-prometheus-stack-grafana：grafana，用于可视化
- kube-prometheus-stack-prometheus-node-exporter 插件：node 指标收集
- prometheus-prometheus-kube-prometheus-prometheus-0：[核心]prometheus 存储及服务

3. kube-prometheus-stack 配置

要查看所有带有详细注释的可配置选项。

```
helm show values prometheus-community/kube-prometheus-stack
```

"kube-prometheus-stack/values.yaml"是一个 Helm chart 的配置文件，用于安装和配置 Prometheus、Grafana 和相关组件的 Kubernetes 应用栈。以下是对该文件的一些常见配置选项的解释。

(1) kube-prometheus-stack 配置项

- fullnameOverride：默认情况下，该 Helm chart 会根据 Kubernetes 命名规则生成应用的名称，如果想要修改应用的名称，可以使用 fullnameOverride 配置项。
- image：该应用栈使用的容器镜像名称及版本号。
- podSecurityPolicy：是否开启 Pod 安全策略。
- prometheusOperator：Prometheus Operator 的配置选项，包括版本、资源限制、数据存储路径等。
- grafana：Grafana 的配置选项，包括版本、资源限制、管理员用户名密码、默认数

据源等。

- alertmanager :Alertmanager 的配置选项,包括版本、资源限制、SMTP 服务器配置等。
- kubeStateMetrics :Kubernetes 状态指标采集器的配置选项,包括版本、资源限制等。
- nodeExporter :Node Exporter 的配置选项,包括版本、资源限制等。

(2) Prometheus 配置项

- prometheus. enabled:如果将其设置为 false ,则 Prometheus 组件将不会被安装和配置。
- prometheusSpec:Prometheus 的具体配置,包括抓取规则、告警规则、存储策略、持久化存储等。
- prometheus. retention:Prometheus 保留指标的时间长度,以秒为单位。
- prometheus. alerting. rules:Prometheus 警报规则的列表。
- prometheus. nodeSelector:Prometheus Pod 的节点选择器标签。
- prometheus. serviceMonitorSelectorNilUsesHelmValues:如果将其设置为 true,则使用 Helm 值作为 Prometheus ServiceMonitor 选择器的默认值。
- prometheus. serviceMonitorSelector :Prometheus ServiceMonitor 的选择器标签。
- prometheus. additionalScrapeConfigs :Prometheus 附加的抓取配置文件,用于指定要监视的其他目标或指标。
- prometheus. prometheusSpec :Prometheus 的规格设置,包括全局、远程写入等设置。

(3) grafana 配置项

- grafana. enabled:如果将其设置为 false ,则 Grafana 组件将不会被安装和配置。
- datasources:Grafana 的数据源配置,包括 Prometheus、Loki、Elasticsearch 等。
- dashboards:Grafana 的仪表板配置,可以指定使用哪些仪表板以及仪表板的存储位置。
- grafana. adminPassword:Grafana 管理员帐户的密码。
- grafana. ingress. enabled:如果将其设置为 true ,则 Grafana 将会通过 Ingress 暴露到公共网络。

(4) alertmanager 配置项

- config:Alertmanager 的配置文件,可以指定接收告警的方式、告警通知的方式、告警消息的格式等。
- grafana. additionalDataSources:Grafana 附加的数据源配置文件,用于指定要在 Grafana 中使用的其他数据源。
- grafana. ingress. annotations:如果使用 Ingress 暴露 Grafana,则可以在此处指定 Ingress 的注释。
- grafana. persistence. enabled:如果将其设置为 true ,则使用持久卷存储 Grafa-

na 数据。

- grafana.persistence.storageClassName：持久卷的存储类名称。
- grafana.persistence.accessModes：持久卷的访问模式，例如 ReadWriteOnce、ReadOnlyMany 或 ReadWriteMany。
- alertmanager.nodeSelector ：Alertmanager Pod 的节点选择器标签。

以上是一些常见的配置选项及其中文件解释，该文件还包括其他的配置选项和注释。请根据实际需要进行配置。

6.2.3 卸载或升级 kube-prometheus-stack

```
helm uninstall [RELEASE_NAME]
```

这将删除与 Helm Chart 关联的所有 Kubernetes 组件并删除 RELEASE。

默认情况下不会删除由此 Helm Chart 创建的 CRD 资源，需要手动进行清理：

```
kubectl delete crd alertmanagerconfigs.monitoring.coreos.com
kubectl delete crd alertmanagers.monitoring.coreos.com
kubectl delete crd podmonitors.monitoring.coreos.com
kubectl delete crd probes.monitoring.coreos.com
kubectl delete crd prometheuses.monitoring.coreos.com
kubectl delete crd prometheusrules.monitoring.coreos.com
kubectl delete crd servicemonitors.monitoring.coreos.com
kubectl delete crd thanosrulers.monitoring.coreos.com
```

升级 Helm Chart：

```
helm upgrade [RELEASE_NAME] prometheus-community/kube-prometheus-stack
```

使用 Helm v3，默认情况下不会更新由此 Helm Chart 创建的 CRD，需要手动进行更新。

例如，如果需要将 Prometheus-Operator 升级为 v0.63.0，Prometheus 升级为 v2.43.0，Thanos 升级为 v0.30.2。在应用升级之前运行这些命令来更新 CRD。

```
kubectl apply --server-side -f https://raw.githubusercontent.com/prometheusoperator/
prometheus-operator/v0.63.0/example/prometheus-operatorcrd/
monitoring.coreos.com_alertmanagerconfigs.yaml
kubectl apply --server-side -f https://raw.githubusercontent.com/prometheusoperator/
prometheus-operator/v0.63.0/example/prometheus-operatorcrd/
monitoring.coreos.com_alertmanagers.yaml
kubectl apply --server-side -f https://raw.githubusercontent.com/prometheusoperator/
prometheus-operator/v0.63.0/example/prometheus-operatorcrd/
monitoring.coreos.com_podmonitors.yaml
kubectl apply --server-side -f https://raw.githubusercontent.com/prometheusoperator/
prometheus-operator/v0.63.0/example/prometheus-operatorcrd/
```

```
monitoring.coreos.com_probes.yaml
kubectl apply --server-side -f https://raw.githubusercontent.com/prometheusoperator/
prometheus-operator/v0.63.0/example/prometheus-operatorcrd/
monitoring.coreos.com_prometheuses.yaml
kubectl apply --server-side -f https://raw.githubusercontent.com/prometheusoperator/
prometheus-operator/v0.63.0/example/prometheus-operatorcrd/
monitoring.coreos.com_prometheusrules.yaml
kubectl apply --server-side -f https://raw.githubusercontent.com/prometheusoperator/
prometheus-operator/v0.63.0/example/prometheus-operatorcrd/
monitoring.coreos.com_servicemonitors.yaml
kubectl apply --server-side -f https://raw.githubusercontent.com/prometheusoperator/
prometheus-operator/v0.63.0/example/prometheus-operatorcrd/
monitoring.coreos.com_thanosrulers.yaml
```

6.2.4 暴露 grafana、alertmanager 和 prometheus 的服务

默认 grafana、alertmanager 和 prometheus 都创建了一个类型为 ClusterIP 的 Service，当然如果我们想要在外网访问这两个服务，可以通过创建对应的 Ingress 对象或者使用 NodePort 类型的 Service。

```
$ kubectl get svc -n prometheus-stack
NAME                                                TYPE        CLUSTER-IP
EXTERNAL-IP     PORT(S)                   AGE
kube-prometheus-stack-alertmanager                  ClusterIP   10.104.178.143  <none>
    9093/TCP                        9h
kube-prometheus-stack-grafana                       ClusterIP   10.107.147.216  <none>
    80/TCP                          9h
kube-prometheus-stack-kube-state-metrics            ClusterIP   10.108.95.42    <none>
    8080/TCP                        9h
kube-prometheus-stack-operator                      ClusterIP   10.102.21.59    <none>
    443/TCP                         9h
kube-prometheus-stack-prometheus                    ClusterIP   10.102.86.182   <none>
    9090/TCP                        9h
kube-prometheus-stack-prometheus-node-exporter ClusterIP   10.96.238.104   <none>
    9100/TCP                        9h
```

我们这里为了简单，直接使用 NodePort 类型的服务即可，编辑 grafana、alertmanager-main 和这 3 个 Service，将服务类型更改为 NodePort。

```
# 将 type: ClusterIP 更改为 type: NodePort
$ kubectl edit svc -n prometheus-stack kube-prometheus-stack-alertmanager
$ kubectl edit svc -n prometheus-stack kube-prometheus-stack-grafana
$ kubectl edit svc -n prometheus-stack kube-prometheus-stack-prometheus
```

```
$ kubectl get svc -n prometheus-stack
NAME                                                    TYPE          CLUSTER-IP
EXTERNAL-IP    PORT(S)                    AGE
kube-prometheus-stack-alertmanager                      NodePort      10.104.178.143    <none>
    9093:31820/TCP                    9h
kube-prometheus-stack-grafana                           NodePort      10.107.147.216    <none>
    80:31330/TCP                      9h
kube-prometheus-stack-prometheus                        NodePort      10.102.86.182     <none>
    9090:31592/TCP                    9h
......
```

以上也可以使用 kubectl port-forward 命令，借助端口转发来访问集群中的应用，如下所示：

```
# kubectl port-forward 允许使用资源名称（例如 svc 名称)来选择匹配的 svc 来进行端口
转发。
$ kubectl port-forward -n prometheus-stack --address 0.0.0.0 svc/kube-prometheusstack-
grafana 9000:80
$ kubectl port-forward -n prometheus-stack --address 0.0.0.0 svc/kube-prometheusstack-
prometheus 9001:9090
$ kubectl port-forward -n prometheus-stack --address 0.0.0.0 svc/kube-prometheusstack-
alertmanager 9002:9093
```

注意：kubectlport-forward 仅实现了 TCP 端口的转发。

或者在安装时候借助--set 修改值：

```
$ helm install prometheus-stack ./ \
--namespace prometheus-stack \
--set alertmanager.service.type=NodePort \
--set prometheus.service.type=NodePort \
--set grafana.service.type=NodePort

# 查看 release 修改的值
$ helm get values prometheus-stack -n prometheus-stack
USER-SUPPLIED VALUES:
alertmanager:
  service:
    type: NodePort
grafana:
  service:
    type: NodePort
prometheus:
  prometheusSpec:
    serviceMonitorSelectorNilUsesHelmValues: false
```

```
service:
  type: NodePort
```

如图 6－3 所示，更改完成后，我们就可以通过上面的 NodePort 去访问对应的服务了，比如查看 Prometheus 的服务发现页面：

图 6－3 Prometheus 面板

Alertmanager 的服务发现页面如图 6－4 所示：

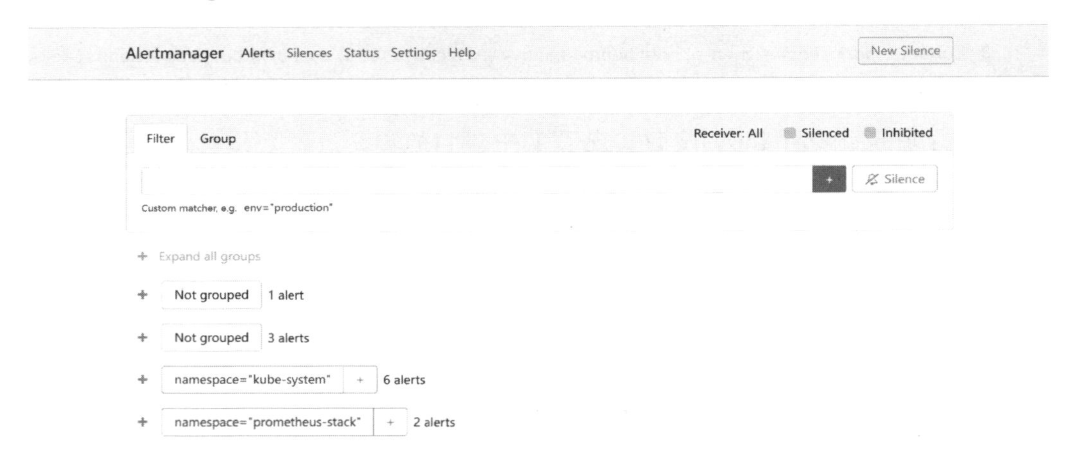

图 6－4 Alertmanager 的服务面板

密码见 values.yaml 中的 grafana.adminPassword 配置项，默认是 prom-operator，如下所示。

```
grafana:
  enabled: true
  adminPassword: prom-operator
```

在 GrafanaLabs(https://grafana.com/grafana/dashboards/)，我们可以寻找任何自己想要的面板内容，本次选择的是 K8S for Prometheus Dashboard 20211010 中文版(ID 为 13105)。

K8S for Prometheus Dashboard 20211010 中文版：https://grafana.com/grafana/dashboards/13105-1-k8s-for-prometheus-dashboard-20211010/

K8S for Prometheus Dashboard 20211010 中文版，可以提供 kubernetes 资源全面展示！包含 K8S 整体资源总览、微服务资源明细、Pod 资源明细及 K8S 网络带宽，优化展示指标。

- 兼容 kube-state-metrics_v1.9.x、kube-state-metrics_v2.x。
- 支持 Grafana7.5.11、Grafana8.x。

效果如图 6－5 所示：

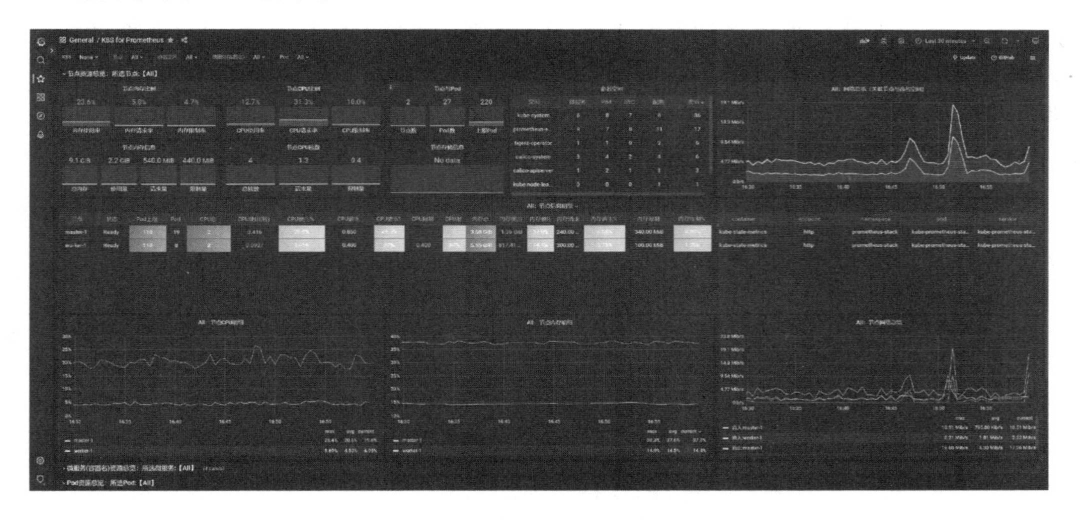

图 6－5　Grafana 中 kubernetes 资源全面展示

6.3　在 Kubernetes 上监控 GPU

集群中包含 GPU 节点时，需要了解 GPU 应用使用节点 GPU 资源的情况，例如 GPU 利用率、显存使用量、GPU 运行的温度、GPU 的功率等。在获取 GPU 监控指标后，用户可根据应用的 GPU 指标配置弹性伸缩策略，或者根据 GPU 指标设置告警规则。

在早期的 GPU 监控中，我们会使用一些 NVML 工具来对 GPU 卡的基本信息进行采集，并持久化到监控系统的数据存储层。因为我们知道，其实通过 nvidia-smi 这样的命令也是可以获取 GPU 的基本信息的，但随着整个 AI 市场的发展和成熟，对于 GPU 的监控也越来越需要一套标准化的工具体系，也就是本书讲的基于开源 Prometheus 和 DCGM Exporter 实现丰富的 GPU 观测场景。

NVIDIADCGM 公司是一组用于在基于 Linux 的大规模集群环境中管理和监视 NVIDIAGPUs 的工具。它是一个低开销的工具，可以执行各种功能，包括主动健康监视、诊断、系统验证、策略、电源和时钟管理、组配置和记账。

DCGM Exporter 是一个用 golang 编写的收集节点上 GPU 信息(比如 GPU 卡的利用率、卡温度、显存使用情况等)的工具,结合 Prometheus 和 Grafana 可以提供丰富的仪表大盘。

从 1.13 开始,kubelet 通过/var/lib/kubelet/pod-resources 下的 Unix 套接字来提供 pod 资源查询服务,dcgm-exporter 可以访问/var/lib/kubelet/pod-resources/下的套接字服务查询为每个 pod 分配的 GPU 设备,然后将 GPU 的 pod 信息附加到收集的度量中。

每个节点上都存在一个 DCGM Exporter 服务,当 Prometheus 使用拉数据这种模式时,每隔一段时间(用户可设置时间间隔)就访问该节点 GCGM Exporter 的服务获取该节点 GPU 相关指标,然后存入 Prometheus 的数据库中,grafana 每隔一段时间(用户可设置时间间隔)从 Prometheus 数据库中拿取该节点 GPU 指标,然后在浏览器中通过各种仪表盘展示出来。

6.3.1 部署 GPU 监控

1. 前提条件

- Kubernetes 集群已创建 kubeVersion 版本>=1.19.0,且集群中包含 GPU 节点,并已运行 GPU 相关业务。
- 在集群中安装 nvidia-container-runtimekube-prometheus-stack 插件。

  nvidia-container-runtime 插件是在容器中使用 GPU 显卡的设备管理插件,集群中使用 GPU 节点时必须安装 gpu-beta 插件。安装 GPU 驱动时,需要匹配 GPU 类型和 CUDA 版本选择对应的驱动进行安装。

  kube-prometheus-stack 插件负责监控集群相关指标信息,安装时可选择对接 grafana,以便获得更好的观测性体验。

2. 部署 kube-prometheus-stack

监控堆栈通常由一个收集器、一个存储度量的时间序列数据库和一个可视化界面组成。一个流行的开源堆栈是 Prometheus,与 Grafana 一起作为可视化工具来创建丰富的仪表板。除此,还包括 Alertmanager 来创建和管理警报。Prometheus 常常与 kube-state-metrics 和 node_exporter 一起部署,以公开 Kubernetesapi 对象的集群级指标和节点级指标,如 CPU 利用率,内存利用率等。

注意:必须将 prometheusSpec. serviceMonitorSelectorNilUsesHelmValues 设置为 false 。

prometheusSpec. serviceMonitorSelectorNilUsesHelmValues 是一个 Prometheus Operator 中设置的,其作用是控制当 Prometheus 实例的 serviceMonitorSelector 字段为 nil 时,是否使用 Helm chart 的默认值。

其次,修改服务类型为 NodePort 来暴露 grafana、alertmanager 和 prometheus 的

服务。

```
$ helm install prometheus-stack prometheus-community/kube-prometheus-stack \
--create-namespace --namespace prometheus-stack \
--set alertmanager.service.type=NodePort \
--set prometheus.service.type=NodePort \
--set grafana.service.type=NodePort \
--set prometheus.prometheusSpec.serviceMonitorSelectorNilUsesHelmValues=false
```

我们可以使用 dcgm-exporter 从 DCGM 收集 GPU 遥测数据,然后使用 http 端点(/metrics)为 Prometheus 公开指标,并被收集。

dcgm-exporter 也是可配置的。大家可以使用 .csv 格式的输入配置文件,自定义 DCGM 要收集的 GPU 指标。

dcgm-exporter 收集节点上所有可用 GPUs 的指标。然而,在 Kubernetes 中,当一个 pod 请求 GPU 资源时,你不一定知道节点中的哪个 GPUs 将被分配给一个 pod。从 v1.13 开始,kubelet 添加了一个设备监视功能,可以使用 pod 资源 socket 找到分配给 pod 的信息,包括 pod 名称、pod 命名空间和设备 ID。

dcgm-exporter 中的 http 服务器连接到 kubelet pod resources 服务器(/var/lib/kubelet/podresources),以获取在 pod 上运行的 GPU 设备,并将 GPU 设备 pod 信息附加到收集的度量中。

1. 安装 GPU 驱动程序和容器运行时

有几种不同的 GPU 驱动程序和容器运行时可供选择,具体取决于你的硬件和操作系统。例如,如果你使用 NVIDIAGPU,则需要安装 NVIDIA 驱动程序和 NVIDIA 容器运行时(即 NVIDIA Docker)。

(1) 安装 nvidia-docker2

```
# centos
distribution=$(. /etc/os-release;echo $ID$VERSION_ID)
curl -s -L https://nvidia.github.io/nvidia-docker/$distribution/nvidia-docker.repo |
sudo tee /etc/yum.repos.d/nvidia-docker.repo
sudo yum install -y nvidia-container-toolkit
sudo systemctl restart docker

# Ubuntu
curl -s -L https://nvidia.github.io/nvidia-docker/gpgkey | sudo apt-key add -
distribution=$(. /etc/os-release;echo $ID$VERSION_ID)
curl -s -L https://nvidia.github.io/nvidia-docker/$distribution/nvidia-docker.list |
sudo tee /etc/apt/sources.list.d/nvidia-docker.list
sudo apt-get update
sudo apt-get install nvidia-docker2
sudo systemctl restart docker.service
```

(2) 验证:下载官方测试镜像

```
docker run --rm nvidia/cuda:11.1-cudnn8-runtime-ubi8 nvidia-smi
```

此时,会显示出显卡信息,说明 nvidia docker 成功创建并在内部正确执行了 nvidia-smi 命令。

① 查看 nvidia-docker 安装情况

```
$ sudo apt show nvidia-docker2
->
Package: nvidia-docker2
Version: 2.5.0-1
Priority: optional
Section: utils
Maintainer: NVIDIA CORPORATION <cudatools@nvidia.com>
Installed-Size: 27.6 kB
Depends: nvidia-container-runtime (>= 3.4.0), docker-ce (>= 18.06.0~ce~3-0~ubuntu) |
docker-ee (>= 18.06.0~ce~3-0~ubuntu) | docker.io (>= 18.06.0)
Breaks: nvidia-docker (<< 2.0.0)
Replaces: nvidia-docker (<< 2.0.0)
Homepage: https://github.com/NVIDIA/nvidia-docker/wiki
Download-Size: 5,840 B
APT-Manual-Installed: yes
APT-Sources: https://nvidia.github.io/nvidia-docker/ubuntu16.04/amd64 Packages
Description: nvidia-docker CLI wrapper
 Replaces nvidia-docker with a new implementation based on
 nvidia-container-runtime

N: There are 50 additional records. Please use the '-a' switch to see them.
```

出现类似信息说明安装成功。

② 更新 Docker 守护程序配置文件

安装 Docker 后,编辑 Docker 守护程序配置文件(即/etc/docker/daemon.json),并进行以下更新:通过配置缺省运行时,确保本地部署的模型在 GPU 上正确运行。配置文件包含以下 NVIDIA 运行时。

```
{
  "runtimes" : {
    "nvidia" : {
      "path" : "/usr/bin/nvidia-container-runtime",
      "runtimeArgs" : []
    }
  }
```

```
}
```

要使此运行时成为缺省运行时，请将 default-runtime 选项添加到配置文件中。

通过更新配置文件中的 log-driver 和 log-opts 选项来启用日志文件轮换。Maximo Visual Inspection Edge 容器将日志消息写入 Docker 容器日志，这可能在生产系统中变得非常大。

例如，进行这些更新后，守护程序配置文件可能包含以下配置：

```
{
  "runtimes" : {
    "nvidia" : {
      "path" : "/usr/bin/nvidia-container-runtime",
      "runtimeArgs" : []
    }
  },
  "default-runtime" : "nvidia",
  "log-driver": "json-file",
  "log-opts": {
    "max-size": "10m",
    "max-file": "20"
  }
}
```

保存更改后，通过运行以下命令 sudosystemctl daemon-reload & sudo systemctl restart docker，更新配置并重新启动 Docker 守护程序。

2. 安装 DCGM-Exporter

Kubernetes 的 GPU 设备插件是一个 DaemonSet，它在每个节点上运行一个 Pod，并在节点上注册 GPU 资源。这样，Kubernetes 可以检测到 GPU 并将其分配给 Pod。你可以使用 NVIDIAGPU 设备插件或其他类似的插件，具体取决于使用的 GPU 和容器运行时。

我们依然使用监控全家桶 kube-prometheus-stackr 来部署 Prometheus，它还可以方便地部署 Grafana 仪表板。

下面是如何开始安装 dcgm-exporter 来监视 GPU 的性能和利用率。这里我们使用 Helm Chart 来设置 dcgmexporter。

(1) 添加和更新 Helm 仓库

对于监视 GPU 的性能和利用率，这里我们使用 Helm Chart 来设置 dcgm-

```
$ helm repo add gpu-helm-charts \
https://nvidia.github.io/gpu-monitoring-tools/helm-charts

"gpu-helm-charts" has been added to your repositories
```

```
$ helm repo update
Hang tight while we grab the latest from your chart repositories...
...Successfully got an update from the "gpu-helm-charts" chart repository
Update Complete. * Happy Helming! *
```

(2) 使用 Helm 安装 gpu-helm-charts/dcgm-exporter：

```
helm install -n prometheus-stack dcgm-exporter gpu-helm-charts/dcgm-exporter

NAME: dcgm-exporter
LAST DEPLOYED: Thu Mar 2 12:01:40 2022
NAMESPACE: prometheus-stack
STATUS: deployed
REVISION: 1
TEST SUITE: None

NOTES:
1. Get the application URL by running these commands:
  export POD_NAME = $ (kubectl get pods -n prometheus-stack -l
"app.kubernetes.io/name = dcgm-exporter,app.kubernetes.io/instance = dcgm-exporter" -o
jsonpath = "{.items[0].metadata.name}")
  kubectl -n prometheus-stack port-forward $POD_NAME 8080:9400 &
  echo "Visit http://127.0.0.1:8080/metrics to use your application"
```

安装异常：

```
Error: INSTALLATION FAILED: chart requires kubeVersion: > = 1.19.0-0 which is
incompatible with Kubernetes v1.18.6
```

表示最新版的 gpu-helm-charts/dcgm-exporter 与当前集群的 Kubernetesv1.18.6 版本不兼容，可以降低 gpu-helm-charts/dcgm-exporter 的版本，使用 2.6.10 的版本情况如下所示：

```
$ helm install -n prometheus-stack dcgm-exporter gpu-helm-charts/dcgm-exporter --
version 2.6.10
```

(3) 验证部署

- helm chart 的状态为 deployed，表示正常。
- dcgm-exporter 资源 pod 的状态为 Running，表示正常。

```
# 查看 helm chart 的状态
$ helm ls -n prometheus-stack
NAME            NAMESPACE           REVISION    UPDATED
    STATUS      CHART                           APP VERSION
dcgm-exporter   prometheus-stack    1           2023-03-02 12:01:40.394320205
+ 0800 CST      deployed dcgm-exporter-2.6.10       2.6.10
```

```
prometheus-stack    prometheus-stack    1            2023-03-03 07:38:12.931894537
 +0800 CST deployed    kube-prometheus-stack-45.2.0       v0.63.0

# 查看 dcgm-exporter 资源的状态,包含 pod/service/daemonset
$ kubectl get all -n prometheus-stack -l "app.kubernetes.io/name=dcgmexporter,
app.kubernetes.io/instance=dcgm-exporter" -o wide
```

这里,我们暴露 dcgm-exporter 服务为 NodePort,具体参考附录-暴露 dcgm-exporter 服务。

① 暴露指标

```
# 获取 dcgm-exporter 组件的 Pod 的名称
export POD_NAME=$(kubectl get pods -n prometheus-stack -l
"app.kubernetes.io/name=dcgm-exporter,app.kubernetes.io/instance=dcgm-exporter" -o
jsonpath="{.items[0].metadata.name}")

# 端口转发
kubectl -n prometheus-stack port-forward $POD_NAME 8080:9400 &

echo "Visit http://127.0.0.1:8080/metrics to use your application"
```

② 查看指标

集群内,可以机制借助 pod 的 IP 或 ClusterIP。

集群外,可以借助于 dcgm-exporter 服务的 NodePort。

```
# curl http://127.0.0.1:8080/metrics

# HELP DCGM_FI_DEV_SM_CLOCK SM clock frequency (in MHz).
# TYPE DCGM_FI_DEV_SM_CLOCK gauge
DCGM_FI_DEV_SM_CLOCK{gpu="0",UUID="GPU-7dbd23db-36db-faaa-9e4c-
7dfbc997c320",device="nvidia0",modelName="Tesla K80",Hostname="dcgm-exporter-
1677722943-
6gssw",DCGM_FI_DRIVER_VERSION="470.161.03",container="",namespace="",pod=""} 324
DCGM_FI_DEV_SM_CLOCK{gpu="1",UUID="GPU-00719dec-e1e6-526a-0c48-
ede59d22d901",device="nvidia1",modelName="Tesla K80",Hostname="dcgm-exporter-
1677722943-
6gssw",DCGM_FI_DRIVER_VERSION="470.161.03",container="",namespace="",pod=""} 324
...
```

上面调用 dcgm-exporter 接口,验证采集的应用 GPU 信息有点多,我们下面通过 DCGM_FI_DEV_GPU_UTIL 看 GPU 利用率。

```
curl http://127.0.0.1:8080/metrics | grep DCGM_FI_DEV_GPU_UTIL
  % Total  % ReceivHandling connection for 8080
```

```
ed % Xferd Average Speed Time Time Time Current
                                 Dload Upload Total Spent Left Speed

100  7954  0  79# HELP DCGM_FI_DEV_GPU_UTIL GPU utilization (in %).
54# TYPE DCGM_FI_DEV_GPU_UTIL gauge

  DCGM_FI_DEV_GPU_UTIL{gpu="0",UUID="GPU-7dbd23db-36db-faaa-9e4c-
7dfbc997c320",device="nvidia0",modelName="Tesla K80",Hostname="dcgm-exporter-
1677722943-
6gssw",DCGM_FI_DRIVER_VERSION="470.161.03",container="",namespace="",pod=""} 0

  DCGM_FI_DEV_GPU_UTIL{gpu="1",UUID="GPU-00719dec-e1e6-526a-0c48-
ede59d22d901",device="nvidia1",modelName="Tesla K80",Hostname="dcgm-exporter-
1677722943-
6gssw",DCGM_FI_DRIVER_VERSION="470.161.03",container="",namespace="",pod=""} 0
```

3. 使用 Grafana 查看 GPU 信息

现在要为 GPU 度量启动 Grafana 仪表板,我们可以使用 NVIDIA 提供的 DCGM 仪表板。

要将它导入 Grafana 页面中,转到仪表板→管理→导入。在结果页面中,添加 https://grafana.com/grafana/dashboards/12239 作为 url。

单击 Load 并选择 Prometheus 作为数据源。导入后,可以观看新的仪表板,如图 6-6 所示。

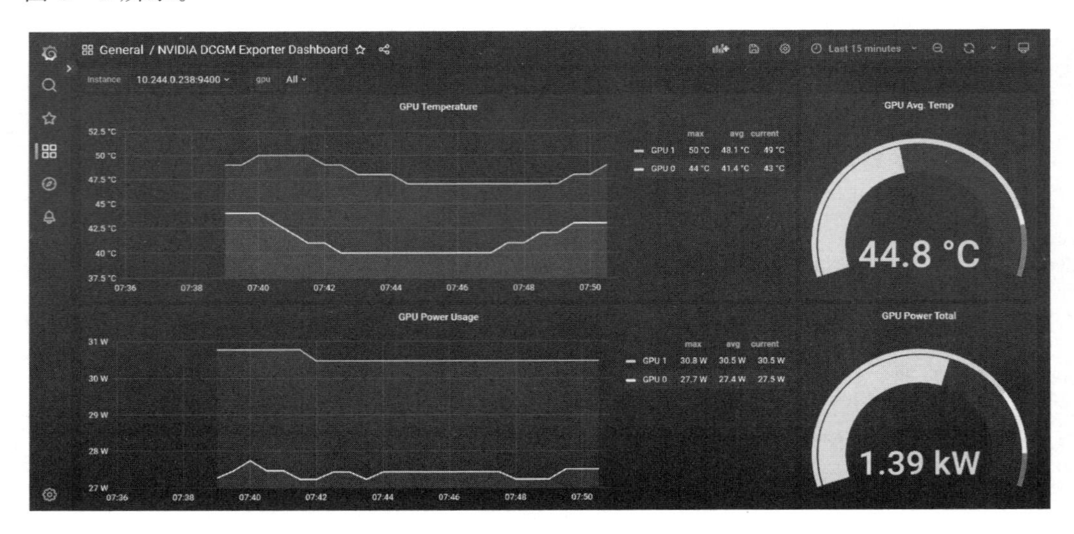

图 6-6 DCGM 仪表板

6.3.2 常用的GPU观测指标

一些常用的GPU观测指标见表6-5所列。

表6-5 常用的GPU观测指标

指标名称	指标类型	单位	说明
DCGM_FI_DEV_GPU_UTIL	Gauge	%	GPU利用率
DCGM_FI_DEV_MEM_COPY_UTIL	Gauge	%	内存利用率
DCGM_FI_DEV_ENC_UTIL	Gauge	%	编码器利用率
DCGM_FI_DEV_DEC_UTIL	Gauge	%	解码器利用率
DCGM_FI_DEV_FB_FREE	Gauge	MB	表示帧缓存剩余数，帧缓存一般被称为显存
DCGM_FI_DEV_FB_USED	Gauge	MB	表示帧缓存已使用的数值，该值与nvidia-smi命令中memory-usage的已使用值对应
DCGM_FI_DEV_GPU_TEMP	Gauge	摄氏度	设备的当前GPU温度读数
DCGM_FI_DEV_POWER_USAGE	Gauge	W	设备的电源使用情况

6.4 Kubernetes日志记录

云原生应用程序通常需要记录大量的日志信息，以便进行故障排除、性能优化和安全审计等操作。

以下是一些关于为什么Kubernetes需要良好的日志记录的原因：

- 容器的短生命周期：在Kubernetes中，容器通常有短暂的生命周期，因此容器的日志记录是一种重要的调试工具，可以帮助开发人员快速排查问题。
- 容器数量的增加：Kubernetes可以管理大量的容器，这使得监控和诊断变得更加复杂。使用日志记录可以帮助我们快速确定容器中的问题，从而加快故障排除的速度。
- 多层抽象：Kubernetes使用了多层抽象，包括Pod、Service、Deployment和Namespace等。每个抽象层都有自己的日志记录，这使得Kubernetes的调试和诊断变得更加复杂。使用日志记录可以帮助我们快速定位问题所在的层次结构。
- 可扩展性：Kubernetes可以水平扩展，这意味着我们可以在需要时添加更多的容器。使用日志记录可以帮助我们监视每个容器的性能，以便快速发现并解决问题。
- 安全性：Kubernetes的安全性是非常重要的，特别是在生产环境中。使用日志记录可以帮助我们监视和识别潜在的安全问题，并在出现问题时及时采取行动。

因此，良好的日志记录是 Kubernetes 平台上的必要性，它可以帮助我们更好地了解应用程序的状态，并更快速地解决问题。

1. 与传统应用日志收集的区别

Kubernetes 是一种容器编排平台，它使得在分布式环境中部署和管理应用程序变得更加容易和灵活。因此，与传统应用程序日志收集相比，Kubernetes 日志收集具有以下区别：

- 容器级别的日志收集：在 Kubernetes 环境中，应用程序运行在容器中。每个容器都有其自己的日志输出，包括 stdout 和 stderr。因此，Kubernetes 日志收集需要将容器级别的日志输出收集到一起，以便进行集中管理和分析。这与传统应用程序日志收集不同，后者通常将日志输出写入文件或数据库，并需要单独进行处理和分析。
- 基于标签的日志收集：在 Kubernetes 中，Pod 和容器可以通过标签进行标识和分类。因此，Kubernetes 日志收集可以根据标签来过滤和分类日志输出。这使得在分布式环境中跟踪应用程序的不同部分变得更加容易。在传统应用程序中，需要手动分类和过滤日志输出。
- 动态环境的日志收集：在 Kubernetes 环境中，容器和 Pod 的数量可以随着应用程序的需要进行动态调整。这意味着 Kubernetes 日志收集需要动态地跟踪容器和 Pod 的变化，并自动进行日志收集。传统应用程序日志收集通常是静态的，需要手动配置和管理。
- 集成容器编排平台：Kubernetes 作为一种容器编排平台，可以与日志收集工具集成，以便自动收集和管理日志输出。这使得日志收集更加容易和自动化。传统应用程序日志收集需要手动配置和管理。

总之，Kubernetes 日志收集具有更加灵活、动态和自动化的特点，与传统应用程序日志收集有所不同。

2. kubertes 日志收集的困难和复杂性

尽管 Kubernetes 提供了许多便利的功能，但是日志收集仍然是具有挑战性和复杂性的任务。以下是一些可能导致困难和复杂性的原因：

- 容器的生命周期管理：容器的生命周期是动态的，容器可能会被创建、删除或重新启动。这使得在 Kubernetes 环境中跟踪和管理容器日志变得更加困难。如果不及时收集和保存容器日志，可能会丢失重要的日志数据。
- 容器的位置和可访问性：容器可以在集群中的任何节点上运行，这使得跨节点收集容器日志变得更加困难。同时，某些容器可能会运行在无法直接访问的节点上，例如在私有网络中的节点上。这就需要采取特殊的措施来收集这些容器的日志。
- 多个容器的日志管理：在 Kubernetes Pod 中可能会运行多个容器，每个容器都有其自己的日志输出。这使得在管理日志时更加复杂，需要将多个容器的日志收集和整合在一起。

- 大量的日志数据：Kubernetes 环境中可能会有大量的容器和 Pod 运行，每个容器和 Pod 都会产生大量的日志数据。如果不进行适当的管理和存储，就会导致存储容量不足和性能问题。
- 安全性问题：在 Kubernetes 环境中，容器可能会运行在不同的安全区域中。这就需要采取特殊的措施来确保日志数据的安全传输和存储，以防止敏感信息泄露。

综上所述，Kubernetes 日志收集具有困难和复杂性。要成功地收集和管理 Kubernetes 日志，需要仔细考虑这些问题，并采取适当的措施来解决这些问题。

6.4.1 Kubernetes 日志收集的方案

在 Kubernetes 中，有许多不同的日志收集方案可供选择。以下是几种常见的方案：

1. 边车容器(Sidecar Container)方案

Kubernetes 可以使用边车容器(Sidecar Container)来运行日志代理，这是一种常见的日志收集方案。边车容器是在同一个 Pod 中与主容器(主应用程序容器)同时运行的另一个容器。它的主要作用是处理与主容器相关的任务，例如日志收集、监控、负载均衡等。

在 Kubernetes 中，边车容器通常用于日志收集，它们运行日志代理，并将主容器的日志数据传输到指定的存储后端(例如 ELK、Fluentd、Splunk 等)。这种方式使得日志收集和处理与主容器分离，使其更具灵活性和可扩展性。

在使用边车容器时，需要确保边车容器和主容器可以相互通信并共享数据。通常可以通过共享同一个数据卷或使用网络接口进行通信。同时，还需要确保边车容器和主容器的生命周期同步，以确保日志代理能够正确地处理日志数据。

使用边车容器来运行日志代理是 Kubernetes 中常用的一种日志收集方案，它能够提供更灵活、可扩展和可靠的日志收集解决方案。

以下是一个使用边车容器运行日志代理的示例：

在 Kubernetes 中，使用边车容器作为日志代理是一种常见的方法。边车容器是指在同一个 Pod 中，与主容器并行运行的另一个容器。边车容器通常用于支持主容器的功能，如日志收集、监控等。

以下是一个使用边车容器运行日志代理的示例：

(1) 创建一个 ConfigMap

ConfigMap 包含日志代理所需的配置信息，例如，以下配置文件定义了 Fluentd 日志代理所需的配置。

```
apiVersion: v1
kind: ConfigMap
```

```
metadata:
  name: fluentd-config
data:
  fluentd.conf: |
    <source>
      @type tail
      path /var/log/nginx/access.log
      pos_file /var/log/nginx/access.log.pos
      tag nginx.access
      format nginx
    </source>

    <match nginx.access>
      @type elasticsearch
      host elasticsearch-logging
      port 9200
      index_name fluentd-nginx
      type_name fluentd
    </match>
```

(2) 创建一个 Pod

Pod 包含主容器和边车容器。例如,以下示例创建了一个运行 NginxWeb 服务器的 Pod,并且使用 Fluentd 作为日志代理。

```
apiVersion: v1
kind: Pod
metadata:
  name: nginx-logger
spec:
  containers:
  - name: nginx
    image: nginx
    ports:
    - containerPort: 80
  - name: fluentd
    image: fluent/fluentd
    volumeMounts:
    - name: config
      mountPath: /fluentd/etc/
  volumes:
  - name: config
    configMap:
      name: fluentd-config
  restartPolicy: Always
```

在这个 Pod 中，有两个容器，一个是运行 NginxWeb 服务器的主容器，另一个是 Fluentd 日志代理的边车容器。Fluentd 容器使用了一个名为 fluentd-config 的 ConfigMap，其中包含了 Fluentd 所需的配置信息。Fluentd 容器还挂载了一个名为 config 的 Volume，其将 ConfigMap 中的配置文件挂载到容器的/fluentd/etc/目录下。

(3) 测试。当 Pod 运行时，Nginx 容器将生成访问日志，并将其写入/var/log/nginx/access.log 文件。Fluentd 容器将收集并处理这些日志，并将其发送到 Elasticsearch 服务器，以供进一步分析和可视化。

以上是使用边车容器运行日志代理的一个示例。这种方法可以轻松地将日志收集和处理集成到 Kubernetes Pod 中，从而实现更好的日志管理和分析。

Kubernetes 使用边车容器(Sidecar)来运行日志代理是一种常见的日志收集和管理方法。下面是一些优缺点：

① **优点**

- 简单：边车容器可以直接与主应用容器运行在同一个 Pod 中，因此相对来说部署和管理较为简单。
- 统一性：由于边车容器和主应用容器运行在同一个 Pod 中，因此可以使用同样的存储和网络配置，实现更统一的日志收集和管理。
- 灵活性：边车容器可以根据需要灵活地配置和调整，例如可以选择不同的日志代理或收集器，以满足不同的需求。

② **缺点**

- 资源浪费：边车容器需要占用额外的资源，包括 CPU、内存和存储等。如果部署多个边车容器，会导致资源浪费。
- 依赖性：边车容器和主应用容器之间存在依赖关系。如果边车容器出现故障，可能会影响主应用容器的运行。
- 复杂性：边车容器的部署和管理需要额外的工作量和复杂性，需要考虑边车容器和主应用容器的协调和通信等问题。

综上所述，使用边车容器运行日志代理具有一些优点和缺点。要根据实际需求和情况来选择是否使用这种方法。

2. DaemonSet 方案

在 Kubernetes 中，DaemonSet 用于在整个集群中运行一组 Pod，通常用于守护进程。

Kubernetes 使用 DaemonSet 来运行日志代理是一种常见的方法，可以在集群中自动部署和管理日志代理，以便收集和转发容器的日志数据。

DaemonSet 是一种 Kubernetes 资源类型，用于在每个节点上运行一个或多个 Pod。它可以确保集群中的每个节点都有一个 Pod 在运行，并自动进行扩展或缩减，以适应集群节点的动态变化。

以下是在 Kubernetes 中使用 DaemonSet 来运行日志代理的一般步骤：

(1) 选择适当的日志代理

选择一种适合你的 Kubernetes 集群的日志代理，如 Fluentd、Filebeat、Logstash

等。这些日志代理可以从容器的日志输出中收集数据,并将其转发到指定的目的地,如 Elasticsearch、Kafka、Syslog 等。

(2) 创建 DaemonSet

使用 Kubernetes API 或 kubectl 命令行工具创建一个 DaemonSet 资源,并指定要使用的日志代理容器的镜像和其他配置信息。DaemonSet 将在集群中的每个节点上自动运行一个 Pod,并在节点上启动指定的日志代理容器。

(3) 配置日志代理

在日志代理容器中配置适当的收集器和转发器,以便从容器中收集日志,并将其发送到指定的目标,如 Elasticsearch、Kafka 等。

(4) 监视和管理

使用 Kubernetes Dashboard 或 kubectl 命令行工具来监视和管理 DaemonSet 资源。你可以查看每个节点上的日志代理容器的日志输出,以确保它们正在正确地收集和转发容器的日志数据。

总的来说,使用 DaemonSet 来运行日志代理是一种有效的方法,可以自动化地收集和管理 Kubernetes 集群中的日志数据,并确保每个节点都有一个日志代理容器在运行。

Kubernetes 中使用 DaemonSet 运行日志代理具有以下优点和缺点:

① 优点

- 高可用性:DaemonSet 确保在每个节点上都运行一个 Pod,因此它可以确保日志代理在整个集群中具有高可用性,即使节点失败或被替换。
- 自动化:使用 DaemonSet 可以自动部署和升级日志代理。每当有新的节点加入集群或现有的节点被替换时,DaemonSet 会自动启动或停止 Pod。
- 简化配置:DaemonSet 的模板允许配置每个节点上运行的 Pod,以便使用相同的配置参数部署日志代理。这简化了配置和管理,并且确保每个节点上都使用相同的配置。
- 高灵活性:DaemonSet 可以灵活地部署在不同的节点上,这使得我们可以轻松地将日志代理部署到指定的节点上,例如将日志代理部署到专门用于日志收集的节点上。

② 缺点

- 资源消耗:在每个节点上运行一个 Pod 会增加资源的消耗,特别是在较大的集群中。这可能会导致不必要的成本和性能问题。
- 可扩展性:DaemonSet 的规模与节点的数量相同,这可能会导致在较大的集群中部署代理成为挑战。在这种情况下,可能需要使用其他技术来扩展部署,例如使用 Fluentd 或其他负载均衡器。
- 日志过滤:DaemonSet 通常只部署日志代理,而不是包含所有日志过滤逻辑的完整日志收集系统。这可能需要在代理之后进行更多的日志过滤和处理,这可能会增加额外的复杂性。

综上所述,使用 DaemonSet 运行日志代理是一种流行的方式,可以提供高可用性和自动化，并简化配置和管理。但是，它也具有一些缺点，例如增加资源消耗和可扩展性问题。

3. Pod 和容器日志收集方案

Kubernetes(K8s)是一个开源的容器编排平台，它允许开发者自动化部署、扩展和管理容器化应用程序。在 Kubernetes 中，Pod 是最小的可部署单元，它包含一个或多个紧密耦合的容器，并共享一个网络命名空间和存储卷。

要收集 Pod 和容器的日志，可以采用以下两种方案：

(1) 使用 Kubernetes 本身的日志收集机制

Kubernetes 提供了一个集中化的日志收集机制，称为 Kubernetes API 服务器。它通过容器运行时接口(CRI)来获取容器日志，将其转换为结构化日志，并将其存储在 Kubernetes 集群中的数据存储中(如 etcd)。在 Kubernetes 中，可以使用不同的日志记录器来将容器日志记录到标准输出(stdout)和标准错误输出(stderr)中。这些日志可以通过 kubectl logs 命令来获取。此外，Kubernetes 还提供了一些工具，如 Fluentd 和 Logstash，它们可以将这些日志导出到外部系统，如 Elasticsearch、Splunk 等。

(2) 使用第三方容器日志收集工具

除了 Kubernetes 本身的日志收集机制外，还有很多第三方容器日志收集工具可供选择。这些工具通常提供更高级的功能，如日志分析、实时监控、告警等。一些常见的工具包括：

- Fluentd：一个开源的日志收集器，支持多种输入和输出插件，可以与 Kubernetes 无缝集成。
- Logstash：另一个流行的开源日志收集器，支持多种输入和输出插件。
- Elasticsearch：一个开源的搜索和分析引擎，通常与 Fluentd 或 Logstash 一起使用，用于存储和分析日志数据。
- Splunk：一种商业化的日志收集和分析工具，可与 Kubernetes 集成，提供实时监控、告警和日志分析等功能。

无论使用哪种方法，都需要确保正确配置和管理，以确保收集到的日志是准确的、可靠的和安全的。

4. 节点日志收集方案

在 Kubernetes 集群中，节点是主机(物理机或虚拟机)，它们托管着 Kubernetes Pod 和容器。为了收集节点级别的日志和指标，可以采用以下两种方案：

(1) 使用节点级别的日志和指标收集器

一些开源工具，如 Prometheus、Grafana、Fluentd 等，可以在节点级别上收集日志和指标数据。这些工具可以通过 DaemonSet 在每个节点上运行，并将数据发送到中央存储或分布式存储中。例如，Prometheus 可以通过 Node Exporter 组件收集节点的指标数据，并将其发送到 Prometheus 服务器进行分析和可视化。

(2) 使用专用的节点日志和指标收集工具

除了通用的日志和指标收集工具外，还有一些专用的工具可用于节点级别的日志和指标收集。这些工具通常提供更高级的功能，如性能分析、故障诊断等。例如：

- Sysdig：一个云原生安全和可观察性平台，其可提供深度系统级别的监控和诊断功能，可以在节点上进行收集。
- Datadog：一种基于 SaaS 的监控平台，提供节点级别的日志收集和指标监控功能，可与 Kubernetes 集成。

无论使用哪种方法，都要正确配置和管理，以确保收集到的数据是准确的、可靠的和安全的。此外，还应该遵循最佳实践，如限制收集数据的范围、安全传输和存储数据、监视和维护收集器的健康状况等。

除此之外，还可以使用像 ELKStack 或 Splunk 这样的日志分析工具来收集和分析 Kubernetes 集群中的所有日志。这些工具提供高级分析功能，如搜索、过滤、聚合和可视化。优点是提供强大的分析功能，缺点是可能需要进行一些配置和专业方面的知识。

总的来说，Kubernetes 日志收集方案的选择取决于集群规模、应用程序需求和团队技能水平等因素。需要综合考虑并选择最适合自己环境的方案。

6.4.2 日志记录最佳实践

以下是云原生应用程序日志记录的一些最佳实践：

- **在应用程序内部记录足够的信息**：在应用程序内部记录足够的信息是非常重要的。这些信息可以包括请求的 URL、请求的参数、响应的状态码、响应时间等。这些信息可以帮助开发人员快速定位和解决问题。
- **使用标准日志记录框架**：使用标准的日志记录框架，如 Log4j、Logback、Pythonlogging 等。这些框架提供了丰富的配置选项和可插拔的输出器，可以方便地将日志记录到控制台、文件、数据库或远程日志记录服务中。
- **使用结构化日志记录**：使用结构化日志格式，如 JSON 或 XML 格式，可以使日志更易于解析和分析。结构化日志记录允许使用工具自动解析和分析日志，而无需手动解析文本日志。
- **避免过度记录日志**：过度记录日志会占用大量的磁盘空间和网络带宽，对应用程序的性能和可伸缩性产生负面影响。只记录必要的信息，并使用日志级别来控制日志记录的详细程度。
- **合理处理日志记录**：对于大量的日志记录，可以使用日志聚合工具(如 ELK 或 Fluentd)进行聚合和分析。使用日志轮转来限制日志文件大小，并定期清理旧的日志记录。
- **安全处理敏感信息**：对于包含敏感信息(如密码、密钥、个人身份信息等)的日志记录，应该对其进行加密、掩盖或完全删除。确保只有授权人员能够访问敏感信息。
- **使用日志分析工具**：使用日志分析工具可以帮助开发人员和运维人员更轻松地分析和搜索日志。这些工具可以帮助开发人员和运维人员更快地定位和解决问题，例如可以根据关键字、异常等条件自动警报，减少故障排除时间。

Kubernetes 是一个开源的容器编排平台，用于管理和部署容器化应用程序。在 Kubernetes 中，每个容器都有自己的日志记录，这些日志记录对于应用程序的运行、故障排除和性能调优都至关重要。

第 7 章　云原生安全

7.1　云原生安全：从云、集群、容器到代码

7.1.1　云原生安全的必要性

云原生安全是云原生架构的一部分，因为云原生应用程序和服务是构建在容器、微服务和云平台基础设施之上的，所以云原生安全是确保应用程序和服务安全的必要手段。以下是云原生安全的几个必要性：

- 安全风险更高：由于云原生应用程序和服务是基于容器、微服务和云平台构建的，这种架构的复杂性更高，因此在安全方面的风险也更高。如果不加以适当的安全措施，可能会导致数据泄露、系统瘫痪、服务不可用等问题。
- 安全责任更加分散：在传统的应用程序架构中，安全责任通常落在企业的安全团队上，但在云原生架构中，安全责任会分散给多个团队，包括开发团队、运维团队和安全团队等。因此，需要确保所有团队都意识到安全的重要性，并采取相应的措施来保障安全。
- 安全需要自动化：由于云原生架构中的容器、微服务和云平台等基础设施是高度自动化的，因此安全也需要自动化。需要将安全措施整合到开发、构建和部署过程中，并将安全纳入自动化测试和部署流程中，以确保应用程序和服务在任何时候都能够保持安全。
- 适应不断变化的环境：云原生应用程序和服务的生命周期非常短，需要频繁地构建、部署和更新，因此安全措施也要能够适应这种变化。需要不断地审查和更新安全策略，并在需要时采取相应的措施来保障安全。

总之，云原生安全是确保应用程序和服务安全的必要手段，需要注意安全风险更高、安全责任更加分散、安全需要自动化和适应不断变化的环境等问题。

7.1.2　云原生安全实施的原则

云原生安全实施需要遵循一些基本原则，以确保安全措施的有效性和可持续性。以下是云原生安全实施的原则：

- 安全与效率兼顾：云原生应用程序和服务需要频繁地构建、部署和更新，因此安全措施不能阻碍开发、测试和部署。需要在安全和速度之间取得平衡，并采取

适当的安全措施来确保应用程序和服务的安全性。

- 安全从设计开始：安全应该从应用程序和服务的设计阶段开始考虑，而不是在后期添加。需要将安全作为一项核心要素融入到设计过程中，并使用安全的开发实践来编写代码和配置应用程序和服务。
- 安全自动化：由于云原生架构的自动化程度很高，安全也需要自动化。需要将安全措施整合到自动化工具中，例如持续集成/持续交付(CI/CD)工具和自动化测试工具，以确保安全措施可以快速、准确地执行。
- 安全多层次：云原生应用程序和服务通常由多个层次组成，例如应用程序代码、容器、操作系统和云平台基础设施等。需要在每个层次上采取适当的安全措施，并确保这些措施可以协同工作以提供综合性的安全保障。
- 安全审查和测试：需要定期对应用程序和服务进行安全审查和测试，以发现潜在的安全漏洞和问题。可以使用自动化测试工具、人工审查和红队/蓝队演习等方法来加强安全审查和测试。
- 安全培训和意识：云原生安全涉及多个团队，包括开发团队、运维团队和安全团队等。需要对这些团队成员做安全培训，提高其意识，使他们能够理解安全的重要性并采取相应的措施来保障安全。

总之，云原生安全实施需要遵循安全与速度兼顾、安全从设计开始、安全自动化、安全多层次、安全审查和测试、安全培训和意识等原则，以确保安全措施的有效性和可持续性。

7.1.3 云原生安全的4个“C”

如图7-1所示，云原生安全的4个“C”分别是云(Cloud)、集群(Cluster)、容器(Container)和代码(Code)，这是CNCF社区针对容器安全模型提供的建议，虽然不是经过验证的信息安全策略，但是依然具有很强的指导意义。

云原生安全的4个“C”以及它们的相关安全考虑和开源解决方案见表7-1所列。

表7-1 云原生安全的4个C

4个C	安全考虑	开源解决方案
云(Cloud)	认证和授权、数据加密、网络安全、可用性、合规性	OpenPolicyAgent、Keycloak、HashiCorpVault、KubeArmor、Falco
集群(Cluster)	认证和授权、访问控制、网络安全、配置管理、监视和日志记录	KubernetesRBAC、Istio、NetworkPolicies、Kube-bench、Prometheus
容器(Container)	容器镜像安全、容器运行时安全、容器网络安全、容器存储安全	Harbor、Clair、KataContainers、gVisor、Cilium
代码(Code)	安全编码实践、CI/CD流程中的安全性、代码库安全、代码漏洞扫描	OWASPTopTen、Trivy、Snyk、GitGuardian、CodeQL

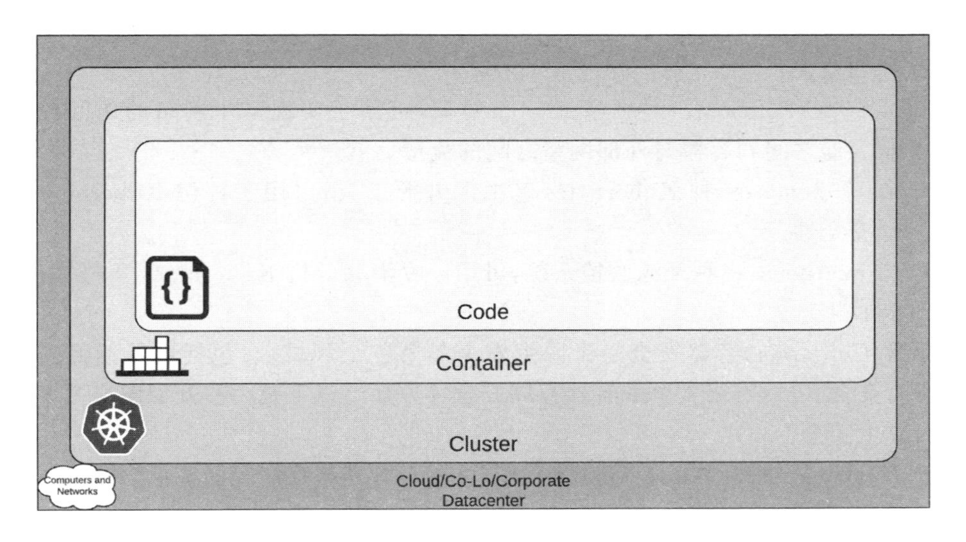

图7-1 云原生安全的4个C

表中的开源解决方案并不是详尽的清单，还有其他的开源工具和技术可以用于云原生安全。

以下是更详细的介绍：

云(Cloud)云安全是云原生安全的第一个关键领域，因为它涉及云服务提供商(CSP)的基础设施和服务的安全性。安全考虑包括认证和授权、数据加密、网络安全、可用性和合规性。为了确保在云环境中的安全性，以下是一些开源解决方案，可以用于云原生安全保障和管理：

- Open Policy Agent(OPA)：一种开放源代码、轻量级的统一访问控制策略引擎，可用于云原生环境中的认证和授权。
- Keycloak：一个开源的身份和访问管理解决方案，提供单点登录(SSO)、多因素身份验证(MFA)等功能，可用于管理用户身份和授权。
- HashiCorp Vault：一种开源的安全仓库，可用于管理加密密钥、访问令牌、密码等敏感信息，以及控制对这些信息的访问和使用。
- KubeArmor：一种基于容器的安全解决方案，可用于保护容器和它们运行应用程序的安全。
- Falco：一种开源的云原生安全解决方案，可用于实时监测和防御容器内的威胁和攻击。

集群(Cluster)云原生安全的第二个领域是集群级别的安全性，它包括认证和授权、访问控制、网络安全、配置管理、监视和日志记录等方面。以下是一些开源解决方案，可以用于云原生安全：

- Kubernetes RBAC：Kubernetes Role-Based Access Control(RBAC)可用于管理对Kubernetes集群中资源的访问权限。

- Istio：一种服务网格技术，可以用于在 Kubernetes 集群中实现流量管理、安全性和监视。
- NetworkPolicies：一种 Kubernetes 对象，可用于实现基于网络的访问控制，限制容器之间和容器与外部网络之间的流量。
- Kube-bench：一种 Kubernetes 基准的开源工具，可用于评估 Kubernetes 集群的安全性。
- Prometheus：一种开源监控系统，可用于收集和分析 Kubernetes 集群中的指标和日志。

容器(Container)容器安全是云原生安全的第三个领域，它包括容器镜像安全、容器运行时安全、容器网络安全和容器存储安全等方面。以下是一些开源解决方案，可以用于云原生安全：

- Harbor：一种开源的容器镜像仓库，可用于管理和存储容器镜像，并提供镜像签名和验证功能。
- Clair：一种开源的容器镜像扫描器，可用于检测容器镜像中的漏洞和安全问题。
- Kata Containers：一种基于虚拟化技术的容器运行时，可用于提供更强的安全隔离性和可信性。
- gVisor：一种轻量级的沙箱，可以用于提供容器运行时的安全隔离。
- Cilium：一种开源的容器网络解决方案，可用于提供网络安全和策略强制执行。
- Falco：除了可以用于集群级别的安全性监测之外，也可以用于监测容器内的威胁和攻击。

代码(Code)云原生安全的最后一个领域是代码级别的安全性，它包括应用程序的漏洞和安全问题，以及与代码库和依赖项的相关性等方面。以下是一些开源解决方案，可以用于云原生安全：

- Snyk：一种开源的安全工具，可用于检测应用程序中的漏洞和安全问题，并提供有关如何修复这些问题的建议。
- Trivy：一种开源的容器镜像扫描器，可以扫描容器镜像中的漏洞和安全问题，并提供有关如何修复这些问题的建议。
- Dependency-Track：一种开源的软件组件分析平台，可用于管理应用程序中的依赖项，并检测其中的漏洞和安全问题。
- GitGuardian：一种开源的代码扫描器，可以扫描代码库中的敏感信息和密钥，并提供有关如何修复这些问题的建议。
- SonarQube：一种开源的代码质量和安全性分析工具，可用于检测应用程序中的漏洞和安全问题，并提供有关如何修复这些问题的建议。

7.2 实施 Pod 安全机制和策略

Pod 安全是指 Kubernetes 中 Pod 的安全性能。Pod 是 Kubernetes 中最小的可调度单位，每个 Pod 都是由一个或多个容器组成的。因此，Pod 安全性是确保 Pod 中的容器及其应用程序受保护的重要组成部分。以下是一些提高 Pod 安全性的方法：

- 使用最小权限原则：Pod 中的容器应该只有执行其任务所需的最小权限。可以通过 Kubernetes 中的安全上下文(SecurityContext)来限制容器的权限。
- 启用容器镜像签名：在 Pod 中使用容器镜像时，应启用镜像签名验证，以确保容器镜像是从受信任的源获取的。

限制容器对主机的访问：可以通过 Pod 安全策略(PodSecurityPolicy)或网络策略(NetworkPolicy)来限制容器对主机的访问。

- 启用 Pod 安全上下文：Pod 安全上下文可以控制 Pod 内容器的权限、文件系统访问、网络访问等。
- 启用资源限制：可以通过 Kubernetes 的资源限制和配额机制限制容器使用的 CPU、内存、存储等资源，防止容器过度占用集群资源，导致其他应用受影响。
- 启用审计日志记录：应启用审计日志记录监视 Pod 中容器的行为。
- 启用容器网络策略：容器网络策略可以限制 Pod 内容器之间和与集群外部的网络流量。
- 使用网络隔离：使用网络隔离可以防止容器之间发生相互干扰或攻击。可以使用 Kubernetes 中的 NetworkPolicy 对 Pod 中的容器进行网络隔离。
- 更新容器及其依赖库：定期更新容器及其依赖库是保持 Pod 安全的重要组成部分。可以使用 Kubernetes 中的滚动更新策略来更新 Pod 中的容器。
- 启用自动化安全检测：可以使用自动化工具来检测 Pod 中的容器和应用程序中的漏洞和安全风险。例如，可以使用容器镜像扫描工具来扫描 Pod 中使用的容器镜像。
- 使用多层防御：应使用多层防御来保护 Pod 中的容器。可以使用防火墙、入侵检测系统、防病毒软件等多种安全工具。

总之，Pod 安全是 Kubernetes 集群中非常重要的一部分。通过采取上述方法，可以确保 Pod 中的容器及其应用程序受到充分的保护，从而保护整个 Kubernetes 集群免受安全攻击的影响。

7.2.1 Pod 的安全机制和策略

PodSecurityPolicy(Pod 安全策略)、PodsecurityContext(Pod 安全上下文)、Pod Security Admission(Pod 安全性准入控制器)都是 Kubernetes 中用于实现 Pod 安全的机制和策略。它们可以帮助限制 Pod 中容器的访问权限、文件系统权限、网络权限等，从而提高 Kubernetes 集群的安全性。

1. Pod security Context

Pod security Context 是在 Pod 和容器级别定义安全上下文属性。Podsecurity Context 可以定义容器的许多安全选项,例如容器的用户 ID、容器的组 ID、容器是否拥有 root 权限、容器可以访问的卷等。通过使用 Pod security Context,管理员可以更好地控制容器的安全性,确保容器运行在安全环境中。与 Pod Security Policy 不同,Pod security Context 是在 Pod 和容器级别,而不是在命名空间或集群级别设置的。

2. Pod Security Policy

Pod Security Policy 是一种 Kubernetes 的资源对象,允许 Kubernetes 集群管理员定义一组安全策略,用于限制 Pod 中容器的权限和功能。Pod Security Policy 可以控制 Pod 中容器的许多安全选项,例如容器的用户 ID、容器是否拥有 root 权限、容器可以访问的卷等。Pod Security Policy 可以在命名空间级别或集群级别使用,可以确保运行在 Kubernetes 集群中的容器符合一定的安全标准。

3. Pod Security Admission

Pod Security Admission 是 Kubernetes 中的一个准入控制器,用于实施 Pod 安全性策略。Pod Security Admission 可以拦截 Pod 创建请求,并根据策略审查请求是否可以被接受。如果 Pod 不符合策略,Pod Security Admission 将拒绝创建该 Pod,并返回一个错误。通过使用 Pod Security Admission,管理员可以在 Kubernetes 集群中强制实施一组安全标准,确保所有运行的容器都符合该标准。

综上所述,Pod Security Policy 和 Pod Security Admission 是两种 Kubernetes 中的资源对象,用于控制 Pod 安全性。而 Pod security Context 是在 Pod 和容器级别设置的属性,用于控制容器运行时的安全性和特权。

4. Pod Security Policy、Pod security Context 和 Pod Security Admission 的区别

Pod security Context 在运行时配置 Pod 和容器,是在 Pod 清单中作为 Pod 和容器规约的一部分来定义的,所代表的是传递给容器运行时的参数。

Pod Security Policy 则是控制面用来对安全上下文以及安全性上下文之外的参数实施某种设置的机制。在 2020 年 7 月,Pod Security Policy 已被废弃,取而代之的是内置的 Pod Security Admission(Pod 安全性准入控制器)。

Pod Security Policy 和 Pod Security Admission 的主要区别在于作用对象的不同。Pod Security Policy 作用于 Kubernetes 集群中的所有命名空间或指定的命名空间,它是一种静态的安全机制,管理员需要通过配置创建和管理 Pod Security Policy 对象。

Pod Security Admission 是一种动态的安全机制,它只作用于 Pod 创建请求,并在 Pod 被创建前审查请求的安全性,以确保 Pod 满足规定的安全策略。Pod Security Admission 可以通过动态配置进行创建和管理,可以根据需要对每个命名空间单独配置。

7.2.2 使用 Pod Security Admission

Pod Security Policy 在 Kubernetes V1.21 被标记为弃用，并且将在 V1.25 中被移除，在 KubernetesV1.22 中则增加了新特性 Pod Security Admission。

Pod Security Admission 在新 Pod 被准入之前对其进行检查，根据请求的安全上下文和 Pod 所在命名空间允许的 Pod 安全性标准的限制来确定新 Pod 是否应该被准入。

Pod Security Admission 在 Kubernetes v1.22 作为 Alpha 特性发布，在 Kubernetes v1.23 中作为 Beta 特性默认可用。从 1.25 版本起，此特性进阶至正式发布(Generally Available)。

1. Pod Security Standards

PodSecurityStandards 定义了三种不同的 Pod 安全标准策略：Privileged，Baseline 和 Restricted。这些策略分别定义了一组安全标准和限制，以确保 Pod 运行时的安全性。以下是这些策略的详细说明：

- Privileged：最宽松的策略，允许 Pod 中的容器以特权模式运行。这意味着容器可以访问主机上的任何资源，包括主机文件系统、主机网络和进程命名空间等。因此，这种策略具有较高的安全风险，应该避免使用。实际上，Kubernetes 会默认禁止使用 Privileged 策略。
- Baseline：一种较为安全的策略，它限制容器的能力和访问权限，以确保容器无法访问主机资源。这种策略允许容器使用一些必要的 Linux 能力和功能，例如 IPC 命名空间和 SYS_TIME 权限。此外，它还限制了容器对主机文件系统和网络的访问权限。
- Restricted：最严格的策略，其禁止容器访问主机上的任何资源。它限制容器使用的能力和功能，禁止容器访问主机文件系统、网络和进程命名空间等。此外，它还禁止使用特权模式和 hostPath 卷。Restricted 策略通常用于处理敏感数据或运行安全敏感的工作负载。

这些策略可以通过 Kubernetes 的内置准入控制器来实现。在使用这些策略之前，建议先对集群进行全面的安全审计和风险评估，以确定哪种策略最适合你的工作负载。

在选择合适的 Pod 安全标准策略时，应根据工作负载的需求和安全要求进行评估。如果工作负载需要访问主机文件系统或网络资源，则应考虑使用 Privileged 策略。如果工作负载涉及敏感数据，则应考虑使用 Baseline 或 Restricted 策略。

需要注意的是，使用 Privileged 策略会带来较高的安全风险，因此应该在必要时谨慎使用。另外，Restricted 策略会限制容器的能力，因此在选择该策略时需要仔细考虑工作负载的功能和要求。

2. 三种不同的 Pod 安全设定模式

在 Kubernetes 中，可以针对 Pod 安全性设置三种不同的模式：enforce、audit、

warn。这些模式是通过 Kubernetes 的安全机制 PodSecurityPolicy(PSP)和 PodSecurityAdmission(PSA)实现的。

下面是这三种模式的详细说明:

(1) Enforce

Enforce 模式是最严格的安全模式,它将强制执行 Pod 安全策略,并拒绝不符合规则的 Pod 运行。如果 Pod 违反了 PSP 中定义的规则,将无法创建或启动该 Pod。这种模式适用于高度安全的生产环境。

(2) Audit

Audit 模式在 Pod 创建或启动时会检查 Pod 安全策略,如果发现不符合规则的情况,会记录相关事件。这种模式不会阻止不符合规则的 Pod 运行,而是会将事件记录下来,供管理员进行审计和处理。

(3) Warn

Warn 模式会在 Pod 创建或启动时检查 Pod 安全策略,如果发现不符合规则的情况,会记录相关事件,并允许 Pod 运行。这种模式适用于需要灵活性和可调试性的开发和测试环境。

需要注意的是,在使用 Enforce 模式之前,必须先对 Pod 安全策略进行充分的测试和审计,以确保不会影响生产环境的稳定性和安全性。

Kubernetes 为 PodSecurityAdmission 定义了三种标签,大家可以在某个命名空间中设置这些标签来定义需要使用的 Pod 安全性标准级别,但请勿在 kube-system 等系统命名空间修改 Pod 安全性标准级别,否则可能出现系统命名空间下 Pod 故障,见表 7-2 所列。

表 7-2 Pod 安全设定模式

隔离模式(mode)	生效对象	描述
enforce	Pod	违反指定策略会导致 Pod 无法创建
audit	工作负载(例如 Deployment、Job 等)	违反指定策略会在审计日志(auditlog)中添加新的审计事件,但是 Pod 仍可以被创建
warn	工作负载(例如 Deployment、Job 等)	违反指定策略会返回用户可见的告警信息,但是 Pod 仍可以被创建

Pod 通常是通过创建 Deployment 或 Job 这类工作负载对象来间接创建的。在使用 PodSecurity Admission 时,audit 或 warn 模式的隔离都将在工作负载级别生效,而 enforce 模式并不会应用到工作负载,其仅在 Pod 上生效。

方式一:启用 PodSecurity 准入插件

在 v1.23+中,PodSecurity 特性门控是一项 Beta 功能特性,默认被启用。

在 v1.22 中,PodSecurity 特性门控是一项 Alpha 功能特性,必须在 kube-apiserver 上启用才能使用内置的准入插件。

```
--feature-gates = "...,PodSecurity = true"
```

如果是通过 kubeadm 部署的 Kubernetes 集群，可以使用以下命令修改 kube-apiserver 的启动参数。编辑 kube-apiserver 的配置文件 /etc/kubernetes/manifests/kube-apiserver.yaml：

```
sudo vi /etc/kubernetes/manifests/kube-apiserver.yaml
```

修改配置文件中的参数，例如将 PodSecurity 功能开关设置为 true：

```
spec:
  containers:
  - command:
   - kube-apiserver
   - --enable-admission-plugins=NodeRestriction,PodSecurityPolicy
   - --feature-gates=PodSecurity=true
```

保存配置文件并退出编辑器。

然后，通过 ps -ef | grep kube-apiserver | grep feature-gates 命令验证是否开启 PodSecurity 特性门控。

方式二：安装 PodSecurity 准入 Webhook

对于无法应用内置 PodSecurity 准入插件的环境，无论是因为集群版本低于 v1.22，或者 PodSecurity 特性无法被启用，都可以使用 Beta 版本的验证性准入 Webhook。使用 PodSecurity 准入逻辑。

在 https://git.k8s.io/pod-security-admission/webhook 上可以找到一个预先构建的容器镜像、证书生成脚本以及一些示例性质的清单。

```
# 克隆代码
git clone git@github.com:kubernetes/pod-security-admission.git
cd pod-security-admission/webhook
# 配置 Webhook 证书：运行 make certs 以生成 https://webhook.pod-security-webhook.svc.
make certs
# 部署 Webhook：应用清单以在集群中安装 webhook
# 这将应用子目录中的 manifests 清单，创建包含服务证书的密钥，并注入 CA bundle 到 validating webhook。
kubectl apply -k .
```

所生成的证书合法期限为 2 年。在证书过期之前，需要重新生成证书或者去掉 Webhook，以使用内置的准入查件。

7.2.3 为命名空间设置 Pod 安全性准入控制标签

在 Kubernetes 中，可以针对 Pod 安全性设置三种不同的模式：enforce、audit、warn。命名空间可以配置任何一种或者所有模式，甚至为不同的模式设置不同的级别。对于每种模式，决定所使用策略的标签有两个 pod-security.kubernetes.io/<MODE>:<LEVEL> 和 pod-security.kubernetes.io/<MODE>-version:<VERSION>。

```
# 针对模式的级别标签用来标示针对该模式所应用的策略级别
#
# MODE 必须是 'enforce'、'audit' 或 'warn' 之一
# LEVEL 必须是 'privileged'、baseline' 或 'restricted' 之一
pod-security.kubernetes.io/<MODE>: <LEVEL>

# 可选:针对每个模式版本的版本标签可以将策略锁定
# 给定 Kubernetes 小版本号所附带的版本(例如 v1.27)
#
# MODE 必须是 'enforce'、'audit' 或 'warn' 之一
# VERSION 必须是一个合法的 Kubernetes 小版本号或者 'latest'
pod-security.kubernetes.io/<MODE>-version: <VERSION>
```

关于用法示例,可参阅使用命名空间标签来强制实施 Pod 安全标准。

1. 创建命名空间

新建几个命名空间用来测试 privileged、baseline 或 restricted:

```
$ kubectl create ns restricted-warn
namespace/restricted-warn created

$ kubectl create ns restricted-audit
namespace/restricted-audit created

$ kubectl create ns restricted-enforce
namespace/restricted-enforce created
```

2. 命名空间打标签

(1) 给三个命名空间分别打上标签

```
# 下面的命令将 warn=restricted 策略应用到 restricted-warn 命名空间,将 restricted 策略的版本锁定
$ kubectl label --overwrite ns restricted-warn \
  pod-security.kubernetes.io/warn=restricted \
  pod-security.kubernetes.io/warn-version=v1.22

# 下面的命令将 audit=restricted 策略应用到 restricted-audit 命名空间,将 restricted 策略的版本锁定到 v1.22。
$ kubectl label --overwrite ns restricted-audit \
  pod-security.kubernetes.io/audit=restricted \
  pod-security.kubernetes.io/audit-version=v1.22

# 下面的命令将 enforce=restricted 策略应用到 restricted-enforce 命名空间,将 restricted 策略的版本锁定到 v1.22。
```

```
$ kubectl label --overwrite ns restricted-enforce \
  pod-security.kubernetes.io/enforce = restricted \
  pod-security.kubernetes.io/enforce-version = v1.22
```

(2) 验证命名空间的标签

```
$ kubectl get ns --show-labels | grep restricted
restricted-audit     Active    2m2s    kubernetes.io/metadata.name = restrictedaudit,
pod-security.kubernetes.io/audit-version = v1.22,podsecurity.
kubernetes.io/audit = restricted
restricted-enforce   Active    116s    kubernetes.io/metadata.name = restrictedenforce,
pod-security.kubernetes.io/enforce-version = v1.22,podsecurity.
kubernetes.io/enforce = restricted
restricted-warn      Active    2m7s    kubernetes.io/metadata.name = restrictedwarn,
pod-security.kubernetes.io/warn-version = v1.22,podsecurity.
kubernetes.io/warn = restricted
```

3. 测试 enforce=restricted 策略

在 restricted-enforce 命名空间创建一个违反 Restricted 策略的 Deployment。此 Deployment 使用了特权模式，并且使用主机的 PID 命名空间。

```
$ kubectl -n restricted-enforce apply -f - << EOF
apiVersion: apps/v1
kind: Deployment
metadata:
  name: podsecurity-test
spec:
  selector:
    matchLabels:
      app: nginx
  replicas: 2 # tells deployment to run 2 pods matching the template
  template:
    metadata:
      labels:
        app: nginx
    spec:
      containers:
      - name: nginx
        image: nginx:1.14.2
        ports:
        - containerPort: 80
        securityContext:
          allowPrivilegeEscalation: true
          privileged: true
```

```
      hostPID: true
      securityContext:
        runAsNonRoot: false
        seccompProfile:
          type: RuntimeDefault
EOF
```

文件解读：

- securityContext：容器的安全上下文配置，包括：
  allowPrivilegeEscalation：是否允许提权。
  privileged：是否使用特权模式运行容器。
- hostPID：是否使用主机的 PID 命名空间。
- securityContext：Pod 的安全上下文配置，包括：
  runAsNonRoot：是否以非 root 用户运行容器。
  seccompProfile：Seccomp 配置。这里配置为运行时默认配置。

执行 apply 命令，显示不能设置 hostPID=true，securityContext.privileged=true，Pod 创建被拒绝，特权容器运行，并且开启 hostPID，容器进程没有与宿主机进程隔离，容易造成 Pod 容器逃逸：

接下来在 restricted-enforce 命名空间查看创建出来的资源与发生的事件。

```
# 在 restricted-enforce 命名空间查看创建出来的资源
$ kubectl -n restricted-enforce get all
NAME                                   READY    UP-TO-DATE    AVAILABLE    AGE
deployment.apps/podsecurity-test       0/2      0             0            13m

NAME                                         DESIRED    CURRENT    READY   AGE
replicaset.apps/podsecurity-test-778748ffd   2          0          0       13m

# 在 restricted-enforce 命名空间发生的事件
$ kubectl -n restricted-enforce get events

...
62s          Warning    FailedCreate          replicaset/podsecurity-test-778748ffd
Error creating: host namespaces (hostPID = true), privileged (container "nginx" must not
set securityContext.privileged = true), allowPrivilegeEscalation ! = false (container
"nginx" must set securityContext.allowPrivilegeEscalation = false), unrestricted
capabilities (container "nginx" must set securityContext.capabilities.drop = ["ALL"]),
runAsNonRoot ! = true (pod must not set securityContext.runAsNonRoot = false)
...
```

可以看到，Deployment 成功创建，然而却没有 Pod 出现，查看事件会看到其创建过程被拒绝。

4. 测试 warn＝restricted 策略

在 restricted-warn 命名空间创建一个违反 Restricted 策略的 Deployment。此 Deployment 使用了特权模式，并且使用主机的 PID 命名空间。

```
$ kubectl -n restricted-warn apply -f - << EOF
apiVersion: apps/v1
kind: Deployment
metadata:
  name: podsecurity-test
spec:
  selector:
    matchLabels:
      app: nginx
  replicas: 2 # tells deployment to run 2 pods matching the template
  template:
    metadata:
      labels:
        app: nginx
    spec:
      containers:
      - name: nginx
        image: nginx:1.14.2
        ports:
        - containerPort: 80
        securityContext:
          allowPrivilegeEscalation: true
          privileged: true
      hostPID: true
      securityContext:
        runAsNonRoot: false
        seccompProfile:
          type: RuntimeDefault
EOF
```

创建时候直接给出了提醒：

```
Warning: would violate "v1.22" version of "restricted" PodSecurity profile: host
namespaces (hostPID=true), privileged (container "nginx" must not set
securityContext.privileged=true), allowPrivilegeEscalation != false (container "nginx"
must set securityContext.allowPrivilegeEscalation=false), unrestricted capabilities
(container "nginx" must set securityContext.capabilities.drop=["ALL"]), runAsNonRoot
!= true (pod must not set securityContext.runAsNonRoot=false)
deployment.apps/podsecurity-test created
```

接下来在 restricted-enforce 命名空间查看创建出来的资源与发生的事件。

```
# 在 restricted-warn 命名空间查看创建出来的资源
$ kubectl -n restricted-warn get all
NAME                                      READY    STATUS     RESTARTS    AGE
pod/podsecurity-test-778748ffd-fvqn2      1/1      Running    0           67s
pod/podsecurity-test-778748ffd-t486l      1/1      Running    0           67s

NAME                                  READY   UP-TO-DATE    AVAILABLE    AGE
deployment.apps/podsecurity-test      2/2     2             2            67s

NAME                                          DESIRED    CURRENT    READY    AGE
replicaset.apps/podsecurity-test-778748ffd    2          2          2        67s

# 在 restricted-enforce 命名空间发生的事件
$ kubectl -n restricted-warn get events
LAST SEEN      TYPE       REASON          OBJECT
MESSAGE
76s            Normal     Scheduled       pod/podsecurity-test-778748ffd-fvqn2
Successfully assigned restricted-warn/podsecurity-test-778748ffd-fvqn2 to master-1
...
```

这里会看到直接返回告警信息，但是 Pod 还是建立起来了。

5. 测试 audit=restricted 策略

在 restricted-audit 命名空间创建一个违反 Restricted 策略的 Deployment。此 Deployment 使用了特权模式，并且使用主机的 PID 命名空间。

```
$ kubectl -n restricted-audit apply -f - << EOF
apiVersion: apps/v1
kind: Deployment
metadata:
  name: podsecurity-test
spec:
  selector:
    matchLabels:
      app: nginx
  replicas: 2 # tells deployment to run 2 pods matching the template
  template:
    metadata:
      labels:
        app: nginx
    spec:
      containers:
```

```
      - name: nginx
        image: nginx:1.14.2
        ports:
        - containerPort: 80
        securityContext:
          allowPrivilegeEscalation: true
          privileged: true
      hostPID: true
      securityContext:
        runAsNonRoot: false
        seccompProfile:
          type: RuntimeDefault
EOF
```

创建时候没有给出告警,资源也都创建成功了:

```
# 在 restricted-audit 命名空间查看创建出来的资源
$ kubectl -n restricted-audit get all
NAME                                   READY   STATUS    RESTARTS   AGE
pod/podsecurity-test-778748ffd-lbdhj   1/1     Running   0          20s
pod/podsecurity-test-778748ffd-q7d2c   1/1     Running   0          20s

NAME                               READY   UP-TO-DATE   AVAILABLE   AGE
deployment.apps/podsecurity-test   2/2     2            2           20s

NAME                                         DESIRED   CURRENT   READY   AGE
replicaset.apps/podsecurity-test-778748ffd   2         2         2       20s

# 在 restricted-audite 命名空间发生的事件
$ kubectl -n restricted-audit get e
endpoints                           envbindings.core.oam.dev          events.events.k8s.io
endpointslices.discovery.k8s.ioevents
[root@master-1 ~]# kubectl -n restricted-audit get events
LAST  SEEN    TYPE      REASON       OBJECT
MESSAGE
24s           Normal    Scheduled    pod/podsecurity-test-778748ffd-lbdhj
Successfully assigned restricted-audit/podsecurity-test-778748ffd-lbdhj to master-1
...
```

7.2.4 配置 Pod Security Admission

pod-security.admission.config.k8s.io 有三个不同的版本,分别对应 kubernetes 的不同版本。

- 对于 v1.22 版本,可使用 v1alpha1。

- 对于 v1.23 和 v1.24 版本，使用 v1beta1。
- 对于 v1.25+版本，可使用 v1。

Pod Security Admission 提供了一种豁免机制，允许用户在必要时豁免 Pod 安全标准检查。这个特性允许用户在特定情况下创建不符合 Pod 安全标准的 Pod，但是仍然可以维护集群的安全性。

可以为 Pod 安全性的实施设置豁免(Exemptions)规则，从而允许创建一些本来会被与给定命名空间相关的策略所禁止的 Pod。豁免规则可以在上文提到的准入控制器配置中静态配置。

豁免规则可以显式枚举。满足豁免标准的请求会被准入控制器忽略（所有 enforce、audit 和 warn 行为都会被略过）。豁免的维度包括：

- Username：来自用户名已被豁免的、已认证的(或伪装的)的用户的请求会被忽略。
- RuntimeClassName：指定了已豁免的运行时类名称的 Pod 和负载资源会被忽略。
- Namespace：位于被豁免的命名空间中的 Pod 和负载资源会被忽略。

需要注意的是，使用 PodSecurityAdmission 豁免机制应该仔细考虑其安全性和影响，并且尽量避免使用。豁免应该仅在确实需要时才使用，并且需要记录豁免的原因和时间，以便进行审计和跟踪。用户创建工作负载资源时不会被豁免。控制器服务账号(例如：system：serviceaccount：kube-system：replicaset-controller)通常不应该被豁免，因为豁免这类服务账号隐含着对所有能够创建对应工作负载资源的用户豁免。

7.2.5 Pod Security Admission 的优势和局限性

Pod Security Admission 主要应用于 Kubernetes 集群的安全控制，可以在创建 Pod 时强制执行特定的安全策略。这种安全控制机制可以确保 Pod 在运行时不会执行恶意代码或访问不应该访问的资源。

1. Pod Security Admission 的优势

- 强制执行 Pod 安全标准：Pod Security Admission 可以在创建 Pod 时，强制要求 Pod 必须符合特定的安全标准。这可以帮助确保集群中的所有 Pod 都是安全的，并且符合最佳实践。
- 可配置性：PodSecurityAdmission 可以根据需要配置，以便满足特定的安全要求。例如，可以配置 Pod 安全策略以限制哪些容器可以运行在集群中，以及它们可以访问哪些资源。
- 防范攻击：PodSecurityAdmission 可以检测和拒绝那些可能会破坏 Kubernetes 集群安全的恶意代码或攻击。

2. Pod Security Admission 的局限性

- 配置复杂性：Pod Security Admission 需要进行适当的配置，以便实现预期的安全策略。这需要一定的技能和经验，因此对于新手来说可能会比较困难。

- 限制性：Pod Security Admission 的严格限制可能会对某些应用程序产生负面影响。例如，一些应用程序可能需要更高的特权级别，以便访问某些敏感资源。
- 对资源消耗的影响：Pod Security Admission 可能会对 Kubernetes 集群的性能产生影响，特别是在大规模集群中运行时。因此，需要在安全性和性能之间进行权衡。

7.2.6 其他安全准入方案

Kubernetes 生态系统中也有一些其他强制实施安全设置的替代方案处于开发状态中，如 Kubewarden，Kyverno 和 OPAGatekeeper。

Kyverno、Kubewarden 和 OPA Gatekeeper 都是基于 Kubernetes 的安全性控制工具，它们有着各自独特的优势和不足，适用于不同的使用场景。

1. Kyverno

(1) 优势

- 集成简单，不需要修改应用程序代码，直接在 Kubernetes 上安装 Kyverno 即可。
- 基于 Kubernetes 原生的 Policy 和 CRD，方便使用和管理。
- 支持生成和更新 Kubernetes 对象的 Policy。
- 支持对 Pod、Namespace 和 Cluster 级别的安全性控制。

(2) 不足

- 没有自定义的语言和规则支持，只支持 RegEx 表达式和基本的逻辑表达式。
- 不能支持超出 KubernetesAPI 范围的资源。

(3) 使用场景

- 对于想要基于 Kubernetes 对象的安全性控制，而不想依赖第三方语言的开发团队，Kyverno 是一个好的选择。
- 对于小型团队或者想快速上手的团队，Kyverno 提供了一种直接使用 Kubernetes 资源配置的方法，非常易于使用。

2. Kubewarden

(1) 优势

- 具有强大的编写策略的能力，Kubewarden 使用 Rust 编写策略，使其具有更高的性能和安全性。
- 支持对非 Kubernetes API 资源的安全性控制，包括应用程序、容器和主机级别。
- Kubewarden 是一个扩展性很强的平台，可以快速集成到现有的安全架构中。

(2) 不足

- 使用 Kubewarden 需要熟悉 Rust 编程语言。

- 相比 Kyverno 和 OPA Gatekeeper,Kubewarden 的学习曲线更陡峭。

(3) 使用场景

- 对于需要控制非 Kubernetes API 资源安全性的团队,Kubewarden 是一个不错的选择。
- 对于熟悉 Rust 编程语言的团队,Kubewarden 提供了一种更自由、更灵活的编写策略的方法。

3. OPAGatekeeper

(1) 优势

- 提供了一个强大的规则引擎,可以使用 Rego 语言编写策略。
- 与 Kubernetes API 深度集成,支持对任何 Kubernetes 资源和 CRD 的安全性控制。
- OPA Gatekeeper 支持多租户和多集群环境,易于扩展和管理。

(2) 不足

- OPA Gatekeeper 在规则定义方面比较灵活,但是其执行效率相对较低。
- OPA Gatekeeper 需要一定的学习成本,因为其规则是使用 Rego 语言编写的。

(3) 使用场景

- OPA Gatekeeper 适用于需要灵活而又复杂的安全策略的场景。
- OPAGatekeeper 适用于需要在 Kubernetes 原生 API 中执行的场景。
- OPAGatekeeper 适用于需要自定义规则和插件的场景。

第 8 章　多集群管理

8.1　Kubernetes：多集群管理的复杂性

当在 Kubernetes 中部署大规模应用时，单个集群可能会面临资源限制和性能瓶颈。在这种情况下，使用多个 Kubernetes 集群可以帮助我们提高应用程序的可伸缩性和性能，并降低单点故障的风险。

诚如 CNCF 社区所说，Kubernetes 单个集群支持的最大节点数为 5 000。更具体地说，Kubernetes 旨在适应满足以下所有标准的配置：

- 每个节点的 Pod 数量不超过 110。
- 节点数不超过 5 000。
- Pod 总数不超过 150 000。
- 容器总数不超过 300 000。

1. 集群节点数量增加问题

当一个 Kubernetes 集群内的节点数量增加到一定程度时，可能会出现以下问题：

(1) 集群管理复杂

随着节点数量的增加，集群管理变得越来越复杂。需要考虑节点之间的通信、负载均衡、故障转移等问题。此时，单个 Kubernetes 集群的管理可能会变得困难。

(2) 资源限制

Kubernetes 集群中每个节点的资源（例如 CPU、内存和存储）是有限的。当节点数量增加时，可能会导致资源限制问题。如果应用程序需要更多资源，就需要添加更多节点，这会增加管理成本。

2. 云计算发展问题

另外，随着云计算的发展，越来越多的组织正在采用混合云环境。混合云是指在多个云提供商之间分散和管理应用程序和服务。这种趋势会带来以下问题：

(1) 多云管理复杂

多云环境中，组织需要管理不同的云提供商、不同的服务和不同的 API。此时，单个 Kubernetes 集群管理可能不够灵活，需要使用多个 Kubernetes 集群来实现跨云管理。

(2) 数据交互和安全性

多云环境中，应用程序和服务之间的数据交互可能会面临网络延迟、安全性和隐私问题。那么通过使用多个 Kubernetes 集群来管理应用程序和服务，可以更好地控制数据的流动和安全性。

因此，使用多个 Kubernetes 集群来扩展容量和减轻管理负担是一个不错的选择。并且，对于在混合云环境中运行的应用程序和服务，使用多个 Kubernetes 集群进行管理可以提高可靠性、安全性和灵活性。我们可以通过添加或删除节点来扩展集群。集群扩缩的方式取决于集群的部署方式。

8.2　Kubernetes 多集群应对方案

Kubernetes 是一个强大的容器编排平台，它支持在多个集群中运行和管理容器化应用程序。Kubernetes 多集群管理可以帮助组织在多个 Kubernetes 集群中统一管理容器化应用程序，实现资源的共享和复用。

在 Kubernetes 中，可以使用多种方式来管理多个集群，其中一些方式包括：

1. Kubernetes Federation v2

GitHub 仓库地址：https://github.com/kubernetes-sigs/kubefed。

Kubernetes Federation 适用于需要将多种 Kubernetes 集群视为一个整体进行管理的场景，可以将多个集群连接到一个中心控制面板。可以实现在不同集群之间共享配置、服务发现、负载均衡、监控和日志收集等功能，进而提高系统的可靠性和扩展性。

(1) Kubernetes Federation v2 存在问题

Kubernetes Federation 最初重用了 KubernetesAPI，以消除现有 Kubernetes 用户增加的使用复杂性。这种方法不可行，因为存在以下问题：

- 在集群级别重新实现 KubernetesAPI 存在困难，因为特定于联邦的扩展存储在注释中。
- 由于 KubernetesAPI 的 1:1模拟，联邦类型、放置和协调的灵活性有限。
- 没有确定的 GA 路径，并且对 API 成熟度普遍感到困惑；例如，Deployment 资源在 Kubernetes 中是 GA，但在 Federationv1 中甚至不是 Beta。

随着特定于联邦的 API 架构和社区的努力，这些想法得到了进一步发展，现在继续作为 Kubernetes Federation v2 向前发生。

Kubernetes Federation v2 是 Kubernetes 多集群管理的解决方案，它的架构设计和工作原理都是基于 Kubernetes API Server 和控制器的。Kubernetes Federation 背后的核心概念是主机集群，其中包含将传播到成员集群的任何配置中。主机集群可以是成员，也可以运行实际工作负载，但通常为简单起见，组织会将主机集群作为独立集群。

所有集群范围的配置都通过单个 API 处理，并定义联合范围内的内容以及该配置将被推送到哪些集群。联合配置中包含内容的详细信息由一系列模板、策略和特定于集群的覆盖定义。

除了需要访问所有成员集群以创建、应用和删除任何配置项(包括部署)之外,联合配置还管理任何多集群服务的 DNS 条目。通常每个部署都会有自己的命名空间,这在成员集群中是一致的。

(2) Kubernetes Federation v2 的组件结构主要部分

- Federation Control Plane:Federation Control Plane 是 Kubernetes Federation v2 的核心组件,它负责跨集群资源管理和调度。每个集群都需要运行一个本地的 Federation Control Plane 来管理集群内的资源,并将其注册到全局的 Federation Control Plane 中。Federation Control Plane 由以下组件构成:

  Federated API Server:负责提供跨集群的资源管理和调度服务。

  Federation Control Manager:负责维护集群资源的状态,检测集群状态的变化,并根据需要更新 FederatedAPIServer 中的资源状态。

  Federated Ingress Controller:负责跨集群的 Ingress 管理。
- Cluster Registry:Cluster Registry 用来管理 Kubernetes 集群的注册中心,用于注册和维护集群的信息。每个 Federation Control Plane 都需要连接到 Cluster Registry 来获取集群信息。
- Placement Controller:Placement Controller 是用于实现跨集群调度的组件,它通过检测资源的可用性和性能状况,选择最优的集群来调度资源。
- Synchronization Controller:Synchronization Controller 负责实现跨集群资源同步,确保各个集群之间的资源状态保持一致。
- Discovery Controller:Discovery Controller 负责实现跨集群服务的发现,确保各个集群之间的服务可以互相发现和调用。
- Remote Cluster Controller:Remote Cluster Controller 用于管理集群之间的网络通信和认证,确保各个集群之间的安全性和可靠性。

这些组件一起构成了 KubernetesFederationv2 的核心架构,实现了跨集群的资源管理和调度。

如图 8-1 所示,Federation v2 的架构设计采用了主从式的结构,Federated API Server 是控制器的核心,它会向多个下级集群的 API Server 分发任务,从而协调集群间的资源同步。Federated Control Plane 和 Federated Ingress Controller、Federated Config Controller 都是通过 Federated API Server 与下级集群通信。

(3) Kubernetes Federation v2 的数据交互过程

- 用户通过 Kubernetes API Server 发送操作指令,比如创建、更新、删除资源对象。这些操作可能是针对 Federation API Server 或者各个 Member Cluster 的 Kubernetes API Server。
- Federation API Server 接收到操作指令后,首先需要根据指令中指定的目标 Cluster,将操作转发给对应的 Member Cluster。Federation API Server 通过 member CRD(Custom Resource Definition)对象记录下每个 Member Cluster 的地址信息,包括 API Server 地址、认证信息等。这些信息可以通过 kube-

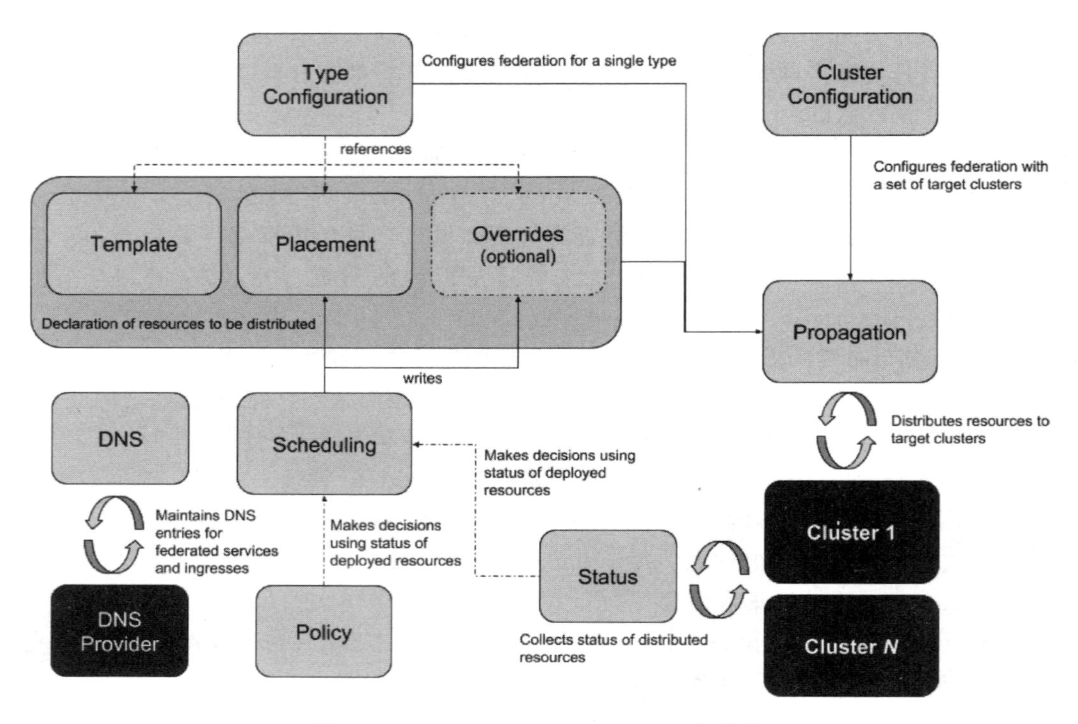

图 8-1 Kubernetes Federation v2 架构设计

fedctl 工具手动添加，也可以通过自动注册机制，让 Member Cluster 自动向 Federation API Server 注册。

- Federation API Server 在接收到操作指令后，还需要通过自身的 Admission Webhook，对指令进行过滤和验证，确保操作指令符合规范。Admission Webhook 可以通过用户自定义的 webhook 或者默认的 validating webhook 和 mutating webhook 来实现。
- Federation API Server 将操作指令转发给目标 Member Cluster 的 Kubernetes API Server。在这个过程中，Federation API Server 需要将操作指令进行转换，以适应目标 Member Cluster 的 API 版本和 API 资源对象。
- 目标 Member Cluster 的 Kubernetes API Server 接收到指令后，将指令进行处理，比如创建、更新、删除资源对象。
- Member Cluster 的 Kubernetes API Server 将资源操作结果返回给 Federation API Server。在这个过程中，Federation API Server 需要将操作结果进行聚合和转换，以便统一向用户返回。
- Federation API Server 将操作结果返回给用户，完成整个操作过程。在这个过程中，Federation API Server 需要将操作结果进行转换，以适应用户的 API 版本和 API 资源对象。

Kubernetes Federation v2 的数据交互过程中，Federation API Server 起到了中央

控制平台的作用，通过 member CRD 对象记录了每个 Member Cluster 的信息，实现多集群资源的管理和调度。同时，Federation API Server 还提供了 Admission Webhook、转换器等机制，使得不同版本的 Kubernetes API 和资源对象能够无缝协同工作。

总体来说，Kubernetes Federation v2 通过使用 Kubernetes API Server 和控制器，实现了对多个 Kubernetes 集群的统一管理。它可以让用户轻松地在不同的 Kubernetes 集群之间共享资源，同时还提供了可选的 Ingress Controller 和 Config Controller，方便用户进行统一的管理和配置。

（4）Kubernetes Federation v2 为什么归档

很遗憾，从 2022 年 8 月 kubefed 标记为正式弃用并将其置于维护模式。

Kubernetes Federation v2 自推出以来一直处于 beta 阶段，最后发布版本是 v0.9.2。

该项目从 Kubernetes 社区中删除的原因是，Kubernetes 团队认为在跨集群管理方面，Kubernetes 已经有了更好的替代方案，例如 GitOps 工具，Istio 和 Service Mesh。另外，Federation v2 的实现方式过于复杂和低效，而且维护人力资源有限。因此，Kubernetes 社区决定停止维护 Kubernetes Federation v2，并将精力集中在其他更有前途的项目上。

在 Kubernetes 社区的讨论中，提到 Kubernetes Federation v2 在实际应用中遇到了多个问题，比如性能瓶颈、安全漏洞、使用复杂等。此外，由于 Kubernetes 生态系统的快速发展，现在已经出现了许多更好的解决方案，比如 GitOps 工具、Istio 和 Service Mesh 等。这些方案提供了更好的多集群管理体验，而且在功能和性能上都有了很大的改进。

因此，Kubernetes 社区决定将 Kubernetes Federation v2 归档，不再维护和支持。这意味着 Kubernetes Federation v2 将不再发布新的版本，不再修复已知的问题，也不再提供技术支持。对于已经在使用 Kubernetes Federation v2 的用户，建议尽快寻找替代方案，或者考虑迁移到更好的解决方案。

（5）Kubernetes Federation v2 的优缺点

① 优点

- 提供了一个简单的方法来管理多个 Kubernetes 集群。
- 通过统一的 API 管理多个 Kubernetes 集群，提供了跨多个 Kubernetes 集群的应用程序部署和管理。
- 可以通过自动化来实现 Kubernetes 集群之间的高可用性，同时保证了跨集群部署的一致性。
- 可以方便地管理不同的 Kubernetes 集群，包括在不同的云平台上运行的集群，私有云和公共云之间的混合部署，以及跨越不同的数据中心部署的应用程序。
- 提供了更好的可扩展性和灵活性，可以根据需要增加或减少 Kubernetes 集群，同时还能够管理不同的 Kubernetes 集群的不同方面。

② 缺点

- 需要投入大量的人力、物力和财力来维护 Kubernetes Federation v2 的集群管理平台。

- 学习和使用 Kubernetes Federation v2 的成本较高，需要一定的 Kubernetes 技术和管理经验。
- 存在复杂性，可能会导致问题和故障的发生。
- 由于 Kubernetes Federation v2 是一个较新的技术，可能存在一些不稳定性和兼容性问题，需要花费额外的时间和精力来解决这些问题。

总之，Kubernetes Federation v2 是一种强大的工具，可以帮助管理多个 Kubernetes 集群，提供了跨多个 Kubernetes 集群的应用程序部署和管理，同时也存在一些挑战和限制。在考虑使用 Kubernetes Federation v2 时，需要认真权衡其优缺点，并根据实际情况做出决策。

2. Karmada

GitHub 仓库地址：https://github.com/karmada-io/karmada。

如图 8-2 所示，Karmada(Kubernetes Armada)是一个开源的、云原生的多集群调度系统，旨在为跨多个 Kubernetes 集群的应用程序提供一致的编排、调度和管理功能。它通过将多个 Kubernetes 集群作为资源池进行管理，从而为企业提供了更高的资源利用率和灵活性。同时，Karmada 还提供了自动化的故障转移、负载均衡和弹性伸缩功能，以确保应用程序在多个集群中的高可用性和可靠性。Karmada 的架构和设计受 Kubernetes Federation 和 WorkAPI 的启发。

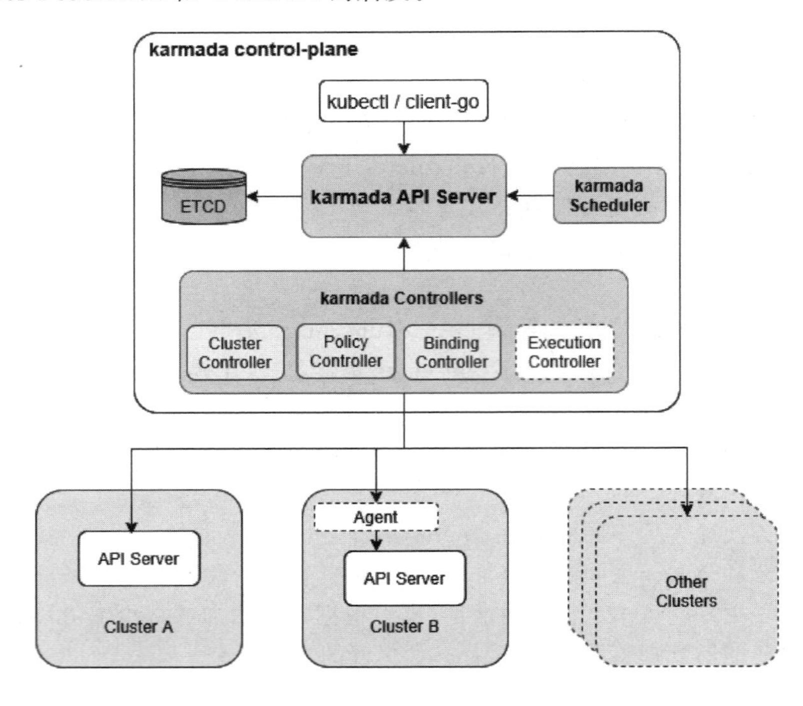

图 8-2 Karmada 架构

(1) **Karmada 控制平面组件组成**

- KarmadaAPI 服务器。
- Karmada 控制器。
- Karmada 调度器。

ETCD 存储 KarmadaAPI 对象,API 服务器是所有其他组件与之通信的 REST 端点,Karmada 控制器管理器根据 API 服务器创建的 API 对象执行操作。

Karmada 控制器运行各种控制器,控制器监视 Karmada 对象,然后与底层集群的 API 服务器通信以创建常规 Kubernetes 资源。

- 集群控制器(Cluster Controller):将 Kubernetes 集群附加到 Karmada,通过创建集群对象来管理集群的生命周期。
- 策略控制器(Policy Controller):监视 PropagationPolicy 对象。添加 PropagationPolicy 对象时,它会选择一组与 resourceSelector 匹配的资源,并为每个资源对象创建 ResourceBinding。
- 绑定控制器(Binding Controller):监视 ResourceBinding 对象并使用单个资源清单创建对应于每个集群的 Work 对象。
- 执行控制器(Execution Controller):控制器监视工作对象。当工作对象被创建时,它将资源分配给成员集群。

(2) **Karmada 的工作流程**

- 集群注册:管理员将多个 Kubernetes 集群注册到 Karmada 中,以进行全局资源的管理和调度。
- 应用编排:开发人员编写应用程序的编排文件,并将其提交到 Karmada 中。
- 应用调度:Karmada 的应用编排控制器解析应用程序的编排文件,并将其转换为 Kubernetes 对象的集合。调度控制器将这些对象调度到不同的 Kubernetes 集群中,并考虑了不同集群之间的资源限制和负载均衡策略,以确保应用程序在多个集群中的高可用性和可靠性。
- 应用部署:Karmada 的部署控制器将应用程序的 Kubernetes 对象部署到各个 Kubernetes 集群中,并确保其正常运行。
- 监控和管理:Karmada 的集群监控组件监控各个 Kubernetes 集群中的资源使用情况,并将其反馈给 Karmada 的控制面。管理员可以使用 Karmada 提供的监控和管理工具来查看应用程序的状态、资源使用情况等信息。

总的来说,Karmada 的工作流程非常灵活和可扩展,可以支持跨多个 Kubernetes 集群的应用程序管理和调度。它的架构设计非常清晰,各个组件之间的交互也十分高效和可靠。

3. Clusternet

GitHub 仓库地址:https://github.com/clusternet/clusternet。

Clusternet 是另一种选择,它作为开箱即用的插件来启用多集群功能。

(1) **Clusternet 的工作流程**

- 用户通过 Kubernetes API 在 Clusternet Hub 中创建资源对象(例如 Deployment、Service、Pod 等)的配置文件。
- Clusternet Hub 将资源对象的配置文件存储在 Etcd 中,同时将资源对象的事件发送到消息总线。
- Clusternet Agent 从消息总线中获取资源对象的事件,然后根据事件类型在本地 Kubernetes 集群中创建、更新或删除相应的资源对象。
- Clusternet Agent 从本地 Kubernetes API 服务器中获取资源对象的最新状态,并将其同步到 Clusternet Hub 中。
- Clusternet Hub 将资源对象的最新状态同步到其他连接的集群中,以实现多集群间的资源同步。

在这个工作流程中,Clusternet Hub 和 Clusternet Agent 扮演了不同的角色,共同实现了多集群容器编排和管理的功能。Clusternet Hub 负责存储资源对象的配置文件和最新状态,以及管理多集群之间的同步操作。

Clusternet Agent 则负责在本地 Kubernetes 集群中创建、更新或删除相应的资源对象,并将其同步到 Clusternet Hub 中,以及从 Clusternet Hub 中获取其他集群中的资源对象的最新状态。这种架构设计可以实现多集群之间的高效、可靠容器编排和管理,为企业级应用提供了强大的支持,如图 8-3 所示。

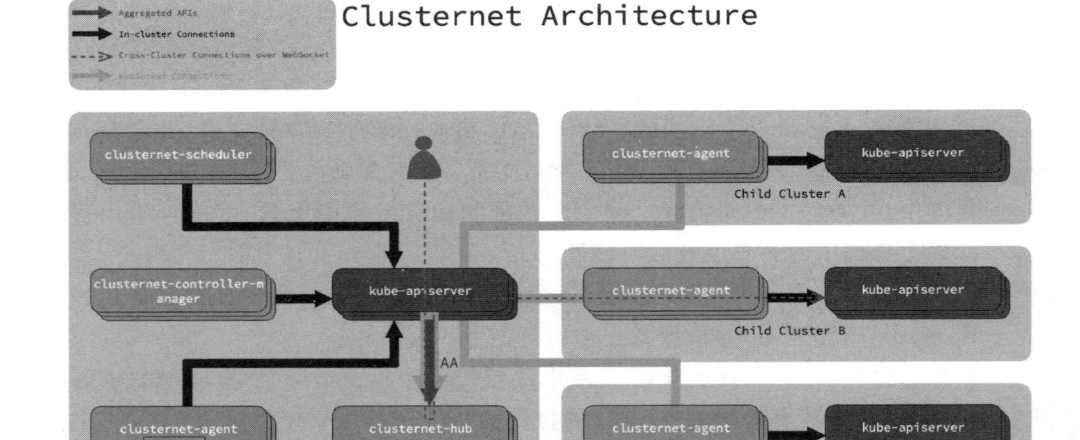

图 8-3 Clusternet 架构

Clusternet 是一个轻量级插件,由"clusternet-agent""clusternet-scheduler""clusternet-controller-manager"(自 v0.15.0 起)和"clusternet-hub"四个组件组成。

(2) **clusternet-agent 负责**

- 自动将当前集群注册到父集群作为子集群,也称为"ManagedCluster"。

- 报告当前集群的心跳，包括 Kubernetes 版本、运行平台、healthz/readyz/livez 状态等。
- 建立一个 websocket 连接，它通过单个 TCP 连接来提供全双工通信通道到父集群。

(3) clusternet-scheduler 负责

用于多集群应用程序的调度。它负责根据应用程序的需求和各个集群的资源状况，将应用程序的实例动态地调度到最适合的集群中，以提供最佳的性能和可靠性。Clusternet Scheduler 使用自定义的调度器算法，可以根据应用程序的多个维度进行调度决策，如资源需求、地理位置、网络延迟等。此外，它还可以根据应用程序的优先级和健康状况进行故障转移和自动恢复。

(4) clusternet-controller-manager (自 v0.15.0 起)负责

- 批准集群注册请求并为每个子集群创建专用资源，例如命名空间、服务帐户和 RBAC 规则。
- 利用 API，协调和部署应用程序到多个集群。

(5) clusternet-hub 负责

- 作为 aggregated apiserver(AA)服务。提供 shadow APIs，并用作 websocket 服务器，来维护子集群的多个活动 websocket 连接。
- 提供 Kubernetes 风格的 API，将请求重定向/代理/升级到每个子集群。

第 9 章　虚拟机管理

9.1　虚拟化技术

KubeVirt 技术满足了一些开发团队的需求——这些开发团队已经采用或想要采用 Kubernetes，但现有的基于虚拟机的工作负载无法轻松容器化。更具体地说，该技术提供了一个统一的开发平台，开发人员可以在该平台上构建、修改和部署容器化的应用程序容器和虚拟机中的应用程序。

依赖现有基于虚拟机的工作负载的团队能够快速容器化应用程序。通过将虚拟机中的应用程序直接部署在云原生平台中，团队可以随时间推移迭代优化它们，同时仍然根据需要轻松使用虚拟机中的应用程序。

简而言之，KubeVirt 是一个围绕 Kubernetes 构建的虚拟机管理架构。

CNCF 的 CTO Chris Aniszczyk 曾说，随着越来越多的组织采用云原生现代化实践，Kubernetes 被扩展到在纯容器之外运行其他类型的工作负载。KubeVirt 填补了在云原生生态系统中基于 VM 的工作负载的空白。

KubeVirt 于 2017 年 1 月在 Red Hat 成立，其自 2019 年 9 月作为沙盒项目加入 CNCF 以来，增加了来自 Amadeus、Apple、CloudFlare、Containership、Giant Swarm、Gitpod、IBM、Kubermatic、Lacoda、NEC、NVIDIA、SAP、Solidfire、SUSE 和独立开发人员的贡献者。KubeVirt 保持 30 多个版本的一致发布节奏，并得到各种其他 CNCF 项目的补充以扩展其功能。基于 KubeVirt 的解决方案已经在多家公司投入生产，包括 Arm、CIVO、CoreWeave、H3C 和 Kubermatic。该项目是在 Kubernetes 中运行虚拟机的领先开源工具。

2022 年，CNCF 将 KubeVirt 从沙箱提升到孵化项目级别。KubeVirt 使用户能够以 Kubernetes 原生方式在 Kubernetes 之上运行虚拟机工作负载。

KubeVirt 主要功能：

- 利用 KubeVirt 和 Kubernetes 为那些没有容器化的应用程序管理底部的虚拟机。
- 在一个平台上将现有虚拟机的工作负载与容器化的工作负载相结合。
- 支持开发新的容器化微服务应用程序——在容器中与虚拟化应用程序交互。

最近添加的功能包括：

- 实时迁移功能——可在底层计算节点进行维护或因其他原因不可用时维护虚拟工作负载。

- 通过单个 VM GPU 访问加速计算密集型工作负载。
- CPU 固定支持和 NUMA 拓扑直通。
- 使用离线和在线磁盘快照保护数据。
- SR-IOV 支持高性能网络。
- Multus 支持连接到虚拟机的多个网络接口。
- 声明性主机网络配置。
- 使用 Grafana 仪表板和 prometheus 增强可观察性。
- KubeVirt 控制平面和工作负载的无中断更新。

9.2 KubeVirt 架构设计

KubeVirt 为 Kubernetes 集群提供额外的功能,以执行虚拟机管理。KubeVirt 是 Kubernetes 的一个扩展,它允许容器工作负载与传统 VM 工作负载和谐运行。KubeVirt 通过使用自定义资源(CRD)和其他 Kubernetes 功能来无缝扩展现有的集群,以提供一组可用于管理虚拟机的虚拟化 API,实现 Kubernetes 对容器和虚拟机的统一纳管。

我们回想一下 Kubernetes 是如何处理 Pod 的,Pod 是通过将 Pod 规范发布到 Kubernetes API Server 来创建的。然后这个规范被转换成 Kubernetes API Server 内部的一个对象,这个对象是一个特定的类型。Pod 对象的类型是 pod,Kubernetes 中的控制器知道如何处理这些 Pod 对象。因此,一旦看到一个新的 Pod 对象,这些控制器就会执行必要的操作以使 Pod 活动匹配所需的状态。

KubeVirt 使用了相同的机制。因此,KubeVirt 提供了三种方法提供新功能:

- 虚拟机对象类型(在 KubeVirt 中是 VMI)——借助自定义资源(CRD)被添加到 Kubernetes API。
- 与这些虚拟机对象类型关联的集群范围的附加控制器(在 KubeVirt 中是 virt-controller)。
- 与这些虚拟机对象类型关联的节点附加守护进程(在 KubeVirt 中是 virt-handler)。

接着就可以执行:

- 在 Kubernetes 中创建这些新类型的新对象 VMI。
- 新的控制器 virt-controller 负责在某些主机上调度或编排 VMI。
- 守护进程 virt-handler 与 kubelet 一起监控主机,启动 VMI 并配置它直到它匹配所需的状态。

控制器和守护进程都作为 Pod 在 Kubernetes 集群之上运行。

图 9-1 说明了控制器 virt-controller 和守护进程 virt-handler 如何与 Kubernetes 通信以及 VMI 类型的存储位置。

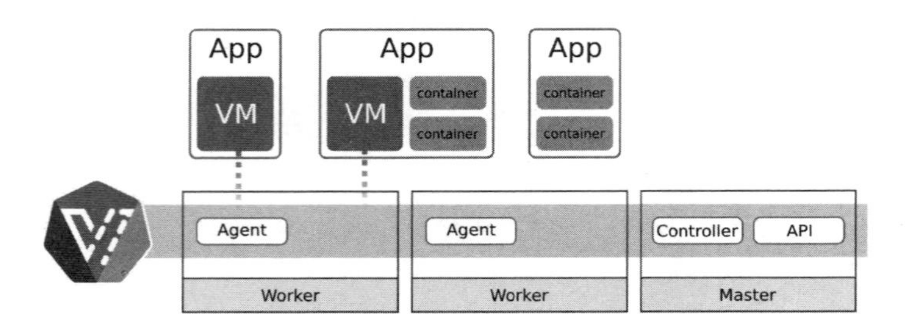

图 9-1 kubevirt 与 Kubernetes 交互

更具体的交互过程如下：

图 9-2 描述了 Kubevirt 的整体架构，其中包含四个主要关键组件——virt-api，virt-controller，virt-handler 和 virt-lancher。

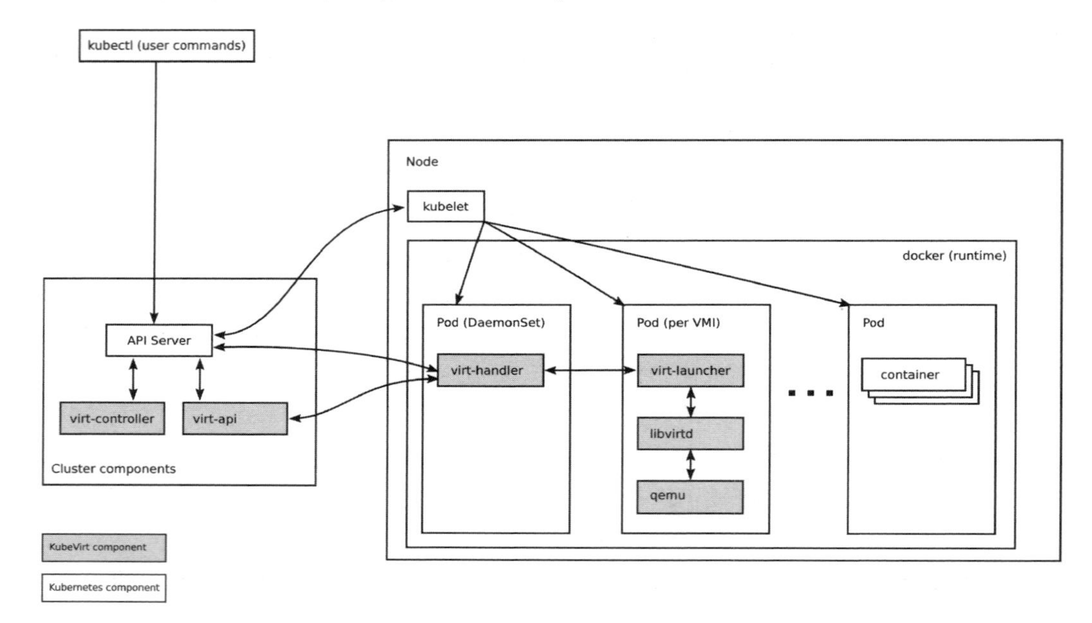

图 9-2 Kubevirt 架构

1. Kubevirt 主要组件(图 9-3)

(1) 控制节点的组件

① virt-api

为 Kubevirt 提供 API 服务能力，比如许多自定义的 API 请求，如开机、关机、重启等操作，将 APIService 作为 KubernetesApiserver 的插件，业务即可以通过 Kubernetes Apiserver 直接请求到 virt-api。

② virt-controller

Kubevirt 的控制器，功能类似于 Kubernetes 的 controller-manager，其可管理和监

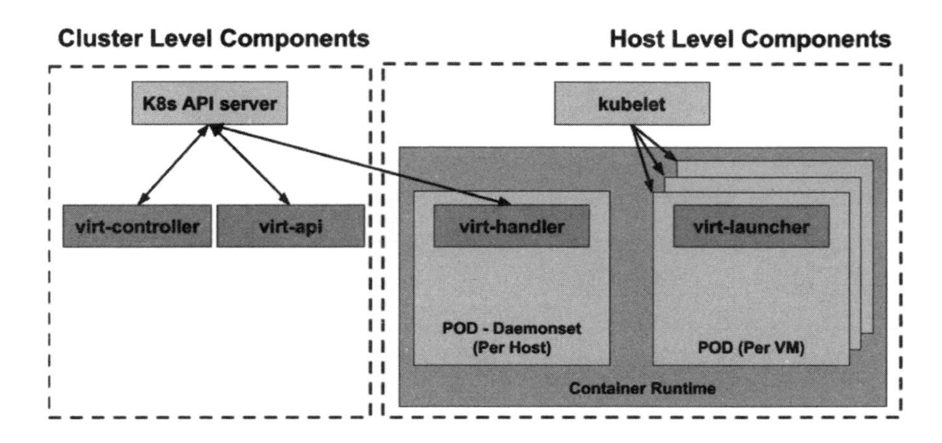

图 9－3　Kubevirt 主要组件

控 VMI 对象及其关联的 Pod,对其状态进行更新。

(2) 工作节点的组件

① virt-handler

以 Daemonset 形式部署,功能类似于 Kubelet,其通过 Watch 本机 VMI 和实例资源,管理本宿主机上所有虚机实例。

主要执行动作如下:

- 使 VMI 中定义的 Spec 与相应的 libvirt(本地 socket 通信)保持同步。
- 汇报及控制并更新虚拟机状态。
- 调用相关插件初始化节点上网络和存储资源。
- 迁移相关操作。

② virt-launcher

Kubevirt 会为每一个 VMI 对象创建一个 Pod,该 Pod 的主进程为 virt-launcher。virt-launcher 的 Pod 将 cgroups 与 namespaces 隔离,virt-launcher 为虚拟机实例主进程。

virt-handler 通过将 VMI 的 CRD 对象传递给 virt-launcher 来通知 virt-launcher 启动 VMI。然后,virt-launcher 在其容器中使用本地 libvirtd 实例来启动 VMI。virt-launcher 托管 VMI 进程,并在 VMI 退出后终止。

如果 Kubernetes 运行时在 VMI 退出之前尝试关闭 virt-launcher 容器,virt-launcher 会将信号从 Kubernetes 转发到 VMI 进程,并尝试推迟容器的终止,直到 VMI 成功关闭。

③ virtctl

virtctl 是 kubevirt 自带的命令行工具,与 kubectl 的性质一样,但不同于 kubectl 的是,virtctl 可与 virt-api 进行交互,从而进行虚拟机的删除,创建,更新等操作。

2. Kubevirt 主要对象

Kubevirt 主要对象见表 9－1 所列。

表 9－1　kubevirt 主要资源对象

资源名称	资源简称	资源版本	是否是命名空间的资源	种类
		cdi. kubevirt. io/v1beta1	false	CDIConfig
cdis	cdi,cdis	cdi. kubevirt. io/v1beta1	false	CDI
dataimportcrons	dic,dics	cdi. kubevirt. io/v1beta1	true	DataImportCron
datasources	das	cdi. kubevirt. io/v1beta1	true	DataSource
datavolumes	dv,dvs	cdi. kubevirt. io/v1beta1	true	DataVolume
objecttransfers	ot,ots	cdi. kubevirt. io/v1beta1	false	ObjectTransfer
storageprofiles		cdi. kubevirt. io/v1beta1	false	StorageProfile
virtualmachi-neclones	vmclone,vmclones	clone. kubevirt. io/v1alpha1	true	VirtualMachi-neClone
virtualmachineex-ports	vmexport,vmexports	export. kubevirt. io/v1alpha1	true	VirtualMachineEx-port
virtualmachine-clusterinstance-types	vmclusterinstancetype, vmclusterinstance-types,vmcf,vmcfs	instancetype. kubevirt. io/v1alpha2	false	VirtualMachineClus-terInstancetype
virtualmachine-clusterpreferences	vmcp,vmcps	instancetype. kubevirt. io/v1alpha2	false	VirtualMachine-ClusterPreference
virtualmachinein-stancetypes	vminstancetype, vminstancetypes, vmf,vmfs	instancetype. kubevirt. io/v1alpha2	true	VirtualMachineIn-stancetype
virtualma-chinepreferences	vmpref,vmprefs, vmp,vmps	instancetype. kubevirt. io/v1alpha2	true	VirtualMa-chinePreference
kubevirts	kv,kvs	kubevirt. io/v1	true	KubeVirt
virtualmachinein-stancemigrations	vmim,vmims	kubevirt. io/v1	true	VirtualMachineIn-stanceMigration
virtualmachinein-stancepresets	vmipreset,vmipresets	kubevirt. io/v1	true	VirtualMachineIn-stancePreset
virtualmachinein-stancereplicasets	vmirs,vmirss	kubevirt. io/v1	true	VirtualMachineIn-stanceReplicaSet

续表 9 - 1

资源名称	资源简称	资源版本	是否是命名空间的资源	种类
virtualmachinein-stances	vmi,vmis	kubevirt. io/v1	true	VirtualMachineIn-stance
virtualmachines	vm,vms	kubevirt. io/v1	true	VirtualMachine
migrationpolicies		migrations. kubevirt. io/v1alpha1	false	MigrationPolicy
virtualmachine-pools	vmpool,vmpools	pool. kubevirt. io/v1alpha1	true	VirtualMachine-Pool
virtualmachinere-stores	vmrestore,vmrestores	snapshot. kubevirt. io/v1alpha1	true	VirtualMachineRe-store
virtualma-chinesnapshot-contents	vmsnapshotcontent,vmsnapshotcontents	snapshot. kubevirt. io/v1alpha1	true	VirtualMachine SnapshotContent
virtualma-chinesnapshots	vmsnapshot, vmsnap-shots	snapshot. kubevirt. io/v1alpha1	true	VirtualMa-chineSnapshot
uploadtokenre-quests	utr,utrs	upload. cdi. kubevirt. io/v1beta1	true	UploadTokenRe-quest

Kubevirt 对象主要分为以下几类:

(1) 虚拟机

- VirtualMachines(VM):为集群内的 VirtualMachineInstance 提供管理功能,例如开机/关机/重启虚拟机,确保虚拟机实例的启动状态。
- VirtualMachineInstances(VMI):类似于 Kubernetes Pod,是管理虚拟机的最小资源。一个 VirtualMachineInstance 对象即表示一台正在运行的虚拟机实例,包含一台虚拟机所需要的各种配置。
- VirtualMachineInstanceReplicaSet:类似 Kubernetes 的 ReplicaSet,它可以启动指定数量的 VirtualMachineInstance,并且保证指定数量的 VirtualMachineInstance 运行,其可以配置 HPA。
- VirtualMachineInstanceMigrations:提供虚拟机迁移的能力,虽然并不会指定具体迁移的目的节点,但要求提供的存储支持 RWX 读写模式。

(2) 虚拟机镜像,磁盘,卷

创建虚拟机镜像是必须的,那既然需要镜像,就需要由存储来存放镜像。

在 KubeVirt 中有个子项目:CDI。

Containerized-Data-Importer(CDI)isapersistentstoragemanagementadd-onforKubernetes. It'sprimarygoalistoprovideadeclarativewaytobuild Virtual Machine Diskson PVCs for KubevirtVMs。

CDI 是 Kubernetes 持久化存储管理的插件，CDI 项目提供了用于使用 PVC 作为 KubeVirt VM 磁盘的功能。在 spec. volumes 下可以指定多种类型的卷：KubeVirt 在储存类型的支持上，也与 K8s 一样，分为临时存储、永久存储和配置数据三类，并且大部分的类型跟 K8s 的方式是差不多的。

① 临时存储

- emptyDisk：创建空的 qcow2 格式 image 挂载给虚拟机，与 K8S 的 emptyDir 类似。重启 vm 数据会丢失。
- containerDisk：前身名为 registryDisk。顾名思义，是将 VM 镜像打包变成容器 image 后，再通过 mage 挂载使用。可定义 image 来创建作为虚拟机的 root-disk。virt-controller 会在 pod 定义中创建 registryVolume 的 container，container 中的 entry 服务负责将 spec. volumes. registryDisk. image 转化为 qcow2 格式，路径为 pod 根目录。镜像中包含虚拟机启动需要的所有内容，可以将它们推送到 registry，使用时拉取镜像，直接使用 containerDisk 作为 VMI 的磁盘，但数据无法持久化。重启 vm 数据会丢失。

② 永久存储

- PersistentVolumeClaim：使用 K8S 的 PVC 来当作 VM 镜像的存储空间。使用 PVC 作为后端存储，适用于数据持久化；PV 类型可以为块存储或者文件系统(filesystem)，使用 filesystem 时，会使用 PVC 上的/disk. img，格式为 RAW 的文件作为硬盘。block 模式时，使用 blockvolume 直接作为原始块设备提供给虚拟机。重启 vm 数据不会丢失。
- DataVolume：PVC 的自动化延申，会自动下载并转换 VM 镜像后，再自动放入到 PVC 中，需要配合 CDI 套件使用。DataVolume 是 kubevirt 下的一个子项目 containerized-data-importer(CDI)，也是以 CDR 方式增加的 DataVolume 资源，其可以看成是从 PVC 和 registryDisk 衍生而来的，上面提过使用 PVC 是比较麻烦的，不仅需要 PVC 还需要创建 disk. img，dataVolume 其实将这个过程简化了，将 disk. img 自动化创建在 PVC 中。创建 DataVolume 是可以定义 source 的，即 image/data 来源可以是 http 或者 s3 的 URL，CDIcontroller 会自动将 image 转化并复制到 PVC 文件系统/disk/中。重启 vm 数据不会丢失。
- hostDisk：在宿主机上创建一个 img 镜像文件，挂给虚拟机使用。重启 vm 数据不会丢失。

③ 配置数据

- cloudInitNoCloud/cloudInitConfigDrive：作为一个 configMap 用的储存类型，提供 cloud-init 初始化所需要的 user-data，并使用 configmap 作为数据源。例如，使 VM 在建立时自动预设登录账号密码和设定 IP 等功能。此时 VMI 内部将出现一张大约为 356KB 的硬盘。

针对 PVC/DV 的部分，KubeVirt 强烈建议搭配 StorageClass 来使用，因此使用 KubeVirt 时，也建议先装好符合 K8s 需求的 CSI 套件并建立好 StorageClass。

(3) 虚拟机网络

由于 KubeVirt 共用很多 K8s 的功能，因此在网络上，自然也会共用 K8s 的网络。

将虚拟机连接到网络包括两部分。首先，网络在 spec. networks 指定。然后，通过在 spec. domain. devices. interfaces 中指定网络支持的接口将它们添加到 VM。

每个 interface 必须有一个对应的同名 networks。

spec. domain. devices. interfaces 定义了虚拟机的网络接口(也称为前端)。一个 spec. networks 指定一个 interface 的后端并声明它连接到哪个逻辑或物理设备(也称为后端)。

更深入来说，前端指的是 VM 在 virt-launcher，也就是 Libvirt 设定连接的网络，后端指的是 virt-launcher 与 K8S 网络的连接，包括 K8S 预设的 CNI 网络。

9.3 KubeVirt:管理容器的方式

9.3.1 KubeVirt 安装准备

在开始之前需要满足一些要求：

- 基于最新 Kubernetes 的三个版本之一的 Kubernetes 集群，这些版本在 KubeVirt 发布时发布。
- Kubernetesapiserver 必须有 allow-privileged=true 才能运行 KubeVirt 的特权 DaemonSet。
- Kubectl 客户端实用程序。

1. 容器运行时支持

KubeVirt 目前支持以下容器运行时：

- containerd。
- crio(带 runv)。

如果使用 Kubeadm 安装 Kubernetes 集群，Kubernetesapiserver 通过 staticpod 启动，那么其 yaml 文件的位置在/etc/kubernetes/manifests/kube-apiserver. yaml 这个路径下。

```
# Kubernetes apiserver 是否有`--allow-privileged = true`
cat /etc/kubernetes/manifests/kube-apiserver.yaml | grep allow-privileged
# 输出如下信息，表示开启了 allow-privileged
- --allow-privileged = true
```

2. SELinux 支持

启用 SELinux 的节点需要安装 Container-selinux(https://github. com/containers/container-selinux)2.170.0 版本或更新版本。

禁用自定义 SELinux 策略：默认情况下，自定义 SELinux 策略是由 virt-handler 安装在每个节点上，并用于需要它的 VMI。目前，唯一使用它的 VMI 是那些启用基于 passst 的网络的 VMI。

但是，让 KubeVirt 安装和使用自定义 SELinux 策略是一个安全问题。它还将 virt-handler 启动时间增加了 20～30 s。

因此，引入了一个功能门来禁用该自定义 SELinux 策略的安装和使用：DisableCustomSELinuxPolicy。副作用是启用 passt 的 VMI 将无法启动，但仅限于使用 container-selinux 版本 2.192.0 或更低版本的节点。container-selinux 版本 2.193.0 和更新版本包括启用 passt 的 VMI 成功运行所需的权限。

注意：将 Disable Custom SELinux Policy 功能添加到现有集群将禁止使用新 VMI 的自定义策略，但不会自动从节点上卸载该策略。如果需要，可以通过 semodule-rvirt_launcher 在每个节点上运行来手动完成。

```
# 关闭 selinux
# 临时禁用 selinux
$ setenforce 0

# 永久关闭 修改/etc/sysconfig/selinux 文件设置
$ sed -i 's/^SELINUX=.*/SELINUX=disabled/' /etc/selinux/config

# 查看是否关闭 selinux
$ getenforce
Disabled
```

3. libvrt 和 qemu 支持

在安装 Kubevirt 之前，需要做一些准备工作。先安装 libvrt 和 qemu 软件包：

```
# Ubuntu
$ apt install -y qemu-kvm libvirt-bin bridge-utils virt-manager

# CentOS
$ yum install -y qemu-kvm libvirt virt-install bridge-utils
```

验证硬件虚拟化支持：推荐使用支持虚拟化的硬件。可以使用 virt-host-validate 来确保你的主机能够运行虚拟化工作负载：

查看节点是否支持 kvm 硬件辅助虚拟化。验证成功如下：

```
$ virt-host-validate qemu
  QEMU: Checking for hardware virtualization                          : PASS
  QEMU: Checking if device /dev/kvm exists                            : PASS
  QEMU: Checking if device /dev/kvm is accessible                     : PASS
```

```
QEMU: Checking if device /dev/vhost-net exists                          : PASS
QEMU: Checking if device /dev/net/tun exists                            : PASS
QEMU: Checking for cgroup 'memory' controller support                   : PASS
QEMU: Checking for cgroup 'memory' controller mount-point               : PASS
QEMU: Checking for cgroup 'cpu' controller support                      : PASS
QEMU: Checking for cgroup 'cpu' controller mount-point                  : PASS
QEMU: Checking for cgroup 'cpuacct' controller support                  : PASS
QEMU: Checking for cgroup 'cpuacct' controller mount-point              : PASS
QEMU: Checking for cgroup 'cpuset' controller support                   : PASS
QEMU: Checking for cgroup 'cpuset' controller mount-point               : PASS
QEMU: Checking for cgroup 'devices' controller support                  : PASS
QEMU: Checking for cgroup 'devices' controller mount-point              : PASS
QEMU: Checking for cgroup 'blkio' controller support                    : PASS
QEMU: Checking for cgroup 'blkio' controller mount-point                : PASS
QEMU: Checking for device assignment IOMMU support                      : PASS
QEMU: Checking if IOMMU is enabled by kernel                            : PASS
```

4. 软件虚拟化支持

如果硬件虚拟化不可用，则可以通过在 KubeVirtCR 中设置 spec. configuration. developerConfiguration. useEmulation to true 来启用[software emulation fallback]，如下所示：

```
$ kubectl edit -n kubevirt kubevirt kubevirt
```

将以下内容添加到 kubevirt. yaml 文件中：

```
spec:
  ...
  configuration:
    developerConfiguration:
      useEmulation: true
```

注意：在发布 v0. 20. 0 之前，kubectl wait 命令的条件被命名为“Ready”而不是“Available”。

```
# FIXME:在 KubeVirt 0.34.2 之前，使用 kubevirt-config 的 ConfigMap 来配置 KubeVirt。自 0.34.2 起，此方法已弃用
# configmap 仍然优先 configuration 于 CR 存在，但它不会收到未来的更新，你应该将任何自定义配置迁移到
KubeVirt CR 中的 spec.configuration 上。
$ kubectl create namespace kubevirt
$ kubectl create configmap -n kubevirt kubevirt-config \
    --from-literal debug.useEmulation=true

# 或者(0.58.0)
```

```
$ kubectl -n kubevirt patch kubevirt kubevirt --type=merge --patch '{"spec":
{"configuration":{"developerConfiguration":{"useEmulation":true}}}}'
```

9.3.2 安装新的 KubeVirt

- 使用 operators 和 KubeVirtCustomResource 安装最新的 KubeVirt。
- 安装 virtctl,用于管理虚拟机的命令行客户端。
- 使用 kubectl 和 virtctl 命令创建、启动、停止和报告虚拟机的状态。

使用最新的 KubeVirt 版本部署 KubeVirtoperator。

Operator 是一种打包、部署和管理 Kubernetes 应用程序的方法。Kubernetes 应用程序是部署在 Kubernetes 上并使用 KubernetesAPI 和 kubectl 工具进行管理的应用程序。可以将 Operator 视为在 Kubernetes 上管理此类应用程序的运行时。

如果想了解有关 Operator 的更多信息,可以查看 Kubernetes 文档(https://kubernetes.io/docs/concepts/extend-kubernetes/operator/)

在这里,我们查询 GitHub 的 API 以获取最新的可用版本:

```
$ export KUBEVIRT_VERSION=$(curl -s
https://api.github.com/repos/kubevirt/kubevirt/releases/latest | jq -r .tag_name)
$ echo $KUBEVIRT_VERSION
# 输出
V0.58.0
```

运行以下命令部署 KubeVirt Operator:

```
$ kubectl create -f
https://github.com/kubevirt/kubevirt/releases/download/${KUBEVIRT_VERSION}/kubevirt-
operator.
yaml
```

现在通过创建可触发实际安装的 KubeVirt CR((instance deployment request),来部署 KubeVirt:

```
$ kubectl create -f
https://github.com/kubevirt/kubevirt/releases/download/${KUBEVIRT_VERSION}/kubevirt-
cr.
yaml
```

kubevirt-cr.yaml 的文件内容如下:

```
apiVersion: kubevirt.io/v1
kind: KubeVirt
metadata:
  name: kubevirt
  namespace: kubevirt
```

```
spec:
  certificateRotateStrategy: {}
  configuration:
    developerConfiguration:
    featureGates: []
  customizeComponents: {}
  imagePullPolicy: IfNotPresent
  workloadUpdateStrategy: {}
```

接下来，我们需要配置 KubeVirt 以使用软件模拟进行虚拟化。这对于不支持硬件虚拟化是必需的，但会导致性能不佳，因此请避免在生产环境中使用软件虚拟化，尽量使用硬件虚拟化。

```
$ kubectl -n kubevirt patch kubevirt kubevirt --type=merge --patch '{"spec":
{"configuration":{"developerConfiguration":{"useEmulation":true}}}}'
```

1. 安装 Virtctl

在等待 KubeVirtoperator 启动所有 Pod 的同时，我们可以花一些时间下载下一步需要使用的客户端。

virtctl 是一个客户端实用程序，有助于与 VM 交互(启动/停止/控制台等)。

```
wget -O virtctl
https://github.com/kubevirt/kubevirt/releases/download/${KUBEVIRT_VERSION}/virtctl-${K
UBEVIRT_VERSION}-linux-amd64
chmod +x virtctl
cp virtctl /usr/local/bin/
```

2. 验证 KubeVirt 是否部署完成

让我们检查一下部署:kubectl get pods -n kubevirt

准备就绪后，它将显示以下内容：

```
$ kubectl get pods -n kubevirt
NAME                                 READY   STATUS    RESTARTS   AGE
virt-operator-5db8d9f8f9-l657d       1/1     Running   0          3m49s
virt-operator-5db8d9f8f9-zld6g       1/1     Running   0          3m49s
virt-api-5dd9ccbc96-hs4lg            1/1     Running   0          2m35s
virt-controller-7659874849-6pffm     1/1     Running   0          119s
virt-controller-7659874849-9kd5t     1/1     Running   0          119s
virt-handler-qhgdg                   1/1     Running   0          119s
```

由于涉及多个 deployments，判断 operator 是否安装完成的最佳方式是查看 operator 的 CustomResource 本身。

```
kubectl -n kubevirt get kubevirt
```

完全部署后，如下所示：

```
NAME       AGE    PHASE
kubevirt   3m     Deployed
```

现在一切就绪，可以继续并启动 VM。

以上命令还可以通过 kubectlwait 命令来验证：

```
# wait until all KubeVirt components are up
$ kubectl -n kubevirt wait kv kubevirt --for condition=Available

# 例如
$ kubectl -n kubevirt wait kv kubevirt --for condition=Available
kubevirt.kubevirt.io/kubevirt condition met
```

9.3.3 KubeVirt 部署虚拟机

下面的命令将虚拟机的 YAML 定义应用到当前的 Kubernetes 环境中，如定义了虚拟机名称、所需资源（磁盘、CPU、内存）等。

```
apiVersion: kubevirt.io/v1
kind: VirtualMachine
metadata:
  name: testvm
spec:
  running: false
  template:
    metadata:
      labels:
        kubevirt.io/size: small
        kubevirt.io/domain: testvm
    spec:
      domain:
        devices:
          disks:
            - name: containerdisk
              disk:
                bus: virtio
            - name: cloudinitdisk
              disk:
                bus: virtio
          interfaces:
          - name: default
```

```
          masquerade: {}
        resources:
          requests:
            memory: 64M
      networks:
      - name: default
        pod: {}
      volumes:
      - name: containerdisk
        containerDisk:
          image: quay.io/kubevirt/cirros-container-disk-demo
      - name: cloudinitdisk
        cloudInitNoCloud:
          userDataBase64: SGkuXG4 =
```

1. 类　型

在主要的 spec 内，常规来说主要会使用到以下几个必要类别：domain、network 和 volumes。

domain 主要会使用到的有这几个类别：

- CPU：定义 CPU 的数量与规格设定等。
- devices：定义 VM 内会有哪些虚拟装置。常用的装置是 disks 与 interfaces。
- resources：定义 VM 要使用的资源，而 VM 使用的 RAM 大小可在此设定。

2. 其他可选择性的字段

- features：定义 VM 需要启用哪些虚拟硬体功能，包括启用提高 Windows 相容性的 Hyper-V 功能都在这边设定。
- devices/input：加入部分输入装置。范例中加入的 tablet 是 KVM 预设常加入的装置。
- machine：定义 VM 要使用的模拟平台类型，可选 q35 或 i440fx，没有设定的话预设为使用 i440fx，但需留意两个模拟平台之间的 I/O 差异，其中 i440fx 不支持 SATA。

① devices/disks

这里就挑几个重点来讲。在 disks 部分，每一个 YAMLArray 就是一个挂载的储存装置，以此范例来说，我们挂载了 3 个 disk 装置，其中有两个光碟机与一个硬碟。

- disk/cdrom：定义此储存装置属于哪种类型，一般常用的是 disk 与 cdrom 两种。
- disk 类型/bus：定义这个 disk 要使用哪个虚拟界面对接。这边的硬碟是使用 virtio 作为它的连接界面，KVM 自带的独特界面效能较好，缺点是安装 Windows 时需要载入其驱动程式才可以找得到硬碟。
- name：定义此装置的命名与 K8s 建立 Pod 时一样，跟 volumes 有对应关系，因此需记住所设定的名称。

- bootOrder：定义 disk 的开机顺序，顺序从 1 开始排先后，要安装作业系统的硬碟一定要设定此参数，否则可能会被安装程式判定硬碟不具有开机功能而拒绝安装。

② devices/interfaces

指设定 VM 的网络卡，一个 YAMLArray 同样代表一个连接埠的设定值。

- name：定义此网卡的命名，跟 networks 有对应关系。
- model：设定网卡的类型。范例的 virtio 是使用 KVM 自己的虚拟网卡。
- bridge：设定此网卡与上层网络的连接模式，也就是前面所提到的“前端”网络连接模式。

③ networks

指设定 VM 的后端连接方式。

- name：后端的连接名称，对应上面的 devices/interfaces，前后端名称相同者就会相互连接。
- Pod：设定要使用的后端连接。

④ volumes

主要设定 disks 后端的连接方式。

- name：volume 连接名称，对应上面的 disks，两边名称相同者就会相互连接。
- persistentVolumeClaim/containerDisk：设定 volume 来源。可用 PVC、containerDisk 与 hostDisk，它们每个底下都有不同的来源定义。
- cloudInitNoCloud/cloudInitConfigDrive：用于提供 cloud-init 初始化所需要的 user-data，使用 configmap 作为数据源，此时 VMI 内部将出现第二张大约为 356 KB 的硬盘。

执行安装：

```
$ kubectl apply -f https://kubevirt.io/labs/manifests/vm.yaml
```

由于我们环境中的 KubeVirtOperator，此时我们正在以与创建任何其他 Kubernetes 资源相同的方式创建虚拟机。现在有一个虚拟机作为 Kubernetes 资源。

创建虚拟机资源后，可以使用标准的 kubectl 命令管理虚拟机：

```
$ kubectl get vms
$ kubectl get vms -o yaml testvm | grep -E 'running:.*|$'
```

从输出中注意到 VM 尚未运行。

```
$ kubectl get vms
NAME     AGE    STATUS     READY
testvm   16s    Stopped    False
```

要启动 VM，请使用管理虚拟机的命令行客户端工具 virtctl：

```
$ virtctl start testvm
```

再次检查虚拟机状态：

```
$ kubectl get vms
NAME    AGE   STATUS    READY
testvm  6m6s  Running   True
```

VirtualMachine 资源包含 VM 的定义和状态。
VM 运行后，可以检查其状态：

```
kubectl get vmis
```

一旦准备就绪，上面的命令将打印如下内容：

```
NAME    AGE    PHASE    IP          NODENAME
testvm  1m     Running  10.32.0.11  worker-1
```

9.3.4 访问虚拟机(控制台和 vnc)

现在 VM 正在运行，大家可以管理虚拟机的命令行客户端工具 virtctl 访问其控制台：

```
./virtctl console testvm
Successfully connected to testvm console. The escape sequence is ^]

login as 'cirros' user. default password: 'gocubsgo'. use 'sudo' for root.
testvm login: cirros
Password:
$ ls
$ ll
-sh: ll: not found
$ pwd
/home/cirros
$ cd /
$ ls
bin     home        lib64        mnt       root   tmp
boot    init        linuxrc      old-root  run    usr
dev     initrd.img  lost+found   opt       sbin   var
etc     lib         media        proc      sys    vmlinuz
```

在访问 VNC 客户端的环境时，可以使用 virtctlvnc 命令访问 VM 的图形控制台。

9.3.5 虚拟机关机和清理

与启动一样，停止 VM 也可以使用 virtctl 命令完成：

```
vvirtctl stop testvm
```

最后，可使用 kubectl 像删除任何其他 Kubernetes 资源一样删除 VM：

```
$ virtctl stop testvm
VM testvm was scheduled to stop

$ kubectl delete vms testvm
virtualmachine.kubevirt.io "testvm" deleted
```

9.3.6 virtctl 常用端命令

virtctl 常用端命令见表 9－2 所列。

表 9－2 virtctl 常用端命令

命令	描述
virtctl start <vm_name>	启动虚拟机
virtctl stop <vm_name>	停止虚拟机
virtctl pause vm|vmi <object_name>	暂停虚拟机或虚拟机实例。机器状态保存在内存中
virtctl unpause vm|vmi <object_name>	取消暂停虚拟机或虚拟机实例
virtctl migrate <vm_name>	迁移虚拟机
virtctl restart <vm_name>	重启虚拟机
virtctl expose <vm_name>	创建转发虚拟机或虚拟机实例指定端口的服务，并在节点的指定端口上公开该服务
virtctl console <vmi_name>	连接至虚拟机实例的控制台
virtctl vnc <vmi_name>	打开虚拟机实例的 VNC 连接
virtctl image-upload dv <datavolume_name> --image-path=</path/to/image> --no-create	将虚拟机镜像上传到已存在的数据卷中
virtctl image-upload dv <datavolume_name> --size=<datavolume_size> --image-path=</path/to/image>	将虚拟机镜像上传到新数据卷中
virtctl version	显示客户端和服务器版本
virtctl help	显示 virtctl 命令的描述性列表
virtctl fslist <vmi_name>	返回客户端机器中可用文件系统的完整列表
virtctl guestosinfo <vmi_name>	返回有关操作系统的客户机代理信息
virtctl userlist <vmi_name>	返回客户端机器中登录用户的完整列表

第 10 章　云原生批量调度

10.1　Kubernetes 批处理和 HPC 发展

Kubernetes 最初是一个通用的编排框架，专注于服务工作，在设计初始阶段即被定位为一个聚焦于 Job 服务的通用编排框架。到目前为止，Kubernetes 有标准的功能，例如服务工作负载的负载平衡和滚动更新，以及容器存储接口(CSI)存储容量和 COSI 容器对象存储接口。

但随着 Kubernetes 越来越受欢迎，用户希望在 Kubernetes 上运行高性能工作负载，例如 Spark、TensorFlow 等。在 Kubernetes 中运行这些工作负载时，需要一些高级功能，例如公平共享、队列、作业管理(挂起/恢复)，数据管理。

但是，目前在 Kubernetes 中，HPC、AI/ML、数据分析、CI 等 Batch 工作负载的特性开发落后于 Service 和 Stateful 工作负载的特性开发，以及 Apache Yuni Korn 和其他第三方 OSS。

为了让 Kubernetes 生态不断繁荣，让越来越多的批处理作业和高性能作业逐步迁移至 Kubernetes 平台，使得传统的批处理作业和高性能作业也能够充分利用 Kubernetes 的可扩展性和可移植性，于是 Kubernetes 从 2019 年对这些工作负载的支持开始不断改进提升。

2022 年 5 月 16 日到 20 日，在欧洲举行的云原生会议 KubeCon＋CloudNativeCon Europe2022 上，宣布成立了 KubernetesWGBatch。

Kubernetes WG Batch 对相关的技术和项目(例如：Kueue、Resource Orchestration、Volcano、Pulsar)等，进行了分享和探讨，下面一起来了解一下。

(1) Kueue：基于 K8s 原生的作业队列和弹性配额管理器

Kubernetes 的大多数核心组件都是以 Pod 为中心的，而对于批处理工作负载，只关注 pod 是不够的，比如，集群容量是有限的，需要能对集群资源进行配额和成本管理。因此用户希望有一种公平高效、共享资源的简单方法，能在 Kubernetes 实现传统批处理调度器中常见的排队功能。

Kueue 正是一个基于 K8s 原生的作业队列和弹性配额管理器，无需重复实现现有功能，如自动缩放、Pod 调度、作业生命周期管理和准入控制等，原生支持 batch/v1. JobAPI，可用于集成自定义工作负载，支持公平共享和资源灵活性。Kueue 和现有的 Kubernetes 组件完美融合，不用担心功能差异，让客户使用更简单。

(2) ResourceOrchestration:NUMA 感知调度

当前,Kubernetes 调度对 NUMA 是无感知的,资源管理器只存在于 Kubelet 中,导致当我们在 kubelet 上启用拓扑管理策略时,如"single-numa-node",可能会引发大量 TopologyAffinityError 错误的 Pod。为了解决这个问题,同时也为了让有硬件需求的 HPC 作业或者性能敏感的应用程序能在 Kubernetes 上更好地运行,RedHat 团队向 Kubernetes 贡献了 NUMA 感知调度相关代码,主要实现逻辑如下:

- 引入 NodeResourceTopologyCRD,负责维护资源信息,供调度插件调用。
- Agent 组件以 daemonset 的形式部署在每一个节点之上,负责更新 NRT 中资源使用情况。
- 集成调度插件,通过预选和优选进行常规的调度操作。

目前,NUMA 感知调度相关代码维护在 Kubernetes-sig/scheduler-plugins 项目中,未来计划合并入 Kubernetes 主库。

(3) Volcano:用于计算密集型工作负载的云原生批调度系统

Volcano 是一个云原生批处理系统,也是 CNCF 的第一个批处理计算项目。主要用在高性能计算(HPC)领域,如大数据、人工智能、基因计算方面。Volcano 提供基于作业的公平共享、优先级、抢占、回收和队列管理功能,这些功能对 HPC 用户非常重要。Volcano 在大数据、人工智能和 HPC 计算领域与 sparkoperator、finkoperator、kubeflow、Cromwell 等计算生态系统中进行了集成。另外,Volcano 还集成了 spark 与它的定制批量调度程序。贡献者正在开发许多新功能,例如,针对 HPC 用户的协同定位、弹性培训、vGPU、吞吐量优化和多集群调度。

自 2019 年开源以来,Volcano 已经被全球 50 多个用户成功部署,帮助用户加速 AI 培训、服务、大数据分析等,同时结合其他云原生项目提高集群利用率。

目前,根据笔者经验和社区活跃度,Volcano 和 Kueque 落地实践较多,应用场景也丰富,能够很有效解决传统的批处理作业和高性能作业迁移 Kubernetes 的痛点,能够更有效地享受到 Kubernetes 生态的便利。

10.2 Volcano:云原生的批量调度集大成者

Kubernetes 默认调度器不支持批处理调度。众所周知,Kubernetes 创建之初,是作为通用的容器编排框架,为部署服务应用程序而构建。默认调度器的调度方式是,Pod 创建后逐个调度,不能调度的 Pod 则跳过继续下一个,如此循环,直到全部 Pod 调度完成。

自 2015 年云原生计算基金会(CNCF)成立以来,云原生技术在实现企业级成熟度和全球采用方面取得了重大进展。与传统的单体式编程范式相比,云原生提供了一种更快、更具成本效益的方式在高度可扩展和可用的应用程序平台上创新和开发服务。根据 CNCF 的统计调查,云原生服务已经部署在各个行业——例如金融服务、电子商务、教育、交通、旅游、媒体和娱乐、政府、电信、IT 等领域——主要是为了解决在应用程序开发速度、可扩展性、效率、可移植性、可用性等方面的问题。

随着移动、物联网和边缘计算技术的出现和支持，我们看到了在云原生平台上运行的下一波工作负载——人工智能（包括机器学习和深度学习）、大数据和高性能计算（HPC）。这些都需要大量计算资源来运行批处理作业。

Kubernetes 已被公认为事实上的云原生编排平台，具有可移植性和可扩展性，可以有效地编排和管理容器工作负载和服务。然而，Kubernetes 在满足当今 AI、大数据和 HPC 工作负载的“批处理”工作需求方面仍然存在差距：

- Kubernetes 的原生调度功能无法有效满足 AI、大数据和 HPC 工作负载的计算需求。
- Kubernetes 的作业管理能力无法满足 AI 训练的复杂需求。
- 数据管理缺乏计算端数据缓存、数据位置感知等功能。
- 资源管理缺乏分时复用，导致资源利用率较低。
- 异构硬件支持不足。

随着业务场景不断丰富，批量计算也由传统的 HPC 逐渐扩展到大数据、AI 等多种场景，但各个领域独立发展，呈现出生态割裂、技术栈不兼容，资源利用率低等问题，严重影响批量计算的进一步发展。

云原生技术以其丰富的生态和灵活的扩展性受到各个社区及厂商的青睐，并以云原生技术为基础构建统一的批量计算系统，提升资源使用率。

随着各种新兴高性能计算需求的持续增长，Job 的调度和管理能力变得必要和复杂。Volcano 罗列了一些共性需求：

- 调度算法的多样性。
- 调度性能的高效性。
- 无缝对接主流计算框架。
- 对异构设备的支持。

这些需求，也是云原生批量计算面临的挑战。

Volcano 正是针对这些需求和云原生批量计算面临的挑战应运而生的。同时，Volcano 继承了 Kubernetes 接口的设计风格和核心概念，可以在充分享受 Volcano 的高效性和便利性的同时不用改变任何以前使用 Kubernetes 的习惯。

Volcano 是 CNCF 下面首个也是唯一的基于 Kubernetes 的容器批量计算平台，主要用于高性能计算场景。它提供了 Kubernetes 目前缺少的一套机制，这些机制通常是机器学习大数据应用、科学计算、特效渲染等多种高性能工作负载所需的。作为一个通用批处理平台，Volcano 与几乎所有的主流计算框架无缝对接，如 Spark、TensorFlow、PyTorch、Flink、Argo、MindSpore、PaddlePaddle 等。它还提供了包括基于各种主流架构的 CPU、GPU 在内的异构设备混合调度能力。Volcano 的设计理念建立在 15 年来多种系统和平台大规模运行各种高性能工作负载的使用经验之上，并结合来自开源社区的最佳思想和实践。

作为业界首个云原生批量计算项目，Volcano 于 2019 年 6 月在上海 KubeCon 正式开源，并在 2020 年 4 月成为 CNCF 官方项目，2022 年 4 月，Volcano 正式晋级为 CNCF 孵化项目。

Volcano 应用场景：

Volcano 是一个高性能、可扩展且灵活的基于 *Kubernetes* 的容器批量调度引擎。它可以用于需要执行复杂和并行计算任务的各种场景，例如：

- 大数据处理：Volcano 可用于在节点集群上运行大规模数据的处理作业，例如批处理、机器学习训练和数据分析。
- 持续集成和交付(CI/CD)：Volcano 可用于自动化软件应用程序的构建、测试和部署管道。
- 高性能计算(HPC)：Volcano 可用于运行计算密集型任务，例如科学模拟、金融建模和 3D 渲染。
- 机器学习和人工智能(ML/AI)：Volcano 可用于为机器学习模型运行分布式训练和推理任务。
- 云原生应用程序开发：Volcano 可用于开发和运行需要可扩展、高可用性和容错的云原生应用程序。

总的来说，Volcano 非常适合任何需要在 Kubernetes 环境中执行复杂和并行计算任务的场景。

10.2.1 Volcano 的基本概念

1. PodGroup

PodGroup 是一组强关联 Pod 的集合，主要用于批处理工作负载场景，比如 Tensorflow 中的 ps 和 worker。一个 podGroup 对应一个 VolcanoJob。

PodGroup 是任务的分组，它与 queue 绑定占用队列的资源。它与 VolcanoJob 是一对一的关系，主要是供 schedule 调度时使用的。

2. Queue

queue 是容纳一组**podgroup** 的队列，也是该组 podgroup 获取集群资源的划分依据。对于 K8s 来讲，不同 newspace 的用户可以把作业提交到不同的队列。

Queue 的概念源于 Yarn，它是 Cluster 级别的资源对象，可为其声明资源配额，也可由多 namespace 共享，并且提供 soft isolation。与用户/namespace 解耦，可用于租户/资源池之间共享资源，支持每个队列独立配置 Policy，如 FIFO，fairshare，priority，SLA 等。

(1) Queue 和 Namespace 的区别

Namespace 强调的是资源的划分和隔离；Queue 强调的是资源的共享和服用。可以设置队列的资源上限，资源预留，权重。

Namespace 与 Queue 的设计是解耦的关系，Queue 和 Namespace 是多对多的关

系，同一个 namespace 可以将任务提交到不同 Queue，不同的 namespace 的任务也可以提交到同一个 Queue，用户可以灵活使用。我们提供了 3 个级别的公平调度机制，Queue 不同 job 之间的公平调度、Queue 里不同 namespace 之间的公平调度与 Queue 与 Queue 之间的公平调度。

(2) Queue 和 ResourceQuota 的区别

Queue 和 ResourceQuota 是两个不同的 Kubernetes 资源对象，它们分别用于管理 Pod 调度队列和资源配额。

Queue 是一个自定义资源对象，用于管理 Pod 调度队列。在 Volcano 中，任务被提交后会先进入任务队列，等待被调度器调度到合适的节点上运行。Queue 可以指定队列的大小、任务调度策略等参数，以及与任务队列相关的监控信息。

ResourceQuota 则是 Kubernetes 原生的资源配额管理对象，用于限制命名空间内所有资源对象（如 Pod、Deployment、Service 等）使用的资源总量。可以指定 CPU、内存、存储等资源的配额限制，以保证不同的命名空间之间不会相互影响。与 Queue 不同的是，ResourceQuota 主要用于限制命名空间内的所有资源对象的使用，而不是针对单个任务或者调度队列的限制。

Volcano Job：Volcano Job 简称 vcjob，是 Volcano 自定义的 Job 资源类型。它是批量计算作业的定义，支持定义作业所属队列、生命周期策略、所包含的任务模板以及持久卷等信息。

区别于 Kubernetes Job，vcjob 提供了更多高级功能，如可指定调度器、支持最小运行 pod 数、支持 task、支持生命周期管理、支持指定队列、支持优先级调度等。Volcano Job 更加适用于机器学习、大数据、科学计算等高性能计算场景。

VolcanoJob 是对高性能任务的通用定义，PodGroup 提供了 Job 中 Task 的管理能力，Queue 为任务的分类提供了基础。

PodGroup 和 Volcano Job 之间的关系是，一个 Volcano Job 可以使用 PodGroup 来定义其包含的 Pod 的运行策略，比如 Pod 的数量、资源限制等。通过使用 PodGroup，可以实现更为灵活和高级的任务调度策略，以满足不同任务的需求。同时，Volcano Job 还支持其他一些高级的调度特性，比如任务优先级、任务亲和性等，可以更好地控制任务的调度行为。

10.2.2 Volcano 的系统架构

Volcano 与 Kubernetes 天然兼容，并为高性能计算而生。它遵循 Kubernetes 的设计理念和风格，如图 10－1 所示。

Volcano 由 scheduler、controllermanager、admission 和 vcctl 组成：

- **Scheduler**：Volcanoscheduler 通过一系列的 action 和 plugin 调度 Job，并为它找到一个最适合的节点。与 Kubernetesdefault-scheduler 相比，Volcano 与众不同的地方是它支持针对 Job 的多种调度算法。
- **Controllermanager**：Volcanocontrollermanager 管理 CRD 资源的生命周期。

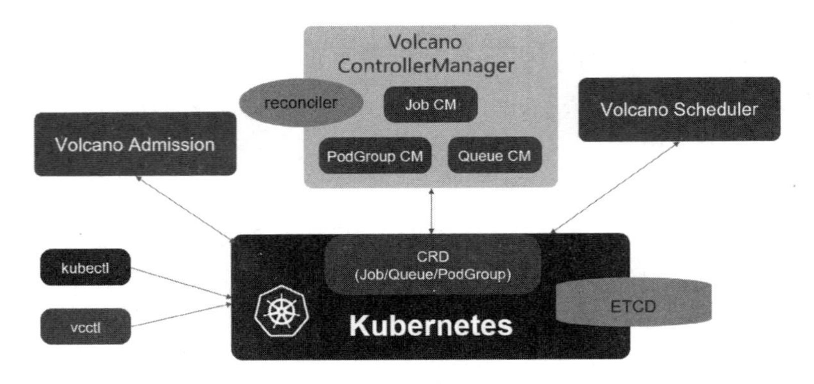

图 10-1 Volcano 系统架构

它主要由 QueueControllerManager、PodGroupControllerManager、VCJobControllerManager 构成。

- **Admission**：Volcanoadmission 负责对 CRDAPI 资源进行校验。
- **Vcctl**：Volcanovcctl 是 Volcano 的命令行客户端工具。

Volcano 为 Kubernetes 添加了许多特性、服务和机制。这些机制和服务包括调度扩展、作业管理扩展以及 GPU 和 FPGA 等加速器、Kubernetes 增强功能等。

Volcano 工作流程：

- 用户创建一个 Volcano 作业。
- VolcanoAdmission 拦截作业的创建请求，并进行合法性校验。
- Kubernetes 持久化存储 VolcanoJob 到 ETCD。
- ControllerManager 通过 List-Watch 机制观察 Job 资源的创建，创建任务(Pod)。
- Scheduler 负责任务的调度，绑定 Node6)。
- KubeletWatch 到 Pod 的创建，接管 Pod 的运行。
- ControllerManager 监控所有任务的运行状态，保证所有的任务在期望的状态下运行。

Volcano 是新一代批处理计算系统，支持二级调度，提供集中式调度模式。此外，Volcano 支持与多种计算框架集成，例如 KubeFlow、ApacheSpark 和 KubeGene。

在 Kubeflow 集成期间，kubeflow/tf-operator 利用了 Volcano 的调度程序部分，而 kubeflow/arena 使用作业调度程序和作业管理。Kubeflow 简化了多样化机器学习工作负载的部署。

当与 spark-operator 集成时，它仅使用调度程序部分，包括与 spark-on-Kubernetes 的持续集成。Spark 提供高级 API 和优化的引擎来支持大数据分析。

10.3 Volcano 安装及使用

- 安装 volcano 需要有一个 Kubernetes 集群，集群版本不低于 V1.13，支持 CRD。
- 上手 Volcano 最容易的方式是从 github 下载 release(https://github.com/volcano-sh/volcano/releases)，然后按照以下步骤操作。

Volcano 和 Kubernetes 兼容性矩阵，见表 10－1 所列。

表 10－1 Volcano 和 Kubernetes 兼容性矩阵

	Kubernetes 1.19	Kubernetes 1.20	Kubernetes 1.21	Kubernetes 1.22	Kubernetes 1.23	Kubernetes 1.24
Volcano1.4	√	√	√	—	—	—
Volcano1.5	√	√	√	√	√	√
Volcano1.6	√	√	√	√	√	√

10.3.1 安装 Volcano

通过 DeploymentYaml 安装 Volcano，这种安装方式支持 x86_64/arm64 两种架构。在 Kubernetes 集群上，执行如下的 kubectl 指令。

```
kubectl apply -f https://raw.githubusercontent.com/volcanosh/
volcano/master/installer/volcano-development.yaml
```

大家可以将 master 替换为指定的标签或者分支(比如，release-1.5 分支表示最新的 v1.5.x 版本，v1.5.1 标签表示 v1.5.1 版本)，以安装指定的 Volcano 版本。

```
# 指定 1.7.0 的 Volcano 版本
kubectl apply -f https://raw.githubusercontent.com/volcanosh/
volcano/v1.7.0/installer/volcano-development.yaml
```

正确安装部署后，将生成 4 个组件，分别为：Volcano-admission、Volcano-admission-init、Volcano-controllers、Volcano-scheduler，其中 admission-init 以作业的方式生成证书。

- **Volcano-admission**：通过向 Kubernetes 服务注册 MutatingWebhookConfigurations 和 ValidatingWebhookConfigurations，修改及校验 vcjob。主要职责包括如下：

  mutate：设置 schedulerName，queue，taskName 等。

  validate：检查 jobSpec 参数，以及 tasks，plugins 等。
- **Volcano-controllers**：监听 kube-apiserver 上所有 vcjob，pod，PodGroup 的资源，主要管理整个 vcjob 的生命周期，包括其相关的 pod 和 PodGroup 的创建，

修改(如状态和事件),以及销毁。

- Volcano-scheduler :pod 资源调度及绑定。通过一系列的 action 和 plugin 调度 Job,并为它找到一个最适合的节点。

10.3.2 Volcano 运行 AI 作业

AI 技术是最近发展速度很快的科技领域。2022 年 11 月由 OpenAI 开发的一个人工智能聊天机器人程序 ChatGPT 推出后,再一次迎来一波新的 AI 热。

ChatGPT 可以写出相似于真人程度的文章,并因其在许多知识领域给出详细回答和清晰答案而迅速获得关注,证明了从前认为不会被 AI 取代的知识型工作它也足以胜任。

要让 AI 发挥作用,就必须让它有用武之地。目前,应用最广泛且发展最迅速的 AI 技术分别是机器学习、自然语言处理(NLP)、计算机视觉、机器人技术。

其中在机器学习应用实践中,TensorFlow 和 PyTorch 是使用最多,社区活跃度最高的学习框架。

TensorFlowonVolcano :当一个 TensorFlow 作业提交到 Volcano 批处理系统的时候,Volcano 会给作业设置一个 PodGroup,**PodGroup 包含了用户配置的调度信息**,比如这个例子作业包含了两个 PSPod 和两个 WorkerPod,**PodGroup 里包含了调度所需要的 minAvailable 值**。

调度器在尝试调度时,就会看集群里的资源能满足多少个 Pod 去运行,如果满足一个,它的可调度数就会+1,**最后会判断整个 PodGroup 里的可调度数是不是大于等于在 Job 里边设置的 minAvaliable 数,如果是,则整个 Job 才会被真正调度起来。**

基于 PS-Worker 架构的特点,我们知道 TensorFlow 的作业调度中需要具备 Gang-scheduling 的能力。其中任何一个进程启动失败或退出,都会导致作业整体运行失败。如果其中某个进程由于资源不足无法启动,整个作业也就无法真正执行下去。

对于 Tensorflow 和 MPI 的作业,同一个 Job 下要求所有 Pod 同时启动才能运行。

```
apiVersion: batch.volcano.sh/v1alpha1
kind: Job
metadata:
  name: tensorflow-dist-mnist
spec:
  minAvailable: 3
  schedulerName: volcano
   作业插件机制
  plugins:
    env 插件,提供任务索引。如下面 Commond 中的 VK_TASK_INDEX
    env: []
    SVC 插件,支持作业内 pod 间互访,并提供访问地址。如下面 Commond 中的 ps.host 和 work-
er.host
    svc: []
    异常场景处理:当有任意一个 Pod 被驱逐时,它处理的方式都会重启整个 Job
```

```
  policies:
    - event: PodEvicted
      action: RestartJob
  queue: default
    作业的 task 角色
  tasks:
    - replicas: 1
      name: ps
      template:
        spec:
          containers:
            HOST 声明 ps 和 worker 任务通信时采用的 host,由 svc 插件创建
          - command:
              - sh
              - -c
              - |
                PS_HOST='cat /etc/volcano/ps.host | sed 's/$/&:2222/g' | sed
's/^/"/;s/$/"/' | tr "\n" ","';
                WORKER_HOST='cat /etc/volcano/worker.host | sed 's/$/&:2222/g' | sed
's/^/"/;s/$/"/' | tr "\n" ","';
                export TF_CONFIG={"cluster":{"ps":[${PS_HOST}],"worker":
[${WORKER_HOST}]},"task":
{"type":"ps","index":${VK_TASK_INDEX}},"environment":"cloud"};
                python /var/tf_dist_mnist/dist_mnist.py
            image: volcanosh/dist-mnist-tf-example:0.0.1
            name: tensorflow
              ports,声明 ssh 通信时访问的端口号
            ports:
              - containerPort: 2222
                name: tfjob-port
            resources: {}
          restartPolicy: Never
    - replicas: 2
      name: worker
        当所有的 Worker 正常结束变成 Completed 状态,意味着整个 Job 正常结束
      policies:
        - event: TaskCompleted
          action: CompleteJob
      template:
        spec:
          containers:
            HOST 声明 ps 和 worker 任务通信时采用的 host,由 svc 插件创建
            - command:
              - sh
              - -c
              - |
                PS_HOST='cat /etc/volcano/ps.host | sed 's/$/&:2222/g' | sed
's/^/"/;s/$/"/' | tr "\n" ","';
                WORKER_HOST='cat /etc/volcano/worker.host | sed 's/$/&:2222/g' | sed
```

```
's/^/"/;s/$/"/' | tr "\n" ",";
                    export TF_CONFIG={"cluster":{"ps":[${PS_HOST}],"worker":
[${WORKER_HOST}]},"task":
{"type":"worker","index":${VK_TASK_INDEX}},"environment":"cloud"};
                    python /var/tf_dist_mnist/dist_mnist.py
                image: volcanosh/dist-mnist-tf-example:0.0.1
                name: tensorflow
                 ports,声明 ssh 通信时访问的端口号
                ports:
                  - containerPort: 2222
                    name: tfjob-port
                resources: {}
            restartPolicy: Never
```

Volcano 完全是基于 K8s 这种规范去开发的,所以它是解释型的 CRD—配置即作业,直接所见即所得。

第一行定义了 Volcano 作业的 apiVersion,Kind 是 Job 类型,metadata 定义作业的名字是 tensorflow-distmnist。

在 Spec 里会去定义 schedulerName,就是这个 TensorFlow 作业需要用 Volcano 调度器去调度。另外一个比较重要的变量是 minAvailable 值,这个值表示运行 Job 时所需最小的任务数,是由 scheduler 去处理的,达到最小任务数后,才会去调度这个作业。

plugins 是给作业配置的插件信息,Plugin 提供了任务运行所必须的能力,Plugin 内填写的插件可直接反映在 task 的 command 字段里。

tasks 提供了多任务的模板能力,支持一个 Job 内定义多种角色,不同的角色执行不同的命令。它还可以为作业定义 Policies。job.policies 是定义整个作业的异常处理场景,就是说当有任意一个 Pod 被驱逐时,它处理的方式都是重启整个 Job,这符合 tensorflow AI 作业的使用场景。

job.task.policies 是定义任务的 Policies,当所有的 Worker 正常结束变成 Completed 状态,意味着整个 Job 正常结束。

另外,Volcano 会帮你在一个 vcjob 下多个 Pod 中注入一个文件夹(etc/volcano),这个文件夹下面就会有所有的 master、volcano、ps 的域名,都会填在这里面,这样每个 Pod 都知道整体集群里有哪些 peer。

第 11 章　Kubernetes 组件剖析

11.1　Kubernetes 的“4A”:认证,审计,授权和准入

在 Kubernetes 中,与集群相关的各种操作是通过 HTTP/HTTPS 向称为 API 服务器的组件发送请求来执行的。例如,Kubernetes 提供了操作集群的命令行界面“kubectl”,kubectl 根据用户命令行指定的命令向 API 服务器发送请求,并接收结果,显示在屏幕上。

在公有云中,可以从外部(互联网)访问 API 服务器,其规范也是对外开放的。因此,任何知道主机名或 IP 地址的人都可以向 API 服务器发送请求。因此,当与集群管理员无关的第三方向 APIserver 发送请求时,APIserver 具备判断该请求非法并拒绝的机制。

具体来说,当访问 API 服务器的客户端发送请求时,它会随请求内容一起发送信息(用户名和身份验证令牌)来验证发送者。API 服务器旨在通过整理这些信息来验证请求者的合法性。

另外,Kubernetes 提供了一种机制,可以限制每个用户可以执行的进程。比如集群中有多个管理员,可以允许某个管理员获取容器运行状态信息,但禁止创建、删除容器等过程的需求。

API server 数据流转如图 11-1 所示。

Kubernetes 提供了认证(Authentication)、审计(Audit)、授权(Authorization)、准入(Adminsion Control)几种 webhook,其可以自行在 Kubernetes 之上实现一个 4A 的标准。

- **认证**(Authentication):确认发送请求的用户是否为集群的合法用户。
- **审计**(Audit):记录用户的操作行为。
- **授权**(Authorization):验证用户是否有权执行请求的操作,检查发出请求的权限。
- **准入**(AdminsionControl):检查用户请求内容,它阻止不符合预先指定条件的请求,并根据指定条件修改请求的内容。

11.1.1　认证(Authentication)

所有 Kubernetes 集群都有两类用户:由 Kubernetes 管理的服务账号和普通用户。

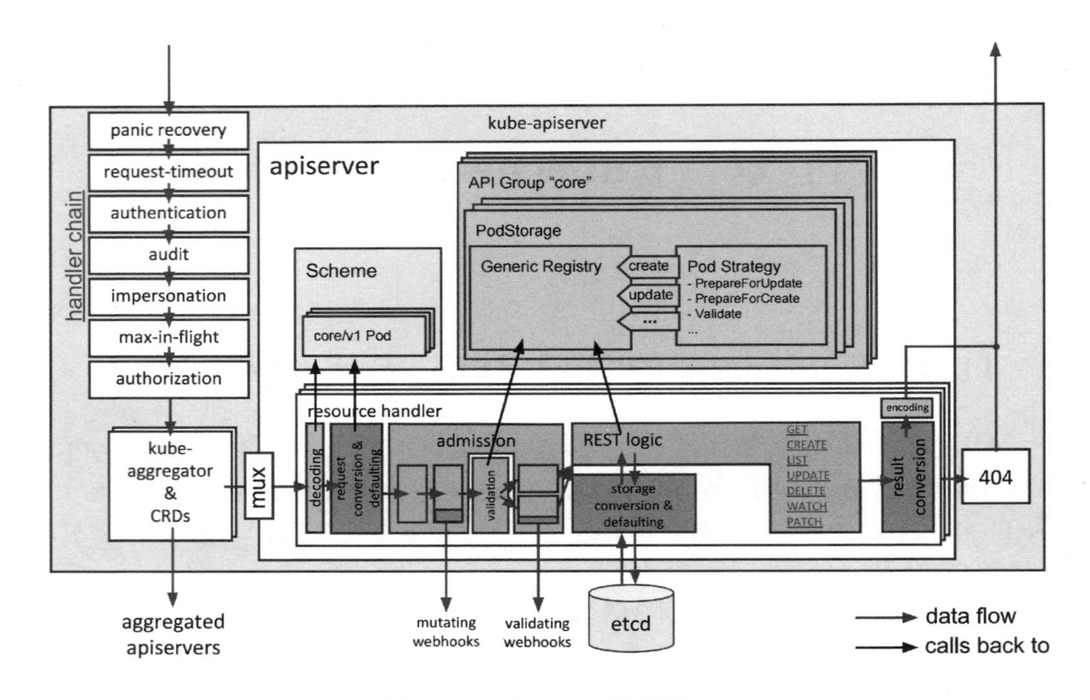

图 11-1 API server 数据流转

Kubernetes 假定普通用户是由一个与集群无关的服务通过以下方式进行管理的：

- 负责分发私钥的管理员。
- 类似 Keystone 或者 GoogleAccounts 这类用户数据库。
- 包含用户名和密码列表的文件。

鉴于此，**Kubernetes 并不包含用来代表普通用户账号的对象**。普通用户的信息无法通过 API 调用添加到集群中。

Kubernetes 自身并没有用户管理能力，无法像操作 Pod 一样，通过 API 的方式创建/删除一个用户的资源对象，也无法在 etcd 中找到用户对应的存储对象。同时 Kubernetes 内置的资源对象中也没有一个是对应用户的。

用户分类：K8s 的用户分两种，一种是普通用户，一种是 ServiceAccount(服务账户)。

1. 普通用户

- **普通用户**假定被外部或独立服务管理。管理员分配私钥。平时常用的**kubectl 命令都是普通用户执行**的。
- 如果是用户需求权限，则将 Role 与 User(或 Group)绑定(这需要创建 User/Group)，是给**用户使用**的。

2. ServiceAccount(服务账户)

- ServiceAccount(服务帐户)是由 Kubernetes API 管理的用户。它们绑定到特定的命名空间，并由 API 服务器自动创建或通过 API 调用手动创建。服务帐户与存储为 Secrets 的一组证书相关联，这些凭据被挂载到 pod 中，以便集群进程与 Kubernetes API 通信。（登录 dashboard 时我们使用的就是 ServiceAccount）

- 如果是程序需求权限，将 Role 与 ServiceAccount 指定（这需要创建 ServiceAccount 并且在 deployment 中指定 ServiceAccount），是给**程序使用**的。

这里 Role 相当于是一个类，用作权限申明，User/Group/ServiceAccount 将成为类的实例。

Kubernetes RBACAPI 角色见表 11-1 所列。

表 11-1 Kubernetes RBAC API 角色

默认 ClusterRole	默认 ClusterRoleBinding	描述
system:basicuser	system:authenticated 组	允许用户以只读的方式访问他们自己的基本信息。在 v1.14 版本之前，这个角色在默认情况下也绑定在 system:unauthenticated 上
system:discovery	system:authenticated 组	允许以只读方式访问 API 发现端点，这些端点用来发现和协商 API 级别。在 v1.14 版本之前，这个角色在默认情况下绑定在 system:unauthenticated 上
system:publicinfo-viewer	system:authenticated 和 system:unauthenticated 组	允许对集群的非敏感信息进行只读访问，此角色是在 v1.14 版本中引入的

面向用户的角色：一些默认的 ClusterRole 不是以前缀 system 开头的，而是面向用户的角色。它们包括超级用户（Super-User）角色（ cluster-admin ）、使用 ClusterRoleBinding 在集群范围内完成授权的角色（ clusterstatus）以及使用 RoleBinding 在特定名字空间中授予的角色（ admin、edit、view），见表 11-2 所列。

面向用户的 ClusterRole 使用 ClusterRole 聚合，以允许管理员在这些 ClusterRole 上添加用于定制资源的规则。如果想要添加规则到 admin、edit 或者 view 中，可以创建带有以下一个或多个标签的 ClusterRole：

```
metadata:
  labels:
    rbac.authorization.k8s.io/aggregate-to-admin: "true"
    rbac.authorization.k8s.io/aggregate-to-edit: "true"
    rbac.authorization.k8s.io/aggregate-to-view: "true"
```

表 11-2　Kubernetes 面向用户的角色

默认 ClusterRole	默认 ClusterRoleBinding	描述
cluster-admin	system:masters 组	允许超级用户在平台上的任何资源上执行所有操作。当在 ClusterRoleBinding 中使用时,可以授权对集群中以及所有名字空间中的全部资源进行完全控制。当在 RoleBinding 中使用时,可以授权控制角色绑定所在名字空间中的所有资源,包括名字空间本身
admin	无	允许管理员访问权限,旨在使用 RoleBinding 在名字空间内执行授权。如果在 RoleBinding 中使用,则可授予对名字空间中的大多数资源的读/写权限,包括创建角色和角色绑定的能力。此角色不允许对资源配额或者名字空间本身进行写操作。此角色也不允许对 Kubernetesv1. 22＋创建的 EndpointSlices(或 Endpoints)进行写操作。更多信息参阅"EndpointSlices 和 Endpoints 写权限"小节
edit	无	允许对名字空间的大多数对象进行读/写操作。此角色不允许查看或者修改角色或者角色绑定。不过,此角色可以访问 Secret,以名字空间中任何 ServiceAccount 的身份运行 Pod,所以可以用来了解名字空间内所有服务账户的 API 访问级别。此角色也不允许对 Kubernetesv1. 22＋创建的 EndpointSlices(或 Endpoints)进行写操作。更多信息参阅"EndpointSlices 和 Endpoints 写操作"小节
view	无	允许对名字空间的大多数对象有只读权限。它不允许查看角色或角色绑定。此角色不允许查看 Secrets,因为读取 Secret 的内容意味着可以访问名字空间中 ServiceAccount 的凭据信息,进而允许利用名字空间中任何 ServiceAccount 的身份进行访问 API(这是一种特权提升)

例如,创建一个 ServiceAccount 绑定 cluster-admin 的角色。

```
kind: ClusterRoleBinding
apiVersion: rbac.authorization.k8s.io/v1beta1
metadata:
  name: admin
  annotations:
    rbac.authorization.kubernetes.io/autoupdate: "true"
roleRef:
  kind: ClusterRole
  name: cluster-admin
```

```
    apiGroup: rbac.authorization.k8s.io
  subjects:
  - kind: ServiceAccount
   name: admin
   namespace: kube-system
  ---
  apiVersion: v1
  kind: ServiceAccount
  metadata:
    name: admin
    namespace: kube-system
    labels:
      kubernetes.io/cluster-service: "true"
      addonmanager.kubernetes.io/mode: Reconcile
```

文件包含了 Kubernetes 中的 RBAC 授权相关的资源配置信息，其中包括：

- 一个 ClusterRoleBinding 资源，用于将一个 ServiceAccount 的权限与一个 ClusterRole 绑定起来。在这个例子中，ServiceAccount 名称为 admin，ClusterRole 名称为 cluster-admin，绑定在 kube-system 命名空间中。
- 一个 ServiceAccount 资源，用于创建一个名为 admin 的 ServiceAccount，它将被用于授权。

其中，ClusterRoleBinding 中的 roleRef 字段引用了一个 ClusterRole 资源，它的名称为 cluster-admin，这个角色授予了 Kubernetes 集群中的所有权限，所以将这个角色授予给 ServiceAccountadmin 将会赋予该 ServiceAccount 所有的权限。另外，ServiceAccount 的名称必须与 ClusterRoleBinding 中的 ServiceAccount 名称一致，否则绑定将不生效。最后，metadata 中的 annotations 部分设置了一个自动更新的标记，当 ClusterRole 或 ServiceAccount 被更新时，相关的 ClusterRoleBinding 也会自动更新。

Kubernetes.io/cluster-service: "true" 和 addonmanager.Kubernetes.io/mode: Reconcile 是 Kubernetes 系统中用于标记和管理 ServiceAccount 的标签。

kubernetes.io/cluster-service: "true"表示此 ServiceAccount 是一个集群服务。当一个 ServiceAccount 被标记为集群服务时，它将在所有命名空间中自动创建。这对于许多不需要特定命名空间的系统组件和服务非常有用，比如 kube-proxy、kube-dns、kube-scheduler 等。

addonmanager.Kubernetes.io/mode: Reconcile 表示此 ServiceAccount 与 Kubernetes 插件管理器相关联，该插件管理器用于管理 Kubernetes 插件。它告诉插件管理器如何管理此 ServiceAccount。Reconcile 意味着如果该 ServiceAccount 不在系统中，则将创建该 ServiceAccount。如果该 ServiceAccount 存在，但其属性与描述文件不匹配，则将更新该 ServiceAccount。

这些标签的使用使得 Kubernetes 系统组件的管理更加简单和标准化，并且可以保证这些组件能够正常运行。

Kubernetes 通过身份认证插件利用客户端证书、持有者令牌(BearerToken)或身份认证代理(Proxy)来认证 API 请求的身份。HTTP 请求发给 API 服务器时,插件会将以下属性关联到请求本身:

- **用户名**:用来辩识最终用户的字符串。常见的值可以是 kube-admin 或 fly@example.com。
- **用户 ID**:用来辩识最终用户的字符串,旨在比用户名有更好的一致性和唯一性。
- **用户组**:取值为一组字符串,其中各个字符串用来标明用户是某个命名的用户逻辑集合的成员。常见的值可能是 system:masters 或者 devops-team 等。
- **附加字段**:一组额外的键-值映射,键是字符串,值是一组字符串;用来保存一些授权组件可能觉得有用的额外信息。

所有(属性)值对于身份认证系统而言都是不透明的,只有被授权组件解释过之后才有意义。

可以同时启用多种身份认证方法,并且通常会至少使用两种方法:

- 针对服务账号使用账号令牌。
- 至少另外一种方法对用户的身份进行认证。

当集群中启用了多个身份认证模块时,第一个成功地对请求完成身份认证的模块会直接做出评估决定。API 服务器并不保证身份认证模块的运行顺序。

对于所有通过身份认证的用户,system:authenticated 组都会被添加到其组列表中。

与其他身份认证协议(LDAP、SAML、Kerberos、X509 的替代模式等等)都可以通过使用一个身份认证代理或身份认证 Webhoook 来实现。

查看认证策略:在使用 kubeadm 构建的 Kubernetes 集群的初始状态下,API 服务器(kube-apiserver)进程的启动选项指定如下。

```
 X509 Client Certs
--client-ca-file = /etc/kubernetes/pki/ca.crt
 Bootstrap Tokens
--enable-bootstrap-token-auth = true
 Authenticating Proxy
--requestheader-allowed-names = front-proxy-client
--requestheader-client-ca-file = /etc/kubernetes/pki/front-proxy-ca.crt
--requestheader-extra-headers-prefix = X-Remote-Extra-
--requestheader-group-headers = X-Remote-Group
--requestheader-username-headers = X-Remote-User
 Service Account Tokens
--service-account-key-file = /etc/kubernetes/pki/sa.pub
```

这表明启用了“X509ClientCerts”和“BootstrapTokens”、“ServiceAccountTokens”

和“AuthenticatingProxy”身份验证。

apiserver 目前提供了 9 种认证机制。每一种认证机制被实例化后会成为认证器(Authenticator),每一个认证器都被封装在 http. Handler 请求处理函数中,它们接收组件或客户端的请求并认证请求。

要启用这些模块,请在 API 服务器启动选项中指定相应的模块,见表 11－3 所列。

表 11－3 Kubernetes 认证模块

序号	模块名称	解释	配置选项
1	X509 Client Certs	使用公钥证书进行认证	--client-ca-file=<CA 文件>
2	Static Token File	使用用户名、令牌等的令牌文件管理用户	--token-auth-file=<令牌文件>
3	Bootstrap Tokens	构建集群时,在未进行认证设置的状态下使用。用户信息作为 Secrets 存储在“kube-system”命名空间中。用户有过期时间,在一定时间后被删除	--enable-bootstrap-token-auth
4	Static Password File	使用用户名、密码等的密码文件管理用户	--basic-auth-file=<密码文件>
5	ServiceAccount-Tokens	使用令牌进行身份验证,仅用于服务帐户身份验证	--service-account-key-file <PEM 格式密钥文件>
6	OpenID Connect Tokens	使用 OAuth2 进行身份验证	--oidc-issuer-url=等
7	Webhook Token Authentication	使用 webhook 验证令牌	--authentication-token-webhook-config-file=<配置文件>
8	Authenticating Proxy	具有身份验证功能的代理使用“X-Remote-User”和“X-Remote-Group”等 HTTP 标头提供身份验证信息	--requestheader-username-headers=<要使用的标头名称>

假设所有的认证器都被启用,当客户端发送请求到 kube-apiserver 服务,该请求会进入 AuthenticationHandler 函数(处理认证相关的 Handler 函数)。在 AuthenticationHandler 函数中,会遍历已启用的认证器列表,尝试执行每个认证器,当有一个认证器返回 true 时,则认证成功,否则继续尝试下一个认证器;如果用户是非法用户,那 apiserver 会返回一个 401 的状态码,并终止该请求。

11.1.2 审计(Auditing)

Kubernetes **审计(Auditing)**功能提供了与安全相关的、按时间顺序排列的记录集,记录每个用户、使用 KubernetesAPI 的应用以及控制面自身引发的活动。

审计功能使得集群管理员能够回答以下问题:

- 发生了什么?
- 什么时候发生的?
- 谁触发的?
- 活动发生在哪个(些)对象上?
- 在哪里观察到的?
- 它从哪里触发的?
- 活动的后续处理行为是什么?

审计记录最初产生于 kube-apiserver 内部。每个请求在不同执行阶段都会生成审计事件;这些审计事件会根据特定策略被预处理并写入后端。策略确定要记录的内容和用来存储记录的后端。当前的后端支持日志文件和 webhook。

每个请求都可被记录其相关的**阶段(stage)**。已定义的阶段有:

- RequestReceived—此阶段对应审计处理器接收到请求后,并且在委托给其余处理器之前生成的事件。
- ResponseStarted—在响应消息的头部发送后,响应消息体发送前生成的事件。只有长时间运行的请求(例如 watch)才会生成这个阶段。
- ResponseComplete—当响应消息体完成并且没有更多数据需要传输的时候。
- Panic—当 panic 发生时生成。

审计策略定义了关于应记录哪些事件以及应包含哪些数据的规则。审计策略对象结构定义在 audit. k8s. ioAPI 组。处理事件时,将按顺序与规则列表进行比较。第一个匹配规则设置事件的审计级别(AuditLevel)。已定义的审计级别有:

- None —符合这条规则的日志将不会记录。
- Metadata—记录请求的元数据(请求的用户、时间戳、资源、动词等),但是不记录请求或者响应的消息体。
- Request—记录事件的元数据和请求的消息体,但是不记录响应的消息体。这不适用于非资源类型的请求。
- RequestResponse—记录事件的元数据,请求和响应的消息体。这不适用于非资源类型的请求。

可以使用——audit-policy-file 标志将包含策略的文件传递给 kube-apiserver 。如果不设置该标志,则不记录事件。

注意: rules 字段**必须**在审计策略文件中提供。没有规则的策略将被视为非法配置。

以下是一个审计策略文件的示例:

```
apiVersion: audit.k8s.io/v1   这是必填项
kind: Policy
  不要在 RequestReceived 阶段为任何请求生成审计事件
omitStages:
  - "RequestReceived"
```

```
rules:
  在日志中用 RequestResponse 级别记录 Pod 变化
- level: RequestResponse
  resources:
  - group: ""
    资源 "pods" 不匹配对任何 Pod 子资源的请求
    这与 RBAC 策略一致
    resources: ["pods"]
  在日志中按 Metadata 级别记录 "pods/log"、"pods/status" 请求
- level: Metadata
  resources:
  - group: ""
    resources: ["pods/log", "pods/status"]
  不要在日志中记录对名为 "controller-leader" configmap 的请求
- level: None
  resources:
  - group: ""
    resources: ["configmaps"]
    resourceNames: ["controller-leader"]
```

可以使用最低限度的审计策略文件在 Metadata 级别记录所有请求：

```
  在 Metadata 级别为所有请求生成日志
apiVersion: audit.k8s.io/v1beta1
kind: Policy
rules:
- level: Metadata
```

11.1.3 授权(Authorization)

在 Kubernetes 中，必须在授权(授予访问权限)之前进行身份验证(登录)。

请求经过认证和审计之后，下一步就是确认这一操作是否被允许执行，即授权。

对于授权一个请求，Kubernetes 主要关注三个方面：

- 请求者的用户名。
- 请求动作。
- 动作影响的对象。

用户名从嵌入 token 的头部中提取，动作是映射到 CRUD 操作的 HTTP 动词(如 GET、POST、PUT、DELETE)，对象是其中一个有效的 Kubernetes 资源对象。

Kubernetes 基于一个存在策略来决定授权。默认情况下，Kubernetes 遵循封闭开放的理念，这意味着需要一个明确的允许策略才可以访问资源。

与身份认证类似，授权也是基于一个或多个模块配置的，如 ABAC 模式、RBAC 模式以

及 Webhook 模式。当管理员创建集群时,他们配置与 API sever 集成的授权模块。

如果多个模块都在使用,Kubernetes 会检查每个模块并且如果其中任一模块授权了请求,则请求授权通过。如果所有模块全部拒绝请求,则请求被拒绝(HTTP 状态码 403)。

1. 审查你的请求属性

Kubernetes 仅审查以下 API 请求属性:

- **用户**——身份验证期间提供的 user 字符串。
- **组**——经过身份验证的用户所属的组名列表。
- **额外信息**——由身份验证层提供的任意字符串到字符串值的映射。
- **API** ——指示请求是否针对 API 资源。
- **请求路径**——各种非资源端点的路径,如/api 或/healthz。
- **API 请求动词**——API 动词 get、list、create、update、patch、watch、proxy、redirect、delete 和 deletecollection 用于资源请求。要确定资源 API 端点的请求动词。
- **HTTP 请求动词**——HTTP 动词 get、post、put 和 delete 用于非资源请求。
- **资源**——正在访问的资源 ID 或名称(仅限资源请求),对于使用 get、update、patch 和 delete 动词的资源请求,必须提供资源名称。
- **子资源**——正在访问的子资源(仅限资源请求)。
- **命名空间**——正在访问的对象的名称空间(仅适用于命名空间资源请求)。
- **API 组**——正在访问的 API 组(仅限资源请求)。空字符串表示核心 API 组。

2. 授权策略

API Server 目前支持以下几种授权策略,见表 11 - 4 所列。

表 11 - 4 Kubernetes 授权策略

序号	模块名称	解释
1	Node	是一种专用模式,用于对 kubelet 发出的请求进行访问控制,kubelet 是在每个集群节点上运行的组件
2	ABAC	Attribute-BasedAccessControl 是基于属性的访问控制的缩写。在 API 服务器的"--authorization-policy-file="选项指定配置文件定义每个用户或用户属性允许的请求
3	RBAC	Role-BasedAccessControl 是基于角色的访问控制的缩写,其创建"Role""ClusterRole""RoleBinding""ClusterRoleBinding"等资源,定义授权规则
4	Webhook	通过调用外部 REST 服务对用户进行授权,一种使用 Webhooks 查询外部服务并根据结果进行授权的机制
5	AlwaysDeny	表示拒绝所有请求,一般用于测试
6	AlwaysAllow	表示允许所有请求,一般用于测试

3. 默认的授权模式

可以同时指定多个认证模块,先指定的优先。例如,在使用 kubeadm 构建的集群的情况下,默认设置在启动 API 服务器时指定了“--authorization-mode=Node,RBAC”选项。在这种情况下,首先尝试使用 Node 模块进行授权,然后使用 RBAC 模块进行授权。

```
$ grep -C3 'authorization-mode' /etc/kubernetes/manifests/kube-apiserver.yaml
  - kube-apiserver
  - --advertise-address=192.168.172.128
  - --allow-privileged=true
  - --authorization-mode=Node,RBAC
  - --client-ca-file=/etc/kubernetes/pki/ca.crt
  - --enable-admission-plugins=NodeRestriction
  - --enable-bootstrap-token-auth=true
```

11.1.4 准入(Adminsion Control)

通过准入控制是请求的最后一个步骤。与前面的认证和授权步骤类似,准入控制也有许多模块。

但与前面的认证和授权步骤不同的是,最后的阶段可以修改目标对象。准入控制模块作用于对象的创建、删除、更新和连接(proxy)阶段,但不包括对象的读取。举个例子,例如,准入控制模块可用于修改创建持久卷声明(PVC)的请求,以使用特定存储类。模块可以实施的另一个策略是每次创建容器时提取镜像。

准入控制器是一段代码,它会在请求通过认证和鉴权之后、对象被持久化之前拦截到达 API 服务器的请求。它不只是关注用户和行为,还会处理请求的内容。

准入控制器可以执行**验证(Validating)**和/或**变更(Mutating)**操作。变更(mutating)控制器可以根据被其接受的请求更改相关对象;验证(validating)控制器则不行。有点类似 web 应用的拦截器或者过滤器。

- **Mutating**:可以对请求内容进行修改。
- **Validating**:不允许修改请求内容,但可以根据请求的内容判断是继续执行该请求还是拒绝该请求。

准入控制器限制创建、删除、修改对象的请求。准入控制器也可以阻止自定义动作,例如通过 API 服务器代理连接到 Pod 的请求。准入控制器不会(也不能)阻止读取(**get**、**watch** 或**list**)对象的请求。

Kubernetes 1.26 中的准入控制器由下面的列表组成,并编译进 kube-apiserver 可执行文件,并且只能由集群管理员配置。在该列表中,有两个特殊的控制器:MutatingAdmissionWebhook 和 ValidatingAdmissionWebhook。它们根据 API 中的配置,分别执行变更和验证准入控制 webhook。

Kubernetes 的 4A 代表认证(Authentication)、审计(Audit)、授权(Authorization)

和准入(Admission Control),是 Kubernetes 安全性的基石,它们共同保证了 Kubernetes 集群的安全性。

- 认证(Authentication):在 Kubernetes 集群中,认证是指对用户身份进行验证,以确定其是否有权限访问集群中的资源。Kubernetes 支持多种认证方式,如静态 Token、基本认证、TLS 证书认证、OpenIDConnect 认证等。
- 审计(Audit):审计是指记录和存储 Kubernetes 集群中发生的各种操作事件和活动,以便进行监控、调查和安全审计。Kubernetes 支持将审计日志记录到多种后端存储中,如文件、Syslog、Elasticsearch 等。
- 授权(Authorization):授权是指确定哪些用户或进程可以访问集群中的资源,并定义它们能够执行的操作。Kubernetes 中的授权由 RBAC(基于角色的访问控制)机制实现,RBAC 定义了哪些角色可以访问哪些资源,并规定了每个角色可以执行的操作。
- 准入(Admission):准入控制是指对资源创建、修改和删除请求进行检查和修改的机制。Kubernetes 的准入控制由准入控制器实现,通过 webhook 机制,在资源创建和更新时对资源进行校验和修改。例如,可以通过准入控制来强制实施规则,如强制 pod 必须包含标签、强制容器镜像必须来自指定的镜像仓库等。

通过认证、审计、授权和准入控制这 4 个机制,Kubernetes 提供了一个完整的安全控制方案,可以帮助用户实现集群安全、资源访问控制和合规性要求。

11.2 Controller Manager 的原理

Kubernetes Controller Manager 是一个由多个控制器组成的容器化应用程序,用于管理 Kubernetes 的核心资源。每个控制器都负责管理一个或多个资源对象,例如 Pod、Service、ReplicationController、Deployment 等。

下面是 Kubernetes 中主要的控制器的介绍、用途描述,见表 11-5 所列:

表 11-5 Kubernetes 主要控制器

控制器	用途	描述
Replication Controller	管理 Pod 副本数	确保在 Kubernetes 集群中运行指定数量的 Pod 副本,当有 Pod 出现故障或被删除时,自动创建新的 Pod 副本来替代
ReplicaSet	管理 Pod 副本数	与 ReplicationController 类似,但提供了更灵活的选择器和滚动升级功能
Endpoints Controller	管理 Service 的 Endpoints	当创建或更新 Service 时,自动更新对应的 Endpoints,确保 Service 可以正确路由到对应的 Pod

续表 11-5

控制器	用途	描述
Namespace Controller	管理 Namespace	确保所有 Namespace 存在且正常工作，监控 Namespace 的使用情况，防止 Namespace 超额使用
Service Account & Token Controllers	管理 Service Account 和 Token	确保 Service Account 和 Token 的存在和正常工作，用于 Kubernetes 中各种组件之间的身份验证
Node Controller	管理 Node	监控集群中 Node 的健康状况，自动将不健康的 Node 从集群中删除，并确保 Pod 在健康的 Node 上运行
Persistent Volume Controllers	管理 Persistent Volume	管理集群中的 Persistent Volume 和 Persistent Volume Claim，确保 Persistent Volume 能够正确地绑定到对应的 Persistent Volume Claim 上
Deployment Controller	管理 Deployment	确保 Deployment 中的 Replica Set 能够按照指定的副本数和滚动升级策略运行，并确保 Deployment 的版本管理和回滚
Daemon Set Controller	管理 DaemonSet	确保在每个 Node 上运行指定数量的 Pod，用于一些后台任务或者系统级别的服务
Job Controller	管理 Job	确保 Job 中的 Pod 能够按照指定的任务数运行，并能够自动重启失败的任务，用于一些短期的任务或者批处理任务
Stateful Set Controller	管理 StatefulSet	确保 StatefulSet 中的 Pod 能够按照指定的顺序和唯一标识符运行，提供了一种有状态服务的解决方案

需要注意的是，上述控制器的用途和描述只是简单概括，实际上每个控制器都有更详细的功能和用法，需要结合具体的场景和需求进行使用和配置。同时，Kubernetes 中还有其他一些控制器，如 CronJob Controller、Horizonta lPod Autoscaler Controller 等，它们也都有重要的作用和用途。这些不同的 Controller 通过与 Kubernetes API Server 通信来监视资源对象的状态，并采取相应的措施来调整状态以保持期望状态。控制器的主要任务包括以下几个方面：

1. 监视资源对象状态

每个控制器都通过 Kubernetes API Server 来监视资源对象的状态。控制器会注册到 APIServer 上，并监听特定资源对象的事件通知。当某个资源对象发生变化时，API Server 会发送通知给所有注册的控制器。例如，如果一个 Replication Controller 对象的 Pod 数量少于指定的副本数，控制器会收到一个事件通知，表示该 Replication Controller 需要创建新的 Pod 来保证 Pod 数量符合指定的副本数。

控制器通过调用 Kubernetes API Server 提供的 RESTAPI 来获取资源对象的状态，例如获取所有正在运行的 Pod 列表。API Server 会返回一个包含 Pod 列表的 JSON 对象，控制器可以解析该 JSON 对象并获取所需的状态信息。

2. 分析资源对象状态

控制器在获取资源对象状态后，需要对该状态进行分析，以确定需要采取的措施。例如，如果 Replication Controller 的 Pod 数量少于指定的副本数，控制器需要创建新的 Pod 来保证 Pod 数量符合指定的副本数。

控制器可以使用 Kubernetes 提供的客户端库，例如 client-go，来访问 Kubernetes API Server 并获取资源对象的状态。客户端库可以帮助控制器处理 JSON 对象，将其转换为本地对象，并提供一组方便的方法来访问 Kubernetes API Server。

3. 发送事件通知

如果控制器确定需要采取措施来调整资源对象状态，它将向 Kubernetes API Server 发送请求，以创建、更新或删除资源对象。API Server 会处理请求并向控制器发送事件通知，表示资源对象的状态已经发生变化。

例如，如果 Replication Controller 需要创建新的 Pod，控制器将向 API Server 发送一个创建 Pod 的请求。APIServer 会处理该请求并向控制器发送一个事件通知，表示新的 Pod 已经被创建。

4. 调整资源对象状态

如果资源对象的状态不符合期望，控制器会采取相应的措施来调整状态例如，如果 Replication Controller 的 Pod 数量少于指定的副本数，控制器会创建新的 Pod 来保证 Pod 数量符合指定的副本数。控制器可以使用 Kubernetes 提供的客户端库，例如 client-go，来访问 Kubernetes API Server 并发送请求来创建、更新或删除资源对象。

5. 记录事件

当控制器执行某些操作时，例如创建、更新或删除资源对象，它会向 KubernetesAPIServer 发送事件通知，表示资源对象的状态已经发生变化。KubernetesAPIServer 会将这些事件通知记录到事件日志中。

控制器也可以自己记录事件。例如，当控制器创建一个新的 Pod 时，它可以将该事件记录到控制器的日志中，以便后续调试和分析。

6. Leader 选举

Kubernetes Controller Manager 支持 Leader 选举。在 Kubernetes 集群中，多个 Controller Manager 可以同时运行，但只有一个应该成为 Leader 负责管理和控制控制器。当当前 Leader 失效时，需要选举出一个新的 Leader。Leader 选举应使用 Kubernetes 提供的 Lease 资源对象来实现。每个控制器都可以创建一个 Lease 对象，并与 Kubernetes API Server 建立长连接来保持该 Lease 对象的租约。当控制器成为 Leader 时，它将自己的标识写入 Lease 对象的注释中，其他控制器可以通过检查该注释来确定当前的 Leader 控制器是哪个。

Kubernetes 使用一种称为“Leader Election”的算法来进行 Leader 选举，该算法基于 etcd 存储系统和一些特殊的资源对象（如 Endpoints、Config Maps 等）来实现。在这个过程中，每个 Controller Manager 都会尝试成为 Leader，同时监听 etcd 中的特殊资源对象，当某个 Controller Manager 成为 Leader 后，会将其信息更新到对应的特殊资源对象中，其他 Controller Manager 会检测到这个变化，并放弃成为 Leader 的机会。

11.3 etcd 解读分析

etcd 是 Kubernetes 集群中的关键组件，主要作为分布式键值存储服务，用于存储和共享 Kubernetes 集群的状态信息，如 Pod、Service、ConfigMap、Secret 等。etcd 在 Kubernetes 集群中扮演了以下角色和作用：

- **存储 Kubernetes 集群的状态信息**：etcd 作为 Kubernetes 集群的数据存储服务，负责存储和管理集群中所有的状态信息，包括 Pod、Service、ConfigMap、Secret 等。Kubernetes 组件在启动时，需要从 etcd 中获取相应的状态信息才能正常工作。
- **集群节点间的通信和同步**：etcd 使用 Raft 算法实现分布式一致性，保证集群中所有节点之间的数据一致性和同步，当某个节点出现故障时，etcd 能够自动选择新的 Leader，并确保集群状态的持久性。
- **服务发现和负载均衡**：etcd 中存储了 Kubernetes 集群中所有的 Service 和 Endpoint 的信息，Kubernetes 组件可以通过查询 etcd 获取相应的 Service 和 Endpoint，从而实现服务的发现和负载均衡。
- **控制器和调度器的状态管理**：etcd 中存储了 Kubernetes 控制器和调度器的状态信息，如 ReplicaSet、Deployment 等。Kubernetes 控制器和调度器可以通过查询 etcd 获取相应的状态信息，并根据实际情况进行副本数的调整和任务的调度。

etcd 在 Kubernetes 集群中扮演着关键的角色，负责存储和管理集群的状态信息，保证集群的高可用和一致性，并提供了服务发现和负载均衡等重要功能。在 Kubernetes 集群的部署和管理过程中，需要充分理解和掌握 etcd 的使用和配置方法，以确保 Kubernetes 集群的稳定和可靠运行。

11.3.1 etcd 的工作原理

etcd 的工作原理可以简单概括为：etcd 采用分布式键值存储的方式，将集群中的状态信息存储在多个节点上，并使用 Raft 算法保证数据的一致性和持久性。

具体来说，etcd 中的状态信息以键值对的形式存储在 etcd 集群的多个节点上。在 etcd 中，每个键值对都有一个唯一的键和相应的值，可以通过键来查询和更新相应的值。当 Kubernetes 组件需要访问 etcd 中的状态信息时，它们可以向任意一个 etcd 节点发送查询请求，etcd 会自动将请求转发到包含该键值对的节点上，并将查询结果返回给 Kubernetes 组件。

为了保证 etcd 中的数据在集群中的多个节点之间的一致性和持久性，etcd 使用了 Raft 算法。Raft 算法是一种分布式一致性算法，它将集群中的节点分为三类：Leader 节点、Follower 节点和 Candidate 节点。在 Raft 算法中，Leader 节点负责接收客户端的请求并进行处理，Follower 节点和 Candidate 节点则负责将状态信息复制到自己的本地存储中。当 Leader 节点出现故障时，Candidate 节点会发起选举，选出新的 Leader 节点，以保证集群中的节点数始终为奇数，并保证数据的一致性和持久性。

在 etcd 中，Follower 和 Candidate 节点负责将 Leader 节点的日志复制到本地存储中，以保证数据的一致性和持久性。然而，在某些情况下，这些节点可能会因为网络故障或者其他原因无法及时地将 Leader 节点的日志复制到本地存储中，从而导致数据不一致或者丢失。

为了解决这个问题，etcd 引入了 Learner 角色。Learner 节点类似于 Follower 和 Candidate 节点，但是它并不参与 Raft 算法的投票和决策过程，而仅仅负责从 Leader 节点接收日志，并将其存储在本地缓存中。这样一来，即使 Learner 节点无法及时地将日志复制到本地存储中，也不会对数据的一致性和持久性造成影响。

11.3.2 etcdctlv3 的常用命令

etcdctlv3 常用命令见表 11 - 6 所列。

表 11 - 6 etcdctlv3 常用命令

命令	用途	说明	分类
get	获取键对应的值	可以通过--prefix 参数获取键前缀对应的所有值	读取
put	设置键值		写入
delete	删除键值	可以通过--prefix 参数删除键前缀对应的所有键值	写入
watch	监听键值变化	可以通过 --prefix 参数监听键前缀对应的所有变化	读取
lease grant	创建租约	可以通过--ttl 参数指定租约过期时间，返回一个租约 ID	租约
lease revoke	撤销租约		租约
lease timetolive	获取租约信息		租约
lease keepalive	续租	可以通过 --keepalive 参数指定续租时间，保证租约不会过期	租约
txn	事务操作	可以将多个 get/put/delete 操作合并为一个事务，保证操作的原则性	事务
user add	添加用户		安全
user delete	删除用户		安全
role add	添加角色		安全

续表 11-6

命令	用途	说明	分类
role delete	删除角色		安全
role grantpermission	授权角色	可以通过 --prefix 参数授权角色指定前缀键值的读取、写入、删除等操作权限	安全
user grantrole	将角色授予用户		安全
backup	备份 etcd 数据	可以通过--data-dir 参数指定 etcd 数据的存储路径和指定 --backup-dir 参数备份路径	管理
restore	恢复 etcd 数据	可以通过--data-dir 参数指定 etcd 数据的存储路径和指定--backup-dir 参数备份路径	管理
snapshotsave	创建 etcd 快照		管理
snapshotstatus	查看 etcd 快照的状态		管理
snapshotrestore	恢复 etcd 快照		管理

11.3.3 etcd 的数据结构

在 Kubernetes 中，etcd 作为数据存储后端，存储着 Kubernetes 集群中的所有数据，包括所有资源对象的定义和状态信息、Kubernetes 组件的运行状态信息等。etcd 采用了一种类似于文件系统的层次结构存储方式，用于存储 Kubernetes 的各种资源对象。

etcd 是 Kubernetes 控制平面中的核心组件，它被用来存储所有的集群状态和元数据信息，包括节点信息、Pod 信息、Service 信息、Volume 信息、命名空间信息等。etcd 的数据结构可以被描述为一个分层的树状结构，其中每个节点都可以包含子节点和键值对。具体来说，etcd 的数据结构包含以下几个层级结构，见表 11-7 所列：

- 根目录：etcd 的根目录是一个空目录，其中包含多个子目录。
- /registry 目录：这是 Kubernetes 中最重要的目录，它包含了 Kubernetes 中所有的资源对象（如 Pod、Service、ReplicationController、Deployment 等）的配置信息和状态信息。每个资源对象都有一个对应的目录，该目录包含该资源对象的详细信息和元数据信息。
- /coreos. com 目录：这个目录包含了一些由 CoreOS 维护的资源对象，比如 etcd 本身的配置信息和状态信息等。
- /health 目录：这个目录包含了 etcd 的健康状态信息，包括是否可用、是否有存储空间等。

表 11－7　etcd 中主要的 Kubernetes 数据

Etcd 键(Key)	描述
/registry/apiregistration. k8s. io/apiservices/{版本}.{api 名称}	包含 Kubernetes 中 API 服务的定义。可以通过该键获取有关 API 的信息
/registry/clusterroles/{角色名称}	包含 Kubernetes 中所有集群范围角色的定义。可以查看角色的操作信息
/registry/clusterrolebindings/{实体名称}	包含集群范围内的角色和用户/组/服务帐户之间的绑定。可以查看绑定的实体信息
/registry/roles/{namespace}/{rolename}	包含特定命名空间中角色的定义。可以查看角色的操作信息
/registry/rolebindings/{namespace}/{entityname}	包含特定命名空间中角色和用户/组/服务帐户之间的绑定。可以查看绑定的实体信息
/registry/serviceaccounts/{namespace}/{name}	包含所有服务帐户的定义
/registry/configmaps/{命名空间}/{地图名称}	所有配置映射存储为 YAML 文件
/registry/controllerrevisions/{namespace}/{pod}	用于在 DaemonSet 和 StatefulSet 中提供回滚可能性的 ControllerRevision 资源。在 Etcd 中，可以找到 pod 规范的快照
/registry/daemonsets/{namespace}/{name}	存储 DaemonSet 的信息，例如 selector 和 spec
/registry/deployments/{namespace}/{name}	存储 Deployment 的信息，包括 spec 和 last-applied-configuration
/registry/minions/{节点名称}	存储有关 Kubernetes 节点的信息，例如 CPU 内核、内存大小、kubelet 状态、IP 地址、主机名、Docker 版本和 Docker 映像
/registry/namespaces/{namespace}	定义命名空间，包括特定命名空间的状态，如 Active 或 Terminating
/registry/pods/{namespace}/{pod 名称}	存储集群中运行的每个 pod 的状态，包括 podIP、挂载的卷、docker 映像等
/registry/ranges/serviceips	存储服务的 CIDR
/registry/ranges/servicenodeports	存储暴露服务的端口范围
/registry/secrets/{namespace}/{pod}	存储集群中所有秘密。默认模式下以纯文本形式存储
/registry/services/endpoints/{namespace}/{name}	存储服务定义。Kubernetes 计算特定服务选择了哪些 Pod，并将该信息存储在服务值中，以便我们可以在那里看到 Pod 的 IP 地址和名称

etcd 的数据结构是一个高度组织化的、基于目录结构的键值存储系统，用于存储 Kubernetes 集群中所有的状态和元数据信息。这种结构使得 Kubernetes 可以快速高效地管理大规模的分布式系统。

11.4 Scheduler：决定 Pod 的何去何从

Kubernetes Scheduler 是 Kubernetes 中的一个核心组件，它负责将 Pod 调度到集群中的节点上。当我们向 Kubernetes 提交一个 Pod 定义时，Scheduler 会选择一个合适的节点，并将 Pod 调度到该节点上。

Scheduler 在进行节点选择时，会考虑多个因素，例如节点资源使用情况、Pod 对节点的亲和力和反亲和力等。

Scheduler 的工作原理如下：

- 当 Kubernetes 接收到一个新的 Pod 定义时，它会将该定义保存到 etcd 中。
- Scheduler 会定期从 etcd 中获取未调度的 Pod。
- 对于每个未调度的 Pod，Scheduler 会根据该 Pod 的需求和节点的资源情况进行计算，选择一个最优的节点进行调度。

Scheduler 将调度决策保存到 etcd 中，并通知 Kubernetes API Server。

- Kubernetes API Server 会将调度决策发送给对应的 kubelet，让 kubelet 在指定的节点上启动该 Pod。Scheduler 的调度决策可以基于多个因素进行计算，例如：
- 节点的资源使用情况：Scheduler 会查看每个节点的 CPU、内存和磁盘使用情况，并尝试将 Pod 调度到资源利用率较低的节点上。
- Pod 对节点的亲和力和反亲和力：Pod 可以通过标签和选择器来指定自己对节点的亲和力和反亲和力，例如可以指定将 Pod 调度到包含某个标签的节点上，或者避免将 Pod 调度到某些节点上。
- 节点的健康状态：如果节点不健康，Scheduler 会避免将 Pod 调度到该节点上。

Kubernetes 还允许用户自定义 Scheduler，以满足特定的调度需求。用户可以通过编写自己的 Scheduler 插件，实现自定义调度策略，并将其集成到 Kubernetes 中。

11.4.1 过滤和打分

当 kube-scheduler 调度一个 Pod 时，通常会涉及两个步骤：

- 过滤(Filtering)：在这一步骤中，kube-scheduler 会根据一系列的过滤条件对当前可用的节点进行筛选，以确定哪些节点满足 Pod 的硬性要求(例如：可用资源、亲和性/反亲和性等)。只有满足所有硬性要求的节点才会进入到下一步打分阶段。
- 打分(Scoring)：在这一步骤中，kube-scheduler 会为每个满足过滤条件的节点进行打分，以确定哪个节点最适合运行当前的 Pod。打分是根据一系列的优先级和权重来进行的，这些优先级和权重可以根据集群管理员的需求进行配置。通常会考虑一些因素，如节点的负载情况、距离、网络拓扑结构等。最终，kube-scheduler 会将得分最高的节点选为 Pod 的最终调度目标。

11.4.2 调度策略

Kubernetes Scheduler 提供了多种调度策略，可以根据用户需求进行选择。以下是几种常见的调度策略：

- 默认调度策略：默认的调度策略是最常用的调度策略，它会选择满足 Pod 资源需求的节点，并且考虑节点资源的使用情况。如果多个节点都满足条件，则随机选择一个节点。
- 负载均衡调度策略：负载均衡调度策略会选择节点的平均负载最低的节点。该策略通常用于希望在集群中分配负载的场景，例如 Web 服务器集群。
- 亲和性和反亲和性调度策略：亲和性和反亲和性调度策略允许 Pod 指定它们想要运行的节点，或者不想运行的节点。这可以通过标签选择器和节点亲和性注解来实现。例如，可以将 Pod 调度到与某些标签匹配的节点上，或者将其调度到某些节点上，因为它们已经运行了相关的服务。
- 节点亲和性调度策略：节点亲和性调度策略允许用户定义一个规则，将 Pod 调度到与指定节点具有相同标签的节点上。这可以确保 Pod 与其他相关服务在同一节点上运行，从而提高整个服务的性能。
- 服务质量保证(QoS)调度策略：QoS 调度策略会将 Pod 调度到具有与 Pod 请求 QoS 类型相同的节点上。这可以确保 Pod 有足够的资源来运行，并且在需要时可以重新调度。

用户也可以自定义调度器策略，并将其集成到 Kubernetes 中。这可以通过编写自己的调度器插件来实现，该插件可以基于 KubernetesScheduler 的调度框架进行编写。

第 12 章　云原生二次开发和调试

12.1　Kubebuilder:Kubernetes 应用程序开发和扩展的脚手架

12.1.1　Kubernetes 扩展点

Kubernetes 是一个开源的容器编排系统，它提供了一系列的扩展点（ExtensionPoints）来扩展其功能和定制化，这些扩展点可以用来满足不同的需求，比如自定义调度器、自定义资源类型等。其中，扩展分为配置和实现两种方式。前者主要是通过更改命令行参数、本地配置文件或者 API 资源等方式实现，后者则需要额外运行一些程序、网络服务或两者。下面是一些常见的 Kubernetes 扩展点：

- 自定义资源定义（CustomResourceDefinitions，CRDs）：CRDs 允许用户定义自己的 Kubernetes 资源类型，以便于在 Kubernetes 集群中管理它们。
- 自定义控制器（CustomControllers）：自定义控制器允许用户编写自己的控制器来管理自定义资源类型。这样可以根据特定需求进行定制化开发，比如自定义调度器、自定义监控等。
- Kubernetes 插件（KubernetesPlugins）：Kubernetes 插件是可以通过 APIserver 扩展 Kubernetes 功能的代码块。它们可以被部署在 Kubernetes 集群上，以扩展 APIserver 的功能，比如认证、授权、存储等。
- 自定义亲和性和反亲和性规则（CustomAffinityandAnti-affinityRules）：Kubernetes 通过亲和性和反亲和性规则来调度容器。用户可以通过自定义亲和性和反亲和性规则来改变容器的调度策略。
- 容器运行时接口（ContainerRuntimeInterface，CRI）：CRI 是 Kubernetes 与容器运行时之间的接口。用户可以通过 CRI 扩展 Kubernetes 对容器运行时的支持，例如自定义容器运行时、容器存储等。
- 自定义安全策略（CustomSecurityPolicies）：用户可以通过自定义安全策略来保护 Kubernetes 集群中的应用程序和数据。这些安全策略包括网络策略、访问控制策略等。

总之，Kubernetes 的扩展点为用户提供了很多定制化的机会，以适应不同的需求和场景。用户可以根据实际需求来选择适合自己的扩展点，并进行相应的定制化开发。

Kubernetes 官方社区，提供了 Kubernetes 集群中的这些扩展点及其访问集群的客户端的示意图。

如图 12-1 所示，Kubernetes 中有 7 个扩展点。主要有 kubectl，kube-apiserver，KubernetesAPI，Kubernetes 调度器，控制器，网络插件，设备插件。

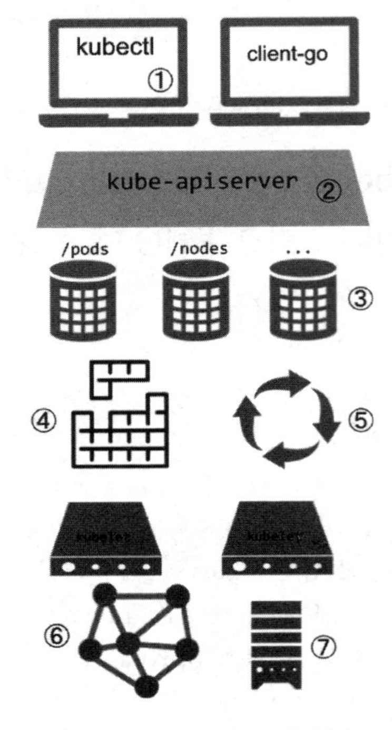

图 12-1　Kubernetes 扩展点

以下是对七个 Kubernetes 扩展点的详细解释和扩展办法：

1. kubectl

kubectl 是 Kubernetes 的命令行工具，可以用于管理 Kubernetes 集群和应用程序。kubectl 支持多种不同的子命令，例如创建、部署、升级、删除、扩展等。通过 kubectl，用户可以方便地管理 Kubernetes 集群和应用程序。

扩展办法：用户可以编写自定义 kubectl 插件，以满足其特定的管理需求。kubectl 插件可以是 bash 脚本、Python 脚本、Go 程序等形式，也可以通过 kubectl 的 plugin 命令进行加载和使用。

2. kube-apiserver

Kubernetes API server 提供了 Kubernetes API 的访问点和管理接口。kube-apiserver 可以处理来自 Kubernetes 集群内部和外部的请求，并将其转发到相应的 Kubernetes 组件。kube-apiserver 也是实现 KubernetesAPI 身份验证和授权的关键组件。

扩展办法：用户可以编写自定义 kube-apiserver 插件，以扩展其功能和支持新的 API 资源类型。kube-apiserver 插件可以是 Go 程序，可以通过 kube-apiserver 的参数选项进行加载和使用。

3. Kubernetes API

Kubernetes API 是 Kubernetes 集群中各个组件之间进行通信的核心接口。Kubernetes API 定义了多种不同的资源类型和操作，例如 Pod、Service、Namespace、ReplicaSet 等。KubernetesAPI 还支持自定义资源定义(CRD)，可以根据需要扩展 Kubernetes API。

扩展办法：用户可以编写自定义 CRD，以支持新的资源类型和操作。CRD 可以使用 KubernetesAPI 中的 CustomResourceDefinition 资源进行定义和注册，用户可以使用 kubectl 或 API 客户端进行访问和管理。

4. Kubernetes 调度器

Kubernetes 调度器是 Kubernetes 中的一个组件，用于根据 Pod 的需求和节点的资源情况，在 Kubernetes 集群中选择一个合适的节点进行调度。调度器可以根据多种不同的策略来选择节点，例如负载均衡、资源约束、亲和性、反亲和性等。

扩展办法：用户可以编写自定义调度器插件，以支持新的调度策略和节点选择算法。调度器插件可以是 Go 程序，可以通过 kube-scheduler 的参数选项进行加载和使用。

5. 控制器

控制器是 Kubernetes 中的一种组件，用于管理和控制 Pod、Service、ReplicaSet 等资源。控制器可以根据需要创建、更新和删除资源，并确保它们的状态符合预期。控制器还可以根据各种事件和条件触发操作，例如故障恢复、自动缩放、版本升级等。

扩展办法：用户可以编写自定义控制器插件，以支持新的资源类型和操作。控制器插件可以是 Go 程序，可以通过 KubernetesAPI 或自定义 CRD 进行管理和触发操作。

6. 网络插件

网络插件是 Kubernetes 中的一个组件，用于管理 Kubernetes 集群中的网络。网络插件可以提供各种不同的网络解决方案，例如容器间通信、容器和外部网络的通信、网络策略、负载均衡等。

扩展办法：用户可以编写自定义网络插件，以支持新的网络解决方案和功能。网络插件可以是 Go 程序、bash 脚本、Python 脚本等形式，可以通过 KubernetesAPI 进行管理和使用。

7. 设备插件

设备插件是 Kubernetes 中的一个组件，用于管理 Kubernetes 集群中的硬件资源。设备插件可以管理各种不同的硬件资源，例如 GPU、FPGA、RDMA 网卡等。设备插件可以确保硬件资源的分配和使用符合 Kubernetes 的调度和管理策略。

扩展办法：用户可以编写自定义设备插件，以支持新的硬件资源类型和管理策略。设备插件可以是 Go 程序，可以通过 KubernetesAPI 进行管理和使用。

总之,Kubernetes 提供了多种不同的扩展点和机制,用户可以利用这些扩展点和机制,根据自己的需求和场景,编写自定义的插件和组件,以扩展 Kubernetes 的功能和支持新的应用场景。

12.1.2 Kubebuilder 介绍

Kubebuilder 是基于 Custom Resource Definition(CRD)、控制器和 Admission Webhooks 构建 Kubernetes API 扩展的框架,它提供了用于生成自定义资源定义(CRD)以及用于控制器的代码生成工具。Kubebuilder 是在 controller-runtime 和 controller-tools 类库之上开发的。

Kubebuilder 由 Kubernetes SpecialInterest Group(SIG) API Machinery 所有及维护。与 Ruby on Rails 和 SpringBoot 等 Web 开发框架类似,Kubebuilder 提高了速度并降低了开发人员管理的复杂性,以便在 Go 中快速构建和发布 KubernetesAPI。它建立在用于构建核心 KubernetesAPI 的规范技术之上,以提供简单的抽象来减少样板和工作。

1. Kubebuilder 应用场景

Kubebuilder 可以被用于以下场景:

- **创建自定义 KubernetesAPI 资源**:使用 Kubebuilder 可以轻松创建自定义的 Kubernetes 资源定义(CRD),这些 CRD 可以使用 kubectl 命令行工具或 KubernetesAPI 进行操作和管理。
- **开发 Kubernetes 控制器**:使用 Kubebuilder 可以轻松创建 Kubernetes 控制器,并使用该控制器来管理自定义资源。例如,可以使用 Kubebuilder 创建一个控制器,以确保特定的应用程序实例始终保持在特定的数量。
- **生成 KubernetesAPI 扩展代码**:Kubebuilder 可以自动生成 KubernetesAPI 扩展的代码,包括资源定义、验证逻辑、控制器逻辑等。这使得开发 Kubernetes 扩展变得更加快速和简单。
- **Kubebuilder 也是一个框架**:Kubebuilder 是可扩展的,可以在其他项目中用作库。Operator-SDK 是使用 Kubebuilder 作为库的一个很好的例子。Operator-SDK 使用插件功能包含 non-Go Operators,例如 operator-sdk 的 Ansible 和基于 Helm 的 Operators。

2. Kubernetes 开发者常用的工具库

除了 Kubebuilder,client-go、controller-runtime 和 operator-sdk 也都是 Kubernetes 开发者常用的工具库,以用于简化 Kubernetes 应用程序和扩展的开发。它们之间的主要区别,见表 12-1 所列。

表 12-1 Kubernetes 开发者常用的工具库

工具库	主要用途	优点	缺点
Kubebuilder	用于创建自定义资源定义(CRD)和控制器	提供了代码生成器和测试工具,简化了开发流程	学习曲线较陡峭,需要了解 Operator 模式的基本概念
client-go	用于编写 Kubernete-sAPI 客户端代码	提供了完整的 Kuber-netesAPI 的客户端库	使用较为复杂,需要手动编写许多与 KubernetesAPI 交互的代码
controller-runtime	用于编写 Kubernetes 控制器	提供了高可用性和可扩展性的控制器框架	使用较为复杂,需要手动编写许多与 KubernetesAPI 交互的代码
operator-sdk	用于创建和部署 Ku-bernetes 操作员	提供了用于创建和部署 Operator 的框架和工具	学习曲线较陡峭,需要了解 Operator 模式的基本概念

综上所述,每个工具库都有其优缺点,开发者需要根据具体场景和需求选择合适的工具。例如,如果要开发一个自定义资源定义和控制器,Kubebuilder 可能是最好的选择;如果要编写 KubernetesAPI 客户端代码,client-go 可能更适合;如果要编写控制器,controller-runtime 可能是最好的选择;如果要创建和部署 KubernetesOperator,operator-sdk 可能是最好的选择。

3. kubebuilder 设计原则和思路

Kubebuilder 是一种用于构建 KubernetesAPI 扩展的框架。它以 KubernetesAPI 的设计原则为基础,支持 Operator 模式,提供代码生成器和测试工具,并支持多种开发语言和工具。Kubebuilder 帮助开发者快速创建和管理自定义资源定义(CRD)和控制器,可以简化 Kubernetes 应用和扩展的开发流程。

4. Kubebuilder 设计原则

Kubebuilder 的设计原则如下:

(1) 遵循 KubernetesAPI 设计原则

Kubebuilder 的设计与 KubernetesAPI 的设计保持一致。KubernetesAPI 设计原则包括:

- 简单性:API 应该易于使用和理解。
- 可读性:API 应该易于阅读和理解。
- 稳定性:API 应该是稳定的,不易变更。
- 一致性:API 应该与现有的 KubernetesAPI 保持一致。

(2) 基于 Operator 模式

Kubebuilder 基于 Operator 模式,该模式基于 KubernetesAPI 扩展,通过自定义控制器来实现自动化管理。

Kubebuilder 提供了工具和框架，使得开发者可以轻松地构建和部署 Kubernetes 操作员。

(3) 代码生成器

Kubebuilder 提供了代码生成器，可以根据开发者提供的自定义资源定义(CRD)生成与该资源相关的控制器和其他代码。这样可以减少手动编写代码的工作量，提高开发效率和代码质量。

(4) 支持测试驱动开发

Kubebuilder 提供了测试工具，可以帮助开发者编写测试用例，测试控制器的正确性和健壮性。这使得开发者可以采用测试驱动开发(TDD)的方式进行开发，提高代码质量和稳定性。

(5) 开放性和可扩展性

Kubebuilder 是开放的，支持自定义插件和扩展，可以满足各种不同的开发需求。同时，它也支持多种开发语言和工具，可以适应不同的开发团队和开发环境。

12.1.3 Kubebuilder 安装

1. 依赖组件

- go 版本 v1.18+。
- docker 版本 17.03+。
- kubectl 版本 v1.11.3+。
- 能够访问 Kubernetesv1.11.3+集群。

2. 在 Linux 上安装 Kubebuilder

要在 Linux 上安装 Kubebuilder，可以按照以下步骤操作：

- 下载最新版本的 Kubebuilder 二进制文件。可以从 Kubebuilder GitHub 页面的发行版中找到最新版本：https://github.com/kubernetes-sigs/kubebuilder/releases。
- 解压下载的文件并将其移动到/usr/local/bin 目录中。假设下载文件名为 kubebuilder，可以使用以下命令：

```
# download kubebuilder and install locally.
curl -L -o kubebuilder https://go.kubebuilder.io/dl/latest/$(go env GOOS)/$(go env GOARCH)
chmod +x kubebuilder && mv kubebuilder /usr/local/bin/
```

验证是否已安装成功。运行以下命令以验证 kubebuilder 已正确安装：

```
kubebuilder version
```

如果安装成功，应该会看到类似以下内容的输出：

```
$ kubebuilder version
```

```
Version: main.version{KubeBuilderVersion:"3.9.1", KubernetesVendor:"1.26.0",
GitCommit:"cbccafa75d58bf6ac84c2f5d34ad045980f551be", BuildDate:"2023-03-
08T21:23:07Z", GoOs:"linux", GoArch:"amd64"}
```

这样就完成了 Kubebuilder 在 Linux 上的安装。

Kubebuilder 通过 kubebuilder completion <bash|zsh> 命令为 Bash 和 Zsh 提供自动完成的支持，这可以节省大量的重复编码工作。

```
$ yum install -y bash-completion
$ source /usr/share/bash-completion/bash_completion
$ source <(kubebuilder completion bash)
$ echo "source <(kubebuilder completion bash)" >> ~/.bashrc
```

12.1.4 Kubebuilder 的使用流程

构建 Kubernetes 工具和 API 涉及做出大量决策和编写大量样板文件。

为了便于使用规范方法轻松构建 KubernetesAPI 和工具，该框架提供了一组 Kubernetes 开发工具，以最大限度地减少工作量。

Kubebuilder 尝试促进以下用于构建 API 开发人员的工作流程。

• **创建一个新的 Kubebuilder 项目。**

使用 Kubebuilder 工具链创建新的项目，可以使用命令 kubebuilder init 来初始化一个新的项目。

• **创建自定义资源定义(CRD)。**

使用 Kubebuilder 的代码生成器创建自定义资源定义(CRD)，可以使用命令 kubebuilder create api 来生成一个 CRD 的代码模板。

• **实现自定义资源控制器。**

实现自定义资源控制器，可以使用 Kubebuilder 的代码生成器创建一个控制器的代码模板，也可以手动编写控制器的代码。

• **编译和构建 Kubebuilder 项目。**

使用 Kubebuilder 工具链编译和构建 Kubebuilder 项目，可以使用命令 make 来编译和构建 Kubebuilder 项目。

• **部署 Kubebuilder 项目。**

部署 Kubebuilder 项目到 Kubernetes 集群中，可以使用命令 make install 来安装 Kubebuilder 项目。

• **测试 Kubebuilder 项目。**

使用 Kubebuilder 的测试工具和框架对 Kubebuilder 项目进行测试，可以使用命令 make test 来运行测试用例。

从这个方面，可以把 kubebuilder 理解成一个脚手架，它预先定义了一套模板。开发者可以借助 kubebuilder 的模板实现自己的业务逻辑。

使用 Kubebuilder 的流程是先创建一个新的 Kubebuilder 项目，然后创建自定义资源定义(CRD)和自定义资源控制器,编译和构建 Kubebuilder 项目,部署 Kubebuilder 项目到 Kubernetes 集群中,并使用 Kubebuilder 的测试工具和框架对 Kubebuilder 项目进行测试。

1. kubebuilder 创建项目

```
# 创建和进入项目目录
mkdir -p $GOPATH/src/github.com/kubebuilder-demo
cd $GOPATH/src/github.com/kubebuilder-demo

# kubebuilder 初始化项目
# 使用 --domain 可以指定<域>,我们在这个项目中所创建的所有的 API 组都将是<group>.<domain>
# 使用 --projiect-name 可以指定我们项目的名称。
kubebuilder init --domain demo.kubebuilder.io
```

注意:如果项目是在$GOPATH 中初始化的,则隐式调用 go mod init 为你插入模块路径。否则必须设置--repo=<module path> 告诉 kubebuilder 和 Go module 的基本导入路径。

2. kubebuilder 创建 API

主要流程:

```
# 1. 创建 API 这个命令可以帮助我们快速创建 CRD 资源以及 CRD 控制器
# 使用 --group 可以指定资源组
# 使用 --version 可以指定资源的版本
# 使用 --kind 可以指定资源的类型,这个类型就是自定义的 CRD 的名字
# 这里我们创建一个 frigates API。Group 是 ship, Version 是 v1beta1 以及 Kind 是 Frigate。
kubebuilder create api --group ship --version v1beta1 --kind Frigate

# 2. 编辑生成的 API Scheme
nano api/v1beta1/frigate_types.go

# 3. 编辑生成的 Controller
nano controllers/frigate/frigate_controller.go

# 3. 编辑生成的 Controller Test
nano controllers/frigate/frigate_controller_test.go

# 4. 生成资源清单 manifests
make manifests

# 5. 安装资源清单 CRDs(内部借助 kubectl apply 命令应用到 Kubernetes 集群)
make install
```

3. 创建名称为 App 的 API

接下来，我们创建一个名称为 App 的 API。Group 是 flydemo，Version 是 v1beta1 以及 Kind 是 App。

```
$ kubebuilder create api --group flydemo --version v1beta1 --kind App
Create Resource [y/n]
y
Create Controller [y/n]
y
Writing kustomize manifests for you to edit...
Writing scaffold for you to edit...
api/v1beta1/app_types.go
controllers/app_controller.go
Update dependencies:
$ go mod tidy
Running make:
$ make generate
mkdir -p /root/fly/go/workspace/src/github.com/kubebuilder-demo/bin
test -s /root/fly/go/workspace/src/github.com/kubebuilder-demo/bin/controller-gen &&
/root/fly/go/workspace/src/github.com/kubebuilder-demo/bin/controller-gen --version |
grep -q v0.10.0 || \
GOBIN=/root/fly/go/workspace/src/github.com/kubebuilder-demo/bin go install
sigs.k8s.io/controller-tools/cmd/controller-gen@v0.10.0
/root/fly/go/workspace/src/github.com/kubebuilder-demo/bin/controller-gen
object:headerFile="hack/boilerplate.go.txt" paths="./..."
Next: implement your new API and generate the manifests (e.g. CRDs,CRs) with:
$ make manifests
```

Kubebuilder 提供了一组 API，可以帮助开发者使用 Go 语言构建和管理 Kubernetes Operator。

Kubebuilder init 命令用于初始化新的 Kubernetes Operator 项目，并生成一些必要的文件和代码结构。

Kubebuilder init 命令生成以下文件和目录：

- api 目录：包含用于定义资源的 CRD(CustomResourceDefinition)的代码。在该目录中，init 命令生成了一个名为"v1"(或其他版本)的目录，其中包含了一个 CRD 定义的 Go 代码。该代码定义了资源的规范和行为，包括 API 版本、元数据、规范和状态等。
- config 目录：包含用于配置 Operator 的代码和资源。该目录中，init 命令生成了一个名为"default"(或其他名称)的目录，其中包含了一个名为"manager.yaml"的文件，用于定义 Operator 管理器的配置。该文件包括与 Operator 相关的参数，如监听地址、TLS 证书和密钥、资源限制和引入的 CRD 等。

- controllers 目录:包含用于定义 Operator 的逻辑代码。该目录中,init 命令生成了一个名为“main. go”的文件,用于启动 Operator 管理器和控制器。该文件使用 Kubebuilder 提供的框架来处理 CRD 定义和 Operator 逻辑,并创建控制器实例。
- Dockerfile:用于构建 Operator 的 Docker 镜像。该文件指定了运行 Operator 的基础镜像、操作系统、依赖项和构建命令。
- go. mod 和 go. sum:用于管理 Operator 项目的依赖项。这些文件定义了项目所依赖的所有 Go 模块和它们的版本。
- main. go:用于启动 Operator。该文件创建 Operator 管理器和控制器实例,并启动它们以处理 CRD 定义和自定义资源的请求和响应。

除了上述文件和目录,Kubebuilder init 命令还会生成一些其他文件和代码结构,如测试代码、Makefile、hack 目录等,用于帮助开发者构建、测试和部署 Operator。

4. 实现 Controller 控制逻辑

控制器是 Kubernetes 的核心,也是任何 operator 的核心。控制器的工作是确保对于任何给定的对象,世界的实际状态(包括集群状态,以及潜在的外部状态,如 Kubelet 的运行容器或云提供商的负载均衡器)与对象中的期望状态相匹配。每个控制器专注于一个 Kind,但可能会与其他 Kind 交互。

我们把这个过程称为**reconciling**,中文翻译为调谐。

在新创建的 App 控制器中,可以使用控制器逻辑来实现自动创建和删除 Deployment、Service 和 Ingress 资源。需要编辑的文件包括:

- app_controller. go:控制器逻辑的主要代码。
- app_types. go:App 自定义资源的定义。

5. 修改 app_types. go

```
// AppSpec defines the desired state of App
type AppSpec struct {
    // INSERT ADDITIONAL SPEC FIELDS - desired state of cluster
    // Important: Run "make" to regenerate code after modifying this file
    // Foo is an example field of App. Edit app_types.go to remove/update
    // Foo string `json:"foo,omitempty"`
    Replicas int32 `json:"replicas"`
    Image string `json:"image"`
    Hostname string `json:"hostname"`
    Port     int32    `json:"port"`
}

// AppStatus defines the observed state of App
type AppStatus struct {
    // INSERT ADDITIONAL STATUS FIELD - define observed state of cluster
```

```
        // Important: Run "make" to regenerate code after modifying this file
}

// +kubebuilder:object:root=true
// +kubebuilder:subresource:status

// App is the Schema for the apps API
type App struct {
        metav1.TypeMeta `json:",inline"`
        metav1.ObjectMeta `json:"metadata,omitempty"`

        Spec AppSpec `json:"spec,omitempty"`
        Status AppStatus `json:"status,omitempty"`
}

// +kubebuilder:object:root=true

// AppList contains a list of App
type AppList struct {
        metav1.TypeMeta `json:",inline"`
        metav1.ListMeta `json:"metadata,omitempty"`
        Items []App `json:"items"`
}

func init() {
        SchemeBuilder.Register(&App{}, &AppList{})
}
```

kubebuider 自动生成的文件 app_types.go，已经定义了自定义资源对象 App 和 AppList 的结构体及其字段。

然后，我们在 AppSpec 定义了 App 资源的期望状态，包括副本数、镜像、主机名、端口等。AppStatus 定义了 App 资源的观察状态，暂时为空。

App 结构体中，包含了 TypeMeta 和 ObjectMeta 字段，分别用于标识资源类型和元数据信息。另外，还包括了 Spec 和 Status 字段，分别对应期望状态和观察状态。

AppList 结构体则是对 App 资源的集合进行定义，包含了 TypeMeta 和 ListMeta 字段，以及 Items 字段，用于存储 App 资源的列表。

该文件还包含使用 SchemeBuilder 进行注册的代码，用于生成序列化和反序列化等方法。

6. 实现 Reconcile 逻辑

在 app_controller.go 文件中，可以添加逻辑以响应 App 自定义资源的创建和删除事件。例如，可以使用 Kubernetes Go 客户端库来创建和删除 Deployment、Service 和

Ingress 资源。以下是一些示例代码：

```
// AppReconciler reconciles a App object
type AppReconciler struct {
    client.Client
    Scheme *runtime.Scheme
}

// Reconcile function is called every time a change is made to an App object.
func (r *AppReconciler) Reconcile(ctx context.Context, req ctrl.Request) (ctrl.Result,
error) {
    // Fetch the App instance.
    app := &flydemov1beta1.App{}
    err := r.Get(ctx, req.NamespacedName, app)
    if err != nil {
        if errors.IsNotFound(err) {
            // App object not found, could have been deleted after reconcile request.
            // Owned objects are automatically garbage collected. For additional
cleanup logic use finalizers.
            // Return and don't requeue
            return ctrl.Result{}, nil
        }
        // Error reading the object - requeue the request.
        return ctrl.Result{}, err
    }
    // Create or delete the resources based on the App object's current state.
    if app.ObjectMeta.DeletionTimestamp.IsZero() {
        // The App object is not being deleted, so create or update the resources.
        err = r.createOrUpdateResources(ctx, app)
        if err != nil {
            return ctrl.Result{}, err
        }
    } else {
        // The App object is being deleted, so delete the resources.
        err = r.deleteResources(ctx, app)
        if err != nil {
            return ctrl.Result{}, err
        }
    }

    return ctrl.Result{}, nil
}

func (r *AppReconciler) createOrUpdateResources(ctx context.Context, app
*flydemov1beta1.App) error {
    // Create or update the Deployment.
    deployment := &appv1.Deployment{
```

```
        ObjectMeta: metav1.ObjectMeta{
            Name:       app.Name,
            Namespace:  app.Namespace,
        },
        Spec: appv1.DeploymentSpec{
            Selector: &metav1.LabelSelector{
                MatchLabels: map[string]string{
                    "app": app.Name,
                },
            },
            Template: corev1.PodTemplateSpec{
                ObjectMeta: metav1.ObjectMeta{
                    Labels: map[string]string{
                        "app": app.Name,
                    },
                },
                Spec: corev1.PodSpec{
                    Containers: []corev1.Container{
                        {
                            Name: "app",
                            Image: app.Spec.Image,
                        },
                    },
                },
            },
        },
    }
    err := ctrl.SetControllerReference(app, deployment, r.Scheme)
    if err != nil {
        return err
    }

    foundDeployment := &appv1.Deployment{}
    err = r.Get(ctx, types.NamespacedName{Name: deployment.Name, Namespace:
deployment.Namespace}, foundDeployment)
    if err != nil && errors.IsNotFound(err) {
        err = r.Create(ctx, deployment)
        if err != nil {
            return err
        }
    } else if err == nil {
        foundDeployment.Spec = deployment.Spec
        err = r.Update(ctx, foundDeployment)
        if err != nil {
            return err
        }
    } else {
```

```
        return err
    }

    // Create or update the Service.
    service := &corev1.Service{
        ObjectMeta: metav1.ObjectMeta{
            Name:      app.Name,
            Namespace: app.Namespace,
        },
        Spec: corev1.ServiceSpec{
            Selector: map[string]string{
                "app": app.Name,
            },
            Ports: []corev1.ServicePort{
                {
                    Name:       "http",
                    Port:       app.Spec.Port,
                    TargetPort: intstr.FromInt(int(app.Spec.Port)),
                },
            },
        },
    }

    err = ctrl.SetControllerReference(app, service, r.Scheme)
    if err != nil {
        return err
    }

    foundService := &corev1.Service{}
    err = r.Get(ctx, types.NamespacedName{Name: service.Name, Namespace:
service.Namespace}, foundService)
    if err != nil && errors.IsNotFound(err) {
        err = r.Create(ctx, service)
        if err != nil {
            return err
        }
    } else if err == nil {
        foundService.Spec = service.Spec
        err = r.Update(ctx, foundService)
        if err != nil {
            return err
        }
    } else {
        return err
    }

    // Create or update the Ingress.
```

```
	ingress := &netv1.Ingress{
		ObjectMeta: metav1.ObjectMeta{
			Name:        app.Name,
			Namespace:   app.Namespace,
			Annotations: map[string]string{
				"nginx.ingress.kubernetes.io/rewrite-target": "/",
			},
		},
		Spec: netv1.IngressSpec{
			Rules: []netv1.IngressRule{
				{
					Host: app.Spec.Hostname,
					IngressRuleValue: netv1.IngressRuleValue{
						HTTP: &netv1.HTTPIngressRuleValue{
							Paths: []netv1.HTTPIngressPath{
								{
									Path: "/",
									Backend: netv1.IngressBackend{
										Service: &netv1.IngressServiceBackend{
											Name: service.Name,
											Port: netv1.ServiceBackendPort{
												Name: "http",
											},
										},
									},
								},
							},
						},
					},
				},
			},
		},
	}

	err = ctrl.SetControllerReference(app, ingress, r.Scheme)
	if err != nil {
		return err
	}

	foundIngress := &netv1.Ingress{}
	err = r.Get(ctx, types.NamespacedName{Name: ingress.Name, Namespace:
ingress.Namespace}, foundIngress)
	if err != nil {
		return err
	} else if err == nil {
		foundIngress.Spec = ingress.Spec
		err = r.Update(ctx, foundIngress)
```

```
        if err != nil {
            return err
        }
    } else {
        return err
    }

    return nil
}
// deleteResources deletes the resources associated with the given app.
func (r *AppReconciler) deleteResources(ctx context.Context, app *flydemov1beta1.App)
error {
    // Delete the Deployment.
    deployment := &appv1.Deployment{
        ObjectMeta: metav1.ObjectMeta{
            Name:      app.Name,
            Namespace: app.Namespace,
        },
    }

    err := r.Delete(ctx, deployment)
    if err != nil && !errors.IsNotFound(err) {
        return err
    }

    // Delete the Service.
    service := &corev1.Service{
        ObjectMeta: metav1.ObjectMeta{
            Name:      app.Name,
            Namespace: app.Namespace,
        },
    }

    err = r.Delete(ctx, service)
    if err != nil && !errors.IsNotFound(err) {
        return err
    }

    // Delete the Ingress.
    ingress := &netv1.Ingress{
        ObjectMeta: metav1.ObjectMeta{
            Name:      app.Name,
            Namespace: app.Namespace,
        },
    }

    err = r.Delete(ctx, ingress)
```

```
    if err != nil && ! errors.IsNotFound(err) {
        return err
    }

    return nil
}
```

这段代码是一个 Golang 函数，它属于一个名为 AppReconciler 的结构体的方法。该函数名为 Reconcile，它接受两个参数：一个 context.Context 类型的上下文对象和一个 ctrl.Request 类型的请求对象。该函数的返回值为 ctrl.Result 和 error 两个值。

在 Kubernetes 应用程序控制器中，Reconcile 函数用于协调应用程序的期望状态和当前状态之间的差异。它会检查 KubernetesAPI 中的对象并对其进行更新或创建。在此过程中，它可能需要调用其他函数或服务来协调状态并确保应用程序处于正确的状态。

该函数通过传入的请求对象确定要调解的应用程序资源，并使用上下文对象来处理取消或超时等情况。在完成调解后，该函数返回一个 ctrl.Result 对象，该对象描述了本次调解的结果状态，例如是否成功或需要重新尝试。如果发生错误，则返回一个错误对象，该对象描述了发生的错误信息。

这里，我们通过 AppReconciler 结构体实现了一个自定义控制器来创建、更新和删除 Deployment、Service 和 Ingress。我们通过 SetupWithManager 函数设置该自定义控制器，使其能够通过 KubernetesAPI 服务器与 Kubernetes 资源进行交互。当资源发生变化时，自定义控制器将被触发并执行相应的操作。此外，我们还使用了 Reconcile 函数来控制控制器的行为，这个函数也是 Kubebuilder 自动生成的。

现在，我们已经实现了一个自定义资源和一个自定义控制器，可以在 Kubernetes 上轻松地创建、更新和删除 App。我们可以使用 Kubectl 来创建一个 App 资源，并查看相关资源的创建情况：

安装 NginxIngressController：

IngressNginxController 是一个 Kubernetes 插件，用于管理 Kubernetes 集群中的 Ingress 资源。

```
# 我的 Kubernetes 环境是 1.22.2，根据 Kubernetes 兼容性矩阵，这里选择的是 ingressnginx/controller 的 v1.3.1 版本
wget https://raw.githubusercontent.com/kubernetes/ingress-nginx/controllerv1.3.1/deploy/static/provider/cloud/deploy.yaml

# 修改 deploy.yaml 文件
# 类型为 Service 且名字为 ingress-nginx-controller 的 type，修改默认的 LoadBalancer 为 NodePort

# 应用清单
kubectl apply -f deploy.yaml
```

安装 crd

```
make install
```

部署自定义 controller

开发时可以直接在本地调试。

7. 构建镜像

```
IMG = fly190712/kubebuilder-demo-app-controller make docker-build
```

8. 推送镜像

```
IMG = fly190712/kubebuilder-demo-app-controller make docker-push
```

9. 部署到集群

部署之前需要修改一下 controllers/app_controller.go 的 rbac。

```
// + kubebuilder:rbac:groups = apps,resources = deployments,verbs = get;list;watch;create;upda
te;patch;delete
// + kubebuilder:rbac:groups = networking.k8s.io,resources = ingresses,verbs = get;list;watch;
create;update;patch;delete
// + kubebuilder:rbac:groups = "",resources = services,verbs = get;list;watch;create;update;pa
tch;delete
```

执行 make deploy 命令：

```
IMG = fly190712/kubebuilder-demo-app-controller make deploy
```

验证。

- 创建一个 app。

```
apiVersion: flydemo.demo.kubebuilder.io/v1beta1
kind: App
metadata:
  labels:
    app.kubernetes.io/name: app
    app.kubernetes.io/instance: app-sample
    app.kubernetes.io/part-of: kubebuilder-demo
    app.kubernetes.io/managed-by: kustomize
    app.kubernetes.io/created-by: kubebuilder-demo
  name: app-sample
spec:
  # TODO(user): Add fields here
```

```
image: nginx:1.16
replicas: 3
port: 80
hostname: app-sample.demo
```

- 检查是否创建了 deployment、service、ingress。
- 修改 app,查看 deployment、service、ingress 是否能被更新。
- 删除 app,查看 deployment、service、ingress 是否能被删除。

12.1.5 Kubebuilder 创建 Webhook

Webhooks 是一种以阻塞方式发送的信息请求。实现 Webhooks 的 web 应用程序将在特定事件发生时向其他应用程序发送 HTTP 请求。

在 Kubernetes 中,有下面三种 Webhook: admissionwebhook, authorizationwebhook 和 CRD conversionwebhook。

admissionwebhook 是 HTTP 的回调,它可以接受准入请求,处理它们并且返回准入响应。Kubernetes 提供了下面几种类型的 admissionwebhook:

- MutatingAdmissionWebhook 这种类型的 Webhook 会在对象创建或是更新且没有存储前改变操作对象,然后才存储。它可以用于资源请求中的默认字段,比如在 Deployment 中没有被用户制定的字段。它可以用于注入 sidecar 容器。
- ValidatingAdmissionWebhook 这种类型的 Webhook 会在对象创建或是更新且没有存储前验证操作对象,然后才存储。它可以有比纯基于 schema 验证更加复杂的验证。比如交叉字段验证和 pod 镜像白名单。

默认情况下 apiserver 自己没有对 Webhook 进行认证。然而,如果想认证客户端,可以配置 apiserver 使用基本授权,持有 token,或者证书对 Webhook 进行认证。

在 controller-runtime 库中,支持 admission webhooks 和 CRD conversion webhooks。Kubebuilder 也可以生成 Webhook 代码,帮助用户快速创建用于验证和修改自定义资源的 Webhook 服务。Kubebuilder 会帮处理剩下的事情,像下面这些:

- 创建 Webhook 服务端。
- 确保服务端已添加到 manager 中。
- 为的 Webhooks 创建处理函数。

执行 Kubebuilder create Webhook 命令:

```
kubebuilder create webhook --group flydemo --version v1beta1 --kind App --defaulting -
-programmatic-validation
```

其中,--group、--version 和--kind 参数分别指定资源的 API 组、版本和类型。

--defaulting 和--programmatic-validation 参数用于生成默认值和验证逻辑,以便在 Webhook 中进行资源校验和修改。这些参数是可选的,但是建议在创建 Webhook 时使用。

使用 kubebuilder create webhook 命令创建 Kubernetes admission webhook 时，将在项目目录中生成以下文件：

- api/v1beta1/app_webhook.go：Webhook 对应的 handler，用于编写自定义的业务逻辑。该文件中包含 Validator 和 Mutator 函数，可以在这些函数中编写验证和修改逻辑。如果验证或修改失败，可以返回一个 AdmissionResponse 对象，其中包含错误信息，以告诉 KubernetesAPIServer 请求被拒绝或修改失败。这些函数将被自动调用，因此只需要在这些函数中实现你的业务逻辑即可。
- api/v1beta1/webhook_suite_test.go：自动生成的测试文件，包含对 Webhook 的一些基本测试用例。可以在这个文件中编写更多的测试用例，以确保你的 Webhook 正常工作。
- config/certmanager：自动生成的自签名证书，用于在 Webhookserver 中提供 HTTPS 服务。这个目录包含了证书和密钥文件，以及用于签名证书的 CA 证书和密钥文件。
- config/webhook：用于将 Webhook 注册到 KubernetesAPIServer 的 YAML 文件中。该文件定义了 Webhook 的名称、命名空间、监听端口和访问策略等信息。可以通过修改这个文件中的参数来定制 Webhook 的配置。
- config/crd/patches：用于将 webhookserver 注入到 CRD 定义的 YAML 文件中。这个目录包含了一个 YAML 文件，用于自动注入 CABundle 到 CRD 的 webhook 配置中。这是必须的，因为 KubernetesAPIServer 需要使用 CABundle 来验证 Webhookserver 的身份。
- config/default/manager_webhook_patch.yaml：用于将 Webhookserver 注入到 manager 的 YAML 文件。该文件会将 webhookserver 配置添加到 manager 的 Deployment 中，以便在启动 manager 时自动启动 Webhookserver。
- config/default/webhookcainjection_patch.yaml：用于将 CABundle 注入到 Webhookserver 的 YAML 文件中。该文件会将 CABundle 注入到 Webhookserver 的 Deployment 中，以便 Webhookserver 可以使用 CABundle 来验证 KubernetesAPIServer 的身份。

以上文件包含了 Admission Webhook 的主要逻辑和组成部分，需要根据你的业务逻辑来修改 app_webhook.go 文件，并在 config/webhook 文件中注册你的 Webhook。同时，还需要修改 config/default/manager_webhook_patch.yaml 和 config/default/webhookcainjection_patch.yaml 文件，以确保 webhook server 能够正常工作。

需要注意的是，生成的 Webhook 代码需要根据具体的业务场景进行修改，以满足自定义资源的验证和修改需求。

12.1.6 Kubebuilder 的常用命令

下面是一些常用的 Kubebuilder 命令及其说明，见表 12-2 所列。

表 12－2 kubebuilder 常用命令

命令	说明
kubebuilder init	初始化一个新的 KubernetesAPI 项目
kubebuilder create api	创建一个新的 KubernetesAPI
kubebuilder create webhook	创建一个新的 admissionwebhook
kubebuilder create webhookconfig	创建一个新的 webhook 配置文件
kubebuilder create configmap	创建一个新的配置文件
kubebuilder create secret	创建一个新的 secret
kubebuilder create dockerfile	创建一个 Dockerfile
kubebuilder create scorecard	创建一个用于评估 Kubernetes 集群的 Scorecard 测试套件
kubebuilder edit	编辑当前项目的资源定义和代码
kubebuilder generate	生成 K8s API 和控制器的代码
kubebuilder test	运行单元测试
kubebuilder version	查看 Kubebuilder 版本信息

除了上述命令，Kubebuilder 还提供了其他命令来管理 KubernetesAPI 项目。大家可以通过在终端中运行来查看完整的命令列表和说明。

12.2 基于 Goland 和 dlv 远程调试的 Kubernetes 组件

通常，开发者日常编码都基于 Windows/Mac 上的 IDE(VsCode/Goland)，编码完成后再部署到远端 Linux 机器运行。因此，我们就需要一种基于 IDE 和 dlv 远程调试 Kubernetes 组件的方式，而 go-delve 正是一个不错的选择。

delve 调试包括附加到进程调试和远程调试。其实附加到本地进程和远程调试原理是一样的，待调试的进程是通过 delve 启动的，delve 会启动进程，并立即附加到进程，开启一个 debug session。进而启动一个 debugserver，暴露某个端口，客户端 IDE 可以通过该端口连接 debug server 进行调试。

12.2.1 远程 Linux 服务器的准备工作

1. Go 安装

(1) wget 安装包

```
$ wget https://dl.google.com/go/go1.17.8.linux-amd64.tar.gz
```

解压并配置 GOROOT、GOPATH 和 PATH。

```
# 解压 GO 安装包
$ tar -zxvf go1.17.8.linux-amd64.tar.gz -C /usr/local/

# 编辑配置文件 vim ~/.bashrc
$ export GOROOT = /usr/local/go #GOROOT 是系统上安装 Go 软件包的位置。
$ export GOPATH = /go #GOPATH 是工作目录的位置。这个是自己创建的,想放在哪都行
$ export PATH = $GOPATH/bin:$GOROOT/bin:$PATH
$ export GOPROXY = "https://goproxy.cn,https://mirrors.aliyun.com/goproxy,direct"

# 更新配置文件
$ source ~/.bashrc
```

(2) 验证

```
# 有输出表示安装成功
go env
```

2. go-delve 安装

目前 Go 语言支持 GDB、LLDB 和 Delve 几种调试器。其中 GDB 是最早支持的调试工具,LLDB 是 macOS 系统推荐的标准调试工具。但是 GDB 和 LLDB 对 Go 语言的专有特性都缺乏很大支持,而只有 Delve 是专门为 Go 语言设计开发的调试工具。Delve 本身也是采用 Go 语言开发的,所以对 Windows 平台也提供了一样的支持。

以下指令适用于 Linux、macOS、Windows 和 FreeBSD。

方式一:克隆 git 仓库并构建:

```
$ git clone https://github.com/go-delve/delve
$ cd delve
$ go install github.com/go-delve/delve/cmd/dlv
```

方式二:在 Go 版本 1.16 或更高版本上执行:

```
# Install the latest release:
$ go install github.com/go-delve/delve/cmd/dlv@latest

# Install at tree head:
$ go install github.com/go-delve/delve/cmd/dlv@master

# Install at a specific version or pseudo-version:
$ go install github.com/go-delve/delve/cmd/dlv@v1.7.3
$ go install github.com/go-delve/delve/cmd/dlv@v1.7.4-0.20211208103735-2f13672765fe
```

有关 go-delve 版本信息,请参阅 https://go.dev/ref/mod#versions。

验证:

```
# 有输出表示安装成功
```

```
dlv
```

3. Kubernetes 编译打包

(1) 下载

```
$ mkdir -p $GOPATH/src/github.com/kubernetes
$ cd $GOPATH/src/github.com/kubernetes
$ git clone https://github.com/kubernetes/kubernetes.git
$ git check v1.18
```

(2) 编译

-s disable symbol table 禁用符号表。

-w disable DWARF generation 禁用调试信息。

更多编译参数帮助信息查看:go tool link。

```
# Kubernetes v1.18 在 k8s.io/kubernetes/hack/lib/golang.sh 中设置了-s -w 选项来禁用符号表以及 debug 信息,因此在编译 Kubernetes 组件进行远程调试时需要去掉这两个限制:
-     goldflags = "${GOLDFLAGS = -s -w} $(kube::version::ldflags)"
+     #goldflags = "${GOLDFLAGS = -s -w} $(kube::version::ldflags)"
+     goldflags = "${GOLDFLAGS:-} $(kube::version::ldflags)"

# 编译单个组建:
sudo make WHAT = "cmd/kube-apiserver" GOGCFLAGS = "-N -l" GOLDFLAGS = ""
# 编译所有组件:
sudo make all GOGCFLAGS = "-N -l" GOLDFLAGS = ""
```

12.2.2 Kubernetesstaticpod 组件调试

本书以 kube-apiserver 为例,其他 kube-controller-manager 和 kube-scheduler 等以 static pod 部署的组件,调试方法类似。

除了"Goland 配置",以下操作都是在远程 Linux 服务器中进行。

1. 编译 kube-apiserver 组件

重编译的输出,在当前位置的_output/bin/目录下:

```
sudo make WHAT = "cmd/kube-apiserver" GOGCFLAGS = "-N -l" GOLDFLAGS = ""

# 执行过程
$ make WHAT = "cmd/kube-apiserver" GOGCFLAGS = "-N -l" GOLDFLAGS = ""
+ + + [1004 20:26:13] Building go targets for linux/amd64:
    ./vendor/k8s.io/code-generator/cmd/deepcopy-gen
warning: ignoring symlink
/go/src/github.com/kubernetes/kubernetes/_output/local/go/src/k8s.io/kubernetes
go: warning: "k8s.io/kubernetes/vendor/github.com/go-bindata/go-bindata/..." matched
```

```
no packages
+ + + [1004 20:26:25] Building go targets for linux/amd64:
    cmd/kube-apiserver
```

2. 查找 kube-apiserver 配置信息

```
$ ps -ef | grep kube-apiserver

root 34900 34776 6 9月 27 ? 11:00:53 kube-apiserver --advertiseaddress=
10.0.35.187 --allow-privileged=true --authorization-mode=Node,RBAC --clientca-
file=/etc/kubernetes/pki/ca.crt --enable-admission-plugins=NodeRestriction --
enable-bootstrap-token-auth=true --etcd-cafile=/etc/etcd/pki/ca.pem --etcdcertfile=/
etc/etcd/pki/client.pem --etcd-keyfile=/etc/etcd/pki/client-key.pem --etcdservers=
https://10.0.35.187:2379 --insecure-port=0 --kubelet-clientcertificate=/
etc/kubernetes/pki/apiserver-kubelet-client.crt --kubelet-clientkey=/
etc/kubernetes/pki/apiserver-kubelet-client.key --kubelet-preferred-addresstypes=
InternalIP,ExternalIP,Hostname --proxy-client-certfile=/
etc/kubernetes/pki/front-proxy-client.crt --proxy-client-keyfile=/
etc/kubernetes/pki/front-proxy-client.key --requestheader-allowed-names=frontproxy-
client --requestheader-client-ca-file=/etc/kubernetes/pki/front-proxy-ca.crt --
requestheader-extra-headers-prefix=X-Remote-Extra- --requestheader-group-headers=XRemote-
Group --requestheader-username-headers=X-Remote-User --secure-port=6443 --
service-account-key-file=/etc/kubernetes/pki/sa.pub --service-cluster-iprange=
10.96.0.0/12 --tls-cert-file=/etc/kubernetes/pki/apiserver.crt --tls-privatekey-
file=/etc/kubernetes/pki/apiserver.key
```

3. 组装 dlvdebug 命令

```
dlv --listen=:2345 --headless=true --api-version=2 --accept-multiclient exec 编译生成的
组件 -- 组件配置参数

# 示例
dlv --listen=:2345 --headless=true --api-version=2 --accept-multiclient exec
/go/src/github.com/kubernetes/kubernetes/_output/local/bin/linux/amd64/kube-apiserver
-- --advertise-address=10.0.35.187 --allow-privileged=true --authorizationmode=
Node,RBAC --client-ca-file=/etc/kubernetes/pki/ca.crt --enable-admissionplugins=
NodeRestriction --enable-bootstrap-token-auth=true --etcdcafile=/
etc/etcd/pki/ca.pem --etcd-certfile=/etc/etcd/pki/client.pem --etcdkeyfile=/
etc/etcd/pki/client-key.pem --etcd-servers=https://10.0.35.187:2379 --
insecure-port=0 --kubelet-client-certificate=/etc/kubernetes/pki/apiserver-kubeletclient.
crt --kubelet-client-key=/etc/kubernetes/pki/apiserver-kubelet-client.key --
kubelet-preferred-address-types=InternalIP,ExternalIP,Hostname --proxy-client-certfile=/
etc/kubernetes/pki/front-proxy-client.crt --proxy-client-keyfile=/
etc/kubernetes/pki/front-proxy-client.key --requestheader-allowed-names=frontproxy-
```

```
client --requestheader-client-ca-file=/etc/kubernetes/pki/front-proxy-ca.crt --
requestheader-extra-headers-prefix=X-Remote-Extra- --requestheader-group-headers=XRemote-
Group --requestheader-username-headers=X-Remote-User --secure-port=6443 --
service-account-key-file=/etc/kubernetes/pki/sa.pub --service-cluster-iprange=
10.96.0.0/12 --tls-cert-file=/etc/kubernetes/pki/apiserver.crt --tls-privatekey-
file=/etc/kubernetes/pki/apiserver.key
```

4. 停止 kube-apiserver 的 staticpod

```
$ mv /etc/kubernetes/manifests/kube-apiserver.yaml /etc/kubernetes/
```

只需要把 manifest 目录下的配置文件移动到别的地方即可，kubelet 会直接停止不在 manifest 目录下的 staticpod。

通过 ps-ef|grepkube-apiserver 验证进程是否存在，如果依然存在，可以通过终止进程方式。

5. dlv 启动 kube-apiserver

```
dlv --listen=:2345 --headless=true --api-version=2 --accept-multiclient exec
/go/src/github.com/kubernetes/kubernetes/_output/local/bin/linux/amd64/kube-apiserver
-- --advertise-address=10.0.35.187 --allow-privileged=true --authorizationmode=
Node,RBAC --client-ca-file=/etc/kubernetes/pki/ca.crt --enable-admissionplugins=
NodeRestriction --enable-bootstrap-token-auth=true --etcdcafile=/
etc/etcd/pki/ca.pem --etcd-certfile=/etc/etcd/pki/client.pem --etcdkeyfile=/
etc/etcd/pki/client-key.pem --etcd-servers=https://10.0.35.187:2379 --
insecure-port=0 --kubelet-client-certificate=/etc/kubernetes/pki/apiserver-kubeletclient.
crt --kubelet-client-key=/etc/kubernetes/pki/apiserver-kubelet-client.key --
kubelet-preferred-address-types=InternalIP,ExternalIP,Hostname --proxy-client-certfile=/
etc/kubernetes/pki/front-proxy-client.crt --proxy-client-keyfile=/
etc/kubernetes/pki/front-proxy-client.key --requestheader-allowed-names=frontproxy-
client --requestheader-client-ca-file=/etc/kubernetes/pki/front-proxy-ca.crt --
requestheader-extra-headers-prefix=X-Remote-Extra- --requestheader-group-headers=XRemote-
Group --requestheader-username-headers=X-Remote-User --secure-port=6443 --
service-account-key-file=/etc/kubernetes/pki/sa.pub --service-cluster-iprange=
10.96.0.0/12 --tls-cert-file=/etc/kubernetes/pki/apiserver.crt --tls-privatekey-
file=/etc/kubernetes/pki/apiserver.key
# 提示监听在 2345 端口
API server listening at: [::]:2345
2022-10-04T20:34:58+08:00 warning layer=rpc Listening for remote connections
(connections are not authenticated nor encrypted)
```

6. 本地 Goland 配置

首先安装 Go，下载对应版本的 Kubernetes 代码（图 12-2、图 12-3）。

GoLandIDE 界面 Run=> Debug=> EditConfigurations 新增 GoRemotedebug 条

目，同时配置相关 Host 以及 Port。

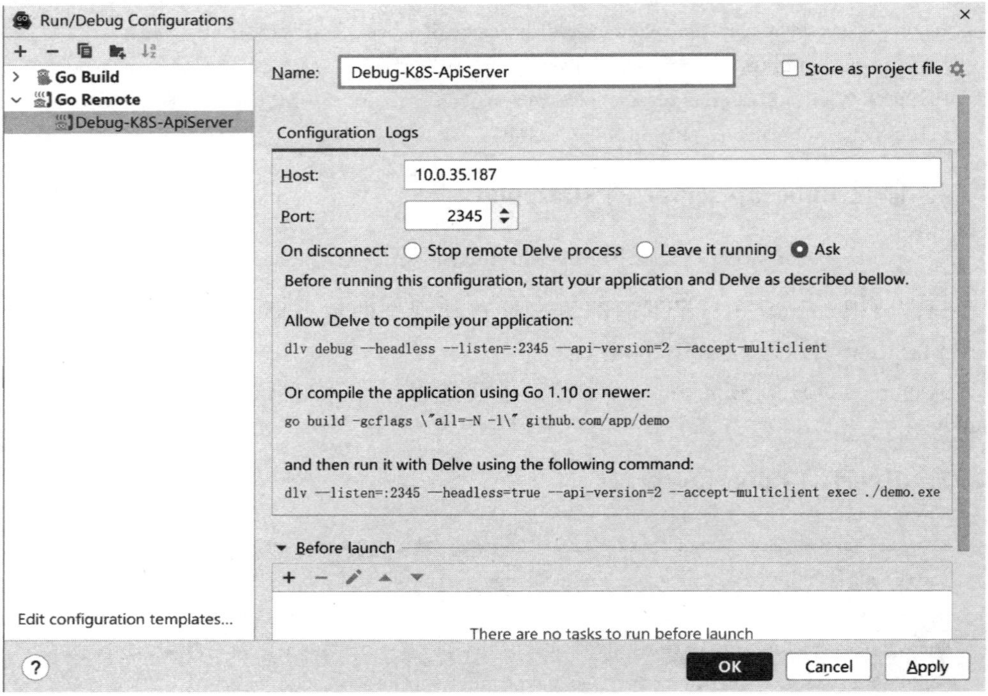

图 12-2 GoLand 配置

调试效果。

7. 还原 kube-apiserver 的 manifest 文件

```
mv /etc/kubernetes/kube-apiserver.yaml /etc/kubernetes/manifests/
```

12.2.3 Kubernetesdaemonset 组件调试

本书以 kube-proxy 为例，其他 daemonset 组件调试类似。

除了“Goland 配置”，以下操作都是在远程 Linux 服务器中进行。

kube-proxy 的启动方式不是 staticpod 方式，而是以 daemonset+configmap 配置文件方式启动服务的。

1. 编译 kube-proxy 组件

重编译的输出，在当前位置的_output/bin/目录下：

```
sudo make WHAT = "cmd/kube-proxy" GOGCFLAGS = "-N -l" GOLDFLAGS = ""
```

2. 查找 kube-proxy 配置

先看看 kube-proxy 相关启动参数：

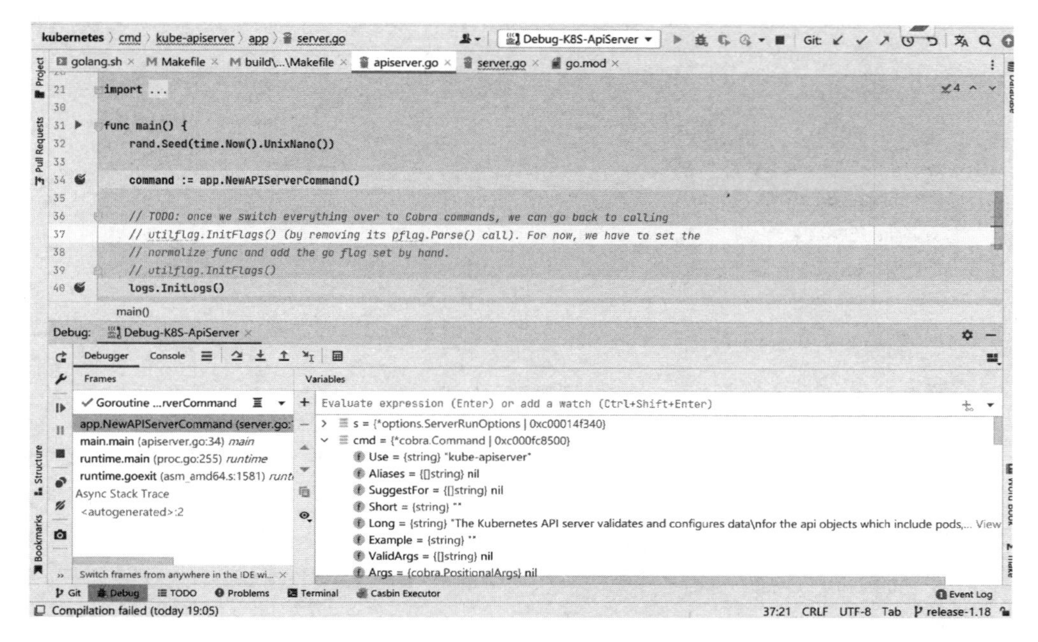

图 12－3　Goland 调试

启动命令参数看 daemonset 中的 command 部分，配置文件看 configmap 中的 config. conf 和 kubeconfig. conf。

```
# daemonset/kube-proxy
  ...
  spec:
    containers:
    - command:
      - /usr/local/bin/kube-proxy
      - --config=/var/lib/kube-proxy/config.conf
      - --hostname-override=$(NODE_NAME)
      volumeMounts:
      - mountPath: /var/lib/kube-proxy
        name: kube-proxy
      - mountPath: /run/xtables.lock
        name: xtables-lock
      - mountPath: /lib/modules
        name: lib-modules
        readOnly: true
    ...
    volumes:
    - configMap:
        defaultMode: 420
```

```
          name: kube-proxy
        name: kube-proxy
      - hostPath:
          path: /run/xtables.lock
          type: FileOrCreate
        name: xtables-lock
      - hostPath:
          path: /lib/modules
          type: ""
        name: lib-modules
      ...
  # configmap/kube-proxy
  apiVersion: v1
  data:
    config.conf: |-
      ...
    kubeconfig.conf: |-
      ...
  kind: ConfigMap
  ...
```

kube-proxy configmap 中主要包含两部分：config.conf 以及 kubeconfig.conf，这里可以将 config.conf 的内容存放到单独的一个文件 config.conf 中，而 kubeconfig.conf 的内容则可以直接用 $HOME/.kube/config 进行替代。

3. 停止 kube-proxy

这里为了不影响其他母机上的 kube-proxy，可以通过设置 node 标签以及 nodeSelector 的方式将某一个节点的 kube-proxy 停止：

```
# 方式一：设置 node 标签
kubectl label nodes <node-name> <label-key> = <label-value>
# 方式一：修改 nodeSelector，让 node 的标签匹配不上
kubectl -n kube-system edit daemonsets.kube-proxy
nodeSelector:beta.kubernetes.io/os:linux2
```

4. dlv 启动 kube-proxy

```
# 注意 nodeName 替换成实际节点名称
$ dlv --listen= :2345 --headless=true --api-version=2 --accept-multiclient exec
/go/src/github.com/kubernetes/kubernetes/_output/local/bin/linux/amd64/kube-proxy -- \
--config=./config.conf \
--hostname-override=nodeName
```

然后，Goland 设置 kubelet 代码断点并调试。

12.2.4 Kubernetes 二进制组件调试

kubelet 是以二进制方式运行在宿主机上，通过 systemd 管理的。

本书以 kubelet 为例，其他二进制组件调试类似。

除了“Goland 配置”，以下操作都是在远程 Linux 服务器中进行。

1. 编译 kubelet 组件

在当前位置的_output/bin/目录下重编译的输出：

```
sudo make WHAT = "cmd/kubelet" GOGCFLAGS = "-N -l" GOLDFLAGS = ""
```

2. 查找 kubelet 组件配置

```
$ systemctl status -l kubelet
• kubelet.service - kubelet: The Kubernetes Node Agent
  Loaded: loaded (/usr/lib/systemd/system/kubelet.service; enabled; vendor preset:
disabled)
  Drop-In: /usr/lib/systemd/system/kubelet.service.d
           └—10-kubeadm.conf
  Active: active (running) since 一 2022-09-26 21:12:13 CST; 1 weeks 1 days ago
    Docs: https://kubernetes.io/docs/
Main PID: 20478 (kubelet)
  Tasks: 74
  Memory: 86.0M
  CGroup: /system.slice/kubelet.service
          └— 20478 /usr/bin/kubelet --bootstrap-kubeconfig =/etc/kubernetes/boot-
strapkubelet.
conf --kubeconfig = /etc/kubernetes/kubelet.conf --
config = /var/lib/kubelet/config.yaml --cgroup-driver = systemd --network-plugin = cni --
pod-infra-container-image = k8s.gcr.io/pause:3.2

# 其中配置信息就是
--bootstrap-kubeconfig = /etc/kubernetes/bootstrap-kubelet.conf --
kubeconfig = /etc/kubernetes/kubelet.conf --config = /var/lib/kubelet/config.yaml --
cgroup-driver = systemd --network-plugin = cni --pod-infra-containerimage =
k8s.gcr.io/pause:3.2
```

3. 停止 kubelet 组件

```
$ systemctl stop kubelet.service
```

4. dlv 启动 kubelet

```
$ dlv --listen = :2345 --headless = true --api-version = 2 --accept-multiclient exec
/go/src/github.com/kubernetes/kubernetes/_output/local/bin/linux/amd64/kubelet -- --
bootstrap-kubeconfig = /etc/kubernetes/bootstrap-kubelet.conf --
kubeconfig = /etc/kubernetes/kubelet.conf --config = /var/lib/kubelet/config.yaml --
```

```
cgroup-driver = systemd --network-plugin = cni --pod-infra-containerimage =
k8s.gcr.io/pause:3.2
```

然后,Goland 设置 kubelet 代码断点并调试

12.3 自定义一个 Kubernetes CNI 网络插件

12.3.1 Kubernetes CNI 规范

1. CNI 是什么

容器网络接口(Container Network Interface),简称 CNI,是 CNCF 旗下的一个项目,其由一组用于配置 Linux 容器的网络接口的规范和库组成,同时还包含了一些插件。CNI 仅关心容器创建时的网络分配和当容器被删除时释放的网络资源。

Linux 上的应用程序容器是一个快速发展的领域,在这个领域内网络没有得到很好的解决。我们相信许多容器运行时和编排器将寻求解决使网络层可插入的相同问题。CNI 的发展是为了解决容器网络管理的一些挑战和问题,包括:

- **多样化的网络环境**:在不同的云平台、数据中心或者网络环境中,网络架构和配置可能会有很大差异。
  CNI 提供了一种通用的网络管理接口,可以在不同的环境中统一管理容器网络。
- **容器网络扁平化**:容器网络通常是一个扁平化的网络,每个容器都有自己的 IP 地址,这就需要一个高效的方式来管理网络。CNI 提供了一个轻量级的网络管理解决方案,可以管理大量的容器。
- **安全性和隔离**:容器网络需要安全性和隔离,以避免容器之间的干扰和攻击。CNI 提供了一些安全性和隔离的功能,例如网络隔离和访问控制。其使用 CNI 的容器运行时或平台,见表 12-3 所列。

表 12-3 使用 CNI 的容器运行时或平台

容器平台	描述
Mesos	Mesos 是一个开源的分布式系统内核,可以管理整个数据中心的资源。Mesos 通过使用 CNI 来管理容器网络
CloudFoundry	Cloud Foundry 是一个开源的 PaaS 平台,可以帮助开发人员在云中构建、部署和扩展应用程序。CloudFoundry 通过使用 CNI 来创建和管理容器网络
OpenShift	OpenShift 是一个由 Red Hat 开发的基于 Kubernetes 容器的应用平台,它使用 CNI 来创建和管理容器网络
Containerd	containerd 是一个轻量级的容器运行时,它可以通过 CNI 创建和管理容器网络
Kubernetes	Kubernetes 使用 CNI 来创建和管理容器网络,支持多种 CNI 插件

实现了 CNI 规范的网络插件,见表 12-4 所列。

表12-4 实现CNI规范的网络插件

插件名称	简单描述	特点和用途
bridge	创建基于 LinuxBridge 的网络接口	简单易用,适合小型网络
macvlan	创建基于 MAC 地址的虚拟网络接口	可以为容器分配唯一的 MAC 地址,适合需要高性能网络的应用
ipvlan	创建基于 IP 地址的虚拟网络接口	可以为容器分配唯一的 IP 地址,适合需要高性能网络的应用
host-local	管理本地主机的网络配置	简单易用,适合小型网络
loopback	创建本地回环网络接口	适用于需要访问本地回环地址的应用
flannel	创建基于 VXLAN 的软件定义网络	可以跨越多个主机,适合大规模网络
calico	创建基于 BGP 协议的网络	可以实现网络隔离和安全策略,适合大规模网络
Cilium	创建基于 eBPF 的网络和安全策略	具有高性能和强大的安全策略,适合大规模网络
weave	创建基于 Overlay 网络的虚拟网络	可以跨越多个主机,支持多种平台,适合大规模网络

除了以上这些网络插件,还有其他一些实现了 CNI 规范的网络插件,例如 Antrea 和 Multus 等。这些 CNI 插件都遵循 CNI 规范定义的接口和协议,可以与任何支持 CNI 规范的容器运行时集成,实现容器的网络管理。管理员可以根据应用的需要选择适当的插件来创建和管理容器的网络环境,从而满足应用对网络性能、安全性和可靠性的要求。

2. CNI 规范

CNI 提出了以下的规范定义:

- **一种供管理员定义网络配置的格式**:CNI 规范定义了一种网络配置格式,使得管理员可以通过配置文件来定义容器的网络环境,例如网络接口、IP 地址、路由等。
- **容器运行时向网络插件发出请求的协议**:CNI 规范定义了容器运行时与网络插件之间的通信协议,以便容器运行时可以向网络插件发送请求,例如创建、删除、修改网络接口等操作。
- **基于提供的配置执行插件的过程**:当容器运行时发送请求给网络插件后,网络插件会基于提供的配置执行一系列的操作,例如创建或删除网络接口,配置 IP 地址和路由等。
- **插件将功能委托给其他插件的过程**:有些网络插件可能需要将部分功能委托给其他插件来完成,例如 IP 地址管理。CNI 规范允许网络插件之间互相协作,以便完成复杂的网络功能。
- **插件将其结果返回到运行时的数据类型**:完成操作后,网络插件会将结果返回给容器运行时,并使用特定的数据类型来表示网络接口、IP 地址、路由等信息,以便容器运行时可以进行后续的操作。

综上所述,CNI 规范定义了一种标准的网络插件接口和通信协议,以便容器运行时可以通过网络插件来创建和管理容器的网络环境,使得不同的容器运行时和网络插件可以无缝地集成和协作。

3. CNI 接口

Kubernetes CNI 规范是一组定义了 CNI 插件需要遵循的标准和接口,以便可以被 Kubernetes 调用和管理。CNI 规范定义了以下 4 种操作:ADD、DEL、CHECK 和 VERSION。在 containernetworking/cni/blob/main/pkg/skel/skel.go 中这样定了这几个操作。

- ADD:用于向 CNI 插件请求创建一个网络接口,并且为该接口分配一个 IP 地址和一组路由信息等。当容器启动时,容器运行时会向网络插件发送 ADD 操作请求。
- DEL:用于向 CNI 插件请求删除一个网络接口。当容器停止时,容器运行时会向网络插件发送 DEL 操作请求。
- CHECK:用于向 CNI 插件请求检查一个网络接口是否存在,并获取该接口的相关信息,例如 IP 地址、路由等。当容器需要查询网络接口信息时,容器运行时会向网络插件发送 CHECK 操作请求。
- VERSION:用于向 CNI 插件请求查询插件的版本信息和支持的 CNI 规范版本号。当容器运行时需要了解插件的版本信息,容器运行时会向网络插件发送 VERSION 操作请求。

这四种操作可以满足容器运行时与网络插件之间的基本交互需求,例如创建、删除、查询网络接口等操作。CNI 插件需要根据 CNI 规范定义的操作格式和数据类型来实现这些操作,并返回相应的操作结果和数据信息,以便容器运行时进行后续的操作和处理。

(1) ADD 接口

用于为容器添加网络。该接口的输入参数包括网络配置、容器 ID、容器 namespace 和其他参数。ADD 接口的输出参数包括网络配置、IP 地址、路由表和其他信息。

下面是一个简单的 ADD 接口的示例代码:

```
func add(args * skel.CmdArgs) error {
    // 从标准输入中解析 CNI 配置
    netConf, err := loadNetConf(args.StdinData)
    if err != nil {
        return fmt.Errorf("failed to load netconf: %v", err)
    }

    // 获取容器信息
    contID, contNetns, err := getContainerInfo(args)
    if err != nil {
        return fmt.Errorf("failed to get container info: %v", err)
```

```
    }

    // 配置网络
    result, err := setupNetwork(netConf, contID, contNetns)
    if err != nil {
        return fmt.Errorf("failed to setup network: %v", err)
    }

    // 将结果写入标准输出
    return types.PrintResult(result, netConf.CNIVersion)
}
```

(2) DELET 接口

用于从容器中删除网络。该接口的输入参数包括网络配置、容器 ID、容器 namespace 和其他参数。

下面是一个简单的 DELETE 接口的示例代码：

```
func del(args *skel.CmdArgs) error {
    // 从标准输入中解析 CNI 配置
    netConf, err := loadNetConf(args.StdinData)
    if err != nil {
        return fmt.Errorf("failed to load netconf: %v", err)
    }

    // 获取容器信息
    contID, contNetns, err := getContainerInfo(args)
    if err != nil {
        return fmt.Errorf("failed to get container info: %v", err)
    }

    // 删除网络
    err = teardownNetwork(netConf, contID, contNetns)
    if err != nil {
        return fmt.Errorf("failed to teardown network: %v", err)
    }

    return nil
}
```

(3) CHECK 接口

用于检查容器是否已经配置网络。该接口的输入参数包括网络配置、容器 ID、容器 namespace 和其他参数。CHECK 接口的输出参数包括网络配置和其他信息。

下面是一个简单的 CHECK 接口的示例代码：

```
func check(args * skel.CmdArgs) error {
    // 从标准输入中解析 CNI 配置
    _, err := loadNetConf(args.StdinData)
    if err != nil {
        return fmt.Errorf("failed to load netconf: %v", err)
    }

    // 获取容器信息
    contID, contNetns, err := getContainerInfo(args)
    if err != nil {
        return fmt.Errorf("failed to get container info: %v", err)
    }

    // 检查容器是否已经配置网络
err =
```

12.3.2 CNI Plugin 项目

Plugin 中提供了 3 个维度的插件，一个是 main，用户创建网络接口的插件；一个是 ipam，用于管理 ip 地址的插件，可以被 main 插件调用；还有一个 meta 插件，就是其他插件。

1. Main Plugin

Main 插件用于创建和配置网络接口。它是 CNI 的核心组件，负责在 Pod 中创建和配置容器网络。

- 作用：创建容器所需的网络接口，分配 IP 地址配置网络接口。
- 用法：由 CNI 调用，必须实现"ADD"和"DEL"两个操作。
- 输入参数：

  CNI_CONTAINERID：容器 ID。

  CNI_COMMAND：CNI 操作命令，如"ADD"或"DEL"。

  CNI_IFNAME：容器网络接口名称。

  CNI_NETNS：容器网络命名空间。

  CNI_ARGS：用户传入的自定义参数。

  CNI_PATH：CNI 插件路径。

  CNI_NETCONFPATH：CNI 配置文件路径。

  CNI_RUNTIME_CONFIG：运行时配置。
- 输出参数：

  CNI_VERSION：CNI 插件版本。

  CNI_RESULT：CNI 操作结果。

  CNI_ERROR：CNI 操作错误信息。

2. IPAMPlugin

IPAM 插件用于管理 IP 地址的分配和释放。它是一个可选的插件,但是在大多数情况下都是必需的。当 Main 插件需要分配 IP 地址时,它会调用 IPAM 插件来获取可用的 IP 地址。

- 作用:管理 IP 地址池,为容器分配 IP 地址,回收 IP 地址,管理 IP 地址池。
- 用法:由 Main Plugin 调用,必须实现"ADD"和"DEL"两个操作。
- 输入参数:
  CNI_CONTAINERID:容器 ID。
  CNI_COMMAND:CNI 操作命令,如"ADD"或"DEL"。
  CNI_IFNAME:容器网络接口名称。
  CNI_NETNS:容器网络命名空间。
  CNI_ARGS:用户传入的自定义参数。
  CNI_PATH:CNI 插件路径。
  CNI_NETCONFPATH:CNI 配置文件路径。
  CNI_RUNTIME_CONFIG:运行时配置。
- 输出参数:
  CNI_VERSION:CNI 插件版本。
  CNI_RESULT:CNI 操作结果。
  CNI_ERROR:CNI 操作错误信息。
  CNI_IP4_ADDRESSES:分配给容器的 IPv4 地址。
  CNI_IP4_GATEWAY:IPv4 网关。

3. IMetaPlugin

Meta 插件是一个多功能的插件,它可以用来调用其他插件。Meta 插件允许用户将多个插件组合在一起,从而实现更复杂的网络配置。例如,用户可以使用 Meta 插件来同时调用 Main 插件和 IPAM 插件来为容器分配 IP 地址并配置网络接口。

- 作用:可以将多个插件按顺序组合起来,并提供额外的配置参数。对调用顺序进行排序,将结果返回给调用者。
- 用法:由 MainPlugin 调用,可以实现"CHECK""ADD"和"DEL"操作。
- 输入参数:
  CNI_CONTAINERID:容器 ID。
  CNI_COMMAND:CNI 操作命令,如"ADD"或"DEL"。
  CNI_IFNAME:容器网络接口名称。
  CNI_NETNS:容器网络命名空间。
  CNI_ARGS:用户传入的自定义参数。
  CNI_PATH:CNI 插件路径。
  CNI_NETCONFPATH:CNI 配置文件路径。

CNI_RUNTIME_CONFIG:运行时配置。

- 输出参数:

  CNI_VERSION:CNI 插件版本。

  CNI_RESULT:CNI 操作结果。

  CNI_ERROR:CNI 操作错误信息。

12.3.3 开发 Kubernetes CNI 插件的基本要求

一个完整的 KubernetesCNI 插件需要满足以下要求:

- 遵循 CNI 规范

  CNI 规范定义了 CNI 插件需要遵循的标准和接口。一个完整的 Kubernetes CNI 插件需要遵循 CNI 规范,并实现 CNI 接口,以便可以被 Kubernetes 调用和管理。

- 支持多种网络拓扑

  一个完整的 KubernetesCNI 插件应该支持多种网络拓扑,例如网桥、VLAN、路由等。这可以让 Kubernetes 用户在不同的网络环境中使用插件,以满足他们的特定需求。

- 支持网络隔离

  KubernetesCNI 插件需要支持网络隔离,以确保容器之间的网络互相隔离,防止容器之间的通信产生冲突。该插件需要确保容器在同一主机上运行时不能互相通信,而只有在通过网络连接时才能互相通信。

- 管理 IP 地址

  KubernetesCNI 插件需要管理 IP 地址,包括分配和回收。它应该能够为容器分配唯一的 IP 地址,并在容器停止时回收 IP 地址。

- 支持配置文件

  KubernetesCNI 插件需要支持配置文件,例如 JSON 或 YAML 格式。它需要从配置文件中读取必要的参数,例如网络拓扑、IP 地址池等。

- 实现错误处理

  KubernetesCNI 插件需要实现错误处理,以确保在出现错误时能够正确地处理和报告错误。例如,当容器不能被正确地配置时,该插件应该能够输出错误信息。

- 支持网络插件链

  KubernetesCNI 插件需要支持网络插件链,以便可以通过一系列插件来管理容器网络。该插件需要能够与其他插件配合使用,以实现更复杂的网络拓扑和管理需求。

总之,一个完整的 KubernetesCNI 插件需要满足上述要求,并根据不同的网络环境和需求来实现相应的功能。

12.3.4 自定义CNI开发

本示例提供了一个简单的CNI插件的实现。这个插件实现了IP分配(IPAM)和集群内所有Pod的通信。

这是一个使用Go语言开发的CNI插件,实现了Pod IP分配和节点与其上所有Pod网络互通的功能,同时也确保了集群内所有Pod可通信,包括同节点与不同节点。这个插件基于CNI规范,并使用了ipam插件来管理IP地址池。我们将会使用Dockerfile构建镜像,并通过YAML文件部署到Kubernetes集群中。

这只是一个示例,你可能需要根据你的实际需求进行调整。

1. 创建以下目录结构来组织工程

```
demo_cni_plugin
├── Dockerfile
├── cni-plugin.go
├── ipam.go
├── ipam_test.go
├── k8s
│   └── cni-plugin.yaml
└── utils
    └── utils.go
```

2. 逐个实现每个文件

cni-plugin.go - CNI插件的主程序。

```
package main

import (
    "encoding/json"
    "fmt"
    "net"

    "github.com/containernetworking/cni/pkg/skel"
    "github.com/containernetworking/cni/pkg/types"
    "github.com/containernetworking/cni/pkg/types/current"
    "github.com/containernetworking/cni/pkg/version"

    "./ipam"
    "./utils"
)
type NetConf struct {
    types.NetConf
    Subnet string 'json:"subnet"'
```

```
}

func loadConf(bytes []byte) ( * NetConf, error) {
    n := &NetConf{}
    if err := json.Unmarshal(bytes, n); err != nil {
        return nil, fmt.Errorf("failed to load netconf: %v", err)
    }
    return n, nil
}

func cmdAdd(args * skel.CmdArgs) error {
    // 解析网络配置
    n, err := loadConf(args.StdinData)
    if err != nil {
        return err
    }
    // ipam 服务,分配 ip
    ipamResult, err := ipam.RequestIP(n.Subnet)
    if err != nil {
        return err
    }

    // 返回网络配置信息
    result := &current.Result{
        Interfaces: [] * current.Interface{
            {
                Name: args.IfName,
                Sandbox: args.Netns,
            },
        },
        IPs: [] * current.IPConfig{
            {
                Version: "4",
                Address: net.IPNet{
                    IP: ipamResult.IP,
                    Mask: ipamResult.Mask,
                },
                Interface: current.Int(0),
            },
        },
        Routes: [] * types.Route{
            {
                Dst: net.IPNet{
```

```
                    IP: net.IPv4zero,
                    Mask: net.IPMask(net.IPv4zero),
                },
                GW: ipamResult.Gateway,
            },
        },
    }

    if err := utils.ConfigureContainer(args.Netns, args.IfName, result); err != nil {
        return err
    }

    return types.PrintResult(result, n.CNIVersion)
}
func cmdDel(args *skel.CmdArgs) error {
    n, err := loadConf(args.StdinData)
    if err != nil {
        return err
    }

    if err := utils.UnconfigureContainer(args.Netns, args.IfName); err != nil {
        return err
    }
    return ipam.ReleaseIP(n.Subnet)
}

func main() {
    skel.PluginMain(cmdAdd, cmdCheck, cmdDel, version.PluginSupports("0.1.0", "0.2.0",
"0.3.0", "0.3.1"), "my-cni-plugin")
}

func cmdCheck(args *skel.CmdArgs) error {
    // TODO: Implement check if necessary
    return nil
}
```

ipam.go - IPAM 模块，用于分配和释放 IP 地址。

备注：IPAM 服务(IPAddressManagement)是一种网络管理技术，用于自动分配和管理网络中的 IP 地址。它可以帮助企业管理复杂网络环境中的 IP 地址，避免 IP 地址冲突、提高 IP 地址的利用率、加强对网络安全的管理等。

IPAM 服务一般包含以下功能：

- IP 地址池管理：IPAM 服务提供 IP 地址池的管理，可以自动分配和回收 IP 地址，并检测 IP 地址的可用性。

- IP 地址分配管理：IPAM 服务可以自动分配 IP 地址，也可以手动分配 IP 地址，并记录每个 IP 地址的使用情况。
- DNS 管理：IPAM 服务可以管理 DNS 解析和反解析，以便更好地识别网络设备和应用程序。
- 网络拓扑管理：IPAM 服务可以绘制网络拓扑图，以便管理员更好地理解网络拓扑结构。

在容器环境中，CNI 插件中的 IPAM 服务可以帮助容器获取 IP 地址，并将 IP 地址与容器关联起来，实现容器的网络通信。

```
package ipam

import (
    "errors"
    "net"
    "sync"
)

// 本地存储已分配的 IP，实际环境通常使用 etcd
type IPAM struct {
    subnet     *net.IPNet
    allocated map[string]bool
    allocMutex sync.Mutex
}

type IPAMResult struct {
    IP      net.IP
    Mask    net.IPMask
    Gateway net.IP
}

var ipamInstances = make(map[string]*IPAM)
var instancesMutex sync.Mutex

func getIPAMInstance(subnet string) (*IPAM, error) {
    instancesMutex.Lock()
    defer instancesMutex.Unlock()

    if ipam, ok := ipamInstances[subnet]; ok {
        return ipam, nil
    }
```

```
    _, ipNet, err := net.ParseCIDR(subnet)
    if err != nil {
        return nil, err
    }

    ipam := &IPAM{
        subnet: ipNet,
        allocated: make(map[string]bool),
    }

    ipamInstances[subnet] = ipam
    return ipam, nil
}

// 分配 IP
func RequestIP(subnet string) (*IPAMResult, error) {
    ipam, err := getIPAMInstance(subnet)
    if err != nil {
        return nil, err
    }

    ip, err := ipam.allocateIP()
    if err != nil {
        return nil, err
    }

    return &IPAMResult{
        IP:      ip,
        Mask:    ipam.subnet.Mask,
        Gateway: ipam.subnet.IP,
    }, nil
}

func (ipam *IPAM) allocateIP() (net.IP, error) {
    ipam.allocMutex.Lock()
    defer ipam.allocMutex.Unlock()
    ip := make(net.IP, len(ipam.subnet.IP))
    copy(ip, ipam.subnet.IP)

    for {
        ip = NextIP(ip)
        if !ipam.subnet.Contains(ip) {
            return nil, errors.New("no available IP addresses")
```

```
        }

        if _, ok := ipam.allocated[ip.String()]; ! ok {
            ipam.allocated[ip.String()] = true
            return ip, nil
        }
    }
}
func ReleaseIP(subnet string) error {
    ipam, err := getIPAMInstance(subnet)
    if err != nil {
        return err
    }

    return ipam.releaseIP()
}

func (ipam *IPAM) releaseIP() error {
    ipam.allocMutex.Lock()
    defer ipam.allocMutex.Unlock()

    for ip := range ipam.allocated {
        delete(ipam.allocated, ip)
        break
    }

    return nil
}
func NextIP(ip net.IP) net.IP {
    next := make(net.IP, len(ip))
    copy(next, ip)

    for i := len(next) - 1; i >= 0; i-- {
        next[i]++
        if next[i] > 0 {
            break
        }
    }
    return next
}
```

utils.go——实用函数,用于配置和取消配置容器网络。

```
package utils
```

```
import (
    "fmt"
    "net"

    "github.com/containernetworking/cni/pkg/ns"
    "github.com/containernetworking/cni/pkg/types/current"
    "github.com/vishvananda/netlink"
)

func ConfigureContainer(netns, ifName string, result *current.Result) error {
    return ns.WithNetNSPath(netns, func(hostNS ns.NetNS) error {
        link, err := netlink.LinkByName(ifName)
        if err != nil {
            return fmt.Errorf("failed to find interface %q: %v", ifName, err)
        }

        for _, ipc := range result.IPs {
            addr := &netlink.Addr{
                IPNet: &ipc.Address,
                Label: "",
            }
            if err = netlink.AddrAdd(link, addr); err != nil {
                return fmt.Errorf("failed to add IP addr %v to %q: %v", ipc.Address,
ifName, err)
            }
        }

        if err := netlink.LinkSetUp(link); err != nil {
            return fmt.Errorf("failed to set %q up: %v", ifName, err)
        }

        return nil
    })
}

func UnconfigureContainer(netns, ifName string) error {
    return ns.WithNetNSPath(netns, func(hostNS ns.NetNS) error {
        link, err := netlink.LinkByName(ifName)
        if err != nil {
            return fmt.Errorf("failed to find interface %q: %v", ifName, err)
        }
        addrs, err := netlink.AddrList(link, netlink.FAMILY_ALL)
```

```
        if err != nil {
            return fmt.Errorf("failed to list IP addresses for %q: %v", ifName, err)
        }

        for _, addr := range addrs {
            if err = netlink.AddrDel(link, &addr); err != nil {
                return fmt.Errorf("failed to delete IP addr %v from %q: %v", addr,
ifName, err)
            }
        }

        return nil
    })
}
```

Dockerfile——用于构建 CNI 插件镜像的 Dockerfile。

```
FROM golang:1.17 as builder

WORKDIR /go/src/demo_cni_plugin
COPY . .

RUN CGO_ENABLED=0 GOOS=linux go build -o /go/bin/demo_cni_plugin

FROM alpine:3.14

RUN apk add --no-cache ca-certificates

COPY --from=builder /go/bin/demo_cni_plugin /opt/cni/bin/demo_cni_plugin

CMD ["/opt/cni/bin/demo_cni_plugin"]
```

该 Dockerfile 使用了 Golang1.16 作为基础镜像，并且使用了 AlpineLinux3.14 作为运行环境。在构建过程中，需要下载 Go 依赖并编译 CNI 插件。最终将可执行文件复制到 /opt/cni/bin 目录下，并在容器启动时运行 CNI 插件。

cni-plugin.yaml - Kubernetes 资源清单，用于部署 CNI 插件到 Kubernetes 集群。

要将自定义 CNI 插件部署到 Kubernetes 集群中，需要创建一个 ConfigMap 和一个 DaemonSet。ConfigMap 用于存储 CNI 配置文件，DaemonSet 则用于将 CNI 插件部署到集群的每个节点上。

以下是一个示例 ConfigMap 和 DaemonSet 的 yaml 文件，可假设自定义 CNI 插件名称为 mycni，并将其保存在/opt/cni/bin 目录下：

```
## configmap.yaml
```

```
apiVersion: v1
kind: ConfigMap
metadata:
  name: mycni-config
data:
  10-mycni.conf: |
    {
      "cniVersion": "0.4.0",
      "name": "mynet",
      "type": "mycni",
      "bridge": "cni0",
      "isGateway": true,
      "ipam": {
        "type": "host-local",
        "subnet": "10.1.0.0/16",
        "routes": [
          { "dst": "0.0.0.0/0" }
        ]
      }
    }

## daemonset.yaml
apiVersion: apps/v1
kind: DaemonSet
metadata:
  name: mycni-daemonset
spec:
  selector:
    matchLabels:
      name: mycni
  template:
    metadata:
      labels:
        name: mycni
    spec:
      containers:
      - name: mycni
        image: mycni:latest
        command: ["/opt/cni/bin/mycni", "-c", "/etc/cni/net.d/10-mycni.conf"]
        volumeMounts:
        - name: cni-config
          mountPath: /etc/cni/net.d
        - name: cni-bin
```

```
        mountPath: /opt/cni/bin
      volumes:
      - name: cni-config
        configMap:
          name: mycni-config
      - name: cni-bin
        hostPath:
          path: /opt/cni/bin
```

该文件包含两个部分:一个 ConfigMap 和一个 DaemonSet。ConfigMap 的名称为 mycni-config,它包含一个名为 10-mycni.conf 的配置文件。这个配置文件定义了一个名为 mynet 的 CNI 网络,并将它的类型定义为 mycni,指定了一个网关、子网和路由信息。

DaemonSet 的名称为 mycni-daemonset,它定义了一个容器 mycni,并指定了镜像名称和命令行参数。容器的 command 参数指定了 CNI 插件的位置和配置文件的位置。此外,它还定义了两个卷,一个用于存储配置文件,另一个用于存储 CNI 二进制文件。这些卷在容器中使用 volumeMounts 挂载。

将该 YAML 资源清单部署到 Kubernetes 集群中,即可完成 CNI 插件的部署。可以通过创建一个使用该网络的 Pod,检查该 Pod 是否获得了正确的 IP 地址来验证插件是否正常工作。

需要注意的是,在部署 CNI 插件时,需要确保该插件的二进制文件存在于所有节点的/opt/cni/bin 目录下,以便 Kubernetes 调用该插件进行网络配置。

第 13 章　云原生运维助手

13.1　Kubernetes 节点优雅上下线

Kubernetes 是一个高度可扩展的容器编排平台，支持管理大规模容器应用程序。在 Kubernetes 集群中，有两种主要类型的节点：管理节点和计算节点。管理节点负责控制整个集群的管理任务，包括调度、安全、监控和日志记录。计算节点是运行应用程序容器的节点。当需要优雅地上下线一个节点时，可以采取以下步骤：

13.1.1　下线工作节点

1. 标记节点

首先，需要标记要下线的节点。在 Kubernetes 中，可以使用标签或注释来标记节点。可以使用 kubectl 命令来添加标签或注释。例如，使用以下命令将一个节点标记为要下线：

```
kubectl label nodes <node-name> lifecycle-status=draining
```

这将向节点添加一个标签 lifecycle-status=draining，以指示该节点正在进行下线操作。

2. 调整调度

将 Pod 调度到计算节点的过程由 Kubernetes 的调度器控制。因此，在下线节点之前，需要调整调度策略，以便将 Pod 调度到其他节点上。你可以通过以下两种方法来完成这一步骤：

• 使用 Node Selector：使用 kubectl 命令，可以指定 Node Selector 标签，将 Pod 调度到其他节点上。例如，使用以下命令将 Pod 调度到具有标签 lifecycle-status=active 的节点上：

```
kubectl run example --image=nginx --replicas=1 --labels=app=example --overrides='{
"spec": { "nodeSelector": { "lifecycle-status": "active" } } }'
```

在上面的命令中，lifecycle-status=active 要调度 Pod 节点上的标签。

• 使用 Taints 和 Tolerations：如果不希望将 Pod 调度到正在下线的节点上，请添加一个 Taint 标记，以指示该节点不可用。另外，还可以为 Pod 添加一个 Toleration，以允许 Pod 在该节点上运行。例如，使用以下命令向节点添加一个 Taint：

```
kubectl taint nodes <node-name> example-key=example-value:NoSchedule
```

在上面的命令中，example-key=example-value:NoSchedule 是一个 Taint，表示该节点不可用。

3. 驱逐 Pod

一旦将 Pod 调度到其他节点上，就可以将 Pod 从要下线的节点上驱逐了。可以使用以下命令将 Pod 从节点上删除：

```
kubectl drain <node-name>
```

在上面的命令中，<node-name> 是要下线节点的名称。

在驱逐 Pod 之前，Kubernetes 会检查该节点上的 Pod 是否可以被安全地删除。如果有未完成的任务或有未处理的请求，则该节点上的 Pod 不会被删除。这样可以确保正在运行任务的正常运行，同时也确保了没有数据丢失。

4. 下线节点

当确认要下线节点时，可以使用以下命令将节点下线：

```
kubectl delete node <node-name>
```

在上面的命令中，<node-name> 是要下线的节点的名称，这将从 Kubernetes 集群中删除该节点。

注意，如果在步骤 3 中未正确驱逐节点上的 Pod，则该节点将保持运行状态，并继续处理流量，直到将其删除为止。因此，在删除节点之前，请务必确保该节点上的所有 Pod 已经被正确地迁移到其他节点上。

5. 恢复节点

如果需要重新启动已下线的节点，请确保已解决该节点的问题，并使用以下命令将其重新添加到 Kubernetes 集群中：

```
kubectl uncordon <node-name>
```

在上面的命令中，<node-name> 是要重新添加到集群中节点的名称。

使用 uncordon 命令将节点重新设置为可用状态，并允许 Kubernetes 调度器将新的 Pod 调度到该节点上。

总之，在进行节点的优雅上下线时，需要采取一系列的步骤来确保整个集群的稳定性和可用性。这些步骤包括标记节点、调整调度、驱逐 Pod、下线节点和恢复节点。

13.1.2 下线管理节点

Kubernetes 的管理节点包括 APIServer、ControllerManager、Scheduler 和 etcd。

这些组件是集群的核心组件，因此它们的稳定性和可用性对整个集群的正常运行非常重要。下面是管理节点的优雅下线步骤：

1. 标记节点

首先，需要标记要下线的节点。可以使用 Kubernetes 的 NodeSelector 或 Taints 和 Tolerations 机制来实现这一点。NodeSelector 机制使用标签将 Pod 调度到特定的节点上，而 Taints 和 Tolerations 机制则允许标记节点并告诉 Kubernetes 不要将新的 Pod 调度到该节点上。例如，可以使用以下命令将节点标记为要下线：

```
kubectl label nodes <node-name> lifecycle-status=draining
```

或者，可以使用以下命令将节点标记为不可调度：

```
kubectl taint nodes <node-name> node-role.kubernetes.io/master=:NoSchedule
```

2. 从 etcd 中删除管理节点

从集群中删除管理节点的 etcd 成员。在管理节点上运行以下命令：

```
kubectl exec -n kube-system etcd-{hostname} -- etcdctl member remove {member-id}
```

其中，{hostname}是管理节点的主机名，{member-id}是该管理节点在 etcd 中的成员 ID。可以通过运行以下命令来查找成员 ID：

```
kubectl exec -n kube-system etcd-{hostname} -- etcdctl member list
```

3. 驱逐 Pod

将管理节点的 kubelet 状态设置为 Drain，以便在将其下线之前安全地从该节点中删除 Pod。在集群中的任何节点上运行以下命令：

```
kubectl drain {hostname} --ignore-daemonsets
```

其中，{hostname}是要下线的管理节点的主机名。

等待所有 Pod 在其他节点上重新调度并运行，然后再停止管理节点上的 kubelet 和 apiserver。在管理节点上运行以下命令：

```
# 二进制部署方式
systemctl stop kube-apiserver kube-controller-manager kube-scheduler


# kubeadm 部署方式
# kubeadm 采用的 static pod 方式部署的控制平面组件，如果管理节点停止服务，只需要将清单从目录/etc/kubernetes/manifests 移出，就会优雅地停止容器
mv /etc/kubernetes/manifests /etc/kubernetes/manifests-bak
```

在上面的命令中，kube-apiserver、kube-controller-manager 和 kube-scheduler 分别是 API Server、Controller Manager 和 Scheduler 组件的 systemd 服务名称。通过停止这些服务，可以确保不再接收新的请求或任务，并允许节点上的现有请求和任务完成。

4. 下线节点

如果需要，从集群中删除管理节点的 etcd 数据。这可以通过手动删除 /var/lib/etcd 目录来完成。

将管理节点从 Kubernetes 集群中删除。在任何节点上运行以下命令：

```
kubectl delete node {hostname}
```

其中，{hostname}是要下线的管理节点的主机名。

总之，在管理节点的优雅上下线期间，需要注意以下几点：

- 在将节点标记为不可调度之前，请确保该节点上不再运行任何重要任务，并且将该节点上的所有 Pod 迁移到其他节点上。
- 在停止组件之前，应该考虑使用 Kubernetes 的水平自动伸缩功能来减少节点的负载。这将有助于确保在停止组件期间，其他节点能够接管该节点上的任务。
- 在停止 etcd 组件之前，请确保集群中所有 etcd 节点的位置，并且可以手动管理 etcd 集群以避免数据丢失或集群不可用。
- 在重启节点之前，请确保已经备份了重要的数据和配置文件，并且可以轻松地恢复节点。
- 在恢复组件之前，请确保检查每个组件的日志文件以确保没有出现任何错误或异常情况。如果出现错误，需要采取相应的措施来解决问题。

总之，在管理节点的优雅上下线期间，需要采取一些预防措施来确保节点的稳定性和可用性，并确保集群的正常运行。

13.1.3 优雅关闭集群

1. 先决条件

- 具有 cluster-admin 角色的用户访问集群。
- 已经进行了 etcd 备份。在执行此过程之前进行 etcd 备份很重要，这样如果在重新启动集群时遇到任何问题，可以恢复你的集群。

2. 操作步骤

(1) 确认证书到期的日期

集群安装后，证书默认的有效期是一年。因此可以在安装日期后一年内关闭集群，并期望它能够正常重启。自安装日期起一年后，集群证书将过期。为确保集群能够正常重启，请计划在指定日期或之前重启集群。当集群重新启动时，该过程可能需要手动批准待处理的证书签名请求(CSR)以恢复 kubelet 证书。

如果要长时间关闭集群，请确定证书到期的日期。

要查看 Kubernetes 证书的到期日期，可以使用以下命令：

```
sudo kubeadm certs check-expiration
```

这将输出 Kubernetes 集群中所有证书的到期日期。如果只想查看特定证书的到期日期，可以使用以下命令：

```
sudo kubeadm certs check-expiration <CERT_NAME>
```

将 <CERT_NAME> 替换为要检查的证书的名称。

另外，也可以使用 kubectl 命令来查看 Kubernetes 证书的到期日期。以下是使用 kubectl 查看证书到期日期的示例命令：

```
$ kubectl get secrets -o jsonpath="{range .items[*]}{.metadata.name}{'\t'}
{.metadata.creationTimestamp}{'\n'}{end}" | \
while read name date; do
  cert=$(kubectl get secret $name -o jsonpath="{.data['tls。crt']}" 2>/dev/null)
  if [[ -n $cert ]]; then
    printf "%-16s %s\n" $name \
    "$(date --date="$date" +%s) $(date --date="$(echo $cert | base64 -d |
openssl x509-enddate -noout | cut -d= -f 2-)" +%s)" | \
    awk '{d=int(($4-$1)/86400);print $2,d"d"}'
  fi
done
```

这将输出 Kubernetes 集群中所有证书的到期日期。如果证书即将到期，请先更新证书。

(2) 将所有应用程序实例缩小到 0

首先，我们要缩减应用程序工作负载，以优雅地停止磁盘 I/O 操作并将所有数据刷新到磁盘。为实现这一目标，请遵循标准 Kubernetes 工作流程或运行手册，将工作负载缩放至零。类似于：

```
## Scale down StatefulSets and Deployments to 0 replicas.
$ kubectl scale statefulset,deployment -n $NAMESPACE --all --replicas=0
```

(3) 关闭集群中的所有节点

运行以下循环：

```
#! /bin/bash
nodes=$(kubectl get nodes -o jsonpath='{.items[*].metadata.name}')
for node in ${nodes[@]}
do

    ## Drain a Kubernetes node in your cluster.
    echo "Draining $node"
    kubectl drain $node --ignore-daemonsets --delete-local-data

    ## SSH into the worker node and shut it down after the drain workflow is complete.
    ssh -t user@$NODE 'sudo shutdown now'
```

```
done
```

drain 操作隔离工作节点并告诉 Kubernetes 停止在该节点上调度任何新的 pod。在目标节点上运行的 Pod 将从耗尽节点中逐出，这意味着 Pod 将被停止。要考虑这对生产环境的影响。

该过程可能会要求首先关闭所有工作节点（通常工作节点这些可以并行完成），然后是管理节点。

在管理节点操作时候，注意安装以下步骤来操作：

- 首先，备份 etcd 数据
- 关闭除 kube-apiserver 和 etcd 之外的所有组件。如果使用 kubelet 管理组件（kubeadm），只需将清单移出目录/etc/kubernetes/manifests，kubelet 就会优雅地停止容器。
- 然后，关闭 kube-apiserver。
- 最后在控制平面上停止 kubelet，只需确保 etcd 领导者是最后一个被停止的。

要取消封锁特定 Kubernetes 版本的所有节点，请使用以下代码：

```
#! /bin/bash
nodes = $ (kubectl get nodes -o jsonpath = '{. items[ * ]. metadata. name}')
for node in $ {nodes[@]}
do
    echo "Uncordon $ node"
    kubectl uncordon $ node
done
```

13.1.4 重启集群

1. 先决条件

- 具有 cluster-admin 角色的用户访问集群。
- 已正常关闭集群。

2. 操作流程

- 打开任何集群依赖项，例如外部存储或 LDAP 服务器。
- 启动所有集群机器。

  等待大约 10 min，然后继续检查控制平面节点（也称为主节点）的状态。
- 验证所有控制平面节点是否已准备就绪。

```
$ kubectl get nodes -l node-role.kubernetes.io/master
```

控制平面节点已就绪 Ready，如以下输出所示：

```
kubectl get nodes -l node-role.kubernetes.io/master
NAME        STATUS      ROLES                              AGE       VERSION
```

```
master-1   Ready   control-plane,master   1m   v1.22.2
master-2   Ready   control-plane,master   1m   v1.22.2
master-3   Ready   control-plane,master   1m   v1.22.2
```

- 如果控制平面节点未就绪，则检查是否有任何未批准的证书签名请求(CSR)。

获取当前 CSR 的列表：

```
$ kubectl get csr
```

查看 CSR 的详细信息，以验证其是否有效：

```
$ kubectl describe csr <csr_name>
```

<csr_name> 是当前 CSR 列表中 CSR 的名称。

批准每个有效的 CSR：

```
$ kubectl certificate approve <csr_name>
```

- 控制平面节点准备就绪后，验证所有工作节点是否准备就绪。

```
$ kubectl get nodes -l node-role.kubernetes.io/worker
```

工作节点就绪 Ready，如以下输出所示：

```
NAME       STATUS   ROLES    AGE   VERSION
worker-1   Ready    worker   6m    v1.22.2
worker-1   Ready    worker   6m    v1.22.2
worker-1   Ready    worker   6m    v1.22.2
```

- 如果工作节点未就绪，则检查是否有任何必须批准的待处理证书签名请求(CSR)。操作步骤同上。
- 验证集群是否正常启动。

检查所有节点是否处于以下 Ready 状态。如果集群未正常启动，可能需要使用 etcd 备份来恢复集群。

总之，集群重启和关闭，需要遵循以下步骤：

将所有应用程序缩小为 0，不包括集群服务，例如 CNIDaemonSets、DNS 等。

排空除控制平面之外的所有节点。

关闭节点。

关闭除 kube-apiserver 和 etcd 之外的所有组件。如果使用 kubelet 管理组件(kubeadm)，只需将清单移出目录/etc/kubernetes/manifests，kubelet 就会优雅地停止容器。

关闭 kube-apiserver。

在控制平面上停止 kubelet，只需确保 etcd 领导者是最后一个被停止的。

如果需要，备份目录/etcd。

13.2 使用 Velero 备份与恢复云原生应用

13.2.1 云原生备份的重要性

云原生备份非常重要，因为它可以保护企业关键数据免受各种灾难和故障的影响，确保业务的连续性和可靠性。以下是一些云原生备份的重要性：

- **数据保护**：云原生备份可以保护企业的数据免受自然灾害、人为错误、硬件故障等因素的影响。备份数据可以用于恢复丢失的数据，以确保企业的业务连续性和可靠性。借助数据保护，我们可以确保以下保障：生产安全，备份与恢复和远程容灾。
- **遵守合规性**：许多行业都有严格的合规要求（如等保 20、数据安全法等国家政策法规），要求企业保护其数据并备份关键数据。云原生备份可以帮助企业遵守这些合规要求，并提供审计日志和报告。
- **简化恢复过程**：云原生备份可以简化数据恢复过程，缩短恢复时间，从而减少业务中断的时间。备份数据可以用于在故障发生时快速恢复关键数据。
- **节省成本**：云原生备份可以帮助企业节省数据备份和恢复的成本。它可以自动备份和还原数据，消除人工备份和恢复数据的需要。
- **支持多云环境**：云原生备份可以跨多个云平台进行备份，以确保企业数据的安全和可靠性。这使企业能够在多个云平台上部署应用程序，并备份和还原数据，以确保业务连续性。能够很好地实现数据重用，以及借助备份数据快速搭建开发测试环境。
- **提高可靠性**：云原生备份可以提高企业数据的可靠性，备份数据通常存储在多个地理位置和存储介质上，以提高数据的可靠性和安全性。
- **自动化管理**：云原生备份可以自动化管理备份和恢复过程，这可以减少人工干预和减少人为错误的风险。
- **数据版本管理**：云原生备份可以提供数据版本管理功能，它可以让企业选择恢复特定版本的数据，以满足其特定需求。
- **数据安全性**：云原生备份可以提高数据安全性，确保数据在备份和恢复过程中得到保护。备份数据通常采用加密技术，以保护备份数据免受未经授权的访问。
- **提高可扩展性**：云原生备份可以支持企业的业务增长和扩展，备份数据可以存储在多个存储介质上，以支持数据的快速增长和扩展。

综上所述，云原生备份在保护企业数据、提高业务连续性和可靠性方面具有重要意义，可以提高数据安全性、可靠性和可扩展性，为企业提供保护关键数据的重要保障。

云原生备份与传统备份有许多不同之处，其中包括以下方面：

- **目标环境**：传统备份通常是针对传统 IT 环境而设计的，例如物理服务器、虚拟机、存储设备等。而云原生备份是针对云原生应用和基础设施而设计的，例如容器、云服务器、对象存储等。
- **备份方式**：传统备份通常使用传统备份软件和存储介质，例如磁带、硬盘、网络存储等。而云原生备份通常使用云原生备份服务，例如云存储服务、云备份服务等。
- **自动化**：云原生备份通常具有更高的自动化程度，可以自动备份和还原数据。而传统备份通常需要人工干预和管理。
- **弹性扩展性**：云原生备份可以根据需要扩展备份和恢复容量，以应对不断增长的数据。而传统备份则需要手动扩展存储介质和备份设备。
- **数据恢复速度**：云原生备份通常可以提供更快的数据恢复速度，因为备份数据存储在云中，可以快速访问和恢复。而传统备份则需要手动恢复数据，需要更长时间。
- **灵活性**：云原生备份通常更加灵活，可以为不同的应用程序和工作负载提供定制化的备份解决方案。而传统备份则通常是通用的备份解决方案，难以针对不同的应用程序和工作负载进行定制化。
- **成本效益**：云原生备份通常可以提供更高的成本效益，因为备份和存储数据在云中，不需要额外的硬件设备和人员管理。而传统备份则需要购买备份软件、存储介质和备份设备，并需要额外的人员管理和维护。
- **可靠性**：云原生备份通常具有更高的可靠性，因为备份数据通常存储在多个地理位置和存储介质上，以提高数据的可靠性和安全性。而传统备份则通常只在一个地方存储备份数据，存在数据安全性和可靠性风险。

总的来说，云原生备份与传统备份在目标环境、备份方式、自动化程度、弹性扩展性和数据恢复速度等方面存在显著差异。随着企业越来越多地采用云原生应用和基础设施，云原生备份将变得越来越重要和普遍。企业在选择备份解决方案时应根据其特定需求和实际情况进行综合考虑，并选择最适合自己的备份方案。

为什么传统容灾的手段无法满足云原生需求呢？简单来说，二者关注的核心不同。传统的容灾往往以存储为核心，拥有对存储的至高无上的控制权。并且在物理时代，对于计算、存储和网络等基础架构层也没有有效的调度方法，无法实现高度自动化的编排。而基于云原生构建的应用，核心变成了云原生服务本身。当用户业务系统全面上云后，用户不再享有对底层存储的绝对控制权，所以传统的容灾手段，就风光不在了。

因此，传统的灾备方案无法很好工作于容器环境，企业需要全新的云原生数据保护解决方案。

13.2.2　Velero：备份和迁移 Kubernetes 资源和持久卷

Velero（以前称为 HeptioArk）是一个开源工具，用于安全备份和恢复、执行灾难恢复以及迁移 Kubernetes 集群资源和持久卷，可以通过云提供商或本地运行 Velero：

- **灾难恢复**：在基础设施丢失、数据损坏和/或服务中断的情况下缩短恢复时间。
- **数据迁移**：通过轻松地将 Kubernetes 资源从一个集群迁移到另一个集群来实现集群可移植性。例如，将生产集群复制到开发和测试集群。
- **数据保护**：提供关键数据保护功能，例如计划备份、保留计划以及用于自定义操作的备份前或备份后挂钩。

Velero 组件分为服务端和客户端两部分：

- 在集群上运行的服务器。
- 在本地运行的命令行客户端。

服务端运行在 Kubernetes 集群中，客户端是一些运行在本地的命令行工具，需要已配置好 kubectl 及集群 kubeconfig 的机器上。

Velero 可以实现使用命名空间或标签选择器为整个集群或集群的一部分备份 Kubernetes 资源和卷。设置计划以定期自动启动备份。配置备份前和备份后挂钩以在 Velero 备份之前和之后执行自定义操作。

每个 Velero 的操作（比如按需备份、计划备份、还原）都是 CRD 自定义资源，Velero 可以备份或还原集群中的所有对象，也可以按类型、namespace 或标签过滤对象。Velero 是 Kubernetes 用来灾难恢复的理想选择，也可以在集群上执行系统操作。

Velero 对存储的支持较好，可以支持很多种存储资源，比如 AWSS3、AzureBlob、GoogleCloudStorage、AlibabaCloudOSS、Swift、MinIO 等。

Velero 支持的存储类型以及它们的描述，见表 13－1 所列。

表 13－1　Velero 支持的存储类型

存储类型	描述
AWSS3	AmazonWebServices（AWS）的云对象存储服务
AzureBlobStorage	微软 Azure 的云对象存储服务
GoogleCloudStorage	谷歌云平台的云对象存储服务
MicrosoftAzure 文件共享	微软 Azure 的文件共享服务
NFS	NetworkFileSystem（NFS）共享的存储服务
OpenStackSwift	OpenStack 的云对象存储服务
REST	可以使用 RESTAPI 访问的存储服务
VolumeSnapshotter	KubernetesVolumeSnapshotterAPI 支持的存储后端
CSI	KubernetesContainerStorageInterface（CSI）插件支持的存储后端

Velero 并不是全部支持这里列出的存储类型，另外，还可以支持其他类型的存储，这取决于 Velero 所使用的插件和配置。

1. Velero 的数据备份流程

Velero 是一个开源的数据备份和恢复工具，旨在为 Kubernetes 集群提供数据保护。它的原理是在集群中运行一个 Velero 服务器，通过与 Kubernetes API 交互来备份和恢复集群中的各种资源和对象，如图 13－1 所示。

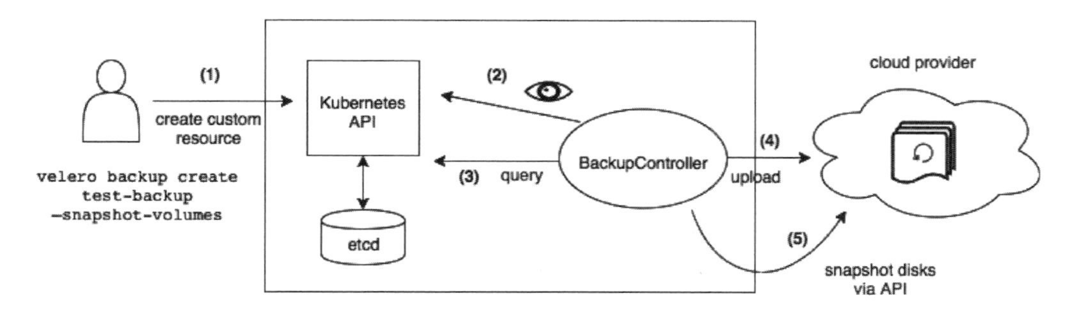

图 13-1 Velero 备份流程

执行命令 velero backup create test--backup 的时候,会执行下面的操作:

- Velero 客户端调用 KubernetesAPIServer 创建 Backup 这个 CRD 对象。
- VeleroBackup 控制器 watch 到新的 Backup 对象被创建并执行验证。
- VeleroBackup 控制器开始执行备份,通过查询 APIServer 来获取资源收集数据进行备份。
- VeleroBackup 控制器调用对象存储服务,比如 S3 可上传备份文件。

默认情况下 velero backup create 支持任何持久卷的磁盘快照,可以通过指定其他参数来调整快照,可以使用--snapshot-volumes=false 选项禁用快照。

以上流程说明来自于 Velero 官方,相对简略些。我们下面展开具体介绍备份流程:

(1) Velero 创建一个备份任务(backup)

用户使用 Velero 客户端创建备份任务,并指定备份名称和需要备份的命名空间、资源类型和标签等信息。

Velero 服务器创建一个备份任务对象,并将任务状态设置为"正在进行"。

(2) Velero 向 KubernetesAPI 发送请求

获取需要备份的资源列表,Velero 使用指定的命名空间、资源类型和标签等信息向 Kubernetes API 发送请求,获取需要备份的资源列表。

(3) KubernetesAPI 将资源的元数据和配置文件返回给 Velero

Kubernetes API 将备份任务所需的资源元数据和配置文件返回给 Velero。

这些数据包括资源的名称、类型、标签、配置文件和元数据等信息。

(4) Velero 将这些数据压缩并存储到备份存储(backupstorage)中

Velero 使用指定的备份存储位置,将备份数据压缩并存储到云对象存储或本地磁盘等备份存储中。

备份数据包括资源的配置文件、元数据和其他相关信息。

(5) Velero 创建一个备份记录(backuprecord)

记录备份任务的详细信息和状态,Velero 服务器创建一个备份记录对象,包含备份任务的详细信息和状态,例如备份名称、备份存储位置、备份开始时间和结束时间等。

2. Velero 的数据恢复流程

(1) 执行命令 velero restore create 时的操作

- Velero 客户端调用 Kubernetes API 服务器来创建一个 Restore 对象。
- Velero RestoreController 检测到新的 Restore 对象并执行验证。
- Velero RestoreController 从对象存储服务中获取备份信息。然后它对备份的资源进行一些预处理,以确保这些资源可以在新集群上运行。例如,使用备份的 API 版本来验证还原资源是否可以在目标集群上运行。
- 启动 Velero RestoreController 还原过程,还原每个符合条件的资源。

默认情况下,Velero 执行非破坏性恢复,这意味着它不会删除目标集群上的任何数据。如果备份中的资源已存在于目标集群中,Velero 将跳过该资源。可以使用--existing-resource-policy 并设置为 update,这时候 Velero 将尝试更新目标集群中的现有资源以匹配备份中的资源。

(2) 恢复流程

- Velero 创建一个恢复任务(restore)。
  用户使用 Velero 客户端创建恢复任务,并指定恢复名称、备份名称、恢复目标命名空间等信息。
  Velero 服务器创建一个恢复任务对象,并将任务状态设置为"正在进行"。
- Velero 从备份存储中获取需要恢复的数据。
  Velero 使用指定的备份名称和备份存储位置,从备份存储中获取需要恢复的数据。
- Velero 将这些数据解压缩并将它们应用到 Kubernetes API。
  Velero 将备份数据解压缩,并将它们应用到 Kubernetes API,以恢复原始的资源和对象。
  Velero 还可以根据用户指定的选项选择部分资源进行状态恢复。
- Kubernetes API 使用这些数据创建新的资源或更新现有的资源,以还原原始状态。
  Kubernetes API 使用 Velero 提供的数据创建新的资源或更新现有的资源,以还原原始的状态。
  如果资源已经存在,则根据用户指定的选项执行相应的操作。
- Velero 创建一个恢复记录(restorerecord),记录恢复任务的详细信息和状态。
  Velero 服务器创建一个恢复记录对象,包含恢复任务的详细信息和状态,例如恢复名称、恢复目标命名空间、备份名称、恢复开始时间和结束时间等。

(3) Velero 备份和恢复的过程中会涉及的概念和组件

- 备份存储(backup storage):Velero 使用备份存储来存储备份数据。备份存储可以是云对象存储、本地磁盘或 NFS 等。
- 备份插件(backup plugin):Velero 使用备份插件来备份指定的资源。备份插件可以是基于 KubernetesAPI 的插件,也可以是基于云提供商的插件。

- 恢复插件(restore plugin):Velero 使用恢复插件来恢复指定的资源。恢复插件可以是基于 KubernetesAPI 的插件,也可以是基于云提供商的插件。
- Velero 客户端(Velero CLI):Velero 客户端是命令行工具,用于与 Velero 服务器进行交互,创建和管理备份和恢复任务。
- Velero 服务器(Velero server):Velero 服务器是一个运行在 Kubernetes 集群中的容器,用于处理备份和恢复任务,并与 KubernetesAPI 和备份存储交互。

总之,Velero 通过备份和恢复任务来保护 Kubernetes 集群中的数据,并提供了丰富的备份和恢复选项,使用户能够灵活地选择需要备份和恢复的资源和对象,并在必要时恢复到原始状态。

13.2.3 Velero 的安装使用

下面举例说明如何使用 Velero 来备份和恢复 Kubernetes 集群资源和持久化卷。下面的例子备份了集群 cluster1 中的资源,然后将这些资源恢复到集群 cluster2 中。

1. Velero 和 Kubernetes 兼容性矩阵

每个 Velero 版本支持的 Kubernetes 版本见表 13-2 所列。

表 13-2 Velero 和 Kubernetes 兼容性矩阵

Veleroversion	预期的 Kubernetes 版本	经测试的 Kubernetes 版本
1.10	1.18-latest	1.22.5,1.23.8,1.24.6 和 1.25.1
1.9	1.18-latest	1.20.5,1.21.2,1.22.5,1.23,和 1.24
1.8	1.18-latest	—

2. 准备条件

- 1.7 或更高版本的 Kubernetes 集群。文件系统备份支持需要 Kubernetes1.10 或更高版本,或启用挂载传播功能的早期版本。
- Kubernetes 集群上安装 DNS 服务器。
- 安装 kubectl。
- 足够的磁盘空间来存储 Minio 中的备份。将需要足够的可用磁盘空间来处理任何备份以及至少 1GB 的额外空间。如果可用磁盘空间少于 1GB,Minio 将不会运行。

2. 安装 MinIO

Velero 使用来自不同云提供商的对象存储服务来支持备份和快照操作。为了简单起见,这里以在 k8s 集群上本地运行的一个对象存储为例。

3. 二进制安装

从官方网站下载二进制文件。

```
wget https://dl.min.io/server/minio/release/linux-amd64/minio
```

```
chmod +x minio
```

运行下面的命令来设置 'MinIO' 的用户名和密码。

```
export MINIO_ROOT_USER=minio
export MINIO_ROOT_PASSWORD=minio123
```

运行此命令启动 MinIO：

```
./minio server /data --console-address="0.0.0.0:9001" --address="0.0.0.0:9000"
```

用希望"MinIO"存储数据的驱动器或目录的路径替换 /data，现在我们可以访问 http://{SERVER_EXTERNAL_IP}/9001，在浏览器中访问 MinIO 控制台用户界面。而 Velero 可以使用 http://{SERVER_EXTERNAL_IP}/9000 来连接 MinIO。这两个配置将使我们的后续工作更容易和更方便。

请访问 MinIO 控制台，创建区域 minio 和桶 velero，这些将由 Velero 使用。

4. 安装 Velero 客户端

在 https://github.com/vmware-tanzu/velero/releases 下载指定的 velero 二进制客户端，将 velero 二进制文件从 Velero 目录移动到 PATH 中的某个位置。

```
$ wget https://github.com/vmware-tanzu/velero/releases/download/v1.9.5/velero-v1.9.5-linux-ppc64le.tar.gz

$ tar -zxvf velero-v1.9.5-linux-amd64.tar.gz && cd velero-v1.9.5-linux-amd64
$ tree .
.
├── LICENSE
├── examples
│   ├── README.md
│   ├── minio
│   │   └── 00-minio-deployment.yaml
│   └── nginx-app
│       ├── README.md
│       ├── base.yaml
│       └── with-pv.yaml
└── velero
$ cp velero /usr/local/bin && chmod +x /usr/local/bin/velero
$ velero version
Client:
        Version: v1.9.5
        Git commit: 18ee078dffd9345df610e0ca9f61b31124e93f50
Server:
        Version: v1.9.5
```

5. 安装 Velero 服务端

首先，准备密钥文件，accesskeyid 和 secretaccesskey 为 MinIO 的用户名和密码。

```
# 秘钥文件 credentials-velero
$ mkdir /opt/velero

$ cat > /opt/velero/credentials-velero << EOF
[default]
aws_access_key_id = minio
aws_secret_access_key = minio123
EOF
```

可以使用 velero 客户端来安装服务端，也可以使用 Helm Chart 来进行安装。比如本文以客户端来安装，velero 命令默认读取 kubectl 配置的集群上下文，所以前提是 velero 客户端所在的节点有可访问集群的 kubeconfig 配置。

```
$ velero install \
--provider aws \
--bucket velero \
--image velero/velero:v1.9.5 \
--plugins velero/velero-plugin-for-aws:v1.4.1 \
--namespace velero \
--secret-file /opt/velero/credentials-velero \
--use-volume-snapshots=false \
--default-volumes-to-restic=true \
--kubeconfig=/root/.kube/config \
--use-restic \
--backup-location-config
region=minio,s3ForcePathStyle="true",s3Url=http://minio.velero.svc:9000

......
DaemonSet/restic: created
Velero is installed! Use 'kubectl logs deployment/velero -n velero' to view the
status.
```

如果 Velero 在集群上启动不了就调整一下资源限制，命令如下：

```
# 修改 velero 的资源限制
kubectl patch deployment velero -n velero —patch '{"spec":{"template":{"spec":
{"containers":[{"name": "velero", "resources": {"limits":{"cpu": "300m", "memory":
"512Mi"}, "requests": {"cpu": "200m", "memory": "128Mi"}}}]}}}}'

# 修改 node-agent 的资源限制
kubectl patch daemonset node-agent -n velero —patch '{"spec":{"template":{"spec":
```

```
{"containers":[{"name": "node-agent", "resources": {"limits":{"cpu": "300m", "memory":
"512Mi"}, "requests": {"cpu": "200m", "memory": "512Mi"}}}]}}}}'

# 根据实际 Kubernetes 部署环境修改 hostPath 路径
$ kubectl -n velero patch daemonset restic -p '{"spec":{"template":{"spec":{"volumes":
[{"name":"host-pods","hostPath":{"path":"/apps/data/kubelet/pods"}}]}}}}'
```

Velero 安装时可能会用到的一些参数的解释：

- --provider：Velero 支持不同的云服务提供商，可以使用该参数指定所使用的云服务提供商，例如 aws、gcp、azure 等。
- --bucket：指定 Velero 所需的 S3 存储桶名称，如果没有该存储桶，Velero 会在指定的云服务提供商上创建一个新的存储桶。
- --backup-location-config：指定 Velero 所需的 S3 存储桶的位置配置，包括 AWS 区域、Azure 存储区域等。
- --plugins：指定 Velero 插件的路径，可以指定多个插件路径，用逗号分隔。
- --secret-file：指定 Velero 所需的认证密钥文件的路径，用于访问云存储服务。
- --use-restic：启用 Restic 进行备份和恢复，默认为 true。
- --wait：等待 Velero 安装完成后退出命令行。
- --namespace：指定 Velero 安装所在的命名空间，默认为 velero 。
- --image：指定 Velero 镜像的名称及版本号，如果不指定版本号则默认为最新版本。
- --no-default-backup-location：禁用默认的备份位置，如果不指定该参数，Velero 会自动创建一个默认的备份位置。
- --no-secret：禁用默认的认证密钥，如果不指定该参数，Velero 会自动创建一个默认的认证密钥。
- --tls-cert-file 和 --tls-private-key-file：启用 TLS 通信并指定证书和私钥的路径。
- --wait-timeout：指定等待安装完成的超时时间，默认为 5 min。
- --dry-run：模拟 Velero 安装，不会执行真正的安装操作。

这些参数可以根据具体需求进行选择和配置。在 Velero 的文档中可以找到更详细的参数列表和说明。

部署示例 nginx 应用程序：

```
kubectl apply -f examples/nginx-app/base.yaml
```

检查是否已成功创建 Velero 和 nginx 部署：

```
kubectl get deployments -l component=velero --namespace=velero
kubectl get deployments --namespace=nginx-example
```

设置 Velero 服务器后，可以通过运行以下命令克隆备份示例：

```
git clone https://github.com/vmware-tanzu/velero.git
cd velero
```

6. 基本示例(没有 PersistentVolumes)

(1) 启动示例 nginx 应用程序

```
$ kubectl apply -f examples/nginx-app/base.yaml
```

(2) 创建备份

```
$ velero backup create nginx-backup --include-namespaces nginx-example
```

(3) 模拟灾难

```
$ kubectl delete namespaces nginx-example
```

等待命名空间被删除。

(4) 恢复丢失的资源

```
$ velero restore create --from-backup nginx-backup
```

7. 快照示例(使用 PersistentVolumes)

(1) 启动示例 nginx 应用程序

```
$ kubectl apply -f examples/nginx-app/with-pv.yaml
```

(2) 使用 PV 快照创建备份

--csi-snapshot-timeout 用于设置在 CSI 快照创建超时之前等待的时间。默认值为 10 min:

```
$ velero backup create nginx-backup --include-namespaces nginx-example --csisnapshot-timeout = 20m
```

(3) 模拟灾难

```
$ kubectl delete namespaces nginx-example
```

因为动态供应的 PV 的默认回收策略是“删除”,这些命令应该触发云提供商删除支持 PV 的磁盘。删除是异步的,因此这可能需要一些时间。在继续下一步之前,请检查云提供商以确认该磁盘不再存在。

(4) 恢复丢失的资源

```
$ velero restore create --from-backup nginx-backup
```

8. 清理备份

如果想删除创建的任何备份,包括对象存储和持久卷快照中的数据,可以运行:

```
$ velero backup delete BACKUP_NAME
```

这要求 Velero 服务器删除与关联的所有备份数据 BACKUP_NAME。需要为每个要永久删除的备份执行此操作。Velero 的未来版本将允许通过名称或标签选择器删除多个备份。

完全删除后，运行时备份将不再可见：

```
velero backup get BACKUP_NAME
```

9. Velero 卸载

如果想从集群中完全卸载 Velero，以下命令将删除由 velero install 创建的所有资源：

```
$ kubectl delete namespace/velero clusterrolebinding/velero
$ kubectl delete crds -l component = velero
```

13.2.4 Velero 的常用命令

1. 创建备份

使用 Velero backup create 命令创建到所选存储的备份。以下示例使用 --default-volumes-to-restic 标志，它创建永久性卷的快照。

集群中所有命名空间的按需备份：

```
$ velero backup create <BACKUP-NAME> --default-volumes-to-restic
```

集群中单个命名空间的按需备份：

```
$ velero backup create <BACKUP-NAME> --include-namespaces <NAMESPACE1> --defaultvol-
umes-to-restic
```

集群中多个选定命名空间的按需备份：

```
$ velero backup create <BACKUP-NAME> --include-namespaces <NAMESPACE-1>, <NAMESPACE-2>
--default-volumes-to-restic
```

2. 检查备份进度

若要检查备份进度，请运行以下命令：

```
$ velero backup describe <BACKUP-NAME>
```

3. 还原集群

若要还原集群，必须创建新集群才能将旧集群还原到。无法将集群备份还原到现有集群。

使用 restore 命令，可以从以前创建的备份还原所有对象和永久性卷。还可以仅还原已筛选的对象子集和永久性卷。

将备份还原到的目标集群上：

- 按照上述说明部署 Velero。使用用于源集群的相同 minio 凭据。
- 确保通过运行以下命令创建了 Velero 备份对象。Velero 资源与云存储中的备份文件同步。

```
velero backup describe <BACKUP-NAME>
```

- 确认存在正确的备份(BACKUP-NAME)后，请还原备份中的所有对象：

```
velero restore create --from-backup <BACKUP-NAME>
```

4. 获取有关 Velero 命令的帮助

若要查看与特定 Velero 命令关联的所有选项，请将--help 标志与 命令一起使用。例如，velero restore create --help 显示与 velero restore create 命令关联的所有选项。

例如，若要列出的所有选项 velero restore，请运行 velero restore --help，这将返回以下信息：

```
$ velero restore [command]
Available Commands:
create        Create a restore
delete        Delete restores
describe      Describe restores
get           Get restores
logs          Get restore logs
```

13.2.5 Velero 的最佳实践

Velero 是一个备份和恢复 Kubernetes 集群的工具，以下是一些 Velero 的最佳实践：

- **定期备份**：应该定期备份 Kubernetes 集群。根据你的数据增长情况，你可以选择每天、每周或每月备份。建议：定义较小粒度应用模板，方便灵活指定需要备份的 K8S 资源；避免在一个任务中包含大量 PVC 数据使得备份任务执行过长。
- **将备份存储在不同的位置**：为了防止数据丢失，最好将备份存储在不同的位置。例如，可以将备份存储在本地存储器和云存储器中，提高数据可靠性。注意：当前 velero 需要创建单独的备份任务分别做快照和 Restic 备份。
- **使用标签来组织备份**：使用标签可以帮助我们更轻松地组织备份。可以根据名称空间、应用程序或其他关键标识符为备份打标签。
- **测试备份**：在生产环境中备份很重要，但是测试备份同样重要。应该定期测试备份以确保它们可以正常工作，并且可以恢复你的应用程序和数据。
- **配置存储策略**：Velero 提供了存储策略，允许定义什么需要备份和什么不需要备份。可以使用存储策略来排除不需要备份的数据，以减少备份大小。

- **使用命名空间**：使用命名空间可以帮助我们更轻松地管理备份。可以为每个应用程序或服务创建一个命名空间，并为它们创建单独的备份。
- **使用 Velero 插件**：Velero 提供了一些插件，如 Restic 插件，它可以帮助我们备份有状态应用程序的数据。可以根据应用程序需求选择合适的插件。
- **定期清理不需要的备份**：备份需要存储空间，并且会增加备份和恢复时间。定期清理不需要的备份可以释放存储空间，并提高备份和恢复的效率。
- **监控备份**：应该定期监控备份，以确保备份可以正常工作，并且可以在需要时恢复应用程序和数据。以上是一些 Velero 的最佳实践，可以根据你的需求进行自定义配置。

13.3 kubectl debug 调试容器

Pod 是 Kubernetes 应用程序的基本构建块。由于 Pod 是一次性且可替换的，因此一旦 Pod 创建，就无法将容器加入到 Pod 中。取而代之的是，通常使用 Deployment 以受控的方式来删除并替换 Pod。有时有必要检查现有 Pod 的状态。例如，对于难以复现的故障进行排查时，可以在现有 Pod 中运行临时容器来检查其状态并运行任意命令。

Kubernetes 1.17 开始支持临时容器，通过 Ephemeral Containers 用户可以在不重建 Pod 的前提下注入一个特殊的容器，该容器和 Pod 的其他容器类似，他们共享 uts、net、ipc 命名空间。Ephemeral Containers 一定程度上放宽了 Kubernetes 对 Pod 是不可变单元的要求。

临时容器允许注入 IPC 命名空间，可以在崩溃的 Pod 上运行调试命令。

从 Kubernetes 1.23 开始，临时容器默认启用（尽管处于 Beta 阶段），成为 Kubernetes 中的标准特性。毫无疑问，它将是 Kubernetes 安全运行必不可少的功能。到 Kubernetes v1.25 版本，已经是稳定（stable）状态。

13.3.1 什么是临时容器

临时容器与其他容器的不同之处在于，它们缺少对资源或执行的保证，并且永远不会自动重启，因此不适用于构建应用程序。

临时容器使用与常规容器相同的 ContainerSpec 规范来描述，但许多字段是不兼容和不允许的。

- 临时容器没有端口配置，因此像 ports 、livenessProbe、readinessProbe 这样的字段是不允许的。
- Pod 资源分配是不可变的，因此 resources 配置是不允许的。

临时容器是使用 API 中的一种特殊的 ephemeralcontainers 处理器进行创建的，而不是直接添加到 pod. spec 段，因此无法使用 kubectl edit 来添加一个临时容器。

与常规容器一样,将临时容器添加到 Pod 后,将不能更改或删除临时容器。

说明: 静态 Pod 不支持临时容器。

1. 临时容器的用途

当由于容器崩溃或容器镜像不包含调试工具而导致 kubectl exec 无用时,临时容器对于交互式故障排查很有用。尤其是,Distroless 镜像允许用户部署最小的容器镜像,它可减少攻击面并减少故障和漏洞的暴露。由于 distroless 镜像不包含 Shell 或任何的调试工具,因此很难单独使用 kubectl exec 命令进行故障排查。

使用临时容器时,启用进程名字空间共享可以查看其他容器中的进程。

2. 禁止 kubectlexec 可能成为未来趋势?

如果已经在使用 Kubernetes,大家可能会想,“为什么我们不只运行 kubectlexec 并在现有容器中启动一个 shell”,而不是选择使用临时容器呢?这是真的,但前提是容器镜像已经包含 shell 和工具。但从安全的角度来看,这并不是一件好事。安装的额外包越多,受到攻击的风险就越大,如果通过 Secret 资源在容器中配置了任何密钥,则可以使用 kubectlexec 以纯文本形式轻松访问它们。

另一方面,也是理想情况下,容器镜像应该只安装最少的包。例如,容器中/bin 和/usr/bin 下什么都没有,即使漏洞被利用,操作容器的权限被剥夺,也会在一定程度上限制动作。但对于调试确实极其不方便。

现在,借助临时容器,我们可以在自己的容器镜像中准备一个故障排除工具,并设置一个规则,仅在必要时(不是立即)将其作为临时容器运行。然后,一旦确认它运行良好,应尽可能禁止 kubectl exec 的策略,增强应用的安全性。

13.3.2 使用临时调试容器进行调试

1. 特性状态:Kubernetes v1.25 [stable]

当由于容器崩溃或容器镜像不包含调试程序(例如 distroless 镜像等)而导致 kubectl exec 无法运行时,临时容器对于排除交互式故障很有用。

2. 在集群中启用临时容器

由于此功能在 Kubernetes 1.22 及更早版本中处于 alpha 状态,因此需要使用功能门显式启用它。如果使用的是 Kubernetes 1.23 或更新版本,临时容器默认启用,因此可以跳到下一部分。

首先,让我们检查临时容器功能是否启用。为此,请运行以下命令。

```
$ kubectl debug -it <POD_NAME> --image = busybox
```

如果未启用该功能,将看到类似于以下显示的消息。

```
Defaulting debug container name to debugger-wg54p.
error: ephemeral containers are disabled for this cluster (error from server: "the
server could not find the requested resource").
```

将 EphemeralContainers=true 附加到 kubelet、kube-apiserver、kube-controller-manager、kubeproxy、kube-scheduler 参数中的--feature-gates=后，例如：

功能门(Feature Gates)是描述 Kubernetes 特性的一组键值对。可以在 Kubernetes 的各个组件中使用标志来启用或禁用这些特性。

每个 Kubernetes 组件都支持启用或禁用与该组件相关的一组功能门。使用-h 参数来查看所有组件支持的完整特性门控。要为诸如 kubelet 之类的组件设置特性门控，请使用--feature-gates 参数，并向其传递一个特性设置键值对列表：

```
...
--feature-gates = ...,EphemeralContainers = true
--feature-gates = EphemeralContainers = true
...
```

现在需要重新启动相关服务才能使更改生效。

有关功能门和参数的更多信息，可以参考功能门文档(https://kubernetes.io/docs/reference/command-line-tools-reference/feature-gates/)。

3. master 节点上操作

(1) 修改 apiserver 资源文件

```
$ vim /etc/kubernetes/manifests/kube-apiserver.yaml

# 在 spec.containers.command 查找是否已经配置--feature-gates
# 如果有,请在后面追加,效果如下
spec:
  containers:
  - command:
     ...
     # ... 表示已经配置的功能门
    - --feature-gates = ...,EphemeralContainers = true
     ...

# 如果没有,请直接添加,效果如下
spec:
  containers:
  - command:
  ...
   # ... 表示已经配置的功能门
  - --feature-gates = EphemeralContainers = true
  ...
```

(2) 修改 controller-manager 资源文件

```
$ vim /etc/kubernetes/manifests/kube-controller-manager.yaml
```

```
# 在 spec.containers.command 查找是否已经配置--feature-gates
# 如果有，请在后面追加，效果如下
spec:
  containers:
  - command:
  ...
   # ... 表示已经配置的功能门
  - --feature-gates = ...,EphemeralContainers = true
  ...
# 如果没有，请直接添加，效果如下
spec:
  containers:
  - command:
  ...
      # ... 表示已经配置的功能门
    - --feature-gates = EphemeralContainers = true
```

(3) 修改 kube-scheduler 资源文件

```
$ vim /etc/kubernetes/manifests/kube-scheduler.yaml

# 在 spec.containers.command 查找是否已经配置--feature-gates
# 如果有，请在后面追加，效果如下
spec:
  containers:
  - command:
  ...
   # ... 表示已经配置的功能门
  - --feature-gates = ...,EphemeralContainers = true
  ...
# 如果没有，请直接添加，效果如下
spec:
  containers:
  - command:
      ...
      # ... 表示已经配置的功能门
    - --feature-gates = EphemeralContainers = true
```

4. 工作节点和 Master 节点上操作

(1) 修改 kubelet

```
$ vim /var/lib/kubelet/kubeadm-flags.env
```

```
# 在 KUBELET_KUBEADM_ARGS 查找是否已经配置--feature-gates
# 如果有，请在后面追加 EphemeralContainers = true; 如果没有，请直接添加--featuregates = EphemeralContainers = true
```

(2) 修改后

```
KUBELET_KUBEADM_ARGS = "--network-plugin = cni --pod-infra-containerimage = registry.aliyuncs.com/google_containers/pause:3.5 --featuregates = EphemeralContainers = true"
```

(3) 重启 kubelet

```
systemctl daemon-reload
systemctl restart kubelet
```

5. 验证

```
$ kubectl debug -it cni-2 --image = busybox
Defaulting debug container name to debugger-qpn6p.
If you don't see a command prompt, try pressing enter.
/ # ping www.baidu.com
PING www.baidu.com (220.181.38.150): 56 data bytes
64 bytes from 220.181.38.150: seq = 0 ttl = 126 time = 31.176 ms
64 bytes from 220.181.38.150: seq = 1 ttl = 126 time = 30.158 ms
64 bytes from 220.181.38.150: seq = 2 ttl = 126 time = 28.729 ms
^C
--- www.baidu.com ping statistics ---
3 packets transmitted, 3 packets received, 0 % packet loss
round-trip min/avg/max  =  28.729/30.021/31.176 ms
/ #
```

6. 使用临时容器来调试

Ephemeral Containers 并没有独立的 Resource 定义，目前用户只能通过以下两种方式创建 Ephemeral Containers：

- kubectldebug 命令。
- 调用 kube-apiserver 原始 API 接口。

上述两种方式本质上都是对 Pod 进行 Patch 操作，会在原有 Pod 中增添一些内容，如下所示：

```
# 启动 nginx
$ kubectl create deploy nginx --image = nginx:1.21

# 将 busybox 作为临时容器启动并附加到 shell
$ PODNAME = $ (kubectl get pod -o name --selector = app = nginx)
```

```
# 使用 ip addr 查看 ip 信息
$ kubectl exec -it ${PODNAME} ip addr
kubectl exec [POD] [COMMAND] is DEPRECATED and will be removed in a future version.
Use kubectl exec [POD] -- [COMMAND] instead.
OCI runtime exec failed: exec failed: unable to start container process: exec: "ip":
executable file not found in $PATH: unknown
command terminated with exit code 126

$ kubectl debug -it --image=busybox ${PODNAME} --target=nginx

# kubectl debug -it --image=busybox ${PODNAME}
Defaulting debug container name to debugger-5494v.
If you don't see a command prompt, try pressing enter.
/ #

# # 使用本地主机从临时容器访问 nginx
# wget -O - http://localhost
<h1> Welcome to nginx! </h1>
# 退出 shell 时停止临时容器
$ exit
```

此命令添加一个新的 busybox 容器并将其挂接到该容器。--target 参数指定另一个容器的进程命名空间。

这个指定进程命名空间的操作是必需的，因为 kubectl run 不能在它创建的 Pod 中启用共享进程命名空间。

说明：容器运行时必须支持 --target 参数。如果不支持，则临时容器可能不会启动，或者可能使用隔离的进程命名空间启动，以便 ps 不显示其他容器内的进程。

查看 Pod 中 ephemeralContainers 容器的信息和状态。

```
# 在 Pod 资源规范下方添加了信息
$ kubectl get pod --selector=app=nginx -
ojsonpath='{.items[].spec.ephemeralContainers}' | jq .
[
  {
    "image": "busybox",
    "imagePullPolicy": "Always",
    "name": "debugger-5494v",
    "resources": {},
    "stdin": true,
    "terminationMessagePath": "/dev/termination-log",
    "terminationMessagePolicy": "File",
    "tty": true
  }
```

```
]

# Pod 资源 Status 中记录的状态
$ kubectl get pod --selector=app=nginx -
ojsonpath='{.items[].status.ephemeralContainerStatuses}' | jq .
[
  {
    "containerID":
"docker://5066cdd5602679c6c6d394b84dfd05bc268c4cc0fb5f0b6fbe683289489f5d8d",
    "image": "busybox:latest",
    "imageID": "dockerpullable://
busybox@sha256:5acba83a746c7608ed544dc1533b87c737a0b0fb730301639a0179f9344b
1678",
    "lastState": {},
    "name": "debugger-5494v",
    "ready": false,
    "restartCount": 0,
    "state": {
      "running": {
        "startedAt": "2023-02-01T20:12:48Z"
      }
    }
  }
]
```

13.3.3 通过 Pod 副本调试

有些时候 Pod 的配置参数使得在某些情况下很难执行故障排查。

例如,在容器镜像中不包含 shell 或者应用程序在启动时崩溃的情况下,就不能通过运行 kubectl exec 来排查容器故障。在这些情况下,可以使用 kubectl debug 来创建 Pod 的副本,通过更改配置帮助调试。

1. 在添加新的容器时创建 Pod 副本

当应用程序正在运行但其表现不符合预期时,会希望在 Pod 中添加额外的调试工具,这时添加新容器是很有用的。

例如,应用的容器镜像建立在 busybox 的基础上,但需要 busybox 并不包含的调试工具。可以使用 kubectl run 模拟这个场景:

```
kubectl run myapp --image=busybox:1.28 --restart=Never -- sleep 1d
```

通过运行以下命令,建立 myapp 的一个名为 myapp-debug 的副本,新增了一个用于调试的 Ubuntu 容器。

```
$ kubectl debug myapp -it --image=ubuntu:20.04 --share-processes --copy-to=myapp-debug
```

```
Defaulting debug container name to debugger-vxqv8.
If you don't see a command prompt, try pressing enter.
root@myapp-debug:/#
```

查看 pod 列表，会发现多出了一个名称为 myapp-debug 的 pod。

```
$ kubectl get pod -owide
NAME         READY    STATUS     RESTARTS    AGE   IP            NODE      NOMINATED NODE
  READINESS GATES
myapp        1/1      Running    0           30s   192.168.1.3   node01    <none>
  <none>
myapp-debug  2/2      Running    0           22s   192.168.1.4   node01    <none>
  <none>
```

说明：

- 如果没有使用--container 指定新的容器名，kubectl debug 会自动生成的。
- 默认情况下，-i 标志使 kubectl debug 附加到新容器上。可以通过指定--attach=false 来防止这种情况。如果会话断开连接，可以使用 kubectl attach 重新连接。
- --share-processes 允许在此 Pod 中的其他容器中查看该容器的进程。参阅在 Pod 中的容器之间共享进程命名空间 获取更多信息。

别忘了清理调试 Pod：

```
$ kubectl delete pod myapp myapp-debug
```

2. 在改变 Pod 命令时创建 Pod 副本

有时更改容器的命令很有用，也很必要，例如添加调试标志或因为应用崩溃。

为了模拟应用崩溃的场景，使用 kubectl run 命令创建一个立即退出的容器：

```
$ kubectl run --image=busybox:1.28 myapp -- false
```

使用 kubectl describe pod myapp 命令，你可以看到容器崩溃了：

```
Containers:
  myapp:
    Image:          busybox
    ...
    Args:
      false
    State:          Waiting
      Reason:       CrashLoopBackOff
    Last State:     Terminated
      Reason:       Error
      Exit Code:    1
```

可以使用 kubectl debug 命令创建该 Pod 的一个副本，在该副本中命令改变为交互式 shell：

```
$ kubectl debug myapp -it --copy-to = myapp-debug --container = myapp -- sh
If you don't see a command prompt, try pressing enter.
/ #
```

现在有了一个可以执行类似检查文件系统路径或者手动运行容器命令的交互式 shell。

说明：

- 这里的 kubectldebug 命令没有指定 --image 参数，默认使用的调试容器是 busybox:1.28
- 要更改指定容器的命令，必须用一个新的容器运行指定的命令。
- 默认情况下，标志 -i 使 kubectl debug 附加到容器。可通过指定 --attach=false 来防止这种情况。如果断开连接，可以使用 kubectl attach 重新连接。

别忘了清理调试 Pod：

```
$ kubectl delete pod myapp myapp-debug
```

3. 在更改容器镜像时创建 Pod 副本

在某些情况下，可能想要改动一个行为异常的 Pod，即将其正常的生产容器镜像更改为包含调试构建程序或其他实用程序的镜像。

下面的例子，用 kubectl run 创建一个 Pod：

```
$ kubectl run myapp --image = busybox:1.28 --restart = Never -- sleep 1d
```

现在可以使用 kubectl debug 创建一个 Pod 副本并将其容器镜像更改为 ubuntu：

```
$ kubectl debug myapp --copy-to = myapp-debug --set-image = * = ubuntu
```

--set-image 与 container_name=image 使用相同的 kubectl set image 语法。*=ubuntu 表示把所有容器的镜像改为 ubuntu。

```
$ kubectl delete pod myapp myapp-debug
```

13.3.4 在节点上通过 shell 进行调试

如果这些方法都不起作用，可以找到运行 Pod 的节点，然后创建一个 Pod 运行在该节点上。可以通过在节点上创建一个交互式 Shell：

```
$ kubectl debug node/mynode -it --image = ubuntu


Creating debugging pod node-debugger-mynode-pdx84 with container debugger on node
mynode.
If you don't see a command prompt, try pressing enter.
```

```
root@ek8s:/#
```

在节点上创建调试会话，需注意以下要点：

- kubectl debug 基于节点的名字自动生成新的 Pod 的名字。
- 节点的根文件系统会被挂载在/host。
- 新的调试容器运行在主机 IPC 名字空间、主机网络名字空间以及主机 PID 名字空间内，Pod 没有特权，因此读取某些进程信息可能会失败，并且 chroot/host 也会失败。
- 如果需要一个特权 Pod，需要手动创建。

当完成节点调试时，不要忘记清理调试 Pod：

```
$ kubectl delete pod node-debugger-mynode-pdx84
```